工业和信息化部“十二五”规划教材

航天推进理论基础

主　编　刘佩进　唐金兰
编　者　刘佩进　唐金兰　魏祥庚
　　　　吕　翔　胡松启　陈茂林

西北工業大學出版社

【内容简介】 本书着重阐述固体和液体火箭发动机相关的基础理论、工作过程、结构组成、工作特性和性能参数，以及使用过程中需要重点关注的技术问题。为适应航天技术的发展，本书也介绍了亚燃冲压发动机技术，简单介绍了近年来迅猛发展的超燃冲压发动机技术和组合推进技术，以及空间电推进技术。全书共8章。内容涉及固体、液体火箭发动机，冲压发动机，以及空间电推进的基本概念和发展动向。

本书不仅介绍成熟推进系统的理论基础、发动机结构和工程计算方法，也介绍了冲压发动机、电推进等正在研发的推进系统的相关知识，可作为高等院校飞行器动力工程、飞行器设计与工程和探测制导与控制技术等航天类专业本科生教材，亦可供相关专业的科研和技术人员参考。

图书在版编目(CIP)数据

航天推进理论基础 / 刘佩进，唐金兰主编. —西安：西北工业大学出版社，2016.2（2016.9 重印）

ISBN 978-7-5612-4759-4

Ⅰ. ①航… Ⅱ. ①刘… ②唐… Ⅲ. ①航天推进—基础理论 Ⅳ. ①V43

中国版本图书馆 CIP 数据核字(2016)第 036779 号

出版发行：西北工业大学出版社
通信地址：西安市友谊西路 127 号　　邮编：710072
电　　话：(029)88493844　88491757
网　　址：www.nwpup.com
印 刷 者：兴平市博闻印务有限公司
开　　本：787 mm×1 092 mm　1/16
印　　张：23.875
字　　数：585 千字
版　　次：2016 年 2 月第 1 版　2016 年 9 月第 2 次印刷
定　　价：58.00 元

前　言

航天推进技术经历了70余年的发展，目前已相对成熟，在军、民用航天领域得到广泛应用，一些技术还应用到了其他领域，如防雹增雨、灭火和石油开采等。无论是发动机的设计、研究者，还是从事飞行器总体设计、航天控制系统的研究、设计者，深入了解航天推进系统的理论基础是十分必要的。为拓宽航天专业本科生的专业基础，西北工业大学航天学院决定在本科生中开展“通识教育”，航天推进技术是“通识教育”的内容之一，本书正是在此背景下编写的。

航天推进技术的先修课程有“工程热力学”“气体动力学”和“传热学”等，凡是在上述课程中已有的内容，本书不再重复，在课程讲授时针对不同专业的学生的知识背景做适当的课堂介绍。此外，本课程着重阐明发动机工作过程的特点、物理现象与相关的理论分析、热力计算与发动机工作性能的分析计算等，而有关发动机性能参数的测试、各结构件的设计理论与计算方法等将在其他专业课程中阐明。

全书由刘佩进和唐金兰策划编写和定稿，刘佩进负责第1章和第7章的编写；吕翔编写第2章，参与第7章的编写；第3章和第4章由胡松启编写；第5章由唐金兰编写，刘佩进参与编写；第6章由魏祥庚编写；第8章由陈茂林编写。

感谢西北工业大学航天学院参与编写“通识教育”课程教学大纲的教师，他们对本书的框架进行了认真的讨论，为本书的编写提供了指导，并感谢西北工业大学出版社对本书出版工作的大力支持。

限于水平和经验，在本书内容取舍、编排和观点阐述等方面的缺点和错误在所难免，恳请同行、专家和读者批评、指正。

编　者

2016年1月

目　录

第1章　绪　　论

1.1　喷 气 推 进

喷气推进是通过喷射物质的动量作用,在装置上产生反作用力实现物体运动的方法。推进装置产生的力使静止物体产生运动、改变物体运动的速度或克服物体在介质中运动受到的阻力。火箭发动机和空气喷气发动机都是直接反作用产生推力的喷气推进动力装置。这类发动机以很高的速度向后喷射出工质,由此获得反作用推力,使飞行器向前飞行。它们既是产生动力的发动机,又是将动力转化为推进作用的推进器。这类动力装置的出现,大大改善了飞行器的性能,比由发动机带动螺旋桨产生的间接反作用推力大得多,很适应高速飞行的需要,改变了人类的生活模式。现代飞行器的主动力装置基本上都是喷气推进装置,包括空气喷气发动机、火箭发动机,以及它们之间的组合。

1.2　航天推进系统的概念和分类

1.2.1　航天推进系统的概念

尽管推进装置的空天融合是一种发展趋势,火箭发动机与空气喷气发动机还是存在较大的不同点:空气喷气发动机自带燃料,燃料燃烧所需要的氧则取自空气,也就是说,空气喷气发动机的工作要依靠空气,因此只能用于大气层中的飞行推进,而且它的工作性能还要受到飞行器飞行速度、高度等飞行条件的影响;火箭发动机则自带燃料和氧化剂,它包括了产生推力所需要的全部物质,因此,火箭发动机的工作不依靠空气,可以在大气层以外工作,成为人类空间航行的主要动力装置。火箭发动机的工作性能与飞行器的飞行速度、攻角等飞行条件无关,其推力可以通过地面静止热试车测量得到。发动机推力随工作高度的变化而变化,这种变化可以通过地面静止实验的结果换算获得。

对于深空探测或星际航行来说,飞行时间可能需要数年,飞行距离达百万千米甚至更远,航天推进装置需要更高的性能,自身携带全部工质的喷气推进系统难以满足需求,需要借助外界能量提升推进系统的性能。

本书主要讨论用于航天的喷气推进装置,由于冲压发动机的研制和应用主要由航天部门开展,本书也介绍冲压发动机的概念、组成、性能计算方法,以及与飞行器总体之间的耦合。

1.2.2 航天推进系统的分类

图 1-1 显示了目前主要的喷气推进装置及其相互关系，其中涡轮和涡扇发动机主要应用于航空领域。目前得到广泛应用的航天推进装置主要是火箭发动机和火箭冲压发动机。视推进剂物理相态之不同，火箭发动机又分为液体推进剂火箭发动机和固体推进剂火箭发动机两大类。液体火箭发动机用的推进剂包括液态的燃料和氧化剂，分别存放在各自的贮箱中，工作时由专用的输送系统送入燃烧室；固体火箭发动机使用的推进剂是固态的，其燃料和氧化剂预先均匀混合，做成一定形状和尺寸的装药，直接置于燃烧室中，不需要专门的输送系统。这两种火箭发动机各有不同的特点，在应用过程中都得到了很大的发展。此外，固液推进剂混合式火箭发动机也是一种火箭发动机的可行方案。

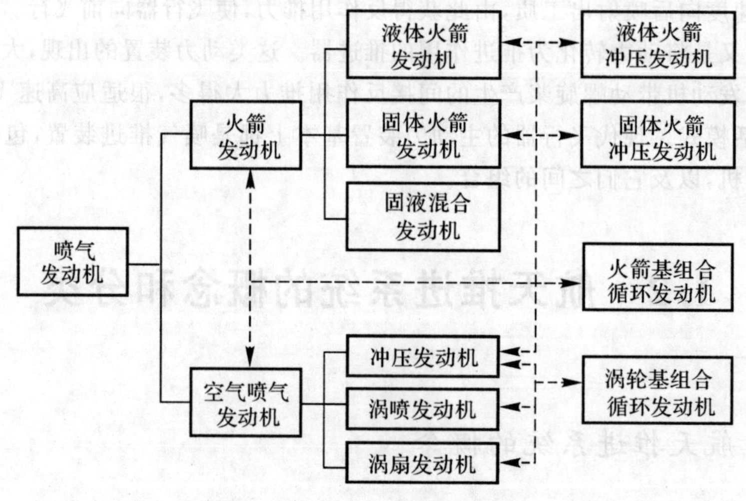

图 1-1 喷气推进发动机分类

将火箭发动机技术与吸气式冲压发动机技术并联或串联组合，形成了火箭冲压发动机，包括固体火箭冲压发动机和液体火箭冲压发动机。该种类型的发动机在导弹武器领域有其独特的优势，近年来得到迅猛发展。除此之外，将火箭发动机和亚燃/超燃冲压发动机组合，在不同的飞行模式下采用不同的热力循环方式，形成火箭基组合循环发动机（Rocket-Based Combined Cycle，RBCC）。同样，将涡轮基发动机与冲压发动机组合，形成涡轮基组合循环发动机（Turbine-Based Combined Cycle，TBCC）。RBCC 和 TBCC 发动机是目前航空航天动力的研究热点。

对于火箭发动机来说，除了化学火箭发动机之外，还有非化学火箭发动机。如果不考虑火箭发动机的具体结构和使用的特点，发动机中所利用自然能的初级形态是火箭发动机分类划分的最重要特征。在火箭发动机中可以利用的自然能有化学能、核能和太阳能等。根据取得反作用射流的初始物质的特点，一般可分为以下两种情况：

(1)初始物质与自然能的能源是一体的；

(2)初始物质和自然能的能源是分开的。

对于第一种情况，初始物质通常称为火箭发动机推进剂。在燃烧室、分解室或复合室中，推进剂的化学能转化为自身产物的热能，然后在喷管中将热能转化为燃气射流的动能。把这些特点综合在一起就构成了一类火箭发动机——化学火箭发动机。在这类发动机中，热力循环过程是最重要的，因此，化学火箭发动机属于热机的范畴。

利用核能或太阳能的火箭发动机构成另一类火箭发动机——非化学火箭发动机。非化学火箭发动机在能量转换过程中，初始自然能不仅可以转换为热能，而且还可以转换为其他形式的能量，如机械能或电能。

1.2.3 固体火箭发动机

固体火箭发动机是目前战略、战术导弹武器的主要动力装置，也是未来航天重型运载器助推器的可选动力装置。固体火箭发动机主要由燃烧室、推进剂主装药、点火器和喷管组成，如图 1-2 所示，具有推力大、结构简单、可靠性高、使用维护简便、可长时间处于战斗值班状态等特点。固体推进剂是发动机的能量源，也是产生推力的工质源。通过固体推进剂在燃烧室中的燃烧，将蕴含在推进剂化学键中的化学能转化为内能，实现第一次能量转换；燃烧后的高温、高压工质通过拉瓦尔喷管膨胀加速，产生推力。

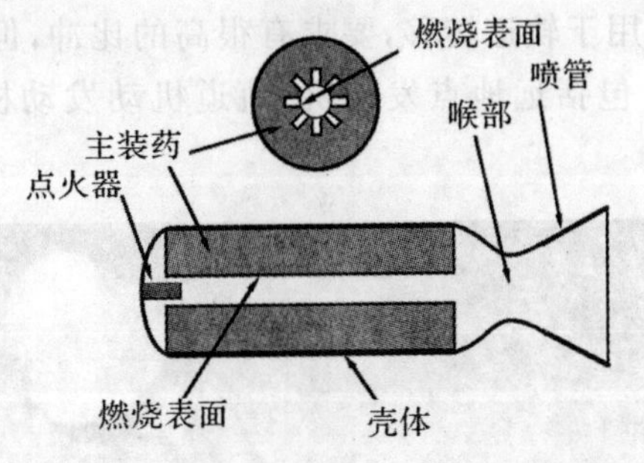

图 1-2 固体火箭发动机结构示意图

固体火箭发动机采用的推进剂决定了发动机的能量水平，早期使用能量较低的双基推进剂，目前多采用复合固体推进剂。复合推进剂药浆可浇注到燃烧室中，通过芯模形成不同的几何形状，固化后形成具有一定力学性能的装药结构，满足总体性能的需求。

为满足大载荷航天运载的需求，美国和欧洲采用大型固体火箭发动机作为助推器。由于生产和运输的限制，大型固体火箭发动机助推器一般采用分段结构，分段生产和运输，在发射地组装。图 1-3 是欧洲阿里安-五运载火箭固体火箭助推器 MPS-P230 结构示意图，采用三分段结构，发动机直径为 3.07 m，总长 26.8 m，单个助推器的装药量约为 240 t，最大推力达 6.894×10^6 N。美国航天飞机采用的固体助推器 RSRM 直径为 3.7 m，总长 38.4 m，推力可达惊人的 1.131×10^7 N。我国也在研制大型分段式固体火箭发动机，作为重型运载的可选助推方案。

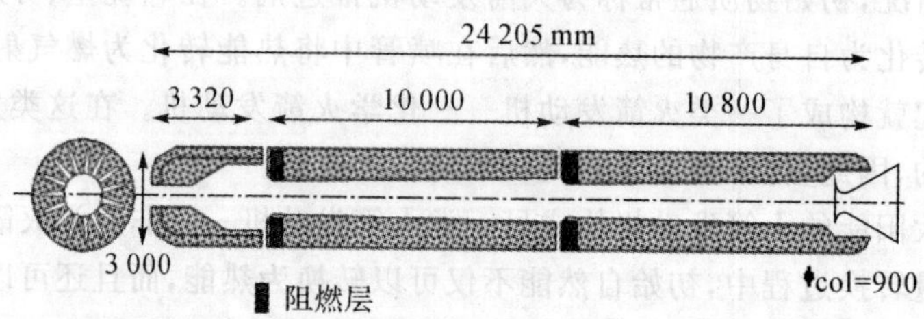

图 1-3　欧洲阿里安-五运载火箭固体火箭助推器 MPS-P230 结构示意图

1.2.4　液体火箭发动机

液体火箭发动机使用液体推进剂作为能源和工质，由于其性能高，比冲一般在1 800~4 500 N·s/kg之间，工作可靠，推力可控性强，故现代大型运载火箭、航天飞机以及各种航天器广泛用它作为主要的动力装置。

按功能分，一类液体火箭发动机用于航天运载器和弹道导弹，包括主发动机、游动发动机、助推发动机、芯级发动机和上面级发动机等。主发动机按照布置的位置又可分为助推发动机和芯级发动机（见图 1-4）；一般每一级火箭都有若干个游动发动机，在运载器的发射过程中控制姿态；上面级发动机主要用于轨道转移，要求有很高的比冲，但推力相对较小。另一类用于航天器主推进和辅助推进，包括远地点发动机、轨道机动发动机、姿态控制和轨道控制发动机。

图 1-4　助推发动机与运载器的分离

液体火箭发动机按其使用推进剂组元数可分单组元、双组元和三组元发动机。单组元主要用于航天器辅助推进上，双组元占绝大多数，三组元发动机尚处于研制阶段。

双组元发动机按其推进剂的性质不同可分成可贮存和不可贮存推进剂发动机。可贮存推进剂一般指四氧化二氮、硝酸、偏二甲肼、混肼50等，都是有毒的。不可贮存推进剂一般为低温推进剂，如液氢、液氧等，本身是无毒的，但低温会对人带来伤害。液氢/液氧发动机又叫低温推进剂发动机。早期的液体火箭发动机采用液氧和酒精组合，我国目前在役的液体火箭发动机多采用红发烟硝酸和偏二甲肼燃料组合，大推力发动机主要采用液氧和煤油的组合。

按其推进剂供应方式，液体火箭发动机可分为挤压式和泵压式供应系统发动机，如图1-5所示。挤压式结构简单，一般用在上面级和小推力发动机上，但其结构质量偏大。航天器上的单组元和双组元发动机多为小推力，这些发动机一般均采用挤压式供应系统。由于不采用高速旋转机械部件，挤压式结构具有更高的可靠性，一些对可靠性要求很高的大推力发动机也采用挤压式结构，如阿波罗登月舱的返回主发动机。航天运载器和弹道导弹上液体火箭发动机都是大推力发动机，一般采用泵压式供应系统。

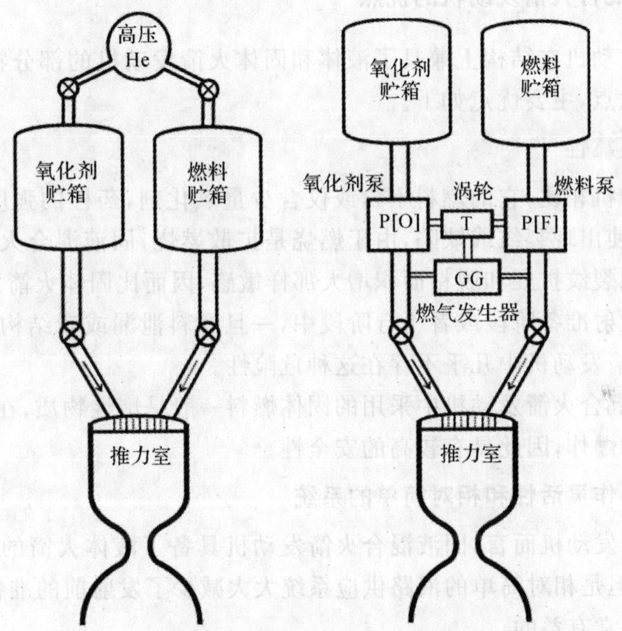

图1-5 挤压式和泵压式液体火箭发动机系统

1.2.5 固液混合火箭发动机

固液混合火箭发动机是氧化剂和燃料以不同的形态分开贮存的混合燃料推进系统，通常按照氧化剂和燃料的不同组合可以分为固液混合火箭发动机(典型式)、液固混合火箭发动机(反方案式)、燃气发生器式以及组合式，其中固液混合火箭发动机采用固体燃料和液态的氧化剂，典型的结构如图1-6所示。液态氧化剂经过喷注器进入发动机头部的汽化室中，经过预燃室汽化之后进入燃料通道，与燃料热解气体进行掺混，并进行扩散燃烧；为了提高燃烧效率，在发动机的尾部通常设置有补燃室来提高氧化剂和燃料的掺混燃烧效率。固液混合火箭发动机工作时，燃烧区放出的热量对固体燃料加热，当固体燃料表面达到一定温度时，固体燃料开始热解。同时，从喷注器喷入的液体氧化剂经过雾化和蒸发，然后与进入装药通道的燃料热解气体产物进行反应。

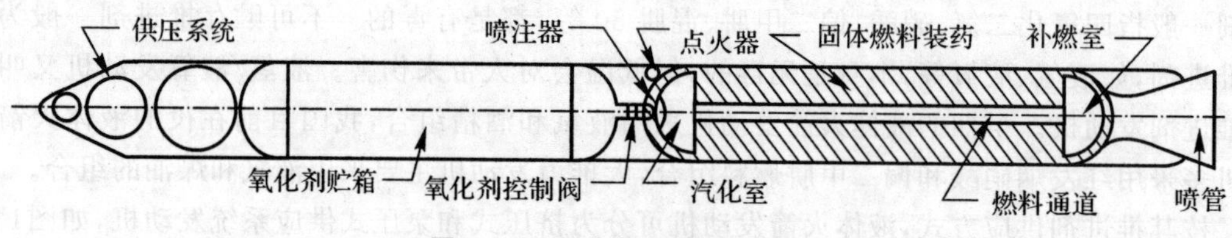

图 1-6　固液发动机结构简图

固液混合火箭发动机在结构上兼具了液体和固体火箭发动机的部分特点，在性能上呈现一定的优势，但也存在明显的不足。由于后续的章节不对该类发动机做专门的介绍，这里对其特点做较多的描述。

1.2.5.1　固液混合火箭发动机的优点

固液混合火箭发动机在结构上兼具了液体和固体火箭发动机的部分特点，在性能上具备了某些超越两者的优点，主要优点如下。

1. 高安全性和可靠性

与固体火箭发动机相比，它的燃料不含或仅含少量氧化剂，药柱的强度高且弹性好，不易出现裂纹和脱粘，即使出现裂纹或缺陷，由于燃烧是扩散燃烧，固液混合火箭发动机不像固体火箭发动机对推进剂裂纹扩展和脱粘面积增大那样敏感，因而比固体火箭发动机的可靠性高。液体火箭发动机在发射准备阶段或者飞行阶段中，一旦燃料泄漏或者结构失效都将导致灾难性的后果，而混合火箭发动机中几乎不存在这种危险性。

此外，由于固液混合火箭发动机中采用的固体燃料一般是惰性物质，在加工生产和运输贮存中不会出现爆燃和爆炸，因此具有较高的安全性。

2. 具有较高的操作灵活性和相对简单的系统

相对于液体火箭发动机而言，固液混合火箭发动机具备了液体火箭的节流特性以及多次关机和启动的特性，但是相对简单的液路供应系统大大减少了发射前的准备工作，这在导弹以及助推上的应用是非常有益的。

相对于固体火箭发动机而言，系统虽然相对复杂，但是具备的操作灵活性是固体火箭发动机所不具备的。在混合火箭发动机中，通过调节氧化剂的质量流量就可以实现推力调节的目的；通过打开和关闭氧化剂供应阀可以简单实现多次启动和关机。混合火箭发动机操作的灵活性使得它可以在发射甚至飞行过程的任一阶段随时中断任务，减少灾难性事故的发生；此外，这一特性使得混合火箭发动机可按总体要求实现弹道的优化设计，增大射程，提高导弹的突防能力和战场生存能力，接近目标时可提高导弹的机动性和打击力度。

3. 经济性能好

固液混合火箭发动机中采用的氧化剂和燃料可选择性很高，一般采用常用的工业原料就可以达到较高的性能，例如氧化剂选用过氧化氢、硝酸、N_2O，燃料可用 PE(聚乙烯)、石蜡、HTPB(端羟基聚丁二烯)、PMMA(聚甲基丙烯酸甲酯)等。此外，由于混合火箭发动机的高安全性以及采用惰性推进剂等特征，总的成本大大降低，推进剂可以用普通的设备生产，不需要占用大量的面积和建筑来生产固体燃料，固体燃料的装填也可以在发射场附近进行。

4. 低环境污染性

目前，火箭发射对环境破坏最大的是固体推进剂中的氯化物，此外，液体和固体推进剂通常含有大量的氮元素，燃烧之后形成的氮氧化合物将会破坏臭氧层，并有可能形成酸雨。而固液混合发动机可以降低对环境的污染。

1.2.5.2 固液混合火箭发动机的缺点

固液混合火箭发动机也存在一些缺点，具体如下。

1. 固体燃料退移速率低

由于氧化剂和燃料的燃烧属于扩散燃烧，所以在固液混合火箭发动机中都存在燃料退移速率过低的问题，一般燃料退移速率小于 5 mm/s，纯碳氢燃料的退移速率甚至小于 1 mm/s，这给发动机装药设计带来了困难。然而，这个特性在需要长时间低推力工作的情况下是有利的，如靶弹、燃气发生器等。

2. 燃烧效率低

混合火箭发动机中扩散燃烧的特性造成氧化剂和燃料的掺混效果不好，从而造成推力效率较低，推力损失通常要比固体或者液体火箭发动机高 1%～2%。

3. 推力调节对发动机性能影响大

在发动机调节推力时，改变氧化剂的质量流率，氧化剂和燃料的总混合比有可能会较远地偏离恰当比，造成发动机性能下降。然而，设计合理的初始氧燃比，可以很大程度减小这个损失，内弹道计算的结果表明，这个损失可以控制在 1%以内。

4. 固体燃料装填分数低

固液混合火箭发动机由于燃速较低，为了产生足够大的推力，固体装药通常采用星形、车轮形或者更加复杂的多孔多通道结构的装药设计，这些形式的装药结构通常装填系数比较低。此外，在采用复杂的装药结构的情况下，燃烧结束后将有部分残药留在燃烧室中，这部分残药也将减少药柱的装填系数。

在民用航天领域，固液混合火箭发动机近年来发展迅速。美国“太空船一号”的成功飞行，“太空船二号”以及“追梦者”太空游飞行器的研制及商业运作都表明了固液混合火箭发动机在载人航天应用方面巨大的潜力和竞争力。

1.2.6 冲压发动机

空气是天然的氧化剂，航空发动机充分利用空气中的氧，其比冲大，有效载荷大，性能稳定，但由于其结构异常复杂，当飞行马赫数接近 3.0 时，高速、高压来流给发动机各部件带来几乎不可承受的热载荷和力载荷，此时发动机已接近其工作极限，飞行马赫数接近 3.0 已是目前航空发动机的极限。

若是能够抛弃燃气涡轮喷气发动机中的复杂结构，利用空气中的氧气作为氧化剂，飞行马赫数就可能突破 3.0，冲压发动机的概念由此产生。事实上，当来流马赫数为 3.0 时，仅仅依靠进气道的压缩，理论上就可使空气压力提高 36.7 倍，压缩效率很高，航空发动机的旋转部件将变得多余。此时，通过进气道，来流超声速空气降为亚声速，燃料在燃烧室中进行亚声速燃烧，随后经过喷管以超声速排出。这种发动机即为亚燃冲压发动机。

当飞行马赫数在3.0～5.0之间时，亚燃冲压发动机具有良好的性能，随着飞行马赫数的进一步增加，由于遇到严重的热障，亚燃冲压发动机的性能会迅速下降。当飞行马赫数达到6.0时，进入燃烧室的空气静温可能会超过钢的熔化温度。当飞行马赫数达到10.0时，此时发动机壁面的单位热流量很大。燃烧室入口的温度随飞行马赫数的增加会迅速增加，燃料燃烧所放热量相当一部分会消耗在燃烧产物的离解上，燃烧效率很低。进气道和尾喷管的压力变化大，压力损失会很大。离解的燃烧产物在尾喷管里面来不及复合，离解消耗的热量回收很少。当飞行马赫数大于6.0时，使进气道出口气流保持超声速，在超声速中组织燃烧，就可以避免亚燃冲压发动机遇到的热障问题，此种发动机就是超燃冲压发动机。

为了提高低马赫数时超燃冲压发动机的性能，提出了双模态冲压发动机（Dual-Mode Ramjet）的概念。双模态冲压发动机属于亚燃冲压和超燃冲压发动机的结合，亚燃冲压和超燃冲压发动机的工作方式存在本质的区别，双模态冲压发动机在较低的马赫数下以亚燃冲压方式工作，在较高的马赫数下以超燃冲压方式工作，可以兼顾亚燃冲压发动机和超燃冲压发动机的特点。

冲压发动机可以拓展吸气式发动机的工作上限，但也存在致命弱点：一是到达一定高度时，由于空气过于稀薄而无法工作，无法达到入轨高度和速度；二是低速时性能很差甚至不能工作，无法自行起飞。将火箭发动机与冲压发动机组合，就形成了火箭冲压发动机。通常把固体火箭助推器和冲压发动机结合为一个整体，称为整体式冲压发动机。

根据采用推进剂状态的不同和工作方案的不同，整体式亚燃冲压发动机可分为三种类型：整体式液体燃料冲压发动机、整体式固体燃料冲压发动机和整体式固体火箭冲压发动机（又称管道火箭），如图1-7所示。

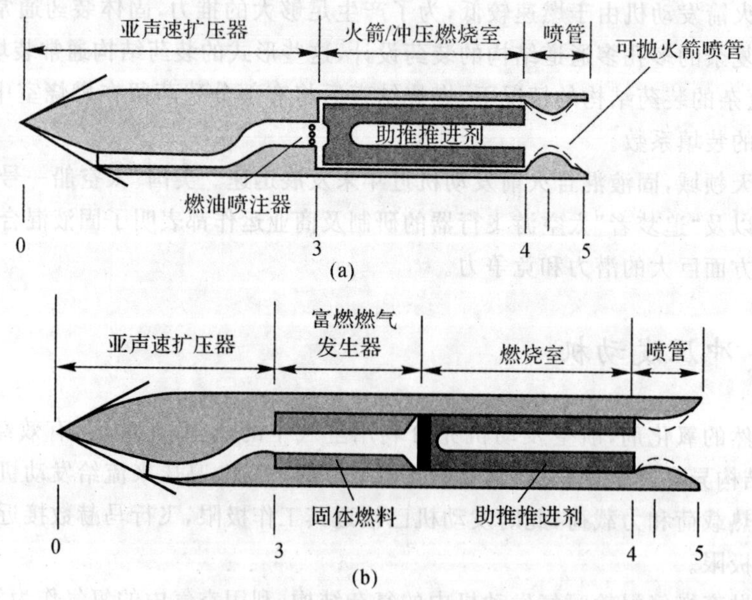

图1-7　整体式冲压发动机的分类

(a)整体式液体燃料冲压发动机；(b)整体式固体燃料冲压发动机

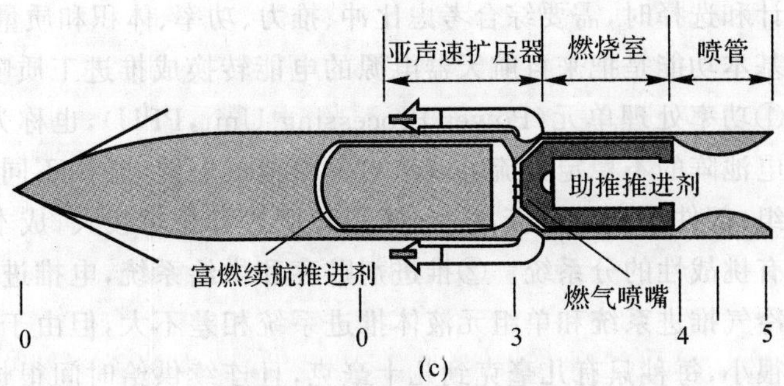

续图1-7 整体式冲压发动机的分类

(c)整体式固体火箭冲压发动机

本书的第7章将重点介绍火箭冲压发动机的概念、结构特点和发动机性能计算方法。由于超燃冲压发动机尚处于研究之中,在本书中只做简单的介绍。

1.2.7 电推进

电推进(Electric Propulsion,EP),又称电火箭(Electric Rocket),是采用电能作为推进能源的动力装置。应用电推进技术的动力装置称电推力器。电推力器的能源系统和推进剂供给系统是相互独立的,一般的气体均可用作电推力器的推进工质,目前较多使用的是单质惰性气体。电推力器的能源系统(电源)在整个电推进系统中占有十分重要的地位,其体积、质量和技术难度往往超过推力器本身。电推力器喷射的射流多为由电子、离子和工质分子组成的等离子体。等离子体呈宏观电中性,但在电磁场作用下会发生偏转或定向运动。

小推力是电推力器的重要特征之一。受空间电功率限制,目前空间应用电推力器的推力值主要为毫牛量级。由于推力值较小,目前电推力器主要应用于同步卫星姿态控制、南北位置保持和离轨处理等任务,以及低轨卫星的阻力补偿、姿轨控和重新定位等任务;也有部分电推力器用于深空探测器的主推进系统,完成轨道转移等任务,如美国的“深空一号”探测器采用的NSTAR-30离子推力器,欧空局“SMART-1”月球探测器采用的PPS-1350霍尔推力器,日本“隼鸟”小行星探测器采用的$\mu-10$微波离子推力器。一方面,随着空间电源技术特别是核电源技术的发展,也在研发牛级推力电推力器;另一方面,由于微小卫星精确控制需求,微牛级推力电推力器也是电推进技术的重要发展方向。

高比冲是电推力器的另一个重要特征。电推力器工质射流的动能主要来源于电场对带电粒子的加速,其喷射速度远高于常规化学推力器,故推力器比冲也较高。常规应用的电推力器比冲范围为6 000~50 000 N·s/kg,目前应用最广泛的霍尔电推力器和栅极离子电推力器的比冲分别为18 000 N·s/kg和30 000 N·s/kg左右,正在研发的高比冲离子推力器比冲值可达200 000 N·s/kg。由齐奥尔科夫斯基公式可知,比冲越高,完成同一飞行任务所需要的推进工质越少,这样便可以大幅增加有效载荷,或显著降低发射成本,或明显延长使用寿命。电推力器已成为俄罗斯、美国和欧空局先进商用卫星的标配,我国也已完成了电推力器的在轨飞行试验,即将实现电推力器的空间应用。然而对于电推力器并非比冲越高越好,在电功率一定的条件下,比冲越高则意味着推力器的推力值越小,完成同一飞行任务的时间越长。因此,在进行电推力器设计和选择时，需要综合考虑比冲、推力、功率、体积和质量等诸多因素。

电推进系统的基本功能是把来自航天器电源的电能转换成推进工质喷气的动能，其组成一般包括三部分。①功率处理单元(Power Processing Unit，PPU)，也称为电源处理单元，用来调整来自太阳能电池阵的不稳定直流电或来自蓄电池的电流，并按不同电压和功率等要求输送到推力器各个组、部件。一般而言，PPU体积和质量都相对较大，成本也较高，是电推进系统中复杂而又富有挑战性的分系统。②推进剂贮存和供给系统，电推进系统的推进剂贮存和供给系统与一般冷气推进系统和单组元液体推进系统相差不大，但由于电推进系统需求的推进工质流量一般很小，每秒只有几毫克到几十毫克，且连续供给时间很长，这给电磁阀的流量精确控制和防止泄漏带来较大困难。③电推力器，电推力器的种类繁多，对应原理多样，性能指标相差很大，且各有各的特点和适用范围。

按推进工质加速方式，电推力器可分为电热式、静电式和电磁式。电热式主要包括电阻加热推力器(resistojet)、电弧加热推力器(arcjet)；静电式包括目前应用最广泛的栅极离子推力器(Ion Thruster，IE)和霍尔推力器(Hall Effect Thruster，HET)；电磁式包括脉冲等离子体推力器(Pulsed Plasma Thruster)和磁等离子体动力学推力器(Magnetoplasmadynamic Thruster，MPDT)等。

应用电推力器是商业卫星降低成本、提高效率、增加竞争力的有效手段。普遍认为，没有电推力器的航天器，很难称得上是一颗先进的航天器。特别是对于深空探测来说，目前化学推进几百秒的比冲很难使航天器到达遥远的目标，更不用说采样返回了。从世界范围来说，纯化学推进的能量发挥已接近其理论极限，再提高比冲非常困难。因此，电推进技术是航天推进技术发展的必然趋势之一。

本书的第8章将重点介绍电推进技术中的基本物理过程，以及常见电推力器的结构、组成、原理和性能。

1.2.8 核火箭

核能火箭发动机利用核反应或放射性衰变释放的能量加热工作介质，工质通过喷管膨胀后高速排出产生反作用推力。根据核能释放方式的不同，核火箭可分为核裂变型、放射性同位素衰变型和核聚变型三种。

在核裂变反应堆火箭发动机中，热量由固体反应堆材料里铀的裂变产生，随后传递给工质。核裂变火箭发动机主要用于大推力(40 kN以上)的场合，其比冲可高达9 000 N·s/kg。裂变火箭发动机于20世纪60年代开始设计并进行了试验。工质为氢的地面试验推力最高达980 kN，采用的石墨芯核反应堆功率为4 100 MW，相当于发动机真空比冲为8 500 N·s/kg。

在放射性同位素衰变火箭发动机中，由放射性材料发出的辐射转化为热量，提高工质(如氢)的温度，或用于驱动电推进系统。该种类型的发动机推力较小，温度较低。

核聚变火箭发动机利用聚变反应提供能量。在聚变反应发生后，磁场再引导炽热离子喷向火箭尾部，实现聚变火箭的推进力。因为核聚变是将原子核结合在一起而不是将原子核分裂，所以比核裂变发动机性能更好，由于月球的表面和木星大气中存在大量的燃料氘和氚，核聚变火箭更容易补充燃料，实现星际旅行。

核火箭的概念在20世纪40年代就已经提出，钱学森在1949年写出了第一篇关于核动力火箭的经典论文,但是目前还没进入实用阶段。

1.3 航天推进系统发展简史

本节主要介绍目前常用的固体火箭发动机、液体火箭发动机和冲压发动机的发展历程。

1.3.1 固体火箭发动机

固体火箭技术起源于中国。火药是中国古代四大发明之一,有了火药,就为固体火箭的发明准备了必要的技术条件。最古老的火箭发动机就是火药火箭发动机,烟火的、信号的、照明的、救援的和应用于军事的火药火箭发动机在不同时代均有应用,例如:公元13世纪的中国,宋朝就用黑火药做固体燃料,制成了世界上最早的兵器(如"霹雳炮");明朝有一种叫作"火龙出水"的武器,是历史上最早的二级火箭的雏形等等。由于中国传统思维方式的限制,火箭发动机技术在古代和近代中国没有得到很好的发展。

火箭技术西传,是13世纪元兵西征,经过阿拉伯传入欧洲,后来又传入印度。19世纪初期,印度在抵抗英军的侵略战争中使用了火箭技术,使英国人也开始注意应用火箭技术于作战。19世纪的欧洲,最著名的火箭应用是1867年英军进攻丹麦的哥本哈根,一共发射了约4万枚火箭,取得了战争的胜利。火箭西传后得到了极大的改进和广泛的应用。例如:在英国,Roger Bacon改进了黑火药的性能,增大了火箭的射程;在法国,Jean Froissant通过管子发射火箭,提高了火箭的飞行精度(管式发射可认为是现代火箭炮的前身);在意大利,Joanes de Fontana设计了可在水面飞行的用于攻击船只的早期鱼雷,等等。

从中国古代的火药火箭开始,到19世纪欧洲的火箭应用于战争,是固体火箭技术发展的第一个时期。这一时期只有固体火箭,没有液体火箭,所用的固体推进剂是黑火药,能量不够高,技术也比较原始,但它们的工作原理和近代固体火箭的工作原理是一样的。

近代固体火箭的发展可以说是从20世纪30年代硝化甘油无烟推进剂的发明开始的。有了这种无烟推进剂,固体火箭得到了新的能源,开始了一个新的发展阶段。当时苏联、德国等都采用无烟的双基推进剂,研制和生产了大量的各种近程野战火箭弹,如苏联著名的"喀秋莎"野战火箭是这个时代苏联火箭的典型代表。迄今为止,双基推进剂的固体火箭发动机仍然在某些近程武器系统上使用。

由于双基推进剂在能量方面的限制,20世纪30至40年代,液体火箭发动机在德国和美国得到迅速发展。但是,在液体火箭发动机飞速发展的时期,固体火箭发动机的研究也一直在进行着。1939年,冯·卡门带领一批年轻人从事喷气推进助推飞机起飞(JATO)的项目,自学成才的化学家帕金森研制成功了复合推进剂,解决了推进剂的成形和贮存问题,使固体火箭发动机的发展又开始了一个新的阶段。到1955年,固体火箭发动机有了很大的改进,主要表现在两个方面:

(1)研制成功了能量较高、机械性能及燃烧特性较好的复合固体推进剂;

(2)研制了结构质量轻的发动机壳体及其他组件。

这些改进提高了固体火箭发动机的比冲,使固体火箭发动机向大尺寸、长时间工作方向发展，极大地提高了固体火箭发动机的性能，扩大了它的应用范围。到目前为止，固体火箭发动机已广泛应用于各种近、远程导弹和航天飞行的任务。例如，在世界各国约 160 种导弹中，有 137 种采用固体火箭发动机，应用范围达 85%以上；美国 1990 年和 1994 年投入使用的“飞马座”和“金牛座”小型航天运载器分别采用了三级和四级固体火箭发动机；欧洲航天局 1996 年投入使用的“阿里安-五”运载火箭采用了直径为 3 m 左右的固体火箭助推器；我国研制的“长征 1”运载火箭的第三级发动机采用了直径为 0.766 m 左右的固体火箭发动机，我国的大型分段发动机也在研制之中，已成功突破了分段对接技术；在航天器用固体火箭发动机方面，美国研制了“Star”和“Orbus”系列固体火箭发动机，分别用于转轨发动机、上面级发动机、远地点发动机、近地点发动机和“惯性上面级”第二级发动机等，其最高质量比为 0.946，最大真空比冲为3 000 N·s/kg；我国也成功地研制了返回式卫星用的制动发动机、通信卫星的远地点发动机和运载火箭的转轨发动机等。到目前为止，固体火箭发动机的推力可由 2 N～1 MN，直径可从 2.5 cm～6.6 m，已成为应用最广泛的火箭推进系统。目前，战略导弹与航天运载器用固体火箭发动机正在朝着大型化、大推力、高效能、长时间工作的方向发展；而航天器用固体火箭发动机则是朝向小型化、能多次启动、脉冲式工作的趋势发展。

1.3.2 液体火箭发动机

从 20 世纪 40 年代第二次世界大战末期的 V-2 导弹开始（V-2 导弹采用液体推进剂为液氧/酒精、发动机的推力约为 245×10^3 N），到 50 年代的中、远程导弹和人造卫星的运载火箭，一直到后来的各种宇宙飞船、登月飞行器和航天飞机，其主发动机都是液体火箭发动机。V-2 问世以后，液体火箭发动机得到了飞速的发展，其发展主要经历了三个阶段：

(1) 以军事战略需求为背景的液体火箭发动机发展阶段。世界各火箭国家出于战备需要，研制了一些液氧/煤油和有毒的可贮存推进剂发动机，如美国宇宙神火箭系列的 MA-3，MA-5；大力神火箭系列的 LR87-AJ-5，LR91-AJ-5；苏联的 RD-107，RD-108，RD-253；中国长征火箭系列的 YF-20 等。这些早期的火箭发动机一般性能较差且结构复杂。如早期液氧/煤油发动机比冲仅 2 695 N·s/kg，而现在俄罗斯 RD-170 发动机真空比冲达3 293 N·s/kg。

(2) 以大型运载火箭为背景的液氢/液氧和无毒推进剂发动机发展阶段。如美国的航天飞机主发动机 SSME，日本的 LE-7，欧洲的 HM-60，俄罗斯的 RD-0120 等氢氧发动机都先后在这个时期研制。中国也发展了 YF-73，YF-75 液氢/液氧上面级发动机。这是因为氢氧推进剂比冲最高。俄罗斯同时还发展了先进的高压补燃液氧/煤油发动机 RD-170 等，其富氧发生器技术对火箭发动机的发展有重要的影响。

(3) 以国际合作为背景，可重复使用的天地往返运输系统为需求的液体火箭发动机发展阶段。为了适应航天商业化与日益激烈的国际竞争，低成本、高可靠将是首要目标。

经过半个多世纪的发展，液体火箭发动机技术已经有了很大的提高。比冲从 2 250 N·s/kg 增加到 4 410 N·s/kg 以上；推力室压强从 4～5 MPa 提高到 20 MPa 以上，先进的高压补燃循环逐渐取代了常规的发生器循环，液氢/液氧高能推进剂得到广泛应用，可靠性和寿命指标有了很大的提高。

鉴于完全重复使用运载器的技术成熟尚需较长的时间，不可能在短期内完全取代各种规格的一次性使用运载火箭系列。可以预料,在相当长的时间内,基于当前技术的液体火箭发动机仍是航天运载的主动力。从发展趋势来看,追求更高的性能指标并不是未来的发展重点,充分利用和改进现有液体火箭发动机,降低成本和提高可靠性是未来一段时间的重点。当然,研制和开发可重复使用的先进液体火箭发动机也是重要的发展方向。

1.3.3 冲压发动机

冲压发动机的概念起始于20世纪早期,1913年,法国人Lorin发表了第一篇关于冲压发动机的专题论文,1928年,第一个具有典型冲压发动机特征的液体燃料冲压发动机(LFRJ)专利授予了匈牙利人Fono。

20世纪30年代中期开始真正建造并试验不同类型的冲压发动机,研究工作在法国、德国和俄罗斯开展。到1939年,法国开展部件实验的马赫数达到2.35。1940年,德国人采用LFRJ将炮弹从马赫数2.9加速到4.2。第二次世界大战使冲压发动机的研究热度下降。

20世纪40年代后半期,冲压发动机重新受到重视,并在50年代达到一个相对的高潮,但50年代后期和60年代早期,由于冲压发动机需要助推才能启动,冲压发动机技术受到涡轮和火箭发动机的双重挤压,直到60年代末期和70年代初期,俄罗斯的SA-4,SA-6和SS-N-19重新点燃起研究热情。在这个时期,体积较小的整体式冲压发动机技术受到美国和俄罗斯的重视。

从20世纪80年代至今,冲压发动机受到世界各国的广泛重视,包括美国、俄罗斯、法国、日本、印度和中国等,特别是整体式固体和液体火箭冲压发动机技术。除传统的亚燃冲压发动机得到发展之外,超燃冲压发动机在全世界引起研究热潮,以X-43A的两次成功飞行为标志,冲压发动机进入高超声速时代。

1.4 航天推进系统的应用

1.4.1 运载火箭

根据应用,运载火箭可分为一次性的和可重复使用的。其他的分类依据有推进剂的类型(可贮存/低温、液体/固体)、级数、有效载荷或火箭的尺寸/质量、载人或不载人等。

每种运载火箭都有其特定的飞行目标,如一定的地球轨道或月球着陆。通常火箭有两到五级,每一级都有自己的推进系统,各级通常按顺序在下一级工作结束后开始点火。火箭的级数与特定的空间飞行轨迹、机动次数与类型、单位质量推进剂的能量以及其他一些因素有关。第一级通常称为助推级,是最大的一级,在第二级火箭发动机点火工作前与上升的火箭分离。

多级运载火箭的每一级实际上本身就是一枚完整的火箭,它有自己的推进剂供应系统、自己的一台或多台火箭发动机和自己的控制系统。一旦某一级的推进剂耗尽,该级火箭的死重(包括贮箱、壳体、供应系统、控制系统等)对于增加后几级火箭的动能没有任何意义。通过抛离这些无用的质量,携带有效载荷的最后一级的末速度可以加速到更高。在低轨运载火箭中,固体火箭发动机和液体火箭发动机都有应用。

单级入轨(Single Stage To Orbit, SSTO)火箭因其结构简单、组件少,且避免了分级带来的成本和复杂性而具有较大的吸引力,可靠性也更高,可重复使用是单级入轨的主要考虑因素。由于死重偏大,单级入轨的有效载荷相对较小。即使针对较低的轨道(如 160 km 的高度),也只有推进剂性能很高、结构效率很高、结构质量很轻的运载器才能达到。通常选择液氢/液氧推进剂组合。美国在 20 世纪 90 年代曾开展的 X-33"冒险星"单级入轨的研究,最终因技术复杂,成本高于当前的发射成本而最终放弃。

运载火箭的任务和有效载荷是多样性的,如军事应用(侦察卫星、指挥与控制卫星)、民用(气象卫星、全球定位系统)、空间探测(空间环境、行星任务)或商业应用(通信卫星、太空旅游)。

1.4.2 航天器

航天器按其任务不同可分为地球卫星、月球航天器、星际航天器和跨太阳系航天器等几种,也可分为无人航天器和载人航天器。火箭推进系统既可用作航天器的主推进系统,也可完成辅助推进功能。辅助推进功能有姿态控制、自旋控制、动量轮和陀螺卸载、级间分离等。航天器上一般有多台不同的火箭发动机。对于航天器三轴姿态控制,由于每个轴要控制正负转动,故推进系统必须能提供六个转动自由度的纯力矩,这样至少需要 12 个推力室。有些任务只需要 4～6 台发动机,而复杂的载人航天器所有舱的发动机总数可达 40～80 台。通常,小型姿态控制发动机发出的脉冲推力或短时间的推力,需要启动数千次。

大多数航天器使用技术成熟的液体火箭发动机,也可采用固体火箭发动机助推。有一些航天器已经成功地把电推进应用于姿态控制。电推进系统也可以用作空间长时间飞行的主推进系统和辅助推进系统。如日本的"隼鸟"号主推进采用 Xe 微波离子电推进系统,完成约 60 亿千米的行程,在人类历史上首次达到小行星并带回小行星样品。

1.4.3 导弹武器

导弹可分为战略导弹和战术导弹。固体和液体火箭发动机都可用作导弹武器的主推进装置,固体火箭发动机占据优势。

1.4.4 其他应用

除了航天探索和战略、战术武器应用之外,火箭发动机在许多领域得到应用。飞机乘员逃逸舱弹射动力装置由固体火箭发动机提供快速响应的动力,水下发射动力装置可由固体火箭发动机产生高温、高压能量源,与水混合后形成推动导弹出筒的混合蒸汽,在早期的固体火箭发动机研究中,气象探空火箭、飞机或无人机的助推器是重要的应用背景,目前,防雹增雨大多利用固体火箭发动机作为发射动力。复杂山区的通信架线,也可以采用小型火箭发动机实现。

参考文献

[1] 唐金兰,刘佩进,等.固体火箭发动机原理.北京:国防工业出版社,2013.

[2] Sutton G P, Biblarz O. Rocket Propulsion Elemfents. 8th ed. John Wiley and Sons, 2010.

[3] 毛根旺,唐金兰,等.航天推进概论.西安:西北工业大学出版社,2012.

[4] 鲍福廷,黄熙君,张振鹏,等.固体火箭冲压组合发动机.北京:中国宇航出版社,2006.

[5] Fry R S. A Century of Ramjet Propulsion Technology Evolution. Journal of Propulsion and Power, 2004, 20 (1): 27 - 58.

[6] 杨玉新,胡春波,等.固液混合火箭发动机中的关键技术及其发展.宇航学报,2008, 29 (5): 1616 - 1621.

[7] 王建儒.分段式固体火箭发动机流动不稳定技术研究.西安:西北工业大学,2013.

[8] 刘国球,胡平信.液体火箭发动机技术的回顾与展望.推进技术,1998, 19(4): 2 - 6.

[9] Germani T, et al. Ariane 5 SRM ARTA Firing Tests Program Lesson Learned and Perspectives. AIAA - 2005 - 3790,2005.

第2章　航天推进系统主要性能参数及理论计算方法

航天推进系统种类多样，如固体火箭发动机、液体火箭发动机、各类冲压及其组合发动机和电推进发动机等。因应用场合、尺寸和推力规模的差异，即使是同一种发动机也存在众多不同的类型。以固体火箭发动机为例，可以列举出推力和尺寸有较大差异的几类发动机：姿轨控发动机、战术导弹发动机、战略导弹发动机和运载火箭助推发动机等。即使是同一任务类型的发动机，也可能因为飞行器总体方案的改进和发动机技术更新而衍生出大量的改进型号。可以毫不夸张地说，几乎没有哪两个型号采用完全一样的推进系统。各个推进系统的差异源自设计方案不同，但最终则是体现在其性能参数的差异上。本章主要对推进系统的主要性能参数进行讨论，建立其理论计算方法，并分析推进系统性能参数的应用方法。重点以火箭发动机为对象进行讨论。

2.1　概　述

导弹和火箭等各类飞行器在空中飞行时，依靠推进系统产生动力，实现加速或者巡航飞行。在研究飞行器的运动方程时，常用的是铅垂平面内质点的三自由度方程

$$\left.\begin{aligned}
&M\frac{\mathrm{d}v}{\mathrm{d}t}=F\cos\alpha-D-Mg\sin\theta\\
&Mv\frac{\mathrm{d}\theta}{\mathrm{d}t}=F\sin\alpha+L-Mg\cos\theta\\
&\frac{\mathrm{d}X}{\mathrm{d}t}=v\cos\theta\\
&\frac{\mathrm{d}Y}{\mathrm{d}t}=v\sin\theta\\
&\frac{\mathrm{d}M}{\mathrm{d}t}=-\dot{m}(t)\\
&\theta=\theta(t)
\end{aligned}\right\}\tag{2-1}$$

式中，v是飞行器的飞行速度；M是飞行器质量；α和θ分别是飞行器的攻角和弹道倾角；F，L和D分别为推力、升力和阻力；X，Y分别为水平距离和飞行高度。现在仅考虑飞行器在纵向的运动方程

$$M\frac{\mathrm{d}v}{\mathrm{d}t}=F\cos\alpha-D-Mg\sin\theta$$

对上式进行改写得

$$F\cos\alpha = M\frac{\mathrm{d}v}{\mathrm{d}t} + D + Mg\sin\theta$$

积分后得到

$$\int_{t_0}^{t} F\cos\alpha \mathrm{d}t = \int_{v_0}^{v} M\mathrm{d}v + \int_{t_0}^{t} D\mathrm{d}t + \int_{t_0}^{t} Mg\sin\theta \mathrm{d}t$$

由于 α 通常较小，可以认为 $\cos\alpha \approx 1$，即

$$\int_{t_0}^{t} F\mathrm{d}t = \int_{v_0}^{v} M\mathrm{d}v + \int_{t_0}^{t} D\mathrm{d}t + \int_{t_0}^{t} Mg\sin\theta \mathrm{d}t \tag{2-2}$$

可以看出，推进系统推力做功主要用于飞行器加速、克服气动阻力和克服重力。对于加速型任务的飞行器(如防空导弹和运载火箭)来说，主要是提高飞行器的速度和高度。对于巡航任务的飞行器(如巡航导弹)来说，主要是克服阻力、保持飞行速度和增加射程。因此，推力 F 是推进系统的主要性能参数之一。推力对时间的积分项 $\int_{t_0}^{t} F\mathrm{d}t$ 表明了推进系统的总做功能力，在总的做功能力一定的情况下，如果飞行器质量增加或阻力增加，那么能够达到的最大速度(或射程)必然会下降。可见推力对时间的积分项也是推进系统的主要性能参数之一，将其定义为总冲。

根据飞行器纵向运动方程，加速度可以写成

$$\frac{\mathrm{d}v}{\mathrm{d}t} = \frac{F}{M} - \frac{D}{M} - g\sin\theta$$

对于此方程需要注意，飞行器质量 M 并非固定不变，它与推进系统产生推力时所消耗的推进剂质量密切相关。随着推进系统不断喷射出燃气产生推力，飞行器质量也在不断减小。因此，推进剂的质量变化率 $\dot{m}(t)$(称之为质量流率，工程上也简称为流量)也是推进系统的主要性能参数之一。

由于发动机的实际工作过程十分复杂，为了运用热力学和气体动力学的基本理论找出燃烧室压强、推力、质量流率和环境大气压强等各个参数间的定量关系，必须把火箭发动机复杂的实际过程加以抽象、简化，建立一个便于进行理论分析的物理模型(有时亦称为理想发动机)。为此，在火箭发动机性能参数分析过程中做如下的基本假设：

1) 假定燃气是完全气体。在一般的工作压强下，推进剂燃烧产物的性质很接近完全气体。

2) 在整个火箭发动机的燃烧室和喷管中，假定燃气的成分是均匀的、不变的，比热也不随温度而变。

3) 燃气在喷管中的流动为一维定常流。也就是说，所有参数只沿发动机轴向变化，而不随时间变化。

4) 燃烧室是绝热的，燃气在喷管中的流动过程是等熵的，即忽略散热损失和摩擦损失。

5) 喷管入口处气流速度为零。

在以上假设基础上，本章将给出火箭发动机各个性能参数的定义，导出在以上理想条件下各参数的计算式，并分析影响发动机各性能参数的主要因素。

2.2　推进系统主要性能参数及其计算

2.2.1　推力

2.2.1.1　推力计算方法

推力是导弹和火箭等各类飞行器的基本动力，是发动机最主要的性能参数之一。推进剂在发动机燃烧室内燃烧产生的高温、高压燃气，经过喷管加速后喷射出去。根据牛顿第三运动定律，高速喷射的燃气会产生一个大小相等、方向相反的反作用力作用于发动机上。这个反作用力是发动机推力的主要组成部分，但并非是推力的全部。原因是，发动机在工作时不仅在内表面会受到燃气压强的作用，其外表面上还会受到环境气压的作用，即推力

$$\boldsymbol{F}=\boldsymbol{F}_{内}+\boldsymbol{F}_{外} \tag{2-3}$$

式中，$\boldsymbol{F}_{内}$ 是燃气对发动机内表面的作用力；$\boldsymbol{F}_{外}$ 是外界大气对发动机外表面的作用力。在飞行过程中，如果发动机外表面与环境气流接触，会在外表面产生切向空气阻力，但这一部分不计入发动机推力，而是归入飞行器的阻力。

对于火箭发动机，其受力情况如图 2-1 所示。吸气式发动机(冲压发动机及其组合发动机)的情况比较复杂，将在第 7 章进行详细讨论。发动机推力可以利用两种不同方法进行计算：一是根据内外所有表面的压强进行积分计算，二是利用动量守恒定律进行计算。根据表面压强计算推力可以方便地处理一些特殊情况下的推力，例如，如果在发动机工作过程中突然沿 C—C 截面将发动机切割，那么切割后的两部分受多大的初始力驱动而分开运动？利用表面压强可迅速做出大致的估算。另外，随着现代计算流体力学技术的日益成熟，可以很准确地计算表面压强分布，因此可利用此原理计算推力。但大多数情况下，对于火箭发动机来说，利用动量守恒定律进行推导最为简便，获得的结果物理含义也更丰富。

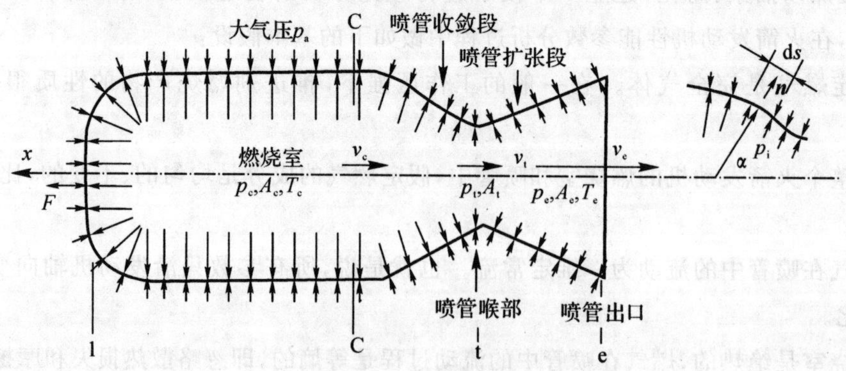

图 2-1　作用在发动机内、外表面上的压强分布

火箭发动机的受力情况比较简单，可以很方便地利用动量定理计算出其推力：

$$\boldsymbol{F}=-\dot{m}(\boldsymbol{u}_{e}-\boldsymbol{u}_{in})-p_{e}\boldsymbol{n}A_{e}+p_{a}\boldsymbol{n}A_{e} \tag{2-4}$$

式中，$\dot{m}$ 为燃气质量流率；$\boldsymbol{u}_e$ 为发动机向外喷气速度矢量；$\boldsymbol{u}_{in}$ 为燃烧室内燃气加入速度矢量（如固体推进剂燃烧表面的喷射速度、液体火箭发动机的推进剂喷射速度）；p_e 为喷管出口面的燃气压强；p_a 为环境气压；A_e 为喷管出口截面面积；$\boldsymbol{n}$ 为出口面的外法线方向。

由于火箭发动机通常是轴对称体，垂直于发动机轴线的力相互抵消，因而发动机只有轴向推力。考虑到 $u_{in} \ll u_e$，式(2-4) 变为

$$F = \dot{m}u_e + A_e(p_e - p_a) \tag{2-5}$$

此处，F 为标量，表示发动机产生的推力大小。

2.2.1.2　相关问题讨论

从火箭发动机的推力公式(2-5) 可以看出，推力由两部分组成：

第一项 $\dot{m}u_e$ 称为动推力，其大小取决于喷管质量流率 $\dot{m}$ 和喷气速度 u_e。它是推力的主要组成部分，通常占推力的 90% 以上。因此，增大推力的主要途径是加大质量流率、提高喷气速度。在火箭发动机设计中，为了尽可能地提高能量利用率，要尽可能提高喷气速度，使其保持较高的水平。当喷气速度难以大幅度推高时，提高喷管质量流率成了大幅提高推力的主要途径。

第二项 $A_e(p_e - p_a)$ 称为静推力，由喷管出口面的燃气压强和环境大气压强的不平衡产生。不平衡的程度与喷管的工作状态（欠膨胀、完全膨胀或过膨胀）有关。由流体力学知识可知，喷管的工作状态与其扩张面积比、环境大气压强（对应于发动机工作高度）有关。对于设计定型的发动机，静推力随飞行高度的增加而增大。

1. 真空推力

由式(2-5) 可以看出，对于设计定型的发动机，随着工作高度的增大，外界大气压力 p_a 逐渐减小，推力则随之增大。当发动机在真空中工作时 $p_a = 0$，这时的推力叫作真空推力，用 F_V 表示。

$$F_V = \dot{m}u_e + A_e p_e \tag{2-6}$$

对于设计定型的发动机，真空推力是发动机可能产生的最大推力。若已知真空推力，则可用下式计算不同高度上的推力：

$$F = F_V - A_e p_a \tag{2-7}$$

2. 地面推力

由式(2-5) 可以看出，火箭发动机的推力与飞行速度没有关系。因此，发动机推力可以通过地面热试车来测定，将所测得的推力称为地面推力，用 F_0 表示：

$$F_0 = \dot{m}u_e + A_e(p_e - p_{a0}) \tag{2-8}$$

式中，p_{a0} 为地面的大气压强。

不同高度上的推力可以用下式计算：

$$F = F_0 + A_e(p_{a0} - p_a) \tag{2-9}$$

3. 特征推力

当喷管出口截面燃气压强与外界大气压强相等时，即 $p_e = p_a$，式(2-5) 可以简化为

$$F^0 = \dot{m}u_e \tag{2-10}$$

式中，F^0 称为特征推力。通常把 $p_e = p_a$ 的状态叫作喷管的设计状态（此时喷管处于完全膨胀状态），设计状态下的推力叫作特征推力，或最佳推力。在火箭发动机的工作过程中，工作高度不断变化，大气压强也随之变化。因此，在一般情况下 $p_e \neq p_a$，仅在某一特定高度上才会出现

$p_e = p_a$ 的情况。这一特定的高度，称为火箭发动机的设计高度。

例 2-1 某发动机的燃气流量为 11.53 kg/s，其喷气速度为 2 360 m/s，喷管出口截面直径为 0.23 m(对应面积为 0.041 53 m^2)，喷管出口压强为 5.0×10^4 Pa，外界大气压为 3.1×10^4 Pa。可以计算出如下结果：

(1) 动推力为 $\dot{m}u_e = 11.53\times2\ 360 = 27\ 211$ N

静推力为 $A_e(p_e - p_a) = 0.041\ 53\times(5.0-3.1)\times10^4 = 789$ N

(2) 总推力为 $F = 27\ 211 + 789 = 28\ 000$ N

动推力占总推力的比例为 27 211/28 000 = 97.2%

(3) 在真空条件下发动机推力为

$$F_V = 11.53\times2\ 360 + 0.041\ 53\times5.0\times10^4 = 29\ 287\ \text{N}$$

(4) 该发动机的特征推力为

$$F^0 = \dot{m}u_e = 11.53\times2\ 360 = 27\ 211\ \text{N}$$

(5) 在高度为 5.574 km 时，环境大气压为 5.0×10^4 Pa，此时喷管处于完全膨胀状态。因此，该发动机的设计高度为 5.574 km。

(6) 在高度为 10 km 时，环境大气压为 26 437 Pa，此时对应的发动机推力为

$$F = 11.53\times2\ 360 + 0.041\ 53\times(50\ 000 - 26\ 437) = 28\ 189\ \text{N}$$

2.2.2 喷气速度

从推力计算公式可以看出，喷气速度是决定发动机推力的重要参数。发动机在工作过程中，依靠拉瓦尔喷管实现高温、高压燃气的不断加速，将燃气的热能转换为燃气的动能。

假定燃气在喷管内的流动是完全气体的一维定常等熵流动过程。将气体的绝能流动能量方程应用于喷管的进、出口截面，则有

$$h_c + \frac{u_c^2}{2} = h_e + \frac{u_e^2}{2} \tag{2-11}$$

由于 $u_c \ll u_e$，因此常假定喷管入口处气流速度 $u_c = 0$。式(2-11)可变为

$$h_c = h_e + \frac{u_e^2}{2}$$

因此有

$$u_e = \sqrt{2(h_c - h_e)} = \sqrt{\frac{2k}{k-1}RT_f\left(1 - \frac{T_e}{T_c}\right)} = \sqrt{\frac{2k}{k-1}\frac{R_u}{\overline{m}}T_f\left[1 - \left(\frac{p_e}{p_c}\right)^{\frac{k-1}{k}}\right]} \tag{2-12}$$

式中，$\overline{m}$ 为燃气平均分子量；R_u 为通用气体常数；k 为比热比；T_f 为推进剂绝热燃烧温度。

由式(2-12)可以看出，影响喷气速度的因素包括两方面：推进剂燃烧产物的性能(表现在 T_f，$\overline{m}$ 和 k)和喷管的膨胀压强比 $\frac{p_e}{p_c}$。当燃烧产物的特性一定时，喷气速度只与喷管的膨胀压强比 $\frac{p_e}{p_c}$ 有关。

膨胀压强比 $\frac{p_e}{p_c}$ 的大小反映了燃气在喷管中的膨胀程度，膨胀压强比 $\frac{p_e}{p_c}$ 越小，燃气膨胀得越充分，有更多的热能转换为动能，喷气速度越高。如果假定 $p_e = 0$，则表明此时燃气的全部

热能都转换为动能，喷气速度达到极限值，称为极限喷气速度，用 u_L 表示。

$$u_L=\sqrt{2h_c}=\sqrt{\frac{2k}{k-1}RT_f} \tag{2-13}$$

极限速度是一个理论值，实际上永远不会达到。式(2-12)中的 $1-\left(\frac{p_e}{p_c}\right)^{\frac{k-1}{k}}$ 表示了喷管膨胀加速过程中热能的利用程度，相当于喷管的热／动能转换效率。按照热力学第二定律，热能利用效率不可能达到1。喷管膨胀面积比越大，$\frac{u_e}{u_L}$ 越大。

根据超声速喷管流动理论，只要喷管内不产生激波和气流分离现象，当燃气比热比 k 一定时，膨胀压强比 p_e/p_c 仅取决于喷管扩张面积比 A_e/A_t。根据连续方程，可以推导出如下关系：

$$\frac{A_e}{A_t}=\frac{\Gamma}{\left(\frac{p_e}{p_c}\right)^{\frac{1}{k}}\sqrt{\frac{2k}{k-1}\left[1-\left(\frac{p_e}{p_c}\right)^{\frac{k-1}{k}}\right]}}=\frac{\left(\frac{2}{k+1}\right)^{\frac{1}{k-1}}\sqrt{\frac{k-1}{k+1}}}{\sqrt{\left(\frac{p_e}{p_c}\right)^{\frac{2}{k}}-\left(\frac{p_e}{p_c}\right)^{\frac{k+1}{k}}}} \tag{2-14}$$

式(2-14)是一个非常重要的公式，它把膨胀压强比 p_e/p_c 和喷管几何参数 A_e/A_t 联系起来。对于设计定型的发动机来说，A_e/A_t 已确定，根据式(2-14)可以求出对应的膨胀压强比 p_e/p_c。需要注意的是，利用式(2-14)求解 p_e/p_c 时，会得到两个解，分别是 $p_e/p_c>1$ 和 $p_e/p_c<1$。其中 $p_e/p_c>1$ 对应于亚声速流动，应舍去；而 $p_e/p_c<1$ 对应于超声速流动，需要予以保留。表 2-1 中给出了 A_e/A_t 与 p_e/p_c 对应关系，以便计算时使用。

为便于分析，可将推力计算公式(2-5)改写为

$$F=\dot{m}\left[u_e+\frac{A_e}{\dot{m}}(p_e-p_a)\right]$$

令

$$u_{ef}=u_e+\frac{A_e}{\dot{m}}(p_e-p_a) \tag{2-15}$$

则

$$F=\dot{m}u_{ef} \tag{2-16}$$

这里 u_{ef} 称为等效喷气速度，即把火箭发动机推力计算式(2-5)中的动、静推力全部等效为动推力时所对应的喷气速度，因此 u_{ef} 是一个折算速度。

表 2-1　超声速段面积比 A/A_t 和压强比 p/p_c 的关系

d/d_t	A/A_t \ k	1.20	1.21	1.22	1.23	1.24	1.25	1.26	1.27	1.28	1.29	1.30
1.0	1.00	0.564	0.563	0.561	0.559	0.557	0.555	0.553	0.551	0.549	0.548	0.546
1.1	1.21	0.293	0.291	0.289	0.287	0.285	0.283	0.281	0.279	0.277	0.275	0.273
1.2	1.44	0.209	0.207	0.205	0.203	0.201	0.199	0.197	0.196	0.194	0.192	0.190
1.3	1.69	0.159	0.157	0.155	0.153	0.152	0.150	0.148	0.147	0.145	0.143	0.142
1.4	1.96	0.125	0.123	0.122	0.120	0.119	0.117	0.116	0.114	0.113	0.111	0.110
1.5	2.25	0.101	0.099 2	0.0978	0.0964	0.0951	0.0938	0.0925	0.0910	0.0900	0.0887	0.0875
1.6	2.56	0.0828	0.081 5	0.0803	0.0791	0.0779	0.0767	0.0756	0.0744	0.0733	0.0722	0.0712
1.7	2.89	0.0692	0.068 1	0.0670	0.0659	0.0648	0.0638	0.0628	0.0618	0.0608	0.0598	0.0589
1.8	3.24	0.0586	0.057 6	0.0566	0.0557	0.0547	0.0538	0.0528	0.0519	0.0511	0.0502	0.0493
1.9	3.61	0.0502	0.049 3	0.0484	0.0475	0.0467	0.0458	0.0450	0.0442	0.0434	0.0426	0.0419

续表

d/d_t	k / A/A_t	1.20	1.21	1.22	1.23	1.24	1.25	1.26	1.27	1.28	1.29	1.30
2.0	4.00	0.0435	0.0426	0.0418	0.0410	0.0402	0.0395	0.0387	0.0380	0.0373	0.0366	0.0359
2.1	4.41	0.0379	0.0372	0.0364	0.0357	0.0350	0.0343	0.0336	0.0329	0.0323	0.0316	0.0310
2.2	4.84	0.0333	0.0326	0.0319	0.0313	0.0306	0.0300	0.0294	0.0288	0.0282	0.0276	0.0270
2.3	5.29	0.0295	0.0288	0.0282	0.0276	0.0270	0.0264	0.0259	0.0253	0.0248	0.0242	0.0237
2.4	5.76	0.0262	0.0256	0.0251	0.0245	0.0240	0.0234	0.0229	0.0224	0.0219	0.0214	0.0210
2.5	6.25	0.0235	0.0229	0.0224	0.0219	0.0214	0.0209	0.0204	0.0199	0.0195	0.0191	0.0186
2.6	6.76	0.0211	0.0206	0.0201	0.0196	0.0192	0.0187	0.0183	0.0178	0.0174	0.0170	0.0166
2.7	7.29	0.0191	0.0186	0.0181	0.0177	0.0173	0.0168	0.0164	0.0160	0.0157	0.0153	0.0149
2.8	7.84	0.0173	0.0168	0.0164	0.0160	0.0156	0.0152	0.0149	0.0145	0.0141	0.0138	0.0134
2.9	8.41	0.0157	0.0153	0.0149	0.0146	0.0142	0.0138	0.0135	0.0131	0.0128	0.0125	0.0122
3.0	9.00	0.0144	0.0140	0.0136	0.0129	0.0129	0.0126	0.0123	0.0119	0.0116	0.0113	0.0110
3.1	9.61	0.0132	0.0128	0.0125	0.0121	0.0118	0.0115	0.0112	0.0109	0.0106	0.0103	0.0101
3.2	10.24	0.0121	0.0118	0.0114	0.0111	0.0108	0.0105	0.0103	0.0100	0.0097	0.0094	0.0092
3.3	10.89	0.0112	0.0108	0.0105	0.0102	0.0100	0.0097	0.0094	0.0092	0.0089	0.0087	0.0084
3.4	11.56	0.0103	0.0100	0.0097	0.0095	0.0092	0.0089	0.0087	0.0084	0.0082	0.0080	0.0077
3.5	12.25	0.0095	0.0093	0.0090	0.0087	0.0085	0.0082	0.0080	0.0078	0.0076	0.0073	0.0071
3.6	12.96	0.0089	0.0086	0.0084	0.0081	0.0079	0.0076	0.0074	0.0072	0.0070	0.0068	0.0066
3.7	13.69	0.0082	0.0080	0.0078	0.0075	0.0073	0.0071	0.0069	0.0067	0.0065	0.0063	0.0061
3.8	14.44	0.0077	0.0075	0.0072	0.0070	0.0068	0.0066	0.0064	0.0062	0.0060	0.0058	0.0057
3.9	15.21	0.0072	0.0070	0.0068	0.0065	0.0063	0.0061	0.0060	0.0058	0.0056	0.0054	0.0053
4.0	16.00	0.0067	0.0065	0.0063	0.0061	0.0059	0.0057	0.0056	0.0054	0.0052	0.0051	0.0049
4.1	16.81	0.0063	0.0061	0.0059	0.0057	0.0055	0.0054	0.0052	0.0050	0.0049	0.0047	0.0046
4.2	17.64	0.0059	0.0057	0.0055	0.0054	0.0052	0.0050	0.0049	0.0047	0.0046	0.0044	0.0043
4.3	18.49	0.0056	0.0054	0.0052	0.0050	0.0049	0.0047	0.0046	0.0044	0.0043	0.0041	0.0040
4.4	19.36	0.0052	0.0051	0.0049	0.0047	0.0046	0.0044	0.0043	0.0041	0.0040	0.0039	0.0038
4.5	20.25	0.0049	0.0048	0.0046	0.0045	0.0043	0.0042	0.0040	0.0039	0.0038	0.0036	0.0035
4.6	21.16	0.0047	0.0045	0.0044	0.0042	0.0041	0.0039	0.0038	0.0037	0.0035	0.0034	0.0033
4.7	22.09	0.0044	0.0043	0.0041	0.0040	0.0038	0.0037	0.0036	0.0035	0.0033	0.0032	0.0031
4.8	23.04	0.0042	0.0040	0.0039	0.0038	0.0036	0.0035	0.0034	0.0033	0.0032	0.0030	0.0029
4.9	24.01	0.0040	0.0038	0.0037	0.0036	0.0034	0.0033	0.0032	0.0031	0.0030	0.0029	0.0028
5.0	25.00	0.0038	0.0036	0.0035	0.0034	0.0033	0.0031	0.0030	0.0029	0.0028	0.0027	0.0026

例 2-2 某发动机内的燃烧温度为 2 800 K，燃气分子量为 26 g/mol，燃气比热比为 1.25，燃烧室压强为 10 MPa，喷管膨胀面积比 25。可以得到如下结果：

(1) 查表 2-1 得到喷管出口截面压强比$\dfrac{p_e}{p_c}=0.003\,1$，出口截面压强为 $p_e=10\times10^6\times0.003\,1=31\,000$ Pa；

(2) 喷管喷气速度为

$$u_e=\sqrt{\frac{2\times 1.25}{1.25-1}\times\frac{8\ 314}{26}\times 2\ 800\times\left[1-(0.003\ 1)^{\frac{1.25-1}{1.25}}\right]}=2\ 477\ \text{m/s}$$

喷管极限喷气速度为

$$u_L=\sqrt{\frac{2\times 1.25}{1.25-1}\times\frac{8\ 314}{26}\times 2\ 800}=2\ 992\ \text{m/s}$$

$$\frac{u_e}{u_L}=0.828$$

2.2.3　质量流率和特征速度

从 2.2.1 节关于发动机推力的讨论可以看出，动推力占发动机推力的比例很高(例 2-1 中达到了 97.2%)，因此推力大小与燃气质量流率近似成正比。喷管任意截面的燃气质量流率都相等，均等于每秒消耗的推进剂质量。超声速拉瓦尔喷管的喉部为临界截面，由流体力学可知，喉部的气流速度为声速(注意：应当是与此处燃气静温相对应的声速)，是一个特征截面。因此，可以采用此特征截面的气流参数计算燃气质量流率。

在流体力学课程中已经学习过，对于任何流动有

$$\dot{m}=\frac{\sqrt{k}}{\sqrt{RT_f}}\left(\frac{2}{k+1}\right)^{\frac{k+1}{2(k-1)}}p_cA_tq(M)$$

其中 $q(M)=M\left[\frac{2}{k+1}\left(1+\frac{k-1}{2}M^2\right)\right]^{-\frac{k+1}{2(k-1)}}$。对于喉部截面来说 $M=1$，同时令

$$\Gamma=\sqrt{k}\left(\frac{2}{k+1}\right)^{\frac{k+1}{2(k-1)}} \tag{2-17}$$

则流量公式可表示为

$$\dot{m}=\frac{\Gamma}{\sqrt{RT_f}}p_cA_t \tag{2-18}$$

式中，Γ 只是比热比 k 的函数，由表 2-2 所列的 Γ-k 关系可看出，比热比 k 对 Γ 的影响较小。

从式(2-18)可以看出，质量流率与喷管入口总压 p_c 和喉部截面积 A_t 成正比关系，与燃气产物的 $\sqrt{RT_f}$ 成反比关系，而比热比 k 的影响较小。

在实际使用时，将式(2-18) 写为

$$\dot{m}=C_Dp_cA_t \tag{2-19}$$

式中，C_D 为流量系数(单位为 s/m)，定义为

$$C_D=\frac{\sqrt{k}}{\sqrt{RT_f}}\left(\frac{2}{k+1}\right)^{\frac{k+1}{2(k-1)}}=\frac{\Gamma}{\sqrt{RT_f}} \tag{2-20}$$

可以看出，流量系数与燃气的热力学性质相关，由推进剂组分所决定。

表 2-2　Γ 数值表

k	Γ	k	Γ
1.14	0.636 6	1.23	0.654 3
1.15	0.638 6	1.24	0.656 2
1.16	0.640 7	1.25	0.658 1
1.17	0.642 6	1.26	0.659 9
1.18	0.644 6	1.27	0.661 8
1.19	0.646 6	1.28	0.663 6
1.20	0.648 5	1.29	0.665 5
1.21	0.650 5	1.30	0.667 4
1.22	0.652 4	1.31	0.669 1

在火箭发动机中，计算流量时更多地采用了流量系数 C_D 的倒数 c^*，即

$$c^*=\frac{1}{C_D}=\frac{\sqrt{RT_\text{f}}}{\Gamma}=\frac{1}{\Gamma}\sqrt{\frac{R_\text{u}}{\overline{m}}T_\text{f}} \tag{2-21}$$

$$\dot{m}=\frac{p_\text{c}A_\text{t}}{c^*} \tag{2-22}$$

由于 c^* 具有速度的量纲，因此将其称为特征速度。它只与推进剂燃烧产物的热力学参数有关，与喷管喉部下游的流动过程无关。因此，特征速度是度量燃烧室中推进剂化学能转变为热能的有效程度的参数。c^* 值越大，表明推进剂能量越高，燃烧越充分。

图 2-2 表示了特征速度 c^* 随 $\sqrt{\frac{T_\text{f}}{\overline{m}}}$ 和 k 的变化关系。由图可以看出，c^* 对 $\sqrt{\frac{T_\text{f}}{\overline{m}}}$ 的变化很敏感，对 k 值变化不太敏感。从能量角度，希望推进剂的特征速度 c^* 越大越好。一般双基推进剂的特征速度约为 1 400 m/s，复合推进剂的特征速度更高一些，为 1 500 ～ 1 800 m/s。

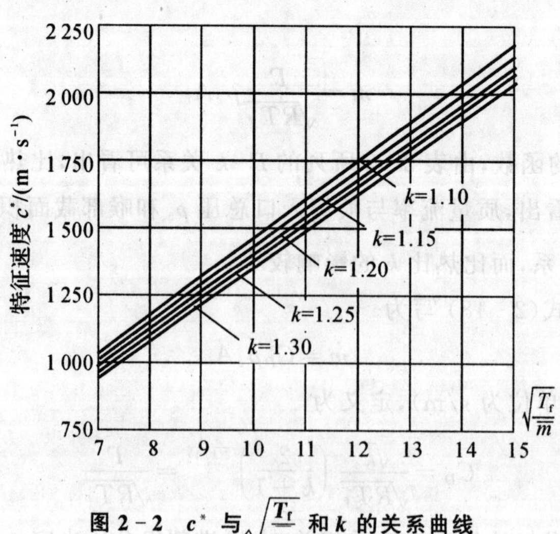

图 2-2　c^* 与 $\sqrt{\frac{T_\text{f}}{\overline{m}}}$ 和 k 的关系曲线

例 2-3　某发动机内的燃烧温度为 2 800 K，燃气平均分子量为 26 g/mol，燃气比热比为

1.25，燃烧室压强为 10 MPa，喷管喉部直径为 0.05 m（对应喉部面积为 $1.963\times10^{-3}\ \mathrm{m}^2$）。可以得到如下结果：

（1）流量系数为

$$C_D=\frac{\sqrt{1.25}}{\sqrt{\dfrac{8\ 314}{26}\times 2\ 800}}\times\left(\frac{2}{1.25+1}\right)^{\frac{1.25+1}{2(1.25-1)}}=6.955\times10^{-4}\ \mathrm{s/m}$$

（2）特征速度为

$$c^*=\frac{1}{6.955\times10^{-4}}=1\ 438\ \mathrm{m/s}$$

（3）质量流率为

$$\dot{m}=\frac{10\times10^6\times1.963\times10^{-3}}{1\ 438}=13.65\ \mathrm{kg/s}$$

2.2.4　推力系数

将喷管质量流率式（2－19）和喷气速度式（2－12）分别代入推力计算公式

$$F=\dot{m}u_e+A_e(p_e-p_a)$$

整理后可得

$$F=p_cA_t\left[\Gamma\sqrt{\frac{2k}{k-1}\left[1-\left(\frac{p_e}{p_c}\right)^{\frac{k-1}{k}}\right]}+\frac{A_e}{A_t}\left(\frac{p_e}{p_c}-\frac{p_a}{p_c}\right)\right]$$

令

$$C_F=\Gamma\sqrt{\frac{2k}{k-1}\left[1-\left(\frac{p_e}{p_c}\right)^{\frac{k-1}{k}}\right]}+\frac{A_e}{A_t}\left(\frac{p_e}{p_c}-\frac{p_a}{p_c}\right)\tag{2-23}$$

便得

$$F=C_Fp_cA_t\tag{2-24}$$

这里 C_F 称作推力系数，它是一个无量纲系数，在面积比 A_e/A_t 或压强比 p_c/p_a 较大的变化范围内其数值在 1～2 之间，初步估算发动机推力时 C_F 常取 1.5～1.8。C_F 值越大，说明燃气膨胀愈完善。因此，它是表征喷管性能的参数。

由式（2-23）可见，影响 C_F 的因素有比热比 k、压强比 p_e/p_c，p_a/p_c 和面积比 A_e/A_t。对常用的固体推进剂来说，k 值变化不大；在一般情况下，$p_a\ll p_c$，因而 $\dfrac{A_e}{A_t}\cdot\dfrac{p_a}{p_c}$ 在数值上是比较小的，因此可以说，影响推力系数 C_F 的主要因素是膨胀压强比 p_e/p_c 和喷管扩张面积比 A_e/A_t。当 k 值一定时，利用式（2－14）及式（2－23），可以得到不同压强比 $\dfrac{p_c}{p_a}$ 下的推力系数 C_F 与面积比 $\dfrac{A_e}{A_t}$ 的关系，如图 2－3 所示。

由图 2-3 可看出，对于每一个压强比 $\dfrac{p_c}{p_a}$ 来说，推力系数 C_F 随 $\dfrac{A_e}{A_t}$ 的变化基本相同。在给定的某个压强比 $\dfrac{p_c}{p_a}$ 下，随着 $\dfrac{A_e}{A_t}$ 的增大，C_F 先增大后减小，中间经过一个最高点。这反映了在给定的某个压强比$\frac{p_c}{p_a}$下，推力系数随喷管膨胀状态（欠膨胀、完全膨胀、过膨胀）的变化而变化，且在喷管完全膨胀状态下具有最大推力系数或者最佳推力系数，而与最大或最佳推力系数对应的喷管膨胀面积比$\frac{A_e}{A_t}$称为最佳面积比。这个最佳面积比就是在给定的某个压强比$\frac{p_c}{p_a}$下，喷管处于设计状态（即完全膨胀状态）的面积比。必须注意，对于每一个给定的压强比$\frac{p_c}{p_a}$都有一个最大推力系数和对应的最佳面积比。

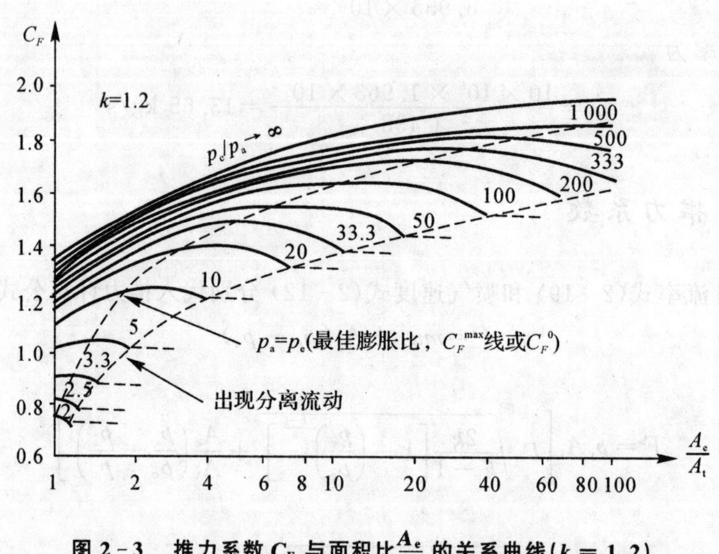

图 2-3　推力系数 C_F 与面积比$\frac{A_e}{A_t}$的关系曲线($k=1.2$)

推力系数关系式(2-23)适用于喷管的各种工作状态，即设计状态（完全膨胀状态）和非设计状态（欠膨胀状态和过膨胀状态），但要求在喷管内部不产生激波和流动分离现象，即喷管处于满流状态。如果喷管过膨胀达到一定的程度，喷管中就会出现激波和分离现象，此时式(2-23)就不适用了。因此，图 2-3 中的曲线不再往右边延伸。

从图 2-3 还可看出，推力系数 C_F 与面积比$\frac{A_e}{A_t}$的曲线随压强比$\frac{p_c}{p_a}$的增加而向上移动，这说明推力系数是随着发动机工作高度的增加而增大的。从发动机的实际工作情况来看，如果燃烧室工作压强不变，$\frac{p_c}{p_a}$值的增加就意味着 p_a 减小，也就是发动机的工作高度增加，使$\frac{A_e}{A_t}\cdot\frac{p_a}{p_c}$的值减小，从而使 C_F 增大。当发动机在真空中（外界大气压强 $p_a=0$）工作时，推力达最大值，推力系数同样也达最大值。一般称它为真空推力系数，用 C_{FV} 表示。

$$C_{FV}=\frac{F_V}{p_c A_t}=\frac{\dot{m}u_e}{p_c A_t}+\frac{A_e}{A_t}\frac{p_e}{p_c}=\Gamma\sqrt{\frac{2k}{k-1}\left[1-\left(\frac{p_e}{p_c}\right)^{\frac{k-1}{k}}\right]}+\frac{A_e}{A_t}\frac{p_e}{p_c} \tag{2-25}$$

利用式(2-14)可以计算出面积膨胀比与压强比的关系，代入式(2-25)即可得到真空推力系数。表 2-3 中给出了不同面积比和比热比对应的真空推力系数，在计算时可以直接查表获得真空推力系数。

任意高度的推力系数和真空推力系数的关系为

$$C_F = C_{FV} - \frac{A_e}{A_t}\frac{p_a}{p_c} \tag{2-26}$$

当喷管在完全膨胀状态下工作时，$p_e = p_a$，推力系数为

$$C_F^0 = \Gamma\sqrt{\frac{2k}{k-1}\left[1-\left(\frac{p_e}{p_c}\right)^{\frac{k-1}{k}}\right]} \tag{2-27}$$

C_F^0 通常称为特征推力系数。实质上，特征推力系数 C_F^0 就是给定压强比$\dfrac{p_c}{p_a}$下的最大推力系数。

发动机工作于任意高度的推力系数 C_F 与其特征推力系数的关系是

$$C_F = C_F^0 + \frac{A_e}{A_t}\left(\frac{p_e}{p_c} - \frac{p_a}{p_c}\right) \tag{2-28}$$

特征推力系数 C_F^0 与真空推力系数一样也可查表获得。利用式(2-28)计算发动机工作在其他情况下的推力系数时，还需要计算喷管出口截面压强比和设计高度的环境气压。由此来看，真空推力系数 C_{FV} 似乎更方便一些。

表 2-3　真空推力系数 C_{FV} 值

d/d_t	A/A_t \ k	1.20	1.21	1.22	1.23	1.24	1.25	1.26	1.27	1.28	1.29	1.30
1.0	1.00	1.241 8	1.243 2	1.244 5	1.245 9	1.247 2	1.248 5	1.249 9	1.251 2	1.252 5	1.253 8	1.255 2
1.1	1.21	1.320 8	1.321 7	1.322 5	1.323 5	1.324 4	1.325 3	1.326 2	1.327 1	1.328 0	1.328 9	1.329 8
1.2	1.44	1.377 5	1.377 9	1.378 4	1.378 8	1.379 2	1.379 7	1.380 1	1.380 5	1.381 0	1.381 4	1.381 9
1.3	1.69	1.422 9	1.422 8	1.422 8	1.422 8	1.422 8	1.422 8	1.422 8	1.422 8	1.422 8	1.422 9	1.422 9
1.4	1.96	1.460 8	1.460 3	1.459 6	1.459 4	1.458 9	1.458 5	1.458 1	1.457 7	1.457 3	1.456 9	1.456 6
1.5	2.25	1.493 2	1.492 3	1.491 4	1.490 5	1.489 7	1.488 8	1.488 0	1.487 2	1.486 5	1.485 7	1.485 0
1.6	2.56	1.521 5	1.520 2	1.518 9	1.517 6	1.516 4	1.515 1	1.513 9	1.512 8	1.511 7	1.510 5	1.509 5
1.7	2.89	1.546 5	1.544 8	1.543 1	1.541 4	1.539 8	1.538 2	1.536 7	1.535 2	1.533 7	1.532 2	1.530 8
1.8	3.24	1.568 8	1.566 7	1.564 6	1.562 6	1.560 7	1.558 7	1.556 8	1.555 0	1.553 2	1.551 4	1.549 7
1.9	3.61	1.588 9	1.586 4	1.584 0	1.581 7	1.579 4	1.577 1	1.574 9	1.572 7	1.570 6	1.568 5	1.566 5
2.0	4.00	1.607 1	1.604 3	1.599 9	1.598 9	1.596 3	1.593 7	1.591 2	1.588 7	1.586 3	1.584 0	1.581 6
2.1	4.41	1.623 8	1.620 7	1.617 6	1.614 6	1.611 7	1.608 8	1.606 0	1.603 2	1.600 5	1.597 9	1.595 3
2.2	4.84	1.639 1	1.635 6	1.632 3	1.629 0	1.625 8	1.622 6	1.619 5	1.616 5	1.613 5	1.610 6	1.607 8
2.3	5.29	1.653 2	1.649 5	1.645 8	1.642 2	1.638 7	1.635 3	1.631 9	1.628 7	1.625 4	1.622 3	1.619 2
2.4	5.76	1.666 3	1.662 3	1.658 3	1.654 5	1.650 7	1.647 0	1.643 4	1.639 9	1.636 4	1.633 0	1.629 7
2.5	6.25	1.678 5	1.674 2	1.670 0	1.665 8	1.661 8	1.657 9	1.654 0	1.650 2	1.646 6	1.643 0	1.639 4
2.6	6.76	1.689 8	1.685 3	1.680 8	1.676 4	1.672 2	1.668 0	1.663 9	1.659 9	1.656 0	1.652 2	1.648 4
2.7	7.29	1.700 5	1.695 7	1.690 9	1.686 3	1.681 8	1.677 4	1.673 1	1.668 9	1.664 8	1.660 7	1.656 8
2.8	7.84	1.710 2	1.705 4	1.700 5	1.695 6	1.690 9	1.686 2	1.681 7	1.677 3	1.673 0	1.668 7	1.664 6
2.9	8.41	1.719 9	1.714 6	1.709 4	1.704 4	1.699 4	1.694 5	1.689 8	1.685 2	1.680 7	1.676 2	1.671 9

续 表

d/d_t	A/A_t \ k	1.20	1.21	1.22	1.23	1.24	1.25	1.26	1.27	1.28	1.29	1.30
3.0	9.00	1.728 8	1.723 3	1.717 9	1.712 6	1.707 4	1.702 4	1.697 4	1.692 6	1.687 9	1.683 3	1.678 8
3.1	9.61	1.737 2	1.731 5	1.725 9	1.720 3	1.715 0	1.709 7	1.704 5	1.699 6	1.694 7	1.689 9	1.685 2
3.2	10.24	1.745 2	1.739 2	1.733 4	1.727 7	1.722 1	1.716 7	1.711 4	1.706 2	1.701 1	1.696 2	1.691 3
3.3	10.89	1.752 8	1.746 6	1.740 6	1.734 7	1.728 9	1.723 3	1.717 8	1.712 4	1.707 2	1.702 1	1.697 1
3.4	11.56	1.760 0	1.753 6	1.747 4	1.741 3	1.735 4	1.726 5	1.723 9	1.718 3	1.712 9	1.707 7	1.702 5
3.5	12.25	1.766 9	1.760 3	1.753 9	1.747 6	1.741 5	1.735 5	1.729 7	1.724 0	1.718 4	1.713 0	1.707 7
3.6	12.96	1.773 5	1.766 7	1.760 1	1.753 6	1.747 3	1.741 2	1.735 2	1.729 3	1.723 6	1.718 0	1.712 6
3.7	13.69	1.779 7	1.772 8	1.766 0	1.759 4	1.752 9	1.746 6	1.740 4	1.734 4	1.728 5	1.722 8	1.717 2
3.8	14.44	1.785 7	1.778 6	1.771 6	1.764 8	1.758 2	1.751 7	1.745 4	1.739 3	1.733 3	1.727 4	1.721 7
3.9	15.21	1.791 5	1.784 2	1.777 1	1.770 1	1.763 3	1.756 7	1.750 2	1.743 9	1.737 8	1.731 8	1.725 9
4.0	16.00	1.797 0	1.789 5	1.782 2	1.775 1	1.768 2	1.761 4	1.754 8	1.748 4	1.742 1	1.736 0	1.730 0
4.1	16.81	1.802 3	1.794 7	1.787 2	1.780 0	1.772 9	1.766 0	1.759 2	1.752 6	1.746 2	1.740 0	1.733 9
4.2	17.64	1.807 4	1.799 6	1.792 0	1.784 6	1.777 4	1.770 3	1.763 4	1.756 7	1.750 2	1.743 8	1.737 6
4.3	18.49	1.812 4	1.804 4	1.796 2	1.789 1	1.781 7	1.774 5	1.767 5	1.760 6	1.754 0	1.747 5	1.741 1
4.4	19.36	1.817 1	1.809 0	1.801 1	1.793 4	1.785 8	1.778 5	1.771 4	1.762 5	1.757 6	1.751 0	1.744 5
4.5	20.25	1.821 7	1.813 4	1.805 8	1.797 5	1.789 8	1.782 4	1.775 1	1.767 0	1.761 1	1.754 4	1.747 8
4.6	21.16	1.826 1	1.817 7	1.809 5	1.801 5	1.793 7	1.786 1	1.778 7	1.771 0	1.764 5	1.757 6	1.751 0
4.7	22.09	1.830 4	1.821 8	1.813 5	1.805 3	1.797 4	1.789 7	1.782 2	1.774 6	1.767 7	1.760 8	1.754 0
4.8	23.04	1.834 5	1.825 8	1.817 3	1.809 1	1.801 0	1.793 2	1.785 6	1.778 1	1.770 9	1.763 8	1.756 9
4.9	24.01	1.838 5	1.829 6	1.821 0	1.812 6	1.804 5	1.796 5	1.788 8	1.781 3	1.773 9	1.766 7	1.759 8
5.0	25.00	1.843 2	1.833 4	1.824 6	1.816 1	1.807 8	1.799 8	1.791 9	1.784 3	1.776 8	1.769 6	1.762 5

例 2-4 某发动机内的燃烧温度为 2 800 K，燃气平均分子量为 26 g/mol，燃气比热比为 1.25，燃烧室压强为 10 MPa，喷管喉部直径为 0.05 m，喷管膨胀面积比为 25。

(1) 由例 2-2 和例 2-3 可得，喷管出口截面压强比 $\dfrac{p_e}{p_c}=0.003\ 1$，出口截面压强为 $p_e=31\ 000$ Pa，喷管喷气速度为 $u_e=2\ 477$ m/s，特征速度 $c^*=1\ 438$ m/s，燃气质量流率 $\dot{m}=13.65$ kg/s。

(2) 在 10 km 高度时，环境大气压 $p_a=26\ 437$ Pa，发动机推力 $F=33\ 945$ N，推力系数 $C_F=1.729$；

(3) 真空推力 $F_V=34\ 717$ N，真空推力系数 $C_{FV}=1.769$。

当火箭发动机的飞行高度变化时，外界压强 p_a 随之变化，因而 p_c/p_a 也随高度变化。由图 2-3 可知，在不同的高度下，都有一个最大推力系数，把不同高度下的最大推力系数诸点连起来便得到一条最大推力系数曲线。从最大推力系数曲线看出，最大推力系数值是随高度的增加而增大的，而最大推力系数所对应的最佳面积比也是随高度的增加而增大的。由此可见，当发动机工作高度变化时，如果始终要获得最大推力系数，必须让喷管面积比随高度变化，使喷管在任何高度上都处于设计状态(即完全膨胀状态)。但是这种可变面积比的喷管在结构上是难以实现的，目前仍然广泛使用固定面积比的喷管。因此，在发动机设计中，必须根据发动机的工作高度范围选择一个合适的喷管面积比$\frac{A_e}{A_t}$。而对于一定的$\frac{A_e}{A_t}$来说，只有在某一个设计高度时才能有一个最大推力系数。设计高度越高，喷管越长越大，这样往往造成喷管的尺寸和质量超过规定的限度。因此，在确定喷管面积比时还应考虑到喷管的尺寸和质量的限制，不能单纯地追求最大的推力系数。

2.2.5　总冲和比冲

为了使火箭获得一定的速度，达到一定射程、高度，要求发动机具有一定的总冲量。火箭发动机的总冲量是指发动机推力的冲量，简称总冲。总冲应是推力对工作时间的积分，即

$$I=\int_0^{t_a} F\mathrm{d}t \tag{2-29}$$

式中，t_a 是发动机的工作时间。总冲单位是 N·s（牛[顿]·秒）。在工程制中，总冲的单位是 kg·s 或 t·s。

固体火箭发动机的工作时间 t_a 包括其产生推力的全部时间，即从点火启动、产生推力开始，到发动机排气过程结束、推力下降到零为止。t_a 可以从发动机试验的压强-时间或推力-时间曲线（见图 2-4）来确定。为了在确定时有统一的标准，通常按下列惯用的方法确定 t_a：以发动机点火后压强连续上升到 0.3 MPa 或推力上升到 10% 最大推力（或其他规定的压强或推力）的一点为起点，以发动机熄灭火后压强连续下降到 0.3 MPa 或推力下降到 10% 最大推力（或其他规定的压强或推力）的一点为终点，这两点间的时间间隔作为工作时间 t_a。除了发动机工作时间以外，固体火箭发动机设计计算中还常用到装药的燃烧时间 t_b。t_b 是指从点火启动、装药开始燃烧到装药燃烧层厚度烧完为止的时间，不包括拖尾段（燃烧结束后的推力下降过程）。因此，燃烧时间比工作时间短。燃烧时间的确定也有一个惯用的方法：计算燃烧时间的起点与工作时间是一样的，但终点则是推进剂装药肉厚的燃完点。燃完点的确定是在压强-时间或推力-时间曲线上的工作平衡段尾段和下降段各作一条切线（指最优拟合线的延长线），两切线夹角的平分线与压强-时间或推力-时间曲线的交点就是燃完点，作为计算燃烧时间的终点。

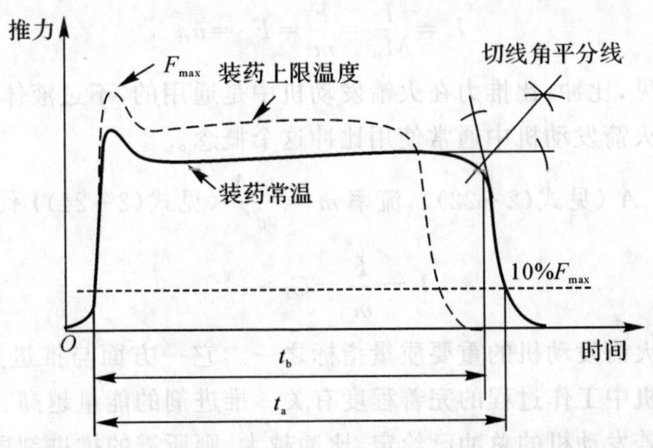

图 2-4　固体火箭发动机工作时间、燃烧时间确定示意图

将式(2-16)代入式(2-29),即得

$$I=\int_0^{t_a}\dot{m}u_{ef}\,dt$$

而对于设计定型的发动机,等效喷气速度 u_{ef} 在工作过程中变化不大,可近似认为常数,则有

$$I=u_{ef}\int_0^{t_a}\dot{m}\,dt=u_{ef}M_p \tag{2-30}$$

式中,M_p 为装药质量。

由式(2-30)可知,总冲与等效喷气速度及装药量有关。要提高发动机的总冲,可以用高能推进剂来提高等效喷气速度 u_{ef},同时更重要的是增加装药量。由于固体火箭发动机的燃烧室本身就是固体推进剂的贮箱,增大装药量就意味着增大燃烧室的尺寸和质量,因此总冲在一定程度上反映了发动机的大小。

另一方面,由火箭发动机总冲的定义可知,对于同样的总冲,根据发动机用途的不同可以选择不同的推力-时间方案。如助推器之类,可选用推力大、工作时间短的方案,即采用大燃面、高燃速的推进剂;续航发动机可选用推力小、工作时间长的方案,即采用小燃面、低燃速的推进剂。由此可见,即使总冲相同,由于推力-时间曲线变化规律不同,发动机的结构、推进剂、装药几何形状等往往会有很大的差异。

总冲表示推进剂能够产生的冲量总和,它与推进剂总质量有关。在比冲相差不大的情况下,装药量大一些、总冲应相应地要高一些,因此总冲不能很好地反映出发动机性能的优劣。为了能够比较不同装药量发动机的性能优劣,引入比冲的概念。比冲表示了燃烧 1 kg 质量推进剂所产生的冲量,常用 I_s 表示(也有文献采用 I_{sp} 表示),即

$$I_s=\frac{I}{M_p} \tag{2-31}$$

比冲的单位是 N·s/kg 或 m/s(米/秒)。在工程制中,比冲的单位是 s。由式(2-31)可见,比冲 I_s 是个平均量,而不是瞬变量。与比冲相类似的另一个参数称为比推力,就是推力 F 与喷管质量流率 $\dot{m}$ 之比,常用 F_s 表示,即 $F_s=\dfrac{F}{\dot{m}}$,是指每秒钟消耗 1 kg 质量推进剂所产生的推力。比推力的单位与比冲相同,但比推力是一个瞬变量。

在发动机工作过程中,如果推力 F 和流率 $\dot{m}$ 都是常量,则有

$$I_s=\frac{I}{M_p}=\frac{F}{\dot{m}}=F_s=u_{ef} \tag{2-32}$$

由式(2-32)可见,比冲、比推力在火箭发动机中是通用的,不过液体火箭发动机常用比推力这个概念,而固体火箭发动机中通常使用比冲这个概念。

将推力 $F=C_F p_c A_t$(见式(2-22)),流率 $\dot{m}=\dfrac{p_c A_t}{c^*}$(见式(2-24))代入式(2-32),得

$$I_s=\frac{F}{\dot{m}}=C_F\cdot c^* \tag{2-33}$$

因此可以说,比冲是火箭发动机的重要质量指标之一。它一方面与推进剂本身能量的高低有关,另一方面与发动机中工作过程的完善程度有关。推进剂的能量越高、工作过程的完善程度越好,比冲就越大。若发动机的总冲已给定,比冲越大,则所需的推进剂质量就越小。因此,整个发动机的尺寸和质量都可以减小。反之,若推进剂的质量给定,发动机的比冲越大,发动机

的总冲也越大，火箭、导弹的最大速度、射程或高度也相应增加。因此尽量提高发动机的比冲就成了一个相当重要的问题。

例 2-5　参考例 2-4 中的发动机参数，已经计算得：① 特征速度 $c^* = 1\,438$ m/s；② 在 10 km 高度时，推力系数 $C_F = 1.729$；③ 真空推力系数 $C_{FV} = 1.769$。因此，10 km 高度时比冲 $I_s = 1\,438 \times 1.729 = 2\,486$ m/s，真空比冲 $I_s = 1\,438 \times 1.769 = 2\,544$ m/s。

例 2-6　某固体火箭发动机的地面试验数据经处理后得到，工作时间内推力对时间的积分为 8 925 N·s，压强对时间的积分为 33.15 MPa·s。已知推进剂共 3.85 kg，喷管喉部直径为 15.4 mm（假定喉部直径在试验过程中没有变化）。试求解发动机的比冲、特征速度和推力系数。

解　对流量公式(2-22) 在发动机工作时间内进行积分

$$\int_0^{t_a} \dot{m}\mathrm{d}t = \int_0^{t_a} \frac{p_c A_t}{c^*}\mathrm{d}t$$

得

$$M_p = \frac{A_t}{c^*}\int_0^{t_a} p_c \mathrm{d}t$$

所以

$$c^* = \frac{A_t}{M_p}\int_0^{t_a} p_c \mathrm{d}t = \frac{3.14 \times \left(\dfrac{15.4}{2}\right)^2 \times 10^{-6}}{3.85} \times 33.15 \times 10^6 = 1\,603 \text{ m/s}$$

根据比冲的定义式(2-31)，可得

$$I_s = \frac{\int_0^{t_a} F\mathrm{d}t}{M_p} = \frac{8\,925}{3.85} = 2\,318 \text{ m/s}$$

根据式(2-33) 可得

$$C_F = \frac{I_s}{c^*} = \frac{2\,318}{1\,603} = 1.446$$

注意：由式(2-23) 可以看出，当燃烧室压强发生变化时，推力系数也会发生变化。在发动机工作过程中燃烧室压强很难保持恒定不变，因此本例中得到的推力系数实际上是平均值。对于本例，如果已知推进剂燃烧产物平均的分子量和比热比，还可以利用式(2-21) 推算燃烧温度。

为了明确提高比冲的方向，应当对影响比冲的因素进行必要的讨论。根据式(2-32) 可以得出

$$I_s = \sqrt{RT_f}\left[\sqrt{\frac{2k}{k-1}\left[1-\left(\frac{p_e}{p_c}\right)^{\frac{k-1}{k}}\right]} + \frac{\left(\dfrac{p_e}{p_c}\right)^{-\frac{1}{k}}}{\sqrt{\dfrac{2k}{k-1}\left[1-\left(\dfrac{p_e}{p_c}\right)^{\frac{k-1}{k}}\right]}} \cdot \left(\frac{p_e}{p_c} - \frac{p_a}{p_c}\right)\right] \tag{2-34}$$

下面根据式(2-34) 分别讨论各个因素对比冲的影响。

1. 推进剂能量对比冲的影响

推进剂能量对比冲的影响主要体现在参数 T_f，R 上。由式(2-34)可知，比冲 I_s 与燃烧室温度 $\sqrt{T_f}$ 成正比。燃烧温度越高，比冲就越大。因此，提高比冲的主要途径是选择高能推进

剂，以提高燃烧温度。例如采用某些高能推进剂或者在推进剂中添加某些高能组元，都有利于提高燃烧温度。但是温度太高，会使燃烧室和喷管受热严重，特别是喷管的烧蚀问题必须加以妥善解决。此外，燃烧产物在高温下会发生离解，温度越高，离解现象越严重，因此在选取推进剂时不能一味地追求燃烧温度最高，应综合考虑。

比冲与燃烧产物气体常数 $R=\dfrac{R_u}{\overline{m}}$ 的二次方根成正比，即与燃气的平均分子量 $\overline{m}$ 的二次方根成反比。燃气的平均分子量越小，比冲就越大。从这个角度考虑，采用含氢较多的推进剂是有利的。比热比 k 对比冲的影响不大。

2. 喷管面积比(或膨胀压强比 $\dfrac{p_e}{p_c}$) 对比冲的影响

在推进剂燃烧产物确定的情况下，特征速度也确定了，比冲与推力系数成正比关系。比冲随面积比 $\dfrac{A_e}{A_t}$(或膨胀压强比 $\dfrac{p_e}{p_c}$) 变化的规律与推力系数完全相同(见图 2-3)。在压强比 $\dfrac{p_c}{p_a}$ 给定的情况下，比冲随面积比的增加是先增大后减小，中间经过一个最高点，最高点对应于比冲的最大值。只有在设计状态(即完全膨胀状态 $p_e=p_a$) 时，比冲最大。

3. 飞行高度对比冲的影响

在喷管面积比 $\dfrac{A_e}{A_t}$ 一定的情况下，比冲随压强比 $\dfrac{p_c}{p_a}$ 的增加而增大。由于压强比 $\dfrac{p_c}{p_a}$ 增加，即工作高度增加，大气压强 p_a 要减小，因此比冲要增大。当大气压强 p_a 减小到零时，比冲达最大值，此时的比冲称为真空比冲。

4. 燃烧室压强对比冲的影响

提高燃烧室压强 p_c 可以增加比冲。当发动机的工作高度一定时，大气压强 p_a 就是定值，此时提高燃烧室压强 p_c，就使压强比 $\dfrac{p_c}{p_a}$ 增大，比冲也就增加。因此提高燃烧室压强 p_c 的作用相当于减小大气压强 p_a 的作用。燃烧室压强的提高同时也会使燃烧更完善，增加 T_f。提高燃烧室压强 p_c，会增加发动机的结构质量，因此也应综合考虑。

5. 推进剂初温对比冲的影响

固体火箭发动机的一个主要缺点是性能受初温影响较大，导致这一影响的主要原因是固体推进剂的燃速随初始温度而变化，因此当初始温度变化时，不但会引起燃烧室压强的变化，而且还会引起发动机工作性能(如比冲) 的变化。但是在发动机经常使用的环境温度范围内(+60℃ ~−50℃) 初温引起的比冲变化一般不会超过1%。对于液体火箭发动机来说，初温对比冲的影响较小。

2.2.6 混合比和空燃比

对于固体火箭发动机来说，燃料和氧化剂已经预先混合好，全部存在于装药中。一旦装药完成生产，其中的燃料和氧化剂的质量已经完全确定，不能再更改。而液体火箭发动机和冲压发动机的燃料和氧化剂并非预混的，仅在发动机工作时两者才在燃烧室内混合燃烧，燃料和氧化剂的流量比例是可以进行调节的。

对于双组元液体火箭发动机来说，燃料和氧化剂单独存贮，在发动机工作时分别喷入燃烧室内，然后进行混合燃烧。可以通过调节推进剂的供应压力（挤压式供应方案）、供应泵的转速（泵压式供应方案）、管路中可调的节流元件或者喷注器孔径等，控制燃料和氧化剂流量。氧化剂和燃料的流量变化时，发动机的工作状态就会发生改变。这不仅会导致发动机的总流量发生变化，同时也会因为氧化剂和燃料的流量之比变化引起燃烧温度和燃烧产物发生变化。氧化剂和燃料的质量流率之比，定义为混合比（也称为氧燃比），即

$$r=\frac{\dot{m}_o}{\dot{m}_f} \tag{2-35}$$

式中，$\dot{m}_o$ 为氧化剂流量；$\dot{m}_f$ 为燃料流量。用 $\dot{m}$ 表示总流量，则有如下关系式：

$$\dot{m}=\dot{m}_f+\dot{m}_o$$

$$\dot{m}_f=\frac{1}{1+r}\dot{m}$$

$$\dot{m}_o=\frac{r}{1+r}\dot{m}$$

混合比越低，表明燃料流量越高，发动机可能会处于富燃燃烧状态。混合比越高，表明氧化剂流量越高，在一定范围内燃烧温度随混合比的增加而增加。

例 2-7　某液氢/液氧液体火箭发动机混合比为 3.40，室压为 7.0 MPa，燃烧温度为 2 710 K，燃气平均分子量为 8.9 g/mol，燃气比热比为 1.26，喷管喉部面积为 $3.74\times10^{-3}\ m^2$。可以得到如下结果：

（1）流量系数为

$$C_D=\frac{\sqrt{1.26}}{\sqrt{\frac{8\ 314}{8.9}\times2\ 710}}\times\left(\frac{2}{1.26+1}\right)^{\frac{1.26+1}{2\times(1.26-1)}}=4.148\times10^{-4}\ s/m$$

（2）特征速度为

$$c^*=\frac{1}{4.148\times10^{-4}}=2\ 411\ m/s$$

（3）总流量为

$$\dot{m}=\frac{7\times10^6\times3.74\times10^{-3}}{2\ 411}=10.86\ kg/s$$

（4）燃料流量为

$$\dot{m}_f=10.86\times\frac{1}{1+3.40}=2.47\ kg/s$$

（5）氧化剂流量为

$$\dot{m}_o=10.86\times\frac{3.40}{1+3.40}=8.39\ kg/s$$

在发动机燃烧室内混合比变化对燃烧温度和燃烧产物的影响非常显著。一般来说，随着混合比增加（即氧化剂流量不断增加），燃烧反应程度不断提高，燃烧温度逐渐升高。当混合比达到一定程度时（大约在化学恰当比附近），燃烧温度达到最大值。随后，混合比增加反而会使燃烧温度下降。本教材将在第 4 章中介绍如何求解燃烧温度和燃烧产物。

与火箭发动机自身携带氧化剂不同，冲压发动机则是吸入空气，并采用空气中的氧气作为氧化剂，燃料仍然由飞行器自身携带供应。冲压发动机工作时，燃料喷射入燃烧室内与空气进

行掺混燃烧。为了表征燃料和空气的质量流率比例关系，在冲压发动机中出现了空燃比的概念。空燃比定义为空气和燃料质量流率之比，即

$$r=\frac{\dot{m}_a}{\dot{m}_f} \tag{2-36}$$

式中，$\dot{m}_a$ 为空气流量；$\dot{m}_f$ 为燃料流量。用 $\dot{m}$ 表示总流量，则有如下关系式：

$$\dot{m}=\dot{m}_f+\dot{m}_a$$

$$\dot{m}_f=\frac{1}{1+r}\dot{m}$$

$$\dot{m}_a=\frac{r}{1+r}\dot{m}$$

如果将空气整体看作是一种氧化剂，空燃比则表示了氧化剂与燃料的质量流率之比，那么空燃比跟液体火箭发动机的混合比概念是一致的。正因为如此，本教材中将混合比和空燃比均用 r 表示。为了便于相关概念的叙述，当没有特殊说明时，本节的“氧化剂”一词应用于冲压发动机时，均指空气。

对于燃烧反应来说，燃料和氧化剂存在一个恰好完全反应的质量比，将这一质量比称为化学恰当比，用符号 ϕ_{st} 表示，其倒数 $r_{st}=\frac{1}{\phi_{st}}$ 称为化学当量混合比。如 $2H_2+O_2=2H_2O$，其化学恰当比为 $\phi_{st}=0.125$，化学当量混合比 $r_{st}=8$；氢气与空气的化学恰当比 $\phi_{st}=0.028\,9$，化学当量混合比 $r_{st}=34.6$。对于给定的氧化剂流量，可以利用化学恰当比计算出理论上完全反应的燃料流量（在实际的燃烧反应中，存在燃烧效率的概念，几乎没有达到100％完全反应）。在发动机实际工作中，燃料和氧化剂的流量关系很少能够满足理论上完全反应。在氧化剂流量给定的条件下，将实际的燃料流量与理论上恰好完全反应所需要的燃料流量之比定义为当量比，即

$$\phi=\frac{\dot{m}_f}{\dot{m}_o\phi_{st}} \tag{2-37}$$

由于燃料／氧化剂流量比 $\frac{\dot{m}_f}{\dot{m}_o}$ 与混合比 r 互为倒数，因此式(2-37)可以改写为下式，即混合比（空燃比）与化学恰当比乘积的倒数等于当量比：

$$\phi=\frac{\dot{m}_f}{\dot{m}_o}\Big/\phi_{st}=\frac{1}{r\phi_{st}} \tag{2-38}$$

若当量比小于1，表明发动机中处于富氧状态；若当量比大于1，表明发动机中处于富燃状态。对于冲压发动机来说，当量比一般小于1，即处于富氧状态。对于液体火箭发动机来说，出于冷却燃烧室壁材料保护的需要，通常处于富燃状态，即当量比大于1。

当量比表明了燃料的富余程度，而余氧系数则表明了氧化剂的富余程度。余氧系数定义为实际混合比与化学当量混合比的比值，也即实际的氧化剂流量与理论上完全反应所需要的氧化剂流量之比，用 α 表示。

$$\alpha=\frac{r}{r_{st}} \tag{2-39}$$

例2-8　某冲压发动机采用 $C_{12}H_{23}$ 作为燃料，空气流量为15 kg/s，当量比为0.85。可以得到如下结果：

(1) 单步化学反应方程式为

$$C_{12}H_{23} + 17.75O_2 = 12CO_2 + 11.5H_2O$$

(2) 燃料与氧气的化学恰当比为

$$\phi'_{st} = \frac{12 \times 12 + 23}{17.75 \times 32} = 0.294$$

燃料与空气的化学恰当比为

$$\phi_{st} = 0.294 \times 0.231 = 0.0679\text{（空气中氧气的质量百分比为 23.1\%）}$$

(3) 实际的空燃比为

$$r = \frac{1}{0.0679 \times 0.85} = 17.33$$

(4) 实际的燃料流量为

$$\dot{m}_f = 15/17.33 = 0.866\ \text{kg/s}$$

(5) 理论上燃烧完全燃烧需要的氧气流量为

$$\dot{m}_{o,st} = \frac{0.866}{0.294} = 2.95\ \text{kg/s}$$

空气中实际的氧气含量为

$$\dot{m}_o = 15 \times 0.231 = 3.465\ \text{kg/s}$$

因此余氧系数为

$$\alpha = \frac{\dfrac{3.465}{0.866}}{\dfrac{2.95}{0.866}} = 1.17$$

2.3　推进系统性能参数的应用

2.3.1　飞行器的运动方程

式(2-1)所示的飞行器运动方程包含了推力、气动阻力和飞行器自身重力。阻力和重力的作用是会影响到火箭飞行器的最大速度的，但阻力和重力对飞行器最大速度的影响程度取决于飞行条件，而与发动机及推进剂的性能没有直接联系。因此，为了分析发动机及推进剂性能对飞行器最大速度的影响，使问题简化，假设：

(1) 重力和气动力可以忽略不计；

(2) 发动机的推力矢量与飞行速度的方向始终一致（即飞行攻角 α 为零）。

因此，式(2-1)中飞行器的纵向运动方程可以简化为

$$M\frac{dv}{dt} = F \tag{2-40}$$

式(2-40)中火箭飞行器的瞬时质量 M 将随着推进剂的不断燃烧消耗而减小，在任意时刻，飞行器的瞬时质量应为

$$M = M_0 - \int_0^t \dot{m}dt \tag{2-41}$$

式中，$\dot{m}$ 为推进剂燃烧产物的质量流率；$M_0 = M_e + M_s + M_p$ 为火箭飞行器的初始质量，包括有

效载荷 M_e、飞行器结构质量 M_s 和发动机全部推进剂的质量 M_p。

发动机工作结束后，火箭飞行器的消极质量 M_f 应为

$$M_f = M_0 - M_p = M_e + M_s \tag{2-42}$$

显然，M_0 和 M_f 均为与时间无关的量，而推进剂的消耗率就是火箭飞行器质量减小的速率，所以 $\frac{dM}{dt} = -\dot{m}$，于是由式(2-32)可得

$$F = \dot{m}u_{ef} = \dot{m}I_s = -\frac{dM}{dt}I_s$$

将上式与式(2-40)合并，即得

$$dv = -\frac{dM}{M}I_s$$

假设发动机比冲 I_s 为常数，将上式从对整个火箭飞行器开始加速($v=v_0$)时起到最大速度($v=v_{max}$)时止进行积分，可得

$$\Delta v = v_{max} - v_0 = I_s \ln\frac{M_0}{M_f} \tag{2-43}$$

式中，v_{max} 为火箭发动机工作结束时刻火箭飞行器的飞行速度，此时加速过程结束，火箭飞行器达到最大的飞行速度；v_0 为火箭飞行器被加速前的初始飞行速度。

若定义火箭飞行器的质量数 μ 为

$$\mu = \frac{M_0}{M_f} \tag{2-44}$$

则式(2-43)又可写为

$$v_{max} - v_0 = I_s \ln\mu \tag{2-45}$$

对于单级火箭，通常是 $v_0 = 0$，于是式(2-45)可变为

$$v_{max} = I_s \ln\mu \tag{2-46}$$

式(2-46)即是著名的齐奥尔科夫斯基公式。式中的 v_{max} 是无阻力、无重力环境下火箭飞行器的最大飞行速度。实际上，火箭飞行器在飞行中还会受到重力和气动阻力的影响(在推力公式中已考虑了大气静压的作用)，因此实际飞行所达到的最大速度必定略小于 v_{max} 值，两者的差异称为速度损失。

火箭飞行器为了飞出地球，实际飞行速度必须超过第一宇宙速度(7.9 km/s)。实际上，按现有推进剂的能量特性计算，即使采用最佳材料和最佳设计质量，也很难达到这一要求，因此现代运载火箭均为多级(2～4级)结构。在同样的条件下(比冲、起飞质量和有效载荷相同)，多级火箭比单级火箭能达到更高的飞行速度。但是，多级火箭结构复杂，可靠性下降。一般来说，具有特定用途的火箭飞行器，应有其最佳级数和初始质量数。对于多级火箭，发动机工作结束后的最终的最大飞行速度应等于各级火箭速度增量之和，即

$$v_{max} = \sum_{i=1}^{n} \Delta v_i \tag{2-47}$$

例 2-9 某两级运载火箭参数见表 2-4。如果没有重力和气动阻力的影响，第一级关机时，理论上可以达到 3 372 m/s 的速度增量，实际的速度增量仅有 2 375 m/s，速度损失了 29.6%。第二级关机时，理论上可以达到 5 628 m/s 的速度增量，实际的速度增量仅有 7 450－2 375 ＝5 075 m/s，速度损失了 9.83%。

表 2-4　运载火箭参数

参数	第一级	第二级
起飞质量 /kg	200 543	50 995
关机点质量 /kg	61 034	7 344
质量数	3.286	6.944
发动机比冲 /s	279	296
理论速度增量 /(m·s^{-1})	3 372	5 628
关机点速度 /(m·s^{-1})	2 375	7 450
速度损失 /(m·s^{-1})	997	553

2.3.2　飞行器的性能参数和质量参数

火箭飞行器的主要性能参数是最大飞行速度 v_{max}(单级火箭)、速度增量 Δv(多级火箭)、最大射程、最大飞行高度、有效载荷等。其中,最大飞行速度 v_{max} 是最基本的性能参数,因为有效载荷一定时,射程或高度完全取决于 v_{max}。一般地,火箭飞行器的总体性能最佳就是要求:有效载荷一定时,火箭的射程或飞行高度最大;或将有效载荷送到预定高度或射程上时所用的时间最短;或在给定射程(或高度)下,可以运载的有效载荷最大。但是不论哪种情况,实际上都是要求最大飞行速度 v_{max} 值尽可能大。

火箭飞行器的主要质量参数是质量数 μ。这个参数之所以重要,是因为可以通过齐奥尔科夫斯基公式(2-46)把它和最大飞行速度直接联系起来。在火箭发动机的设计计算中还会用到火箭飞行器的推进剂质量比 ζ 和火箭飞行器结构(完善性)系数 σ_k,它们的定义分别为

$$\zeta=\frac{M_p}{M_0}=\frac{M_p}{M_f+M_p} \tag{2-48}$$

$$\sigma_k=\frac{V_p}{M_f} \tag{2-49}$$

其中,V_p 是推进剂体积。因为 $M_p=V_p\rho_p$,所以有

$$\mu=\frac{M_0}{M_f}=\frac{M_f+M_p}{M_f}=1+\frac{M_p}{M_f}=1+\frac{V_p\rho_p}{M_f}=1+\sigma_k\rho_p \tag{2-50}$$

对于火箭发动机来说,推进剂质量比应为

$$\zeta=\frac{M_p}{M_k+M_p} \tag{2-51}$$

式中,M_k 是火箭发动机的结构质量。由于发动机的结构质量是火箭飞行器结构质量 M_s 的一部分,所以减轻了发动机的结构质量,也就是减轻了火箭飞行器的结构质量,也可以使火箭飞行器的性能有所提高。因此,在保证发动机可靠工作的前提下,应当尽可能减轻发动机的结构质量。ζ 值越接近 1,说明发动机的结构质量越轻。

2.3.3　发动机性能对飞行器性能的影响

由式(2-46)可知,在火箭飞行器质量数 μ 不变的条件下,v_{max} 随 I_s 增大而增大;而在发动

机比冲 I_s 不变的条件下，v_{max} 随 μ 的增大也增大。因此，从式(2-46)不难看出，为了得到一定的 v_{max}，提高发动机的比冲 I_s 和增大火箭飞行器质量数 μ 同样都具有效果。增大 μ 意味着消极质量 M_f（主要是火箭飞行器的结构质量）在飞行器的初始总质量中所占的比例下降，推进剂所占的比例上升。若 μ 和 I_s 均为可变量，为了达到一定的飞行速度 v_{max}，可根据 $dv_{max}=0$ 的条件、微分式(2-46)得到 μ 和 I_s 变化量之间的关系为

$$\frac{d\mu}{\mu}=-\ln\mu\frac{dI_s}{I_s} \tag{2-52}$$

式(2-52)中的负号表明，降低比冲 I_s 可由增加质量数 μ 来补偿。反之，提高比冲 I_s，即可相应减小质量数 μ。为了便于分析质量数 μ 和比冲 I_s 之间相互补偿量的定性关系，对式(2-52)进行改写，变为

$$\frac{d\mu}{\mu}\frac{1}{\ln\mu}=-\frac{dI_s}{I_s} \tag{2-53}$$

分析式(2-53)可见，在最大飞行速度 v_{max} 一定的条件下：

(1) 当火箭飞行器质量数 $\mu=e$（自然对数的底）时，$\ln\mu=1$，即有 $\frac{d\mu}{\mu}=-\frac{dI_s}{I_s}$，说明 μ 和 I_s 之间的相互补偿量是相等的，即如发动机比冲降低1%，可以用火箭飞行器质量数增加1%来补偿，以确保 v_{max} 一定。

(2) 当火箭飞行器质量数 $\mu<e$ 时，$\ln\mu<1$，而 $\frac{1}{\ln\mu}>1$，说明为了补偿发动机比冲1%的变化，要求火箭飞行器质量数的改变小于1%，即可确保 v_{max} 一定。也就是说，当 $\mu<e$ 时，火箭飞行器质量数的变化对最大速度的影响程度将大于发动机比冲变化对最大速度的影响。

(3) 当火箭飞行器质量数 $\mu>e$ 时，$\ln\mu>1$，而 $\frac{1}{\ln\mu}<1$，说明为了补偿发动机比冲1%的变化，要求火箭飞行器质量数的改变大于1%，即可确保 v_{max} 一定。也就是说，当 $\mu>e$ 时，火箭飞行器质量数的变化对最大速度的影响程度将小于发动机比冲变化对最大速度的影响。

由式(2-46)可知，在发动机比冲一定的情况下，质量数 μ 越大，则飞行器的最大飞行速度增大，而增大 μ 值的有效办法是采用多级火箭。就单级火箭而言，使 μ 值增大的办法，首先是改进火箭和发动机的设计，尽量提高发动机的质量（或结构）完善系数 σ_k，其次是采用高密度的推进剂。

对于大多数的火箭飞行器来说，火箭飞行器的质量数 $\mu\gg e$，火箭飞行器质量数的变化对最大速度的影响程度小于发动机比冲变化对最大速度的影响程度，因此提高发动机的比冲是现代火箭发动机的一般发展趋势。另一方面，若射程不变，提高比冲，就可以增大有效载荷并送入指定轨道；在射程、高度和有效载荷一定的情况下，提高比冲就可以减小火箭飞行器的起飞质量和飞行器结构消极质量。

为了分析火箭飞行器结构质量 M_s 的影响，假定推进剂质量 M_p 和有效载荷 M_e 均为常数，有

$$\mu=\frac{M_0}{M_f}=\frac{M_f+M_p}{M_f}=1+\frac{M_p}{M_f} \tag{2-54}$$

其中飞行器的消极质量 M_f 是有效载荷 M_e 和飞行器结构质量 M_s 之和，即 $M_f=M_e+M_s$。在推进剂质量 M_p 为常数的情况下，式(2-54)可写为

$$\frac{\mathrm{d}\mu}{\mu}=-\frac{1}{\mu}\frac{M_\mathrm{p}}{M_\mathrm{f}}\frac{\mathrm{d}M_\mathrm{f}}{M_\mathrm{f}}$$

代入式(2-52)即得

$$\frac{\mathrm{d}M_\mathrm{f}}{M_\mathrm{f}}=\frac{\mu}{\mu-1}\ln\mu\frac{\mathrm{d}I_\mathrm{s}}{I_\mathrm{s}} \tag{2-55}$$

飞行器的结构质量 M_s 是整个飞行器消极质量 M_f 的一部分，如果只考虑飞行器结构质量 M_s 的变化，可令 $\mathrm{d}M_\mathrm{f}=\mathrm{d}M_\mathrm{s}$，将式(2-55)变为

$$\frac{\mathrm{d}M_\mathrm{s}}{M_\mathrm{s}}=\frac{M_\mathrm{f}}{M_\mathrm{s}}\frac{\mu}{\mu-1}\ln\mu\left(\frac{\mathrm{d}I_\mathrm{s}}{I_\mathrm{s}}\right) \tag{2-56}$$

式(2-56)说明，如果火箭飞行器的结构质量增加，则必须相应提高推进剂的比冲，才能保证飞行器一定的飞行速度，否则火箭的性能下降。不过从式(2-56)还可看出，飞行器结构质量的影响还与质量数 μ 值和 $M_\mathrm{f}/M_\mathrm{s}$ 有关。一般来说，μ 越小，此项影响就越大。

为了分析推进剂密度对火箭性能的影响，可将式(2-50)代入式(2-46)，把齐奥尔科夫斯基公式改写为

$$v_{\max}=I_\mathrm{s}\ln(1+\sigma_\mathrm{k}\rho_\mathrm{p})=I_\mathrm{s}\ln\left(1+\frac{V_\mathrm{p}}{M_\mathrm{f}}\rho_\mathrm{p}\right)$$

由上式可见，在发动机质量(或结构)完善系数 σ_k 一定的情况下，选用密度较大的推进剂，可以增加装药量而不增加发动机的结构质量，从而使 $v_{\max}$ 增大。因此，固体推进剂的高密度便成为一个很有意义的长处。利用相似的方法也可以从上式以及 $\mathrm{d}v_{\max}=0$ 的条件得到

$$\frac{\mathrm{d}I_\mathrm{s}}{I_\mathrm{s}}=-\frac{\zeta}{\ln\mu}\frac{\mathrm{d}\rho_\mathrm{p}}{\rho_\mathrm{p}} \tag{2-57}$$

式(2-57)表明，为了达到同一飞行速度，增大推进剂密度就相当于提高比冲，其作用之大小取决于推进剂质量比 ζ 和 $\ln\mu$ 的值，一般而言，单级火箭和多级火箭的第一、第二级(或助推器级)的推进剂质量比 ζ 值较大，而 μ 值较小，因此增加推进剂密度的作用相当大。在许多场合下，低比冲、高密度的固体推进剂比高比冲、小密度的液体推进剂更为优越(即可得到较大的 $v_{\max}$ 或 $\Delta v_{\max}$)。这也是固体火箭发动机得到广泛应用的一个重要原因。

思考与练习题

2.1　对于设计定型的火箭发动机，试比较发动机的特征推力 F^0、真空推力 F_V 和地面推力 F_0 的大小。

2.2　某台火箭发动机的质量流率 $\dot{m}=6.2$ kg/s，喷气速度 $u_\mathrm{e}=2\ 450$ m/s，喷管出口压强 $p_\mathrm{e}=5\times10^4$ Pa，外界大气压强 $p_\mathrm{a}=4\times10^4$ Pa，喷管出口截面直径 $d_\mathrm{e}=0.17$ m。试求此时发动机的推力，并求发动机的真空推力和地面推力。

2.3　为什么发动机的燃气喷出速度也是一个基本性能参数？试讨论有哪些可能的途径可以提高燃气的喷出速度。

2.4　为什么说特征速度是反映推进剂能量特性的参数？有哪几个因素影响特征速度的大小？

2.5　为什么说推力系数是表征喷管性能的参数？试分析 $p_\mathrm{e}/p_\mathrm{c}$ 和 $A_\mathrm{e}/A_\mathrm{t}$ 对推力系数的

影响。

2.6　根据火箭发动机推力的定义，试从喷管内外壁受力分布说明喷管处于欠膨胀($p_e > p_a$)和过膨胀($p_e < p_a$)状态时产生的推力都比喷管处于完全膨胀($p_e = p_a$)状态时产生的推力要小。

2.7　如果某台发动机的设计高度为 10 km，试讨论当这台发动机在地面试验时，喷管在什么状态下工作？当发动机在 12 km 高空工作时，喷管又处于何种工作状态？试比较在此 3 个高度下，发动机推力系数的变化情况。

2.8　火箭发动机有哪些主要性能参数？各参数的含义是什么？

2.9　为什么说比冲是一个反映发动机设计质量的重要参数？它与喷气速度、特征速度和推力系数有什么关系？

2.10　已知某台火箭发动机的下列参数：$p_c = 8\times10^6$ Pa，$p_a = 3.08\times10^4$ Pa，$d_t = 15$ mm，$d_e = 54$ mm，$k = 1.23$，$\overline{m} = 24$ g/mol，$T_f = 2\ 700$ K。试求发动机的下列参数：① 喷管出口截面压强 p_e；② 燃气流量 $\dot{m}$；③ 喷管喷气速度 u_e 和极限喷气速度 u_L；④ 推进剂特征速度 c^*；⑤ 喷管的设计高度；⑥ 高度为 9 km 时的推力和推力系数；⑦ 真空推力 F_V 和真空推力系数 C_{FV}；⑧ 海平面推力 F_0 和海平面推力系数 C_{F0}。

2.11　今有 A，B 两台火箭发动机，燃烧室工作压强分别为 $p_{c,A} = p_{c,B} = 7.5\times10^6$ Pa，喷管喉部直径 $d_{t,A} = d_{t,B} = 42$ mm，$k = 1.22$。A 发动机的设计高度 $H_A = 4\ 300$ m，B 发动机的设计高度 $H_B = 9\ 500$ m。试求：① $d_{e,A}$，$d_{e,B}$；② $C^0_{F,A}$，$C^0_{F,B}$，真空推力系数和海平面推力系数；③ 画出 $C_F - H$ 曲线。

2.12　已知某台火箭发动机的燃烧室压强 $p_c = 8.5\times10^6$ Pa，喷管面积比 $A_e/A_t = 10$，真空推力系数 $C_{F,V} = 1.557\ 2$，在高空 15 km(环境压强 $p_a = 1.211\times10^4$ Pa) 工作时推力 $F = 39\ 240$ N。试计算此发动机的喷管喉部直径。

2.13　某固体火箭发动机在空中模拟台完成设计高度下点火试验后，测得工作时间为 3.75 s，工作时间内推力对时间的积分为 13 100 N·s，工作时间内平均压强为 5.85 MPa。已知推进剂共 5.37 kg，喷管喉部直径为 22.13 mm(假定喉部直径在试验过程中没有变化)，燃气分子量为 28 g/mol，燃气比热比 1.24。试求解发动机的比冲、特征速度、推力系数、喷管出口面积和推进剂燃烧温度。

2.14　火箭发动机的质量比对于火箭的质量数和火箭的飞行性能有什么影响？

参考文献

[1]　高存厚，荣明宗. 飞行器系统工程. 北京：宇航出版社，1996.

[2]　唐金兰，刘佩进，等. 固体火箭发动机原理. 北京：国防工业出版社，2013.

[3]　谷良贤，温炳恒. 导弹总体设计原理. 西安：西北工业大学出版社，2004.

[4]　[美]萨顿 G P，比布拉兹 O. 火箭发动机基础. 7 版. 洪鑫，张宝炯，等，译. 北京：科学出版社，2003.

[5]　[美]休泽尔 D K. 液体火箭发动机现代工程设计. 朱宁昌，译. 北京：宇航出版社，2003.

第3章　火箭推进剂

推进剂是火箭发动机的能源和重要组成部分，火箭发动机推力的产生依赖推进剂燃烧产生的工质。本章介绍火箭发动机常用的推进剂，包括固体推进剂和液体推进剂。

3.1　概　述

推进剂既是火箭发动机的能源，又是工质源。它在燃烧室中的燃烧，将推进剂中的化学能释放出来，转换成热能，以供进一步的能量转换。同时，燃烧生成的燃烧产物又是能量转换过程的工质。它作为能量载体，携带热能，在流经喷管的下一个能量转换过程中，膨胀加速，将热能转换成为燃气流动的动能，使燃气以很高的速度喷出喷管，形成反作用推力。这就是火箭发动机的能量转换过程。作为能源和工质源的推进剂从根本上决定了发动机的能量特性，并在一定程度上影响能量转换过程的效率，因而成为发动机的重要组成部分。

火箭发动机常用推进剂主要有固体推进剂和液体推进剂两种，现分别介绍两种推进剂的发展历程。

最早的固体推进剂是我国古代四大发明之一的黑火药。早在唐朝初期，炼丹家孙思邈所著《丹经》一书中就有黑火药的配方。它是用15%的木炭作为燃烧剂，75%硝酸钾作为氧化剂，10%的硫磺既是燃烧剂又有黏结木炭和硝酸钾的作用。公元975年，用黑火药的火箭已作为一种武器在战争中使用。13世纪这种火箭传入阿拉伯国家，以后又传到欧洲。但是黑火药能量低，强度差，不能制成较大的药柱，燃烧时生成大量的烟和固体残渣。使用黑火药的固体火箭射程近、杀伤力小。目前黑火药在军事上主要用作固体火箭发动机的点火药。随着工业和科学技术的发展，1832年和1864年相继发明了硝化纤维素和硝化甘油，为固体推进剂的发展提供了条件。1888年，瑞典科学家诺贝尔以硝化甘油增塑硝化纤维素制得了双基火药，主要用于枪炮武器上。1935年，苏联的科学家用添加燃烧稳定剂和催化剂的方法降低了双基火药完全燃烧的临界压强，首先将双基推进剂用作火箭发动机的装药，这种火箭弹在第二次世界大战中发挥了威力。1942年，美国开始了复合固体推进剂的研究。最初的复合固体推进剂是以高氯酸铵为氧化剂，沥青为黏结剂并起燃烧剂作用。1947年，美国制成了聚硫橡胶复合固体推进剂，成为第一代的现代复合固体推进剂，以后又发展了聚氨酯，接着又相继出现了改性双基推进剂、聚丁二烯-丙烯酸推进剂、聚丁二烯-丙烯酸-丙烯腈推进剂及端羧基聚丁二烯推进剂。20世纪60年代后期研制成了端羟基聚丁二烯推进剂。在20世纪末，相继开始了四组元固体推进剂、NEPE固体推进剂和GAP类推进剂的研制。

固体推进剂是以燃料和氧化剂为主，兼有多种添加成分的多组元物质。为了比较全面地满足上述要求，必须精心挑选和匹配各种组元。实际上，在固体推进剂的发展过程中，曾经尝试过难以计数的多种组成，产生了各种不同的配方，经过实用中的不断淘汰，已经形成了几类基本的推进剂。

为了使用、学习和研究上的方便，对现有的固体推进剂进行了分类。分类方法很多，如有以能量高、低分类，把固体推进剂分成三类：低能固体推进剂（比冲在 2 156 N·s/kg 以下）、中能固体推进剂（比冲为 2 156～2 450 N·s/kg）、高能固体推进剂（比冲在 2 450 N·s/kg 以上）。也有按固体推进剂的力学性能特点分成软药和硬药两类。按照燃烧产物中烟的浓度可分有烟、少烟和无烟三类。这些分类方法对于使用者较方便，但对于学习和研究者来说，根据固体推进剂的结构和基本组分的特点进行分类是更为合适的。根据构成固体推进剂的各组分之间有无相的界面，固体推进剂可分成均质推进剂和异质推进剂两大类。复合推进剂根据黏结剂的不同可分为若干系列复合推进剂。

在均质推进剂中，燃料组元与氧化剂组元互相均匀结合，形成一种胶体溶液的结构，其组成成分和性能在整个基体上都是均匀的。其中单基推进剂是以硝化纤维为基本组元的胶体结构。双基推进剂是以硝化纤维素和硝化甘油为基本组元的胶体结构。两者都是均质推进剂。在异质推进剂中情况则与此相反。燃料和氧化剂组元虽然也要求掺混均匀，但只能在微细颗粒的条件下尽量均匀。从细微结构来看，其组成和性质是不均匀一致的，是机械的混合物。黑火药就是一种典型的异质推进剂，它是由硫磺、木炭和硝酸钾组成的机械混合物。现代复合推进剂也是按此类似的原则组成的，已经广为应用。改性双基推进剂是在双基推进剂的基础上加入某些异质成分来改善双基推进剂的性能，因而属于异质推进剂范畴。

以液体状态进入推力室的推进剂称为液体推进剂，包括液体氧化剂（液氧、液氟、硝酸和四氧化二氮等）和液体燃料（煤油、酒精、液氢等）。液体推进剂是一种或几种液态物质的组合，是液体火箭发动机的重要组成部分，对于大型运载火箭，液体推进剂占运载火箭起飞质量的70%～90%，因此液体推进剂性能的优劣将直接影响着运载火箭和发动机的性能及制造费用。液体推进剂通过喷射雾化、蒸发混合、燃烧或分解等过程，将其蕴含的化学能转换为高温、高压气体的热能，这些高温、高压气体通过发动机喷管进行膨胀，把热能转化为动能，并以此动能来推动飞行器飞行或进行航天器的姿态控制、速度修正或变轨飞行等。液体推进剂是液体火箭发动机的能源和工质源。

液体氧化剂和燃料的组合要考虑几个问题：两种组分相遇最好能够自燃，这样可以省掉点火装置；两种组分之间喷射、相遇到发火的时间间隔也非常关键，会影响到发动机的燃烧稳定性。美国加州理工学院最初的研究采用红发烟硝酸和汽油或煤油的混合燃料，燃烧极不稳定，采用苯胺代替汽油之后，解决了燃烧不稳定问题。目前国内用于航天发射的燃料主要是红发烟硝酸和肼类的组合，液氢和液氧组合多用于上面级，新一代液氧和煤油组合的液体火箭发动机技术已经成熟。

3.2 固体推进剂

常用固体推进剂主要包括双基推进剂、改性双基推进剂和复合推进剂。为了保证火箭发动机的性能，对固体推进剂提出了一系列基本要求。固体推进剂的各项性能用来表征推进剂满足发动机各项要求的程度。其中主要的有能量特性、力学性能、燃烧特性以及贮存安定性和安全性等。

3.2.1 固体推进剂性能要求

对固体推进剂主要有以下一些性能要求。

1. 能量特性

作为火箭推进系统的能源和工质源，固体推进剂的能量特性最终表现为比冲。比冲计算公式如下：

$$I_s = c^* C_F$$

其中，$c^* = \frac{\sqrt{RT_f}}{\Gamma}$。此处 T_f，R 和 Γ 都取决于推进剂的能量和燃烧产物的特性，推进剂是决定比冲的基础。但是，比冲的数值还与发动机有关，推力系数 C_F 就取决于喷管的设计和工作条件。为了比较各种推进剂的能量水平，必须在相同的 C_F 条件下测试比冲，这就要规定测试比冲的某些标准条件。例如，通常规定喷管的膨胀压强比为 $p_c/p_e = 70/1$，外界大气压为海平面大气压以及规定喷管出口的扩张角，等等。

从影响比冲的因素来说，特征速度 c^* 是表征推进剂能量水平的一个适当的参数，它已经排除了喷管的影响，人们经常可以看到各种推进剂的特征速度的数据。但目前还缺乏较好的直接实测特征速度的有效方法，有关 c^* 的数值大都通过换算才能得到。

在有些推进剂的制造行业中还习惯用每千克推进剂燃烧所释放的热量来表征其能量水平，称为“爆热”。由于燃烧条件不同，有定容下的爆热和定压下的爆热两种。火箭发动机中的燃烧一般看作是定压条件下的燃烧，其释放的能量相当于定压下的爆热。与爆热相对应，将相应的燃烧温度定义为“爆温”，也分定容和定压下的两种爆温。此外，还定义每千克推进剂的燃烧产物在标准条件下的体积为比容，用它来表征推进剂的气体生成量，也反映了气态燃烧产物的分子量，它通过影响气体常数 R 而影响比冲。有关爆热的测试数据可以用来对推进剂的能量水平做出初步比较。但是，它们的测试条件有些方面与发动机中的实际情况有相当大的差别，难于直接用来评估发动机的性能。

2. 力学性能

固体推进剂药柱在生产、贮存、运输和使用过程中要承受各种载荷。例如，在固化冷却收缩或温度循环条件下的温度载荷，由于自重、飞行加速度、运输和勤务处理中的冲击和振动、点火过程的冲击增压以及发动机工作过程中的压力载荷等。这些载荷使推进剂药柱产生应力和应变。如果超过其力学性能的许可范围，就会破坏药柱的完整性，使药柱产生裂纹、脱粘、过度变形甚至破碎，以致发动机不能正常工作，或者产生灾难性的后果。为了保证发动机工作可靠和药柱的完整性，要求所用的固体推进剂具有足够的力学性能。这里的力学性能主要是指抗拉强度、抗压强度、弹性模量和延伸率，以及它们随工作温度、加载速度和作用时间的变化特性。

一般来说，对推进剂力学性能的具体要求应根据药柱在受载情况下的应力应变分析来确定。它主要取决于药柱结构、受载情况以及工作温度范围等。

对于自由装填的药柱，承受的载荷主要是发射时的加速度过载、燃气压强以及贮存时的重力和运输、勤务处理中的冲击振动，因而要求推进剂具有较高的弹性模量和抗压强度，同时要有一定的延伸率以承受冲击载荷而不致破碎。为了保证低温下药柱不致有很大的脆性，要求推进剂的玻璃化温度尽量低，尽可能接近或低于最低使用温度。自由装填式小型发动机如采用抗压强度较高的双基推进剂，一般药柱强度是足够的，通常可不进行药柱结构完整性分析。

对于贴壁浇注式发动机，通常需要考虑药柱强度问题，特别是内孔构形比较复杂的药柱。在生产、贮存、运输和使用过程中，它承受温度载荷、重力和加速度载荷、压力载荷和冲击、振动。应力应变的最大值往往发生在药柱与壳体的黏结面上和药柱的内表面上，容易引起药柱与壳体结合面或包覆层的脱粘和药柱内表面的脆裂，还有由于蠕变引起的过度变形。在温度载荷的作用下，由于推进剂热膨胀系数比金属壳体的热膨胀系数要大得多(约 10 倍)，在固化冷却后药柱要承受较大的拉伸。对这类药柱，如果抗拉强度不过分低，延伸率是主要考虑的力学性能参数。由于推进剂的延伸率在低温下最低，抗拉强度在高温下最低，因而常以低温下的延伸率和高温抗拉强度来要求贴壁浇注推进剂药柱的力学性能。一般要求在最低使用温度下，延伸率应大于 30%，在最高使用温度下，抗拉强度大于 1.0 MPa。

3. 燃烧特性

固体推进剂的燃烧特性主要包括临界压强、燃速、压强指数、温度敏感系数、点火特性等。

固体推进剂的燃烧特性中最重要的是燃速特性，是指推进剂燃速的高低及其受工作条件影响而变化的规律。不同的发动机对燃速的高低有不同的要求。

燃速压强指数 n 与推进剂本身的性质有关，而对于指定的推进剂来说，n 又与压强范围有关。它是衡量一种推进剂燃烧稳定性好坏的重要指标之一。通常为了火箭发动机工作稳定，希望燃速压强指数愈小愈好。但是，对于某些推力可控的火箭发动机则希望推进剂的燃速压强指数高一些。

4. 贮存安定性

双基推进剂的贮存安定性问题首先是化学安定性，这是指在长期贮存条件下保持化学成分不变的能力。通常硝酸酯类化合物在贮存条件下都会缓慢分解，而且分解产物又对分解起催化加速的作用，导致贮存中组元变质、能量下降、力学性能变坏。因此，往往加入少量的安定剂来保持化学安定度。化学安定度的测定通常是在人工加速(加热)分解的条件下测定推进剂试样达到一定分解程度所需的时间。时间愈长，其安定度愈好，安全贮存期也愈长。

双基推进剂的物理安定性问题主要是低温或温度变化剧烈时出现的“汗析”和“晶析”现象，在推进剂表面有部分硝化甘油、芳香族硝基化合物、中定剂或某些晶体物质(如氧化镁)等析出，呈液滴或结晶状附于表面。这是因为随着温度降低，各组元相互溶解的能力减小，个别组元通过扩散析出推进剂表面，使推进剂性能变坏。要避免这类问题，主要依赖于掌握推进剂配方中的溶剂比和注意贮存中的温度控制。

复合推进剂的安定性问题主要是防止老化。老化是由于黏结剂高聚物的降解和交联而导致推进剂变质和性能变坏。此处还有贮存中某些组元的迁移、低温结晶和吸湿等也会使推进剂性能改变。通常也要通过人工加速老化试验来预测其贮存期。但是人工加速的老化总是不能完全等同于自然老化，由人工老化而预测的贮存期应该由自然老化来进行验证，尽管自然老化周期太长，耗资亦多。

5. 安全性能

固体推进剂是一种易燃易爆的物质，通常要鉴定其危险品等级，测定其对外界刺激的敏感度，如热感度、冲击感度、静电感度、摩擦感度以及冲击波感度和爆轰感度。各种感度都有规定的标准，并通过相应的仪器进行测定。

6. 经济性能

以往火箭技术的发展，注意力主要放在新技术应用上，飞行器的高性能是设计的准则，较少考虑经济性能。但在未来发展的空间运输系统中，固体发动机想在竞争中取胜，提高其经济性能是重要条件之一。为了降低固体推进剂的成本，应选用来源丰富、价格低廉、工艺性好的原材料。

7. 工艺性能

要求固体推进剂有良好的工艺性能，制成的药柱质量均匀，性能重现性好。

8. 低特征信号性能

新一代导弹武器要求具有“隐身”能力，也就要求固体推进剂具有低特征信号。

低特征信号目前主要包括低火焰温度(防红外探测)、微烟或无烟。固体推进剂燃烧排出的燃气有烟雾，易被敌人发现发射基地，尤其是防空导弹基地，可能遭到轰炸。某些用激光或红外光等制导的导弹，烟雾会使光波衰减，影响制导系统的工作。

3.2.2　双基推进剂

3.2.2.1　组成

双基推进剂(简称 DB)是以硝化纤维素和硝化甘油为基本组元的均质推进剂。其中硝化纤维素作为推进剂的基体，由硝化甘油作为溶剂将其溶解塑化，形成均匀的胶体结构。此外，为改善推进剂的各种性能，还加入少量的各种不同添加成分。其主要组元的性质和作用如下所述。

1. 硝化纤维素

硝化纤维素(简称 NC)又称硝化棉，学名为纤维素硝酸酯，由棉纤维或木纤维的大分子$[C_6H_7O_2(OH)_3]_n$在硝酸、硫酸组成的混酸中与硝酸“硝化”而成。其反应式可写为

$$[C_6H_7O_2(OH)_3]_n+nxHNO_3 \xrightleftharpoons{H_2SO_4} [C_6H_7O_2(OH)_{3-x}(ONO_2)_x]_n+nxH_2O$$

式中，n 为纤维素的聚合度，其数以百计，通常计算组成成分时取 $n=4$；x 表示纤维素单个链节中羟基(OH)被硝酸酯基(ONO_2)所取代的数量，显然，x 最大为 3。由于高分子化合物的多分散性，在硝化过程中每个链节上所取代的羟基数可能是不同的，因而就整个硝化棉而言，只能取其平均值，这就使 x 不一定成为整数。x 的大小表示硝化度的高低，如取 4 个链节，则最高的硝化度为 12，其后依次为 11，10，…，分别称为 12 硝酸硝化棉、11 硝酸硝化棉……硝化度愈高，硝化棉的含氮量(N%)愈高，就是硝酸酯基愈多，能量愈高。因而也以含氮量的多少来表示硝化度的高低，这是硝化棉的一项重要指标。理论上可能达到的最高含氮量为14.14%。实际生产中总是低于此值，且随硝化条件不同而不同，其含氮量的范围可在 6.5%～13.65%之间。用于制造推进剂的硝化棉按含氮量分为以下三级：

1 号硝化棉(强棉)　　含氮量为 13.0%～13.5%

2 号硝化棉(强棉) 含氮量为 12.05%～12.4%

3 号硝化棉(弱棉) 含氮量为 11.8%～12.1%

含氮量低于 11.7%的硝化棉一般不用于推进剂中,而广泛用于油漆和塑胶的制造。

硝化棉中既含有 C,H 燃料元素,又有相当数量的 O 元素,本身就是一种能单独燃烧甚至爆轰的高能物质,是双基推进剂的主要能源之一,其燃烧的放热量随含氮量的增加而增加。硝化棉燃烧后生成大量气体。以 11 硝酸硝化棉为例,其燃烧反应式可写为

$$C_{24}H_{28}O_8(OH)(ONO_2)_{11} \rightarrow 12CO_2 + 12CO + 8.5H_2 + 16H_2O + 5.5N_2$$

硝化棉外观为白色短纤维粉末,柔性差(硬脆),不溶于水,但能溶于醇、醚、酮类有机溶剂。硝化甘油能溶解弱棉,但对强棉溶解性差,其溶解度随含氮量的增加而减少。

干燥的硝化棉对摩擦、热、火花非常敏感,易燃,也易爆炸。因此,硝化棉应在湿润状态下保存,甚至浸泡在水中。硝化棉在常温下缓慢分解,生成氧化氮,使硝化棉变质。严重时缓慢分解会加速,导致燃烧和爆炸。

除化学功能之外,硝化棉使双基推进剂具备一定的机械强度。

2. 硝化甘油

硝化甘油(简称 NG)学名为丙三醇三硝酸酯,它是由丙三醇(甘油)在硝酸、硫酸的混酸中由硝酸硝化而成的。其反应式为

$$C_3H_5(OH)_3 + 3HNO_3 \xrightleftharpoons{H_2SO_4} C_3H_5(ONO_2)_3 + 3H_2O$$

硝化甘油是低分子化合物,与硝化棉不同,它不存在多分散性。硝化甘油外观为无色或淡黄色油状液体,密度为 1.6 g/cm^3。它微溶于水,易溶于大多数有机溶剂中。它本身又是一种良好的溶剂,可溶解硝化棉。它挥发性小,因而与硝化棉形成不易挥发的均质推进剂。但若温度过低,则过量的硝化甘油会“汗析”出来,使推进剂变质。硝化甘油有一定的毒性,能引起头痛、恶心、呕吐,有扩张血管、降低血压的作用。使用时应注意通风和防毒。

硝化甘油是一种猛性炸药,对撞击、震动十分敏感而易产生爆炸,使用中必须特别注意。但它被固体物料吸收后所形成的硝化甘油块的感度却低得多,这就可以使硝化甘油和硝化棉形成稳定的推进剂。

硝化甘油是一种富氧的氧化剂,在 150～160℃即着火燃烧。燃烧的反应式为

$$4C_3H_5(ONO_2)_3 \rightarrow 12CO_2 + 10H_2O + 6N_2 + O_2$$

它不仅生成大量气体(比容为 750 L/kg),且释放出自由氧。其爆热为 6 322 kJ/kg,爆温约为 3 100℃。其多余的氧还可以使硝化棉进一步氧化。因此,硝化甘油是双基推进剂中的又一主要能源物质。同时,由于它与硝化棉形成均质的固态溶液,又增加了硝化棉的柔性和可塑性,使推进剂易于加工成型,固化后具有一定的力学性能。在双基推进剂中,硝化甘油的含量为 20%～40%。

硝化二乙二醇 $O\begin{matrix} \diagup CH_2—CH_2—ONO_2 \\ \diagdown CH_2—CH_2—ONO_2 \end{matrix}$ 也可代替硝化甘油作为双基推进剂中的主要溶剂,但其能量比硝化甘油低。

3. 助溶剂

助溶剂的主要作用是增加硝化棉在硝化甘油中的溶解度。这些助溶剂能与硝化甘油互溶

形成混合溶剂，增加对硝化棉的溶解能力。亦可防止硝化甘油汗析，提高生产过程的安全性。有的助溶剂本身就是高能炸药，因而也是推进剂中的辅助能源。

表3-1 双基推进剂常用助溶剂的主要性质

名称	代号	密度 g/cm³	熔点/℃	比容 L/kg	氧平衡/(%)	标准生成焓 kJ/kg	爆热 kJ/kg
二硝基甲苯	DNT	1.52	70.5	602	−114.4	−374.7	4420
三硝基甲苯	TNT	1.654	80.8	620	−73.9	261.5	5066
黑索金	RDX	1.802	204	785	−21.6	318.0	6025
奥克托金	HMX	1.85～1.96	282	782	−21.6	252.8	6092
泰安	PETN	1.76	141.3	780	−10.1	−1683.4	5895
吉纳	DINA	1.488	51.3	865	−26.6	−1316.0	5249
硝化二乙二醇	DEGDN	1.38	2	886.3	−40.8	−2208.0	4852

4. 增塑剂

双基推进剂中常用的增塑剂为邻苯二甲酸二丁酯[$C_6H_4(COOC_4H_9)_2$]，它是透明油状液体，能与硝化甘油互溶，并能溶解和增塑硝化棉，也是硝化棉的助溶剂。用它可以降低双基推进剂的玻璃化温度，改善低温力学性能。由于它对能量贡献很小，不宜多用，用量通常在3%以下。

5. 化学安定剂

化学安定剂用来吸收由硝化棉和硝化甘油等分解出来的并具有催化分解作用的NO，NO_2，以提高双基推进剂的化学安定性，利于长期贮存。常用的化学安定剂见表3-2。通常用量都在4%以下。

表3-2 双基推进剂的化学安定剂

代号	学名	结构式
1#中定剂	二苯胺	$O{=}C\langle^{N(C_2H_5 \cdot C_6H_5)}_{N(C_2H_5 \cdot C_6H_5)}$
2#中定剂	二乙基二苯脲	$O{=}C\langle^{N(CH_3 \cdot C_6H_5)}_{N(CH_3 \cdot C_6H_5)}$
3#中定剂	二甲基二苯脲	$O{=}C\langle^{N(CH_3 \cdot C_6H_5)}_{N(C_2H_5 \cdot C_6H_5)}$
二苯胺	二苯胺	$C_{12}H_{11}N$

6. 燃烧稳定剂和燃速调节剂

这是为了改善推进剂的燃烧特性而采用的少量添加剂。燃烧稳定剂用来增加低压下的燃烧稳定性。常用的有氧化镁、碳酸钙、苯二甲酸铅[$C_6H_4(COO)_2Pb$]等。燃速调节剂主要是在燃烧中起催化作用，有增速和降速两类。增速是使低压下燃速增加，用铅、氧化铅、苯二甲酸铅等。常用来降速的有多聚甲醛、石墨及樟脑($C_{10}H_{16}O$)等。

7. 工艺添加剂

为了加工容易，常用少量的凡士林($C_{15}H_{32}$)或硬脂酸锌[$(C_{18}H_{38}O_2)Zn$]等以减小加工中的内摩擦。

表 3-3 列出了某些双基推进剂的配方和主要性能。

表 3-3　某些双基推进剂配方及主要性能

成分和性能 \ 名称 含量/(%)		JPN 美	T6 美	H 苏	SC 英	105.5 英	SD 法	R-6M 德
硝化棉		51.5 (13.25%N)	55.5 (12.2%N)	57.0 (12.0%N)	49.5	60.0	66.0 (11.7%N)	61.5
硝化甘油		43.0	27.0	28.0	41.5		25.0	
硝化二乙二醇						39.60		34.0
二硝基甲苯			10.5	11.0				
邻苯二甲酸二丁酯		3.25						
中定剂		1.0	4.0	3.0	9.0	(0.74) (稳定剂)	8.0	1.2
二苯脲								2.4
氧化镁						0.4		0.25
炭黑		(0.2)				(0.1)		
硝酸钾		1.25						
石蜡		(0.08)			(0.07)			0.30
碳酸钙			1.5(其他)		(0.35)		1.0(其他)	
凡士林			1.0	1.0				0.35
石墨			0.5					
性能	密度/(g·cm^{-3})	1.62					1.59	1.56～1.58
性能	比冲/s	230	230				225.0	
性能	压强指数/n	0.69	0.6				0.6～0.7	
性能	爆热/(kJ·kg^{-1})	5 150		3 349				3 433

3.2.2.2　制造工艺

双基推进剂制造工艺一般分为三类：压铸法、压伸法和浇注法。压铸法是将一定质量的药料放入模具内用水压机制造成型。这种方法是间断生产，只能制造小型药柱，批量生产已不采用。压伸法和浇注法是目前国内外广泛使用的制造方法。前者适用于制造中、小型火箭推进剂药柱，后者用于制造直径为 0.7～1 m 以上、构型复杂的大型装药。改性双基推进剂主要采用浇注法，其工艺流程与双基推进剂基本相同。现简要介绍压伸法和浇注法。

1. 双基推进剂的压伸成型工艺

它是当前我国用来制造中、小型推进剂药柱的成熟制造方法。以连续压伸为例，其流程如

图 3-1 所示。

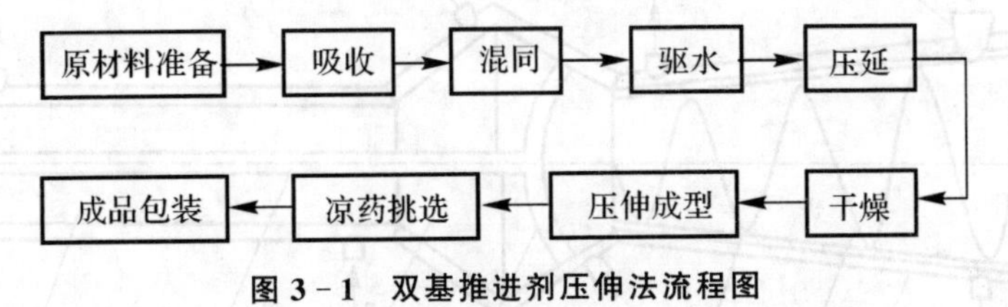

图 3-1　双基推进剂压伸法流程图

将准确称量好的各种原材料在大量水中经过升温、搅拌制成吸收药；同一批吸收药经过混同和驱水后，在压延机的高温、高压作用下制成半成品药片，然后将进一步干燥的药片经压伸机和模具的压实塑化作用加工成推进剂装药成品。现将各主要工序的作用简述如下。

(1)原材料准备工序。准确称量各组分是保证推进剂获得预定性能的基础。这一工序主要保证准确地定量给料，同时配制好硝化纤维素在水中的悬浮液、硝化甘油和二硝基甲苯混合溶剂及凡士林乳浊液(包括凡士林、氧化镁、苯二甲酸二丁酯及硬脂酸锌等)。

(2)吸收工序。这一工序主要完成的任务是硝化纤维素在水中均匀地吸收各种组分，并使含量达到要求。吸收过程是在大量水中进行的，在专门的吸收锅内进行。吸收锅是带有保温夹套的圆柱形容器，中间有涡轮搅拌桨。整个吸收过程在(55±5)℃条件下、不断搅拌中进行。

(3)混同工序。因吸收锅的容积有限，生产上每投一批料，要若干锅才能吸收完。为了保证同批推进剂的性能均匀一致，须将同批吸收药在一个大的混同机内进行混同，并在一定的温度和搅拌条件下进行。混同过程中，各种组分之间还可以继续深入作用，并使各组分的分布更均匀。

(4)驱水工序。混同后的吸收药含有的大量水分(为推进剂质重量的 6~7 倍)是在这一工序中除去的。先在离心驱水机中除去大部分水，再经过螺旋驱水机将水分含量降至 10%左右。

(5)压延工序。这一工序的目的是除去多余的水分(由 10%减至 3%以下)，使药料进一步混同，并通过溶剂与硝化纤维素的深入作用，以达到各组分均匀分布，满足压伸成型所必需的可塑性。通过驱除水分和气泡，增加药料的致密性。压延是在专门的滚筒式压延机上进行的。

(6)干燥工序。经过压延的小药片，水分已降至 2.5%~2.8%，但还需进一步进行干燥才能达到成品推进剂的水分含量(一般在 0.7%以下)。烘干是在滚筒式干燥机内进行的，由滚筒干燥机内的热风将水分带走。

(7)压伸成型工序。此工序的任务是将已烘干的药片在高温(85~90℃)、高压(39.2~58.8MPa)条件下通过模具获得一定的形状。这是推进剂生产中的重要工序。推进剂的表面质量、形状、尺寸、密度和内部结构均匀性都和这一工序有关。而这些性能又和发动机的内弹道性能密切相关。

压伸过程是在螺旋压伸机(见图 3-2)内进行的。螺旋压伸机的主要部件有锥形螺杆、扩张器和药模。锥形螺杆是加压药料的主要部件，螺杆外侧有保温夹套。机壳内有青铜衬套，衬套上有纵向定向槽，其作用是使药料受螺杆挤压时只能向前运动，而不随螺杆转动。

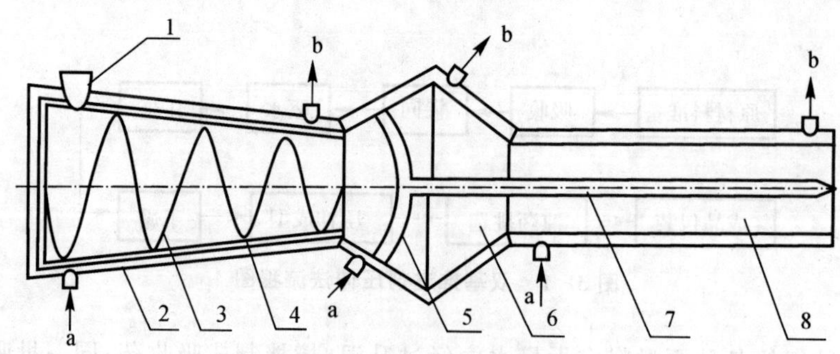

图 3-2 螺旋压伸机简图

1—加料斗； 2—加热夹套； 3—螺杆； 4—青铜衬套； 5—模针架； 6—扩张器； 7—模针； 8—成型模

a—热水进口； b—热水出口

近 10 多年来，国外已将塑料等行业用的新型双螺杆挤压技术用于双基和改性双基推进剂的制造工艺。其主要设备为双螺杆混合捏合挤压机。与上述单螺杆工艺相比，双螺杆工艺具有以下主要优点：

1)功能多、工序少、自动化程度高。

2)摩擦力小，温度易控制。

3)混合、捏合能力强，产品各组分分布均匀。

4)在制时间短，产量高。

因此，双螺杆工艺受到了国内外的普遍重视。

2. 双基及改性双基推进剂的浇注工艺

为了解决大型药柱和复杂药柱的制造问题，近年发展了双基浇注工艺。改性双基推进剂的浇注工艺与双基浇注工艺基本相同，分成空隙-浇注法(注粒法)和配浆法两种。广泛应用的是配浆法，各主要工序如图 3-3 所示。

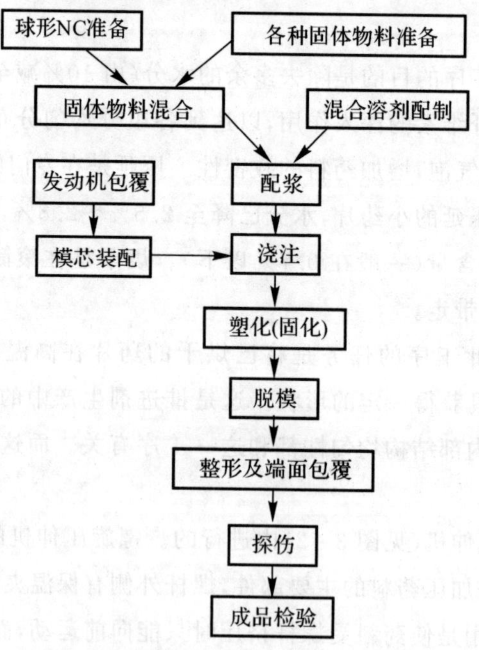

图 3-3 双基推进剂浇注工艺流程图

首先制定球形 NC 药粒，然后药粒与混合溶剂充分搅拌均匀形成药浆，将事先加工好的模具(或发动机)放入浇注缸中，利用插管法将药浆直接浇入模具(或发动机)内。浇注完毕后药浆即可进行固化。

双基浇注工艺可制作大型和形状复杂的药柱。

配浆法工艺过程比较简单，制成药柱的质量亦较好，如燃速误差≤1%，可制得含大量固体成分(65%)的改性双基推进剂，配方调整范围较宽等，故是制造含高氯酸铵、黑索金、奥克托金以及大量不溶金属(如铝、铍等)的推进剂较为理想的工艺方法。

3.2.3　复合推进剂

3.2.3.1　组成

典型的现代复合推进剂是由氧化剂、金属燃料和高分子黏结剂为基本组元组成的，再加上少量的添加剂来改善推进剂的各种性能。其中氧化剂和金属燃料都是细微颗粒，共同作为固体含量充填于黏结剂基体之中，形成具有一定机械强度的多组元均匀混合体。复合推进剂主要包括黏合剂、氧化剂、金属燃料、固化剂、增塑剂、交联剂、催化剂、防老剂和工艺助剂等。

1. 氧化剂

氧化剂为金属燃料和黏结剂的燃烧提供所需的氧，是主要的能源。其质量含量达到60%～80%，是构成复合推进剂的最基本组元之一，对推进剂的性能和工艺有重大影响，因而对氧化剂有一系列要求。

(1)含氧量高，或自由氧含量高。这有利于燃料组元的完全燃烧，提高能量。

(2)生成焓高。氧化剂本身要具有较高的能量。

(3)密度大。由于氧化剂在推进剂中含量最大，它对整体密度的贡献也最大。

(4)气体生成量大，燃烧产物分子量低，有利于提高比冲。

(5)物理化学安定性好。

(6)与其他组元相容性好。

(7)经济性好。

过氯酸铵(简称 AP)是目前应用最为普遍的氧化剂。虽然它的含氧量并非最高，但气体生成量大，本身生成焓也高，与其他组元的相容性好，成本低，能大量生产，其他性能都比较全面；其缺点是含有原子量较大的氯原子。它的燃烧产物中含有氯化氢(HCl)，不仅分子量较大，而且有相当的腐蚀性和一定的毒性。过氯酸铵本身就可以单独燃烧甚至爆炸。其爆热为1 306 kJ/kg，爆温约为1 080℃。

过氯酸钾的生成焓低，气体生成量少，只用于中等能量的推进剂。但它的密度大，燃速高，燃速的压强指数高，可以考虑用于调节推力的发动机。硝酸铵的气体生成量大，成本低，已经大量生产，但含氧量太少，本身生成焓也低，只能用于低能推进剂。目前正在研究应用的晶体氧化剂有过氯酸锂、过氯酸硝酰(NO_2ClO_4)等，着眼点都在于提高推进剂的能量。

一些氧化剂的性质见表 3－4。

表 3-4 一些氧化剂的性质

名称	分子式	分子量 g/mol	密度 g/cm³	有效含氧量 %	气体生成量 L/kg	标准生成焓		备注
						kJ/mol	kJ/kg	
过氯酸铵(AP)	NH_4ClO_4	117.49	1.95	34.04	790	−290.56	−2 473.40	成本低,压强指数低,性能好,吸湿性较小
过氯酸钾(KP)	$KClO_4$	138.55	2.52	46.2	323	−433.75	−3 130.66	燃速高,性能中等,压强指数高
过氯酸钠	$NaClO_4$	122.4	2.02	52.3	366			易吸湿
过氯酸锂	$LiClO_4$	106.4	2.43	60.2	437	−410.31	−3 856.26	吸湿,性能好,价格高
硝酸铵(AN)	NH_4NO_3	80.05	1.73	20.0	980	−265.50	−4 568.85	无烟,中等性能,价格低,低燃速
硝酸钾	KNO_3	101.1	2.11	39.6	388	−494.04	−4 886.67	价格低,性能低
硝酸钠	$NaNO_3$	85.0	2.26	41.1	461	−460.55	−5 174.72	价格低,性能低
硝酸锂	$LiNO_3$	68.95	2.38	58.1	569	−482.74	−7 901.28	易吸湿

* 有效氧含量:氧化剂分子中有效氧的质量(以原子量表示)与氧化剂分子量之比。

2. 黏结剂

黏结剂的主要作用是黏结氧化剂和金属燃料等固体粒子成为弹性基体,使推进剂成为具有必要的力学性能的完整结构。虽然黏结剂的质量含量不到20%,但它对推进剂的力学性能却有决定性的影响,同时它又提供燃烧所需的C,H等燃料元素,也是推进剂的主要能源和工质源。现代复合推进剂多采用各种高分子胶一类的化合物作为黏结剂。对黏结剂的主要要求如下:

(1)具有良好的黏结性能和力学性能,使制成的推进剂有足够的强度、弹性模量和延伸率。黏结剂的玻璃化温度应尽量低,黏流态温度应尽量高。

(2)工艺性好。为了便于浇注,应能制成液态的低分子量预聚物,并具有浇注所需的流动性。固化温度不宜太高,最好能在常温下固化。固化速度适当。固化过程中放热少,收缩小。

(3)燃烧放热量高,气体生成量大,本身生成焓高。密度高,物理化学安定性好,成本低,等等。

早期采用的聚硫橡胶在较宽的温度范围内都有良好的力学性能,但由于含有相当多的硫,燃烧产物的分子量大,影响比冲的提高。聚氯乙烯(PVC)的主要优点是价格低,现有生产能力巨大,其能量和力学性能没有突出的优点。聚氨酯黏结剂中常见的有三类:聚酯型、聚醚型和聚丁二烯型。聚酯型预聚物制成的推进剂能量低,低温力学性能不佳,而且黏度较高,已较少应用。聚醚胶的主要优点是来源比较丰富,黏度低和固化速度适中,能量介于聚酯和聚丁二烯之间,而耐老化性能比聚丁二烯好。聚丁二烯是当前广泛使用的最重要的一类黏结剂。它的力学性能好,与金属和非金属的黏结力强,且可制成较低分子量的预聚物,便于浇注。最早应用的是聚丁二烯-丙烯酸(PBAA),这类推进剂的力学性能重复性差,延伸率也不佳。聚丁二烯-丙烯酸-丙烯腈(PBAN)的力学性能和固化都有所改善,因而取代了PBAA。端羧基聚丁二烯(CTPB)分子柔顺性较好,玻璃化温度很低,用它作黏结剂可以提高固体含量,因而不仅提高了能量,而且提高了推进剂的力学性能,特别是低温力学性能。端羟基聚丁二烯(HTPB)是聚丁二烯中的最新品种。由它制成的推进剂具有优良的力学性能和稳定的燃烧特性,能量也较高。其本身合成工艺简单,易于工业生产,成本比CTPB低。在分子量相近时,

HTPB 黏度较小，有更高的容纳固体粒子的能力，已成为最常用的黏合剂。复合推进剂的发展过程见表 3-5。

表 3-5　复合推进剂的发展过程

类型	研制时间	黏结剂	氧化剂	金属添加剂	理论比冲* / s	成型方法	优、缺点
沥青推进剂	1942—1950 年	沥青	AP 硝酸铵		～185 (实际比冲)	压伸、 浇注	比冲低，贮存变形
聚酯推进剂	1947—1954 年	聚酯	AP		190～200	浇注	强度高，脆化
聚硫推进剂	1947—1958 年	聚硫橡胶	AP		230～240	浇注	易于生产，但不适于加金属添加剂
聚氯乙烯推进剂	1950 年—现在	聚氯乙烯	AP	无 Al 粉	230～240 260～265	压伸 浇注	高温强度差固化温度高
聚氨酯推进剂	1954 年—现在	聚酯或聚醚	AP	Al，Mg 粉 Be 粉	260～265 275～280	浇注	
聚丁二烯推进剂	1957 年—现在	PBAA， PBAN， CTPB，HTPB	AP	Al 粉 Mg 粉	260～265 275～280	浇注	能量高 低温性能好
叠氮推进剂	1990 年—现在	GAP	AP/ ADN/ CL20	AL/Mg	250～280	浇注	能量高 低特征信号

注：* 1 s＝9.8 N·s/kg。

3. 金属燃料

为了提高能量，现代复合推进剂中都采用燃烧热值较高的金属燃料作为基本组元之一，它还可以提高推进剂的密度，其燃烧产物中的凝相粒子能抑制高频不稳定燃烧。但是，凝相粒子在喷管中形成二相流动，带来一定的性能损失，并加剧对喷管的烧蚀作用。因此，金属燃料在推进剂中的含量要受到限制。通常要求金属燃料具有燃烧热值高、密度大、与其他组元相容性好、耗氧量低等特性。从表 3-6 中可以看到铍的燃烧热值最高，但它的燃烧产物毒性太大，限制了它的应用。硼的燃烧热也很高，但它的耗氧量大，而且不容易达到高效率燃烧。铝的燃烧热虽然较低，但它的耗氧量也低，对比冲的提高有显著作用，再加上来源丰富，价格低，因而被广泛采用。一些金属元素的性质见表 3-6。

表 3-6　一些金属元素的性质

名称	符号	分子量 / g/mol	密度 / g/cm^3	燃烧热 / kJ/kg	燃烧产物	耗氧量 / g/g	金属燃料＋NH_4ClO_4 的燃烧热 / kJ/kg	理论比冲 $(p/p_0=70/1)$ / s
氢	H	1.007 97		120 999	H_2O	7.94	5 273	
碳	C	12.011 15	2.25	33 076	CO_2	2.66	4 857	240(PU/AP)
锂	Li	6.939	0.534	42 988	Li_2O	1.16	10 802	
铍	Be	9.012 2	1.85	64 058	BeO	1.77	13 565	280(PU/AP/Be)
硼	B	10.811	2.34	58 280	B_2O_3	2.22	9 797	255(PU/AP/B)
镁	Mg	24.321	1.74	25 250	MgO	0.66	11 095	260(PU/AP/Mg)
铝	Al	26.982	2.70	30 480	Al_2O_2	0.88	9 509	265(PU/AP/Al)
锆	Zr	91.22	6.49	11 932	ZrO	0.18		

4. 固化剂和交联剂

固化剂是热固性黏结剂系统中不可缺少的组成部分。其作用是使黏结剂组元的线形预聚物转变成适度交联的网状结构高聚物，形成基体，实现固化，使推进剂具有必要的机械强度。

与固化剂同时使用的还有交联剂，它主要用来形成三维空间交联结构，使黏结剂成为三维网状结构，防止塑性流动。

此处还有固化促进剂，用来促进某一固化反应，它本身有时也参与固化反应，但主要是调节固化反应的速度与程度。

固化剂及其辅剂的应用具有强烈的选择性。不同的黏结剂采用不同的固化剂和交联剂。例如，羟基预聚物(例如 HTPB)固化采用固化剂为二异氰酸酯[$R(NCO)_2$]，交联剂用三乙醇胺($C_6H_{15}O_3N$)。羧基聚丁二烯的固化剂可用多官能团环氧化物(如酚的三环氧化物)或多官能团氮丙啶化合物[如三(甲基氮丙啶)]。

5. 增塑剂

增塑剂的作用有二：一是降低未固化推进剂药浆的黏度，增加其流动性，以利于浇注；二是降低推进剂的玻璃化温度，改善其低温力学性能。苯二甲酸二丁酯就是一种常用的增塑剂。

6. 燃速催化剂

燃速催化剂包括正催化剂和负催化剂。正催化剂加入推进剂中可增加推进剂的燃速，负催化剂加入推进剂中可降低推进剂的燃速，具体使用何种催化剂，要由指标要求、历史经验和安全性能等多种因素决定。

除以上各组元以外，复合推进剂中还有少量的其他添加剂，如为了防止黏合剂受空气氧化的防老剂(常用的是酚类和胺化合物)，降低药浆黏度的稀释剂(如苯乙烯)等工艺助剂。

表 3-7 列出了各类推进剂组成的举例，从表中也可以看到不同组元的不同作用。

下面介绍复合推进剂几个特性参数。

(1) 密度。推进剂的密度与组分密度之间的关系为

$$\rho_p = \frac{100}{\sum (m_i/\rho_i)}$$

式中，m_i 为第 i 组分的质量百分数；ρ_i 为第 i 组的密度。

(2) 氧系数。固体推进剂或组分中含氧多少的情况常用氧系数描述，其定义为 1 kg 推进剂或推进剂组分中所含的含氧量与所含可燃元素完全氧化所需要的需氧量之比，即

$$氧系数 = \frac{含氧量}{需氧量} \times 100\%$$

一般固体推进剂氧系数都小于 1，即固体推进剂一般是富燃的。

(3) 氧平衡。固体推进剂或组分中含氧多少的情况也可以用氧平衡来描述，其定义为 1 kg 推进剂或推进剂组分中的含氧量与所含可燃元素完全氧化所需要的需氧量之差占推进剂(或组分) 质量的百分数，即

$$氧平衡 = \frac{含氧量 - 需氧量}{1000} \times 100\%$$

推进剂(或组分)中的含氧量与需氧量相等称为零氧平衡，此时的爆热最大。含氧量多于需氧量为正氧平衡，因为有剩余的氧存在，爆热降低；反之称负氧平衡，因为不能使可燃元素完

全氧化，爆热也降低。

(4)假定化学式。假定化学式是把1 kg固体推进剂看成由基本元素组成的化合物分子式。

表 3 - 7 各类推进剂的组成及性能

类型 成分和性能 含量/(%)	聚硫橡胶推进剂①	PU推进剂	HTPB推进剂	CTPB推进剂	PVC推进剂②	硝胺推进剂③	组分作用
AP	67.0	65.0	68.0	74.0	80.10		氧化剂
HMX						75.0	
Al 粉	5.0	17.0	18.0	10.0			金属燃烧剂
乙基聚硫橡胶	19.0						
环氧树脂	1.3						
聚烷撑二醇		12.73					
PVC					8.6		高分子黏合剂
HTPB		7.822				25.0	
CTPB				9.17			
顺丁烯二酸酐	0.3						
PbO_2	0.6						
二异氰酸酯		2.24	0.460				固化剂
三(甲基氮丙啶)磷化氧				0.13			
乙酰丙酮锆				0.05			固化促进剂
三醇		0.43					
三乙醇胺			0.038				
苯二甲酸二丁酯	0.9						增塑剂
壬二酸二辛酯		2.60	4.480	5.10			
癸二酸二辛酯					10.5		
亚铬酸铜	0.9						燃速调节剂
苯乙烯	4.0				0.5		稀释剂
二萘苯二胺			0.20				防老剂
润湿剂				0.29(三甲胺)	0.25		润湿剂
碳酸钙	1.0						燃速调节剂
氧化铁			1.0	1.20	0.05(炭黑)		

① 聚硫橡胶推进剂性能：比冲 $I_s = 2\ 150 \sim 2\ 200$ N·s/kg，密度 = 1.75 g/cm³，压力指数 $n = 0.28$，燃速 $r = 4 \sim 18$ mm/s(20℃，5 880 kPa)。

②PVC 推进剂性能：$I_s = 2\ 260$ N·s/kg，密度 = 1.7 g/cm³，$n = 0.3 \sim 0.5$，$r = 2.54 \sim 25.4$ mm/s。

③ 硝胺推进剂性能：低压：$n = 0.5$；高压：$n = 1$。

例 3 - 1 某端羟基聚丁二烯复合推进剂的组成见表 3 - 8，求其假定化学式、氧系数、氧平衡。

氧平衡计算步骤如下：

(1) 计算各组元假定化学式。固体推进剂的各组元都是由最基本的组元 C，H，O，N，Cl，Al，B，Be 等化学元素组成的，可以把每一组元的分子式都写成以下通式：

$$C_C H_H O_O N_N Cl_{Cl} Al_{Al} \cdots$$

分子量是 M，组元的假定化学式写成以下通式：

$$C_{n_C} H_{n_H} O_{n_O} N_{n_N} Cl_{n_{Cl}} Al_{n_{Al}} \cdots$$

因为各组元的假定化学分子量都是 1 000 g，所以组元的假定化学分子量是该组元分子量的 E 倍，即 $E=1\ 000/M$。这就可以求得

$$n_C = E_C,\quad n_H = E_H,\quad n_O = E_O,\quad \cdots$$

表 3-8　HTPB 复合推进剂的组成

组元	分子式	分子量	质量百分数/(%)
端羟基聚丁二烯	$(C_4H_{6.052}O_{0.052})_n$	54.88	14
高氯酸铵	NH_4ClO_4	117.49	67
铝	Al	26.98	15
苯乙烯	C_8H_8	104.15	2
甲苯二异氰酸酯	$C_9H_6O_2N_2$	174.0	0.9
三乙醇胺	$C_6H_{15}O_3N$	149.2	0.4
二茂铁	$C_{10}H_{10}Fe$	186.0	0.7

据此可以求 HTPB 复合推进剂各组分的假定化学式。

1) 端羟基聚丁二烯 $E=1\ 000/54.88=18.22$；$n_C=18.22\times4=72.89$；$n_H=18.22\times6.052=110.27$；$n_O=18.22\times0.052=0.95$。

端羟基聚丁二烯的假定化学式为 $C_{72.89}H_{110.27}O_{0.95}$。

2) 高氯酸铵 $E=1\ 000/117.49=8.51$；$n_H=8.51\times4=34.04$；$n_O=8.51\times4=34.04$；$n_N=8.51\times1=8.51$；$n_{Cl}=8.51$。

高氯酸铵的化学假定式为 $H_{34.04}O_{34.04}N_{8.51}Cl_{8.51}$。

3) 铝 $E=1\ 000/26.98=37.06$。

铝的化学假定式为 $Al_{37.06}$。

以此方法求得苯乙烯的假定化学式为 $C_{76.81}H_{76.81}$；甲苯二异氰酸酯的假定化学式为 $C_{51.68}H_{34.45}O_{11.48}N_{11.48}$；三乙醇胺的假定化学式为 $C_{40.22}H_{100.54}O_{20.11}N_{6.7}$；二茂铁的假定化学式为 $C_{53.75}H_{53.75}Fe_{5.375}$。

(2) 根据各组分在推进剂中的质量百分数，计算出 1 kg 推进剂组分中基本元素的摩尔原子数 $N_C, N_H, N_O, N_N, N_{Cl}, N_{Al}, N_{Fe}, \cdots$ 于是可写出固体推进剂的假定化学式为

$$C_{N_C} H_{N_H} O_{N_O} N_{N_N} Cl_{N_{Cl}} Al_{N_{Al}} Fe_{N_{Fe}}$$

假定化学式中，基本元素的摩尔原子数分别为

$$\left.\begin{aligned} N_C &= \sum m_i n_{iC} \\ N_H &= \sum m_i n_{iH} \\ N_O &= \sum m_i n_{iO} \\ N_N &= \sum m_i n_{iN} \\ N_{Cl} &= \sum m_i n_{iCl} \\ N_{Al} &= \sum m_i n_{iAl} \\ N_{Fe} &= \sum m_i n_{iFe} \end{aligned}\right\}$$

用统一方程式表示为

$$N_L = \sum m_i n_{il}$$

式中，N_L 为第 l 种元素的摩尔原子数；m_i 是推进剂中第 i 组分的质量百分数；n_{il} 为 i 组分中 l 种元素的摩尔原子数。

可求得

$N_C = 14\% \times 72.89 + 2\% \times 76.81 + 0.9\% \times 51.65 + 0.4\% \times 40.22 + 0.7\% \times 53.75 = 12.75$

$N_H = 14\% \times 110.27 + 67\% \times 34.04 + 2\% \times 76.81 + 0.9\% \times 34.45 + 0.4\% \times 100.54 + 0.7\% \times 53.75 = 40.87$

$N_O = 14\% \times 0.95 + 67\% \times 34.04 + 0.9\% \times 11.48 + 0.4\% \times 20.11 = 23.12$

$N_N = 67\% \times 8.51 + 0.9\% \times 11.48 + 0.4\% \times 6.7 = 5.83$

$N_{Cl} = 67\% \times 8.51 = 5.70$

$N_{Al} = 15\% \times 37.06 = 5.56$

$N_{Fe} = 0.7\% \times 5.375 = 0.037$

该 HTPB 复合推进剂的假定化学式为

$$C_{12.75}H_{40.87}O_{23.12}N_{5.83}Cl_{5.70}Al_{5.56}Fe_{0.037}$$

由于推进剂的假定化学式是对 1 kg 推进剂而言的，因此假定化学式中各元素质量之和应等于 1 000 g，即

$$N_C M_C + N_H M_H + N_O M_O + N_N M_N + N_{Cl} M_{Cl} + N_{Al} M_{Al} + N_{Fe} M_{Fe} = 1\,000$$

式中，M_C，M_H，M_O，… 为各元素的原子量，用此式可以检验推进剂的假定化学式，计算有无错误。下面根据此式验算

$$12.75 \times 12.011 + 40.87 \times 1.008 + 23.12 \times 16.000 + 5.83 \times 14.007 + 5.7 \times 35.453 + 5.56 \times 26.982 + 0.037 \times 55.847 = 1\,000.086$$

此数与 1 000 相差甚微，说明计算无错误。

该推进剂中含有的氧量 $= 23.12 \times 16 = 369.92$ g，推进剂中的 N 是中性元素，燃烧后生成 N_2，可燃元素有 C，H，Al，Fe，其中一部分 H 元素与 Cl 化合，不再需要氧，因此可燃元素完全氧化需要的氧量为

$$需氧量 = \left[12.75 \times 2 + \frac{1}{2}(40.87 - 5.70) + \frac{3}{2} \times 5.56 + \frac{3}{2} \times 0.037\right] \times 16\ \text{g} = 823.69\ \text{g}$$

$$氧平衡 = \frac{369.92 - 823.69}{1\,000} \times 100\% = -45.377\%$$

3.2.3.2　制造工艺

复合推进剂目前都采用浇注法成型(见图 3-4)，其主要程序如下：

(1)物料的准备。包括各组元原材料的质量检验、性能测定、按配比称量和燃烧室壳体、药模、型芯的准备。在各组元的原料准备中以氧化剂的准备较为复杂。以过氯酸铵为例，除了烘干以外，要通过筛选严格控制颗粒尺寸及其分布，因为氧化剂的粒度对推进剂的燃速特性、密度、力学性能和浇注时药浆的流动性都有显著的影响。在贴壁浇注的情况下，推进剂直接注装入燃烧室中，需要事先将燃烧室壳体、绝热层、包覆阻燃层等准备好。

(2)混合。这是复合推进剂生产中的一个基本工序,在有相当容量和功率的混合机中进行。要经过长时间的搅拌才能混合均匀,形成流动性较好的、可以浇注的药浆。混合工序有一定的危险性,需要严格控制混合的条件,如混合时的温度、湿度、药浆的黏度和转子的速度等。

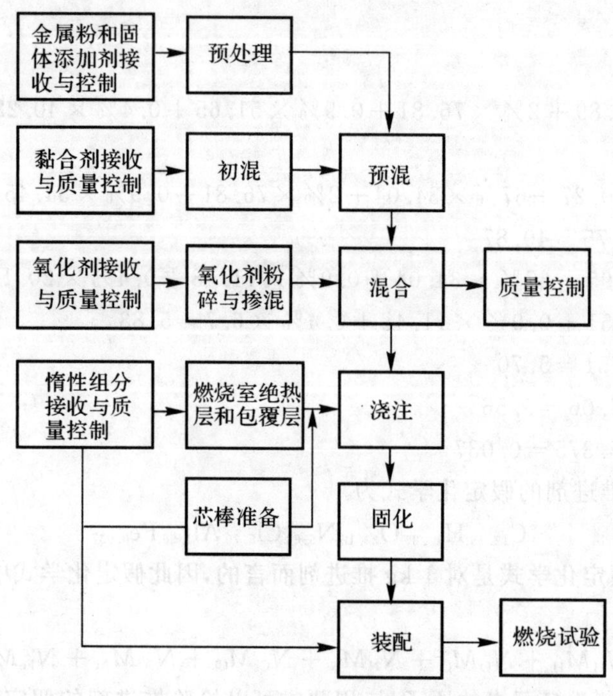

图 3-4　复合推进剂浇注工艺流程图

(3)浇注。将混合均匀的药浆注入事先准备好的装有型芯的燃烧室中,这就是浇注工序。通常有三种浇注方法:插管浇注法、底部浇注法和真空浇注法。插管浇注法是将药浆通过软管由顶端进入发动机。底部浇注法是使药浆通过底部进入发动机。真空浇注法是将燃烧室壳体置于真空罐中,药浆从顶部通过多孔花板形成很多小药条下落,直至充满整个燃烧室。这种方法利用真空状态比较容易除去在混合过程中裹入药浆的空气,保证了装药的质量,是目前广泛应用的一种浇注方法。

(4)固化。固化需要在专用的固化箱中进行,要严格控制固化的温度及温度变化的速度。固化反应的速度随固化温度的增加而增加甚快,因而由控制温度来控制固化速度以保证产品质量。随着固化的进行,推进剂的强度和硬度逐渐增加,延伸率逐渐减少,直到这些性能达到稳定,固化过程才算完成。固化所需的时间对不同的推进剂,随所用黏结剂不同、固化剂不同和固化温度不同是不同的。例如,有的需要 72 h,有的则长达 15 天。

固化过程结束、药柱缓慢降温以后,经过脱模、整形,再进行全面的质量检验、性能测试和其他必要的处理,完成整个制造过程。

3.2.4　改性双基推进剂

改性双基推进剂(简称 CMDB)是在双基推进剂的基础上增加氧化剂组元和金属燃料以提高其能量特性。在双基推进剂中含氧量不足,不能使其中的燃料组元完全燃烧,增加一些氧化剂可以使能量得到进一步提高。在结构上,它是以双基组元作为黏结剂,将氧化剂和金属燃料等其他组元黏结为一体的,因而它属于异质推进剂。

改性双基推进剂有两类:一类加过氯酸铵为氧化剂,简称为 AP - CMDB;另一类加高能硝胺炸药奥克托金(HMX)或黑索金(RDX)来提高其能量,简称为 HMX - CMDB 或 RDX - CMDB。

改性双基推进剂具有很高的能量特性。在海平面条件下的理论比冲可达2 650~2 700 N·s/kg,是目前实用的固体推进剂中能量较高的一种。它的密度也比双基推进剂高而相当于复合推进剂,因此,在那些对推进剂性能要求高的顶级发动机中,可以采用改性双基推进剂。但是,它在高、低温下的力学性能相对较差,特别是低温下的延伸率不足,因而限制了它的作用。

为了改进改性双基推进剂的力学性能,曾经进行了相当多的研究工作。一种方法是在双基中加入交联剂,增加硝化棉大分子的交联密度,提高力学性能,这就是交联改性双基推进剂(XLDB)。另一种方法是在双基中加入高分子聚合物来改善其力学性能,这种改性双基推进剂称为复合双基推进剂(CDB)。在这里,双基推进剂中的硝化棉和硝化甘油已成为主要的"氧化剂"组元了。NEPE 推进剂是在交联改性双基推进剂的基础上,以能量较高的硝酸酯类物质作为增塑剂,既提高了能量,又改善了高、低温下的力学性能,是一种正在得到实用的新型推进剂。

改性双基推进剂的制造工艺大多采用浇注法成型。通常在浇注前先将固体组元(主要是硝化棉)加工成均匀的小尺寸的药粒(例如直径 1 mm 左右的球形或圆柱形颗粒),然后再与液体组元的溶液混匀浇注,在发动机或药模中固化。但这里的固化不同于低分子量预聚物的化学固化,而是物理过程,是硝化棉高聚物溶解于液相组元的溶剂中形成固态溶液的过程。在一定温度下,经过相当长的时间,液体溶剂往固体药粒中扩张,固体药粒膨润溶解,最后形成均匀的整体药柱。

3.2.5　其他固体推进剂

除了传统的双基推进剂、改性双基推进剂和普通复合固体推进剂,还有多种固体推进剂获得大量应用,如燃气发生剂、富燃料推进剂、膏体推进剂、NEPE 推进剂、四组元推进剂等。

3.2.5.1　燃气发生剂

燃气发生剂的基本组成与制造工艺与常规复合推进剂类同。燃气发生剂一般具有燃烧火焰温度低、燃烧残渣少、成气量大等特点,主要应用于固体火箭导弹推力矢量控制、大型导弹武器弹射发射、涡轮(涡扇)发动机风扇快速启动、鱼雷启动点火器、安全气囊快速充气等。

根据具体用途不同,燃气发生剂燃温要求也不同,一般来说,对于安全气囊快速充气用发生剂,燃温要控制在几百度,而对于大型导弹武器弹射发射和涡轮(涡扇)发动机风扇快速启动用燃气发生剂,燃温控制在 1 000~1 500℃,凝相燃烧残渣控制在 10%左右。

常用的燃气发生剂包括硝酸铵型燃气发生剂、过氯酸铵型燃气发生剂、二羟基乙二肟型燃气发生剂、硝铵型燃气发生剂。

3.2.5.2　四组元固体推进剂

用硝胺炸药(HMX,RDX)取代一部分 AP 的四组元 HTPB 推进剂具有能量高、成本低廉等优点。

HMX和RDX有高的生成焓和不含Cl元素。燃烧后气体生成量大，用这类硝胺炸药取代部分AP，推进剂的爆温降低。它的成气性好，不仅弥补了爆温降低引起能量的降低，还使能量有所提高。但HMX(RDX)用量过多，则会因推进剂含氧量的过分降低导致燃烧不完全，爆热降低，甚至生成C，气体生成量反而下降。因此，以10%～40%的HMX(RDX)取代AP，可以使HTPB推进剂的比冲提高。

国外已得到应用的一种配方，AP：58%；Al：20%；HMX：12%；HTPB：10%。其密度为1 840 kg/m^3，理论比冲2 628 N·s/kg。应用于美国航天飞机上的HMX/AP/Al/HTPB推进剂理论比冲达到了2 652 N·s/kg。

3.2.5.3 NEPE固体推进剂

NEPE固体推进剂是由美国的赫克利斯公司在20世纪70年代末研制成功，80年代初开始投入使用的。这类推进剂的基本组成如下。

1. 黏合剂体系

黏合剂预聚物：聚乙二醇，聚已二酸乙二酯，聚乙酸内酯，HTPB等。

增塑剂：硝化甘油，1，2，4-丁三醇三硝酸酯，三羟甲基乙烷三硝酸酯等。

固化交联剂：异氰酸酯，硝化纤维素，乙酸丁羧纤维素等。

固化催化剂：三苯基铋。

2. 氧化剂

主要包括过氯酸铵、奥克托金等。

3. 高能燃烧剂

铝粉。

4. 安定剂

2-硝基二苯胺，4-硝基二苯胺等。

NEPE推进剂的性能：

(1)能量特性：固体含量为80%的NEPE，密度比冲比复合固体推进剂高10%。

(2)力学性能：因为以柔性的高分子为主链，增塑剂含量也高，因此低温不脆，高温、常温的力学性能都能满足要求。

(3)燃烧性能：典型NEPE推进剂在6.86 MPa下的燃速可低到8 mm/s；在13.72 MPa下燃速可以达到30 mm/s。NEPE推进剂的压强指数一般比HTPB推进剂高。

(4)贮存性能：根据加速老化实验的结果推算，在40℃下NEPE推进剂的贮存寿命可达25年。

3.2.5.4 富燃料固体推进剂

富燃料推进剂主要应用于固体火箭冲压发动机和固体燃料冲压发动机。富燃料推进剂组分与普通复合推进剂类似，但其能量特性、燃烧特性和普通复合推进剂有较大差异。富燃料推进剂主要包括含金属富燃料推进剂和碳氢富燃料推进剂。含金属富燃料推进剂中主要添加大量金属(铝、镁、硼等)作为燃料，以正在使用的含硼富燃料推进剂为例，硼的质量含量可达

40%;碳氢富燃料推进剂中金属含量极少,主要将含碳、氟、氮等物质作为燃料。含硼富燃料推进剂密度比冲很高,是当前固体火箭冲压发动机首选能源,该类推进剂最大难点在于硼粉难以燃烧完全,能量难以完全发挥;碳氢富燃料推进剂具低特征信号,是富燃料固体推进剂的重要发展方向。

富燃料推进剂本身氧化剂含量少,其燃料完全燃烧需要借助空气中氧气(空气通过冲压发动机进气道进入燃烧室)。富燃料推进剂理论质量比冲范围为 7 500～11 000 N·s/kg,压强指数一般要求在 0.5～0.6 之间,最小工作压强约 0.2 MPa。

3.2.5.5 膏体推进剂

在 20 世纪五六十年代,苏联开始研制一种新型非液、非固的推进剂,这种推进剂的主要特点是黏度较大,有一定塑性,静止时可以在短时间内保持形状,在力作用下又可以流动,一般称这种物质为非牛顿流体(Non-Newtonian Fluids)。苏联(俄罗斯)的此类推进剂由固体推进剂改性而来,类似于未固化彻底的固体推进剂,一般称为膏体推进剂(Pasty Propellant)。苏联研制的膏体推进剂黏度在 200 Pa·s 数量级上,其流动特性接近典型的高分子溶体,按各组分结合状态分为均质和非均质两种。

膏体推进剂与固体推进剂、液体推进剂相比,其优点体现在以下几个方面:

(1)比冲性能:膏体推进剂比冲一般高于固体推进剂;

(2)力学性能:膏体推进剂没有固体推进剂那样严格的力学性能限制;

(3)燃烧性能:容易实现比固体推进剂高得多的燃速;

(4)工艺性能:无须经历浇注、固化、脱模以及阻燃包覆等复杂工艺过程,可显著降低生产成本,并减少生产危险性;

(5)装填系数:装填系数可接近 1;

(6)能量管理:与液体推进剂一样,可多次启动,能够实现推力调节;

(7)能量密度:高于液体推进剂,具有接近于固体推进剂的密度;

膏体推进剂火箭发动机具有结构简单、多次启动、大范围推力调节、高能量及安全、可靠等特点,美国、俄罗斯,包括我国都在研究,并提出了多种具有适时准确攻击目标、高突防能力、高机动性及同时具备推力随机可调、能量可控等功能的膏体推进剂火箭发动机方案。

3.2.5.6 低温固体推进剂

低温固体推进技术(CSP)是一种新型的化学火箭推进技术,其能源为低温固体推进剂。低温固体推进剂在环境温度下为液态或固态,但为减少该推进剂组分在贮存期间发生的化学反应,一般需要对此推进剂进行低温冷冻处理。

目前国外 CSP 推进剂的研究主要围绕 H_2O_2 基和 H_2O 基的低温固体推进剂进行。在早期的 CSP 固体推进剂研究中,固态的 H_2O_2 与碳氢聚合物的组合曾被认为是最好的 CSP 推进剂,典型 H_2O_2 基低温推进剂配方如下:以 H_2O_2 作为氧化剂,以 PE、PU(聚氨酯)、HTPB、金属粉为燃料。近年来 H_2O 基的 CSP 推进剂——ALICE(铝冰)推进剂的优良性能日益引起人们的关注。推进剂由纳米 Al 粉和冰组成,其反应原理是 Al 与 H_2O 发生如下反应:$2Al+3H_2O\rightarrow Al_2O_3+3H_2$。与传统推进剂相比,铝冰推进剂具有以下特点:

(1)制造简单,不受地点限制,有可能在月球上、火星上或者其他地方进行"铝冰"推进剂的生产；

(2)使用安全，意外点火的概率较小，可忽略静电放电带来的危险；

(3)使用铝冰推进剂的火箭发动机排出的是氢和铝的氧化物，毒性相对较低；

(4)生产成本低，从理论上讲，铝冰推进剂可在任意一个有水的天体上现场制备，避免了从地球运输，从而降低宇宙航行的成本。

美国空军科学研究办公室(AFOSR)和美国国家航空航天局(NASA)于2009年8月成功发射了一枚采用铝冰推进剂的小型探空火箭。试验中，火箭加速到330 km/h，飞行高度约400 m。该火箭的成功发射标志着美国"铝冰"推进剂的研制获得了阶段性的成果。

3.2.6 固体推进剂发展特点

近些年来，各国非常重视各种高性能推进剂的研究与发展，在积极改进双基推进剂的同时，还大力发展各种高性能的复合推进剂技术；在降低特征信号和感度的同时，着力提高能量水平。

从近几年来的发展情况来看，固体推进剂技术呈现出以下发展特点。

1. 双基推进剂以改性为主

双基推进剂因技术成熟且价格低廉、性能稳定、重现性好、燃烧时可呈现平台或麦撒效应以及低特征信号等优点，已被大量应用于各种武器装备中。然而，双基推进剂的能量水平已达到极限，难以满足远程打击武器系统发展的需要。对此，国外研究人员积极探讨各种技术途径发展双基推进剂，并以改性研究为主，目标是扩大燃速范围、降低成本、提高质量和改进工艺，提高能量。

2. 高能复合推进剂发展迅速

提高固体推进剂能量采用的技术途径主要有三种：一是选用生成焓较高的胶粘剂和增塑剂(如GAP，BAMO，AMMO，BTTN，Bu-NENA等)；二是提高含能物质(如硝胺炸药)的含量或选用新型高能量密度物质(如CL-20，ADN，DNTF，HNF，FOX-7，FOX-12，LLM-105等)；三是加入AlH_3，$LiAlH_4$，$LiMgH_3$等新型高能燃烧剂替代常规Mg，Al等金属粉末。目前国外通常采用上述的一种或两种以上途径，实现高能的同时提高推进剂的综合性能。如美国"和平卫士""侏儒"战略导弹中装填的NEPE推进剂采用的就是NG/BTTN混合硝酸酯增塑剂，理论比冲提高到2 650 N·s/kg以上，降低NG感度的同时也防止推进剂的低温脆变；俄罗斯研制的HNF/含能黏合剂/Al推进剂的比冲比传统AP推进剂提高了30～100 N·s/kg，同时表现出较高的燃速和较为合适的压强指数；AlH_3取代Al可使固体推进剂比冲提高98.1 N·s/kg，AlH_3/ADN/含能黏合剂推进剂的理论比冲可达2 883 N·s/kg。

近年还开始研制全氮和聚合氮等超高能材料，这些超高能材料的能量是TNT的十几倍甚至数十倍，一旦单体研制成功并顺利用于推进剂配方，将使固体推进剂的能量实现一个质的飞跃。

3. 降低特征信号是推进剂发展的一个重要方向

固体推进剂在燃烧过程中往往在火箭/导弹发动机尾部排出烟、焰等"特征信号"，这不仅影响导弹制导电磁波的传播并使导弹失控，还因暴露其飞行轨迹和发射位置而大幅度降低武器系统的隐身能力和生存能力。为提高武器系统的生存力和作战人员的安全性,降低推进剂的特征信号成为未来研究的主要方向和解决战术导弹隐身的技术关键。

4. 注重开发钝感固体推进剂

由于过去各国作战平台频繁发生安全事故而造成人员的严重伤亡和财产的重大损失,促使各国更加重视弹药的钝感问题。降低固体推进剂的感度和易损性是实现弹药不敏感特性的关键,并因此决定了火箭、导弹及其发射平台在外来刺激下的安全性和生存能力。钝感推进剂已取得的良好应用效果和未来更加严格的不敏感弹药政策要求,将促进各国进一步发展能量水平高且钝感的高性能推进剂,固体推进剂将向钝感化方向发展。

5. 注重开发绿色环保推进剂

考虑到环保因素,各国积极走绿色发展道路,在固体推进剂研究中,开展了包括使用无铅燃烧催化剂、无毒弹道改良剂、取代高氯酸盐的新型氧化剂等研究。

过氯酸铵(AP)是当前各种复合固体推进剂应用最普遍、最重要的一种氧化剂,但是,过氯酸盐易溶于水,并在水体中长期保持其化学活性,对人类生存环境具有很大的影响(美国发现全国各地的地表水和地下水中都含有过氯酸盐,而人喝了含过量氯酸盐的水会致畸,并影响甲状腺的功能);AP 推进剂的燃烧可能产生有毒的 HCl 气体而污染大气环境,甚至破坏臭氧层。开发新的不含过氯酸铵的绿色推进剂是推进剂发展重要方向。

近几年来,除了大力开展绿色组分研究之外,绿色推进剂产品开发也受到高度重视,尤其是美国。2000 年,美国海军成功研制出一种以含能热塑性弹性体黏合剂为基的“绿色”火箭推进剂配方;2007 年,美国完成了替代过氯酸铵的 4 种新型氧化剂的合成、评估和配方研究及低污染、高能、无过氯酸盐绿色推进剂的研究。

此外,美国和俄罗斯先后还开展了无铅弹道改良剂的推进剂研究并已开发出多种无铅配方。这些研究和发展表明,技术发达国家在开发推进剂技术的过程中重视环境保护和环境战略的实施,注重绿色组分的使用和绿色产品的开发,积极探索一条能够实现可持续发展的绿色道路。

3.3 液体推进剂

液体推进剂是一种或几种液态物质(氧化剂、燃料)的组合,通常燃料、氧化剂都是以液态形式在贮箱内保存的。

3.3.1 液体推进剂分类

液体推进剂可按不同分类方法进行分类,分类方法主要如下。

1. 按进入推力室的基本组元数目分类

按进入推力室的基本组元数目,液体推进剂可分为单组元、双组元和多组元推进剂。

所谓的推进剂组元,是指单独贮存、并单独向发动机推力室供给的液体推进剂的组成部分。每一种组元可以是氧化剂和可燃物质的混合物,或者是能放热分解并汽化的单一化合物,即每一组元可以是单质的、化合物的或混合物的。

单组元推进剂的化学活性比较强，在热或催化剂的作用下，通过自身分解或燃烧能迅速产生高温、高压的气体，高温、高压气体经喷管膨胀加速后产生推力。单组元推进剂一般分成三类：第一类是在分子中同时含有可燃元素和燃烧所必需的氧的化合物，如硝基甲烷、硝酸甲酯、过氧化氢等；第二类是在常压下互不产生化学反应的安定混合物，如过氧化氢-甲醇等；第三类是在分解时能放出大量热量和气态产物的吸热化合物，如无水肼、甲基肼等。绝大多数单组元推进系统结构简单、使用方便，但性能比较低，因此单组元推进剂主要应用于火箭系统中的辅助能源，如涡轮泵燃气发生器、姿轨控射流等。

双组元推进剂由液体燃烧剂和氧化剂两种组元组成，工作时它们被分别从各自的贮箱和输送管路送入推力室，在推力室内经过喷射雾化、蒸发混合、燃烧等过程完成能量转换并产生工质。

双组元推进剂根据其活性的不同又分为自燃和非自燃两类：自燃推进剂的活性强，即反应的活化能小，液体燃料和氧化剂相遇即能着火燃烧；非自燃推进剂的活性弱，即反应的活化能大，其燃烧必须依靠外部提供能量，即需要点火装置。常用的点火装置有化学烟火点火器、电火花塞、在推进剂喷注前先喷入能自燃的液体燃料或氧化剂、小燃烧室（即在小燃烧室内用化学烟火点火器或电火花塞点火，然后利用所产生的燃气来点燃主燃烧室）等。

双组元推进剂通常以氧化力强的物质，如液氧、液氟、硝酸等为氧化剂，以含氢量大、燃烧热值比较高的物质，如液氢、肼类、碳氢化合物等为燃料。双组元推进剂可供选择的余地比单组元推进剂大得多，释放的能量较高，因此当今的液体火箭发动机绝大多数采用双组元推进剂。

多组元推进剂是由多于两组元组成的推进剂。多于三组元的液体推进剂理论上能量不会有进一步的增加，三组元能方便地把任何需要的化学元素组合起来，因此多组元液体推进剂常指三组元，即由三种组元组成的推进剂。使用三组元推进剂的发动机，在下面级工作时，常以氧为氧化剂、煤油为燃料并加入少量液氢燃料；在上面级工作时，仍以氧为氧化剂而以液氢为燃料，即成为双组元推进剂。

2. 按液体推进剂的贮存性能分类

按长期贮存性能，可分为地面可贮存、空间可贮存和不可贮存（如低温推进剂、化学不稳定推进剂）液体推进剂。

地面可贮存推进剂：指在相当宽的温度和压强范围内、在地面环境下能在贮箱内贮存一年或更长时间，不需外加能源加热熔化或冷却液化就能保持为液态又不变质的推进剂。目前，在各种导弹系统上使用的硝基氧化剂、肼类、胺类、烃类燃料，大多为地面可贮存推进剂。

空间可贮存推进剂：指在地面环境下不能贮存或难以贮存，但在空间环境下可以贮存的推进剂，对其性能要求是其沸点应低于空间环境温度，但高于 200K。

可贮存推进剂使液体火箭发动机有可能迅速完成发射前的准备工作，且由于不存在极低的温度和清除沸腾蒸汽的问题，可以达到较高的可靠性。近几年，可贮存推进剂在军用运载器以及空间运载器的上面级上获得更广泛的应用。

不可贮存推进剂：主要指低温推进剂和化学不稳定推进剂。低温推进剂是指有些推进剂在环境压强下沸点很低的液化气体，并且具有低的临界温度 260.93～477.59 K，只有在低温下才能保持为液态的推进剂。低温推进剂的优点是能量较高，其缺点是使用不方便，有些价格昂贵。常用的低温推进剂有液氧、液氢、液氟、二氟化氧及其某些混合物。

低温推进剂在贮存和维护使用时为了尽量减小由于沸腾引起的损失，必须采取复杂的绝热措施，绝热的复杂程度取决于贮存期限以及低温推进剂的种类。另一方面，对于沸腾产生的气体，需要适当的排气系统。

还有一些液体推进剂，因化学性质不稳定而只能在短期内使用，如过氧化氢和叠氮化肼，它们也属于不可贮存推进剂。

3. 按推进剂能量高低分类

按推进剂能量的高低可分为高能推进剂、中能推进剂和低能推进剂。采用一定的发动机工况（室压 7 MPa、喷管出口截面处燃气压强 0.1 MPa）时，高能推进剂的比冲一般大于 3 000 N·s/kg，中能推进剂的比冲在 2 500～3 000 N·s/kg 之间，而低能推进剂的比冲小于 2 500 N·s/kg。

4. 按发动机的用途分类

按发动机的用途可分为主推进剂和辅助推进剂。主推进剂主要用于火箭、导弹等的主发动机，而辅助推进剂主要用辅助发动机和发动机辅助系统。

5. 按推进剂的自燃性质分类

按推进剂是否可自燃，分为自燃推进剂和非自燃推进剂。经简单混合后能自燃的推进剂，即为自燃推进剂，反之称为非自燃推进剂。

3.3.2　液体推进剂的要求及选择

液体火箭发动机对液体推进剂的要求主要包括性能要求、使用要求和经济性要求等。

1. 性能要求

推进剂应具有高的能量特性，即具有高的比冲 I_s 和高的密度 ρ_p，能量特性是推进剂性能的重要指标。因为推进剂的密度大，则单位容积能量高、贮箱的体积小、整个发动机的结构质量就小，从而增大了发动机的质量数 μ、提高了飞行器的最大飞行速度。推进剂密度的重要性在贮箱受限制的战术导弹上的作用要比大型运载火箭或导弹上更大；另一方面，为了保证推进剂有较高的比冲，则要求推进剂具有较高的热值、较低的燃烧产物分子量、燃烧产物不易离解、没有液态或固态产物存在等。

2. 使用性能

要求液体推进剂的液态温度范围宽、化学性质稳定且毒性小，对人员、设备和环境的污染小，等等，具体表现在：

(1)推进剂具有良好的运输性和输送性。良好的运输性是确保推进剂便于安全运输的前提；良好的输送性是确保推进剂能以稳定的流量沿各自的管路输送到发动机推力室。为了满足发动机推力大小的不同需要，推进剂供应系统输送的推进剂秒流量高的达数吨，少的只有几克同时为了使发动机产生稳定的推力，要求进入推力室的推进剂流量稳定，因此要求推进剂的黏度小且黏度随温度的变化率小，以减小输送过程中的流阻。同时也要求推进剂的饱和蒸汽压小，以降低泵压式输送系统中的泵前压力，减少输送过程中产生气蚀的可能。基于同样的原因，还要求推进剂中溶解的气体量要少。

(2)推进剂中所含悬浮颗粒物、黏性物质要少，以避免堵塞滤网、喷嘴和流量控制机构，这对小推力发动机尤为重要。

(3)推进剂具有好的点火和燃烧特性，即要求推进剂的着火延迟期(自燃推进剂)和点火延迟期(非自燃推进剂)不大于 30 ms，着火延迟期和点火延迟期短可避免推力室内推进剂积累量过多而引在发动机启动时产生过高的启动压力峰或发生爆炸，或激发剧烈的振荡燃烧。同时着火延迟期短燃烧速度快，可缩短燃烧室特征长度，降低结构质量。

(4)推进剂具有良好的冷却性能，以保证推力室良好的冷却需求。在大推力发动机上，多用推进剂作为再生冷却剂，推进剂在冷却推力室内壁的同时提高其自身的显焓。作为再生冷却剂的液体推进剂组元，除应具有良好的冷却性能外，在冷却套内不应有气泡出现，同时液体的临界温度和沸点要高，热稳定性要好，且在高温下不易产生固态结焦和腐蚀冷却通道。

(5)推进剂的贮存稳定性好，且具有良好的安全性能。推进剂的贮存稳定性主要是要求推进剂不应受到贮箱材料的作用而分解、聚合、变质等。同时要求液体推进剂对空气和空气中的湿度不过于敏感，在长期贮存中要能经受环境温度的急剧变化而不产生不良后果；推进剂的安全性包括燃烧、爆炸和毒性等。推进剂在使用过程中常会遇到高温、高压、高流速等条件，因此要求推进剂的热爆炸和热分解温度要高，对机械冲击和突然压缩(水击)不敏感等。

3.经济性要求

经济性要求表现在推进剂价格低廉、原料丰富、国产化且制备设备简单，制造容易。

当在具体应用中选择推进剂时，要认识到以上只是推进剂应具备的基本要求，而在选择时可能随发动机具体用途的不同，各要求的重要程度也有所不同。

一般地，选择液体推进剂时应遵循以下原则：

(1)单位质量推进剂所释放的能量高，而燃气的平均分子量要低，以确保推进剂有高的比冲；

(2)易于点火；

(3)稳定燃烧；

(4)高的密度，以减小推进剂的贮箱和供应系统的尺寸和质量；

(5)可用作推力室的有效冷却剂(高比热容、高热导率和高临界温度的最佳组合)；

(6)具有低的饱和蒸汽压，以利于泵的工作、简化泵的设计；

(7)低冰点(最好低于 219.26 K)，便于发动机在低温下工作；

(8)无腐蚀性，与发动机的材料相容性好；

(9)对于可贮存推进剂，应具有良好的可贮存性，借助于高的沸点(最好高于 344.3 K)以及在贮存期内防止变质的能力；

(10)低黏度，使通过供应系统和喷注器的压降最小；

(11)高的热和冲击稳定性，使爆炸和着火的危险性最小；

(12)推进剂及其蒸汽和燃烧产物的毒性低，对环境污染少；

(13)低成本。

表 3-9 给出了不同推进剂组合的部分性能指标。

表 3-9　常用液体推进剂性能指标

推进剂		质量混合比 r	T_c/K	I_s/(N·s·kg^{-1})		p_c/p_e
氧化剂	燃料	(m_o/m_f)		平衡流	冻结流	
LO_2	LH_2	3.5	2 997	3 910	3 880	70
	MMH	0.7	3 144	3 130	3 010	70
	UDMH	1.7	3 584	3 100	2 950	70
	煤油	2.7	3 695	2 980	/	70
	NH_3	/	3 039	2 940	2 850	70
	C_2H_5OH	1.6	3 389	2 870	2 740	70
N_2O_4	N_2H_4	1.35	2 994	2 920	2 830	70
	MMH	2.17	3 361	2 880	2 780	70
	AZ-50	2.0	3 363	2 880	/	70
	UDMH	2.59	3 192	2 850	2 740	70
	煤油	3.9	3 335	2 700	/	70
78%HNO_3+22%N_2O_4	N_2H_4	1.52	2 828	2 830	2 770	70
	MMH	/	3 172	2 790	2 720	70
	UDMH	3.15	/	2 720	/	70
85%N_2O_4+15%NO	MMH	2.2	/	2 900	/	70
	UDMH	2.64	/	2 880	/	70
95%H_2O_2	N_2H_4	2.0	2 597	2 820	2 770	70
	MMH	/	2 900	2 790	2 740	70
	煤油	/	2 914	2 730	2 660	70

3.3.3　液体推进剂物理化学性能参数

液体推进剂的物理化学性能，是选择和评价推进剂的基础。它包括分子量、冰点、沸点、介电常数等几十种参数。密度、黏度、表面张力、蒸汽压、汽化潜热、比热容、热导系数、临界特性常数、热值、声速、电导、气体溶解度等是经常使用的参数。

3.3.3.1　物理化学性能参数

液体推进剂物理化学性能参数主要包括：

(1)分子量：物质的分子量是指组成这一物质的所有元素的原子量之和。

(2)冰点：指在一个大气压下，物质的固态和液态两相共存时的温度。

(3)沸点：在一个标准大气压下，物质气态和液态共存的温度称为该物质的沸点。组元的沸点对其燃烧过程有影响。沸点有时又称为冷凝点。推进剂组元的冰点和沸点组成了推进剂的液体温度范围，它对推进剂的使用性能有影响。

(4)密度：物质单位体积的质量，单位是 g/cm^3。而比重是在标准条件下物质密度与水密度之比，由于标准条件下水密度为1 g/cm^3，所以物质的密度在数值上与比重是一致的，但概念不同，因此不能混同。推进剂组元密度的高低，将影响推进剂的体积能量特性。

一般测定液体密度的方法很多，实验室液体推进剂的密度测定，一般采用玻璃毛细管膨胀计法，即在某个温度和压力下，准确测量膨胀计内液体所占容积和质量后，求得其密度。

(5)临界温度与临界压强：临界温度是气体能够液化的最高温度。大于临界温度时，压强无论怎样加大，气体不再可能液化，也就是说，大于临界温度时，不能单用压缩的办法使气体液化。

临界压强是在临界温度下使气体液化所需要的最小压强。在临界温度和临界压强下单位质量物质所占有的体积称为该物质的临界体积。临界体积的倒数称为该物质的临界密度。

(6)三相点：在平衡蒸汽压下，固体、液体及蒸汽互相处于平衡态时的温度，称为该物质的三相点。

(7)热膨胀系数：分为线膨胀系数、面膨胀系数和体膨胀系数，分别是当温度变化1 K时，物质在长度、面积和体积上的增量与其原来的长度、面积和体积之比，单位为1/K。

(8)压缩系数：单位压强变化所引起的物质单位体积的相对变化，单位为1/Pa或1/MPa。

(9)饱和蒸汽压：当物质的凝聚相(固体、液体)与其蒸汽之间处于平衡状态时，蒸汽所造成压强，称为饱和蒸汽压(或简称蒸汽压)，单位为Pa。

单组分液体的饱和蒸汽压仅依赖于温度，而多组分液体的饱和蒸汽压同时依赖于温度及汽/液体积比。

(10)表面张力：由于分子之间相互吸引力的存在，液体表面在各个方向上似乎处于受张力的状态，那么表面切线方向上单位长度上所受的力，称为该物质的表面张力，其单位为N/cm或J/cm^2。表面张力受温度的影响较大，而受压强的影响较小。

(11)溶解热：单位数量物质在其熔点由固态转变为液态时所需要的热量，单位为J/g。

(12)汽化热：单位数量的液体在一定温度下转化为同温度气体所需要的热量，单位为J/g。

(13)生成热：在规定的温度和压强下，由元素生成1 mol(或单位数量)的化学物质所吸收或放出的热量，称为该化学物质的生成热，单位为J/(g·mol)或J/g。

(14)燃烧热：单位数量的物质完全燃烧所放出的热量，单位为J/g。

(15)比热容：在温度变化1 K时，单位数量的物质吸收或放出的热量，单位为J/(g·K)。

(16)黏度：在液体中两相距为一个单位长度的平行平面，二者的速度差为一个单位速度，这时作用在单位面积上的力定义为液体黏度。分为动力黏度和运动黏度，运动黏度是动力黏度与密度之比，即$\nu=\dfrac{\mu}{\rho}$，其中ν为运动黏度，μ是动力黏度。

(17)导热系数：在温差为1 K的条件下，单位时间内通过单位厚度、单位面积所传导的热量，称为导热系数，其单位为W/(m·K)。

3.3.3.2 参数的计算

在液体发动机的许多设计计算中，如热力计算、燃烧特性及效率计算、传热计算等，都离不开推进剂的物性，因此，掌握液体推进剂某些物性的计算是十分必要的。

液体火箭发动机的热力计算，方法上与固体火箭发动机的热力计算相同。在进行了液体推进剂物性计算后，液体火箭发动机的热力计算，基本上可用固体火箭发动机的热力计算方法进行。

1. 推进剂组元的分子式及分子量的计算

(1)单质组元。单质组元是指推进剂组元由单一的化学物质组成，其分子式和分子量的计算很简单。如：

偏二甲肼：

分子式　$(CH_3)_2N_2H_2$

分子量　$2\times12+8\times1+2\times14=60$

四氧化二氮：

分子式　N_2O_4

分子量　$2\times14+4\times16=92$

把单质组元的分子式写成一般式为

$$A_{a1}^{(1)}\cdots A_{ai}^{(i)}\cdots A_{am}^{(m)}$$

式中，$A^{(i)}$ 表示组成该单质组元的第 i 个基本元素(共有 m 个基本元素)，a_i 表示单质组元中第 i 个基本元素 $A^{(i)}$ 的原子摩尔数。那么单质组元的分子量为 $M=\sum\limits_{i=1}^{m}a_iM_{A_i}$，其中 M_{A_i} 是元素 $A^{(i)}$ 的原子量。

(2)混合组元。混合组元是指推进剂组元由几种单质组元组成，且已知每种单质组元的分子式和质量百分数，如某种混合组元由 $\alpha\%$ 的单质组元 $1(A_aB_bC_cD_d)$，$\beta\%$ 的单质组元 $2(A_{a'}B_{b'}C_{c'}D_{d'})$ 和 $\gamma\%$ 的单质组元 $3(A_{a''}B_{b''}C_{c''}D_{d''})$ 组成，则混合组元的分子量为

$$\overline{M}=\frac{M_1M_2M_3}{\alpha\%M_2M_3+\beta\%M_1M_3+\gamma\%M_1M_2}$$

式中，M_1，M_2，M_3 分别为单质 1，2，3 的分子量，可由已知的分子式求出。

例 3-2　求浓度为 96% 的乙醇水溶液的分子量。

解　该溶液由乙醇(分子式为 C_2H_5OH)和水(分子式为 H_2O)组成，且水的含量为 4%。

乙醇的分子量为

$$M_1=2\times12+6\times1+16=46$$

水的分子量为

$$M_2=2\times1+1\times16=18$$

96% 的乙醇水溶液的分子量为

$$\overline{M}=\frac{46\times18}{96\%\times18+4\%\times46}\approx43.3$$

由此可见，对于混合组元的分子量的求法是比较简单的，那么混合组元的分子式如何求呢？

混合组元的分子式，也称为 1 mol 该混合组元的假定化学式，混合组元分子式仅表示组成该混合组元的基本元素，而不表示混合组元具体的分子结构。

假设混合组元由 n 种单质组元组成，那么，在已知每种单质组元的分子式和质量百分数的条件下，1 mol 混合组元的分子式可表示为

$$A_{b_1}^{(1)}\cdots A_{b_i}^{(i)}\cdots A_{b_m}^{(m)}$$

式中，$A^{(i)}$ 表示组成混合组元的基本元素（共有 m 种基本元素），各基本元素分布在组成该混合组元的各单质组元中，只要知道组成该混合组元的各单质组元分子式，则 $A^{(i)}$ 是已知的；b_i 表示 1 mol 该混合组元中所含基本元素 $A^{(i)}$ 的原子摩尔数，只要求出 b_i，则混合组元的分子式即可求出。那么，如何确定 b_i 呢？

确定 b_i 的方法：

设组成该混合组元的 n 种单质组元中的第 k 种单质组元的质量百分数为 g_k、分子量为 M_k，它的分子式为

$$A_{a_{1k}}^{(1)}\cdots A_{a_{ik}}^{(i)}\cdots A_{a_{mk}}^{(m)}$$

式中，$i=1,2,\cdots,m$ 表示第 k 种单质组元中共含有 m 个基本元素；a_{ik} 表示 1 mol 该单质中含有第 i 种基本元素的原子摩尔数，对于分子式已知的单质组元来说，a_{ik} 是个已知值；$k=1,2,\cdots,n$ 表示混合组元共含有 n 种单质组元。

该混合组元中第 k 种单质组元的摩尔数为

$$N_k=\frac{\overline{M}g_k}{M_k},\quad k=1,2,\cdots,n$$

那么

$$b_i=\sum a_{ik}N_k$$

将求出的 b_i 值代入前面公式中，即可求出 1 mol 混合组元的分子式。

例 3-3 求浓度为 96% 的乙醇水溶液的分子式（或当量式）。

解 该溶液由乙醇（分子式为 C_2H_5OH）和水（分子式为 H_2O）组成，可知该溶液的当量式可写为

$$C_{b_C}H_{b_H}O_{b_O}$$

那么，根据式(3-4)，有

$$N_{H_2O}=\frac{\overline{M}g_{水}}{M_{水}}=\frac{43.3\times 0.04}{18}\approx 0.096\ 2$$

$$N_{乙醇}=\frac{\overline{M}g_{乙醇}}{M_{乙醇}}=\frac{43.3\times 0.96}{46}\approx 0.903\ 7$$

则有

$$b_C=2\times 0.903\ 7+0\times 0.096\ 2\approx 1.807\ 4$$

$$b_H=6\times 0.903\ 7+2\times 0.096\ 2\approx 5.614\ 6$$

$$b_O=1\times 0.903\ 7+1\times 0.096\ 2\approx 0.999\ 9$$

因此，该溶液的当量式为 $C_{1.807\ 4}H_{5.614\ 6}O_{0.999\ 9}$。

可以使用获得的当量式计算出分子量与计算的分子量进行比较，检查求解的准确性，两者相符则说明计算结果正确。

2. 液体推进剂的假定化学式

液体推进剂的假定化学式，类同于固体推进剂的假定化学式，仅表示组成液体推进剂的基本元素，而不表示推进剂具体的分子结构，计算单位为 1 kg，1 kg 液体推进剂化的假定学式的通式可表示为

$$C_{N_C}H_{N_H}O_{N_O}N_{N_N}\cdots$$

式中，C，H，O，N，… 表示组成液体推进剂的基本元素，下标 N_C，N_H，N_O，N_N 等表示 1 kg 推进剂中所含各化学元素的原子摩尔数。

下面以双组元液体推进剂为例，介绍液体推进剂假定化学式的计算方法。计算分为两大步：

第一步，计算 1 kg 推进剂组元的化学式，分为两种情况：

(1) 已知推进剂组元的分子式和分子量，计算 1 kg 推进剂组元的化学式。将 1 kg 推进剂组元的化学式表示为 $C_{N_{C'}}H_{N_{H'}}O_{N_{O'}}N_{N_{N'}}\cdots$，其中 C，H，O，N 等表示该推进剂组元所包含的基本化学元素；下标 $N_{C'}$，$N_{H'}$，$N_{O'}$，$N_{N'}$ 等表示 1 kg 该组元中含有相应各化学元素的原子摩尔数，只要求出 $N_{C'}$，$N_{H'}$，$N_{O'}$，$N_{N'}$ 等数值，即可计算出 1 kg 推进剂组元的假定化学式。

而对于已知分子式和分子量的任一推进剂组元则可利用以下公式计算 1 kg 该组元中含有相应各化学元素的原子摩尔数：

$$N_{C'}=\frac{1\,000}{m}b_C,\quad N_{H'}=\frac{1\,000}{m}b_H$$

$$N_{O'}=\frac{1\,000}{m}b_O,\quad N_{N'}=\frac{1\,000}{m}b_N$$

式中，m 为该推进剂组元的摩尔质量；b_C，b_H，b_O，b_N 分别表示 1 mol 该组元中含有元素 C，H，O，N 的原子摩尔数。将求出的 $N_{C'}$，$N_{H'}$，$N_{O'}$，$N_{N'}$ 等值代入 1 kg 推进剂组元假定化学式的通用表达式中，则可确定出 1 kg 组元的假定化学式。

(2) 已知推进剂组元中各元素的质量百分数，计算 1 kg 推进剂组元的化学式。若已知推进剂组元中各元素的质量百分数，1 kg 该组元中各相应元素的原子摩尔数可按下式确定：

$$N_{C'}=\frac{1\,000}{m_C}g_C,\quad N_{H'}=\frac{1\,000}{m_H}g_H$$

$$N_{O'}=\frac{1\,000}{m_O}g_O,\quad N_{N'}=\frac{1\,000}{m_N}g_N$$

式中，m_C，m_H，m_O，m_N 为组元中各元素的摩尔质量；g_C，g_H，g_O，g_N 为组元中各相应元素的质量百分数。将求出的 $N_{C'}$，$N_{H'}$，$N_{O'}$，$N_{N'}$ 等值代入 1 kg 组元假定化学式的通用表达式中，则可确定出 1 kg 组元的假定化学式。

第二步，计算 1 kg 液体推进剂的假定化学式。对于液体双组元推进剂，通常用混合比 r 或余氧系数 α 来描述推进剂的组成。混合比定义为氧化剂质量流率(kg/s)与燃料质量流率(kg/s)之比。若已知推进剂的混合比 r，则氧化剂和燃料的质量百分数分别为

$$g_o=\frac{r}{1+r},\quad g_f=\frac{1}{1+r}$$

那么，1 kg 推进剂假定化学式中第 i 种元素的原子摩尔数为

$$N_i=\frac{1\,000}{1+r}\left(\frac{(N_i)'_f}{1\,000}+\frac{r\,(N_i)'_o}{1\,000}\right)$$

式中，$(N_i)'$ 表示 1 kg 推进剂组元中含有 i 元素的原子摩尔数(即式(3-7)和式(3-8)中的 $N_{C'}$，$N_{H'}$，$N_{O'}$，$N_{N'}$ 等)。将 $N_i\,(i=\mathrm{C,H,O,N},\cdots)$ 代入 1 kg 推进剂化学式的通式中，即可得 1 kg 推进剂的假定化学式。若经验算所求出的假定化学式的分子量 $\overline{M}$ 约为 1 000 g，则计算正确，否则计算有误，应重新计算。

3. 液体推进剂组元的质量混合比

对双组元推进剂，推进剂组元的燃烧剂和氧化剂需按一定的比例混合方能着火燃烧。为了保证 1 mol 的燃烧剂完全燃烧(如 C 生成 CO_2，H_2 生成 H_2O，N_2 仍为 N_2)，需要 r' mol 的氧

化剂，则 r' 称为推进剂组元的摩尔组元混合比，即：1 mol 燃烧剂 + r' mol 氧化剂 = 完全燃烧产物。

如果 1 kg 燃烧剂完全燃烧所需要的氧化剂为 r_t kg，则 r_t 称为推进剂组元的理论混合比，即 1 kg 燃烧剂 + r_t kg 氧化剂 = 完全燃烧产物。

显然 r_t 与 r' 有以下的关系：

$$r_t = r' \frac{\mu_o}{\mu_f}$$

式中，μ_o，μ_f 是氧化剂和燃烧剂的分子量，氧化剂和燃烧剂可能是单一的化学物质（即单质组元），也可能是混合的化学物质（即混合组元），无论是单质还是混合组元，组元分子量的求法前文已讲过。

由化学反应的化学价平衡可得出

$$r' = -\frac{\left(\sum_i^m b_i \nu_i\right)_f}{\left(\sum_i^m b_i \nu_i\right)_o}$$

式中，b_i 是燃烧剂或氧化剂中第 i 种元素的原子数；ν_i 是燃烧剂或氧化剂中第 i 种元素的化学价，在使用时要注意化学价的正负号；下标 o，f 表示氧化剂和燃烧剂。

常用元素的化学价见表 3-10。

表 3-10　常用元素化学价

元素	H	He	B	C	N	O
化学价	+1	0	+3	+4	+4	−2
元素	Ne	Mg	Al	Si	Cl	Ar
化学价	0	+2	+3	+4	−1	0

例 3-4　确定燃烧剂乙醇 C_2H_5OH（100%）和氧化剂过氧化氢 H_2O_2（100%）的理论混合比。

求解思路：

由以上燃烧剂和氧化剂组成的推进剂的基本元素有 C，H，O，各元素的原子数分别为 2，8（其中燃烧剂中有 6 个、氧化剂中有 2 个），3（其中燃烧剂中有 1 个、氧化剂中有 2 个），且可计算出燃烧剂和氧化剂的分子量分别为 $\mu_f = 46$，$\mu_o = 34$。

根据化学元素周期表，可以查到各化学元素的化学价（注意正负号），可求出该推进剂的化学摩尔组元混合比 $r' = 6.0$。

可求出该推进剂的理论混合比 $r_t = 6.0 \times \frac{34}{46} = 4.435$。

如果已知推进剂组元中各元素的质量组成，对双组元推进剂，推进剂的理论混合比可以用以下方法来确定。如燃烧剂的元素质量组成为 C_f，H_f，O_f，N_f，且 $C_f + H_f + O_f + N_f = 1.0$；氧化剂的元素质量组成为 C_o，H_o，O_o，N_o，且 $C_o + H_o + O_o + N_o = 1.0$，由于氮元素燃烧反应后生成氮气，所以 N_f 不消耗氧气，那么推进剂的化学当量比可以用以下公式计算：

$$r_t=\frac{1\ \text{kg 燃烧剂完全燃烧需要氧化剂提供的氧量}}{1\ \text{kg 氧化剂可以提供的氧量}}=\frac{\frac{8}{3}C_f+8H_f-O_f}{O_o-\left(\frac{8}{3}C_o+8H_o\right)}$$

式中，$\frac{8}{3}C_f$ 表示燃烧剂中 C_f kg 的碳元素完全燃烧所要消耗的氧量；$8H_f$ 表示燃烧剂中 H_f kg 的氢元素完全燃烧所要消耗的氧量；O_f 是燃烧剂本身可以提供的氧量。

在液体火箭发动机设计计算中，通常不是使用推进剂的理论混合比，而是使用与理论混合比 r_t 有一定偏差的实际组元混合比 r，即 $r=\dot{m}_o/\dot{m}_f$，其中 $\dot{m}_o$，$\dot{m}_f$ 是氧化剂和燃烧剂的实际质量流率。实际混合比与理论混合比的比值，称为余氧系数 α。

4. 推进剂折算密度 ρ_p

在飞行器总体设计时，有时要用到液体推进剂的折算密度 ρ_p，由密度的定义，有

$$\rho_p=\frac{1+r}{\frac{1}{\rho_f}+\frac{r}{\rho_o}}$$

式中，ρ_f，ρ_o 分别是燃烧剂和氧化剂的密度，单位为 g/cm^3；r 为推进剂的实际混合比。

例 3-5　双组元推进剂为 N_2O_4 / UDMH（即四氧化二氮和偏二甲肼），混合比为 $r=2.0$，求该双组元推进剂的折算密度。

解　经查表可知，$\rho_o=\rho_{N_2O_4}=1.45\ \text{g/cm}^3$，$\rho_f=\rho_{UDMH}=0.789\ \text{g/cm}^3$，因此有

$$\rho_p=\frac{1+2}{\frac{1}{0.789}+\frac{2}{1.45}}=1.133\ \text{g/cm}^3$$

5. 推进剂总焓计算

焓是表征推进剂能量的一个指标。推进剂组元的总焓是其化学能与物理焓之和，即 $I=X+H$，其中 X 为推进剂组元的化学能，表示原始参加反应物与反应终了物的位能之差；H 为推进剂组元的物理焓，表示在等压下单位数量的组元从温度 T_0 加热到温度 T 所消耗的热量。

对于由氧化剂和燃烧剂组成的双组元液体推进剂，其总焓可用下式计算：

$$I_p=\frac{I_f+rI_o}{1+r}$$

式中，I_p 为 1 kg 推进剂的总焓；I_f 为 1 kg 燃烧剂的总焓；I_o 为 1 kg 氧化剂的总焓；r 为氧化剂和燃烧剂的实际混合比。

3.3.4　常用液体推进剂

3.3.4.1　常用液体氧化剂

1. 液氧

液氧（O_2）是液态的氧气，分子式是 O_2，常用符号是 LO_2。

液氧是淡蓝色透明的液体，无毒、无味，是利用液化空气的方法获得的，故来源丰富、生产容易、价格低廉。同时液氧是化学稳定的，对机械冲击不敏感，也不分解，在常温下极易蒸发。

在热绝缘良好的条件下，每昼夜的蒸发率可以小于1%。

液氧是强氧化剂，能强烈地氧化其他物质，但不能自燃。它与液氢组成高能液体火箭推进剂，比冲可达4 500 N·s/kg。

液氧的沸点为−183.0℃，由于这种很低的温度再加上它的强氧化性，使用中应注意：

(1)它与人体接触会造成低温冻伤。

(2)它与材料存在相容性问题，在使用时要注意一些金属(如钛)在某些状态下能与液氧起剧烈的氧化反应。它适用于贮存液氧的金属材料有铝及其合金、不锈钢、铜及其合金、镍及其合金等；适用于贮存液氧的非金属材料不多，比较满意的有四氟乙烯的聚合物、未增塑的三氟氯乙烯聚合物、石棉、特殊的硅橡胶等。

(3)它与脂肪、凡士林、苯、酒精、润滑油接触时，会发生快速的氧化反应，加压则会发生爆炸。

2. 四氧化二氮

四氧化二氮(N_2O_4)是高密度黄棕色的液体(1.44 g/cm^3)，是目前比较广泛使用的可贮存氧化剂。但它的液态温度范围窄，既容易冻结成无色的固体，也容易蒸发为红棕色的气体。

纯四氧化二氮有中等程度的腐蚀性，含潮气或与水混合时则形成强酸。

四氧化二氮很容易从空气中吸收水气，但可在相容性材料制成的密闭容器中无期限地贮存。

四氧化二氮同很多燃烧剂混合时能自燃，并同很多普通材料(如纸张、皮革和木材)也能自发点火。其烟气呈棕色且剧毒。

3. 硝酸

化学纯硝酸(HNO_3)是无色的。工业硝酸含有水和氮的氧化物，且呈棕红色。硝酸的含水量对火箭发动机的比冲有影响，含水量增加1%，比冲约下降10 N·s/kg，因此，火箭发动机使用的硝酸含水量不得超过4%。

在硝酸中加入少量的磷酸、氢氟酸可以减轻硝酸对结构材料的腐蚀性；加入适量的四氧化二氮可提高氧化能力、热值和密度，降低冰点和对结构材料的腐蚀性，改善发动机的点火性能。加入四氧化二氮的硝酸呈深红色，且易于蒸发，故称红烟硝酸。四氧化二氮的含量占20%，27%，40%的硝酸，分别称为AK-20，AK-27，AK-40。

硝酸的来源丰富，容易制造，价格低，可贮存。它沸点高、密度高，能与肼类燃料组成自燃推进剂。硝酸的氧化能力不如四氧化二氮和液氧，其蒸汽有毒，对许多金属材料有腐蚀性，含水硝酸腐蚀性更大。使用硝酸时应穿带有氧气自给系统的防毒面具和防酸服。

其他的氧化剂还有氟(F_2)、三氟化氯(ClF_3)、过氯酰氟(ClO_3F)等。

3.3.4.2 常用液体燃料

可以作为火箭发动机燃烧剂的化学物质很多，这里只介绍常用的几种。

1. 液氢

液氢(H_2)为无色、透明，与水相似的液体。它的热值高、比热大。液氢与液氧组成的推进剂无毒，其燃烧产物为水蒸气，无污染。液氢对结构材料不腐蚀，对人的伤害主要是低温烧伤，眼睛与之接触会导致永久性的损伤。

液氢温度极低，且极易蒸发，难于贮存，因此，存放液氢的容器必须严格地绝热，不锈钢、镍铬合金、高镍钢、低碳钢等都可作液氢的容器。另一方面，使用液氢的系统设备中不能存在有湿气和空气(防止形成爆炸性的混合气)，因此，在加注液氢前应对系统设备先进行气体置换，先用氮气置换空气，再用氢气置换氮气。

氢气易爆炸，液氢在正常情况下，若绝热良好，则因蒸发而引起爆炸的危险性很小，但贮存液氢时，要注意随时排放其蒸汽，以防爆炸。同时要防止空气进入容器而形成爆炸性的混合气。也就是说，贮存液氢应有排气和气封系统，且存放液氢的库房应装有自动报警系统，应有相应的安全防爆措施。

液氢生产难，故价格贵。但由于它的能量高，在航天运载工具上应用广泛。

2. 火箭煤油

煤油是石油经蒸馏或裂化、热解、聚合、氢化的产物。它的主要成分是烷烃、环烷烃和芳香烃，因此属于烃类燃料，是透明的液体。颜色有水白色到淡黄色不等。

煤油不溶于水，但它本身是一种优良的溶剂。煤油来源丰富、生产容易、价格低。煤油沸点高、可长期贮存。烃类燃料的稳定性良好，对冲击、振动、压缩、摩擦不敏感。

煤油热值比酒精高，比肼类燃料低。其燃烧不太稳定，不能与常用氧化剂组合成自燃推进剂。但在煤油中加入一定量的偏二甲肼可显著地改善它的点火性能和燃烧稳定性。加入偏二甲肼的煤油称为油肼，有毒。油肼可与硝酸等氧化剂组成自燃推进剂。

煤油的毒性主要来源于芳香烃，吸入、吞入或与皮肤接触会引起中毒，使用时应注意安全防护，严格控制它在空气中的允许浓度(毒性的最大允许值为浓度 0.3 mg/L)，严格注意安全防爆措施(爆炸的浓度限为 1%～8%)。

除了铅、镉、铜外，煤油与其他黑色及有色金属都相容。即除了铅、镉、铜外，其他黑色及有色金属均可作为煤油的贮存容器。与之相容的塑料有聚乙烯、聚四氟乙烯、聚酰胺类等。

俄罗斯用作火箭燃料的煤油有 T－1 和 T－5，美国有 JP－4 和 RP－1。国产的煤油有抚顺 T－5 和 9# 煤油及荆门 21# 煤油，它们与俄、美的火箭煤油性质相近，有希望作为火箭燃料用。

3. 肼类燃料

常用的肼类燃料有无水肼(N_2H_4)、偏二甲肼($(CH_3)_2NNH_2$)、混肼－50(50%偏二甲肼＋50%无水肼)、甲基肼(CH_3NH-NH_2)等。肼类燃料在火箭上应用得很普遍。

(1)无水肼。肼类燃料中肼的含能量最高，其敏感性最强，毒性也最大。

肼是具有氨臭味的无色透明液体，吸湿性很强，其蒸汽在空气中与水分结合冒白烟。

无水肼可贮存于不锈钢罐中。因为肼很易吸湿，所以贮存容器必须严格密封。

肼在常温下可长期贮存，在高温下以不同速度分解，在 255℃时爆炸。液体肼对静电火花不敏感，但其蒸汽是敏感的，在 100℃受火化作用会爆炸，可以用水作为肼的灭火剂。

肼的沸点高、密度大，稳定性好，并能自燃，但肼的冰点高(1.5℃)是其最大的缺点。

肼是良好的单组元推进剂，具有优良的性能：

1)低的火焰温度；

2)足够的能量；

3)分子量小；

4)分解气体无腐蚀性;

5)易燃易分解。

(2)偏二甲肼。偏二甲肼是肼类的衍生物,其性能与肼相似,但一些物性比肼好。

偏二甲肼是一种无色的有吸湿性并带有鱼腥味的透明液体。

偏二甲肼的稳定性很好,在隔离空气的条件下,能长期贮存。偏二甲肼与空气接触时,同空气中的CO_2作用生成碳酸盐沉淀物。偏二甲肼与一般金属都相容,但对许多橡胶、塑料有强烈的泡胀作用。

偏二甲肼贮存于温度一般应低于 48.8℃、通风良好并备有消防冲洗设备,最好是密封贮存。

偏二甲肼是有毒的危险物质,使用时必须慎重的处理,应穿防火型防护服及戴防毒面具、防毒手套,穿防毒靴等。

偏二甲肼的热值高,能自燃。与四氧化二氮或硝酸可组成自燃推进剂,比冲大,在导弹中广泛使用。

偏二甲肼在 343℃时迅速发生分解反应,在 345～350℃时会发生爆炸。用空气增压至 5.2MPa时会发生爆炸,而用纯度 95%的氮气增压至 12.8MPa 时仍不会发生爆炸。由此可见,空气不宜作为增压用的工质。

(3)甲基肼。甲基肼的能量略高于偏二甲肼,而略低于肼。它是易燃、有毒、有氨臭味的无色透明液体。

甲基肼的吸水性很强,在潮湿空气中能吸收水分而冒白烟;与硝酸、四氧化二氮接触能瞬时燃烧,与某些金属接触能发生分解。

甲基肼的稳定性介于偏二甲肼和肼之间,是一种毒性较大的物质,吸入高浓度的蒸汽能引起中毒。

甲基肼在空气中的爆炸限很宽,浓度从 5%～98%都能爆炸,其相应的温度为 9～86℃,因此在加注时,要防止泄漏,严禁明火和打火花,并注意通风。甲基肼在空气中的自燃温度为 194℃。严禁用空气增压。

(4)混肼。因为肼的冰点太高,不适合在低温环境中使用,为了降低其冰点,并提高其性能,经过大量的研究提出采用肼和偏二甲肼的混合物,即混肼。

混肼的性质介于肼和偏二甲肼之间,是一种无色透明的液体,具有特殊的氨臭味,容易吸收空气中的水分,因此贮存时要注意隔绝空气,最好采用密封充氮贮存法。

除以上介绍的外,还有一些燃烧剂如甲烷(CH_4)、丙烷、乙烷、氢-锂化合物等。

其中甲烷是下一代可重复使用液体火箭发动机的首选燃料。

3.3.4.3 常用单组元推进剂

单组元液体推进剂是单一化学物质或几种化学物质的混合物,一般呈液体状态,它在一定条件(高温、高压或催化剂作用下)下可分解成燃气,作为火箭发动机的工质。

单组元液体推进剂广泛应用于小型姿态控制火箭发动机上,用于控制航天器、导弹弹头以及其他飞行器的姿态。也广泛地用作驱动火箭发动机涡轮的工质。常用的单组元液体推进剂有过氧化氢(H_2O_2)、氨(NH_3)、无水肼(N_2H_4)、混氨、混肼燃料、硝酸丙酯类等。

作为单组元推进剂,要求具有:

(1)良好的贮存性能；

(2)高的稳定性；

(3)良好的抗冲击、振动、摩擦能力；

(4)良好的点火和分解性能；

(5)高的能量,燃气温度适中,成气性好；

(6)毒性小,对人员和环境污染小；

(7)与材料的相容性好；

(8)成本低。

3.3.4.4 凝胶推进剂

凝胶推进剂是一类新型的液体推进剂,是在液体推进剂中加入金属或非金属的固体颗粒,均匀混合后,再添加胶凝剂使固相粒子悬浮于其中而形成的胶状物质。这类物质具有一定的触变性,即推进剂在不受外力时保持不流动的半固体状态,当加压或受剪切力时,又能像液体一样流动。利用凝胶推进剂的这种性质,通过改变压力或剪切力的大小,可控制喷射流量,进而可以控制飞行器的飞行速度和飞行方向。凝胶推进剂结合了固体推进剂和液体推进剂的优点,兼有固体推进剂的安全、贮存和运输等良好性能和液体推进剂的易于加工、可控制燃速等优点。与固体推进剂相比,凝胶推进剂具有流动性,可实现发动机推力控制,尤其是满足灵巧战术导弹发动机、运载火箭和战略导弹上面级发动机多次启动和关机的要求,可提高完成任务的灵活性。对于液体燃料和氧化剂,都可以添加合适的胶凝剂使之凝胶化,较固体推进剂具有更高的性能。

凝胶推进剂的研究始于20世纪50年代,到20世纪70年代美国对液体氧化剂和燃料凝胶化、金属化的配方进行了大量研究,这些凝胶推进剂配方与相应的液体推进剂相比,在安全性能和能量密度方面均有较大提高。20世纪70年代后,凝胶推进剂研究工作主要集中在对几种应用前景很好的凝胶体系的性能测试、表征以及应用论证等方面。美国(NASA)刘易斯研究中心与印度太空工程部对RP-1/铝粉、液氢/铝粉、IRFNA/SiO、肼/铝粉等体系进行了点火、燃烧、流变和安全等性能测试,刘易斯研究中心还对液氢/铝粉/液氧体系、单甲基肼/铝粉/四氧化二氮体系应用于航天运载进行了论证。

美、法等国相继研究过许多配方,其应用范围包括各种水下推进系统、太空飞船动力以及近年来发展迅速的军用灵巧导弹推进系统。此外,俄罗斯、乌克兰也进行了凝胶推进剂的研究,已研制出成熟的凝胶推进剂,研制了具有可变推力的凝胶推进剂发动机。

按推进剂组元的数目不同可以将凝胶推进剂大致分为单元凝胶推进剂、双元凝胶推进剂和三元凝胶推进剂等,实际研究较多的是单元凝胶推进剂和双元凝胶推进剂。

3.3.5 液体推进剂的发展特点

液体推进剂经过几十年的研究获得了巨大的发展,世界各国早期的中远程导弹、现在正使用的运载火箭几乎都采用液体推进火箭发动机。未来,人类探索太空、行星探测、星际旅行飞船发射等都要用到液体火箭发动机。

液体推进剂未来发展特点如下。

1. 无毒无污染

目前替换有毒液体推进剂的很多工作正在进行，据报道到2007年有毒推进剂使用几乎减少36%，从1997年的1.36×10^4 t降到2007年的0.86×10^4 t。终止有毒推进剂的使用是一个经济性问题，没有多大的技术困难。世界各国未来运载火箭都采用了无毒、无污染的新型液体推进剂。液氧/煤油或液氢/液氧将用在“阿里安”V、“德尔它”Ⅳ和“大力神”Ⅲ运载火箭上，日本H-2火箭也使用液氢/液氧液体推进剂，我国正发展的长征5号重型运载火箭将采用液氧/煤油和液氢/液氧无毒、无污染液体推进剂。

2. 三组元高比冲液体推进剂

近年来，美国对未来大型运载器的助推发动机的方案进行了大量的概念性研究和原理性试验，认为在液氧/烃类燃料发动机中，以液氧/CH_4/液氢三组元推进剂性能最佳，可较大幅度地提高比冲，有利于解决点火、结焦、积碳和材料不相容等问题。该类三组元推进剂发动机比冲可达到3 531.6 N·s/kg或更高，另外，三组元推进剂发动机的另一个特性是能够把氢加到主燃烧室中燃烧，这样可把比冲提高至3 727.8 N·s/kg，其他三组元液体推进剂如：液氧/Rp-1(煤油)/液氢、液氧/C_3H_8/液氢等。

3. 高热值、高密度烃类燃料

目前高热值、高密度烃类燃料有三类：

(1)特殊人工合成的纯化合物，如用于巡航导弹上的RJ-6，RJ-10，JP-9，SI-80等(以四氢甲基环戊二烯二聚体、四氢降冰片二烯聚体、四氢环戊二烯二聚体为基本组分的掺和物)，另一类为金刚烷衍生物，由于具有对称性和独特的骨架，密度大，热值可高达11 318 kcal/L；

(2)化工厂和炼油厂的石油加氢产物。

(3)添加某些高热值的金属粉或碳粉末的浆状燃料。硼粉浆状燃料的热值可高达17 710 kcal/L，但其燃烧产物是固态；而碳粉浆状燃料可克服金属粉末浆状燃料的某些弊病，其燃烧产物是气态，所以碳浆液是理想的先进燃料。

思考与练习题

3.1　作为工质源对推进剂有何要求？

3.2　如何提高固体推进剂的比冲？

3.3　为什么双基推进剂工艺过程中需添加工艺助剂？

3.4　试列举对固体推进剂的要求。

3.5　固体推进剂的分类方法有哪些？

3.6　为什么说双基推进剂是均质推进剂，复合推进剂为异质推进剂？

3.7　为什么说过氯酸铵是固体推进剂的理想氧化剂？

3.8　作为金属燃料，试比较铝、硼、铍的优、缺点。

3.9　分析固体推进剂的发展特点。

3.10　液体推进剂有哪些种类？

3.11　选择单组元液体推进剂时有什么要求？

3.12　液体推进剂的物理化学参数有哪些？

3.13　凝胶推进剂具有什么特点？

3.14　分析液体推进剂的发展特点。

3.15　对用于超燃冲压发动机的燃料有何特殊需求？

参考文献

[1]　李葆萱.固体推进剂性能.西安：西北工业大学出版社，1990.

[2]　唐金兰，刘佩进，等.固体火箭发动机原理.北京：国防工业出版社，2013.

[3]　严传俊，范玮.燃烧学.西安：西北工业大学出版社，2005.

[4]　彭培根，刘培琼.固体推进剂性能及原理.长沙：国防科技大学出版社，1987.

[5]　胡松启，李葆萱.含硼富燃料推进剂低压燃烧特性研究.推进技术，2002，23(6)：518-520.

第4章　火箭发动机热力计算

在火箭发动机设计过程中,可根据热力计算方法从理论上预估发动机比冲等性能参数,因此,火箭发动机的热力计算是发动机设计工作中的基本计算之一,它为发动机设计提供原始数据。火箭发动机的热力计算由两部分组成:燃烧室中燃烧过程的热力计算和喷管中流动过程的热力计算。

4.1　热力计算任务和推进剂总焓

由于在推进剂中含有多种化学元素,并且燃烧温度很高,因此它的燃烧产物一般处于离解状态。这些情况使得推进剂燃烧产物的成分复杂,种类繁多,可能包含几十种,甚至更多种类的物质。对于这样复杂的热力学系统,需要有专门的方法进行热力计算。

4.1.1　发动机热力计算的任务

火箭发动机热力计算的任务是,在给定推进剂配方、初温、燃烧室压强和喷管出口截面压强的条件下,进行如下计算:

(1)燃烧室中燃烧产物的成分、绝热燃烧温度及其热力学性质和输运性质,以及推进剂的理论特征速度;

(2)喷管喉部和出口截面上(或其他指定的喷管截面上)燃烧产物的成分、温度及其热力学性质,并在此基础上计算发动机的理论比冲。

燃烧产物的热力学性质是指燃烧产物的定压比热、定容比热、比热比和声速等。燃烧产物的输运性质是指气体的黏性系数和热传导系数。

火箭发动机的计算工作往往从热力计算开始,它为内弹道计算、喷管内流场计算以及传热计算等提供必要的数据。

4.1.2　推进剂总焓

物质的总焓反映了物质具有的总能量。在不同的能量转换过程中,总焓概念具有不同的内容,因为本章讨论的是具有化学反应的系统,所以物质的总焓 I 定义为物质的化学能 X 和物质的焓 H 之和,即

$$I = X + H \tag{4-1}$$

式中,I,X,H 的单位为 kJ/mol。

物质在温度 T 时的焓可用下式表示:

$$H=\int_0^T c_p \mathrm{d}T \tag{4-2}$$

式中，c_p 为物质的定压比热，单位为 kJ/(mol·K)。

化学能是潜藏在物质内部的能量，仅在化学反应时才被释放出来。化学能的大小仅取决于物质的结构，它与外界的温度及压强无关。对于热力计算来说，重要的是化学能的变化，而不是其绝对值。如果经过化学反应以后，生成物的化学能小于反应物的化学能，则在化学反应过程中，这两种物质的化学能的差值就要以热能的形式被释放出来。通常，物质的化学能通过其标准生成焓来表示，因此，为了表示物质的化学能，需要找到化学能与标准生成焓之间的关系。物质的标准生成焓可以由试验测得，也可以经计算得到。

物质的标准生成焓 $H_f^{T_s}$ 是在基准压强(取为 1 个物理大气压）和基准温度 T_s(通常取为 298.16 K 或 293.16 K）下，由标准元素生成 1 mol 该物质时所吸收或放出的热量。它与物质的生成热的数值相等，但符号相反，即吸热取为正值，放热取为负值。所谓标准元素就是在自然界中处于稳定的和最常见状态下的单质，如 H_2、O_2、N_2、固态 C(石墨)、金属 Al 等。

物质的标准生成焓 $H_f^{T_s}$ 等于物质在基准温度 T_s 下的总焓(以下简称为基准总焓)I^{T_s} 与生成该物质的标准元素在基准温度 T_s 下的总焓 $I_{st}^{T_s}$ 之差，即

$$H_f^{T_s}=I^{T_s}-I_{st}^{T_s}$$

上式可写为

$$H_f^{T_s}=\left(X+\int_0^{T_s} c_p \mathrm{d}T\right)-\left(X_{st}+\int_0^{T_s} c_{p,st} \mathrm{d}T\right) \tag{4-3}$$

式中，下角标“st”表示属于标准元素。在热力计算中，重要的不是物质的化学能和焓的绝对值，而是它们的变化量，所以用于计算的基准，原则上可以任意取定，只要在整个计算中采用同一个基准，就不会影响化学能和焓的变化量的计算值。为了计算方便，通常规定：标准元素的化学能和其在基准温度下的焓值取为零，即

$$X_{st}=0$$

$$\int_0^{T_s} c_{p,st} \mathrm{d}T=0 \tag{4-4}$$

也就是说，在基准温度下标准元素的总焓取为零值，于是由式(4-4)得到

$$H_f^{T_s}=X+\int_0^{T_s} c_p \mathrm{d}T=I^{T_s} \tag{4-5}$$

式(4-5)说明物质的标准生成焓 $H_f^{T_s}$ 等于该物质的化学能加上该物质在基准温度下的焓。有了上述关系式，物质的化学能就可用该物质的标准生成焓来表示。物质的化学能等于该物质在绝对零度时的生成焓，即

$$X=H_f^0 \tag{4-6}$$

可以看出，物质的标准生成焓 $H_f^{T_s}$ 等于该物质的基准总焓 I^{T_s}。对于标准元素来说，其基准总焓 $I_{st}^{T_s}$ 及标准生成焓 $H_{f,st}^{T_s}$ 都等于零。

将上面公式处理可得到任意温度下物质总焓的表达式为

$$I=H_f^0+\int_0^T c_p \mathrm{d}T=H_f^{T_s}+\int_{T_s}^T c_p \mathrm{d}T \tag{4-7}$$

物质的标准生成焓 $H_f^{T_s}$，可在有关物理化学或化学热力学的手册中查到。

固体推进剂由多种组元组成，所以 1 kg 质量推进剂的总焓 $\tilde{I}_p$ 等于其中各组元的总焓之

和。若已知固体推进剂的组成,并且不考虑在推进剂混合、固化过程中的热效应,则 1 kg 质量固体推进剂的总焓可由下式计算:

$$\tilde{I}_p = \sum_{i=1}^{K} \tilde{I}_i q_i \tag{4-8}$$

式中,q_i 为固体推进剂中第 i 种组元的质量百分数;$\tilde{I}_i$ 为 1 kg 质量第 i 种组元的总焓(kJ/kg);K 为组成固体推进剂的组元数。

1 mol i 组元的总焓 I_i 值按照式(4-8)计算,然后通过单位之间的换算,计算 $\tilde{I}_i$ 值。液体或固体物质的比热,无定压或定容条件之分,都用符号 c 表示。在常用的温度范围内,可认为比热 c 与温度无关,故计算 1 mol 固体推进剂组元的总焓 I_i 的公式可写为

$$I_i = H_{f,i}^{T_s} + c_i(T_i - T_s) \tag{4-9}$$

式中,T_i 为固体推进剂的初温。

在查用热力学性质数据表时,应该注意单位之间的换算。例如

$$\tilde{I}_i(\text{kJ/kg}) = I_i(\text{kJ/mol}) \cdot 1\,000/m_i \tag{4-10}$$

式中,m_i 为第 i 种组元的摩尔质量。

例 4-1 已知某复合固体推进剂的组成,其中各组元的质量百分数:过氯酸铵为 75%;$C_4H_{6.052}O_{0.052}$ 端羟基聚丁二烯为 15%,铝粉为 10%。计算该推进剂在初温 T_i=298.16 K 条件下的总焓。

解 因为固体推进剂的初温等于基准温度 T_s,可得

$$I_i = H_{f,i}^{T_s}$$

推进剂各组元的标准生成焓可查相关资料获得。

1 kg 固体推进剂的总焓见表 4-1。

表 4-1 某丁羟推进剂的总焓计算

组元编号	推进剂组元	质量百分数 q_i/(%)	分子量 m_i	组元的生成焓 H_i/(kJ·kg^{-1})	1 kg 推进剂中各组元的总焓 /(kJ·kg^{-1})
1	过氯酸铵	75	117.5	−2 473.4	−1 855.05
2	HTPB	15	54.884	−310.0	−46.5
3	Al	10	26.98	0	0
1 kg 固体推进剂的总焓 $\tilde{I}_p = \sum_{i=1}^{K=3} H_i q_i = -1\,901.55$					

4.2 燃烧室热力计算

4.2.1 燃烧室热力计算的理论模型

在燃烧室的热力计算中通常采用如下假设:

(1) 固体推进剂的燃烧过程是绝热的,燃烧产物与外界没有热交换,燃烧所释放的热量全

部被燃烧产物吸收。

(2) 固体推进剂的燃烧产物处于化学平衡状态。

(3) 燃烧产物中的每种气体及由它们混合而成的气体都认为是完全气体，它们都符合完全气体的状态方程。

在上述假设基础上，建立了推进剂燃烧过程的绝热-化学平衡模型，其特点是

$$\tilde{I}_m = \tilde{I}_p \tag{4-11}$$

式中，$\tilde{I}_m$ 为 1 kg 质量燃烧产物的总焓，单位为 kJ/kg；$\tilde{I}_p$ 为 1 kg 质量推进剂的总焓，单位为 kJ/kg。

燃烧室热力计算的内容大体上可分为三个部分：一是固体推进剂的假定化学式与总焓（化学能与焓之和）的计算；二是根据质量守恒方程和化学平衡方程，在给定压强和指定温度的条件下计算处于化学平衡状态的燃烧产物的成分（简称平衡组分）；三是在给定压强条件下根据能量守恒方程确定燃烧温度，然后求出该温度下燃烧产物的平衡组分及其热力学性质和输运性质，并计算推进剂的理论特征速度。在上述计算中，燃烧产物平衡组分的计算是中心环节，计算工作量也最大，是本章重点介绍的内容。

燃烧过程的绝热-化学平衡模型是一种理想化的情况，它与实际过程之间存在着一定的偏离。因此，为了确定燃烧过程的实际参数，需要对理论计算结果进行必要的修正。

4.2.2　燃烧室热力计算的控制方程组

现取 1 kg 质量的燃烧产物作为研究对象，把它看作是一个封闭的热力学系统。在此系统内含有多种化学元素，例如 C，H，O，N，Cl，Al，…，其总数用 M 表示。由于存在化学反应，系统内包含有数量众多的组分，例如 CO_2，CO，H_2O，H_2，H，…，其总数用 N 表示。系统中的化学反应在给定压强和温度条件下，处于化学平衡状态。燃烧产物的成分一般用各组分的摩尔数或分压表示，也可以用相对摩尔数或质量分数表示。

在燃烧产物中有些物质可以以气相和凝相（液相或固相）两种状态同时存在。例如在燃烧产物中可能存在气态的 $Al_2O_3(g)$，同时也可能存在凝相的 $Al_2O_3(c)$。在热力计算时，对于 $Al_2O_3(g)$ 和 $Al_2O_3(c)$ 虽是同一种化合物，但处于不同的物态，仍以两种不同的组分对待。

在热力计算时，为了方便起见，将燃烧产物中所包含的全部组分统一编号。本节采用的编号规则如下：

$$\underbrace{1,\ 2,\ \cdots,\ L}_{\text{凝相组分编号}},\ \underbrace{L+1,\ \cdots,\ N-M,\ \overbrace{(N-M)+1,\ (N-M)+2,\ \cdots,\ N}^{\text{元素原子状态的气相组分编号}}}_{\text{气相组分编号}}$$

由上述编号规则可见，编号 $1 \sim L$ 为凝相组分编号，$(L+1) \sim N$ 为气相组分编号。在气相组分编号中，$(L+1) \sim (N-M)$ 为气相化合物的编号；$(N-M+1) \sim N$ 为气相原子组分的编号。在作具体计算时，哪些气相原子组分包含在燃烧产物内，哪些气相原子组分可以舍去，视具体情况而定。

固体火箭发动机热力计算的中心环节是计算给定压强和温度条件下燃烧产物的平衡组分。在固体推进剂的配方给定后，在给定压强和温度条件下计算燃烧产物平衡组分的控制方程为质量守恒方程和化学平衡方程，现介绍如下。

1. 质量守恒方程

对于有化学反应的系统，其质量守恒方程应以元素的原子总数或原子摩尔总数写出。质量守恒定律表明：在固体推进剂燃烧前后，1 kg 质量推进剂中含有各元素的原子摩尔数，应等于 1 kg 质量燃烧产物中所有组分内含有各相应元素的原子摩尔数的总和。

例如 1 kg 质量推进剂中含有 H 元素为 N_H 个原子摩尔数。N_H 值由计算固体推进剂假定化学式时得到。固体推进剂燃烧后，H 元素分散在诸如 H_2O，H_2，OH，H，HCl，…，燃烧产物的含 H 组分中，1 mol 的 H_2O 和 H_2 各含有 2 mol 原子的 H 元素，1 mol HCl，OH，H 中各含有 1 mol 原子的 H 元素。因此，根据质量守恒定律可得如下关系式，即

$$N_H = 2n_{H_2O} + 2n_{H_2} + n_{HCl} + n_{OH} + n_H + \cdots$$

式中，n_{H_2O}，n_{H_2}，n_{HCl}，n_{OH}，n_H 为 1 kg 质量燃烧产物中含有 H_2O，H_2，HCl，OH，H 的摩尔数。上式就是关于 H 元素的质量守恒方程。

同理，可以列出固体推进剂中其他元素的质量守恒方程，其通式可写为

$$N_k = \sum_{j=1}^{N} A_{kj} n_j \quad (k = 1, 2, \cdots, M) \tag{4-12}$$

式中，k 为固体推进剂中含有的不同元素的编号；N_k 为 1 kg 质量固体推进剂中含有第 k 元素的原子摩尔数，也就是说当 k 取不同值时，它分别代表 N_C，N_H，N_O，N_N，… 的值；n_j 为 1 kg 燃烧产物中含有编号为 j 的组分的摩尔数；A_{kj} 为 1 mol j 组分中含有 k 元素的原子摩尔数。

可见，为了准确地建立质量守恒方程，除了必须计算出固体推进剂的假定化学式来确定 N_k 以外，还必须确定燃烧产物中所含组分的种类。这是对计算精度有重要影响的问题。原则上，应当把燃烧产物中可能存在的组分都包含在系统中。如果忽略了在燃烧产物中实际存在的任何重要成分，则会使计算结果产生很大误差。为了对这个问题有一个具体概念，现以 H_2/F_2 配方为例进行说明。在 H_2/F_2 系统中，在它的燃烧产物中可能存在 H，H_2，F，F_2 和 HF 等组分，其中 H 和 F 都是主要组分，因为它们的浓度较大。如果在计算时忽略了 F 或者 H 的存在，则对于计算出的理论比冲就会带来较大误差，如图 4-1 所示。

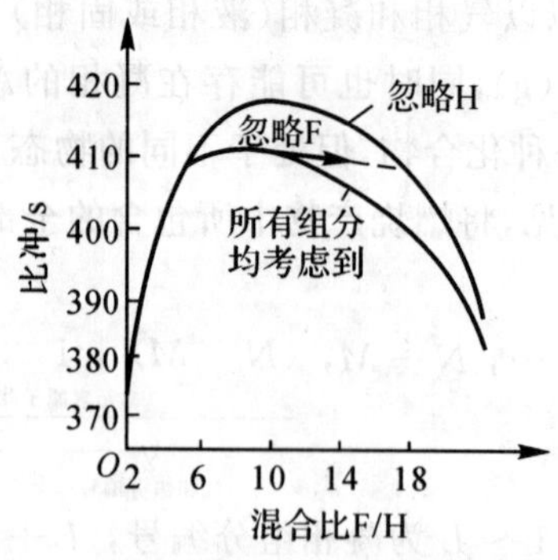

图 4-1　燃烧产物的组分确定不恰当时对 H_2/F_2 理论比冲的影响

（海平面比冲：$p_c = 68.947\,6 \times 10^5$ Pa；平衡膨胀过程；完全膨胀）

因此，当计算一种新的固体推进剂时，应当把所有可能存在的组分都考虑进来。当然，系统中包含组分的种类越多，计算就越复杂。但经过多次计算就可能将浓度非常小的次要组分筛选掉。目前，对于大部分推进剂配方，已经可以根据经验有把握地确定其燃烧产物中的主要

成分。例如，对于 C，H，O，N 系统，在燃烧产物中应包括 CO_2，H_2O，CO，H_2，O_2，OH，H，O，O_3，C，CH_4，N_2，N，NO，NH_3 等，其中主要的组分是 CO_2，H_2O，CO，H_2，N_2，OH，O_2，NO，H 以及 N，O。对于含有 C，H，O，N，Al，Cl 的固体推进剂，还必须包含更多的组分，这个问题在下一节中详细讨论。

在质量守恒方程中，$n_j(j=1,2,\cdots,N)$ 是待求的未知量，共有 N 个，而质量守恒方程组中包含的方程仅有 M 个。为了求解 n_j，还缺少 $(N-M)$ 个方程，缺少的方程由化学平衡方程提供。因为在固体推进剂的燃烧产物中，存在 M 种元素的原子组分以及 $(N-M)$ 种化合物组分，所以在系统内有多种可逆反应过程同时在进行。由化学热力学的一般理论可知，该系统内必有 $(N-M)$ 种独立的可逆反应过程存在。对于每种独立的化学反应，可以写出一个独立的化学平衡方程，因而共有 $(N-M)$ 个独立的化学平衡方程。

由质量定恒方程（M个）和化学平衡方程（$N-M$个）组成的方程组，是一个非线性的方程组，而且是包含超越方程在内的方程组，求解比较麻烦。为了求解此类方程组，人们已经研究出了多种方法。

2. 化学平衡方程

当存在化学反应的系统处于热力学平衡状态时，意味着该系统处于下面三种平衡状态：

(1) 力学平衡。系统内部和系统与外界环境之间没有非平衡的力存在，称为达到力学平衡。

(2) 热平衡。系统内部和系统与外界环境之间都处于同一温度下，称为达到热平衡。

(3) 化学平衡。系统内各组分的摩尔数没有自发的变化趋势（不管多么缓慢），称为达到化学平衡。

现在着重讨论化学平衡问题。在研究化学平衡问题时首先肯定了系统是处于力学平衡和热平衡条件下的，因此认为系统是均匀的。正因为系统是均匀的，才能够利用宏观的热力学参数 p 和 T 来描述系统的状态，才能够用各组分的摩尔数 n_j 来描述系统（固体推进剂燃烧产物）的成分。

为了不至于引起概念混淆，本章将表示反应平衡的化学反应表达式称为化学平衡式，而基于化学平衡式推导出的组分浓度关系式称为化学平衡方程。在可逆的化学反应中，正向反应与逆向反应是同时进行的，例如

$$CO_2 \leftrightarrow CO + \frac{1}{2}O_2 - 283.043\ \mathrm{kJ/mol}$$

在此反应中，一方面进行着CO_2 分解为 CO 和 O_2 的正向反应，同时进行着 CO 与 O_2 化合成 CO_2 的逆向反应。当正向反应速度与逆向反应速度相等时，系统内各组分（例如CO_2，CO 和 O_2）的浓度不再随时间而变化（不管多么缓慢），这种状态就是化学平衡状态。因此，当系统处于化学平衡状态时，系统中的化学反应不是停止了，而是正、逆两方向的反应以相等的速度在进行，因此化学平衡是动平衡。

在上面列举的反应中，正向反应是由三原子分子 CO_2 分解为二原子分子 CO 和 O_2，这是一种离解反应。所谓离解反应，就是原子数较多的分子分解为原子数较少的分子、原子团或单个原子。离解反应是吸热反应，它把一部分热能转变为离解产物的化学能。对于火箭发动机来说，本来希望推进剂的化学能在经过燃烧后尽可能多地转化为热能，而燃烧产物的离解却使推进剂在燃烧时可能释放出的热能部分地又转化为化学能，这就降低了燃烧过程中放出的热

量，因而降低了发动机的性能。这种因燃烧产物离解作用所造成的发动机性能损失，称为离解损失。

离解反应的逆向反应，称为复合反应。复合反应把离解反应生成的原子数少的分子或单个原子，又重新化合为原子数较多的分子。例如在高温下离解的产物，当其温度下降时就会产生复合反应。与离解反应相反，复合反应是放热反应。

现在讨论描述化学平衡状态条件的化学平衡方程。

由热力学理论可知，热力学第二定律的数学分析式可写为

$$dS \geqslant \frac{dQ}{T} \tag{4-13}$$

式中，等号对应于可逆过程，大于号对应于不可逆过程。

如果系统对外界做的功只有容积功，则热力学第一定律的数学分析式可写为

$$dQ = dE + p dV \tag{4-14}$$

此外，由吉布斯自由能的定义可得

$$G = H - TS = E + pV - TS \tag{4-15}$$

将上述关系式处理可得

$$dG + SdT - Vdp \leqslant 0 \tag{4-16}$$

式(4-16)是热力学第二定律数学分析式的另一种形式，式中等号对应于可逆过程，小于号对应于不可逆过程(自发过程)。在等温、等压条件下，即 $dT=0$，$dp=0$ 的条件可得

$$dG \leqslant 0 \tag{4-17}$$

式(4-17)说明：在等温、等压条件下，只有使系统的自由能 G 减小的过程才能自发地进行。或者说，系统在等温、等压条件下进行自发过程时，系统的自由能 G 总是不断减小；当 G 减小到最小值 $G_{\min}$ 时，系统的自由能就不能再减小了，这就意味着系统不可能再进行自发过程了(不管多么缓慢)，这时系统处于平衡状态。换言之，在平衡状态下，系统的自由能保持为 $G_{\min}$ 而不再变化，此时

$$G = G_{\min} \tag{4-18}$$

或者

$$dG = 0 \tag{4-19}$$

由此可见，$G=G_{\min}$ 或者 $dG=0$ 可作为等温、等压条件下系统达到平衡状态的判据。

对于存在有化学反应的系统(为简单起见，认为系统中只存在有一种化学反应)，当系统的状态变化时，系统内部各组分的摩尔数也发生变化。这时，系统的自由能不仅是温度 T 和压强 p 的函数，而且是系统内各组分摩尔数 n_j 的函数，即

$$G = G(T, p, n_1, n_2, \cdots, n_k) \tag{4-20}$$

式中，k 为参加该化学反应的所有组分的总数。求函数 G 的全微分，得

$$dG = \left(\frac{\partial G}{\partial T}\right)_{p,n_1,\cdots,n_k} dT + \left(\frac{\partial G}{\partial p}\right)_{T,n_1,\cdots,n_k} dp + \sum_{j=1}^{k}\left(\frac{\partial G}{\partial n_j}\right)_{T,p,n_1,\cdots,n_{j-1},n_{j+1},\cdots,n_k} dn_j \tag{4-21}$$

由热力学可知

$$\left(\frac{\partial G}{\partial T}\right)_{p,n_1,\cdots,n_k} = -S$$

$$\left(\frac{\partial G}{\partial p}\right)_{T,n_1,\cdots,n_k}=V \tag{4-21}$$

将上面公式处理可得

$$\mathrm{d}G=-S\mathrm{d}T+V\mathrm{d}p+\sum_{j=1}^{k}\left(\frac{\partial G}{\partial n_j}\right)_{T,p,n_1,\cdots,n_{j-1},n_{j+1},\cdots,n_k}\mathrm{d}n_j \tag{4-23}$$

引入符号 μ，令

$$\mu_j=\left(\frac{\partial G}{\partial n_j}\right)_{T,p,n_1,\cdots,n_{j-1},n_{j+1},\cdots,n_k} \tag{4-24}$$

式中，μ_j 表示在等温等压条件下，只变化 j 组分的摩尔数而保持其他组分的摩尔数不变时，第 j 组分增加 1 mol 所引起系统自由能 G 的增量。μ_j 称为 j 组分的化学位。

于是，可得到存在有化学反应的系统的热力学基本关系式为

$$\mathrm{d}G=-S\mathrm{d}T+V\mathrm{d}p+\sum_{j=1}^{k}\mu_j\mathrm{d}n_j \tag{4-25}$$

当系统在等温、等压条件下处于平衡状态时，必有 $\mathrm{d}G=0$。将这个条件代入式(4-25)可得

$$\sum_{j=1}^{k}\mu_j\mathrm{d}n_j=0 \tag{4-26}$$

因此，对于具有不变温度和压强的封闭系统，处于化学平衡状态的条件就是上述公式。所以式(4-26)是描述等温、等压条件下，系统处于化学平衡状态的化学平衡方程。

因为组分的化学位在数值上等于 1 mol 该组分的吉布斯自由能，即

$$G_j=\mu_j \tag{4-27}$$

因此

$$\tilde{G}=\sum_{j=1}^{k}\mu_j n_j$$

式中，$\tilde{G}$ 的单位为 kJ/kg；μ_j 的单位为 kJ/mol；n_j 的单位为 mol/kg。上式可写为

$$\mu_j=G_j=H_j-TS_j \tag{4-28}$$

式中，G_j 为 1 mol j 组分的吉布斯自由能；H_j，S_j 为 1 mol j 组分的焓和熵。因为

$$\mu_j=\mu_j^0+R_0T\ln p_j \tag{4-29}$$

式中，μ_j^0 为一个物理大气压条件下 1mol j 组分的化学位，称为标准化学位，它是温度的函数[①]；p_j 为 j 组分的分压；R_0 为通用气体常数，其值为

国际单位制　　$R_0=8.314\,4$ kJ/(kmol·K)

工程单位制　　$R_0=848$ kgf·m/(kmol·K)

$R_0=1.987$ kcal/(kmol·K)

气相组分的化学位可以直接利用上式。凝相组分的化学位则利用下面的关系确定：当凝相与气相处于相平衡时，两个相的化学位相等，即

$$\mu_j^{\mathrm{c}}=\mu_j$$

① 正因为 μ_j^0 是在一个物理大气压条件下的数值，所以 p_j 的单位也应取为物理大气压，这是在热力计算时必须注意到的。

而这时该组分气相状态的化学位为

$$\mu_j = \mu_j^0 + R_0 T \ln p_{j,V} \tag{4-30}$$

式中，$p_{j,V}$ 为该温度下该组分的饱和蒸汽压，它是温度的函数。因此

$$\mu_j^c = \mu_j^0 + R_0 T \ln p_{j,V} \tag{4-31}$$

由式(4-31)可见，μ_j^c 只是温度的函数，而与压强无关。因此，μ_j^c 的数值可以按照温度直接从有关的热力学性质表中查得。

现在分析一个任意的可逆化学反应

$$a\mathrm{A} + b\mathrm{B} \leftrightarrow c\mathrm{C} + d\mathrm{D}$$

式中，A，B 表示参加反应的反应物；C，D 表示化学反应的生成物；a,b,c,d 分别代表反应物和生成物在反应过程中的化学计量系数。

当化学反应处于平衡状态时，可以写出

$$\sum \mu_j \mathrm{d}n_j = \mu_\mathrm{A} \mathrm{d}n_\mathrm{A} + \mu_\mathrm{B} \mathrm{d}n_\mathrm{B} + \mu_\mathrm{C} \mathrm{d}n_\mathrm{C} + \mu_\mathrm{D} \mathrm{d}n_\mathrm{D} = 0 \tag{4-32}$$

因为

$$\frac{\mathrm{d}n_\mathrm{C}}{c} = \frac{\mathrm{d}n_\mathrm{D}}{d} = \frac{-\mathrm{d}n_\mathrm{A}}{a} = \frac{-\mathrm{d}n_\mathrm{B}}{b} \tag{4-33}$$

即得

$$c\mu_\mathrm{C} + d\mu_\mathrm{D} - a\mu_\mathrm{A} - b\mu_\mathrm{B} = 0 \tag{4-33}$$

经过整理后得

$$\ln K_p = \frac{1}{R_0 T}(a\mu_\mathrm{A}^0 + b\mu_\mathrm{B}^0 - c\mu_\mathrm{C}^0 - d\mu_\mathrm{D}^0) \tag{4-34}$$

式中，K_p 为以气体分压表示的平衡常数，即

$$K_p = \frac{p_\mathrm{C}^c p_\mathrm{D}^d}{p_\mathrm{A}^a p_\mathrm{B}^b} \tag{4-35}$$

因为 $\mu_\mathrm{A}^0,\mu_\mathrm{B}^0,\mu_\mathrm{C}^0,\mu_\mathrm{D}^0$ 仅是温度的函数，可见，K_p 也只是温度的函数，而与压强无关，它的值也可由有关的热力学性质表中查得。

对于含有凝相组分的化学反应，其化学平衡常数用下面的方法确定。以下述反应为例：

$$\mathrm{Al_2O_3(c)} \leftrightarrow 2\mathrm{Al} + \frac{3}{2}\mathrm{O_2}$$

该反应的化学平衡常数可写为

$$K_p = \frac{p_\mathrm{Al}^2 p_\mathrm{O_2}^{3/2}}{p_\mathrm{Al_2O_3(c)}}$$

式中，$p_\mathrm{Al_2O_3(c)}$ 为凝相 $\mathrm{Al_2O_3(c)}$ 的饱和蒸汽压。它只是温度的函数，所以可将 $p_\mathrm{Al_2O_3(c)}$ 与 K_p 合并，于是得到含有凝相组分的可逆反应的平衡常数，即

$$K_p^c = p_\mathrm{Al_2O_3(c)} K_p = p_\mathrm{Al}^2 p_\mathrm{O_2}^{3/2} \tag{4-36}$$

由式(4-36)可以看出，对于含有凝相组分的可逆反应，其平衡常数 K_p^c 可以只用气相组分的分压表示。K_p^c 值由有关的热力学性质表中查得。对于难以查表获得的数据，用分子动力学方向的软件可计算获得化学平衡常数。

还可以有其他形式的化学平衡常数，例如用组分的摩尔数表示的化学平衡常数 K_n。根据

道尔顿分压定律，有

$$\frac{p_j}{p}=\frac{n_j}{n}$$

或者

$$p_j=\frac{pn_j}{n} \tag{4-37}$$

式中，n 为 1 kg 混合气体的摩尔总数；p 为混合气体的压强。整理可得

$$\frac{n_{\mathrm{C}}^{c}n_{\mathrm{D}}^{d}}{n_{\mathrm{A}}^{a}n_{\mathrm{B}}^{b}}\left(\frac{p}{n}\right)^{c+d-a-b}=K_p$$

令

$$\frac{n_{\mathrm{C}}^{c}n_{\mathrm{D}}^{d}}{n_{\mathrm{A}}^{a}n_{\mathrm{B}}^{b}}=K_n \tag{4-38}$$

则

$$K_n=K_p\left(\frac{p}{n}\right)^{a+b-c-d} \tag{4-39}$$

式中，K_n 为用摩尔数表示的化学平衡常数，它不仅是温度的函数，而且是压强的函数。

现在令

$$\Delta v=(c+d)-(a+b)$$

式中，Δv 为化学反应前后系统中摩尔数的增量。整理可得

$$\frac{n_{\mathrm{C}}^{c}n_{\mathrm{D}}^{d}}{n_{\mathrm{A}}^{a}n_{\mathrm{B}}^{b}}=K_p\left(\frac{p}{n}\right)^{-\Delta v} \tag{4-40}$$

式(4-40)就是用化学平衡常数形式写出的化学平衡方程。该式清楚地表示出化学反应达到平衡时，参加可逆反应的各物质的摩尔数与温度和压强之间的关系。在给定温度和压强条件下，该式反映了参加反应的各物质摩尔数之间的关系。

如前所述，化学平衡是有条件的，是相对的。大量试验表明，当决定平衡状态的外界条件变化时，旧的平衡状态就被破坏，平衡向削弱外界条件变化的影响的方向移动，直至在新的条件下建立新的平衡状态为止。这就叫作平衡移动原理，即吕·查德里(Le Chatlier)原理。在新的平衡状态下，正向反应速度与逆向反应速度虽然也是相等的，但与旧的平衡状态时的速度不同了。与此同时，新平衡状态下各个组分的浓度也与旧平衡状态下的浓度不同。

影响化学平衡的主要条件是温度和压强。下面讨论当温度和压强变化时，化学平衡如何移动。

(1) 温度对化学平衡的影响。系统的温度对化学平衡的影响，与化学反应是吸热的还是放热的有关。对于吸热反应，当外界对系统加热时，系统的温度升高，K_p 值增大，使吸热反应的生成物的浓度增大。例如，对于可逆反应

$$CO_2 \leftrightarrow CO+\frac{1}{2}O_2-283.043\ \mathrm{kJ/mol}$$

中的正向吸热反应，当温度升高时，使 CO 和 O_2 的浓度增大，CO_2 的浓度减少。平衡移动的结果使反应放出的热量减少，从而使系统温度降低，这就削弱了原来系统温度升高的影响。反之，系统温度降低时，平衡向放热反应方向移动，K_p 值减小，即CO_2 的浓度增加，CO 和 O_2 的浓度减小。平衡移

动的结果使反应放出的热量增多,因而使温度升高,以削弱原来系统温度降低的影响。

因为离解反应是吸热反应,所以提高温度使平衡向离解反应的方向移动,从而使离解产物的浓度增大。但是对于不同的燃烧产物,温度对其离解程度的影响是不同的。图 4-2 表示了某些燃烧产物的离解度 α(即被离解的摩尔数与起始摩尔数之比)受温度影响的情况。由图线可以看出,对于每一种燃烧产物来说,当温度升高时离解度都增大。但在同一温度下,不同燃烧产物的离解度之间的差别是很大的,例如CO_2 较易离解,而 CO 则很难离解。

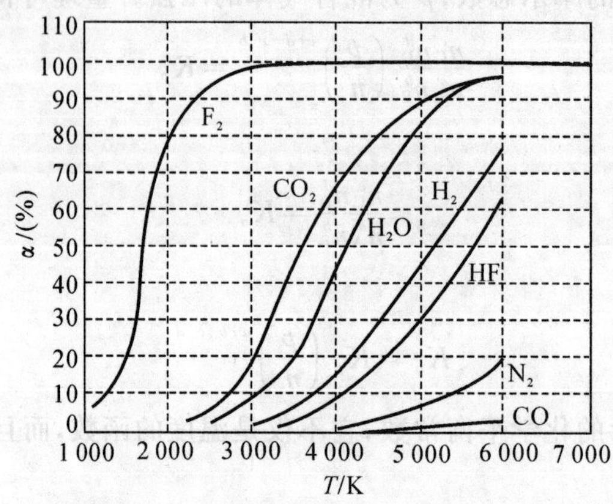

图 4-2　不同气体的离解度与温度的关系($p_c = 101.32 \times 10^5$ Pa)

(2) 压强对化学平衡的影响。系统的压强对化学平衡的影响与反应过程中气体摩尔数的变化有关。在一定的容积内,气体的分压与它的摩尔数成正比。当系统的压强升高时,平衡向着减少气体摩尔数的方向移动,即向着减少系统压强的方向移动,以削弱压强升高的影响;反之,当压强降低时,平衡向着增加气体摩尔数的方向移动,即向着增大系统压强的方向移动,以削弱系统压强降低的影响。

对于上述CO_2 离解为 CO 和 O_2 的可逆反应,当系统内压强升高时,平衡向着 CO 和 O_2 复合成CO_2 的方向移动,以减少系统中气体的摩尔数。当系统内压强降低时,平衡向着CO_2 离解为 CO 和 O_2 的方向移动,使系统内气体的摩尔数增大,以削弱压强降低的影响。由此可见,提高燃烧室压强,可使离解产物的浓度减少,有利于减少离解损失。

对于不同的燃烧产物,压强对其离解度的影响也是不同的,如图 4-3 所示。

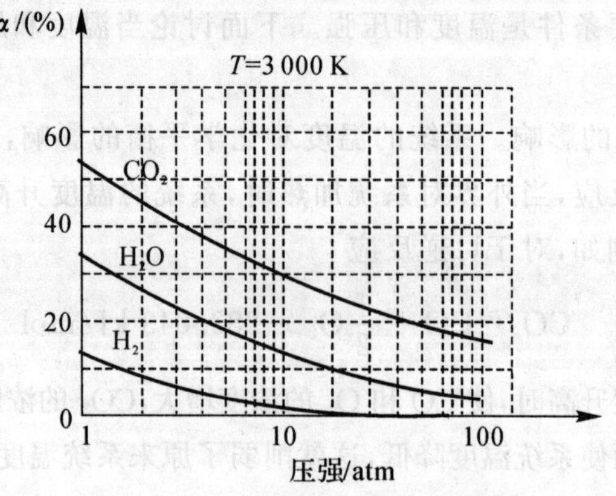

图 4-3　不同气体的离解度与压强的关系(T = 3 000 K)

从图 4-2 和图 4-3 的斜率看出，提高系统的温度或压强对离解的影响相反，但是在发动机工作的参数范围内，温度对离解的影响要比压强对离解的影响大得多。

由以上分析可知，化学平衡是与一定的温度和压强条件相适应的。当温度、压强发生了变化时，则旧的化学平衡状态被破坏，经过一定的时间（通常称为松弛时间），重新建立起新的平衡状态。松弛时间与化学反应的速度有关，若化学反应很快，则松弛时间就较短，这时就有可能使化学反应在系统温度和压强变化的过程中始终处于化学平衡状态；反之，化学反应就可能不能处于化学平衡状态。

3. 能量守恒方程

对于燃烧室热力计算来说，已经假定燃烧室内处于绝热状态，即燃烧室与外界没有热量交换。因此，从能量守恒角度来说，固体推进剂燃烧产物的总焓应该等于固体推进剂的总焓。即

$$\tilde{I}_m = \tilde{I}_p \tag{4-41}$$

固体推进剂燃烧产物的总焓 $\tilde{I}_m$ 等于燃烧产物中各平衡组分的总焓之和，若已知 1 kg 质量的燃烧产物中各平衡组分的摩尔数 $n_j\ (j=1,2,\cdots,N)$（注意：此处是绝对的摩尔数量，并非相对的摩尔分数，且 n_j 是温度 T 和压强 p 的函数），则 1 kg 燃烧产物的总焓为

$$\tilde{I}_m = \sum_{j=1}^{N} I_j n_j \tag{4-42}$$

式中，I_j 为 1 mol 第 j 组分在给定温度下的总焓，单位为 kJ/mol，I_j 是温度 T 的函数。

4. 燃烧室热力计算的一般步骤

燃烧室热力计算的内容主要包括三个部分：一是计算固体推进剂的假定化学式与总焓；二是根据质量守恒方程和化学平衡方程，在给定压强和温度条件下计算平衡组分；三是根据能量守恒方程确定燃烧温度，然后求出该温度下燃烧产物的平衡组分、物性参数和特征速度等。

首先计算推进剂的假定化学式和总焓，然后对推进剂的燃烧温度进行预估，预估值 T_f^* 可以参考同类推进剂的燃烧温度。如果预估值与实际燃烧温度 T_f^* 很接近，那么只需要进行 2～3 次迭代计算就可以完成燃烧室热力计算，如果预估值偏离实际值较大，就需要更多次迭代计算。基于燃烧温度预估值 T_f^* 和已知的燃烧室压强 p_c，求解化学平衡状态下推进剂燃烧产物的摩尔数 n_j。求解方法可以使用化学平衡常数法、最小吉布斯自由能法或布林克莱法。得到燃烧产物摩尔数 n_j 之后，计算燃烧产物的总焓 $\tilde{I}_m^*$。根据能量守恒可知，计算结果应该满足条件

$$\tilde{I}_m^* = \tilde{I}_p$$

但实际计算过程中很难实现数值上绝对精确的相等，因此可以给定允许的相对误差 ε_I，只要满足下面的条件即认为达到了能量守恒：

$$\frac{|\tilde{I}_m^* - \tilde{I}_p|}{\tilde{I}_p} \leqslant \varepsilon_I \tag{4-43}$$

如果不满足能量守恒条件，就需要对燃烧温度预估值进行修正，重新开展给定燃烧温度和燃烧室压强条件下的平衡组分计算，重复上面的过程，直到满足能量守恒条件。燃烧室热力计算的一般流程如图 4-4 所示。

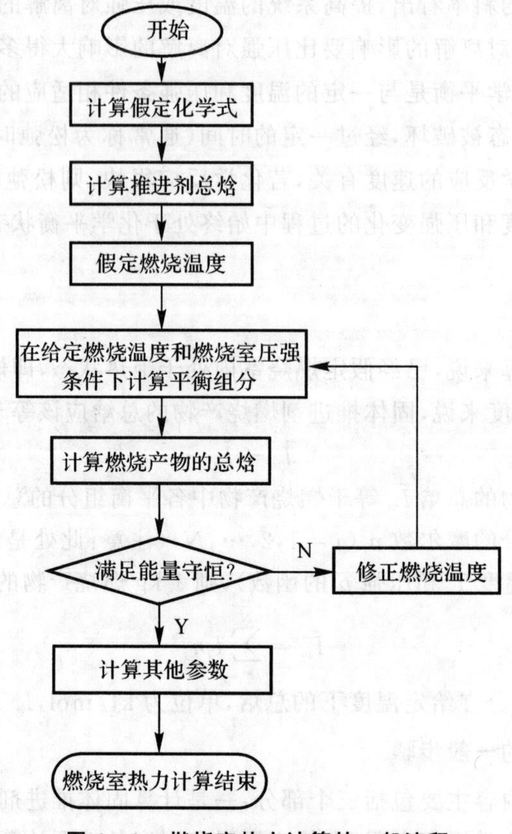

图 4-4　燃烧室热力计算的一般流程

4.2.3　计算平衡组分的化学平衡常数法

化学平衡常数法采用以化学平衡常数表示的化学平衡方程来计算平衡组分。现在结合具体的例子说明这种计算方法。

例 4-2　某聚硫复合固体推进剂的假定化学式为

$$C_{10.120}H_{40.976}O_{27.127}N_{6.085}Cl_{6.085}S_{2.417}Al_{0.9259}$$

计算在 $T=3\ 000\ K$，$p=1.013\ 25\times10^{7}\ Pa$ 条件下该推进剂燃烧产物的平衡组分。

解　计算步骤如下：

(1) 根据固体推进剂中含有元素的情况，确定燃烧产物中含有组分的种类。在上节中说明了含 C，H，O，N 推进剂的燃烧产物中的主要组分。在本推进剂中含有这四种元素，因此确定在该推进剂的燃烧产物中含有组分 CO_2，H_2O，CO，H_2，N_2，OH，O_2，NO，H。

在本推进剂中除了含 C，H，O，N 元素以外，还含有 Cl，S，Al 元素。

对于含有 Cl 元素的推进剂，在燃烧产物中可能有 HCl，Cl，Cl_2，… 组分，但其主要组分是 HCl 和 Cl。因此，确定在本推进剂的燃烧产物中含有组分 HCl，Cl。

对于含有 S 元素的推进剂，在燃烧产物中可能有 SO_2，SO，SO_3，… 组分，但其主要组分是 SO_2。因此，确定在本推进剂的燃烧产物中含有组分 SO_2。

对于含有 Al 元素的推进剂，在燃烧产物中可能有 $Al_2O_3(c)$，$Al_2O_3(g)$，Al_2O，AlO，$AlCl_3$，… 组分。在燃烧温度不太高的条件下，$Al_2O_3(c)$ 的含量最多。因此，确定在本推进剂的燃烧产物中含有组分 $Al_2O_3(c)$。

综上所述，在本推进剂的燃烧产物中确定共含有 13 种组分：$Al_2O_3(c)$，CO_2，H_2O，CO，H_2，N_2，HCl，SO_2，O_2，OH，NO，H，Cl。

如果实际存在于该推进剂燃烧产物中的主要组分，无遗漏地都包含在所选取的 13 种组分之内，则可得到准确的计算结果。不然，就会给计算结果带来误差。因此，为了提高计算精度，常常多选取一些组分包含在燃烧产物之中。

(2) 单位换算。将压强的单位换算为物理大气压为

$$p = 1.013\,25 \times 10^7\ \text{Pa} = 100\ \text{atm}$$

(3) 根据燃烧产物中含有组分的情况，确定建立化学平衡方程的化学反应过程。在本例中，这些化学反应过程是：

(a) CO_2 离解为 CO 和 O_2 的反应：

$$CO_2 \leftrightarrow CO + \frac{1}{2}O_2 \tag{4-44}$$

(b) 气态 H_2O 离解为 H_2 和 O_2 的反应：

$$H_2O \leftrightarrow H_2 + \frac{1}{2}O_2 \tag{4-45}$$

(c) 水煤气反应：

$$CO_2 + H_2 \leftrightarrow CO + H_2O \tag{4-46}$$

应该注意到上述三种反应中只有两个是独立的，因为其中一种反应可由另外两种反应导出。在燃烧温度较低时，前两种反应的化学平衡常数 K_{p,CO_2} 和 K_{p,H_2O} 的数值较小。为了计算方便，常采用水煤气反应的化学平衡方程，然后在前两种反应中再选择一个建立化学平衡方程，在本例中选择了反应式(4-45)。

(d) 气态 H_2O 离解为 OH 和 H_2 的反应：

$$H_2O \leftrightarrow OH + \frac{1}{2}H_2 \tag{4-47}$$

(e) H_2 离解为 H 的反应：

$$H_2 \leftrightarrow 2H \tag{4-48}$$

(f) HCl 离解为 H 和 Cl 的反应：

$$HCl \leftrightarrow H + Cl \tag{4-49}$$

(g) N_2 和 O_2 生成 NO 的反应：

$$N_2 + O_2 \leftrightarrow 2NO \tag{4-50}$$

上述化学反应中的各个组分，必须都是包含在燃烧产物中的组分。

(4) 建立在给定温度和压强条件下计算平衡组分的控制方程组。建立 7 个质量守恒方程：

$$n_{CO_2} + n_{CO} = N_C = 10.120 \tag{4-51}$$

$$2n_{H_2O} + 2n_{H_2} + n_{HCl} + n_{OH} + n_H = N_H = 40.976 \tag{4-52}$$

$$2n_{CO_2} + n_{H_2O} + 2n_{SO_2} + n_{CO} + 2n_{O_2} + n_{OH} + n_{NO} + 3n_{Al_2O_2(c)} = N_O = 27.127 \tag{4-53}$$

$$2n_{N_2} + n_{NO} = N_N = 6.085 \tag{4-54}$$

$$n_{HCl} + n_{Cl} = N_{Cl} = 6.085 \tag{4-55}$$

$$n_{SO_2} = N_S = 2.417 \tag{4-56}$$

$$2n_{Al_2O_3(c)} = N_{Al} = 0.9259 \tag{4-57}$$

对上述化学反应式建立化学平衡方程。当$T=3\,000$ K时，它们的化学平衡常数值列于表4-2中。

表4-2　$T=3\,000$ K时的化学平衡常数

平衡常数 \ 温度	3 000 K
水煤气反应的 K_p	7.382 0
反应式(4-45)的 K_{p,H_2O}	0.4628×10^{-1}
反应式(4-47)的 K'_{p,H_2O}	0.4841×10^{-1}
反应式(4-48)的 K_{p,H_2}	0.2475×10^{-1}
反应式(4-49)的 $K_{p,HCl}$	1.7070×10^{-2}
反应式(4-50)的 $K_{p,NO}$	0.1472×10^{-1}

化学平衡方程如下：

$$\frac{n_{H_2}n_{O_2}^{1/2}}{n_{H_2O}} = K_{p,H_2O}\left(\frac{p}{n_g}\right)^{-\frac{1}{2}} \tag{4-58}$$

$$\frac{n_{CO}n_{H_2O}}{n_{CO_2}n_{H_2}} = K_p \tag{4-59}$$

$$\frac{n_{OH}n_{H_2}^{1/2}}{n_{H_2O}} = K'_{p,H_2O}\left(\frac{p}{n_g}\right)^{-\frac{1}{2}} \tag{4-60}$$

$$\frac{n_H^2}{n_{H_2}} = K_{p,H_2}\left(\frac{p}{n_g}\right)^{-1} \tag{4-61}$$

$$\frac{n_H n_{Cl}}{n_{HCl}} = K_{p,HCl}\left(\frac{p}{n_g}\right)^{-1} \tag{4-62}$$

$$\frac{n_{NO}^2}{n_{N_2}n_{O_2}} = K_{p,NO} \tag{4-63}$$

在上述方程引入了一个新未知量 n_g，它代表系统中气相组分的总摩尔数，因此还需补充一个关系式：

$$n_g = n_{CO_2} + n_{H_2O} + n_{CO} + n_{H_2} + n_{N_2} + n_{HCl} + n_{SO_2} + n_{O_2} + n_{OH} + n_{NO} + n_H + n_{Cl}$$

现在共有 14 个未知数：$n_{Al_2O_3(c)}$，n_{CO}，n_{H_2O}，n_{CO}，n_{H_2}，n_{N_2}，n_{HCl}，n_{SO_2}，n_{O_2}，n_{OH}，n_{NO}，n_H，n_{Cl}，n_g，共有独立的方程式(4-51)～式(4-63)和补充关系式 n_g，也是14个，因此这个方程组是封闭的、可解的。

(5) 求解控制方程组的方法。上述方程组有些是线性的代数方程，有些则是非线性的代数方程。求解非线性的方程组一般利用迭代的方法。现介绍一种求解该方程组的方法：将全部组分区分为主要组分和次要组分，并在第一次近代计算中令次要组分的 n_j 等于零，在此基础上求出主要组分的近似值，然后逐步近似、迭代求解，因此称为逐步近似法。

利用方程组可以直接求出 n_{SO_2}，$n_{Al_2O_3(c)}$：

$$n_{SO_2} = 2.417$$

$$n_{Al_2O_3(c)} = 0.4629$$

在进一步计算时，为了计算方便，将方程组重新整理排列，可得

$$n_{CO_2}+n_{CO}=N_C \tag{4-64}$$

$$2n_{H_2O}+2n_{H_2}=N_H-n_{HCl}-n_{OH}-n_H=N'_H \tag{4-65}$$

$$2n_{CO_2}+n_{H_2O}+n_{CO}=N_O-2n_{SO_2}-3n_{Al_2O_3(c)}-2n_{O_2}-n_{OH}-n_{NO}=N'_O \tag{4-66}$$

$$\frac{n_{CO}n_{H_2O}}{n_{CO_2}n_{H_2}}=K_p \tag{4-67}$$

以及

$$2n_{N_2}=N_N-n_{NO} \tag{4-68}$$

$$n_{HCl}=N_{Cl}-n_{Cl} \tag{4-69}$$

以及

$$n_{O_2}=\left(\frac{n_{H_2O}}{n_{H_2}}\right)^2K_{p,H_2O}^2\left(\frac{p}{n_g}\right)^{-1} \tag{4-70}$$

$$n_{OH}=\frac{n_{H_2O}}{n_{H_2}^{1/2}}K'_{p,H_2O}\left(\frac{p}{n_g}\right)^{-\frac{1}{2}} \tag{4-71}$$

$$n_H=(n_{H_2}K_{p,H_2})^{\frac{1}{2}}\left(\frac{p}{n_g}\right)^{-\frac{1}{2}} \tag{4-72}$$

$$n_{Cl}=\frac{n_{HCl}}{n_H}K_{p,HCl}\left(\frac{p}{n_g}\right)^{-1} \tag{4-73}$$

$$n_{NO}=(n_{N_2}n_{O_2}K_{p,NO})^{1/2} \tag{4-74}$$

$$n_g=n_{CO_2}+n_{H_2O}+n_{CO}+n_{H_2}+n_{N_2}+n_{HCl}+n_{SO_2}+n_{O_2}+n_{OH}+n_{NO}+n_H+n_{Cl} \tag{4-75}$$

在第一次近似计算中，令浓度比较小的组分 O_2，OH，H，Cl，NO 的摩尔数 n_{O_2}，n_{OH}，n_H，n_{Cl}，n_{NO} 等于零。可先直接求出 n_{N_2}，n_{HCl} 的近似值，再去求解 n_{CO_2}，n_{CO}，n_{H_2O}，n_{H_2} 四个未知数。这样，在第一次近似计算中，可以求出 $n_{CO_2}^{(1)}$，$n_{CO}^{(1)}$，$n_{H_2O}^{(1)}$，$n_{H_2}^{(1)}$，$n_{N_2}^{(1)}$，$n_{HCl}^{(1)}$ 的近似值，以及 n_{SO_2}，$n_{Al_2O_3(c)}$ 的值，其余组分的摩尔数都取为零，然后再计算 $n_g^{(2)}$。符号上角标“1”表示为第一次近似计算结果。

在第二次计算中，首先根据第一次近似计算的结果，先计算次要组分的摩尔数 $n_{O_2}^{(2)}$，$n_{OH}^{(2)}$，$n_H^{(2)}$，$n_{Cl}^{(2)}$，$n_{NO}^{(2)}$，再计算 $n_{N_2}^{(2)}$，$n_{HCl}^{(2)}$；再计算 $n_{CO_2}^{(2)}$，$n_{CO}^{(2)}$，$n_{H_2O}^{(2)}$，$n_{H_2}^{(2)}$；再计算 $n_g^{(2)}$。这样就得到了第二次近似计算的结果，并构成了一种迭代计算的格式。此后，按此格式进行迭代计算，直到两次相邻的计算结果达到所要求的精度为止。

这里，还需要说明一个问题：如何求解 n_{CO_2}，n_{CO}，n_{H_2O}，n_{H_2}。

可将 n_{CO}，n_{H_2O}，n_{H_2} 写成 n_{CO_2} 的函数，即

$$\begin{aligned}n_{CO}&-N_C-n_{CO_2}\\ n_{H_2O}&=A-n_{CO_2}\\ n_{H_2}&=B+n_{CO_2}\end{aligned} \tag{4-76}$$

式中

$$A=N'_O-N_C$$

$$B=\frac{N'_H}{2}-A$$

整理后得

$$(K_p-1)n_{CO_2}^2+(K_pB+N'_O)n_{CO_2}-AN_C=0$$

上述一元二次方程有两个根，舍去负根(因为不合理)取正根，得

$$n_{CO_2}=\frac{1}{2(K_p-1)}\left[-(K_pB+N'_O)+\sqrt{(K_pB+N'_O)^2+4(K_p-1)AN_C}\right] \quad (4-77)$$

求出 n_{CO_2} 后，即可求出 n_{CO}，n_{H_2O}，n_{H_2} 各值。

(6) 根据控制方程组的求解方法，设计出计算链。表 4-3 介绍了一种可供使用的计算次序，并附有两次计算的数据，可供参考。

表 4-3 计算平衡组分的计算链

序号	计算式	第一次	第二次
1	$n_{O_2}^{(i)}=K_{p,H_2O}^2(n_{H_2O}^{(i-1)}/n_{H_2}^{(i-1)})^2(p/n_g^{(i-1)})^{-1}$	0	1.144E−3
2	$n_{OH}^{(i)}=K'_{p,H_2O}n_{H_2O}^{(i-1)}(p/n_g^{(i-1)})^{-1/2}/(n_{H_2}^{(i-1)})^{1/2}$	0	1.003 5E−1
3	$n_H^{(i)}=K_{p,H_2}^{1/2}(n_{H_2}^{(i-1)})^{1/2}(p/n_g^{(i-1)})^{-1/2}$	0	2.790 5E−1
4	$n_{Cl}^{(i)}=K_{p,HCl}(n_{HCl}^{(i-1)}/n_H^{(i)})(p/n_g^{(i-1)})^{-1}$	0	1.455 8E−1
5	$n_{NO}^{(i)}=K_{p,NO}^{1/2}(n_{N_2}^{(i-1)}n_{O_2}^{(i)})^{1/2}$	0	7.157 9E−3
6	$n_{N_2}^{(i)}=\frac{1}{2}(N_N-n_{NO}^{(i)})$	3.042 5	3.038 9
7	$n_{HCl}^{(i)}=N_{Cl}-n_{Cl}^{(i)}$	6.085 0	5.939 4
8	$n_{SO_2}=N_S$	2.417 0	2.417 0
9	$n_{Al_2O_3(c)}=\frac{1}{2}N_{Al}$	0.462 9	0.462 9
10	$N'^{(i)}_H=N_H-n_{HCl}^{(i)}-n_{OH}^{(i)}-n_H^{(i)}$	34.891 0	34.657 2
11	$N'^{(i)}_O=N_O-3n_{Al_2O_3(c)}-2n_{SO_2}-2n_{O_2}^{(i)}-n_{OH}^{(i)}-n_{NO}^{(i)}$	20.904 1	20.794 4
12	$A^{(i)}=N'^{(i)}_O-N_C$	10.784 1	10.674 4
13	$B^{(i)}=\frac{1}{2}N'^{(i)}_H-A^{(i)}$	6.661 4	6.654 2
14	$n_{CO_2}^{(i)}=\frac{1}{2(K_p-1)}\{[(K_pB^{(i)}+N'^{(i)}_O)^2+4(K_p-1)A^{(i)}N_C]^{1/2}-(K_pB^{(i)}+N'^{(i)}_O)\}$	1.383 1	1.373 0
15	$n_{CO}^{(i)}=N_C-n_{CO_2}^{(i)}$	8.736 9	8.747 0
16	$n_{H_2O}^{(i)}=A^{(i)}-n_{CO_2}^{(i)}$	9.401 0	9.301 4
17	$n_{H_2}^{(i)}=B^{(i)}+n_{CO_2}^{(i)}$	8.044 5	8.027 2
18	$n_g^{(i)}=n_{CO_2}^{(i)}+n_{H_2O}^{(i)}+n_{CO}^{(i)}+n_{H_2}^{(i)}+n_{N_2}^{(i)}+n_{HCl}^{(i)}+n_{SO_2}^{(i)}+n_{O_2}^{(i)}+n_{OH}^{(i)}+n_{NO}^{(i)}+n_H^{(i)}+n_{Cl}^{(i)}$	39.110 0	39.377 2

经过五次计算，已达到所要求的精度(0.01%)，整个计算到此结束。最后，求得的平衡组分为

$n_{Al_2O_3(c)}=0.462\ 9$ mol/kg；　　$n_{CO_2}=1.373\ 3$ mol/kg。

$n_{H_2O}=9.301\ 7\ mol/kg$; $n_{CO}=8.746\ 7\ mol/kg$;
$n_{H_2}=8.025\ 5\ mol/kg$; $n_{N_2}=3.038\ 9\ mol/kg$;
$n_{HCl}=5.942\ 2\ mol/kg$; $n_{SO_2}=2.417\ 0\ mol/kg$;
$n_{O_2}=1.132\ 9\times10^{-3}\ mol/kg$; $n_{OH}=9.974\ 2\times10^{-2}\ mol/kg$;
$n_{NO}=7.119\ 0\times10^{-3}\ mol/kg$; $n_{H}=2.796\ 6\times10^{-1}\ mol/kg$;
$n_{Cl}=1.428\ 1\times10^{-1}\ mol/kg$。

由以上计算可以看出,逐步近似法的要领是将燃烧产物中的组分划分为两组:一组是浓度相对较小的组分,如 O_2,OH,NO,H,Cl,称为次要组分。一组是浓度相对较大的组分,如 CO_2,H_2O,CO,H_2,HCl,SO_2,称为主要组分。首先令次要组分的浓度为零,通过简化了的公式求出主要组分摩尔数的近似值;然后利用主要组分的近似值,通过化学平衡方程计算次要组分的近似值;而后再利用次要组分摩尔数的近似值计算主要组分摩尔数的第二次近似值。如此迭代计算,直到计算结果达到所要求的精度时为止。

当系统中生成物含量较少时,使用逐步近似法可以很方便地求解得结果。当考虑生成物组分较多时,逐步近似法计算过程比较烦琐,需要采用其他的专用方法。

4.2.4 计算平衡组分的最小吉布斯自由能法

最小自由能法是在给定温度和压强条件下计算燃烧产物平衡组分的最常用的方法之一。计算在给定温度和压强条件下燃烧产物平衡组分的控制方程是质量守恒方程和化学平衡方程(化学平衡条件),自然对于最小自由能法也不例外。但是在最小自由能法中采用的化学平衡方程不同于化学平衡常数法中所采用的形式,它直接采用在等温、等压条件下系统达到平衡状态的判据

$$\widetilde{G}=\widetilde{G}_{\min}$$

也就是说,利用系统在等温、等压条件下达到平衡状态时,其自由能 $\widetilde{G}$ 必具有最小值这一条件,并由此推导出形式上独特的控制方程组。这时,平衡组分的计算问题归结为,当系统的自由能具有最小值时,系统内各组分的摩尔数应具何值?从数学上说,这是寻求目标函数 $\widetilde{G}$ 的极值点的问题。

为了分析这个问题,首先从建立目标函数入手。

1. 目标函数 —— 系统的吉布斯自由能方程

如同化学平衡常数法一样,首先需要确定系统内(燃烧产物)含有组分的种类,燃烧产物组分种类的确定方法前面已经介绍了。

系统的自由能是系统内各组分的自由能之和,即

$$\widetilde{G}=\sum_{j=1}^{N}\widetilde{G}_j$$

式中,$\widetilde{G}$ 为 1 kg 燃烧产物的自由能;$\widetilde{G}_j$ 为 1 kg 燃烧产物中含有 j 组分的自由能。

为了计算方便,以后将凝相组分与气相组分的自由能分别计算,即

$$\widetilde{G}=\sum_{j=1}^{L}\widetilde{G}_j+\sum_{j=L+1}^{N}\widetilde{G}_j=\sum_{j=1}^{L}G_jn_j+\sum_{j=L+1}^{N}G_jn_j$$

整理得

$$\tilde{G}=\sum_{j=1}^{L}\mu_j^c n_j+\sum_{j=L+1}^{N}(\mu_j^0+R_0 T\ln p_j)n_j \tag{4-78}$$

因为

$$p_j/p=n_j/n_g$$

$$p=\sum_{j=L+1}^{N}p_j$$

$$n_g=\sum_{j=L+1}^{N}n_j \tag{4-79}$$

可进一步写为

$$\frac{\tilde{G}}{R_0 T}=\sum_{j=1}^{L}\frac{\mu_j^c}{R_0 T}n_j+\sum_{j=L+1}^{N}\left[\frac{\mu_j^0}{R_0 T}+\ln n_j+\ln p-\ln n_g\right]n_j \tag{4-80}$$

引入函数 Φ 和 Φ_j，令

$$\Phi=\frac{\tilde{G}}{R_0 T} \tag{4-81}$$

$$\Phi_j=\frac{\tilde{G}_j}{R_0 T}$$

并令

$$Y_j^c=-\frac{\mu_j^c}{R_0 T}\quad (j=1,2,\cdots,L) \tag{4-82}$$

$$Y_j=-\frac{\mu_j^0}{R_0 T}\quad (j=L+1,L+2,\cdots,N) \tag{4-83}$$

可改写为

$$\Phi=\sum_{j=1}^{L}\Phi_j^c+\sum_{j=L+1}^{N}\Phi_j=\sum_{j=1}^{L}(-Y_j^c n_j)+\sum_{j=L+1}^{N}[-Y_j+\ln n_j+\ln p-\ln n_g]n_j \tag{4-83}$$

式中

$$\begin{aligned}\Phi_j^c&=-Y_j^c n_j & &(j=1,2,\cdots,L)\\ \Phi_j&=[-Y_j+\ln n_j+\ln p-\ln n_g]n_j & &(j=L+1,L+2,\cdots,N)\end{aligned} \tag{4-84}$$

在给定温度和压强条件下，函数 $\tilde{G}$ 仅是各组分摩尔数 $n_j(j=1,2,\cdots,N)$ 的函数。由上述推导过程可以看出，函数 Φ 处于极小值的条件与函数 $\tilde{G}$ 处于极小值的条件是一样的。因此，使函数 Φ 处于极小值的各组分的摩尔数，也就是所要计算的平衡组分。现在的问题是，平衡组分的摩尔数，除了使函数 Φ 处于最小值以外，还必须满足质量守恒方程，因此这是一个条件极值问题。在条件极值问题中，习惯上把函数 $\tilde{G}$ 或者函数 Φ 称为目标函数，质量守恒方程称为约束条件方程。

2. 求解条件极值问题的拉格朗日乘数法

应用拉格朗日乘数法把条件极值问题转换为无条件极值问题。其方法是，用常数 λ_k 乘各个约束条件方程，然后与目标函数相加，得到一个新的函数 F 为

$$F=\Phi+\sum_{k=1}^{M}\lambda_k\left(N_k-\sum_{j=1}^{N}A_{kj}n_j\right) \tag{4-85}$$

函数 F 既是 $n_j(j=1,2,\cdots,N)$ 的函数，也是 $\lambda_k(k=1,2,\cdots,M)$ 的函数，即

$$F=F(n_1,n_2,\cdots,n_N,\lambda_1,\lambda_2,\cdots,\lambda_M)$$

显然，函数 F 的极值点（无条件极值）就是函数 Φ 带有约束条件的极值点。函数 F 的极值

条件是

$$\left.\begin{aligned}\frac{\partial F}{\partial n_j}=0 \quad (j=1,2,\cdots,N)\\ \frac{\partial F}{\partial \lambda_k}=0 \quad (k=1,2,\cdots,M)\end{aligned}\right\} \tag{4-86}$$

现在将极值条件具体化。

为了明显起见，将具体化后第一式中的属于凝相和气相组分的关系式分别写出，得

$$-Y_j^c-\sum_{k=1}^{M}\lambda_k A_{kj}=0 \quad (j=1,2,\cdots,L) \tag{4-87}$$

$$-Y_j+\ln n_j+\ln p-\ln n_g-\sum_{k=1}^{M}\lambda_k A_{kj}=0 \quad (j=L+1,L+2,\cdots,N) \tag{4-88}$$

第二式具体化为

$$N_k-\sum_{j=1}^{N}A_{kj}n_j=0 \quad (k=1,2,\cdots,M) \tag{4-89}$$

由函数 F 的极值条件可获得方程式(4-87) ~ 式(4-89)。在上述方程中包含有未知量 $n_j(j=1,2,\cdots,N)$，$\lambda_k(k=1,2,\cdots,M)$ 及 n_g，它们共有未知量 $N+M+1$ 个。在上述方程中，独立的方程数也是 $N+M+1$ 个，因此方程组是封闭的、可解的。

3. 方程组的线性化及其求解

一般采用线性化处理然后迭代求解的方法，即牛顿迭代法进行求解。

现取一组正值的数 $(c_{L+1},c_{L+2},\cdots,c_N)$，作为系统内各气相组分摩尔数精确值 $(n_{L+1},n_{L+2},\cdots,n_N)$ 的近似值，将对数函数 $\ln n_j$ 及 $\ln\left(\sum_{j=L+1}^{N}n_j\right)$ 在 $(c_{L+1},c_{L+2},\cdots,c_N)$ 点分别展成泰勒级数，得

$$\ln n_j=\ln c_j+(n_j-c_j)\left[\frac{\partial(\ln n_j)}{\partial n_j}\right]_{(c_{L+1},c_{L+2},\cdots,c_N)}+R_1 \tag{4-90}$$

式中，R_1 为泰勒级数展开的余项。在式(4-90)中下角标 $(c_{L+1},c_{L+2},\cdots,c_N)$ 表示偏导数在点 $(c_{L+1},c_{L+2},\cdots,c_N)$ 上取值，以下用 $\bar{c}$ 表示。

经过线性处理后，得到一组线性的代数方程组。汇总如下：

$$-Y_j^c-\sum_{k=1}^{M}\lambda_k A_{kj}=0 \quad (j=1,2,\cdots,L) \tag{4-91}$$

$$-Y_j+\ln c_j+\ln p-\ln c_g+\frac{n_j}{c_j}-\frac{n_g}{c_g}-\sum_{k=1}^{M}\lambda_k A_{kj}=0 \quad (j=L+1,L+2,\cdots,N) \tag{4-92}$$

$$N_k-\sum_{j=1}^{N}A_{kj}n_j=0 \quad (k=1,2,\cdots,M) \tag{4-93}$$

$$n_g=\sum_{j=L+1}^{N}n_j \tag{4-94}$$

由上述线性方程式计算得到的各组分的摩尔数，并不是平衡组分摩尔数的精确值，而是它的近似值。为了将近似值区别于精确值，用符号 $X_j(j=1,2,\cdots,N)$ 表示由线性方程组计算得到的平衡组分的摩尔数。同时将上述方程组改写为

$$-Y_j^c-\sum_{k=1}^{M}A_{kj}\lambda_k=0 \quad (j=1,2,\cdots,L) \tag{4-95}$$

$$(-Y_j+\ln c_j+\ln p-\ln c_g)+\left(\frac{X_j}{c_j}-\frac{X_g}{c_g}\right)-\sum_{k=1}^{M}A_{kj}\lambda_k=0 \quad (j=L+1,L+2,\cdots,N) \tag{4-96}$$

$$N_k-\sum_{j=1}^{N}A_{kj}X_j=0 \quad (k=1,2,\cdots,M) \tag{4-97}$$

$$X_g=\sum_{j=L+1}^{N}X_j \tag{4-98}$$

但是这个方程组还不适宜计算,还需要进一步简化和整理。在上面的方程组中,可以消去气相组分的 $X_j(j=L+1,L+2,\cdots,N)$,从而使方程组简化。

经过简化和整理以后,可得如下的计算方程组:

$$\sum_{j=1}^{M}R_{kj}\lambda_j+a_kW+\sum_{j=1}^{L}A_{kj}X_j=N_k+\sum_{j=L+1}^{N}A_{kj}\Phi_j(\bar{c}) \quad (k=1,2,\cdots,M) \tag{4-99}$$

式中

$$R_{kj}=\sum_{j=L+1}^{N}A_{kj}A_{ij}c_j \quad (k=1,2,\cdots,M;i=1,2,\cdots,M)$$

$$a_k=\sum_{j=L+1}^{N}A_{kj}c_j \quad (k=1,2,\cdots,M)$$

$$W=\frac{X_g}{c_g}$$

$$\sum_{k=1}^{M}a_k\lambda_k=\sum_{j=L+1}^{N}\Phi_j(\bar{c}) \tag{4-100}$$

$$\sum_{k=1}^{M}A_{kj}\lambda_k=-Y_j^c \quad (j=1,2,\cdots,L) \tag{4-101}$$

上述方程组共有 $M+L+1$ 个方程,未知数为 $\lambda_k(k=1,2,\cdots,M)$,$X_j(j=1,2,\cdots,L)$ 及 W,也是 $M+L+1$ 个。因此方程组可解,并且已大为简化了。

现将前面三个方程组写成矩阵形式为

$$\begin{bmatrix} R_{11} & R_{12}\cdots R_{1M} & a_1 & A_{11} & A_{12}\cdots A_{1L} \\ R_{21} & R_{22}\cdots R_{2M} & a_2 & A_{21} & A_{22}\cdots A_{2L} \\ \vdots & \vdots\quad\vdots & \vdots & \vdots & \vdots\quad\vdots \\ R_{M1} & R_{M2}\cdots R_{MM} & a_M & A_{M1} & A_{M2}\cdots A_{ML} \\ a_1 & a_2\cdots a_M & 0 & 0 & 0\cdots 0 \\ A_{11} & A_{21}\cdots A_{M1} & 0 & 0 & 0\cdots 0 \\ A_{12} & A_{22}\cdots A_{M2} & 0 & 0 & 0\cdots 0 \\ \vdots & \vdots\quad\vdots & \vdots & \vdots & \vdots\quad\vdots \\ A_{1L} & A_{2L}\cdots A_{ML} & 0 & 0 & 0\cdots 0 \end{bmatrix} \begin{bmatrix} \lambda_1 \\ \lambda_2 \\ \vdots \\ \lambda_M \\ W \\ X_1 \\ X_2 \\ \vdots \\ X_L \end{bmatrix} = \begin{bmatrix} N_1+\sum\limits_{i=L+1}^{N}A_{1j}\Phi_j(\bar{c}) \\ N_2+\sum\limits_{j=L+1}^{N}A_{2j}\Phi_j(\bar{c}) \\ \vdots \\ N_M+\sum\limits_{j=L+1}^{N}A_{Mj}\Phi_j(\bar{c}) \\ \sum\limits_{j=L+1}^{N}\Phi_j(\bar{c}) \\ -Y_1^c \\ -Y_2^c \\ \vdots \\ -Y_L^c \end{bmatrix} \tag{4-102}$$

利用计算机,矩阵方程很容易求解。一般采用高斯主元消去法求解线性方程组,求出 $X_j(j=1,2,\cdots,L)$,$\lambda_k(k=1,2,\cdots,M)$ 和 W,然后求出所有气相组分的 X_j。其步骤如下:

(1) 参照同类推进剂已有的热力计算结果,结定试算值 $c_j(j=1,2,\cdots,N)$。然后按照式 $c_g=\sum\limits_{j=L+1}^{N}$ 计算 c_g 值。

(2) 计算 $Y_j(j=1,2,\cdots,N)$,然后按照式

$$\Phi_j(\bar{c})=[-Y_j+\ln c_j+\ln p-\ln c_g]c_j$$

计算 $\Phi_j(\bar{c})(j=L+1,L+2,\cdots,N)$,并计算 $\sum\limits_{j=L+1}^{N}A_{kj}\Phi_j(\bar{c})(k=1,2,\cdots,M)$,计算 $R_{kj}(k=1,2,\cdots,M;\ j=1,2,\cdots,N)$,计算 $a_k(k=1,2,\cdots,M)$。

(3) 求出凝相组分的 $X_j(j=1,2,\cdots,L)$,$\lambda_k(k=1,2,\cdots,M)$ 及 W 值。

(4) 根据公式 $X_g=c_gW$,计算 X_g。

(5) 经过整理可得计算气相组分 $X_j(j=L+1,L+2,\cdots,N)$ 值的公式,即

$$X_j=-\Phi_j(\bar{c})+\frac{c_jX_g}{c_g}+c_j\sum_{k=1}^{M}A_{kj}\lambda_k$$

根据已知计算出的 X_g,λ_k 等值,计算 $X_j(j=L+1,L+2,\cdots,N)$。

由以上计算得到的一组值,就是平衡组分摩尔数 $n_j(j=1,2,\cdots,N)$ 的近似值。

(6) 然后将第一次(或上次)计算的结果作为第二次(或本次)的试算值,重复上述各步骤进行第二次计算,直到相邻二次计算结果的差值达到所要求的精度为止。最后得到的计算结果即为平衡组分的摩尔数 $n_j(j=1,2,\cdots,N)$。

4.2.5　绝热燃烧温度及燃烧产物特性参数计算

1. 绝热燃烧温度

固体推进剂在燃烧室中燃烧,燃烧产物具有一定的压强和温度。燃烧产物的压强通过调整装药燃面面积与喷管喉部截面积之比来达到所要求的值。固体推进剂的燃烧温度主要取决于它的组成。在燃烧过程中,固体推进剂的化学能转变为燃烧产物的热能,这种转变遵守能量守恒定律。因为燃烧产物的温度与燃烧产物的热能有关,因而也与推进剂的能量有关。燃烧产物的温度正是根据能量守恒定律确定的。根据固体推进剂燃烧过程的绝热-化学平衡模型,固体推进剂燃烧产物在燃烧室中的总焓应等于推进剂的总焓。可得

$$\sum_{j=1}^{N}I_j(T)n_j(T,p)=\tilde{I}_p \tag{4-103}$$

若给定压强 p,在式(4-103)中只包含一个未知数 T,因此根据能量守恒方程,可以求出在给定压强条件下固体推进剂的绝热燃烧温度。然而,由于上述方程中,尤其 $n_j(T)$ 具有非常复杂的函数关系,因此不可能直接得到求解燃烧温度 T 的显式表达式。

对于任一预估燃烧温度 $T_f^{(0)}$,采用前面介绍的方法完成平衡组分计算后,燃烧产物的总焓可以采用下式计算:

$$\tilde{I}_m^{(0)}=\sum_{j=1}^{N}I_j(T_f^{(0)})n_j(T_f^{(0)},p) \tag{4-104}$$

其中，$n_j(T_f^{(0)},p)$ 表示在温度 $T_f^{(0)}$、压力 p 条件下得到的平衡组分。一般情况下，很难保证初始的预估燃烧温度 $T_f^{(0)}$ 恰好等于实际的绝热燃烧温度，这就必须对燃烧温度预估值进行修正。所采用的修正方法可以借鉴数值计算课程中相关内容，此处介绍一种修正方法。

如果 $\tilde{I}_m^{(0)} < \tilde{I}_p$，表明预估的燃烧温度 $T_f^{(0)}$ 小于实际的绝热燃烧温度，此时可以以一定的温度递增步长(如 $\Delta T = 100$ K) 试算，寻找满足下面条件的温度 $T_f^{(0,c)}$：

$$\tilde{I}_p < \tilde{I}_m^{(0,c)} = \sum_{j=1}^{N} I_j(T_f^{(0,c)}) n_j(T_f^{(0)},p) \tag{4-105}$$

那么，经过修正的温度值为

$$T_f^{(1)} = T_f^{(0)} + \frac{\tilde{I}_p - \tilde{I}_m^{(0)}}{\tilde{I}_m^{(0,c)} - \tilde{I}_m^{(0)}}(T_f^{(0,c)} - T_f^{(0)}) \tag{4-106}$$

如果 $\tilde{I}_m^{(0)} > \tilde{I}_p$，表明预估的燃烧温度 $T_f^{(0)}$ 大于实际的绝热燃烧温度，此时可以以一定的温度递减步长(如 $\Delta T = -100$ K) 试算，寻找满足下面条件的温度 $T_f^{(0,c)}$：

$$\tilde{I}_p > \tilde{I}_m^{(0,c)} = \sum_{j=1}^{N} I_j(T_f^{(0,c)}) n_j(T_f^{(0)},p) \tag{4-107}$$

那么，经过修正的温度值可计算。

通过修正得到燃烧温度 $T_f^{(1)}$，此值还不能作为最终的绝热燃烧温度，得到的平衡组分也不能作为最终的热力计算结果，还必须进行迭代计算。具体原因如下：

基于给定的温度条件 $T_f^{(0)}$，通过第一次平衡组分计算后得到 $n_j(T_f^{(0)},p)$，对 $T_f^{(0)}$ 修正后得到温度 $T_f^{(1)}$。如果将 $T_f^{(1)}$ 作为最终的燃烧温度，那么与 $T_f^{(1)}$ 相对应的平衡组分 $n_j(T_f^{(1)},p)$ 以及与 $T_f^{(0)}$ 相对应的平衡组分 $n_j(T_f^{(0)},p)$ 两者之间势必会存在差异。对于燃烧室热力计算来说，必须获得与实际燃烧温度相对应的平衡组分，因此还必须基于 $T_f^{(1)}$ 进行第二次的平衡组分计算，从而得到各组分的摩尔数 $n_j(T_f^{(1)},p)$。对于第二次计算得到的 $T_f^{(1)}$ 和 $n_j(T_f^{(1)},p)$ 来说，燃烧产物总焓 $\tilde{I}_m^{(1)}$ 是否能够保证一定满足能量守恒条件？如果不能满足能量守恒条件，就必须进行第二次温度修正，得到 $T_f^{(2)}$ 后还需要进行第三次平衡组分计算，得到 $n_j(T_f^{(2)},p)$。如此迭代进行，当经过 k 次平衡组分计算得到的 $n_j(T_f^{(k-1)},p)$ 和与之对应的温度 $T_f^{(k-1)}$ 能够保证此时的燃烧产物总焓 $\tilde{I}_m^{(k)}$ 满足如下的能量守恒条件时，即可结束迭代计算。

$$\frac{|\tilde{I}_m^{(k)} - \tilde{I}_p|}{\tilde{I}_p} \leqslant \varepsilon_I$$

在实际计算时，还可以利用燃烧温度值采用如下约束作为迭代计算过程的收敛条件：

$$\left| \frac{T_f^{(k)} - T_f^{(k-1)}}{T_f^{(k)}} \right| \leqslant \varepsilon_T$$

此外，还有一种利用内插公式求解燃烧温度(见图 4-5)的方法，介绍如下：首先参考相近推进剂的绝热燃烧温度，选取两个计算温度 T_{f1}，T_{f2}($T_{f2} > T_{f1}$)；然后利用在给定温度和压强条件下计算燃烧产物平衡组分的方法，计算出给定压强及上述两个温度 T_{f1}，T_{f2} 条件下的平衡组分 $n_j(j=1,2,\cdots,N)$ 及对应的燃烧产物总焓 $\tilde{I}_{m_1}$，$\tilde{I}_{m_2}$。按照能量守恒定律，$\tilde{I}_m$ 必须等于 $\tilde{I}_p$。如果 $\tilde{I}_m$(即 $\tilde{I}_p$) 处于 $\tilde{I}_{m_1}$ 及 $\tilde{I}_{m_2}$ 之间，则采用下述线性内插的方法，求出定压燃烧的绝热燃烧温度 T_f：

$$T_f = T_{f1} + \frac{\tilde{I}_p - \tilde{I}_{m_1}}{\tilde{I}_{m_2} - \tilde{I}_{m_1}}(T_{f2} - T_{f1}) \tag{4-108}$$

如果 $\tilde{I}_p$ 不处于 $\tilde{I}_{m_1}$ 及 $\tilde{I}_{m_2}$ 之间，则应再选取一个计算温度 T_{f3}。若 $\tilde{I}_p > \tilde{I}_{m_2}$，则应取 $T_{f3} >$

T_{f2}；若 $\tilde{I}_p < \tilde{I}_{m_1}$，则应选取 $T_{f3} < T_{f1}$。然后计算 T_{f3} 温度下燃烧产物的总焓 $\tilde{I}_{m_3}$，使 $\tilde{I}_p$ 处于 $\tilde{I}_{m_1}$ 与 $\tilde{I}_{m_3}$ 或 $\tilde{I}_{m_2}$ 与 $\tilde{I}_{m_3}$ 之间。最后根据具体情况在温度 T_{f1} 与 T_{f3} 或 T_{f2} 与 T_{f3} 之间，计算 T_f，也可以利用图解法（见图 4－6）或二次插值公式计算 T_f。

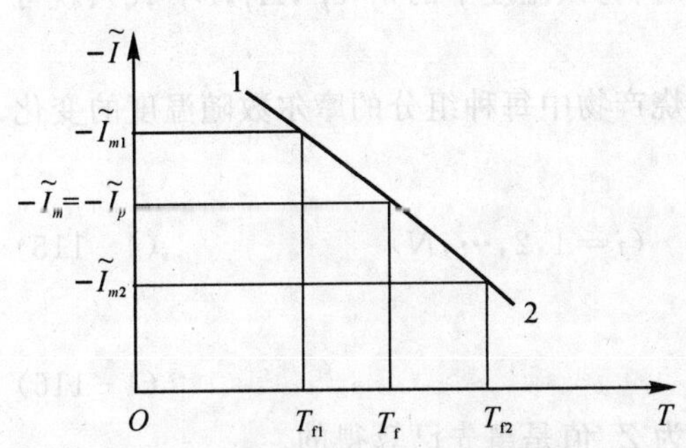

图 4－5　内插法求绝热燃烧温度 T_f

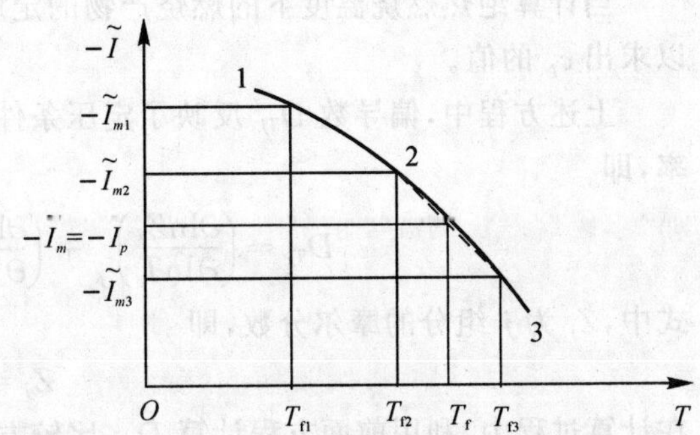

图 4－6　图解法求绝热燃烧温度 T_f

定压绝热燃烧温度是固体火箭发动机的重要参数。一般双基推进剂的定压绝热燃烧温度为 2 000 ～ 3 000 K 之间；复合推进剂的定压绝热燃烧温度为 2 400 ～ 3 000 K 之间，加金属提高能量后可达 3 000 ～ 4 000 K。

2. 燃烧产物的热力学性质

计算了燃烧产物的绝热燃烧温度及此温度下的平衡组分的摩尔数后，就可计算燃烧产物的热力学性质、熵及输运性质，为进一步计算提供数据。

(1) 凝相产物的质量百分数 ε。1 kg 燃烧产物中含有 N 种组分，其中 L 种为凝相组分，则凝相产物的质量百分数为

$$\varepsilon = \sum_{j=1}^{L} m_j n_j / 1\,000 \tag{4-109}$$

(2) 燃烧产物中气相产物的平均摩尔质量 $\overline{m}$ 为

$$\overline{m} = 1\,000(1-\varepsilon)/n_g \tag{4-110}$$

(3) 燃烧产物中气相产物的平均气体常数 $\overline{R}$ 为

$$\overline{R} = R_0/\overline{m} \tag{4-111}$$

(4) 整个燃烧产物（含凝相）的等价气体常数 $\overline{R}_m$ 为

$$\overline{R}_m = (1-\varepsilon)\overline{R} \tag{4-112}$$

式中，$\overline{R}$ 和 $\overline{R}_m$ 的单位为 kJ/(kg·K)；R_0 的单位为 kJ/(kmol·K)。

(5) 燃烧产物的比热与比热比。燃烧室中的燃烧产物处于化学平衡状态。对于存在有化学反应的多组分系统，当温度发生变化时，由于系统处于化学平衡状态，在确定燃烧产物的比热时就应当考虑化学反应热。这样的比热称为平衡比热。

按照比热的定义，在定压条件下燃烧产物（混合气）的比热为

$$c_p = (\partial \widetilde{H}/\partial T)_p$$

因此

$$c_p = \frac{\partial}{\partial T}\left(\sum_{j=1}^{N} H_j n_j\right)_p = \sum_{j=1}^{N} n_j \,(\partial H_j/\partial T)_p + \sum_{j=1}^{N} H_j \,(\partial n_j/\partial T)_p$$

$$= \sum_{j=1}^{N} n_j c_{pj} + \frac{1}{T}\left(\sum_{j=1}^{N} n_j H_j D_{Tj}\right)_p \tag{4-113}$$

式中

$$D_{Tj} = (\partial \ln n_j / \partial \ln T)_p \quad (j=1,2,\cdots,N) \tag{4-114}$$

当计算绝热燃烧温度下的燃烧产物的定压比热时，将该温度下的 n_j，c_{pj}，H_j，D_{Tj} 代入就可以求出 c_p 的值。

上述方程中，偏导数 D_{Tj} 反映了定压条件下，燃烧产物中每种组分的摩尔数随温度的变化率，即

$$D_{Tj} = \left(\frac{\partial \ln Z_j}{\partial \ln T}\right)_p + \left(\frac{\partial \ln n_g}{\partial \ln T}\right)_p \quad (j=1,2,\cdots,N) \tag{4-115}$$

式中，Z_j 为 j 组分的摩尔分数，即

$$Z_j = n_j / n_g \tag{4-116}$$

在计算过程中，利用前面方程计算 D_{Tj} 比较方便，因为 Z_j 值是事先已算得的。

c_{pj} 表示在计算温度下的 1 mol 第 j 组分的定压比热，单位为 kJ/(mol·K)，其值可由有关资料查得。但计算中使用更方便的是它的解析表达式，后面章节会进行介绍。

对于成分不变的燃烧产物，$\frac{1}{T}\left(\sum_{j=1}^{N} n_j H_j D_{Tj}\right)_p$ 等于零，这时计算出的比热就是通常的冻结比热，即

$$c_{p,\mathrm{f}} = \sum_{j=1}^{N} n_j c_{pj} \tag{4-117}$$

平衡比热也可以采用比较简单的方法近似地确定。如果已经计算得到 1 kg 燃烧产物在数值相差不太大的两个温度 T_1 和 T_2 的总焓值，则可利用下式求得平均平衡比热：

$$c_p \approx \frac{I_{T_2} - I_{T_1}}{T_2 - T_1} \tag{4-118}$$

按照定义，定容条件下燃烧产物的比热为

$$c_v = (\partial \widetilde{E} / \partial T)_v \tag{4-119}$$

式中，$\widetilde{E}$ 为 1 kg 燃烧产物的内能，单位为 kJ/kg。也可以利用如下的热力学关系式来计算 c_v：

$$c_p - c_v = \frac{R_0 \left[1 - (\partial \ln \overline{m} / \partial \ln T)_p\right]^2}{\overline{m}\left[1 + (\partial \ln \overline{m} / \partial \ln p)_T\right]} \tag{4-120}$$

上述关系式适用于有化学反应的混合气体。对于无化学反应的混合气体，$\overline{m}$ 为常数，因此偏导数都等于零，从而得到成分冻结情况下的关系式为

$$c_{p,f} - c_{v,f} = R_0 / \overline{m} = \overline{R} \tag{4-121}$$

根据以上得到的定压比热与定容比热，可得平衡比热的比热比为

$$k = c_p / c_v \tag{4-122}$$

冻结比热的比热比为

$$k_\mathrm{f} = c_{p,\mathrm{f}} / c_{v,\mathrm{f}} \tag{4-123}$$

一般说来，k 与 k_f 的值是不相同的。

(6) 声速。计算声速的一般表达式为

$$a^2 = (\partial p / \partial \rho)_\varphi \tag{4-124}$$

这是根据微弱扰动压缩波的传播过程推导而得的，式中下角标 φ 表示微弱扰动的传播过程在 $\varphi =$ 常量的条件下进行的。因为在微弱扰动的传播过程中，气流的压强、密度和温度的变化是

一个无限小量，即 $\mathrm{d}p \to 0, \mathrm{d}\rho \to 0, \mathrm{d}T \to 0$，若忽略黏性的作用，则整个过程接近于可逆过程。此外，在微弱扰动传播过程中气流参数变化得相当迅速，来不及与外界交换热量，这就使得此过程接近于绝热过程，这样，在扰动波强度无限微弱的极限情况下，可认为微弱扰动的传播过程是等熵过程。因此声速公式可写为

$$a^2 = (\partial p/\partial \rho)_s = -v^2\ (\partial p/\partial v)_s \tag{4-125}$$

式中，v 为气体的比容。

在有化学反应的混合气中，如果扰动的频率很大，而化学反应速度相对较小，在波经过时，气体的成分来不及发生变化，则波内的过程与无化学反应时的情况是一样的，这时在气相中微弱扰动的传播速度称为冻结声速。

当化学反应速度很大，而扰动频率相对较小时，在声波压缩和稀疏过程中，气体的成分来得及与温度、压强相适应，则在波通过时气体处于化学平衡状态。这时声速称为平衡声速。

计算平衡声速的公式推导如下：

利用微分形式的热力学关系可得

$$\left(\frac{\partial p}{\partial v}\right)_s = \left(\frac{-c_p/T}{c_v \beta_T v/T}\right)_s = -\frac{c_p}{c_v}\frac{1}{\beta_T v} = -\frac{k\rho}{\beta_T} \tag{4-126}$$

式中

$$\beta_T = \frac{1}{p}\left[1 + \left(\frac{\partial \ln \overline{m}}{\partial \ln p}\right)_T\right] \tag{4-127}$$

整理可得

$$a^2 = -\frac{1}{\rho^2}\left\{-k\rho \frac{p}{\left[1 + \left(\dfrac{\partial \ln \overline{m}}{\partial \ln p}\right)_T\right]}\right\} = \frac{kR_0 T}{\overline{m}\left[1 + \left(\dfrac{\partial \ln \overline{m}}{\partial \ln p}\right)_T\right]} \tag{4-128}$$

式(4-128)就是计算平衡声速的公式。对于气体成分不变化的情况，式中$(\partial \ln \overline{m}/\partial \ln p)_T = 0$，将此关系代入式(4-128)即可得冻结声速，即

$$a_f^2 = kR_0 T/\overline{m} = kRT \tag{4-129}$$

在一般情况下，平衡声速与冻结声速是有差别的，特别在燃气的成分随着温度或压强的改变而急剧变化的情况下，二者的差别更为明显。只有当燃气的成分不随温度而改变(也即当燃气尚未离解，或者完全离解)时，平衡参数与冻结参数才相一致。燃烧产物平衡组分与冻结组分的热力学性质的比较如图 4-7 所示。

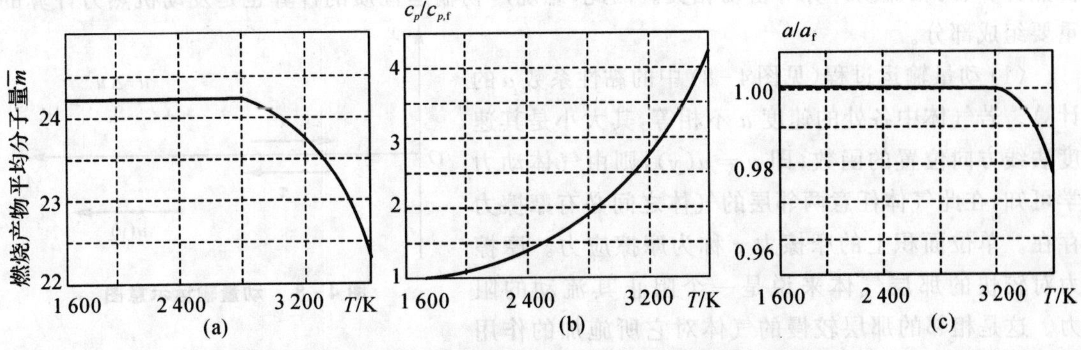

图 4-7　燃烧产物平衡组分与冻结组分的热力学性质的比较

3. 燃烧产物的熵

化学物质的熵取决于它的分子结构和它所处的温度和压强。对于一定的化学物质，当它所处的温度和压强一定时，它的熵值就一定。由气相和凝相两类组分组成的燃烧产物，其气相产物的熵与温度和压强有关；凝相产物的熵只与温度有关，而与压强无关。因此燃烧产物的熵取决于它的成分及它所处的温度和压强。1 kg 燃烧产物的熵 $\widetilde{S}$ 等于各组分的熵的总和，即

$$\widetilde{S}=\sum_{j=1}^{N}S_j n_j=\sum_{j=1}^{L}S_j n_j+\sum_{j=L+1}^{N}S_j n_j \tag{4-130}$$

在给定温度和压强条件下，1 mol 气相组分的熵为

$$S_j=S_j^0-R_0\ln p_j \quad (j=L+1,L+2,\cdots,N) \tag{4-131}$$

对于 1 mol 凝相组分，其熵为

$$S_j=S_j^0 \quad (j=1,2,\cdots,L) \tag{4-132}$$

式中，S_j^0 为 1 mol j 组分在一个物理大气压以及温度 T_f 条件下的熵；p_j 为 j 组分的分压，单位取为物理大气压。S_j^0 的值可查表获得。

将上述关系式整理可得

$$\widetilde{S}=\sum_{j=1}^{N}S_j^0 n_j-R_0\left[n_g\ln p+\sum_{j=L+1}^{N}n_j\ln\left(\frac{n_j}{n_g}\right)\right] \tag{4-133}$$

4. 燃烧产物的输运性质

任意一个不平衡的气体系统，若此系统是孤立的，则只要时间足够长，由于分子的微观运动，它最终必然达到平衡状态。导致系统从不平衡到平衡的过程称为输运过程，输运过程包括三种典型过程：动量输运过程 —— 使系统内部的宏观的相对运动逐渐消失，最终达到系统内速度处处相等。在此过程中，动量由系统内高速区传输到低速区，因而产生内摩擦，也称为黏性。热量输运过程 —— 使系统内各处的温差逐渐消失；最终达到各处的温度相等。在此过程中，能量由系统内高温区传输到低温区，因此又称为热传导过程。质量输运过程 —— 使系统内各处组分的浓度逐渐达到一致而处于均匀状态。在此过程中，该组分由系统内高浓度区传输到低浓度区，因此也称为扩散过程。与这三种典型过程有关的特性参数是黏性系数 μ、热传导系数 λ 和扩散系数 D。在固体火箭发动机的计算中，需要知道气相燃烧产物的 μ 和 λ 值，因此这里只讨论前两种系数。

在火箭发动机的研制与设计工作中，燃烧产物的输运性质与发动机燃烧室、喷管等部件的传热计算、两相流动计算等密切相关。因此，燃烧产物输运性质的计算也是发动机热力计算的重要组成部分。

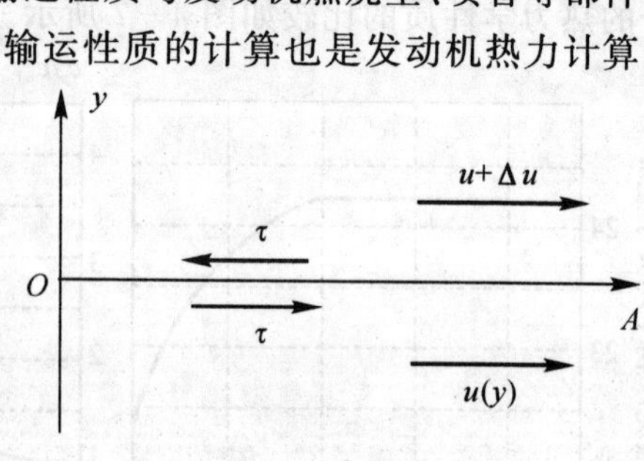

(1) 动量输运过程(见图 4-8) 中的黏性系数 μ 的计算。若气体中各处的速度 u 不相等，其大小是其速度法线方向位置的函数，即 $u=u(y)$，则由气体动力学可知，在此气体任意两邻层的气体之间必有摩擦力存在。单位面积上的摩擦力 τ 称为摩擦应力。摩擦力对较快的那层气体来说是一个阻止其流动的阻力。这是相邻的那层较慢的气体对它所施加的作用力。相反地，对于速度较慢的那层气体来说，有一个拉力作用在它上面，使它流动加快，这是速

图 4-8　动量输运示意图

度较快的相邻层气体对它所施加的作用力。按照牛顿定律，流体内部的摩擦力 τ 与流体速度梯度的关系为

$$\tau = -\mu \frac{\mathrm{d}u}{\mathrm{d}y} \tag{4-134}$$

假定：单位容积内气体的分子数为 n；气体分子的微观热运动在各方向上的机会都是相等的，并且都以平均速率 $\bar{v}$ 运动；每个气体分子的质量为 m_0。由气体分子运动可知，系统最初不平衡状态通过分子的微观热运动的作用，最终达到平衡状态。根据此理论可推导得到计算黏性系数的初步近似公式为

$$\mu = \frac{1}{3} n\bar{v} m_0 l \tag{4-135}$$

式中，l 为平均自由程，是气体的一个分子在受到下一次碰撞前所走过的平均路程，其表达式为 $l = 1/\sqrt{2}\pi d^2 n$，此处 d 为气体分子的直径；$\bar{v}$ 为平均速率，是气体分子运动速率的算术平均值，它与分子速率的分布规律有关。

对于麦克斯韦速率分布定律，分子的平均速率为

$$\bar{v} = \sqrt{\frac{8k_0 T}{\pi m_0}}$$

式中，k_0 为玻尔兹曼常数。

将 l 和 $\bar{v}$ 的表达式代入式(4-135)即得

$$\mu = \frac{2}{3} \frac{1}{\pi^{3/2}} \frac{\sqrt{m_0 k_0 T}}{d^2} \tag{4-136}$$

由以上推导可见，式(4-136)是在平均自由程的基础上得到的，并采用了平均动量的概念，这些情况与实际的碰撞情况有出入。此外，在计算平均速率的关系式中采用了麦克斯韦速率分布律。麦克斯韦速率分布律是属于平衡状态的，而非平衡状态下分子运动速率的分布函数不同于麦克斯韦速率分布律。因此，按照式(4-136)计算的 μ 值，从数值来说是不精确的。但是，式(4-136)表明了黏性系数 μ 与气体的压强和密度无关，而与温度有关，这些结论与试验得到的结果却是相符合的。

在上面计算的基础上，有不同的修正公式。恩斯柯克(Enskog)和查普曼(Chapman)从分析气体分子运动速率的分布函数着手，运用严格的数学推理，得出了单种气体的黏性系数 μ_i 的计算公式为

$$\mu_i = 2.669\,3 \times 10^{-5} \frac{\sqrt{m_i T}}{\sigma_i^2 \Omega_{\mu i}} \tag{4-137}$$

式中，m_i 为 i 组分气体的摩尔质量，单位是 g/mol；σ_i 为气体分子的碰撞截面直径，单位是 Å(埃)；$\Omega_{\mu i}$ 为折算的碰撞积分。

对于由多种气体混合而成的混合气体，其黏性系数 μ 可由下式求得：

$$\mu = \sum_{i=L+1}^{N} \frac{Z_i \mu_i}{\sum_{j=L+1}^{N} Z_j \phi_{ij}} \tag{4-138}$$

式中

$$\phi_{ij} = \frac{1}{\sqrt{8}} \left(1 + \frac{m_i}{m_j}\right)^{-\frac{1}{2}} \left[1 + \left(\frac{\mu_i}{\mu_j}\right)^{\frac{1}{2}} \left(\frac{m_j}{m_i}\right)^{\frac{1}{4}}\right]^2 \tag{4-139}$$

式中，Z_i 为混合气体中 i 组分的摩尔分数；μ_i 为混合气体中 i 组分的动力黏性系数；m_i 为混合气体中 i 组分的摩尔质量；$(L+1)\sim N$ 为组成燃烧产物的气相组分的编号。

(2) 能量输运过程中热传导系数 λ 的计算。取一气体，其中各处的温度不相同。气体中各点的温度 T 是坐标 y 的函数，即 $T=T(y)$，很明显气体处于非平衡状态。

由热力学可知，若 $T_2>T_1$，则热量必由 T_2 区域向 T_1 区域流动，最终使温度处处相等而达到平衡状态。能量输运示意图见图 4-9。通过单位面积（垂直于 y 方向）在单位时间内所传输的热量由热流强度 q 表示，按照傅里叶定律有

$$q=-\lambda\frac{\mathrm{d}T}{\mathrm{d}y} \tag{4-140}$$

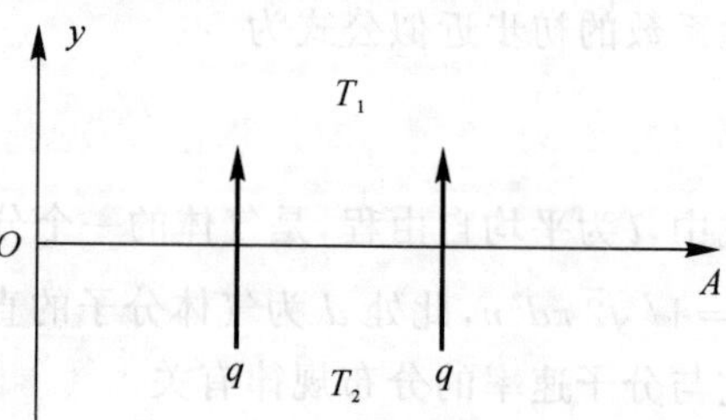

图 4-9　能量输运示意图

采用与分析黏性系数相同的假设以及气体分子运动理论，对于单原子组成的分子，可得到计算热传导系数的近似关系式：

$$\lambda=\frac{1}{3}n\bar{v}lc=\frac{2}{3}\frac{c}{\pi^{3/2}d^2}\sqrt{\frac{k_0T}{m_0}} \tag{4-141}$$

最后得

$$\lambda=\frac{c}{m_0}\mu \tag{4-142}$$

式中，c 为单个分子的热容量（恒定体积时），单位为 J/(kmol·K)；μ 的单位为 $(\mathrm{N\cdot s})/\mathrm{m}^2$；$\lambda$ 的单位为 W/(m·K)。

利用式(4-142)计算的 λ，计算结果是不精确的。恩斯柯克和查普曼对它进行了改进，一方面从分子速率的分布函数着手，同时考虑了多原子组成的分子所携带的能量有平动、转动和振动能量，得出了计算单种（第 i 组分）气体分子（由多原子组成）的热传导系数的关系式为

$$\lambda_i=\frac{R_0\mu_i}{m_i}(0.45+1.32c_{pi}/R_0) \tag{4-143}$$

对于由多种气体组分组成的混合气体，其热传导系数 λ 由下式计算：

$$\lambda=\sum_{i=L+1}^{N}\lambda_i\left(1+1.065\sum_{\substack{j=L+1\\ j\neq 1}}^{N}\phi_{ij}\frac{Z_j}{Z_i}\right)^{-1} \tag{4-144}$$

知道了气相燃烧产物的 μ，λ 和 c_p，就可以计算它的普朗特数 Pr：

$$\mathrm{Pr}=c_p\mu/\lambda \tag{4-145}$$

例 4-3　求某聚硫推进剂气相燃烧产物在 3 000 K时的动力黏性系数 μ 和热传导系数 λ。（注意：该推进剂的燃烧产物中各组分的摩尔数见例题 4-2 计算结果。）

解　各组分的 $\sigma_{值}$ 和 ε/k_0 值（σ 的单位为 Å(埃)）：

$$\sigma_{CO_2}=3.941,\quad \sigma_{CO}=3.690$$

$$\sigma_{H_2O}=2.641,\quad \sigma_{H_2}=2.827$$

$$\sigma_{N_2}=3.798,\quad \sigma_{HCl}=3.339$$

$$\sigma_{SO_2}=4.112,\quad \sigma_{H}=2.708$$

$$\sigma_{Cl}=3.613,\quad \sigma_{OH}=3.147$$

$$\sigma_{O_2}=3.467,\quad \sigma_{NO}=3.492$$

$$(\varepsilon/k_0)_{CO_2}=195.2,\quad (\varepsilon/k_0)_{CO}=91.7$$

$$(\varepsilon/k_0)_{H_2O}=809.1,\quad (\varepsilon/k_0)_{H_2}=59.7$$
$$(\varepsilon/k_0)_{N_2}=71.4,\quad (\varepsilon/k_0)_{HCl}=344.7$$
$$(\varepsilon/k_0)_{SO_2}=335.4,\quad (\varepsilon/k_0)_{H}=37.0$$
$$(\varepsilon/k_0)_{Cl}=130.8,\quad (\varepsilon/k_0)_{OH}=79.8$$
$$(\varepsilon/k_0)_{O_2}=106.7,\quad (\varepsilon/k_0)_{NO}=116.7$$

然后根据查得的 ε/k_0 计算折算温度 T^*，根据 T^* 值由附录查阅、计算得各组分的 Ω_μ 值；将 σ 及 Ω_μ 值代入方程计算得各组分的 μ 值和 λ 值（μ 的单位为 g/(cm·s)；λ 的单位为 cal/(cm·s·K)）：

$$\mu_{CO_2}=0.797\,39\times10^{-3},\quad \mu_{CO}=0.820\,23\times10^{-3}$$
$$\mu_{H_2O}=0.901\,45\times10^{-3},\quad \mu_{H_2}=0.398\,04\times10^{-3}$$
$$\mu_{N_2}=0.803\,50\times10^{-3},\quad \mu_{HCl}=0.940\,24\times10^{-3}$$
$$\mu_{SO_2}=0.824\,69\times10^{-3},\quad \mu_{H}=0.328\,73\times10^{-3}$$
$$\mu_{Cl}=0.913\,31\times10^{-3},\quad \mu_{OH}=0.896\,83\times10^{-3}$$
$$\mu_{O_2}=0.971\,09\times10^{-3},\quad \mu_{NO}=0.913\,57\times10^{-3}$$
$$\lambda_{CO_2}=0.376\,05\times10^{-3},\quad \lambda_{CO}=0.370\,16\times10^{-3}$$
$$\lambda_{H_2O}=0.898\,40\times10^{-3},\quad \lambda_{H_2}=0.250\,51\times10^{-3}$$
$$\lambda_{N_2}=0.361\,30\times10^{-3},\quad \lambda_{HCl}=0.325\,14\times10^{-3}$$
$$\lambda_{SO_2}=0.253\,46\times10^{-3},\quad \lambda_{H}=0.244\,96\times10^{-3}$$
$$\lambda_{Cl}=0.193\,94\times10^{-3},\quad \lambda_{OH}=0.662\,59\times10^{-3}$$
$$\lambda_{O_2}=0.409\,71\times10^{-3},\quad \lambda_{NO}=0.388\,23\times10^{-3}$$

最后将各组分的 μ_i，λ_i 值代入式(4－172)、式(4－178)，即得气相燃烧产物的 μ，λ 值：

$$\mu=0.862\,35\times10^{-3}\ \mathrm{g/(cm\cdot s)}$$
$$\lambda=0.717\,65\times10^{-3}\ \mathrm{cal/(cm\cdot s\cdot K)}=3.004\times10^{-3}\ \mathrm{J/(cm\cdot s\cdot K)}$$

4.3　喷管流动过程热力计算

4.3.1　喷管热力计算的任务及已知条件

喷管流动过程热力计算是整个发动机热力计算的组成部分，其任务如下：

(1) 确定喷管指定截面上，尤其是喷管出口截面上燃烧产物的组分及其热力学参数。所谓燃烧产物的热力学参数是指它的压强、温度、密度、焓及熵等。

(2) 计算喷管指定截面上，尤其是喷管出口截面上燃烧产物的流速以及发动机的理论性能参数（理论比冲）。

喷管热力计算的已知条件：

(1) 喷管进口截面上燃烧产物的热力学参数（p_{0e}，T_{0e}，$\widetilde{S}_{0c}$ 等）及其组分的摩尔数，这一已知条件取自燃烧室热力计算的结果。

(2) 表示喷管指定计算截面的参数。表示喷管计算截面参数的方式有很多种，其中最主要的方式是给定喷管出口截面压强 p_e(或者给定喷管膨胀压强比 ε_p)，或者给定喷管计算截面的面积比 ε_A，也可以给定计算截面的 Ma(如计算喷管喉部截面时 $Ma_t=1$)，或者给定燃烧产物的温度 T 等。给出喷管计算截面参数的目的是确定喷管计算截面的位置。

4.3.2 喷管热力计算模型

火箭发动机热力计算的目的是，在不考虑各种复杂的实际燃烧流动状态及其对发动机性能参数影响的前提下，针对某些理想的极限情况进行热力计算，以便给出火箭发动机(或推进剂)性能参数的最大值。根据上述目的，喷管热力计算的基本假设是：

(1) 燃烧产物是组分均一的纯气相完全气体。这表明在计算截面上每一点的产物成分、压强、温度、速度等都是一样的。

(2) 燃烧产物在喷管内是绝热、等熵的膨胀过程。这一假设表明产物膨胀过程与外界没有热交换、摩擦等不可逆过程，即计算中可以根据等熵关系：$\widetilde{S}_c=\widetilde{S}_e$。

(3) 燃烧产物在喷管流动过程中化学平衡状态的假设不是单值的。这一假设表明，由于产物在喷管中停留的时间较短，保持化学平衡的可能性就减少，但是认为产物内能平衡是存在的。如果没有准确的数据来表明在膨胀过程中化学平衡保持到何种程度，则一般考虑两种极限情况(完全保持化学平衡和化学平衡完全不存在)和一个中间方案(即在到达某一温度或截面之前存在化学平衡，而在该温度或截面之后就产生突然的冻结)。

根据以上假设，纯气相燃烧产物在喷管流动过程中的热力计算可以按以下模型计算：

(1) 平衡等熵流动模型。平衡等熵流动模型包括化学平衡和分子热平衡状态(即能量平衡)，对纯气相燃烧产物不存在两相平衡问题。此时，在喷管膨胀过程中，气相燃烧产物的成分随温度和压强的变化而变化，产物的比热则随温度和成分的变化而变化。

(2) 冻结等熵流动模型。冻结等熵流动模型是指化学冻结和分子热平衡(即能量平衡)的流动，对纯气相燃烧产物不存在两相平衡问题。此时，在喷管膨胀过程中，气相燃烧产物的成分不随温度和压强的变化而变化，始终保持与喷管入口条件相适应的气体成分不变。按冻结流动模型计算出的发动机的理论性能略低于平衡流动模型计算出的理论性能，但是能够切合实际地表示中、低能推进剂和短喷管发动机的最高性能。

(3) 突然冻结的等熵流动模型。突然冻结的等熵流动模型认为，在达到某种条件(如一定的温度或某一截面)之前，产物在喷管内的流动为平衡流动，即存在化学平衡和能量平衡，气相产物的成分随温度和压强的变化而变化；而流动到达某种条件(如一定的温度或某一截面)之后的进一步流动则为冻结流动，即完全不存在化学平衡而存在能量平衡，气相产物的成分不随温度和压强的变化而变化，始终保持与某种条件(如一定的温度或某一截面)相适应的气体成分不变。

以上三种喷管流动过程的热力计算模型也适用于两相燃烧产物的流动过程，只是对于两相流动，除了要考虑化学平衡和能量平衡问题以外，还要考虑两相平衡问题。有关两相流动的计算问题，将在后续章节中讨论。

4.3.3　典型的喷管流动计算

在喷管流动计算中，喷管入口处燃烧产物的平衡组分、分子量、总焓、熵以及产物其他的热力学特性是喷管等熵膨胀过程计算的原始参数，这些参数均来自燃烧室内热力计算的结果。下面针对本节所述的喷管流动计算模型来叙述喷管内纯气相燃烧产物等熵膨胀过程的计算。

1. 平衡膨胀到给定压强的喷管流动计算

这类计算中最常遇到的问题是平衡膨胀到给定喷管出口截面压强 p_e 的计算(如设计状态下的完全膨胀过程)。前文已指出，在平衡膨胀的喷管流动过程中，喷管内每一截面上产物的成分都与该截面上的状态参数(p,T) 相适应，即：在温度和压强变化过程中，产物成分始终保持平衡状态。因此平衡膨胀到给定压强的流动计算的主要任务是，确定喷管出口截面 e—e 上燃烧产物的新的平衡组分和温度，并根据这些数据计算喷气速度和发动机的比冲。而确定喷管出口截面 e—e 上燃烧产物的新的平衡组分的计算方法和燃烧室中燃烧产物平衡组分的计算方法是相同的。现结合该计算情况(给定 p_c，p_e 或给定压强比$\dfrac{p_e}{p_c}$) 介绍内插计算方法，其计算步骤如下：

(1) 估算喷管出口截面处的燃气温度 T'_e。按等熵流动过程公式：

$$T'_e = T_c\left(\frac{p_e}{p_c}\right)^{\frac{k-1}{k}} \tag{4-146}$$

初步算出一个温度，并在它左右选取温度 T_{e1} 和 T_{e2}，二者相差可取 100 K。式(4-146) 的 k 值可选用燃烧室中燃烧产物的比热比，也可参照同类型推进剂已有的数据选取。

(2) 在给定的压强和选定的温度(p_e，T_{e1}) 和(p_e，T_{e2}) 下，计算喷管出口截面处燃烧产物的平衡组分和熵 $\widetilde{S}_{e1}$，$\widetilde{S}_{e2}$。

喷管出口截面处燃烧产物平衡组分的计算方法与燃烧室中燃烧产物平衡组分的计算方法一样。只是喷管出口截面处燃烧产物的温度比燃烧室的温度低得多，燃烧产物大多已经复合，许多离解产物的含量已经很少，可以略去不计，但是，随着温度的降低，将出现新的凝相产物。计算出喷管出口截面处燃烧产物的平衡组分后，可计算对应条件下的熵值 $\widetilde{S}_{e1}$，$\widetilde{S}_{e2}$。

(3) 计算喷管出口截面处燃烧产物的温度 T_e。燃烧室中燃烧产物的熵 $\widetilde{S}_c$ 在燃烧室热力计算中已经求出，根据等熵方程 $\widetilde{S}_c = \widetilde{S}_e$，利用如图 4-10 所示的内插法可以计算出喷管出口截面处燃烧产物的温度 T_e。

$$T_e = T_{e1} + \frac{\widetilde{S}_e - \widetilde{S}_{e1}}{\widetilde{S}_{e2} - \widetilde{S}_{e1}}(T_{e2} - T_{e1}) \tag{4-147}$$

如果 $\widetilde{S}_c$ 不在 $\widetilde{S}_{e1}$ 与 $\widetilde{S}_{e2}$ 之间，则应再选一个温度 T_{e3}，计算相应的平衡组分和熵值 $\widetilde{S}_{e3}$。如果 $\widetilde{S}_c > \widetilde{S}_{e2}$，则应选 $T_{e3} > T_{e2}$；如果 $\widetilde{S}_c < \widetilde{S}_{e1}$，则应选 $T_{e3} < T_{e1}$。在图 4-10 中，给出了根据等熵关系 $\widetilde{S}_c = \widetilde{S}_e$ 计算温度 T_e 的方法。

(4) 计算喷管出口截面处燃烧产物的平衡组分及其他热力学参数：

1) 对应于(p_e，T_e) 下的燃烧产物的平衡组分 n_{ej}。

2) 燃烧产物的焓 $\widetilde{I}_{m,e}$：

$$\tilde{I}_{m,\mathrm{e}}=\sum_{j=1}^{N}n_{\mathrm{e}j}I_{\mathrm{e}j} \tag{(4-148)}$$

式中，n_{ej} 为对应于(p_e,T_e)下的1 kg燃烧产物中第 j 种组分的摩尔数；I_{ej} 对应于(p_e,T_e)下的1mol第 j 种组分的焓。

n_{ej} 与 I_{ej} 的计算方法与燃烧室热力计算中的相同。

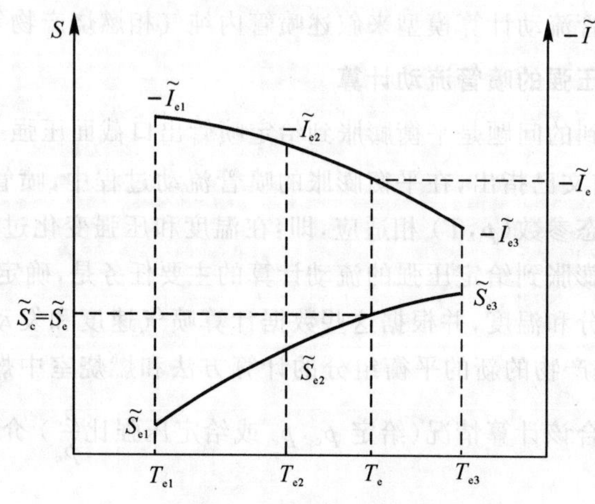

图 4-10　用内插法计算 T_e 及 I_e

3)1 kg燃烧产物中凝相产物的质量百分数：

$$\varepsilon_{\mathrm{e}}=\frac{\sum_{j=1}^{L}n_{\mathrm{e}j}m_{\mathrm{e}j}}{1\,000} \tag{4-149}$$

式中，n_{ej} 和 m_{ej} 分别为喷管出口截面处1 kg燃烧产物中第 j 种凝相产物的摩尔数和分子量。

4)1 kg燃烧产物中气相产物的摩尔总数：

$$n_{\mathrm{ge}}=\sum_{j=L+1}^{N}n_{\mathrm{e}j} \tag{4-150}$$

5) 气相产物的平均分子量：

$$\overline{m}_{\mathrm{ge}}=\frac{1\,000(1-\varepsilon_{\mathrm{e}})}{n_{\mathrm{ge}}} \tag{4-151}$$

6) 气相产物的平均气体常数：

$$\overline{R}_{\mathrm{ge}}=\frac{R_0}{\overline{m}_{\mathrm{ge}}} \tag{4-152}$$

7)1 kg燃烧产物(含有凝相)的平均气体常数：

$$\overline{R}_{\mathrm{e}}=(1-\varepsilon_{\mathrm{e}})\overline{R}_{\mathrm{ge}} \tag{4-153}$$

8) 喷管平均等熵指数 $\bar{k}$：在喷管膨胀过程中，燃烧产物的平均等熵指数 $\bar{k}$ 并不是喷管入口和出口截面上等熵指数的平均值。燃烧产物从状态(p_c,T_c)等熵膨胀到状态(p_e,T_e)的过程应满足如下等熵方程：

$$p_{\mathrm{c}}v_{\mathrm{c}}^{\bar{k}}=p_{\mathrm{e}}v_{\mathrm{e}}^{\bar{k}}=\text{常数}$$

对等熵方程取对数，并考虑到状态方程 $v=\dfrac{\overline{R}T}{p}$，则得到

$$\bar{k}=\frac{\lg\left(\dfrac{p_e}{p_c}\right)}{\lg\left(\dfrac{p_e}{p_c}\dfrac{R_c}{R_e}\dfrac{T_c}{T_e}\right)} \tag{4-154}$$

利用计算得到的 $\bar{k}$ 值再次去计算步骤 1) 中喷管出口截面的燃气温度 T'_e，若算出的 T'_e 介于选取的两个温度 T_{e1} 和 T_{e2} 之间，表明计算满足要求。否则需用计算出的 $\bar{k}$ 修正 T'_e，重复上述计算，直到满足精度要求为止。

2. 平衡膨胀到当地马赫数 $Ma^{(\delta)}$ 的喷管流动计算

对于超声速流动的拉瓦尔喷管，计算喷管喉部截面燃气参数是喷管流动计算的任务之一，而在喷管喉部临界截面上，有 $Ma_t=1$，因此喷管喉部截面可作为平衡膨胀到当地马赫数 $Ma^{(\delta)}=Ma_t=1$ 的特殊情况处理。

对于平衡膨胀到当地声速的喷管流动计算，在计算时未知数是喷管计算截面处燃烧产物的压强 p 和温度 T 以及对应于 (p,T) 下燃烧产物的平衡组分及热力学参数。而计算时的已知条件是平衡等熵膨胀和计算截面的马赫数 $Ma^{(\delta)}$。现结合平衡膨胀到当地马赫数 $Ma^{(\delta)}$ 的情况，介绍具体的计算方法。其计算步骤如下：

(1) 构建计算方程。计算方程主要包括等熵流动方程和表示喷管计算截面的方程。方程的具体形式如下：

等熵方程。根据喷管内理想流动过程的等熵关系，喷管任意截面上燃烧产物的熵等于喷管进口截面上燃烧产物的熵。因此针对平衡膨胀到当地马赫数 $Ma^{(\delta)}$ 的具体情况，有等熵方程为

$$\widetilde{S}(p,T)=\widetilde{S}_c$$

或者写为

$$\varphi_1(p,T)=\widetilde{S}(p,T)-\widetilde{S}_c=0 \tag{4-155}$$

喷管中任意计算截面处燃烧产物的熵的计算，与燃烧室中燃烧产物的熵的计算方法相同，只要将该截面上燃烧产物的有关参数 n_j，n_g，p，T 等代入燃烧室产物熵方程即可。

表示喷管计算截面的方程。针对平衡膨胀到当地马赫数 $Ma^{(\delta)}$（对于喷管喉部截面有 $Ma_t=Ma^{(\delta)}=1$）的具体情况，根据马赫数的计算式 $Ma^{(\delta)}=\dfrac{u}{a}=\dfrac{\sqrt{2(\widetilde{I}_{m,c}-\widetilde{I}_m^{(\delta)})}}{a}$，那么表示喷管计算截面的方程可写为

$$\frac{\sqrt{2(\widetilde{I}_{m,c}-\widetilde{I}_m^{(\delta)})}}{a}-Ma^{(\delta)}=0$$

为了计算方便，将上式改写为对数函数形式，即

$$\ln\sqrt{2(\widetilde{I}_{m,c}-\widetilde{I}_m^{(\delta)})}-\ln a-\ln Ma^{(\delta)}=0$$

或者写为

$$\varphi_2(p,T)=\ln\sqrt{2(\widetilde{I}_{m,c}-\widetilde{I}_m^{(\delta)})}-\ln a-\ln Ma^{(\delta)}=0 \tag{4-156}$$

或

$$\varphi_2(p,T)=0 \tag{4-157}$$

表示喷管计算截面参数的方式有很多种，如给定喷管出口截面压强 p_e、给定喷管膨胀压强比 ε_p、给定喷管计算截面的面积比 ε_A、计算截面的 $Ma^{(\delta)}$、给定计算截面燃烧产物的温度 T 等，各种表示喷管计算截面参数的方程均可概括地写为式(4-157)。

(2) 计算方程的求解。对于平衡膨胀过程,待定的热力学参数有计算截面的 p,T 和相应于状态(p,T)下燃烧产物的平衡组分 n_j。计算时如果能将待求的平衡组分参数 n_j 从方程中消去,那么计算截面上待求的热力学参数就只有两个(p 与 T),可联立求解。现在的问题是,方程对 p,T 是非线性的,为了求解非线性方程组,一般采用的是牛顿迭代法。具体的求解过程如下:

首先将方程线性化,为此,在初次试算值 $p^{(0)}$,$T^{(0)}$ 点处取泰勒级数,即

$$\varphi_1(p,T)=\varphi_1(p^{(0)},T^{(0)})+\left(\frac{\partial\varphi_1}{\partial p}\right)_T^{(0)}(\Delta p)^{(0)}+\left(\frac{\partial\varphi_1}{\partial T}\right)_p^{(0)}(\Delta T)^{(0)}+R_1=0$$

舍去余项 R_1,则得线性关系式为

$$\left(\frac{\partial\varphi_1}{\partial p}\right)_T^{(0)}(\Delta p)^{(0)}+\left(\frac{\partial\varphi_1}{\partial T}\right)_p^{(0)}(\Delta T)^{(0)}=-\varphi_1(p^{(0)},T^{(0)}) \tag{4-158}$$

同理可得

$$\left(\frac{\partial\varphi_2}{\partial p}\right)_T^{(0)}(\Delta p)^{(0)}+\left(\frac{\partial\varphi_2}{\partial T}\right)_p^{(0)}(\Delta T)^{(0)}=-\varphi_2(p^{(0)},T^{(0)}) \tag{4-159}$$

下面利用表4-4中的热力学微分关系式,分别计算函数 φ_1,φ_2 的偏导数,以消去待求的平衡组分参数 n_j。

$$\left(\frac{\partial\varphi_1}{\partial T}\right)_p^{(0)}=\frac{\partial}{\partial T}[\tilde{S}-\tilde{S}_c]_p^{(0)}=\left(\frac{\partial\tilde{S}}{\partial T}\right)_p^{(0)}=\left(\frac{c_p}{T}\right)^{(0)} \tag{4-160}$$

$$\left(\frac{\partial\varphi_1}{\partial p}\right)_T^{(0)}=\frac{\partial}{\partial p}[\tilde{S}-\tilde{S}_c]_T^{(0)}=\left(\frac{\partial\tilde{S}}{\partial p}\right)_T^{(0)}=-\left(a_p\frac{RT}{p}\right)^{(0)} \tag{4-161}$$

$$\begin{aligned}\left(\frac{\partial\varphi_2}{\partial T}\right)_p^{(0)}&=\frac{\partial}{\partial T}\left[\ln\sqrt{2(\tilde{I}_{m,c}-\tilde{I}_m^{(\delta)})}-\ln\sqrt{\frac{k_mR_0T}{\overline{m}}}-\ln Ma^{(\delta)}\right]_p^{(0)}=\\&\left\{\frac{1}{2}\frac{1}{\tilde{I}_{m,c}-\tilde{I}_m^{(\delta)}}\left(-\frac{\partial\tilde{I}_m^{(\delta)}}{\partial T}\right)_p-\frac{1}{2}\left[\frac{1}{T}-\left(\frac{\partial\ln\overline{m}}{\partial T}\right)_p\right]\right\}^{(0)}=\\&\left\{\frac{1}{u^2}(-c_p)-\frac{1}{2T}\left[1-\left(\frac{\partial\ln\overline{m}}{\partial\ln T}\right)_p\right]\right\}^{(0)}=-\left[\frac{c_p}{u^2}+\frac{a_p}{2}\right]^{(0)}\end{aligned} \tag{4-162}$$

$$\begin{aligned}\left(\frac{\partial\varphi_2}{\partial p}\right)_T^{(0)}&=\frac{\partial}{\partial p}\left[\ln\sqrt{2(\tilde{I}_{m,c}-\tilde{I}_m^{(\delta)})}-\ln\sqrt{\frac{k_mR_0T}{\overline{m}}}-\ln Ma^{(\delta)}\right]_T^{(0)}=\\&\left\{\frac{1}{2}\frac{1}{\tilde{I}_{m,c}-\tilde{I}_m^{(\delta)}}\left(-\frac{\partial\tilde{I}_m^{(\delta)}}{\partial p}\right)_T+\frac{1}{2}\left(\frac{\partial\ln\overline{m}}{\partial p}\right)_T\right\}^{(0)}=\\&\left\{\frac{1}{u^2}(a_pT-1)v-\frac{1}{2p}\left(\frac{\partial\ln\overline{m}}{\partial\ln p}\right)_T^{(0)}\right\}=\\&\left[\frac{a_pT-1}{u^2}\frac{1}{\rho}+\frac{1}{2p}(p\beta_T-1)\right]^{(0)}\end{aligned} \tag{4-163}$$

经整理后得

$$\left(\alpha_p\frac{RT}{p}\right)^{(0)}\Delta p^{(0)}-\left(\frac{c_p}{T}\right)^{(0)}\Delta T^{(0)}=\tilde{S}(p^{(0)},T^{(0)})-\tilde{S}_c \tag{4-164}$$

$$\left(\frac{1-\alpha_pT}{\rho u^2}-\frac{\beta_T}{2}+\frac{1}{2p}\right)^{(0)}\Delta p^{(0)}+\left(\frac{c_p}{u^2}+\frac{a_p}{2}\right)^{(0)}\Delta T^{(0)}=\ln\frac{Ma}{Ma^{(\delta)}} \tag{4-165}$$

上述是一线性方程组,联立求解可解出精确解 p,T 与初次试算值 $p^{(0)}$,$T^{(0)}$ 间的差值 $\Delta p^{(0)}$ 和 $\Delta T^{(0)}$(上角标"0"表示初次近似值),通过解出的 $\Delta p^{(0)}$ 与 $\Delta T^{(0)}$,可以得出初次试算值

$p^{(0)}, T^{(0)}$ 修正后的值为

$$\begin{cases} p^{(1)} = p^{(0)} + (\Delta p)^{(0)} \\ T^{(1)} = T^{(0)} + (\Delta T)^{(0)} \end{cases}$$

然后进行迭代计算，直至求出 p 与 T 的精确值(满足一定精度)为止。

表 4-4 是根据微分关系描述各种过程中系统热力学状态的变化而得到的各有关偏导数的表示式。表中 v 为比容，α_p 为等压膨胀系数，其定义为

$$\alpha_p = \frac{1}{v}\left(\frac{\partial v}{\partial T}\right)_p$$

β_T 为等温压缩系数，其定义为

$$\beta_T = -\frac{1}{v}\left(\frac{\partial v}{\partial p}\right)_T$$

以上两式又可以表示为

$$\alpha_p = \frac{1}{T}\left(\frac{\partial \ln v}{\partial \ln T}\right)_p, \quad \beta_T = -\frac{1}{p}\left(\frac{\partial \ln v}{\partial \ln p}\right)_T$$

利用状态方程

$$\ln v = \ln R_0 + \ln T - \ln p - \ln \overline{m} \tag{4-166}$$

α_p 和 β_T 又可以表示为

$$\alpha_p = \frac{1}{T}\left[1 - \left(\frac{\partial \ln m}{\partial \ln T}\right)_p\right]$$

$$\beta_T = \frac{1}{T}\left[1 + \left(\frac{\partial \ln m}{\partial \ln p}\right)_T\right]$$

表 4-4　热力学微分关系式

	$p=$ 常数	$T=$ 常数	$v=$ 常数	$S=$ 常数	$E=$ 常数	$I=$ 常数
∂p		-1	$-\alpha_p v$	$\frac{c_p}{T}$	$\alpha_p p v - c_p$	$-c_p$
∂T	1	—	$-\beta_T v$	$-\alpha_p v$	$(\beta_T p - \alpha_p T)v$	$(1-\alpha_p T)v$
∂v	$\alpha_p v$	$\beta_T v$	—	$c_v\beta_T \frac{v}{T}$	$c_v\beta_T v$	$(c_v\beta_T + \alpha_p v)v$
∂S	$\frac{c_p}{T}$	$\alpha_p v$	$-c_v\beta_T \frac{v}{T}$	—	$c_v\beta_T \frac{pv}{T}$	$c_p \frac{v}{T}$
∂E	$c_p - \alpha_p p v$	$(\alpha_p T - \beta_T p)v$	$-c_v\beta_T v$	$-c_v\beta_T \frac{pv}{T}$	—	$(c_p - \alpha_p p v)v - c_v\beta_T p v$
∂I	c_p	$(\alpha_p T - 1)v$	$-(c_v\beta_T + \alpha_p v)v$	$-c_p \frac{v}{T}$	$c_v\beta_T p v - (c_p - \alpha_p p v)v$	—

现举例说明此表的用法：若求导数 $(\partial S/\partial v)_T$，则在此表 $T=$ 常数的列中，查得对应于 ∂S 的 $\alpha_p v$ 为分子，查得对应于 ∂v 的 $\beta_T v$ 为分母，即得 $(\partial S/\partial v)_T = \alpha_p v/\beta_T v = \alpha_p/\beta_T$。

(3) 相应于 (p, T) 下燃烧产物平衡组分 n_j 的计算方程，这些方程已在第 4 章中详细讨论了，此处不再重复。

3. 冻结等熵膨胀的喷管流动计算

冻结等熵膨胀流动计算中认为，在喷管流动过程中燃烧产物的组分保持不变，喷管出口截

面处燃烧产物的平衡组分等于燃烧室中燃烧产物的平衡组分。于是燃烧产物的摩尔总数 $\bar{n}$ 和各种产物的摩尔数 n_j 均为已知数，燃烧室的工作压强 p_c 也是已知数。一般有两种计算情况：

第一种情况：给定膨胀压强比$\dfrac{p_e}{p_c}$，求喷管出口截面处燃气的温度 T_e。

(1) 估计喷管出口温度：按等熵过程公式

$$T'_e = T_c\left(\frac{p_e}{p_c}\right)^{\frac{k-1}{k}}$$

初步算出一个温度，并在它附近选择两个温度 T_{e1}，T_{e2}，二者相差 100 K。式中的 k 值是燃烧产物在燃烧室中的比热比。

(2) 计算给定的压强和选定的温度 (p_e, T_{e1}) 和 (p_e, T_{e2}) 下，喷管出口截面处燃烧产物的熵 $\tilde{S}_{e1}$，$\tilde{S}_{e2}$：对于冻结流动，流动中燃烧产物的平衡组分等于燃烧室中燃烧产物的平衡组分，因此根据燃烧室热力计算中产物平衡组分的计算结果，计算出对应条件下的熵值 $\tilde{S}_{e1}$，$\tilde{S}_{e2}$。

(3) 确定喷管出口处燃烧产物的温度 T_e：燃烧室中燃烧产物的熵 $\tilde{S}_c$ 在燃烧室热力计算中已经求出。根据等熵方程 $\tilde{S}_c = \tilde{S}_e$，利用内插法可以求出喷管出口处燃烧产物的温度 T_e：

$$T_e = T_{e1} + \frac{\tilde{S}_e - \tilde{S}_{e1}}{\tilde{S}_{e2} - \tilde{S}_{e1}}(T_{e2} - T_{e1})$$

如果 $\tilde{S}_c$ 不在 $\tilde{S}_{e1}$ 与 $\tilde{S}_{e2}$ 之间，则应再选一个温度 T_{e3}，计算相应的熵值 $\tilde{S}_{e3}$。如果 $\tilde{S}_c > \tilde{S}_{e2}$，则应选 $T_{e3} > T_{e2}$；如果 $\tilde{S}_c < \tilde{S}_{e1}$，则应选 $T_{e3} < T_{e1}$。

(4) 计算喷管出口截面处燃烧产物的总焓 $\tilde{I}_{m,e}$：

$$\tilde{I}_{m,e} = \sum_{j=1}^{N} n_j I_{ej}$$

式中，n_j 为燃烧室热力计算得出的 1 kg 燃烧产物中第 j 种组分的摩尔数；I_{ej} 为对应于 (p_e, T_e) 下的 1 kg 第 j 种组分的焓。

(5) 计算喷管的平均等熵指数 $\bar{k}$：前文已给出喷管的平均等熵指数 $\bar{k}$ 的计算公式，即

$$\bar{k} = \frac{\lg\left(\dfrac{p_e}{p_c}\right)}{\lg\left(\dfrac{p_e}{p_c}\dfrac{R_c}{R_e}\dfrac{T_c}{T_e}\right)}$$

而对于冻结流动的膨胀过程，$\bar{R}_c = \bar{R}_e$，则有

$$\bar{k} = \frac{\lg\left(\dfrac{p_e}{p_c}\right)}{\lg\left(\dfrac{p_e}{p_c}\dfrac{T_c}{T_e}\right)} \tag{4-167}$$

式(4-167)计算得到的 $\bar{k}$ 就是冻结膨胀过程的平均等熵指数，对于整个喷管膨胀过程而言，它是一个常数。利用计算得到的 $\bar{k}$ 值再次去计算步骤(1)中喷管出口截面的燃气温度 T'_e，若算出的 T'_e 介于选取的两个温度 T_{e1} 和 T_{e2} 之间，表明计算满足要求。否则需用计算出的 $\bar{k}$ 修正 T'_e，重复上述计算，直到满足精度要求为止。

第二种情况：给定面积比$\dfrac{A_e}{A_t}$，求喷管出口的温度 T_e。

(1) 由面积比$\dfrac{A_e}{A_t}$，求压强比$\dfrac{p_e}{p_c}$：初步计算时，选用燃烧室中的比热比 k，由 k 和已知的$\dfrac{A_e}{A_t}$，查

表或用面积比公式计算$\frac{p_e}{p_c}$和相应的 p_e。

计算中由于 k 选是的燃烧室内的值，所以求得的$\frac{p_e}{p_c}$是近似值。

(2) 估计喷管出口温度 T'_e：按等熵过程公式

$$T'_e = T_c\left(\frac{p_e}{p_c}\right)^{\frac{k-1}{k}}$$

初步算出一个温度，并在它左右选择两个温度 T_{e1} 和 T_{e2}，二者相差 100 K。

(3) 计算相应的压强和温度(p_e，T_{e1})，(p_e，T_{e2})下，喷管出口截面处燃烧产物的熵 $\tilde{S}_{e1}$，$\tilde{S}_{e2}$：对于冻结流动，流动中燃烧产物的组分等于燃烧室中燃烧产物的组分，因此根据燃烧室热力计算中产物平衡组分的计算结果，计算出对应条件下的熵值 $\tilde{S}_{e1}$，$\tilde{S}_{e2}$。

(4) 确定喷管出口截面处燃烧产物的温度 T_e：燃烧室中燃烧产物的熵 $\tilde{S}_c$ 在燃烧室热力计算中已经求出。根据等熵方程 $\tilde{S}_c = \tilde{S}_e$，利用内插法可以求出喷管出口处燃烧产物的温度 T_e。

(5) 计算喷管的平均等熵指数 $\bar{k}$：可得到冻结膨胀过程的平均等熵指数，对于整个喷管膨胀过程而言，它是一个常数。

利用计算得到的 $\bar{k}$ 值再次去计算步骤(2)中喷管出口截面的燃气温度 T'_e，若算出的 T'_e 介于选取的两个温度 T_{e1} 和 T_{e2} 之间，表明计算满足要求。否则需用计算出的 $\bar{k}$ 修正 T'_e，重复上述计算，直到满足精度要求为止。

由于复合反应的影响，平衡膨胀时的平均等熵指数总是小于冻结膨胀时的平均等熵指数。

(6) 喷管出口截面处燃烧产物的其他热力学参数计算：因为在冻结流计算中，燃烧产物的平衡组分在喷管膨胀过程中保持不变，所以与燃烧产物摩尔数有关的几个热力参数也保持不变，于是得出

$$\left.\begin{aligned} \varepsilon_e &= \varepsilon_c \\ n_{ge} &= n_g \\ \overline{m}_{ge} &= \overline{m}_g \\ R_{ge} &= R_g \\ \overline{R}_e &= \overline{R} \end{aligned}\right\} \tag{4-168}$$

4. 平衡膨胀到给定温度，然后冻结膨胀到给定压强的喷管流动计算

从喷管流动过程的分析可知，喷管上游的流动由于密度较大、温度较高、化学反应速度较快，而且流速较慢，往往接近于平衡流动，而下游的流动则接近于冻结流动。这样，就产生了"突然冻结"的近似概念，也就是在喷管中存在一个从平衡流动转变为冻结流动的较窄区间，在其上游一侧为平衡流动，下游一侧为冻结流动。为简单起见，可以认为此区间为一平面。然而，此冻结平面的位置是一个需要仔细研究的问题。在有些计算中取喷管喉部截面为冻结平面，或者根据某个温度来确定。从理论上讲，突然冻结流动模型比完全平衡流动模型或完全冻结流动模型有了一些改进。特别在化学不平衡损失不可忽略的情况下，采用突然冻结的模型是有好处的。然而，在其他情况下，这样做是不必要的。

采用突然冻结流动模型进行的喷管流动过程的热力计算，除了如何合理确定冻结平面以外，在计算方法上没有什么新的困难。只不过将整个喷管膨胀过程划分为上游段与下游段两

个部分,采用平衡等熵膨胀到给定 Ma(或给定温度)与冻结等熵膨胀到给定压强 p_e 的两种计算方案进行两次计算而已。

4.4 发动机理论性能参数计算

4.4.1 发动机理论性能参数计算

固体火箭发动机的理论性能参数是在如下的假设条件下计算出来的:

(1) 固体推进剂完全燃烧,燃烧产物在流动过程中处于平衡状态;

(2) 燃烧产物为完全气体,每种单一气体和其混合物均可利用完全气体的状态方程;

(3) 燃烧产物的流动是一维的,即在同一截面上燃烧产物的组分、压强、温度和速度都是均匀分布的,在喷管出口截面处燃气射流是轴向的;

(4) 燃烧室内的燃烧过程是绝热的,燃烧产物在喷管中的流动过程是定常、等熵的。

目前计算发动机理论性能参数有两种方法:一种方法是在燃烧室和喷管热力计算结果的基础上进行的;另一种方法是利用气动关系式以及平均等熵指数进行的。

1.利用燃烧室和喷管热力计算结果的方法

由假设条件(1)可知,在喷管进口截面上燃烧产物处于对应于 p_c,T_c 条件下的平衡状态,由燃烧室热力计算可得该截面上产物的热力学参数如焓 $\tilde{I}_{m,c}$,熵 $\tilde{S}_c$ 等。

在喷管出口截面上,燃烧产物的速度为

$$u_e = \sqrt{2(\tilde{I}_{m,c} - \tilde{I}_{m,e})} \tag{4-169}$$

对于冻结流,燃烧产物的化学能不发生变化,所以总焓的变化等于产物物理焓的变化,于是有

$$u_e = \sqrt{2(H_c - H_e)}$$

当环境压强为 p_a 时,发动机的理论比冲为

$$I_s = u_e + \frac{A_e}{\dot{m}}(p_e - p_a) \tag{4-170}$$

喷管出口截面处燃烧产物的质量流量为 $\dot{m} = \rho_e u_e A_e$,而由喷管出口截面处燃烧产物的状态方程,可得 $\rho_e = \dfrac{p_e}{R_e T_e}$,因此有

$$I_s = u_e + \frac{R_e T_e}{u_e p_e}(p_e - p_a) \tag{4-171}$$

发动机的真空比冲对应于 $p_a = 0$,因此有

$$I_{s,V} = u_e + \frac{R_e T_e}{u_e p_e} p_e \tag{4-172}$$

当 $p_e = p_a$ 时,发动机的理论比冲为

$$I_s = u_e \tag{4-173}$$

理论特征速度由下式计算:

$$c^{*}=\frac{p_{c}A_{t}}{\dot{m}}=\frac{p_{c}}{p_{t}}\frac{R_{0}T_{t}}{u_{t}\overline{m}_{t}} \tag{4-174}$$

或者由下式计算：

$$c^{*}=\frac{\sqrt{\overline{R}_{c}T_{c}}}{\overline{\Gamma}} \tag{4-175}$$

式中，$\overline{R}_{c}$ 为燃烧室中燃烧产物的平均气体常数，$\overline{\Gamma}=\sqrt{k_{c}}\left(\frac{2}{k_{c}+1}\right)^{\frac{k_{c}+1}{2(k_{c}+1)}}$；$k_{c}$ 为燃烧室中燃烧产物的比热比。

由 $c^{*}=\frac{\sqrt{\overline{R}_{c}T_{c}}}{\overline{\Gamma}}$ 计算的 c^{*} 是近似值，而由式 $c^{*}=\frac{p_{c}A_{t}}{\dot{m}}=\frac{p_{c}}{p_{t}}\frac{R_{0}T_{t}}{u_{t}\overline{m}_{t}}$ 计算的 c^{*} 比较准确，但需计算出喷管喉部截面的燃气参数。

真空中的理论推力系数为

$$C_{F,\mathrm{V}}=\frac{I_{\mathrm{s,V}}}{c^{*}} \tag{4-176}$$

当 $p_{e}=p_{a}$ 时，理论推力系数为

$$C_{F}=\frac{I_{s}}{c^{*}}=\frac{u_{e}}{c^{*}} \tag{4-177}$$

2. 利用气动关系式与平均等熵指数的方法

纯气相(即单相) 燃烧产物在喷管中的流动认为是等熵的，其平均等熵值可计算获得，这时计算喷管流动参数的控制方程如下：

等熵过程的伯努利方程为

$$\frac{\overline{k}}{\overline{k}-1}\frac{p}{\rho}+\frac{u^{2}}{2}=\text{常值} \tag{4-178}$$

等熵方程为

$$\frac{p}{\rho^{\overline{k}}}=\text{常值} \tag{4-179}$$

式中，$\overline{k}$ 为纯气相燃烧产物的平均等熵指数。

状态方程为

$$p=\rho RT \tag{4-180}$$

整理可得

$$u_{e}=\sqrt{2\frac{\overline{k}}{\overline{k}-1}R_{c}T_{c}\left[1-\left(\frac{p_{e}}{p_{c}}\right)^{\frac{\overline{k}-1}{\overline{k}}}\right]} \tag{4-181}$$

在喷管喉部截面上，$u_{t}=a_{t}=\sqrt{\overline{k}R_{t}T_{t}}$，再次整理可得

$$\frac{R_{t}T_{t}}{R_{c}T_{c}}=\frac{2}{\overline{k}+1} \tag{4-182}$$

$$\frac{p_{t}}{p_{c}}=\left(\frac{2}{\overline{k}+1}\right)^{\frac{\overline{k}}{\overline{k}-1}} \tag{4-183}$$

因此

$$u_{t}=\sqrt{\frac{2\overline{k}}{\overline{k}+1}R_{c}T_{c}} \tag{4-184}$$

如果喷管出口截面积与喷管喉部截面积之比可知，则可由下式计算出口截面的速度系数 λ_e：

$$q(\lambda_e)=\frac{A_t}{A_e} \tag{4-185}$$

然后计算 p_e：

$$\frac{p_e}{p_c}=\pi(\lambda_e) \tag{4-186}$$

通过喷管的质量流率，可按下式计算：

$$\dot{m}=\bar{\Gamma}\frac{A_t p_c}{\sqrt{R_c T_c}} \tag{4-187}$$

式中

$$\bar{\Gamma}=\sqrt{\bar{k}}\left(\frac{2}{\bar{k}+1}\right)^{\frac{\bar{k}+1}{2(\bar{k}-1)}} \tag{4-188}$$

算出了 $u_e,\lambda_e,p_e,\dot{m}$ 以后，就可以计算比冲、推力系数以及特征速度，它们的计算公式如下：

$$c^*=\frac{\sqrt{R_c T_0}}{\bar{\Gamma}} \tag{4-189}$$

$$I_s=u_e+\frac{A_e}{\dot{m}}(p_e-p_a) \tag{4-190}$$

$$I_{s,V}=u_e+\frac{A_e}{\dot{m}}p_e \tag{4-191}$$

或者

$$I_{s,V}=\sqrt{\frac{2(\bar{k}+1)}{\bar{k}}R_c T_c}\,Z(\lambda_e)$$

式中

$$Z(\lambda_e)=\frac{1}{2}\left(\lambda_e+\frac{1}{\lambda_e}\right) \tag{4-192}$$

$$I_s=I_{s,V}-\frac{A_e}{\dot{m}}p_a \tag{4-193}$$

$$C_{F,V}=\frac{I_{s,V}}{c^*} \tag{4-194}$$

当 $p_e=p_a$ 时，有

$$C_F=\frac{I_s}{c^*}=\frac{u_e}{c^*} \tag{4-195}$$

与利用热力计算结果的方法相比较，上述计算方法是近似的，而产生误差的原因是由于利用等熵方程和在整个计算中采用了平均等熵指数。但是，这种计算方法比较简便，可用它近似地确定各个参数的值，这对于分析问题与在方案论证阶段中的计算是比较适宜的。

4.4.2 发动机理论性能参数的影响因素分析

1. 膨胀压强比 p_e/p_c 一定时，燃烧室压强 p_c 对发动机理论性能参数的影响

一方面，对于一定的推进剂，当膨胀压强比 p_e/p_c 一定时，燃烧室压强 p_c 增大使燃烧产物中的离解产物的浓度减少、离解损失减小，因而增大了燃烧过程中放出的热量，提高了燃烧温

度 T_c。另一方面，燃烧产物的离解减弱时，燃烧产物中较重分子的含量增加，使燃烧产物的摩尔总数减少而平均分子量增加，因而燃烧产物的气体常数 R_c 减小。但 T_c 增大的影响比 R_c 减小的影响更显著，所以 R_cT_c 随燃烧室压强 p_c 的提高而增大，进而使特征速度 $c^*=\sqrt{R_cT_c}/\Gamma$ 增大，比冲 $I_s=c^*C_F$ 也随之增大。但 p_c 大于一定数值之后对 I_s 和 c^* 的影响就不很明显了。

2. 当燃烧室压强 p_c 一定时，膨胀压强比 p_e/p_c 对发动机理论性能参数的影响

对于一定的推进剂(即特征速度 c^* 保持不变)，当燃烧室压强 p_c 一定而降低喷管出口压强 p_e 时，膨胀压强比 p_e/p_c 减小，表明燃气膨胀越充分、热能更多地转变为动能，因而增大了比冲，参见图 4-12。需要指出，当燃烧产物在喷管中进行平衡膨胀时，膨胀压强比 p_e/p_c 减小的影响还表现在：p_e/p_c 减小所引起的喷管出口截面处燃烧产物的温度 T_e 降低，使离解产物的复合反应在喷管中进行得比较完全，结果又使一部分化学能转变为热能。因此，与冻结流相比，平衡流的比冲要增加得更多一些。

必须指出，在设计发动机时，选择 p_c，p_e 不能只从提高比冲一方面考虑，还必须从发动机强度、结构尺寸和质量等各方面作全面考虑。

3. 喷管流动状态对发动机理论性能参数的影响

分析发动机性能时必须考虑喷管流动状态。通常在作喷管流动计算时或假设为冻结流动，或假设为化学平衡流动。而流入喷管的燃气温度通常是很高的，足以引起一定的离解反应。在喷管流动中，如果燃气保持离解状态(即冻结流动)，则在膨胀过程中不会放出附加的热能；然而如果在膨胀过程中当燃气温度下降时发生了复合反应(即平衡流动)，那便会在喷管中放出附加的热能并把该热能转变为动能，这种附加热能转变为动能的有利的影响往往超过了由于复合反应而使燃气平均分子量增加所产生的不良影响，因此平衡喷管流动的性能(如比冲)比冻结喷管流动的要好一些。

在固体火箭发动机的喷管流动过程中，纯气相燃气的复合反应过程对冻结和平衡流动比冲的影响很小，因此对不含金属燃料的固体推进剂而言，喷管流动状态假设为冻结流或平衡流所带来的计算结果的差异通常可忽略不计。而对于含有金属燃料的固体推进剂而言，喷管流动状态假设为冻结流或平衡流所带来的计算结果的差异为 3% ～ 4%，而对于高能的、含有金属燃料的固体推进剂，这种差别可能达到 10% 左右。导致差异的原因主要是，在固体推进剂中加入一定量的金属燃料后，通常会出现凝相的燃烧产物，那么在喷管中就会出现两相流动，两相间流动状态的不同假设(如两相平衡、两相冻结等假设)将带来性能计算的差异。

表 4-5　某固体推进剂的热力特性和性能

热力特性		$\frac{p}{\text{atm}}$	$\frac{T}{\text{K}}$	$\frac{\text{焓}}{\text{kcal/kg}}$	$\frac{\text{熵}}{\text{cal/(kg·K)}}$	k	$\frac{a}{\text{m/s}}$	$\frac{n_g}{\text{mol/kg}}$	$\frac{c^*}{\text{m/s}}$	$\frac{I_s}{\text{N·s/kg}}$
燃烧室		20	3 264.7	−867.29	2 215.66	1.135 98	994.7	32.091 54		
喉部	平衡	11.674	3 113.2	−985.15	2 215.64	1.108 99	954.3	31.725 36	1 474.2	
	冻结	11.206	2 927.8	−991.23	2 215.66	1.231 20	980.7	32.091 54	1 421.7	
出口	平衡	0.285 7	2 241.8	−1 623.48	2 215.65	1.129 64	800.2	30.411 44		2 499.0
	冻结	0.285 7	1 433.1	−1 483.96	2 215.66			32.091 54		2 253.0

例 4-4　已知某丁羟复合固体推进剂的假定化学式为

$$C_{10.043\,29}H_{39.069\,20}O_{24.026\,27}N_{6.006\,72}Cl_{5.957\,60}Al_{5.930\,32}P_{0.006\,04}$$

燃烧室工作压强 $p_c=10$ MPa，喷管出口压强 $p_e=0.1013$ MPa，该推进剂在初温 $T_i=298$ K下的总焓为 $\tilde{I}_P=-1\ 899\ 433.7$ J/kg。试计算燃烧产物的热力学参数及喷管出口截面处燃烧产物的温度及发动机的理论性能参数。

解　本例题实际上包括了燃烧室热力计算和喷管热力计算两部分，详细的编程计算步骤如图 4-11 所示。喷管出口截面处产物的温度及发动机的理论性能参数计算结果参见表 4-6。计算中关键步骤的大致说明如下：

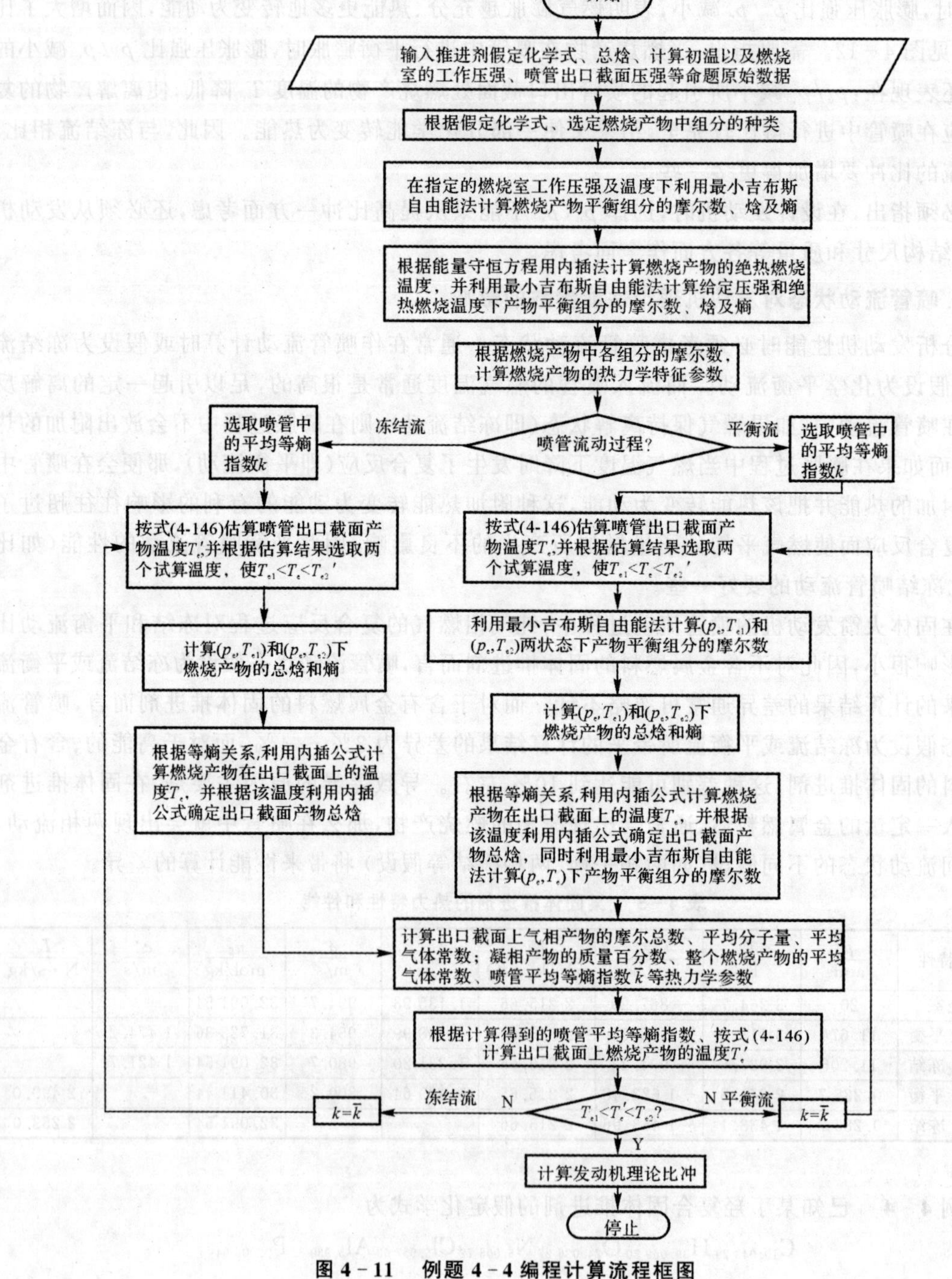

图 4-11　例题 4-4 编程计算流程框图

(1) 利用原始参数，根据燃烧室热力计算的绝热-化学平衡模型(即等焓计算模型)采用最小吉布斯自由能法，即可完成燃烧室内燃烧产物的平衡组分、绝热燃烧温度、燃烧产物的焓和熵等热力学特性参数的计算。

表 4-6　热力学参数和性能

热力特性		$\frac{p}{\text{MPa}}$	$\frac{T}{\text{K}}$	$\frac{熵}{\text{J/(kg·K)}}$	k	$\frac{c^*}{\text{m/s}}$	$\frac{I_s}{\text{N·s/kg}}$
燃烧室		10	3 371.24	9 465.19	1.165 0		
喉部	平衡	5.743	3 156.7	9 465.25	1.163 8 1.201 99	1 580.841	
	冻结	5.65	3 062.65	9 465.38		1 557.171	
出口	平衡	0.101 3	1 750.771	9 465.157	1.188 7 1.217 29		2 699.079
	冻结	0.101 3	1 532.812	9 465.193			2 555.593

(2) 在燃烧室热力计算的基础上，进行喷管流动计算。在作喷管流动计算时或假设为冻结流动，或假设为化学平衡流动。无论何种流动，均需选取喷管中的平均等熵指数 k，冻结流的喷管平均等熵指数比平衡流的喷管平均等熵指数要大一些，因此对于不同的喷管流动假设，所选取的喷管平均等熵指数不同。

(3) 利用选取的喷管平均等熵指数，根据等熵流动关系式，估算喷管出口截面处的产物温度 T'_e，并在 T'_e 左右选取喷管出口截面处的两个试算温度 T_{e1} 和 T_{e2}，二者相差 100 K。在此基础上按图 4-11 所示的计算流程完成喷管流动计算。

(4) 喷管冻结流动和平衡流动计算的最大差别在于，冻结流动中燃烧产物的平衡组分始终冻结不变，保持燃烧室内产物的平衡组分不变，因而无须再进行出口截面处燃烧产物的平衡组分计算，使计算相对简单；而平衡流中产物的组分会发生变化，因而需要计算出口截面处燃烧产物的平衡组分，使计算相对复杂。

(5) 根据计算得到的喷管中的平均等熵指数 $\bar{k}$(计算得到的 $\bar{k}$ 与前面计算中选取的 k 很可能是不相等的)，再次利用等熵关系式计算喷管出口截面处的产物温度 T'_e，如果此时计算得到的 T'_e 介于所选取的两个试算温度 T_{e1} 和 T_{e2} 之间，表明计算满足要求。否则需用计算出的 $\bar{k}$ 修正 T'_e，重复上述计算，直到满足精度要求为止。

(6) 喷管流动计算满足精度要求后，即可进行发动机理论比冲的计算。

对例题两种计算结果可见，按平衡流动计算出的喷管平均等熵指数小于按冻结流动计算出的喷管平均等熵指数，而按平衡流动计算出的发动机的理论比冲要大于按冻结流动计算出的发动机的理论比冲。产生这一结果的主要原因是，平衡流动中的复合反应是放热的，因此有更多的热量参与热动能转换，提高了发动机比冲。

考虑到固体火箭发动机和液体火箭发动机喷管内燃气流动计算的原理、方法等是一致的，因此可借鉴图 4-12 给出的某液体火箭发动机(推进剂为 $C_nH_{2n}+O_2$、喷管出口截面处燃气压强 $p_e=1$ atm，1 atm $=101.325$ kPa) 喷管内燃气膨胀过程为不同方案时发动机比冲与余氧系数 α 的关系曲线，形象地看到喷管内燃气膨胀过程为完全平衡膨胀时的发动机比冲比完全冻结膨胀时的发动机比冲要大。但在阅读图 4-12 时一定要注意，对于液体火箭发动机而言，发动机工作过程中余氧系数 α 随氧化剂和燃料混合比的改变是变化的，而对于固体火箭发动机而言，固体推进剂选定后，余氧系数 α 在发动机工作过程中是固定不变的。一般来说，对于常规的双基和复合推进剂，为了满足其全面性能（特别是力学性能）的要求，大抵都是贫氧的（注：$\alpha < 1$ 为贫氧推进剂，$\alpha > 1$ 为富氧推进剂）。

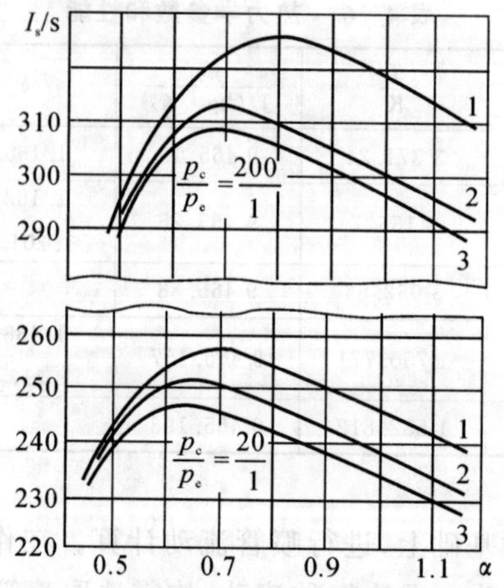

图 4-12　发动机比冲与余氧系数 α 的关系

1—完全平衡膨胀流动；　2—从喷管临界截面开始冻结的膨胀流动；　3—从喷管入口处开始冻结的膨胀流动

4.5　热力学数据库使用介绍

热力学参数所采用的格式有很多种，比较有代表性的是 NIST（The National Institute of Standards and Technology）和 NASA（National Aeronautics and Space Administration）两家单位所制定的标准。对于 NIST 标准，可以访问 http://webbook.nist.gov/ 获得相关数据。对于 NASA 的标准，可以通过编号为 NASA RP－1311 的报告获得详细介绍。

无论是哪一种标准，都提供了表格式的热力学数据库，使用者可以通过查表直接获得相应的参数。但是对于编写计算程序来说，查表方式并不方便，最便捷的方式是使用公式进行计算。因此，热力学参数计算公式的差异就成为 NIST 和 NASA 标准的主要差别。

对于 NIST 标准来说，采用如下的表达式计算热力学参数：

$$C_p^0(T) = A + Bt + Ct^2 + Dt^3 + Et^{-2} \tag{4-196}$$

$$H^0(T) - H^0_{298.15} = At + \frac{1}{2}Bt^2 + \frac{1}{3}Ct^3 + \frac{1}{4}Dt^4 - Et^{-1} + F - H \tag{4-197}$$

$$S^0(T) = A\ln(t) + Bt + \frac{1}{2}Ct^2 + \frac{1}{3}Dt^3 - \frac{1}{2}Et^{-2} + G \tag{4-198}$$

其中，$t = T/1\,000$，温度单位为 K，比热的单位为 J/(mol·K)，焓的单位为 kJ/mol，熵的单位为 J/(mol·K)。在 NIST 数据库中会给出上面表达式中 $A \sim H$ 共 8 个参数的值。需要注意的是，每一种组分对应的上面 8 个参数值可能会在不同的温度区间有不同的值。例如对于气态甲烷来说，其热力学参数计算公式分为两个区间 298～1 300 K，1 300～6 000 K（见表 4-7）；对于铝来说，固、液、气三相在各自温度范围内采用一个热力参数计算公式（见表 4-8）。

表 4-7　气态甲烷的热力参数计算式系数(来自 NIST)

温度 /K	298 ~ 1 300	1 300 ~ 6 000
A	−0.703 029	85.812 17
B	108.477 3	11.264 67
C	−42.521 57	−2.114 146
D	5.862 788	0.138 190
E	0.678 565	−26.422 21
F	−76.843 76	−153.532 7
G	158.716 3	224.414 3
H	−74.873 10	−74.873 10

表 4-8　铝的热力参数计算式系数(来自 NIST)

温度 /K	298 ~ 933	933.45 ~ 2 790.812	2 790.812 ~ 6 000
相态	固相	液相	气相
A	28.089 20	31.751 04	20.376 92
B	−5.414 849	$3.935\ 826\times10^{-8}$	0.660 817
C	8.560 423	$-1.786\ 515\times10^{-8}$	−0.313 631
D	3.427 370	$2.694\ 171\times10^{-9}$	0.045 106
E	−0.277 375	$5.480\ 037\times10^{-9}$	0.078 173
F	−9.147 187	−0.945 684	323.857 5
G	61.909 81	73.399 49	189.480 8
H	0.000 000	10.562 01	329.699 2

NASA 标准不仅给出了热力学参数数据，还给出了部分组分的黏性系数和导热系数数据。NASA 数据库中气体的热力参数分为 200 ~ 1 000 K 和 1 000 ~ 6 000 K，两个区间分别给出了计算式的系数，部分气体还给出了 6 000 ~ 20 000 K 范围内的计算式系数。对于凝相来说，则按照数据库中实际指定的温度范围给出计算式系数。以图 4-13 为例，分别给出了固态、液态和气态铝的热力参数。

$$\frac{C_p^0(T)}{R}=a_1T^{-2}+a_2T^{-1}+a_3+a_4T+a_5T^2+a_6T^3+a_7T^4 \tag{4-199}$$

$$\frac{H_p^0(T)}{RT}=-a_1T^{-2}+a_2T^{-1}\ln T+a_3+a_4\frac{T}{2}+a_5\frac{T^2}{3}+a_6\frac{T^3}{4}+a_7\frac{T^4}{5}+\frac{b_1}{T} \tag{4-200}$$

$$\frac{S_p^0(T)}{R}=-a_1\frac{T^{-2}}{2}-a_2T^{-1}+a_3\ln T+a_4T+a_5\frac{T^2}{2}+a_6\frac{T^3}{3}+a_7\frac{T^4}{4}+b_2 \tag{4-201}$$

NASA 给出的热力数据库适合采用 FORTRAN 语言进行读取(采用 C/C++ 语言也可，但是编程实现文本格式辨析时略显复杂)。表 4-9 给出了 NASA 数据库的格式说明，其中涉及了 FORTRAN 语言的相关内容，感兴趣的读者可以参考 FORTRAN 语言的有关教材。

```
AL(cr)                  Cubic. Ref-Elm. Cox,1989 p217.
 1 coda89 AL  1.00     0.00     0.00     0.00     0.00 1   26.9815380             0.000
    200.000    933.6107 -2.0 -1.0  0.0  1.0  2.0  3.0  4.0  0.0               4540.000
-6.251811430D+04 6.343934350D+02-7.131883820D-01 1.088725280D-02-1.458741820D-05
 9.961160880D-09-1.774928010D-12                  -3.985439320D+03 6.561100200D+00

AL(L)                   Liquid. Ref-Elm. Cox,1989 p217.
 1 coda89 AL  1.00     0.00     0.00     0.00     0.00 2   26.9815380             0.000
    933.610    6000.0007 -2.0 -1.0  0.0  1.0  2.0  3.0  4.0  0.0               4540.000
 0.000000000D+00 0.000000000D+00 3.818625510D+00 0.000000000D+00 0.000000000D+00
 0.000000000D+00 0.000000000D+00                  -9.576323160D+01-1.752553420D+01
AL                      Hf:Cox,1989. Kaufman,1991b. Gordon,1999.
 3 g12/97 AL  1.00     0.00     0.00     0.00     0.00 0   26.9815380        330000.000
    200.000    1000.0007 -2.0 -1.0  0.0  1.0  2.0  3.0  4.0  0.0               6918.671
 5.006608890D+03 1.861304407D+01 2.412531111D+00 1.987604647D-04-2.432362152D-07
 1.538281506D-10-3.944375734D-14                   3.887412680D+04 6.086585765D+00
   1000.000    6000.0007 -2.0 -1.0  0.0  1.0  2.0  3.0  4.0  0.0               6918.671
-2.920820938D+04 1.167751876D+02 2.356906505D+00 7.737231520D-05-1.529455262D-08
-9.971670260D-13 5.053278264D-16                   3.823288650D+04 6.600920155D+00
   6000.000   20000.0007 -2.0 -1.0  0.0  1.0  2.0  3.0  4.0  0.0               6918.671
-5.040682320D+08 3.802322650D+05-1.082347159D+02 1.549444292D-02-1.070103856D-06
 3.592110900D-11-4.696039394D-16                  -2.901050501D+06 9.491883160D+02
```

图 4-13 NASA 数据库中三相铝的热力参数

表 4-9 NASA 热力学数据库格式说明

行号	说明	格式	列范围
1	组分名称或者化学式	A24	1～24
	注释(数据来源)	A56	25～80
2	温度范围数量 (对于只给出某一特定温度下热力学参数的组分来说,此值恒为 0)	I2	2
	识别代号(可选项)	A6	4～9
	化学式(元素符号和原子数)	5(A2,F6.2)	11～50
	相态识别号 (0 表示气相,非 0 表示凝相)	I1	52
	分子量	F13.5	53～65
	298.15 K 对应的生成热,J/mol (对于只给出某一特定温度下热力参数的组分来说,此值为该温度对应的焓)	F13.5	66～80
3	温度范围 (对于只给出某一特定温度下热力参数的组分来说,第一个值为该温度)	2F10.3	2～21
	比热计算公式的系数个数	I1	23
	比热计算公式中温度的指数	8F5.1	24～63
	$H^0(298.15)-H^0(0)$	F15.3	66～80
4	比热计算公式的前 5 个系数	5D16.8	1～80
5	比热计算公式的后 3 个系数	3D16.8	1～48
	常数 b_1 和 b_2	2D16.8	49～80
⋮	对每一个温度范围重复 3～5	⋮	⋮

下面给出了 FORTRAN 语言编写的 NASA 热力数据库读取程度,以供读者参考。

```
program READ_NASA_DB
   implicit none
   character(16) spName
   character(64) spComment
   integer nT,state, coeffNum, j,i
   character(6) refData
   character(len=2) chemSymb(1:5)
   real  chemNum(1:5), MW, formation, tmin(1:5), tmax(1:5)
   real tExpo(1:8), deltaH
   double precision AA(1:7,1:5), BB(1:2,1:5)
   open(100,file='PRODUCTS.inp')
   do 111 while(.NOT.eof(100))
CC 读入组分基本信息
   read(100,'(A16,2x,A62)') spName,spComment
   read(100,'(I2,1x,A6,1x,5(A2,F6.2),I2,F13.7,F15.5)') nT,refData,
   1          ((chemSymb(i),chemNum(i)),i=1,5) ,state,MW,formation
CC 读入热力学参数
8800     if(nt .GE. 1) then
     do 1000 j=1,nt
      read(100,9101) tmin(j),tmax(j),coeffNum, (tExpo(i),i=1,8),deltaH
      read(100,'(5D16.9)') (AA(i,j),i=1,5)
      read(100,'(2D16.9,16x,2D16.9)')  (AA(i,j),i=6,7),(BB(i,j),i=1,2)
1000   continue
8801 else
     read(100,'(2F11.3,I1,8F5.1,2x,F15.3)')
   1          tmin(1),tmax(1),coeffNum,(tExpo(i),i=1,8),deltaH
8802 endif
111   enddo
     close(100)
9101  format(2F11.3,I1,8F5.1,2x,F15.3)
      end program READ_NASA_DB
```

4.6 典型热力计算软件介绍

4.6.1 CHEMKIN

CHEMKIN 最早的版本始于 1980 年，由美国 Sandia 实验室的 Kee R J 等人编写，经过多年的不断发展日趋完善。后来由 Reaction Design 公司收购并继续开发,目前最新版为 4.3。

从严格意义上讲,CHEMKIN 不是一个应用软件,它只是一个子程序库,目的在于为解决带有流动的燃烧过程中的化学问题提供一个计算工具。CHEMKIN 是一种非常强大的求解复杂化学反应问题的软件包,常用于对燃烧过程、催化过程、化学气相沉积、等离子体及其他化学反应的模拟。CHEMKIN 以气相动力学、表面动力学、输运过程这三个核心软件包为基础,提供了对 21 种常见化学反应模型及后处理程序。

三个核心程序模块为:

(1) 气相动力学(Gas-Phase Kinetics):是所有程序计算的基础,包括气相成分组成、气相化学反应与相关的 Arrhenius 数据等信息。

(2) 表面动力学(Surface Kinetics):很多反应过程包括多相反应,如催化反应、化学气相沉积、固体腐蚀等。在这些反应里,Surface Kinetics 提供两相反应所需的各种信息,如表面结构、表面和体内的成分组成及热力学数据、表面化学反应等。

(3) 输运(Transport):提供气相多组分黏度、热传导系数、扩散系数和热扩散系数等。

其中 Surface Kinetics 和 Transport 必须以 Gas-Phase Kinetics 为基础,因为它们中出现的成分都必须在 Gas-Phase Kinetics 中已定义。

CHEMKIN 中包含的 EQUIL 模块可以计算化学平衡组分及其热力学性质。下面结合 CHEMKIN Collection 3.7 介绍利用该软件进行热力计算的方法。EQUIL 模块的主界面如图 4-14 所示,在计算热力计算时需要用户提供的输入包括化学反应体系的定义(对应于图中的 chem.inp 文件,输入内容包含的元素和组分)、化学反应参数输入(对应于图中 equil.inp,文件内容输入反应物组成含量、初始温度、压力、化学反应类型等)。

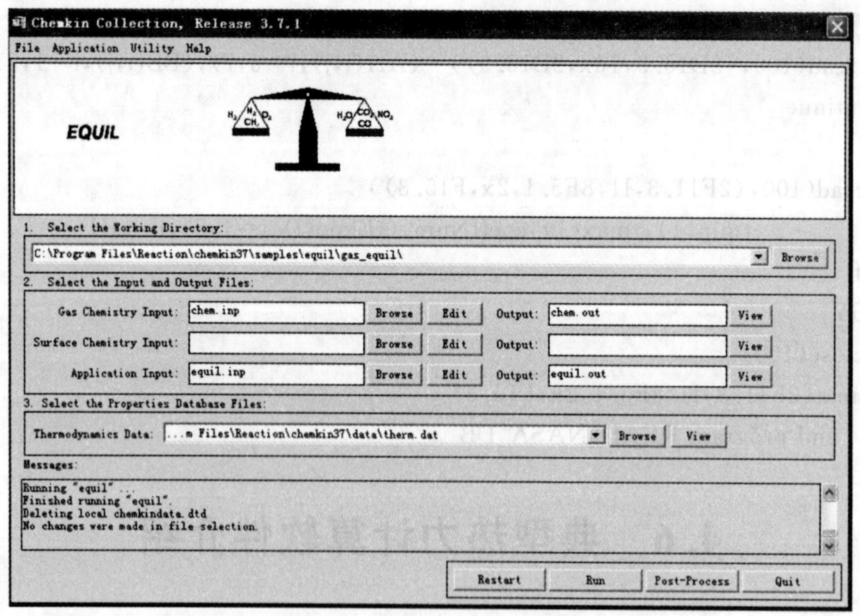

图 4-14 EQUIL 模块主界面(CHEMKIN 3.7)

在 chem.inp(见图 4-15)中,由关键字"ELEMENTS…END"定义的内容为化学反应体系所包含的元素名称,在本例中包含了 H,O,N,C,Al 共 5 种元素。由"SPECIES…END"定义的内容为化学反应体系中所有的反应物和产物。

在 equil. inp(见图 4－16)中,定义了反应物的摩尔含量(可以是绝对含量,也可是相对含量),形如"REAC H21.0",在计算过程中软件会自动将所有反应物的摩尔含量求和,再根据定义的摩尔含量计算摩尔百分数。关键字"HP"表示是定压绝热计算。关键字"TEMP"表示反应物的初温。关键字 PRES 表示燃烧压力,以大气压为单位。

在输入界面的最后一部分为指定热力学数据库,在图中采用了 CHEMKIN 系统自带的默认数据库(基于 NASA 早期的热力数据格式)。但是,需要特别指出的是,CHEMKIN 自带的数据库中组分类型远不能胜任火箭发动机热力计算的需要。如,本例中大量的含 Al 化合物在 CHEMKIN 的系统数据库中均没有包含,而 CEA 自带的数据库(采用 NASA 数据库)则可以很好地适用火箭发动机热力计算需要。为此,笔者利用自编程序将 CEA 的热力学数据库转换成 CHEMKIN 识别的数据库,以使 CHEMKIN 适用于火箭发动机燃烧室热力计算(见表 4－10)。

在设置完相关输入参数后,点击下方的"Run"按键即可实现热力计算。

```
ELEMENTS H O N C AL END
SPECIES  H2 H O2 CH4 CO CO2 O OH HO2 H2O N2 H2O2
         AL(cr) AL(L) AL ALC ALN AL(OH)3 AL(OH)3(a)
         AL2 AL2O3 ALH ALH2 ALH3 AL(OH)2 ALO2 ALH3(a)
         AL2O3(a) AL2O3(L)
END
```

图 4－15　chem. inp 文件内容

```
REAC CH4 1
REAC O2 1
REAC N2 3.76
REAC AL 1
HP
TEMP 300
PRES 50
END
```

图 4－16　equil. inp 文件内容

表 4－10　CHEMKIN 计算结果(图 4－16 所示为反应物和条件)

参数	初始值	平衡状态	参数	初始值	平衡状态
P/atm	5.000 0E+01	5.000 0E+01	Al(cr)	0.000 0E+00	3.431 3E−03
T/K	3.000 0E+02	3.085 1E+03	Al(L)	0.000 0E+00	7.791 2E−03
$V/(\mathrm{cm^3 \cdot g^{-1}})$	1.845 4E+01	2.091 2E+02	Al	1.479 3E−01	2.512 7E−02
$H/(\mathrm{J \cdot g^{-1}})$	1.418 1E+3	1.418 1E+3	AlC	0.000 0E+00	2.499 9E−07
$U/(\mathrm{J \cdot g^{-1}})$	1.324 6E+3	3.586 5E+2	AlN	0.000 0E+00	4.212 8E−05
$S/(\mathrm{J \cdot g^{-1} \cdot K^{-1}})$	6.231 5	9.568 0	$Al(OH)_3$	0.000 0E+00	3.780 6E−08

续表

参数	初始值	平衡状态	参数	初始值	平衡状态
$W/(g \cdot mol^{-1})$	2.668 0E+01	2.421 0E+01	Al_2	0.000 0E+00	3.179 2E-04
H_2	0.000 0E+00	2.562 1E-01	Al_2O_3	0.000 0E+00	5.849 6E-09
H	0.000 0E+00	1.458 6E-02	AlH	0.000 0E+00	8.225 0E-03
O_2	1.479 3E-01	6.447 1E-10	AlH_2	0.000 0E+00	4.823 3E-05
CH_4	1.479 3E-01	4.160 5E-06	AlH_3	0.000 0E+00	8.217 6E-06
CO	0.000 0E+00	1.341 8E-01	$Al(OH)_2$	0.000 0E+00	6.045 6E-06
CO_2	0.000 0E+00	5.373 9E-05	AlO_2	0.000 0E+00	1.655 2E-08
O	0.000 0E+00	5.392 0E-07	$Al_2O_3(a)$	0.000 0E+00	8.194 6E-03
OH	0.000 0E+00	1.691 6E-05	$Al_2O_3(L)$	0.000 0E+00	3.626 6E-02
HO_2	0.000 0E+00	4.862 5E-12	N_2	5.562 1E-01	5.047 1E-01
H_2O	0.000 0E+00	7.755 7E-04	H_2O_2	0.000 0E+00	2.749 3E-12

4.6.2 CEA 软件

NASA 的 CEA(Chemical Equilibrium and Applications)程序利用求体系的最小 Gibbs 自由能的方法确定体系的化学平衡状态，并且假设平衡体系中的气体都是理想气体。CEA 可处理的化学平衡问题包括定压绝热(hp)、等容定温(tv)、激波(shock)等。还专门提供了用于火箭发动机热力计算的功能(rkt)。

利用 CEA 进行热力计算的基本步骤如下：

(1)定义问题类型(见图 4-17)：在“Problem”页面选择 hp 或者 rkt，并根据不同的问题类型进行不同的设置，主要是设置平衡压强。

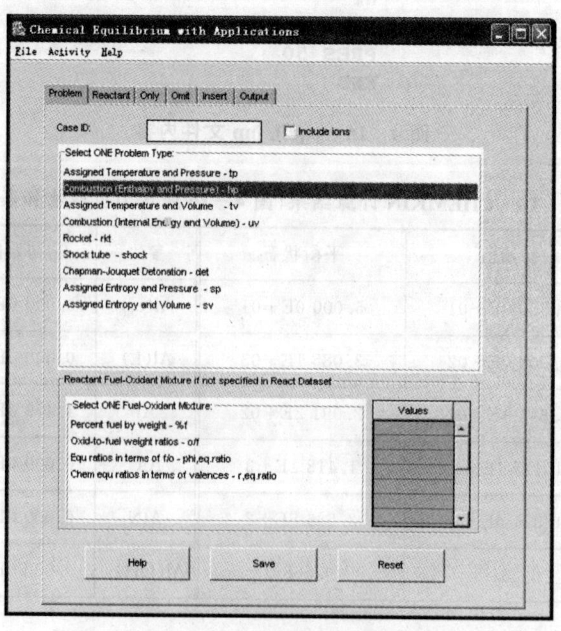

图 4-17 定义问题类型

(2)定义反应物的组成和初始温度:在"Reactant"页面中添加反应物时,对于数据库中已有组分,可以利用程序提供的选择工具根据所包含的元素对数据库中组分进行筛选。若组分在数据库中不存在,可以在下方的自定义区域输入,只需要输入自定义组分的假定化学式、温度、含量、焓和内能。各种组分的初始温度可以不同。图 4-18 所示为设置反应物参数界面图。

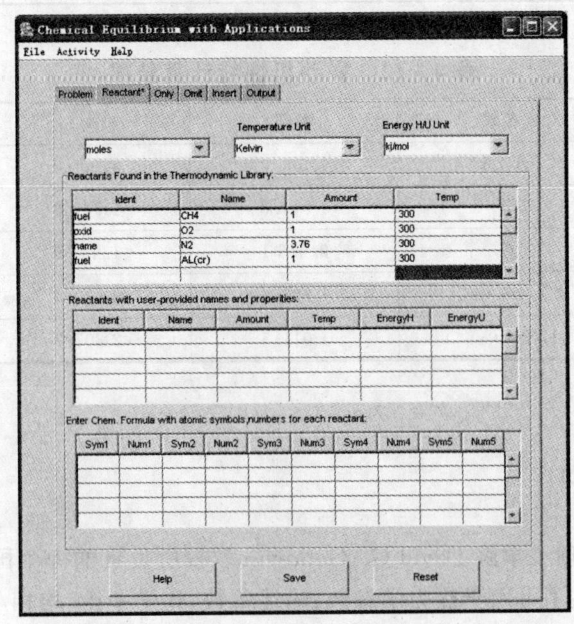

图 4-18　设置反应物参数

(3)定义生成物组分名称:程序默认的生成物集合是根据反应物所包含的所有元素将数据库中所有的相关组分加入到生成物中。可以利用"Only"页面提供的功能指定生成物组分名称,或者利用"Omit"页面提供的功能将指定的组分从默认集合中忽略。

(4)进行化学平衡计算,选择 Activity 菜单中"Execute CEA2"。

(5)查看计算结果,选择"Activity"菜单中"View OUTPUT File"。

给定发动机喷管的面积比为 4,CEA 热力计算结果见表 4-11,略去了各组分的质量分数。发动机性能计算结果见表 4-12。

表 4-11　CEA 热力计算结果

参数	燃烧室	喉部	出口
P/bar	50.000	29.060	2.617 5
T/K	3 020.77	2 806.15	2 327.00
$RHO/(\mathrm{kg\cdot m^{-3}})$	5.082 5	3.206 1	0.367 25
$H/(\mathrm{kJ\cdot kg^{-1}})$	1 418.12	906.52	−1 018.80
$U/(\mathrm{kJ\cdot kg^{-1}})$	434.35	0.124 50	−1 731.54
$G/(\mathrm{kJ\cdot kg^{-1}})$	−27 517.5	−25 973.3	−23 308.9
$S/(\mathrm{kJ\cdot kg^{-1}\cdot K^{-1}})$	9.578 9	9.578 9	9.578 9

续表

参数	燃烧室	喉部	出口
MW	24.637	24.718	24.805
GAMMA	1.188 1	1.128 9	0.989 1
MACH NUMBER	0.000	1.000	2.629

表 4-12　发动机性能计算结果

参数	喉部	出口
A_e/A_t	1.000 0	4.000 0
$c^*/(\mathrm{m\cdot s^{-1}})$	1 541.8	1 541.8
C_F	0.656 1	1.431 9
$I_{vac}/(\mathrm{m\cdot s^{-1}})$	1 907.6	2 530.5
$I_s/(\mathrm{m\cdot s^{-1}})$	1 011.5	2 207.7

4.6.3　Cantera

Cantera是由加州理工学院David G. Goodwin教授所负责的一个国际性开发项目，基于面向对象编程技术提供了可用于热力学参数、输运参数、化学平衡、均相/异相反应等众多化学动力学和热力学计算的源代码。支持C++，FORTRAN，Matlab和Python等编程语言。

由于采用了面向对象技术，利用Cantera进行化学动力学/热力学计算变得非常简单。下面分别演示了利用C++，Matlab和Python进行化学平衡计算的源程序。需要说明的是，与Chemkin一样，Cantera并不是专为火箭发动机热力计算而开发的，因此在进行火箭发动机热力计算时，还需要对Cantera进行一定的二次开发。

```
/* 说明：此C++程序计算了初温300 K、氧气/氢气/氩气比例为1∶3∶1、平衡压强为
2 MPa条件下，定压绝热化学平衡状态。*/
#include <cantera/Cantera.h>
#include <cantera/equilibrium.h>
int main()
{
ThermoPhase* gas = newPhase("h2o2.cti");
gas->setState_TPX(300.0, 2.0E6, "H2:3.0, O2:1.0, AR:1.0");
equilibrate(*gas, "HP");
cout << report(*gas) << endl;
}
```

```
%说明：此Matlab程序计算了初温300 K、氧气/氢气/氩气比例为1∶3∶1、平衡压强
为%2 MPa条件下，定压绝热化学平衡状态。
```

```
gas = IdealGasMix('h2o2.cti');
set(gas,'T',300.0,'P',2.0E6,'X','H2:3.0,O2:1.0,AR:1.0')
equilibrate(gas,'HP');
%输出计算结果
gas
```

```
#说明:此 Python 程序计算了初温 300 K、氧气/氢气/氩气比例为 1:3:1、平衡压强为
  #2 MPa 条件下定压绝热化学平衡状态。
from Cantera import *
g = GRI30()
g.set(T = 300.0, P = 2.0E6, X = 'H2:3.0,O2:1.0,AR:1.0')
g.equilibrate('HP')
print g
```

思考与练习题

4.1　燃烧室热力计算的目的是什么？通常采用什么假设？在进行计算时燃烧室压强的单位采用的是工程大气压还是物理大气压？为什么？

4.2　什么是推进剂的假定化学式？它有什么用途？

4.3　什么是化学平衡状态？什么是化学平衡方程？什么是化学平衡常数？

4.4　什么叫化学平衡移动原理？温度和压强怎样影响化学平衡？

4.5　在燃烧室热力计算中，计算平衡组分的化学平衡常数法用的是什么原理？

4.6　什么叫最小吉布斯自由能？计算平衡组分的最小自由能法是什么原理？

4.7　什么叫物质的标准生成焓？它和任意温度下物质的总焓有什么关系？

4.8　固体推进剂的总焓由哪几部分组成？各有什么物理意义？

4.9　喷管热力计算的目的是什么？

4.10　计算喷管出口截面上燃烧产物平衡组分需要利用哪些关系式？与计算燃烧室出口截面上燃烧产物所利用的关系式有哪些是相同的？有哪些是不同的？

4.11　喷管热力计算模型有哪几种？它们各自对应什么流动状态？

4.12　在喷管进口参数和出口压强一定的条件下，试比较按平衡流动模型和按组分冻结流动模型计算出的理论比冲值的大小。在推进剂为高能复合推进剂时，选择哪种流动模型进行喷管热力计算更合适？

4.13　在计算了燃烧产物平衡组分后，为什么还要计算燃烧产物的热力性质、熵及输运性质？它们在燃烧室和发动机热力计算中都有什么用途？

4.14　已知一种丁羟复合推进剂的成分，见表 4-13。

表 4-13

i	组元	质量百分数 g_i	组元的化学式或各元素在组元中的质量百分数
1	过氯酸铵	71%	NH_4ClO_4
2	HTPB	17%	$C_4H_{6.052}O_{0.052}$
3	镁粉	2%	Mg
4	铝粉	10%	Al

给定：燃烧室压强 $p_c = 8.106 \times 10^6$ Pa；

喷管出口截面压强 $p_e = 1.0132 \times 10^5$ Pa；

环境压强 $p_a = 1.0132 \times 10^5$ Pa；

推进剂初温 $T_i = 298$ K。

计算：① 燃烧室内燃烧产物的定压绝热燃烧温度 T_f，该温度下燃烧产物的平衡组分、热力学性质及理论特征速度。② 喷管出口截面上燃烧产物的温度 T_e 及热力学性质。③ 发动机的理论性能参数。

4.15 已知液体推进剂液氧/煤油进入燃烧室内质量百分含量：液氧(O_2)为 70%，煤油($C_{15}H_{32}$)为 30%。出口压强为 1 atm，初温为 25℃，计算燃烧室压强分别为 3 MPa 和5 MPa条件下燃烧室温度，发动机比冲及出口截面上燃烧产物热力学性质。

参考文献

[1] 唐金兰，刘佩进，等. 固体火箭发动机原理. 北京：国防工业出版社，2013.

[2] Sanford Gordon. Computer Program for Calculation of Complex Chemical Equilibrium Compositions and Applications[R]. NASA RP-1994-1311.

[3] Sanford Gordon. Thermodynamic Data to 20000 K for Monatomic Gases[R]. NASA TP-1999-208523.

[4] Robert J Kee, Fran M, Rupley James A. Miller, CHEMKIN II: A Fortran Chemical Kinetics Package for the Analysis of Gas Phase Chemical Kinetics[R]. SAND89-8009.

第 5 章　固体火箭发动机

本章将从固体火箭发动机的基本组成、工作原理入手，介绍固体火箭发动机中的燃烧、固体推进剂的燃速特性、固体火箭发动机内弹道性能预示方法、固体推进剂装药结构与内弹道性能间的关系以及固体火箭发动机工作参数对内弹道性能的影响等。

5.1　固体火箭发动机的基本组成和工作原理

5.1.1　固体火箭发动机的基本组成

固体火箭发动机是一种性能优越的火箭动力装置，其典型的结构组成如图 5－1 所示，基本组成部件主要包括燃烧室、主装药、点火器（点火装置）和喷管。

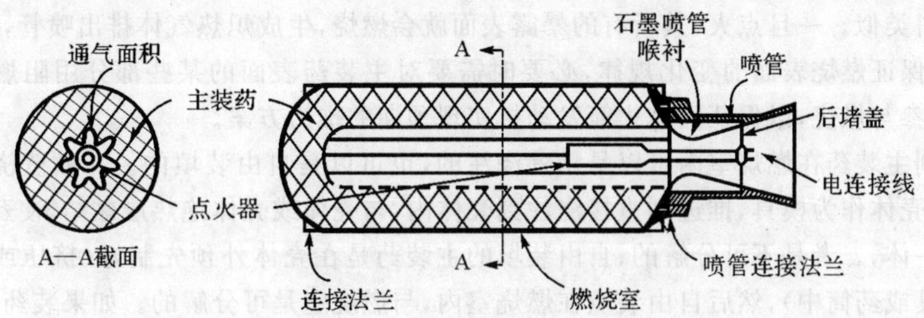

图 5－1　固体火箭发动机主要组成

燃烧室（combustion chamber）：一端封闭，一端与喷管相连。燃烧室平时相当于一个推进剂主装药的贮箱，起贮存固体推进剂主装药的作用，当发动机工作时，推进剂主装药在燃烧室内燃烧，形成高温、高压燃气。因此燃烧室不仅要有足够的容量，还要有承受高温、高压的能力。

燃烧室的形状通常由主装药形状或者飞行器对长度或直径的限制来确定。燃烧室的形状从细长的圆柱形到球形或类球形都有（球形燃烧室单位容积的质量最小），且燃烧室还是整个飞行器受力结构的一部分，是飞行器的关键部件，有时还必须为诸如蒙皮、裙、电路板或推力矢量控制装置等其他零部件提供安装平台。另一方面，燃烧室质量通常对发动机的推进剂质量分数影响很大（推进剂质量分数：指推进剂质量在发动机工作前的初始质量中所占的比例），其典型的范围为 0.7～0.94，其中较高的值适用于上面级发动机，而对于小直径发动机，推进剂质量分数要低一些。

已经应用的燃烧室的材料有三类：高强金属（如各种合金钢、铝合金和钛合金）、纤维缠绕增强复合材料以及二者的组合,即金属壳体外面通过缠绕纤维得到超高强度,如采用碳纤维、玻璃纤维缠绕加树脂成型的玻璃钢结构,可以大幅度地减轻燃烧室壳体的质量。

当发动机工作时,推进剂主装药在燃烧室内燃烧形成的高温、高压燃气必定会对燃烧室内壁形成快速的加热作用,形成温度梯度,从而导致贯穿壁面的热应力,因此,为了确保燃烧在发动机工作期间的结构完整性,暴露在高温、高压燃气中的燃烧室内壁通常用内绝热层(内绝热层:燃烧室内壁面与推进剂主装药之间的内层,由黏性绝热材料制成,不会轻易燃烧)来保护,目的是使传到燃烧室壳体的热量很少。事实上,对于一次工作发动机,发动机设计者的目标是使燃烧室壳体外壁温接近环境温度或者比环境温度最多高100℃。因此,为了达到这一设计目标,内绝热层应该满足下列要求:

(1)必须抗气流和粒子侵蚀,尤其是发动机燃烧室后部或长尾管的绝热层。

(2)必须有良好的热阻、导热系数低,以限制对燃烧室壳体的传热,从而使燃烧室壳体温度低于最大容许温度。

(3)能允许大变形或应变,以适应装药在增压或温度循环中的变形,并且在装药和燃烧室壳体之间传递载荷。

(4)表面的退移速率要小,这样可以保证最初的表面几何形状,并且可以用薄的绝热层。

固体推进剂主装药(propellant grain):推进剂主装药是火箭发动机内部固体推进剂的成形质量,也是固体火箭发动机工作的能源和工质源。推进剂主装药由固体推进剂(包括燃料、氧化剂和其他组元)浇注、模压或者挤压成型,具有一定的几何形状和尺寸,其外观和触觉与硬橡胶或塑料类似。一旦点火,其所有的暴露表面就会燃烧,生成炽热气体排出喷管,产生推力。因此,为了保证燃烧表面的变化规律,必要时需要对主装药表面的某些部分用阻燃层进行包覆,防止其参与燃烧,以保证固体火箭发动机实现预期的推力方案。

推进剂主装药在燃烧室内可以是贴壁浇注的,也可以是自由装填的。在贴壁浇注主装药中,燃烧室壳体作为模具,推进剂直接浇注到壳体内,与壳体或壳体绝热层黏结,使药柱与燃烧室黏结成一体,二者是不可分解的;自由装填的主装药是在壳体外预先制好(挤压或浇注到圆柱形的模具或药筒中),然后自由装填在燃烧室内,与燃烧室是可分解的。如果装药过度老化,自由装填药柱可以更容易地换掉。自由装填药柱用在小型战术导弹或中等规模的发动机上,一般成本较低,易于检查。但贴壁浇注装药呈现出更好的性能,惰性质量略低(没有支撑装置、支撑垫片,绝热层少),有较好的体积装填分数,但一般制造更困难、更昂贵。目前几乎所有的大发动机和许多战术导弹发动机都使用贴壁浇注型主装药。

关于主装药的主要定义和术语:

(1)药型:用于发动机工作的装药初始燃面的几何形状。

(2)圆柱形药柱:无论内孔形状如何,药柱内的横截面积沿轴向不变。

(3)碎药:肉厚烧完时,未燃烧的残余推进剂。

(4)燃烧极限:在不需要加入能量的前提下,燃烧可以维持的最低压强。低于该压强,燃烧会停止或者不稳定。

(5)包覆层:由缓燃或不燃烧的材料构成的层或涂层,通过黏结、涂抹、浸渍或者喷涂在装药中的一部分推进剂表面,来阻止该表面燃烧。通过防止包覆表面的燃烧,可以控制和减少装药的初始燃烧面积,也称为保护层。

(6)衬层:由聚合形态材料制成的坚硬的不自燃的薄层,在推进剂浇注前用于壳体,提高推进剂和壳体或者内绝热层之间的黏结性。

(7)肉厚：装药从初始燃面到绝热壳体壁面或者另一燃面之间的最小厚度。对于端面燃烧装药，肉厚等于药柱的长度。

(8)肉厚系数：对于与壳体黏结的内燃装药，肉厚系数是肉厚对装药外围半径之比。

(9)体积装填系数：推进剂体积对可供推进剂、绝热层和包覆层利用的燃烧室体积之比(不考虑喷管)。

点火器或点火装置(ignition system)：为了点燃主装药，使发动机启动进入工作状态，需要提供一个初始条件，即在燃烧室内创造一定的温度和压强的环境，点火器(或点火装置)就是起这样的作用，即，点火器用于点燃主装药，使发动机顺利启动。

点火器一般有两种基本类型：

(1)烟火点火器：烟火点火器主要包括有接受启动信息就开始工作的始发器(如电发火管)，还有相当数量的点火药(黑火药、烟火剂等)。发动机启动时，先是始发器发火，然后点燃点火药，点火药燃烧产生最初的高温、高压燃烧产物包围主装药的燃烧表面，将主装药点燃。主装药燃烧，产生大量的高温、高压燃气，这就是火箭发动机的工质，而主装药燃烧的同时又将其中的化学能转换为燃烧产物(即工质)携带的热能，然后进入喷管。通常所说的袋式和碳棒式点火器、点火药盒、可燃壳体点火器等，均属于烟火点火器。

(2)发热式点火器：发热式点火器一般是一个用来点燃大型固体火箭发动机的小型火箭发动机。所有的发热式点火器都采用一个或多个小喷管，喷管既可以是声速的也可以是超声速的，大多数发热式点火器采用一般火箭发动机的装药配方和设计技术。

喷管(nozzle)：固体火箭发动机的喷管都采用超声速拉瓦尔喷管，它既是燃烧室内高温、高压燃气的出口，又是一个能量转换装置。其功能是：

(1)通过喷管喉部横截面积的大小，控制高温燃气的流出量，以保证燃烧室内有足够的压强，使推进剂主装药正常燃烧。

(2)将高温燃气的热能转换为动能，产生反作用推力。燃烧室内的高温、高压燃气，通过喷管膨胀加速，将热能转化为燃气流的动能，以超声速气流从喷管排出，产生反作用推力。

(3)通过喷管实现推力大小和方向的调节与控制。

固体火箭发动机的喷管可以分成以下几类：

(1)固定喷管：结构最简单，一般是非潜入式的，不提供推力矢量控制。

(2)活动喷管：为飞行器提供推力矢量控制。一个活动喷管可以提供俯仰和偏航控制，而滚动控制需要两个活动喷管。典型的活动喷管是潜入式的，采用柔性密封连接，或者采用带有两个分开成 90°的作动筒的轴承实现全轴运动。

(3)潜入式喷管：喷管结构的一部分伸入燃烧室或壳体内部。潜入式喷管可减少发动机的总长，继而减少了飞行器的长度及其死重。

(4)可延伸喷管：通常指可延伸的出口锥，尽管它并不总是严格的圆锥形。一般延伸后的喷管膨胀比是初始膨胀比的 2～3 倍，以此提高比冲，从而显著提高喷管的推力系数。

(5)长尾喷管：长尾喷管可让火箭发动机的质心接近或位于飞行器质心之前，这就限制了发动机工作时质心的移动，使飞行更容易保持稳定。

每个发动机通常都有一个喷管，一些大发动机有 4 个活动喷管，用于推力矢量控制。

由于喷管始终受到高温、高压和高速燃气流的传热和烧蚀，需要在相应的内表面上采用耐高温、抗烧蚀的材料或相应的防热、防烧蚀的措施，而喷管喉部的热防护是喷管设计的最大难题，因为最大的热传递发生在喉部。通常，对大多数发动机而言，喷管喉部面积因烧蚀等因素而增大超过5%是不可接受的，因为这将导致推力和燃烧室压强的下降。

推力矢量控制(thrust vector control)：根据控制指令采用机械或非机械方法改变喷管中燃气的排出方向，使其与发动机轴线偏斜一定角度，从而改变发动机推力的方向。这时就产生一个与飞行器轴向垂直的径向控制力，径向控制力围绕飞行器质心产生一个控制力矩，该控制力矩可用于飞行器姿态控制。固体火箭发动机通常是通过喷管实现推力矢量的改变的。

推力终止装置(thrust termination)：推力终止装置的主要功能，是使固体火箭发动机根据飞行任务要求准确地实现推力终止。如弹道式导弹的末级火箭发动机，要求在达到预定的高度和速度的时候，准确地停车，实现推力终止，以确保其弹道的准确性。推力终止装置通常是在燃烧室头部打开反向喷管，产生反向推力来终止发动机原来的推力的。

5.1.2 固体火箭发动机的工作原理

固体火箭发动机属于喷气式发动机，其工作原理基于牛顿第三定律(即作用力与反作用力原理，如图5-2所示)，发动机的工作过程可以这样描述：点火器(或点火装置)将推进剂主装药点燃、燃烧，形成高温、高压燃气，使主装药的化学能转变为燃气的热能，随后燃气通过喷管膨胀加速将热能转换为动能，当超声速燃气流通过喷管排出时，其反作用力即推动飞行器前进。固体火箭发动机工作过程中的能量转换历程(化学能→热能→动能)如图5-3所示。

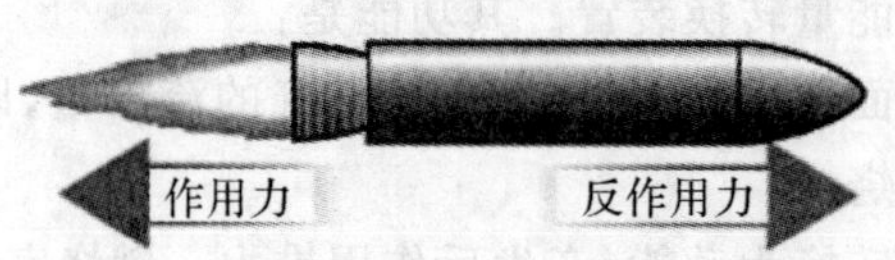

图5-2 火箭发动机工作原理示意图

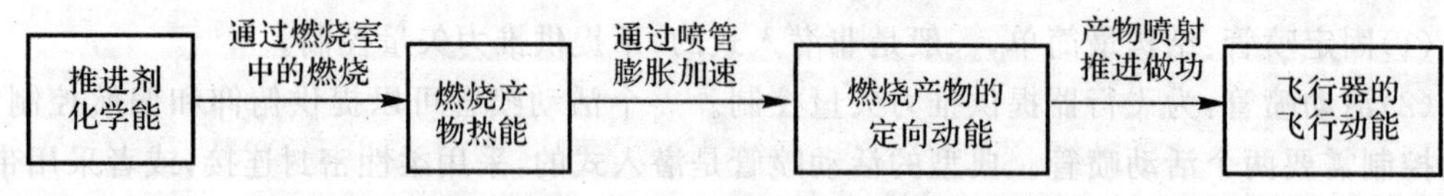

图5-3 固体火箭发动机工作过程中的能量转换过程示意图

另一方面，由于固体火箭发动机是一种热动力装置，因此，根据热力学的基本原理，固体火箭发动机的工作过程也可以用热力循环的概念加以说明。但是，由于发动机的实际工作过程是一种复杂的、不平衡的和不可逆的过程，因此，为了便于应用热力循环的概念，需要将发动机实际的工作过程简化、抽象为一种理想的工作过程。为此，作如下基本假设：

(1)发动机工作过程(即推进剂在燃烧室中的燃烧过程和燃烧产物在喷管中的流动过程)是稳定的，不随时间而变。

(2)推进剂的燃烧产物为理想气体，符合理想气体定律，其平均比热不变。

(3)推进剂在燃烧室内完全燃烧,燃烧过程的细节可以忽略不计。

(4)燃气的流动是等熵的,与外界无热交换,不存在摩擦、黏性等耗散损失。

(5)燃气在垂直于发动机轴线的任何截面上各处的状态参数(如速度、压强、温度和密度)都相等。

(6)燃气在喷管入口处的速度为零,在喷管出口处的速度方向都平行于喷管的轴线。

在以上假设的基础上,取单位质量的推进剂燃气为工质,将工质所经历的一系列过程加以简化,可将发动机的整个工作分成以下 5 个过程(参见图 5-4):

(1)定容压缩过程 1—2:当常温常压下的推进剂在燃烧室中瞬时点燃时,产生高温、高压的燃烧产物,压强迅速上升,直至达到燃烧室内的额定平衡压强。在这一过程中,由于固体推进剂的比容远小于燃烧产物的比容(两者的比值不大于 0.5%),而且推进剂实际上是不可压缩的,因而压缩功等于零。反映在图 5-4 中 $p-v$ 图上,1—2 线垂直向上并近似与 p 轴重合,在 $T-S$ 图上温度和熵值均增加(点火产生的热量相当于外界加给系统的热量 Q_{1v})。

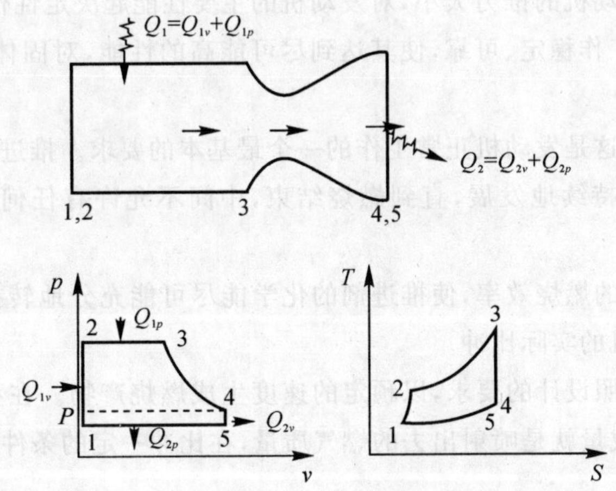

图 5-4　固体火箭发动机理想热力循环示意图

(2)定压加热过程 2—3:在这一过程中,推进剂在定压燃烧室内持续燃烧,不断变为气态燃烧产物,产物温度继续增高,推进剂的定压爆热 Q_{1p} 几乎全部施加给燃气。表现在图 5-4 的 $p-v$ 图上,2—3 线平行于 v 轴,在 $T-S$ 图上,温度和熵值均增加。

(3)等熵膨胀过程 3—4:在这一过程中,燃烧室内的高温、高压燃气在喷管内作等熵膨胀流动,燃气的压强、温度不断降低,比容、速度增大,最后从喷管出口截面排出。多数情况下在喷管出口截面的燃气的温度仍远高于周围介质的温度,压强也略高于周围介质的压强。此过程反映在 $T-S$ 图上是一条平行于 T 轴的直线。

(4)定容放热过程 4—5:在这一过程中,喷管出口截面的燃气压强迅速降至周围介质的压强,假设这一过程是一个定容放热过程,因而燃气的比容不变,而压强、温度和熵均减小(相当于从系统中抽走热量 Q_{2v})

(5)定压放热过程 5—1:在这一过程中,工质在与周围介质相同的压强下放热、冷却并凝结,直至最后恢复到循环的初始状态(放走的热量为 Q_{2p})。

5.2 固体火箭发动机中的稳定燃烧

5.2.1 燃烧的基本要求

在固体火箭发动机中，推进剂的燃烧是一个重要的工作过程，其中的氧化剂组元和燃料组元经过燃烧反应生成高温、高压的燃烧产物，将蕴藏的化学能转换为燃烧产物的热能，实现发动机中第一次能量转换。同时，承载热能的燃烧产物(包括气相和凝相)在喷管流动过程中膨胀加速，将热能转换为动能，而动推力就是依靠一定质量的燃烧产物高速向后喷射而产生的。因此，燃烧过程既释放能量、影响燃烧产物的喷射速度，又生成工质、决定喷射质量，两个作用合在一起，直接影响发动机的推力大小，对发动机的主要性能起决定性作用。

为了保持发动机工作稳定、可靠，使其达到尽可能高的性能，对固体推进剂的燃烧过程有以下主要要求：

第一，燃烧稳定。这是发动机正常工作的一个最基本的要求。推进剂一经点燃，就要求推进剂的燃烧过程稳定、持续地发展，直到燃烧结束，中间不允许有任何熄火间断或不正常的波动。

第二，有尽可能高的燃烧效率，使推进剂的化学能尽可能充分地转换为燃烧产物的热能，以便进一步提高发动机的实际比冲。

第三，燃烧过程按照设计的要求，以预定的速度生成燃烧产物。在稳态工作条件下，单位时间内燃烧产物的生成量就是喷射出去的燃气质量，在比冲一定的条件下，它决定了发动机推力的大小。

稳定、高效是所有热机燃烧的共同要求。对于固体火箭发动机来说，固体推进剂中的氧化剂和燃料的比例是预先设置好的，除了在推进剂配方中考虑燃烧稳定性之外，发动机的工作压强和推进剂的装药结构对燃烧稳定性都有影响。控制工作压强可以实现高效燃烧，而且随着压强升高，发动机可以获得更高的比冲性能，但是需要考虑推进剂的安全燃烧压强上限和发动机结构与热结构的承受能力。受火箭或导弹的总体约束，推进剂的燃烧必须按照设计的要求进行，以获得预定的推力历程。固体发动机虽然结构简单，但是推进剂的燃烧过程是非常复杂的，需要对发动机中的燃烧过程有一个基本的了解，才能使所设计的发动机达到燃烧稳定、高效，并且按照预定规律进行的目的。

5.2.2 燃烧过程的研究

固体推进剂是由多种组元组成的物质，本身的化学结构相当复杂，其整个燃烧过程包括一系列物理化学过程，这些过程不仅取决于推进剂各组元的物理化学性质，而且还取决于燃烧室的条件(如燃烧室压强和燃气的流动等)。而这一系列物理化学过程都是在高温、高压条件下进行的，反应速度很快，大部分过程是在厚度只有几百微米(甚至更小一些)的气相燃烧反应区内进行的。燃烧产物成分多且具有腐蚀性，在高温、高压环境下，在时间和空间上难以分辨，为燃烧过程的测试带来极大的困难。如超高的燃烧温度使大多数传感器的敏感元件难以直接接触，容易烧坏；反应速度快和反应区厚度薄，对传感器的时间和空间分辨能力提出了更高的要求。虽然随着技术的发展，高时间和空间分辨率的科学仪器已经比较普及，但是应用到固体推进剂的燃烧中还有很大的困难，高温、高压和多烟雾的环境是最大的障碍，所有这些因素使固体推进剂燃烧过程的试验研究成为一项相当复杂的任务。

目前，在各国学者的艰苦努力下，固体推进剂燃烧的试验研究取得了较大的进展。研究者采用各种方法来观察推进剂燃烧反应过程的真实情况。例如，利用高速显微连续照相来获得推进剂燃烧火焰区的状况，研究火焰的结构；利用质谱仪、光谱仪等设备对各阶段的反应产物进行成分分析；利用差热和热失重分析来研究温升过程中的分解反应及其热效应；利用扫描电子显微镜来研究中止燃烧后推进剂表面的微观结构；利用微型热电偶来测量燃烧过程中固相的温度变化；以及利用各种光学和光谱学方法来研究燃烧中温度场、浓度场和速度场。所有这些方法，都可以使人们了解到燃烧过程的某一个侧面的情况，帮助人们认识整个燃烧过程。表 5-1 从一个侧面反映了与固体推进剂燃烧试验研究相关的有代表性的试验方法。

表 5-1　用于固体推进剂燃烧的试验诊断

分类		方法或仪器设备名称	应用
普通摄影 (摄像法)		单幅照相	火焰结构
		高速摄影	燃烧动态过程
		电子显微镜摄影	燃烧表面、粒子的细观形貌
干涉量度法		干涉法	气体密度
		纹影法	密度梯度
		阴影法	密度的二阶导数
		聚焦纹影	火焰结构
		全息摄影	燃烧波与激波传播，粒子特性
光谱法		辐射计法	气体温度
		吸收光谱	组分浓度、温度和速度
		拉曼光谱	温度和主要组分测量
		激光诱导荧光	温度和自由基浓度
燃速测量法	稳态燃烧	稳压式燃速仪	燃速测量
		密闭燃烧器	高压下燃速测量
		声发射	燃速测量
	非稳态燃烧	微波法	燃速特性
		超声法	燃速特性
		T 形燃烧器	燃烧响应
		X 射线实时高速荧屏分析	动态燃烧过程

除了直接测试的方法之外，还可以通过一些间接方法来研究燃烧过程。例如，通过测量与燃烧过程有关的一些特性参数（如推进剂的燃速）、分析实际燃烧过程中的某些现象、对某些简化模型的试验等，可以间接地推断燃烧过程的情况。在燃烧过程试验研究方面所取得的可用成果，使人们对于固体推进剂的燃烧过程有了一个基本的认识，能比较正确地进行发动机设计，处理有关工程应用中的问题。当然，由于试验研究中所存在的种种困难，人们对于固体推进剂的燃烧过程和规律并不是完全清楚的，还有不少问题需要继续研究。值得注意的是，由于固体推进剂燃烧的特殊性和复杂性，根据需要关注的现象和参数，有针对性地设计试验装置，这是试验研究的关键。

开展燃烧试验研究的目的，一方面是为了直接了解燃烧现象，总结燃烧规律，为发动机设计和故障诊断服务；另一方面是从试验研究得到的燃烧过程的各种现象、规律和数据等实际情况出发，建立便于分析的燃烧模型，再应用物理、化学等方面的基本理论和规律，进行理论分析和数学求解，得到各种定性或定量结果，建立燃烧理论，使人们对燃烧过程的规律有更加深入的了解，并能够利用燃烧理论解释某些燃烧现象、预见某些参数的变化。但是，由于试验研究中的困难，人们对于实际燃烧过程的认识还不完全，且燃烧过程中各种因素的相互影响又比较多，如果将所有的因素都考虑到，必然使理论分析过于复杂，在数学上也难以求解。因此，在大多数情况下，为了便于理论分析和数学求解，往往是针对不同的具体情况，突出那些影响燃烧过程的主要因素，略去次要因素，建立简化的燃烧模型作为理论分析的基础。不过，这种分析在多大程度上符合实际情况，仍然是一个有待实践检验的问题。某一燃烧理论所略去的某些因素是否就是在实际上可以略而不计的次要因素，有时并不一定可信，也可能存在一定的主观随意性。对固体推进剂来说，燃烧过程的理论分析需要应用各种物理化学参数（或特性常量），而有些参数的精确确定，本身就是一个复杂的问题。燃烧理论是否与实际情况符合，同这类参数的取值是否恰当有很大的关系。有些理论甚至是调整这类参数的取值来使其结论同实际接近。所有这些情况使相当数量的燃烧理论的分析结果有较大的局限性。在参考有关资料时，要充分注意到这个情况。

随着固体火箭发动机应用和研究的不断发展，对于固体推进剂燃烧过程的研究不断深入，对于这一过程的认识也越来越全面。目前，以美国伊力诺依大学（UIUC）为依托的先进火箭发动机仿真中心（CSAR）在燃烧理论方面的研究已经达到很高的技术水平，在大量试验数据的支撑下，所建立的固体火箭发动机燃烧理论模型能够实现推进剂三维火焰结构的模拟，可对包括点火、燃烧、药柱的力学性能、内流场、部件的老化及损伤，以及多种失效模式在内的发动机工作开展全面数值模拟。

对固体火箭发动机的研制工作来说，固体推进剂燃烧过程的理论研究和试验研究都有相应的重要作用。燃烧的试验研究、发动机工作过程中的燃烧情况以及由此而产生的种种现象，是我们认识燃烧过程、了解燃烧规律的基础。而用试验方法去确定某些燃烧规律也是人们解决实际燃烧问题常用的手段。例如，目前在发动机设计中所需要的推进剂燃烧特性还都是通过试验测定的，试验研究是解决燃烧问题的方法之一。燃烧的理论研究，虽然目前还不够完善，但可以在很多方面帮助人们去了解燃烧过程的本质、分析和处理燃烧试验的结果，提出改进燃烧过程的方向；同时，在发动机研制过程中帮助人们正确地组织试验、应用试验的结果，不断地改进发动机的性能。

5.2.3 燃烧过程的特性参数

固体推进剂的燃烧是以燃烧开始后其表面的退移来表征的，燃烧表面的退移快慢一般以燃速表示，因此，燃烧过程的特性参数是燃速，燃速是一项重要的燃烧特性。试验研究表明，在大多数情况下，燃烧表面退移是沿表面的法线方向进行的，推进剂装药燃烧表面沿其法线方向向推进剂里面连续推进的速度就是燃速。如果在微元时间 dt 内，燃烧表面沿其法线方向向里推进的直线距离为 de，则燃速为

$$r=\frac{\mathrm{d}e}{\mathrm{d}t} \tag{5-1}$$

其国际单位为(m/s)。由于 de 是沿燃面法线方向的直线距离来量度的，所以这个燃速又叫直线燃速或线燃速。

此外，还用单位时间内在单位燃烧表面上生成燃烧产物的质量来表征推进剂的燃烧速度，叫作质量燃速。很显然，质量燃速等于直线燃速乘以推进剂的密度 ρ_p，即

$$\text{质量燃速}=r\rho_p \tag{5-2}$$

其单位为 kg/(m^2·s)。

在比冲一定的条件下，发动机的推力为 $F=\dot{m}I_s$。由此可见，在比冲一定的情况下，发动机的推力取决于喷管的质量流率 $\dot{m}$。而在发动机稳态工作时，喷管的质量流率也就是燃烧产物的质量生成率，即

$$\dot{m}=\rho_p A_b r$$

式中，推进剂的密度 ρ_p 是定值；A_b 是装药燃烧表面的面积，主要由装药的几何形状和尺寸所决定；只有燃速 r 是受燃烧过程影响的主要参数。因此，为了达到预定的发动机推力，必须保持推进剂预定的燃速。

燃速的大小取决于两方面的因素。首先是推进剂本身的性质，由推进剂的组成所决定。不同的氧化剂和燃料、不同的燃速催化剂、不同的氧化剂粒度组成不同的推进剂，其燃速特性的差别可以很大。在通常的发动机工作条件下，缓燃推进剂的燃速可以是每秒几毫米，甚至不到每秒一毫米，速燃推进剂则可达每秒几十毫米。此外，推进剂的密度、推进剂成型的工艺方法等也都对燃速有影响。其次，燃速又取决于推进剂燃烧时的环境，也就是发动机中的工作条件。如燃烧室的压强、推进剂的初温、燃气平行于燃烧表面的流动速度，以及加速度场的作用和装药的受力应变情况等都对燃速有影响，其中以压强的影响最为重要。

推进剂的燃速随工作条件变化的规律叫作燃速特性。它是固体推进剂的一个重要性能，是在发动机设计、计算以前就必须知道的 项原始数据。由于推进剂的燃烧是一个十分复杂的物理化学过程，到目前为止，还不能单纯依靠燃烧理论的预计来确定推进剂的燃速特性。在发动机研制工作中，主要采用试验的方法，例如用标准试验弹道发动机来确定推进剂在不同工作条件下的燃速，为发动机设计和性能分析提供依据。

5.2.4 燃烧过程中推进剂装药燃面的变化

装药开始燃烧时，燃烧表面的面积 A_b 由其几何形状和尺寸所决定，可以根据装药设计进行计

算。在燃烧过程中，复杂的燃烧表面如何退移演变？A_b 如何变化？早在 19 世纪，皮奥波特(Piobert) 和维也里(Vieille) 根据火炮发射中抛出残余药片的形状同原来药片的形状相似的现象，观察并总结了药片燃烧的实践经验，提出了“几何燃烧定律”，其核心内容包括三项基本假设：

(1) 整个装药的燃烧表面同时点燃；

(2) 装药成分均匀，燃烧表面各点的条件相同；

(3) 燃烧表面上的各点都以相同的燃速向装药里面推进。

根据这些假设条件，在燃烧过程中，装药的燃烧表面始终与起始燃烧表面平行，形成了所谓的“平行层燃烧规律”。

根据几何燃烧定律，装药燃烧表面在燃烧过程中的推进演变类似于光学中光波前沿在各向同性介质中传播的惠更斯 (Huygens)原理。如图 5－5 所示，在初始 $t=0$ 时刻，燃烧表面为 $A_b(0)$，由 $E_0, E_1, \cdots$ 各点标出。在 $t=t$ 时刻，各点向里推进的距离为 $e=rt$，e 就是已燃的肉厚。按照几何燃烧定律，新的燃烧表面是以表面 $A_b(0)$ 上的各点为球心、以 $e=rt$ 为半径的所有的球面的包迹。这样得到的 $A_b(t)$ 是平行于原来表面 $A_b(0)$ 的。

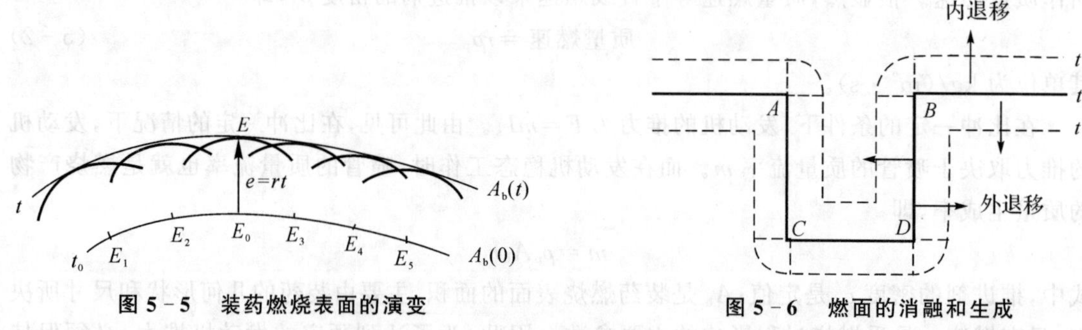

图 5－5　装药燃烧表面的演变　　图 5－6　燃面的消融和生成

如果初始的燃面是圆柱内孔，在各点燃速相等的条件下，燃面依然按照圆柱内孔的形状退移，半径不断变大。由于真实发动机装药的初始形状往往比较复杂，燃面按照平行层规律退移时，会出现消融和生成的现象，如图 5－6 所示。如果燃面向外退移，则 C，D 两点会生成新的燃面；如果燃面向内退移，AC 和 BD 面会有一部分消融，同时 A，B 两点也会生成新的燃面。

按照平行层燃烧规律，只要给定初始燃烧表面及其推进的距离，就可以根据装药几何关系计算出相应燃烧时刻的 A_b，具体的计算方法在“火箭发动机设计”课程中有详细的介绍。当然，实际的燃烧过程受种种条件的影响不会十分均匀。例如，点燃不会完全同时，各处燃速也不会完全一致。几何燃烧定律的三个条件只是作为第一步近似，在一般发动机中可以认为大体上是满足的。虽然有些实际情况可能需要作一些必要的修正，但有了这个定律，燃烧表面面积的计算便有了基本的依据。按照平行层燃烧规律，图 5－7 给出了星形内孔燃烧装药燃面变化的示意(图中 l 为装药长度)。

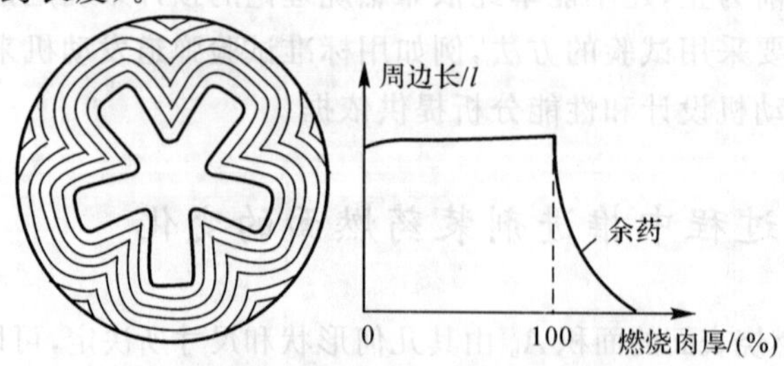

图 5－7　星形内孔燃烧装药燃面变化示意

5.2.5　固体推进剂的燃烧模型

5.2.5.1　双基推进剂的多阶段燃烧模型

双基推进剂是以硝化棉(硝化纤维)和硝化甘油为基本组元的多组元均质推进剂。它的应用已有半个多世纪的历史,对它的燃烧过程的研究和了解已经比较成熟。早在 20 世纪 40—50 年代,休格特(Huggett)根据前人的试验结果,于 1956 年提出了得到学术界认可的“多阶段”燃烧模型。但由于其燃烧过程的复杂性,至今仍有很多细节还未完全认识清楚。将这个过程从理论上进行数学处理,困难依然很多。

硝化棉和硝化甘油都属于硝酸酯类,而且各组元均匀结合,形成均匀的胶体结构,因此,双基推进剂的燃烧是氧化剂和燃料预先混合均匀的预混燃烧,不再需要掺混过程。燃烧在整个燃面上均匀进行,符合平行层燃烧的条件,可以看作是一个一维(与燃面垂直的方向上)的多阶段燃烧过程:燃烧过程从固相受热、分解开始,固相分解汽化以后,分解产物离开燃烧表面,在气相中继续进行反应,释放热量,使产物温度升高,直到形成火焰。高温燃烧产物通过热传导,反过来向固相传热,称之为“热反馈”。依靠热反馈,固相不断获得热量,得以继续分解汽化,燃烧表面向里推进,形成自持燃烧。如果燃烧条件不随时间变化,燃烧过程稳定进行,这就是稳态燃烧。在稳态燃烧的条件下,双基推进剂多阶段的燃烧过程可以表示为在空间作一维分布的各个燃烧反应区,其模型示意见图 5－8(a),燃烧的物理图画示意见图 5－8(b)。

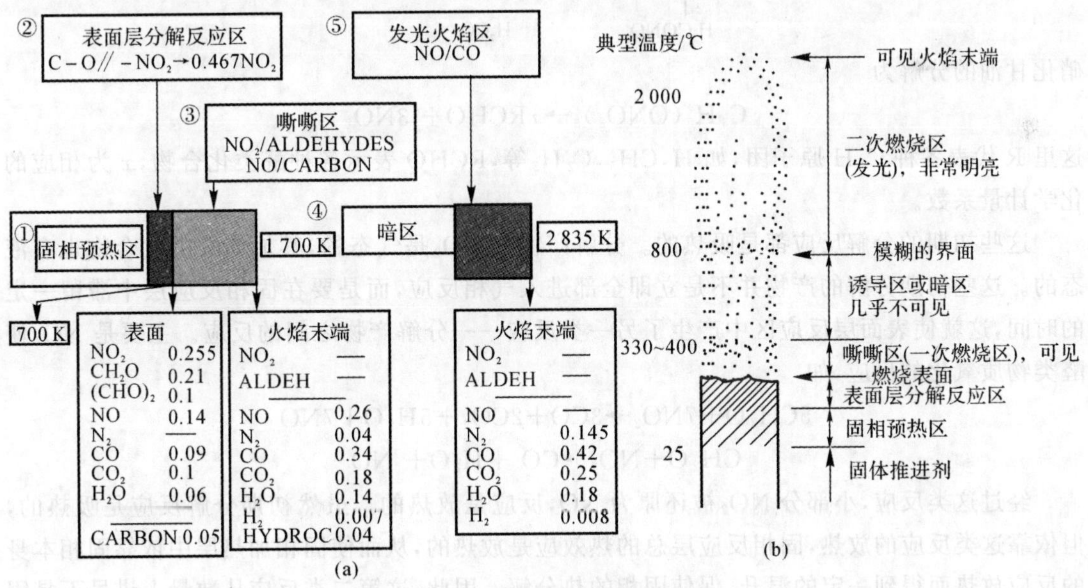

图 5－8　双基推进剂燃烧过程示意

由图 5－8 可见,双基推进剂的燃烧依次可以分成固相中的预热区、表面层分解反应区、气相中的嘶嘶区、暗区和发光火焰区。各反应区的特点简述如下。

1. 固相预热区

在这一区域，推进剂化学性质尚未受到燃烧影响，尽管其初温已升高，但是由于温升还比较小，还不足以引起各个组元产生显著的化学变化，只是单纯加热，随后逐渐变软，该区的温度不超过凝聚相中反应开始进行的温度。

2. 表面层分解反应区

表面层分解反应区又称为泡沫区，因其泡沫状而得名。在更加靠近固相表面的地方，随着温度进一步升高，推进剂中最容易分解的组元便开始分解汽化(温度约为 600 K)。越靠近表面，温度越高，分解反应越强烈，直到燃烧表面，可以看作完全汽化，这就是表面层分解反应区。

在表面层分解反应区中，由于推进剂各组元的物理化学性质不同，除了分解、汽化以外，还有融化、分馏、蒸发等过程。表面层中的化学反应主要是各组元的热分解。像硝化棉这类高分子聚合物则是从解聚开始，然后分解。硝酸酯类分子的分解有一个共同点，都是其中的 RO—NO_2 键最容易断开，分解的最初步骤便是产生 NO_2 和醛类物质。例如，硝化棉分子的最初分解可以表示为

$$
\left[\begin{array}{r}
\cdots -\mathrm{CH} \\
| \\
\mathrm{CONO_2} \\
| \\
\mathrm{O_2NOCH} \\
| \\
\mathrm{HCO}-\cdots \\
| \\
\mathrm{HCO}- \\
| \\
\mathrm{H_2CONO_2}
\end{array}\right]
\longrightarrow
\left[\begin{array}{r}
\mathrm{CH} \\
| \\
\mathrm{HC{=}O} \\
| \\
\mathrm{O{=}CH} \\
| \\
\mathrm{HCO}-\cdots \\
| \\
\mathrm{HCO}- \\
| \\
\mathrm{H_2CO}
\end{array}\right]
+3\mathrm{NO_2}
$$

硝化甘油的分解为

$$C_3H_5(ONO_2)_3 \rightarrow x\mathrm{RCHO} + 3NO_2$$

这里 R 代表各种 C，H 原子团，如 H，CH_3，C_2H_5 等，RCHO 表示各种醛类化合物，x 为相应的化学计量系数。

这些初期的分解反应都是吸热的。分解产物中 NO_2 是气态的，其他如醛类化合物也有液态的。这些初期分解的产物并不是立即全部进入气相反应，而是要在固相反应层中滞留一定的时间，这就使表面层反应区中产生了另一类反应——分解产物之间的反应。主要是 NO_2 使醛类物质氧化的反应，如

$$5CH_2O + 7NO_2 \rightarrow 3CO + 2CO_2 + 5H_2O + 7NO$$

$$CH_2O + NO_2 \rightarrow CO + H_2O + NO$$

经过这类反应，小部分 NO_2 被还原为 NO，反应是放热的。虽然初期分解反应是吸热的，但依靠这类反应的放热，固相反应层总的热效应是放热的，从而使固相加热层中依靠固相本身的反应放热而得到一定的温升，促使固相的热分解。因此，这第二类反应从数量上讲虽不是固相反应层中的主要反应，但它对维持固相持续分解是相当重要的，特别是 NO_2 的存在对硝酸酯类化合物的分解有催化作用，NO_2 在固相层中的滞留可以促进固相分解。如果燃烧室压强过低(例如低于一个大气压)，最初分解产物 NO_2 等在固相层中滞留时间甚短，使固相中的放热反应减小，固相获得的热量不足，极端情况下，甚至因此而不能维持固相的继续分解，导致燃烧停止。只有使气相压强升高，使 NO_2 一类初期产物在固相反应层中滞留时间增加，才能一

方面利用 NO_2 的催化作用；另一方面增加固相中的放热反应，以便得到更多的热量，维持继续分解。这就是说，在低压范围内，提高压强可以稳定固相分解，起稳定燃烧的作用。

有些双基推进剂含有很少量的耐热组元，如氧化镁、石墨、白垩等。这类组元汽化温度较高，在表面层的条件下，往往形成一层薄膜停留在固相表面。这类物质本身有一定的热容，其中贮存的热量有利于稳定表面层中的温度分布，阻止其过快的下降。其次，这类薄膜也有一定的机械强度，可以防止 NO_2 一类的气态产物过早地从固相表面层中跑出来，从而增加固相中放热反应，促进固相分解，也有稳定燃烧的作用。

总之，在表面反应层中，温度逐渐升高，分解反应强度越来越大，分解形成的汽化产物也越来越多，到一定程度，总是要离开固相表面进入邻近的空间，继续进行气相反应的。这里的固相表面，从微观上看，不是一个很规则的稳定的边界，而是一个起伏不平、动荡不定的表面，只能说大体上存在这样一个边界。这个边界上的平均温度就是燃烧表面的温度 T_s，它可以表征固相反应层中的温度（固相反应层中的最高温度）。这个温度直接影响固相的分解速度，从而影响燃速的快慢。T_s 的高低与推进剂的组成、各组元的物理化学特性有关，也与燃烧所处的条件有关（如燃烧室压强、推进剂初温等），是燃烧过程的一个很有代表性的参数。对一般双基推进剂来说，燃烧表面温度大致在 700 K。

固相表面反应层甚薄，通常在 0.01 mm 的量级甚至更小，而固相预热区的厚度相对较大。它同燃速的大小、推进剂的热传导性能有关。图 5－9 所示是一种典型的双基推进剂燃烧时固相表面层中的温度分布。图中清楚地表明了当燃速增加时，表面层厚度迅速减小。这组曲线是略去固相反应中的热效应，只考虑热传导，并假定 T_s＝300℃计算出来的。但是，这种固相加热层厚度随燃速的变化关系与用微型热电偶测量的结果是相当一致的（见图 5－10）。

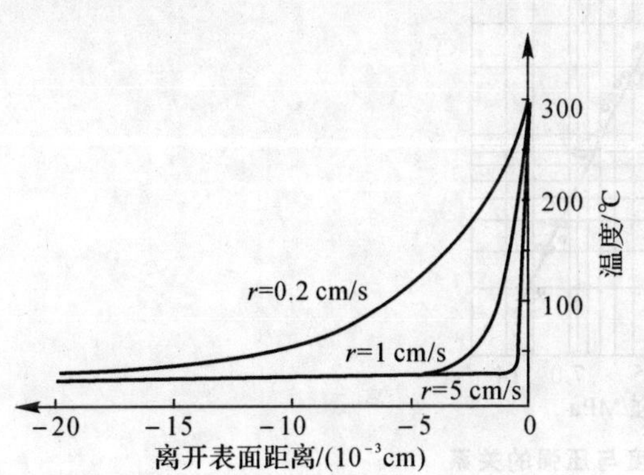

图 5－9　固相表面层中温度分布与燃速的关系

ρ_p＝1.6 g/cm³；c＝0.35 cal/(g·K)；

$\lambda=5\times10^{-4}$ cal/(cm·s·K)；T_0＝25℃；T_s＝300℃

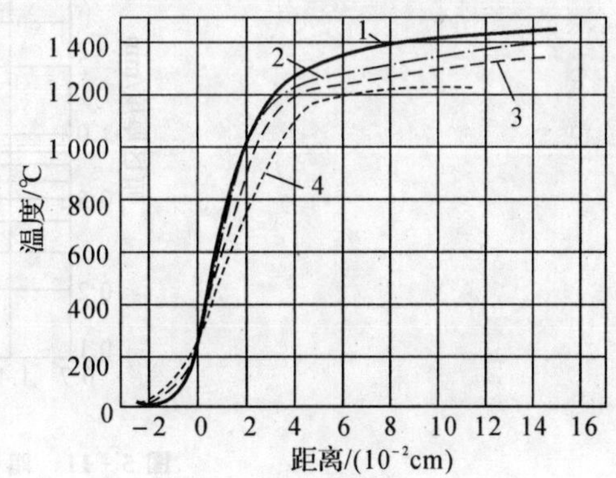

图 5－10　燃面附近实测温度分布

1－p＝49.2 atm；2－p＝42.2 atm；

3－p＝28.1 atm；4－p＝26.4 atm

3. 嘶嘶区

固相分解产物进入气相，首先就形成了嘶嘶区。它紧靠燃烧表面，反应十分剧烈，甚至嘶嘶发声，故得此名。从固相分解而来的产物并非全是气体，还夹带着一些液体微粒，甚至还有小块的固体颗粒（没有来得及分解的推进剂）。因此这一区的结构并非单纯气相，而是以气相为主的有凝相微粒的弥散分布。这里的主要反应是分解产物之间的反应，特别是 NO_2 与各醛类物质的反应，如

$$NO_2+(CHO)_x \rightarrow NO+xCO+H_2O+\left(\frac{x}{2}-1\right)H_2$$

$$NO_2+H_2 \rightarrow NO+H_2O$$

$$NO_2+CO \rightarrow NO+CO_2$$

$$NO_2+R \rightarrow NO+RO$$

在这类反应中，NO_2还原为 NO，释放出氧，将燃料组元氧化，因而释放较多的热量。在通常条件下，这里释放的热量约占整个推进剂可释放热量的一半，从而使这一阶段结束时可以达到1 700 K左右的温度。由于反应速度很快，这一区的厚度甚薄，其量级为百分之几毫米，因此形成了很大的温度梯度，造成对固相的热反馈。

嘶嘶区反应结束以后，生成了大量的 NO。而 NO 的进一步还原，只有在较高的温度和压强下才能进行。如果压强太低，反应可能就此停止，成为所谓嘶嘶燃烧，这是能量释放很不完全的燃烧。

4. 暗区

在压强较高的条件下，嘶嘶区生成的NO可以继续还原，释放其中的氧。由于NO还原反应的活化能比较大，只有在较高温度和压强(压强表征气相反应物的浓度)下才有一定的反应速度，某些催化物质(如 H_2O)的存在也可以加速 NO 的还原反应。因此，需要有一个积聚热量和催化物质的准备过程(感应期)，这就是暗区。通常暗区中反应速度较慢，温度升高只有200～300 K，还达不到发光的程度。整个暗区中温度变化比较平缓。

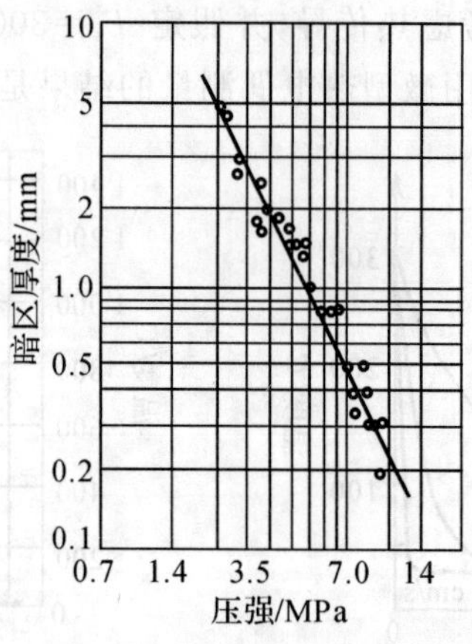

图 5-11　暗区厚度与压强的关系

暗区的厚度受压强的影响很强烈。当压强增加时，暗区迅速减薄(见图 5-11)。当压强增加到 100 atm 左右时，暗区就缩小到难以分辨的程度。暗区的厚度 δ_d 同压强的一定方次成反比，即

$$\delta_d=\frac{C}{p^m} \tag{5-3}$$

此处，C 为常数，m 的数值可达到 2～3，可见压强对暗区的影响是很大的。这是因为压强增加，反应物浓度增加，因而 NO 的还原速度增加，使压强成为影响暗区厚度的决定性因素。

5. 发光火焰区

经过暗区的准备过程，积累足够的能量(温度升高了)和催化物质以后，NO的进一步还原反应就十分迅速，这就形成了发光火焰区，这里的反应是NO的还原和燃料组元的氧化，如

$$2NO + 2CO \rightarrow N_2 + 2CO_2$$

$$2NO + 2H_2 \rightarrow N_2 + 2H_2O$$

这都是放热反应，因而使燃气温度升高到可以发光的程度(1 800 K以上)。但这类反应能进行到什么程度，对一定配方的推进剂来说，仍要取决于压强的大小。如果压强不够高，NO还原仍不完全，热量不能充分释放，燃烧反应就不完全。只有在压强提高到一定程度以后，NO的还原才能进行完全，热量释放才比较充分，燃烧反应才算是完成了。使固体推进剂燃烧过程中热量得到充分释放的最低压强称为推进剂的临界压强，又叫正常燃烧的压强下限。临界压强的高低取决于推进剂配方，是推进剂的一个重要的燃烧特性。为了使推进剂燃烧完全，热量释放充分，达到较高的燃烧效率，必须使燃烧室的压强高于推进剂的临界压强，这是在发动机设计中必须满足的一个必要条件。双基推进剂的临界压强为3～6 MPa。

由上述分析可见，双基推进剂燃烧过程的各个反应阶段是就其主要的反应进程来划分的。从固相分解、产生NO_2开始，进入气相以后，NO_2的逐步还原，燃料组元的逐步氧化，直到燃烧结束。但是，各个阶段并非截然分开，有些过程互相掺杂。例如，在固相表面层反应中就有某些气相中的反应，而在进入气相以后，仍会夹杂着一些没有分解、汽化的固体或液体微粒，继续在气相中进行初期的分解反应。同时还要看到，各阶段的反应过程并不是一成不变的。例如某些催化剂的加入，可以加快某些反应，使过程有所变化，工作条件的改变，也会影响过程的进行。

经过各阶段的反应，随着反应放热，温度逐步升高。如果没有散热损失，最后就要达到绝热燃烧温度T_f。由于各阶段的热效应不同，温度升高的程度和快慢也不相同，这就形成了图5-12中所示的温度分布(由于配方中硝化甘油含量的不同，温度分布可能存在较大差别，图5-12只是一种趋势)。由于温度梯度的存在，才能产生高温区对固相低温区的热反馈。

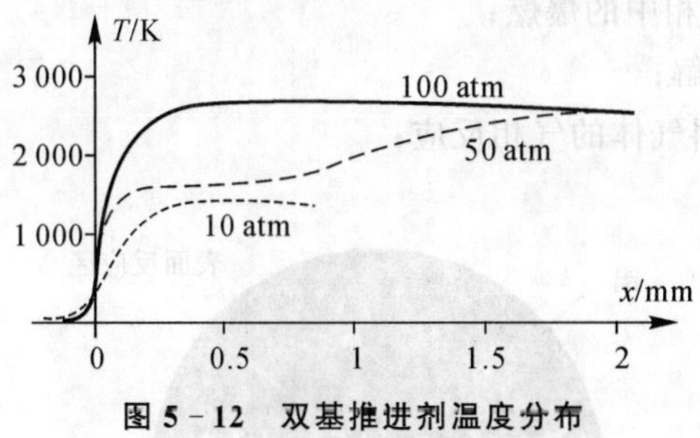

图5-12　双基推进剂温度分布

5.2.5.2　过氯酸铵(AP)复合推进剂的多火焰燃烧模型

复合推进剂是由晶体氧化剂、燃料-黏结剂及其他附加成分混合固化而成的。曾经用过的氧化剂和燃料-黏结剂种类很多。作为氧化剂的有硝酸铵(AN)、过氯酸铵(AP)、过氯酸钾(KP)等等。作为燃料-黏结剂的有沥青、聚硫橡胶(PS)、聚氨酯(PU)、聚氯乙烯(PVC)和各种聚丁二烯(PB)等等。不同的氧化剂和不同的燃料-黏结剂有不同的物理化学性质，它们的燃

烧过程可以有较大的差别。其中氧化剂的作用尤其显著，它在推进剂各组元中所占的百分比最大，对燃烧过程的影响也很突出。目前在复合推进剂中使用最广泛的氧化剂是过氯酸铵，对这类推进剂的燃烧也研究得最多。现在就以过氯酸铵（以后通称 AP）复合推进剂的燃烧过程为典型来介绍复合推进剂的燃烧。

复合推进剂中所用的氧化剂晶体颗粒一般都比较细，它同燃料-黏结剂的混合也都比较均匀；大部分复合推进剂都添加铝粉作为提高能量的金属燃料组元，铝粉的尺寸也是比较细的。因此，从宏观上看，复合推进剂的燃烧过程大体上仍然可以看作是平行层燃烧。整个燃烧过程也是从固相受热分解、汽化开始，到气相中继续反应放热，通过气相对固相的热反馈，使固相继续分解，形成自持燃烧，按平行层规律向里推进。

但是，从微观上看，推进剂本身的组成是不均匀的，燃烧区的火焰结构也是不均匀的。根据初步估算，当 AP 推进剂的燃速为 10 mm/s 时，其固相表面层的厚度约为 15 μm，气相反应层的厚度约为 50 μm。与此相对应，AP 颗粒的尺寸为 5～400 μm，铝粉的尺寸为 5～50 μm，而且颗粒尺寸一般不是单一的，是在一定尺寸范围内分布的。由于颗粒尺寸所形成的不均匀度同燃烧区的厚度相比，量级相当，不能略而不计，不能看作是均质的，确切地说，复合推进剂燃烧的火焰结构是一个三维的复杂现象。在燃烧区中所进行的物理化学过程，不仅沿垂直于燃烧表面的方向在变化，而且在同一表面上也有多种燃烧过程在同时进行。在一般情况下，进入气相中的氧化剂气体和燃料气体并不是预混的，而是在上升过程中又混合、又反应，形成扩散火焰。只有在离开燃烧表面比较远的气相中，才由于质量扩散而逐渐趋向均匀。

图 5-13 所示是含铝的 AP 复合推进剂燃烧区结构的示意，该图大体上表示了相对的尺寸和不均匀的程度。从图中可以看到，固相燃烧表面是一个高低不平、不规则、不稳定的界面。通常所说的燃烧表面温度也只能是一个平均值，对 AP 复合推进剂来说，大约在 600℃。实际上要准确测定表面上某一点的温度也是困难的。

在整个燃烧区中包含下列各种反应过程：

（1）AP 在固相表面层上的分解；

（2）AP 分解产物在气相中的爆燃；

（3）燃料-黏结剂的热解；

（4）氧化剂气体同燃料气体的气相反应；

（5）铝粒的燃烧。

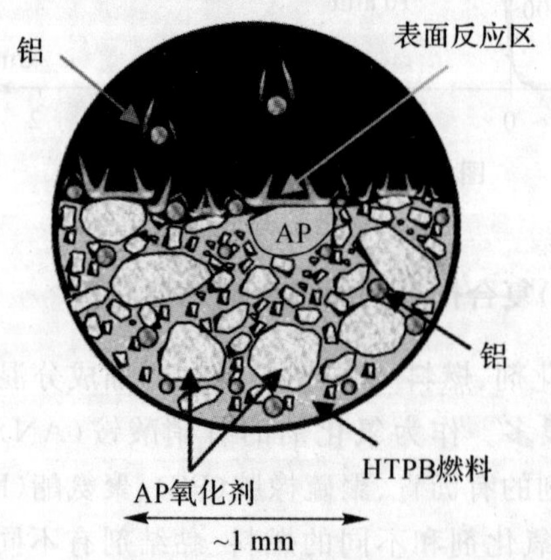

图 5-13　含铝 AP 复合推进剂燃烧过程示意

1. AP 在固相表面层上的分解

AP 为白色结晶，常温下是稳定的，其熔点为 833 K（有资料认为在(715～865)±20 K 之间）。差热分析试验表明，固态 AP 在 240℃时晶体吸热发生相变，从斜方晶体变为立方晶体。AP 的分解比较复杂，随着温度和受热条件不同，分解的速度和机理也不同。对 AP 的分解已有很多研究，但结果并不一致。一般认为分解的过程为

$$NH_4ClO_4 \rightarrow NH_3 + HClO_4$$

AP 的热分解可以利用某些催化剂来加速。例如某些金属氧化物 MnO_2，CuO，Cr_2O_3，Fe_2O_3，Co_2O_3及其盐类，其中以亚铬酸铜和 CuO 作用最强。

AP 的分解定律可以写为

$$m_{AP} = \rho_{AP} V_{b,AP} = A_{s,AP} \exp\left(\frac{-E_{s,AP}}{R_0 T_{s,AP}}\right)$$

分解定律中的重要参数，指前因子 $A_{s,AP}$ 和活化能 $E_{s,AP}$，根据 Seleznev 的表面温度测试结果拟合得到，如图 5－14 所示。除了 40 atm 的试验结果之外，试验结果与分解定律的计算结果都比较一致。

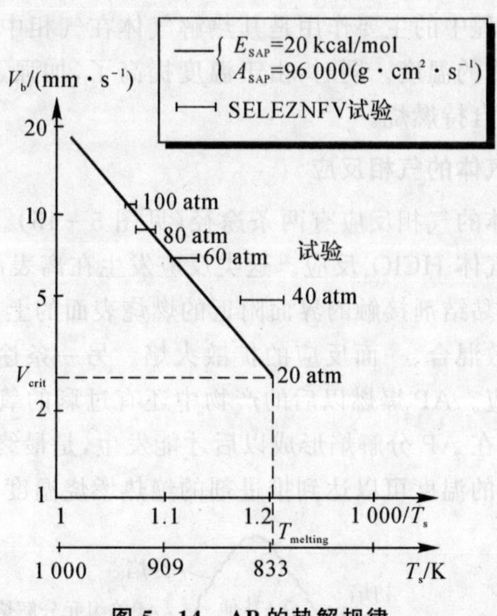

图 5－14　AP 的热解规律

2. AP 分解产物在气相中的爆燃

AP 本身实质上是一种单组元推进剂。在一定的压强下（常温时大于 20 atm）可以自持燃烧，称为爆燃。这是因为它的分解产物继续在气相中反应，先是过氯酸气体继续分解：

$$HClO_4 \rightarrow OH + ClO + O_2$$

此分解产物与 NH_3继续反应，生成惰性产物如 HCl，N_2，H_2O 等和氧，放出相当热量，形成气相燃烧火焰，称之为 AP 的分解焰，其燃烧温度可达 1 200℃左右，AP 的分解和燃烧用一步反应模型表示为

$$NH_4ClO_4 \longrightarrow 1.62H_2O + 1.105O_2 + 0.265N_2 + 0.12N_2O + 0.23NO + 0.76HCl + 0.12Cl_2$$

依靠此高温分解焰向固相传热，可以维持固体继续分解，自持燃烧。AP 的爆燃速度（直

线燃速)随着压强和初温的增加而增加,随着 AP 颗粒尺寸的增加而减小。有的研究结果表明:当压强很高时,AP 表面上出现融化液层,在液层中进行分解反应,其中的放热也可以用来维持固相分解。

AP 的爆燃有一个压强下限,低于此限便不能自持燃烧。这是因为在低压下气相反应速度较慢,分解焰离固相表面距离较远,热反馈减少,再加上散热损失等因素,使固相分解得不到必要的热量而停止。压强下限的高低同初温和催化剂等条件有关,一般在常温下为20 atm左右。

3. 燃料-黏结剂的热解

燃料-黏结剂大都是高分子聚合物,不能单独爆燃,只是受热温度升高以后进行热解,热解的主要产物是 C_2H_4,加上分子量更小的碳氢化合物。在复合推进剂的燃烧过程中,燃料-黏结剂从固相深处逐渐接近表面,其温度从推进剂初温逐渐升高。起初是变软,然后分解汽化。如果受热强度很高,在分解前先变成融化液层。由于各黏结剂的液化温度不同,液层形成的条件也不同。表面温度越高,黏结剂的分解速度也越高。在分解汽化过程中,有的黏结剂还形成一定数量的固态碳,积聚在燃烧表面。

燃料-黏结剂在燃烧过程中的主要作用是其热解气体在气相中同氧化剂气体进行燃烧反应,释放热量,提高燃烧产物的温度。同时,由于温度提高了,加强了气相对于固相的热反馈,使固相得以继续分解,维持自持燃烧。

4. 氧化剂气体与燃料气体的气相反应

燃料气体与氧化剂气体的气相反应有两条途径(见图 5-15)。一是燃料热解气体与 AP 初期分解产物中的氧化剂气体 $HClO_4$反应。这类反应发生在离表面不远的气相反应初期,而且位于氧化剂颗粒同燃料-黏结剂接触的界面附近的燃烧表面的上方,称之为初焰。它是氧化剂气体同燃料气体一面扩散混合、一面反应的扩散火焰。另一条途径是燃料气体与 AP 爆燃分解焰的产物发生燃烧反应。AP 爆燃以后的产物中还有过剩的氧,由它来使燃料气体氧化。这类反应离燃烧表面较远,在 AP 分解焰形成以后才能发生,是最终的扩散火焰,称之为终焰。经过了这些反应,燃烧产物的温度可以达到推进剂的绝热燃烧温度。

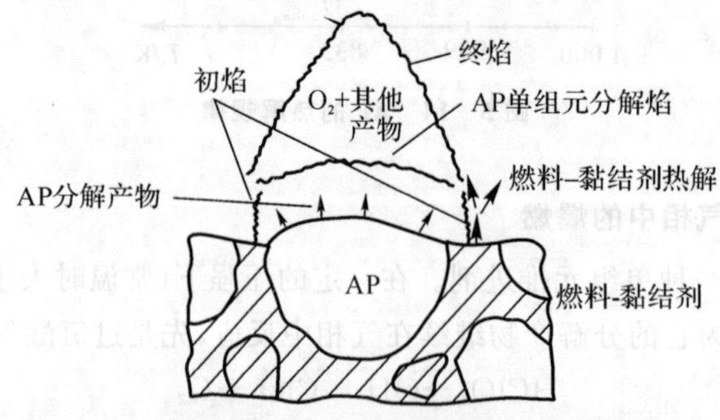

图 5-15　AP 复合推进剂燃烧过程的多火焰模型

这两条途径以何为主?它们如何影响对固相的热反馈而影响燃速?主要取决于推进剂的组成和燃烧条件。对一定的推进剂来说,气相压强的高低是一个重要的因素。当压强较低时,气相中反应速度较慢,AP 分解焰离表面的距离较远,燃料热解气体有较多的机会与 AP 分解初级产物中的$HClO_4$发生反应,形成初焰。这时,AP分解焰离表面的距离较远,对固相的热反馈作用较小;初焰离表面的距离较近,热反馈作用较大,固相分解所需的热量主要来自初焰。因此,低压下初焰强度较大,对推进剂燃速的影响也大一些。同时,由于AP分解焰离AP表面的距离较远,对AP的热反馈作用小,AP分解所需的热量也主要来自初焰。而初焰却只分布在AP颗粒同燃料-黏结剂交界面的上方,AP颗粒中央表面上得到的热反馈相对较少,分解速度较慢,其结果使AP颗粒凸出于燃料表面之外,如图5-16(a)所示。这种现象可以从熄火以后的燃烧表面上观察到。与此相反,当气相压强增加时,气相反应速度加快,AP分解焰离固相表面很近;而燃料热解气体与$HClO_4$反应的机会却减少了,初焰的强度减小。因此,固相分解所需的热反馈主要来自AP的分解焰,在高压下,由AP的爆燃来控制推进剂的燃速。同时,分解焰分布在AP颗粒的上方,AP表面得到的热反馈比燃料表面更多,分解更快,从而使AP颗粒的表面自燃料表面下陷(见图5-16(b))。在这种情况下,燃料气体主要与AP分解焰的产物进行反应,形成终焰。由于终焰离燃烧表面较远,对燃速的控制作用较小。

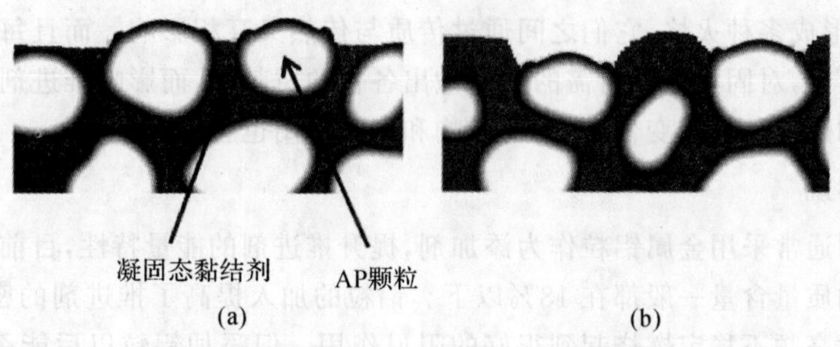

图5-16　AP复合推进剂在不同压强下燃烧表面形貌示意图

(a)低压下AP凸出；(b)高压下AP下陷

除了压强这一最重要的因素以外,AP颗粒的尺寸对整个燃烧过程也有重要的影响。AP颗粒的尺寸表征了推进剂本身结构不均匀的程度,直接影响燃烧区中火焰结构的不均匀。颗粒尺寸愈大,这种不均匀程度愈高。可以认为,AP颗粒在汽化时形成了相应尺寸的氧化剂气柱离开燃烧表面,然后依靠侧向扩散与周围的燃料气体混合。颗粒尺寸愈大,相应的气柱也愈粗,扩散混合过程所需的时间也愈长,反应受到扩散过程的控制。这就使得火焰离开表面的距离增加,减少其对固相的热反馈,使推进剂燃速减小。因此AP颗粒尺寸是影响燃速的一个重要因素。颗粒愈细,燃速愈快。

当采用较多的超细AP颗粒时,气相火焰受化学动力学控制,扩散过程成了次要因素。此时,燃烧过程对压强的变化更加敏感,有可能导致发动机出现燃烧不稳定。

AP的单独爆燃有一个压强下限,这对AP复合推进剂在低压下的燃烧也会有影响。虽然在推进剂燃烧时,固相可以从初焰中得到一部分热反馈,维持固相分解,自持燃烧,使整个AP推进剂可以在AP爆燃的压强下限附近燃烧,但是初焰的作用是有限的,而且是不均匀的,难以作用到全部表面,使局部的氧-燃混合比发生变化,从而影响正常燃烧。

推进剂在压强下限以上的低压下燃烧时,气相反应速度比较慢,所需时间较长,而气体分子的扩散过程却相对快一些。因此,在化学反应完成之前,有足够的时间使氧化剂气体与燃料气体充分混合均匀。这种情况与预混气体的燃烧过程相似,主要由化学反应的速度来决定燃烧反应的进程。由于气相中化学反应的速度受压强的影响很大,因而推进剂的燃速也受压强的影响很大，随着压强增加而燃速增加。虽然如此，实际情况仍表明，即使在低压下，AP 颗粒的尺寸对燃速仍有一定的影响。

随着压强提高（到几十个大气压），气相中的化学反应速度增加很快，而扩散混合过程的速度却变化不大。相比之下，两个过程对气相燃烧反应都有相当的影响。这个压强范围是大多数发动机工作的压强范围，这种燃烧情况具有更大的实际意义。这时候，影响化学反应过程时间的因素（压强、温度、混合比等）和影响扩散混合过程时间的因素（AP 颗粒尺寸、分子扩散系数，后者也受压强和温度的影响）都对火焰离开燃烧表面的距离有影响，从而影响燃速。

如果压强提高到更高的水平（大于 100 atm），气相中化学反应速度很大，相比之下，扩散混合过程则需要更多的时间。这种情况下，AP 推进剂的终焰远离燃烧表面，而 AP 分解焰却紧靠燃烧表面。固相分解所需要的热反馈主要来自分解焰，推进剂的燃速主要由 AP 的分解焰来控制。

很显然，复合推进剂的燃烧是比较复杂的。其主要过程有各组元在固相受热后的融化、升华、蒸发和分解汽化，各组元在气相中的继续反应，各组元之间在气相中的相互扩散和反应。这样，在燃烧区形成多种火焰，它们之间通过传质与传热又互相影响。而且每种火焰都对固相产生一定的热反馈，对固相分解所需的热量做出各自的贡献，从而影响推进剂的燃速。而随着推进剂的组成和燃烧条件的变化，它们的影响和相互作用也会有所改变。

5. 铝粒的燃烧

复合推进剂通常采用金属铝粒作为添加剂，提升推进剂的能量特性，目前普通的 AP 复合推进剂中铝粒的质量含量一般都在 18%以下。铝粒的加入提高了推进剂的密度，其燃烧产物中的凝相成分对高频不稳定燃烧起到很好的阻尼作用。但添加铝粒以后能否充分燃烧、达到较高的燃烧效率，还要看燃烧过程的效果。铝粒燃烧生成的氧化铝，在燃烧室和喷管的条件下都是凝相的氧化铝颗粒，在喷管流动中形成二相流，产生二相流损失，使比冲得不到应有的提高。同时，高温燃气中的凝相颗粒会对燃烧室绝热层和喷管材料产生较强的冲蚀作用，增强了绝热层和喉衬的烧蚀。在发动机承受横向过载的条件下，由于惯性作用，凝相粒子会定向聚集，导致推进剂燃烧速度和绝热层烧蚀率增大，影响发动机的工作安全。因此，对于如何有效地在推进剂中使用铝粒，选择适当的含量和粒度以及如何组织其燃烧过程，凝相燃烧产物对发动机性能有哪些不利影响，相关人员都进行了相当多的研究。

铝是以小颗粒（5 ～50 μm）的粉末加入推进剂中的，它在常温下是固态，熔点为 930 K，是一种反应能力比较强的金属，容易氧化。铝粒在燃烧氧化时首先在外表面生成一层氧化铝（Al_2O_3）的外壳。氧化铝的熔点甚高，约为 2 300 K。由于这一高熔点外壳的保护，壳内的铝难以继续与氧化剂气体反应，要使其中铝粒被点燃并完全燃烧，则需要更高的温度，突破氧化铝的外壳。但 AP 推进剂燃烧表面的温度只有 900 K 左右，当铝粒从推进剂深处达到燃烧表面时，其温度升高只能使铝本身达到或接近熔化温度，对固态的氧化铝外壳没有多大影响。铝粒在燃烧表面上停留、积聚，互相靠拢，最后形成结团，使原来尺寸很小的铝粒在燃面上结成更大的铝团，一个铝团集结了数百个铝粒，尺寸大为增加。虽然目前对这个积聚结团过程的机理尚未完全了解，但已有试验数据表明，随着燃烧室压强升高，铝粒结团的尺寸减小。图 5－17 显示了铝粒在燃烧表面的聚集过程。当然，并不是所有的铝颗粒都参与团聚，约有 2/3 的铝粒从表面单独逃逸出来直接燃烧（见图 5－18），约 1/3 的铝粒参与团聚。

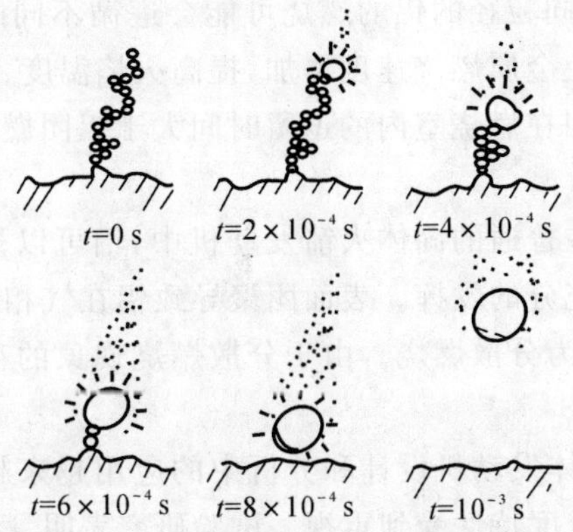

图 5-17　铝粒在燃烧表面聚集过程

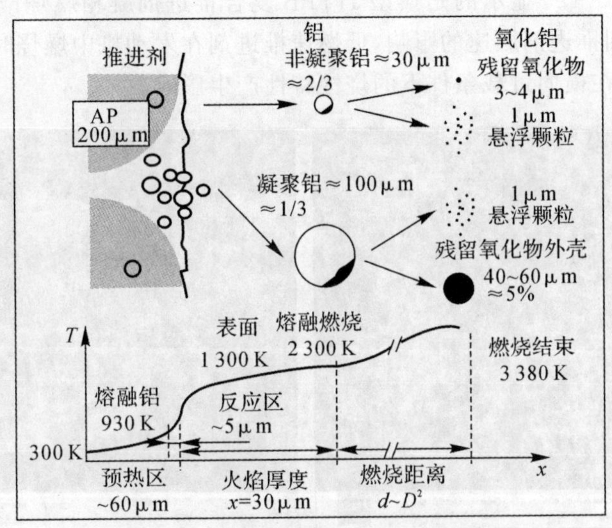

图 5-18　含铝 18%的复合推进剂中铝燃烧情况

总之，铝团是以比原来大得多的尺寸，在氧化铝外壳的保护下，离开推进剂的燃烧表面，进入温度更高的燃烧反应区的。随着温度升高，由于氧化铝外壳的膨胀系数小于铝粒的膨胀系数，外壳被胀裂，铝粒的熔化液散发出来，就会在氧化剂气体中燃烧。针对铝粒的这种燃烧特点，有人提出在铝的外壳包覆一层坚硬的膜，使其破裂时内部的应力更大，破裂产生的颗粒更细致，以促进铝的燃烧。铝团燃烧所经过的空间已经不是推进剂燃烧的气相反应区，而是比它大 4~5 倍的高温燃气层。如果条件适当，铝团燃烧可以生成较小的氧化铝颗粒；如果条件不利，铝团也可能燃烧不完全就流出了燃烧室。有数据表明，铝团燃烧时间从 0.1～1 000 ms。其中短时间是小颗粒在高压下燃烧的数据，长时间是大颗粒（400 μm）在一个大气压下的数据。

铝的燃烧速度同燃气的压强、温度和含氧量有关，Beckstead 通过大量的试验研究，总结出了铝颗粒燃烧时间与压强、温度和氧化性组分（H_2O 和 CO_2）之间的经验关系式，得到较大范围的认可。但是，近年来伊力诺依大学基于 5 μm 铝颗粒燃烧试验研究获得的经验公式与 Beckstead 提出的公式区别较大。实际上，由图 5-18 可以看出，推进剂中的铝颗粒溢出表面之后，其行为是很复杂的，不同粒径的铝的燃烧可能会遵循不同的规律。一般来讲，压强是一个很有效的因素，提高压强使金属燃烧速度增加，提高火焰温度、增加燃气中的含氧量，也都有类似的效果。总之，要使铝团在燃烧室内的逗留时间大于铝团燃烧所需要的时间，才能达到较高的燃烧效率。

最新的研究结果表明，在普通的固体火箭发动机中，铝可以被完全氧化，从燃烧放热的角度来说，铝的能量可以得到充分的发挥。表面团聚导致铝在气相反应区内不能完全燃烧，而是随着流动过程燃烧的现象称为分散燃烧。由于分散燃烧现象的存在，铝对燃烧不稳定的作用可能表现出增益的效应。

随着计算流体力学在固体发动机设计和分析中的应用越来越广泛，作为两相流分析的重要原始参数，铝燃烧产物的粒度特性受到重视。试验研究表明，凝相燃烧产物的粒度主要分布在0.5～100 μm之间，其粒度体积分布的峰值在1～2 μm之间。图5-19显示的是凝相产物的扫描电镜照片，图5-20显示的是典型HTPB复合推进剂凝相燃烧产物的粒径分布情况。铝的粒径分布也受到推进剂燃速的影响，低燃速推进剂在发动机中燃烧时，可能产生更多的大粒度粒子，对发动机在横向过载条件下的烧蚀特性产生影响。

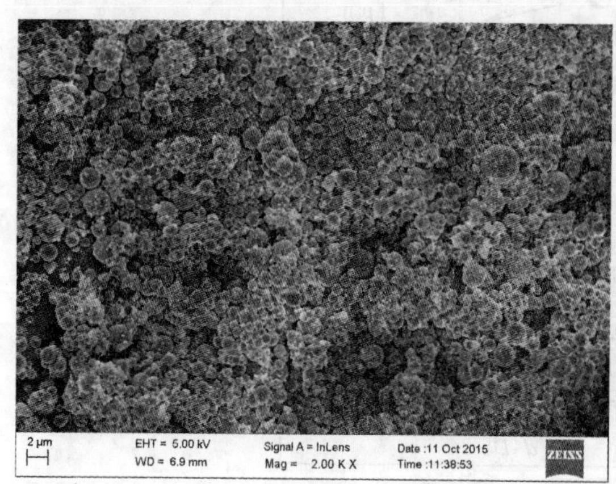

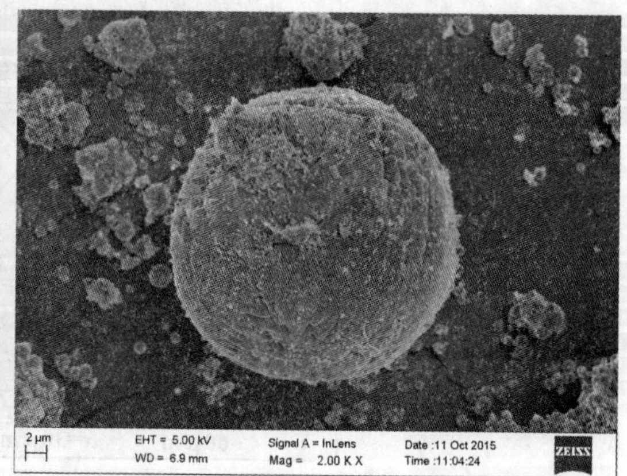

图5-19 复合固体推进剂凝相燃烧产物扫描电镜照片

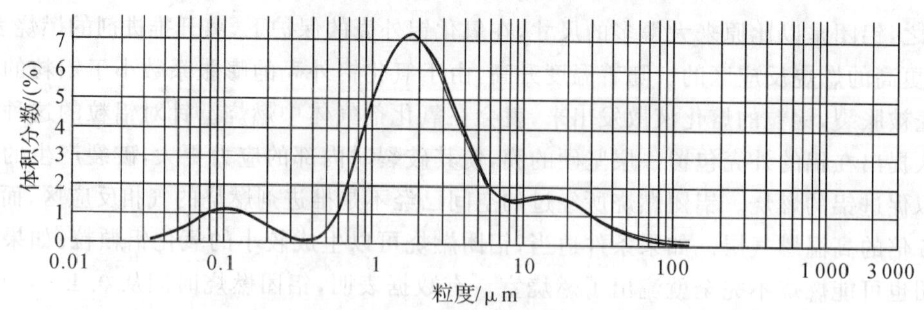

图5-20 复合固体推进剂凝相燃烧产物粒径分布(6 MPa)

铝对推进剂燃速的影响有两方面的作用：一种作用是铝粒在固相中进入表面层时吸收热量，增加了固相汽化过程所需的能量，有减小燃速的作用；另一种作用是提高火焰温度，增加了燃烧过程对固相的热反馈，使燃速有所增加，但由于铝燃烧后的高温火焰距离燃烧表面较远，对热反馈的增加并不显著。总的来看，加铝对推进剂的燃速影响不大。

5.3　固体推进剂的燃速特性

在推进剂性能一定的情况下，推进剂的燃速随发动机燃烧室内压强、初温、气流速度等工作条件变化而变化的规律叫作推进剂的燃速特性。其中以压强的影响最重要，一方面是因为压强对燃速的影响比较显著；另一方面，燃速与压强的关系直接影响发动机的内弹道特性。现分述如下。

5.3.1　固体推进剂与压强相关的燃速特性

5.3.1.1　现象与机理

对大多数推进剂来说，燃速随压强的增加而显著增加。有的推进剂燃速则随压强增加而增加较少，或者保持不变。少数推进剂在一定压强范围内，燃速甚至随压强增加而减少(参见图 5-21)。由图可见，推进剂的组成不同，影响的规律也不同。这是因为推进剂组元的改变，使燃烧的物理化学过程改变，控制燃速的因素有差别。在不同条件下，压强对燃速影响的机理不同，影响的程度也不同。

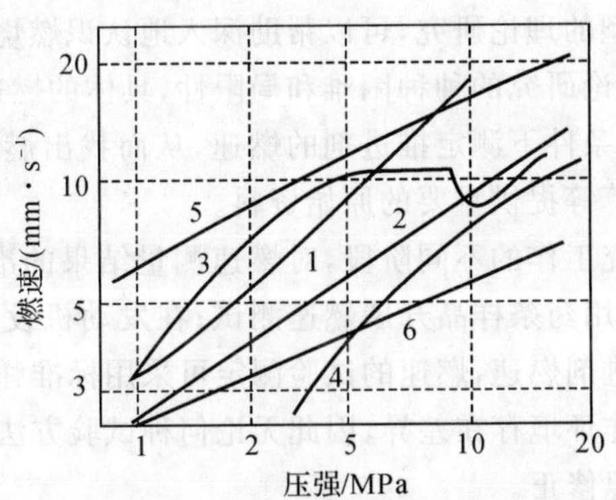

图 5-21　几种推进的燃速与压强的关系

1—JPN 双基推进剂；2—缓燃双基推进剂；3—麦撒(mesa)双基推进剂；4—纯过氯酸铵；
5—细颗粒 AP+聚酯推进剂；6—粗颗粒 AP+聚酯推进剂

从双基推进剂的燃烧过程可以看到，在低压下，一定的压强是为了使推进剂初期分解的 NO_2 能在固相表面层中继续进行放热反应，维持固相分解所需的热量，起稳定燃烧的作用，保持一定的燃速，这是压强对固相过程的“间接”影响。压强对燃烧过程的直接影响是加速气相反应。压强增加，气相中反应物浓度成比例增加，反应速度增加，反应区的厚度变薄，其中的温度梯度增加，加速了气相对固相的热反馈，增加燃速。这一影响对暗区最明显，应该看到，嘶嘶区和发光火焰区也同样受压强的影响。实际上，在一般的压强下，仍然是嘶嘶区的热反馈对燃速起决定性的影响，因为它紧靠固相表面。只有在很高的压强下，发光火焰区的热反馈才会有比较显著的影响。

对复合推进剂来说，压强对固相过程的影响并不显著，主要是影响气相过程。而复合推进剂燃烧的气相过程除了化学反应以外,还包括扩散混合过程。压强的增加,除了加速化学反应过程以外,也加速扩散混合过程,但是对化学反应过程加速更显著,对扩散过程的影响却相对较小。因此,随着压强增加,气相燃烧过程(包括化学反应和扩散混合)加速,燃烧区厚度减小,高温火焰离开固相表面的平均距离减小,温度梯度增加,同样使气相对固相的热反馈增加,燃速增加。但是,在不同的压强范围内这个影响的程度是不同的。在低压范围内,扩散过程相对较快,化学反应是决定过程速度的主要因素,压强对燃速的影响比较大。在高压下,化学反应相对较快,扩散过程成了影响燃速的主要因素,压强的影响相对较小。

5.3.1.2 燃速特性定量关系的确定

要想从理论上确定各种推进剂燃速特性的关系,必须根据燃烧过程的机理,建立燃烧模型,从数学上定量地求解燃速特性的关系,这也是长期以来燃烧理论研究想要解决的问题及求解思路。如对于双基推进剂的燃烧来说,早期有过各种多阶段燃烧模型理论,后来将燃烧过程逐步简化,甚至用气相中的一步反应来代替多阶段燃烧过程,以寻求各种简化解;而对于复合推进剂,由于 AP 复合推进剂的火焰结果比较复杂,先后提出的燃烧模型有萨默菲尔德(Summerfield)等人于1960年提出的粒状扩散火焰(Granular Diffusion Flame,GDF)模型,由贝克斯悌德(M. W. Beckstead)、笛尔(R. L. Derr)和普赖斯(C. F. Price)三人于1970年提出的强调凝相中异相反应的多火焰模型(即 BDP 模型),近年来又有从统计观点提出来的 PEM 模型。

所有这些关于燃烧模型的理论研究,可以帮助深入地认识燃烧过程的基本规律,提出改进的方向。但是,由于燃烧理论研究的种种困难和局限性,具体的燃速特性定量关系的确定还只能依靠试验,即在不同试验条件下测定推进剂的燃速,从而找出燃速与压强、初温等工作条件的关系,为发动机设计、计算等提供重要的原始资料。

在固体火箭发动机研究工作的不同阶段,对燃速测量结果的准确性有不同的要求。在推进剂配方研制阶段,一般采用药条样品开展燃速测试;在发动机设计和性能分析阶段,需要获得发动机工作环境下的推进剂燃速,燃速的试验测定可采用标准弹道发动机方法。但是,由于试验环境与真实发动机工作环境存在差异,因此无论何种试验方法获得的燃速数据,必须根据发动机的具体工作环境加以修正。

1. 药条燃烧器法(strand burner)

药条燃烧器法亦称为燃速仪靶线法,即在燃速仪中用小尺寸的推进剂药条试件测燃速。燃速仪(见图 5-22)本体是一个恒压燃烧室,充满高压惰性气体(如 N_2),使药条(10 mm×10 mm或5 mm×5 mm,长度为170 mm左右)在其中燃烧。药条上按一定测量距离嵌入两条易熔而又导电的金属丝,叫作计时靶线。在药条点燃以后,燃烧依次经过计时靶线,靶线烧断,给出信息,通过计时仪记录两个靶线烧断的时间间隔。根据靶线之间的距离和烧断的时间间隔,就可以得到药条的燃速。在不同的推进剂初温和不同的燃烧室压强下多次测定药条燃速,就可以得到燃速与压强、初温的关系。

2. 声发射法(acoustic emission strand)

声发射的原理:固体推进剂中的固体氧化剂在燃烧表面上暴露在火焰区时,热裂或爆燃会发出声信号,该信号被紧贴在燃烧室外壁上的压电声传感器接收后,将声信号变成电信号,经过滤波和放大后，进入数据采集系统。根据记录的时间和烧掉的药长，即可计算燃速。

声发射技术测量燃速不用计时靶线，避免了钻孔穿线带来的麻烦以及由钻孔位置的偏差引起的误差。药条侧面不包覆，直接置入水中燃烧。从波形图上不仅可以得到试件测量段的燃烧时间，而且还可以从燃烧过程中的波形判断燃烧的稳定情况。

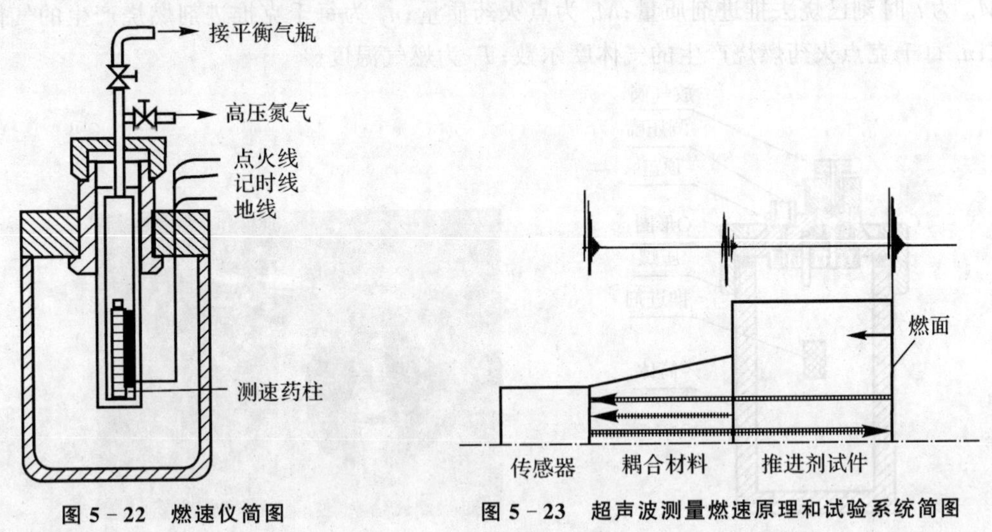

图 5-22　燃速仪简图　　图 5-23　超声波测量燃速原理和试验系统简图

3. 超声波法(ultrasonic measurement)

超声波法是一种发射-回波方法。超声波传感器既是声源，又是回波接收器，即可用一个超声波探头来测量燃速。超声波传感器不和被测试件接触，两者之间插有耦合材料。作为过渡层，耦合材料的引入一方面可以使测量持续到零厚度，另一方面也可以把传感器与发动机内部恶劣的温度、压力环境隔离。具体来说，超声波在穿过耦合材料和推进剂的过程中，因为材料界面的声阻抗明显不同，声波会在界面上反射形成回波，通过声波发射和接收所经历的时间间隔就可以求出材料的厚度，再对时间进行微分就可以得到燃速。如图 5-23 所示，燃面向传感器方向退移，第一个波形是超声波传感器发射的脉冲，中间的波形是耦合材料与推进剂界面的回波信号，第三个波形则是燃面的回波信号。随着推进剂的燃烧，通过周期性脉冲就可以连续监测肉厚的变化。

除了固体火箭发动机和固液混合发动机的稳态燃速测量，超声波已用于推进剂温度敏感性、绝热层烧蚀、非稳态燃速和压力耦合响应函数测量。当然，超声波法也有局限性，例如发动机壳体要开传感器窗口，同时超声波传感器与被测试件之间常放置耦合材料作为过渡层。

4. 定容燃烧器法

定容燃烧器法(结构简图见图 5-24，实物照片见图 5-25)是一种间接测试固体推进剂燃速及燃速特性的方法。定容燃烧器法测推进剂燃速的基本思路：在定容燃烧器内燃烧已知形状和尺寸的推进剂试样(通常为圆柱体小药柱)，产生的高温燃气使密闭的燃烧器内压强不断升高，由动态压强采集系统获得燃烧器内的 p-t 曲线。通过气体状态方程，获得不同时刻下推进剂烧去的质量，由于推进剂试样的几何尺寸已知，将进一步得到不同时刻下推进剂试样烧去的肉厚 e_t，进而由 $\mathrm{d}e/\mathrm{d}t$ 将得到不同时刻下的燃速。然后通过最小二乘法可以求出各压强段的燃速特性参数 —— 燃速系数和压强指数，即得到燃速公式。具体测量原理如下：

任一时刻定容燃烧器内气体状态方程为

$$p_t\left(V_0-\frac{M_{p0}}{\rho_p}+\frac{M_{pt}}{\rho_p}\right)=(M_{pt}n_p+M_in_i)RT_t$$

式中，p_t 为压强；V_0 为定容燃烧器初始容积；M_{p0} 为推进剂试样的初始质量；ρ_p 为推进剂的密度；M_{pt} 为 t 时刻已烧去推进剂质量；M_i 为点火药质量；n_p 为每千克推进剂燃烧产生的气体摩尔数；n_i 每千克点火药燃烧产生的气体摩尔数；T_t 为燃气温度。

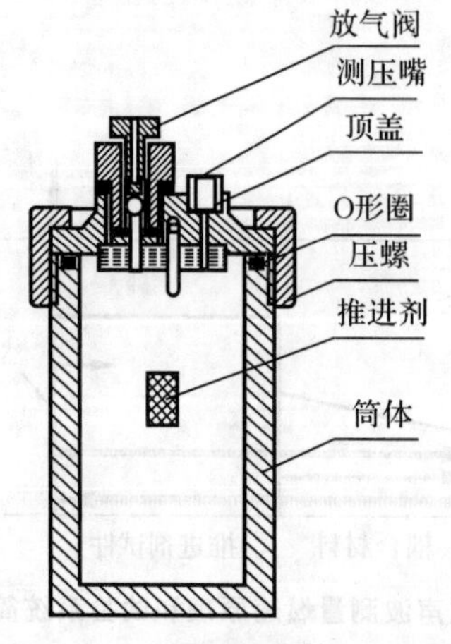

图 5-24　定容燃烧器结构简图

图 5-25　定容燃烧器照片

根据 t 时刻试样烧去的质量可求出试样烧去的体积：

$$M_{pt}=\rho_p V_{pt}$$

对于单个圆柱体形试样，可根据 V_{pt} 求出 t 时刻烧掉的肉厚 e_t：

$$V_{pt}=\frac{1}{4}\pi d_0^2h_0-\frac{1}{4}\pi(d_0-2e_t)^2(h_0-2e_t)$$

根据下式计算出试样在 t 时刻推进剂燃速：

$$r_t=\frac{de_t}{dt}$$

由 $p-t$ 曲线可知，每个燃烧时刻对应一个压强值，因此得到的燃速即为每个压强值下的燃速，也即得到了燃速-压强曲线，即 $r-p$ 曲线。将 $r-p$ 曲线取对数，得到 $\ln r-\ln p$ 曲线，根据 $\ln r-\ln p$ 曲线，划分出不同的区间，应用最小二乘法便可以获得不同压强范围内的推进剂的燃速特性参数。图 5-26 所示为某高燃速推进剂燃速测试结果。

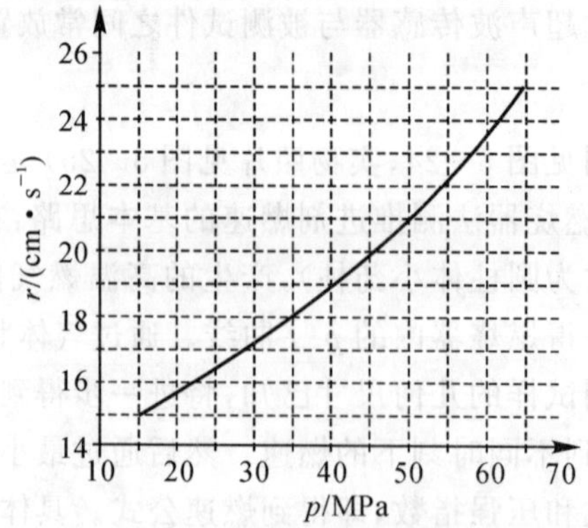

图 5-26　某推进剂燃速实测结果

定容燃烧器法一次测试就可测出 15 ～ 60 MPa 压强下固体推进剂的燃速，具有设备结构简单、操作简便、测试压强范围宽、测试效率高等特点。

5. 标准弹道试验发动机

利用各种燃速仪和密闭燃烧器测燃速，操作相对简便，容易控制工作条件，推进剂消耗很少。但是，燃速仪中的工作条件同发动机中的实际情况毕竟是有差别的。从燃速仪中得到的数据需要经过一定的修正才能用于发动机的实际条件。为了使测定的燃速特性更接近发动机中实际情况，还经常采用标准弹道试验发动机测燃速。标准弹道试验发动机是专为测试推进剂的各种内弹道特性而设计的小尺寸发动机，既有共同的标准，又更接近发动机的实际条件，可以得到更加可靠的数据。

需要注意的是，由于标准弹道发动机尺寸较小，发动机内的热环境，特别是辐射换热，与全尺寸发动机还是存在差异。与全尺寸发动机尺寸差异越大，燃速之间的差别就越明显。因此，即使是标准弹道试验发动机获得的燃烧数据，仍然需要通过一定的修正(如开展燃速相关性分析)才能应用到全尺寸发动机中。

5.3.1.3　双基推进剂的燃速特性

双基推进剂燃速与压强的关系，比较常见的有下列各经验公式：

$$r = a + bp \tag{5-4}$$

$$r = bp \tag{5-5}$$

$$r = a + bp^n \tag{5-6}$$

$$r = ap^n \tag{5-7}$$

以上 4 式中，r 为直线燃速；p 为压强；a，b 和 n 都是根据燃速测定结果确定的经验常数，其值与压强无关。但是，每一个经验公式都有其适用的压强范围，超出其范围，该经验公式便不一定准确可靠。其中式(5-4)和式(5-5)是研究炮用胶体火药提出的，其使用范围为 100 MPa 以上，式(5-6)适用于压强小于 5 ～ 6 MPa 的双基推进剂。

火箭发动机最常采用的是圣罗伯特-维耶里(Saint Robert-Vieille)指数形式的燃速公式 $r = ap^n$，它在很大的压强范围内都适用。式中的 n 称为燃速的压强指数，是一个无因次的数值，其大小表示压强变化对燃速影响的程度。n 值愈小，压强对燃速的影响愈小，这对发动机性能比较有利。在火箭发动机中采用的固体推进剂，n 值都小于 1。a 为燃速系数，除了取决于推进剂本身的性质以外，还受推进剂初温的影响。由于 a 是一个经验系数，其数值与 r，p 所用的单位有关。为了处理数据的方便，对指数式两边取对数，则可将 r 和 p 的指数关系化为 $\ln r$ 和 $\ln p$ 的线性关系：$\ln r = \ln a + n\ln p$。在对数坐标上 $\ln r$ 和 $\ln p$ 就是直线关系(见图 5-27)，直线的斜率就是压强指数 n，它在 $\ln r$ 轴上的截距就是 $\ln a$。

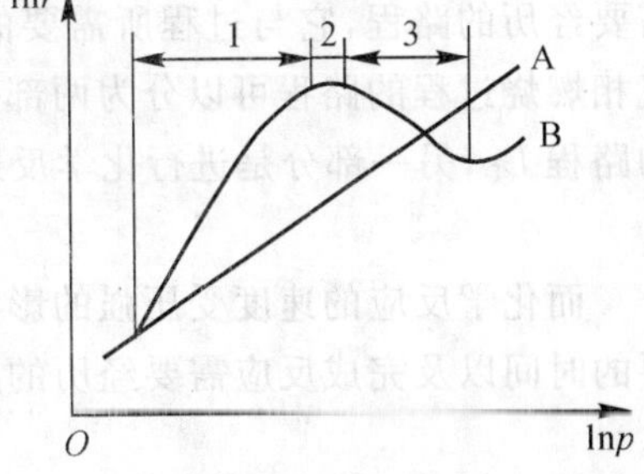

图 5-27　典型推进剂的燃速特性曲线

A—非平台推进剂；　B—平台推进剂；

1—超速区；　2—平台区；　3—麦撒区

在推进剂中加入少量的催化剂，可以改变其燃速特性。由于工艺上的需要，曾经往双基推进剂中加入少量的铅盐，作为压伸成型的润滑剂，后来发现，这种推进剂的燃速特性有了很大的变化。其燃速与压强的关系如图5-27中的B线所示。在低压区间燃速提高甚多(见B线1区),可达300%,压强指数显著增大,这就是“超速(super-rate)燃烧”。而在压强增加到一定程度以后,在一定范围内,燃速随压强的变化很小,甚至不随压强变化,压强指数接近于零或等于零,形成了“平台(plateau)燃烧”(见B线2区)。随着压强继续增大,随后又出现了压强指数小于零的“麦撒(mesa)燃烧”(见B线3区)。对于产生这种燃烧特性的机理已经有过不少研究,但至今还没有一致的结论。但是,平台燃速特性的出现对发动机的内弹道性能是很有好处的(这将在后面分析),人们在用各种办法来形成平台燃烧,尽量减小压强指数。“平台推进剂”已经成为双基/改性双基推进剂中的一个专门品种。

5.3.1.4 AP复合推进剂的燃速特性

复合推进剂的燃速与压强的关系仍用指数式表示。不过,对有些推进剂,其适用的压强范围相对小一些。由于指数形式应用比较方便,在发动机设计计算中还是习惯用它,不过要注意其适用的压强范围。在比较大的压强范围内,相当多的复合推进剂表现出压强指数随压强增加而减小的趋势。萨默菲尔德根据其最早提出的粒状扩散火焰(GDF)理论,对AP复合推进剂提出了另一个燃速关系式

$$\frac{1}{r}=\frac{a}{p}+\frac{b}{p^{1/3}} \tag{5-8}$$

式中,a 和 b 是两个与压强无关的推进剂常数,可由试验确定,由于有两个可以调整的参数,使这个关系式在很大的压强范围内(一般认为其使用范围为15 MPa以内)能符合各种推进剂的实际特性。关于这个燃速二项式,可以作如下说明。

根据燃烧过程的分析,在一定的推进剂条件下,燃速的大小可以近似地看作正比于气相火焰对于固相的热反馈。当火焰温度一定时,热反馈的强弱主要取决于火焰离开燃烧表面的平均距离 L,因而

$$r\sim\lambda\frac{dT}{dx}\sim\lambda\frac{T_i-T_s}{L}\sim\frac{1}{L}$$

但整个火焰距离 L 是固相分解产物离开燃烧表面、在气相中完成燃烧过程、达到燃烧温度需要经历的路程,它与过程所需要的时间(过程进行的速度)有关。对复合推进剂来说,完成气相燃烧过程的路程可以分为两部分:一部分是氧化剂气体同燃料气体扩散混合所需要经过的路程 L_D,另一部分是进行化学反应所需要行经的路程 L_K。大体上可以认为

$$L=L_K+L_D$$

而化学反应的速度受压强的影响很大,在气相中一般可以认为与压强成正比。反应所需要的时间以及完成反应需要经历的路程则与压强成反比。如果以 a 表示此比例常数,有

$$L_K=\frac{a}{p}$$

另一方面,扩散混合的速度则受压强的影响较小,根据气体分子运动的扩散理论,完成扩散混合需要经历的路程与压强的1/3次方成反比。如果以 b 表示此比例常数,则有

$$L_D=\frac{b}{p^{1/3}}$$

综合以上各式,最后可以得到式(5-8)的燃速关系。比例常数 a 称之为反应时间参数,它代表除压强以外的影响气相反应速度的各个因素的作用,主要是推进剂的混合比和燃烧温

度。比例常数 b 称为扩散混合时间参数，它代表除压强以外的影响扩散混合速度的各个因素的作用，其中影响最大的是 AP 氧化剂的粒度，颗粒尺寸愈大，气相过程中初始不均匀的程度也愈大，需要更多的扩散时间，因而 b 值增加。

上面的说明只是大致的、并不很精确的说明。实际上，在燃烧的气相过程中，扩散混合和化学反应并非截然分开，并不是完全混合均匀了再一起开始化学反应，而往往是混合尚未达到完全均匀之前就可能开始局部的化学反应；甚至一面混合、一面反应，形成了不均匀的扩散燃烧。但是，作为对影响燃烧过程的两个方面的主要因素，可以定性地作这样大致的分析，而将定量的关系由试验确定，用试验的方法来确定 a，b 的具体数值。

相当多的试验数据表明，萨默菲尔德的燃速二项式在较大的压强范围内都能与试验数据符合（见图 5－28），包括燃速仪中的药条燃速数据和发动机工作中的实际燃速数据都有这种情况。而指数式的燃速压强关系却只能在比较小的压强范围内适用。因此，对 AP 复合推进剂来说，燃速二项式(5－8)也得到了较多的应用。将它与指数式比较，也可以找出其相应的压强指数。由式(5－7)可得压强指数项的定义为

$$n=\frac{\partial \ln r}{\partial \ln p}=\frac{p}{r}\frac{\partial r}{\partial p} \tag{5-9}$$

由式(5－8)可得

$$r=p\ (a+bp^{2/3})^{-1}$$

将上式对 p 求导，得

$$n=\frac{p}{r}\frac{\partial r}{\partial p}=1-\frac{\frac{2}{3}bp^{2/3}}{p\left(\frac{a}{p}+\frac{b}{p^{1/3}}\right)}=1-\frac{2}{3}brp^{-1/3}=1-\frac{2b}{3(ap^{-2/3}+b)} \tag{5-10}$$

这就是燃速二项式的相应压强指数同其有关参数的关系，可以看到，随着压强增大，n 值逐渐减小。

实际上，随着压强和其他条件在更大范围内变化，燃速与压强的关系仍将发生变化。

在很低的压强条件下，气相中化学反应速度甚小，与其相比，扩散混合过程进行很快，可以认为在反应完成之前就混合均匀了，气相过程主要由化学反应控制，二项式中主要是第一项，这就相当于压强指数为 1 的指数式了。在另外一种极端情况下，如果 AP 颗粒尺寸很大，气相燃烧过程主要由扩散混合过程控制，二项式中主要是第二项，是一个压强指数最小的指数式。

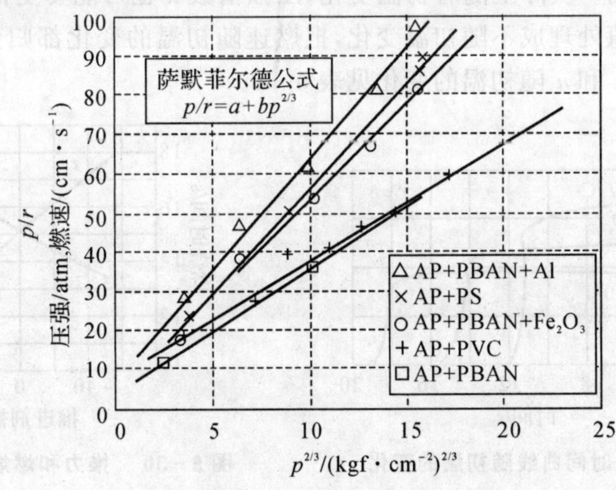

图 5－28　萨默菲尔德燃速关系

由于推进剂配方对原材料的种种约束，上述极端情况在实际情况下几乎不会出现。在实际工程应用中，圣罗伯特-维耶里公式仍然得到最为广泛的应用，针对复合推进剂不同压强段压强指数变化的情况，通常采用分压强段的形式给出简单的燃速公式。

5.3.2 固体推进剂与初温相关的燃速特性

5.3.2.1 现象和机理

推进剂的初温是指其燃烧前的温度。在一般情况下，如果没有经过恒温处置，推进剂的初温由其环境气温所决定，推进剂的燃速受初温的影响比较显著，初温升高，燃速增加。

初温的变化范围，应该包括发动机在使用中可能遇到的各种环境气候温度。从南方夏季的高温到北方冬季的低温，根据使用地区的要求不同，规定不同的温度范围。我国南北温差较大，一般取＋60℃到－50℃作为发动机工作的高、低温极限，推进剂的燃速特性应该在这个温度范围内进行试验。对于某些在特殊温度条件下使用的发动机还要专门考虑特殊温度的影响。例如空-空导弹用的发动机，还要考虑飞行过程中气动加热的影响，在更高的初温下进行试验。一般取＋20℃作为常温，常温下推进剂的燃速特性和发动机性能是一个常用的标准初温特性。

初温变化对燃速的影响会直接影响发动机的工作特性，进而影响导弹的飞行。随着初温降低，推进剂燃速减小，对一定的装药发动机来说，其推力减小，工作时间增加。当初温升高时，燃速增大，发动机推力也增大，工作时间却减少。这是固体火箭发动机在性能上的一个特点。图 5－29 和图 5－30 就显示出初温变化对发动机推力和工作时间的影响。设计者必须预计初温变化带来的性能变化，在使用中也要充分注意这种变化。

从推进剂的燃烧过程来看，初温升高，固相中原有的热量增加，在同样的热反馈作用下表面反应区中的温度更高了，加速了固相的分解速度，燃速随之增加。初温对燃速的影响也可以从理论上通过燃烧模型进行预测和分析，但真正可靠的数据在工程上仍要通过试验获得。要在不同初温条件下测定推进剂燃速同压强的关系，图 5－31 所示是几种推进剂燃速随初温和压强的变化关系。从图中可以看到，在对数坐标中，不同初温下燃速随压强变化关系是互相平行的一组直线。从燃速指数公式 $r=ap^n$ 来看，在不同初温下压强指数 n 都一致，只有燃速系数 a 则受初温的影响而不同。实际上随着初温变化，压强指数 n 也可能要变化，只是在处理数据时为了应用的方便将 n 值处理成不随初温变化，把燃速随初温的变化都归到燃速系数上去。不同推进剂的燃速特性 a 和 n 随初温的变化见表 5－2。

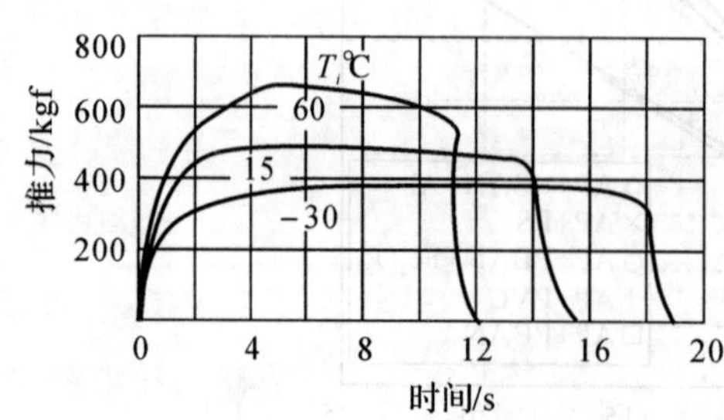

图 5－29 推力-时间曲线随初温的变化

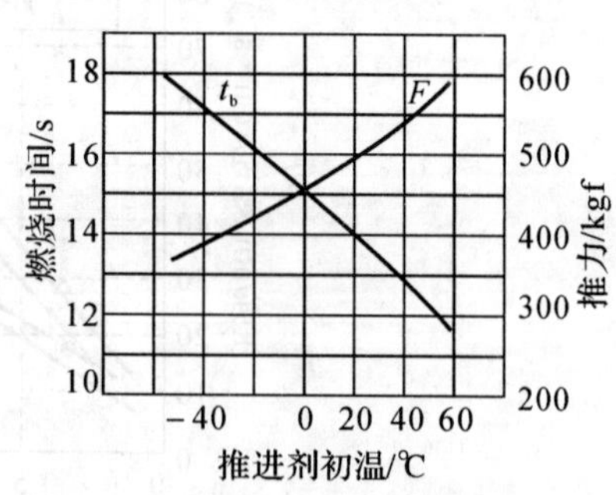

图 5－30 推力和燃烧时间随初温的变化

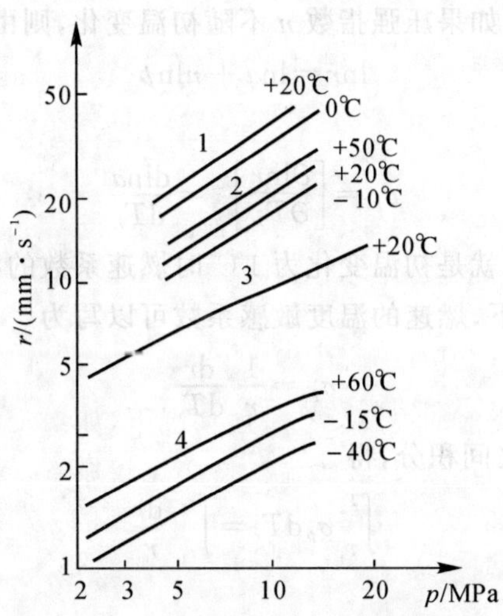

图 5-31　燃速与压强和初温的关系

1—KP 推进剂；2—JPN 双基推进剂；3—AP 推进剂；4—AN 推进剂

表 5-2　推进剂燃速特性示例(燃速仪数据)

推进剂	初温			适用压强范围 kgf/cm^2	平均温度敏感系数 σ_p (1/℃)
	−40℃	+20℃	+50℃		
双石-2	$0.608p^{0.513}$	$1.008p^{0.485}$	$1.180p^{0.420}$	40～100	0.002 5
双铅-2	$0.266\,4p^{0.77}$	$0.512\,5p^{0.66}$	$0.688\,7p^{0.62}$	30～100	0.003 1
浇注平台	$5.105p^{0.10}$	$5.604p^{0.11}$	$4.582p^{0.17}$	50～100	0.001 5
AP-PS 复合推进剂	$2.487p^{0.249\,5}$	$3.334p^{0.224\,8}$	$2.678p^{0.301\,4}$	30～110	0.002 6
AP-CTPB 复合推进剂	$2.106p^{0.242\,4}$	$2.043p^{0.266\,6}$	$2.231p^{0.264\,6}$	30～110	0.002 1

5.3.2.2　燃速的温度敏感系数

为了进行定量的计算和比较，通常用燃速的温度敏感系数 σ_p 来表示初温变化对燃速的影响。其定义是，在压强不变的条件下，初温变化 1℃ 所引起的燃速相对变化量。用数学关系表示，即

$$\sigma_p = \left[\frac{1}{r}\frac{\partial r}{\partial T_i}\right]_p \tag{5-11}$$

或

$$\sigma_p = \left[\frac{\partial \ln r}{\partial T_i}\right]_p \tag{5-12}$$

其单位为(1/℃)。用有限差量表示为

$$\sigma_p = \left[\frac{1}{r}\frac{\Delta r}{\Delta T_i}\right]_p = \left[\frac{\ln r_2 - \ln r_1}{T_2 - T_1}\right]_p \tag{5-13}$$

式中，r_1 和 r_2 是在相同的压强 p 下，初温为 T_1 和 T_2 时的推进剂燃速。这就可以利用燃速试验的结果来计算燃速的温度敏感系数 σ_p。

从燃速的指数公式来看,如果压强指数 n 不随初温变化,则由

$$\ln r = \ln a + n \ln p$$

可得

$$\sigma_p = \left[\frac{\partial \ln r}{\partial T_i}\right]_p = \frac{\mathrm{d}\ln a}{\mathrm{d}T_i}$$

因此,燃速的温度敏感系数也就是初温变化为 1℃ 时燃速系数的相对变化量。

在压强保持不变的情况下,燃速的温度敏感系数可以写为

$$\sigma_p = \frac{1}{r}\frac{\mathrm{d}r}{\mathrm{d}T_i} \tag{5-14}$$

分离变量,在初温 T_1 和 T_2 之间积分,得

$$\int_{T_1}^{T_2} \sigma_p \mathrm{d}T_i = \int_{r_1}^{r_2} \frac{\mathrm{d}r}{r}$$

如果 σ_p 不随初温变化,得

$$\sigma_p (T_2 - T_1) = \ln \frac{r_2}{r_1}$$

最后有

$$r_2 = r_1 \mathrm{e}^{\sigma_p (T_2 - T_1)} \tag{5-15}$$

这就是从一个初温下的燃速和燃速温度敏感系数去计算另一个初温下的燃速。对燃速系数 a 也有类似的关系,即

$$a_{T_2} = a_{T_1} \mathrm{e}^{\sigma_p (T_2 - T_1)} \tag{5-16}$$

如果取常温 20℃ 作为参考温度,相当于上面的 T_1,相应的燃速系数 α_0,则用燃速的指数式来表示初温 T_i 下的燃速为

$$r = a_0 \mathrm{e}^{\sigma_p (T_i - 20)} p^n \tag{5-17}$$

此外,有的资料中还把燃速系数随初温变化的经验关系式表示为

$$a_{T_i} = \frac{B}{T' - T_i} \tag{5-18}$$

式中,B 和 T' 都是经验常数。T' 相当于推进剂的自燃温度,因为当初温达到 T' 时,燃速趋于无限大。

现有固体推进剂的燃速温度敏感系数约为千分之几(1/ ℃),大致为

$$\sigma_p = 0.001 \sim 0.005$$

通常,压强指数 n 小的推进剂,其 σ_p 也更小。试验结果表明,燃速温度敏感系数也随工作压强和初温而有所变化。图 5-32 所示是双基推进剂的燃速温度敏感系数随压强变化的曲线。σ_p 先是随压强增加而减小,在压强超过一定值以后便变化很小,可以看作是不受压强影响了。这是因为随着压强的增加,燃速越来越受气相过程控制,而初温是影响固相过程的,因而它的影响有逐渐减小的趋势。另一方面,随着初温增加,σ_p 值也略有增加,但在使用温度范围内变化不大。

对 AP 复合推进剂来说,其燃速的温度敏感系数通常比双基推进剂略小一些。它受压强的影响,却随推进剂参数的变化而呈现不同的情况。从理论上分析,主要的影响因素有 AP 的含量和粒度、初焰同分解焰的相对影响等,其影响趋势见图 5-33。但是,某些定量计算的结果相差较大,也没有能与试验结果取得较好的一致。因此,有关燃速温度敏感系数的具体数据仍

然只能依靠试验。

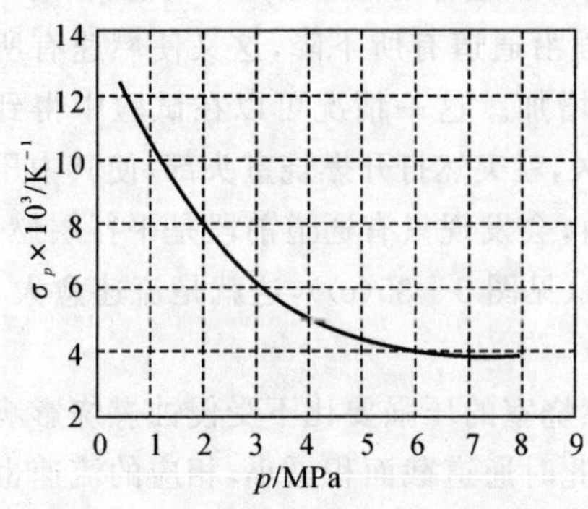

图 5-32　双基推进剂燃速温度敏感系数随压强的变化

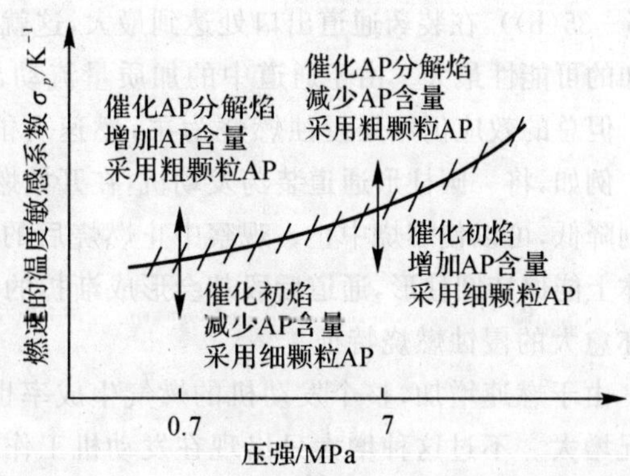

图 5-33　AP 复合推进剂燃速温度敏感系数随压强的变化

5.3.3　侵蚀燃烧

5.3.3.1　现象

固体推进剂的燃速受平行于燃烧表面的横向气流影响的现象称为侵蚀燃烧（erosive burning）。一般情况下，横向流速愈大，燃速亦愈大，从而影响发动机的性能。图 5-34 给出了 AP/聚酯推进剂的侵蚀燃烧试验情况。

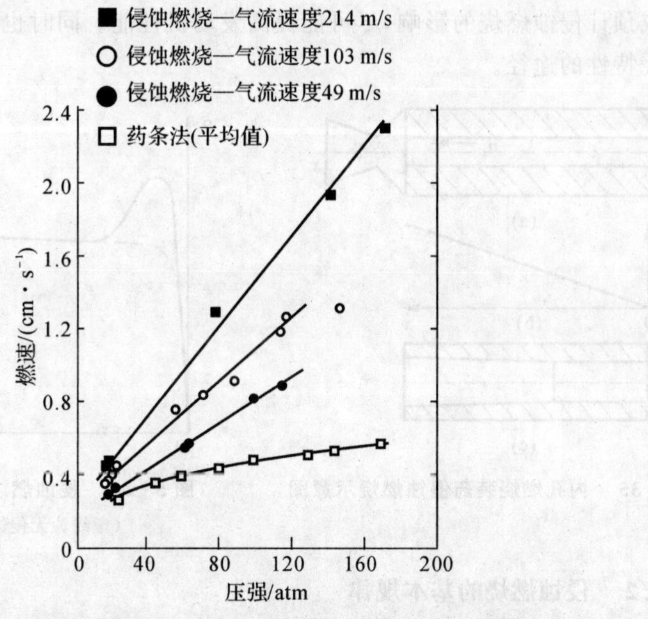

图 5-34　不同横向流速条件下 AP/ 聚酯推进剂燃速随压强的变化

在侧面燃烧装药的发动机中，为了提高装填密度，尽量减小燃气通道的横截面积，或者延长装药的长度来增加推进剂的装填量，结果使通道中的燃气流速增加，增加了侵蚀燃烧的影响。装药燃烧产生的燃气是沿装药通道依次加入燃气流中的，通道中的燃气流速也依次增大(见图 5-35(b))，在装药通道出口处达到最大，这就使推进剂的燃速有沿通道增加的可能，在出口处增加的可能性最大。由于通道中的加质量流动，燃气压强沿通道有所下降，这又使燃速有所减小。但总的效应仍然是侵蚀燃烧为主，燃速可能沿通道增加。这一情况可以在试验中得到证明。例如，将一圆柱形通道装药发动机，在开始燃烧后不久，就突然打开燃烧室头部，使其中压强急剧降低，可以使燃烧中止。观察中止燃烧后的装药通道，会发现只有通道前段是平行层燃烧，大体上能保持圆柱形，通道后段却会形成渐扩的锥形出口(见图 5-35(c))，这就是流速愈大、燃速亦愈大的侵蚀燃烧特征。

由于燃速增加，整个发动机的燃气生成率也增大，燃烧室的压强要比不受侵蚀燃烧影响的情况增大。不过这种增大只出现在发动机工作的初期，此时通道截面积最小，相应的流速也最大。随着装药燃烧，通道截面积愈烧愈大，在总质量流率变化不大的情况下，通道中的流速随时间减小，侵蚀燃烧的影响也随之减小而很快消失，推进剂燃速又恢复到无侵蚀燃速，燃烧室压强也下降到无侵蚀压强。这种发动机工作初期的压强急升而又下降，形成了初始压强峰(见图 5-36)。

在侵蚀燃烧影响较显著的情况下，这个初始压强峰比无侵蚀的稳态平衡压强要高得多，对发动机性能产生较大的直接影响。首先，更高的初始压强峰要求燃烧室结构有更大的承压能力，不得不增加结构质量。其次，由于侵蚀燃烧的影响沿通道是不均匀的，通道后段出口附近燃速最大，比前段提前烧尽，结果不仅使压强-时间曲线有较长的拖尾段(见图 5-36)，而且使后段燃烧室壳体提早暴露于高温燃气之下，又需采取热防护措施，增加结构质量。总之，侵蚀燃烧的影响是不利于发动机性能提高的。因此，需要弄清楚侵蚀燃烧的规律，以便在发动机设计中消除或预计侵蚀燃烧的影响，尽可能提高发动机性能。同时也需要研究侵蚀燃烧机理，探索改善燃烧特性的途径。

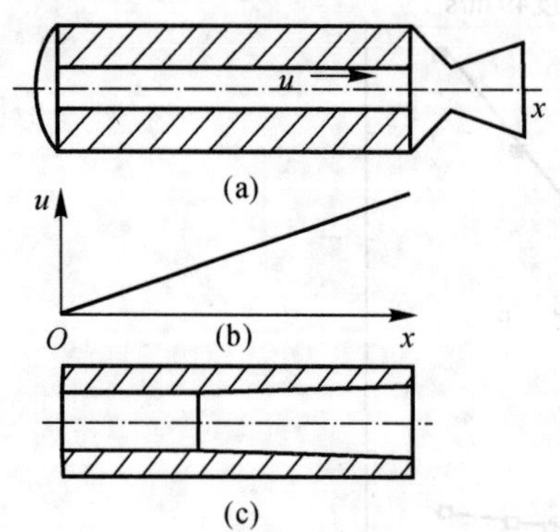

图 5-35　内孔燃烧装药侵蚀燃烧示意图

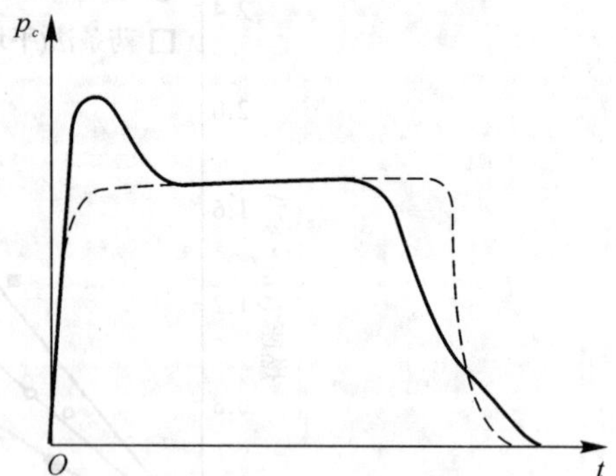

图 5-36　侵蚀燃烧形成的初始压强峰

(虚线为无侵蚀效应的压强)

5.3.3.2　侵蚀燃烧的基本规律

侵蚀燃烧对燃速的影响用侵蚀比 ε 表示，即

$$\varepsilon = \frac{r}{r_0} \tag{5-19}$$

式中，r 为气流影响下的燃速；r_0 为同样压强、初温下无侵蚀影响的基本燃速。ε 受推进剂配

方、流速和压强等因素的影响，又称侵蚀函数。由于侵蚀函数是准确预示发动机工作初期燃烧室压强的重要参数，从 20 世纪 50 年代开始，人们对侵蚀燃烧进行了大量的试验研究，通过对试验数据的总结，得到了多种侵蚀函数的表述方式。同时，在侵蚀燃烧的理论建模方面也做了大量的工作。

1. 速度公式和 J 值准则

侵蚀燃烧的速度效应最早为人所共知。图 5-37 给出了 King 的研究结果，从图线上可以看到，在流速 u 达到一定界限值 u_{th} 以后，ε 随 u 近似于线性增加。在这种情况下，侵蚀函数的关系式可以表示为

$$\varepsilon = 1 + k_u(u - u_{\text{th}}) \tag{5-20}$$

式中，u_{th} 称为侵蚀燃烧的界限流速。只有在流速大于界限流速以后，侵蚀比才大于 1，产生侵蚀燃烧。k_u 为侵蚀系数，取决于推进剂的特性，由试验确定，其值也就是图 5-37 中的斜率。

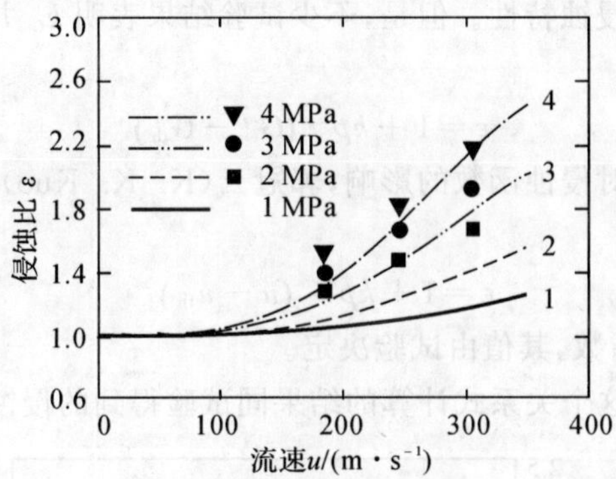

图 5-37　King 的试验结果

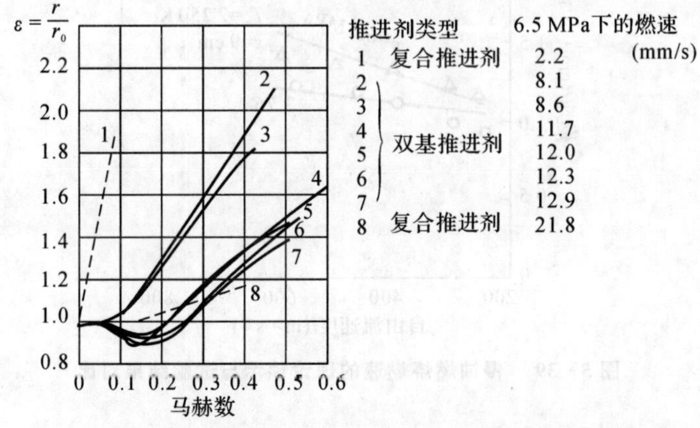

图 5-38　赫伦对不同推进剂的侵蚀燃烧的试验结果

在发动机中，沿轴向方向燃气流速逐渐增大，到装药通道出口速度达到最大，一般用喉通比 J 表征装药通道出口处的燃气流动速度，即

$$J = \frac{A_{\text{t}}}{A_{\text{p}}} = q(\lambda_{\text{L}})$$

式中，λ_{L} 为装药通道出口处燃气流动的速度系数。上式将影响侵蚀燃烧的界限速度与发动机

的几何结构联系起来，因此也称为 J 值准则（或速度准则），表示对一定结构的发动机，可以用 J 值的大小来判断是否会出现侵蚀燃烧。

赫伦（Heron）的试验结果（见图5-38）也表示了 ε 随 u 增加而增加的同样规律。不仅有界限效应，而且有的推进剂在界限速度以前出现了 ε 略小于1的负侵蚀现象。

2. 密流公式

速度公式仅仅表示了速度对侵蚀燃烧的影响，通常很多推进剂的侵蚀比受压强的影响也较大，从图5-37中也可以看出这一点。从图5-34中过氯酸铵-聚酯推进剂的燃速数据也可以看出，随着压强增加，ε 也显著地增加。为了表示压强对侵蚀燃烧的影响，曾经提出来将侵蚀函数表示为密流 G 的函数，即

$$\varepsilon = 1 + k_G(G - G_{th}) \tag{5-21}$$

因为密流 $G = \rho u$，燃气密度 ρ 就表示了压强的影响。这里 G_{th} 为发生侵蚀燃烧的界限密流，k_G 也是由试验确定的推进剂侵蚀特性。但是，不少试验结果表明 k_G 并非常数，而是与压强有关，因而将侵蚀函数表示为

$$\varepsilon = 1 + kp^{n_p}(G^m - G_{th}^m) \tag{5-22}$$

为了分别表示流速和压强对侵蚀函数的影响，郭冠云（K. K. Kuo）根据其试验研究提出了另外一个关系式，即

$$\varepsilon = 1 + kp^{n_p}\ (u - u_{th})^{m_u} \tag{5-23}$$

式中，n_p, m, m_u 为相应的指数，其值由试验决定。

图5-39所示就是按这个关系式计算的结果同试验得到的侵蚀比的对比关系。

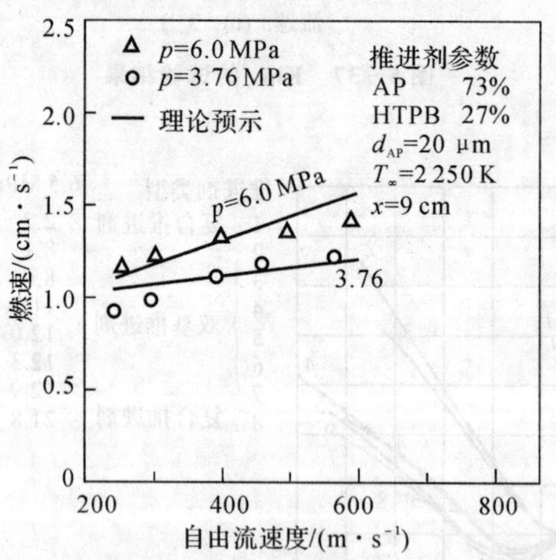

图5-39 侵蚀燃烧燃速的理论预示与试验结果对比

3. 勒努瓦-罗比拉特公式

勒努瓦-罗比拉特（Lenoir-Robillard）根据气流对平板的传热关系提出了一个表示侵蚀燃速的半经验关系式（L-R公式）：

$$r = r_0 + \alpha G^{0.8} L^{-0.2} e^{-\beta\rho_p r/G} \tag{5-24}$$

式中，$r_0 = ap^n$ 是无侵蚀作用下的基本燃速；第二项为侵蚀作用下的燃速增量，其中，α 为一比例常数，$G=\rho u$ 为气流的密流；L 为平板的特征尺寸，他们建议取为离装药头端的距离；$(\rho_p r/G)$

为垂直于燃面的燃气密流与平行于燃面的密流之比；$e^{-\beta\rho_p r/G}$ 则表示燃气离开燃面的流动对传热系数的影响（阻碍传热的折扣）；β 为另一个常数。这里，通过参数 G 同时反映了流速和压强的影响，L 表示了侵蚀燃烧的尺寸效应。

对每一种推进剂的侵蚀燃烧特性，L－R 公式有 α 和 β 两个由试验确定的常数。因此，它能同各种推进剂的试验特性取得较好的拟合，它是多年来应用比较广泛的关系式之一，按照勒努瓦－罗比拉特的分析，α 主要取决于燃气流中心的温度和燃烧产物的其他特性，对一般的推进剂差别不会太大。根据有关的试验结果，α 约为 $6(\mathrm{cm})^{2.8}/(\mathrm{kg})^{0.8}(\mathrm{s})^{0.2}$；$\beta$ 是一个无因次的比例常数，其大小也影响侵蚀作用下的燃速增量，β 值愈大，受侵蚀燃烧影响的程度愈小。对一般推进剂，β 值为 50 ～ 70，对速燃推进剂，β 值可大至 120 以上。

对于 L－R 公式曾经提出一些修改意见。金（King）从侵蚀燃烧对火焰结构的影响出发，建议将第一项 r_0 改为 r_0^2/r，即由于侵蚀燃烧的影响，单纯由热传导项决定的燃速有所减小。劳伦斯（Lawrence）根据他们的试验结果，建议将对流传热系数中的雷诺数用 Re_D 来代替 Re_L，即将特征长度 L 改用通道水力直径 D。由此也可以看到大尺寸发动机的侵蚀效应比小尺寸发动机更弱一些。此外，由于 L－R 公式在表示 r 时不是显式，往往需要采用迭代计算，为了简化计算，最好是将 r 表示为有关参数的显式。为此，可以将指数项中的 r 近似地用基本燃速 r_0 来代替。

4. æ 值准则

在苏联的火箭技术中，习惯于将侵蚀比 ε 表示为 æ 值的函数，而

$$\text{æ}=\frac{A_b}{A_p} \tag{5-25}$$

式中，æ 是装药通道截面的一个几何参数，称为燃通比；A_b 是该截面上游的装药燃烧表面积，代表着流经该截面的质量流率；A_p 是该截面上燃气通道的横截面积。因此，æ 也表征该截面的气流速度，称为波别多诺斯采夫准则。苏联的夏皮罗教授总结了燃烧热值为 800 ～ 900 kcal/kg 的某型双基推进剂的试验数据，提出这类推进剂的侵蚀函数为

$$\varepsilon=1+3.2\times10^{-3}(\text{æ}-100) \tag{5-26}$$

这里的界限值为 æ＝100。

5.3.3.3　侵蚀燃烧的机理分析

侵蚀燃烧是流动过程和燃烧过程相互影响产生的。根据有关黏流附面层的理论，随着流速增加，雷诺数增大，燃烧表面附近的燃气流动要逐渐由层流流动过渡到湍流流动。如果湍流流动侵入到燃烧的气相反应区中去，就要使反应区中气体的热传导系数改变，从单纯由分子运动引起的热传导系数 λ 增加到湍流条件下气体微团运动的湍流热传导系数 λ_T，加大了气相火焰对固相表面的热反馈，使推进剂的燃速增加。对复合推进剂来说，湍流进入气相反应区，加速氧化剂气体和燃料气体的扩散混合，使火焰更加靠近燃烧表面，增加热反馈，提高燃速。因此，一般来讲，由于流动条件改变了气体的传输性质，甚至改变火焰结构，使燃速增加。但是，气相反应区是很薄的，随着压强增加，其厚度可以减小到几十个微米的量级。附面层的厚度则随着气流雷诺数的增加而发展。在一般情况下，附面层紧靠壁面（燃烧表面）的底层仍保持层流流动，这就是层流底层。层流底层以外才逐渐过渡到湍流流动，有湍流的影响，而在层流底层之中仍保持分子运动的输运性质。层流底层的厚度随雷诺数的增大而减小，其量级同气相反应区

厚度相当(见图5-40)。到一定条件下,只要层流底层的厚度小于气相反应区的厚度,反应区开始出现湍流流动,气体的输运系数增大,使燃速增大。随着气流速度增加,湍流强度的分布也在变化,湍流强度峰更加靠近燃烧表面(见图5-41),从而使气相中的输运系数更大,使燃速增加。这就是侵蚀燃烧使燃速增大的基本途径。此外,由于推进剂燃烧表面已不是一个完整、光滑的固体边界,而是微观上高低不平,还可能有某些液体和气泡弥散附着的表面,因此,气流的机械冲刷作用也会加速表面的剥落,影响燃速增加。

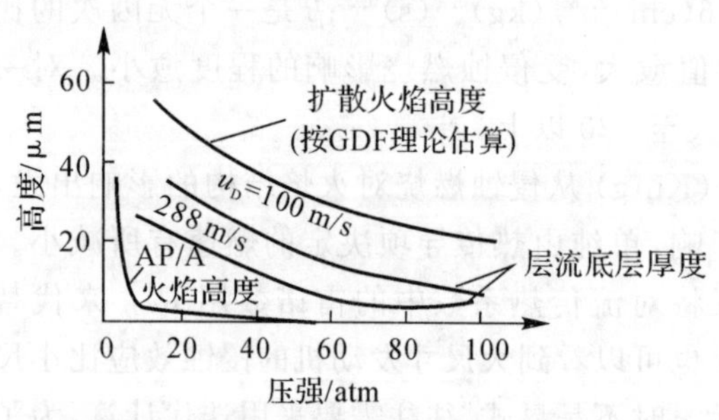

图 5-40　层流底层厚度与扩散火焰高度比较

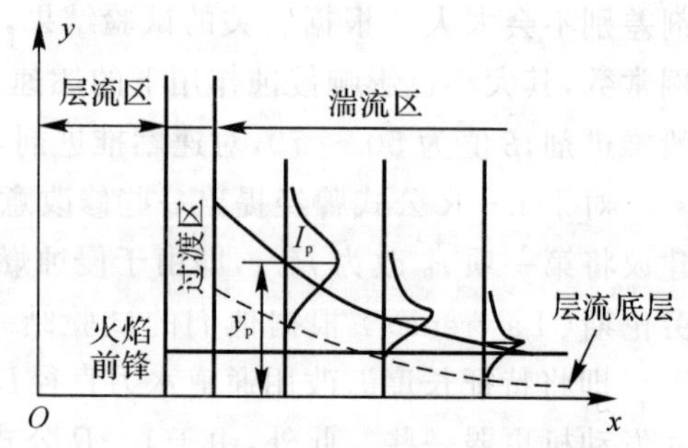

图 5-41　湍流强度分布与横向流速的关系

在理解侵蚀燃烧机理的基础上,进一步分析几个主要因素对侵蚀燃烧的影响。

1. 气流速度的影响

从流动过程影响燃烧过程的这一基本途径,可以说明随着气流速度的增加使燃速不断增加。但是,当气流速度太小,层流底层还相当厚的时候,反应区不受湍流的影响,不会使燃速改变;当达到一定的流速时,层流底层厚度和气相反应区厚度相同,湍流效应才开始起作用,这就是侵蚀燃烧的界限现象。所谓界限速度就是湍流流动开始在反应区中出现,对燃速产生显著影响的临界速度。

2. 燃烧压强的影响

压强的增加使层流底层的厚度和气相反应区的厚度都有所减小。但层流底层的厚度减小更显著,相对地增加了湍流流动对气相反应区的影响,也使侵蚀燃速增加。压强对于侵蚀燃烧的另一个影响是界限速度值。随着压强增加,界限速度减小。这从图5-37中的数据可以看到。压强增加,可以使湍流在更小的流速下就比较显著地影响了气相反应区。

3. 推进剂性质的影响

推进剂性质的影响主要体现在推进剂的基本燃速上。基本燃速对侵蚀燃烧特性的影响可以从图5-38所示的赫伦对八种推进剂的数据比较中看到,推进剂的基本燃速愈大,其侵蚀比却愈小。缓燃推进剂比速燃推进剂更易受到侵蚀燃烧的影响,其界限速度也比速燃推进剂更小。

基本燃速对侵蚀燃烧的影响可以从两方面说明。首先,基本燃速小的推进剂,在无侵蚀的情况下,其相应的气相对固相的热反馈更小,当其他条件大体相近时,主要差别在于气相反应过程较慢,气相反应区较厚,这就比较容易受到湍流流动的影响,因而侵蚀燃速增大较多。其次,燃烧表面燃气的生成有一个与表面垂直的离开表面的速度分量。这个速度对于来自气相的传热有一个阻挡作用,减小气相对于固相的传热。这个作用也可以看作是燃气离开表面的运动将湍流流动的影响推离表面,增加层流底层的厚度,减小湍流的影响。而这个阻挡作用是与燃气离开的速度有关的。基本燃速较小的推进剂，燃气生成率更小，离开燃面的速度也更小，阻挡作用也小，使侵蚀燃烧的影响增大。

有些推进剂，在界限速度以下出现负侵蚀现象。尤其是那些基本燃速较高的推进剂在低压下工作时容易出现，那时界限速度相对较大。对于这种现象目前还没有比较满意的解释。也有人曾经研究了推进剂中不同铝粉含量对侵蚀比的影响，结果表明铝的影响并不显著。

4. 装药几何形状和发动机尺寸的影响

装药几何尺寸影响通道的流场分布，从而影响各个部位的局部流动条件。而各部位紧贴燃面附近的局部流动直接影响当地的燃烧过程。通常将装药通道中的流动简化为一维流动时都没有考虑局部流场的变化。详细分析侵蚀燃烧的影响应该从通道中的多维流动来考虑。相关文献的试验结果证明：星形内孔装药在侵蚀气流影响下，星根部位的燃速比星尖处更大。关于尺寸的影响，已经有数据表明，对圆柱形通道的装药来说，大直径通道侵蚀燃烧影响比小尺寸的要小。这就是说，大尺寸发动机的侵蚀燃烧问题不如小发动机严重。但是是否对其他药型也有这样的规律，还缺乏更多的数据。

有人曾提出了燃烧表面的粗糙度和沿流动方向的压强梯度对侵蚀燃烧有增强的影响。这是从形成燃面附近湍流附面层的条件来考虑的。这两个因素影响贴近燃面处的流动条件，从而会影响火焰区中的输运性质，另一方面，从流动的机械侵蚀作用来说，表面粗糙度的增大容易促成机械剥离。不过，所谓表面粗糙度是在燃烧过程中形成的，不仅取决于推进剂本身的细微结构，而且还取决于燃烧室的压强，它不是一个独立的自变量，还是从粒度和压强的影响来分析更确切一些，而压强梯度也有类似的情况，压强梯度的形成，也由当时当地的流动条件决定，本身也不是一个独立的自变量。

5.3.3.4　侵蚀燃烧的试验方法

近年来，对侵蚀燃烧的理论分析工作依然在不断开展，特别是在数值模拟方面做了很多的尝试，希望能够预示出侵蚀燃烧特性。但到目前为止，由于固体推进剂燃烧的复杂性，理论预示还不能给出满意的结果，固体推进剂侵蚀燃烧特性的确定还只能靠试验方法。曾经用过的方法很多，大体上可分为两大类。

第一类是试件法。将小尺寸的推进剂试件置于侵蚀气流作用下燃烧。测量其燃速与侵蚀气流的关系，便可以得到侵蚀函数随不同条件的变化。在这类方法中，侵蚀气流是在燃气发生器中由装药燃烧产生的，而测定燃速的试件则置于试验段中，试件的形状有片形、圆柱形、圆环形等等，测燃速的方法也可以各式各样。图 5 - 42 所示的装置采用中止燃烧法。燃气发生器和试件同时点燃，在燃烧一定时间以后，用爆炸螺栓打开燃气发生器头部堵头，燃烧室内压强突然迅速下降，造成燃烧中止。这样，试件的燃速可以从燃烧前后试件尺寸的变化和燃烧时间来确定。侵蚀气流的参数(压强、流速)则由调整燃气发生器装药、喷管喉径和试验段通道的尺寸来改变。这个装置比较简便。由中止燃烧所得的参数值通常都是时均值，而且一次点火试验只能得到一组参数，需要很多次试验才能完成侵蚀燃烧特性的测定。改进的方法是设法连续测量试件的燃速，可以利用 X 射线连续摄影法，或在试验段装置透明窗，采用高速摄影法。图 5 - 43 所示是 King 利用高速照相机连续测量试件燃速的试验装置。

试件法的优点是容易调节侵蚀气流的参数，易于取得任一特定条件下的数据。不仅用于确定侵蚀函数，还可用于专门研究。但试件法的侵蚀气流条件与实际发动机中的工作条件不同,所得的结果需要做些修正才能用于实际发动机。

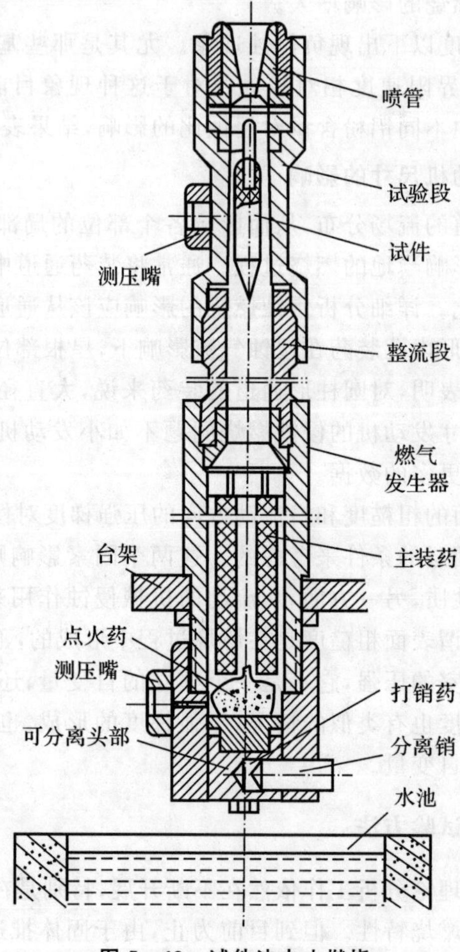

图 5-42　试件法中止燃烧

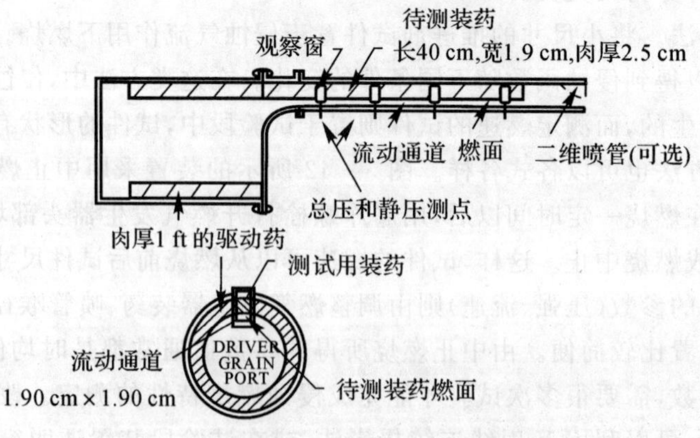

图 5-43　金(M. K. King)的试验装置

第二类是发动机法。在小尺寸试验发动机中或全尺寸发动机中直接测定侵蚀条件下的燃速。这里,发动机的主装药既产生燃气,形成侵蚀气流,又作为试件在其上测定在燃气流动作用下的燃速。

图 5-44 所示是一种中止燃烧试验发动机。利用圆柱形内孔燃烧装药中止燃烧后的尺寸变化来确定各个截面上的燃速。而各截面上燃气的质量流率则由该截面上游各点装药尺寸的变化来确定(即推进剂的消耗量),由质量流率可以进而确定该截面的密流等参数,从而得到燃速与气流参数的关系。由于是采用中止燃烧法,因此所得参数都是时均值。但气流参数沿通道在变化,一次试验可以取得多组数据。除了中止燃烧法以外,同样可以采用连续测量燃速的方法,如 X 射线实时荧屏试验方法,或者超声波试验方法,就能取得更确切的瞬时参数值。对尺寸较大的装药,可以在不同深度埋置各种细小的探测头,这些探测头通过燃烧表面进入燃烧时可以发出一定的信号,由此来确定燃烧的时间,从而确定不同时间上的燃速。发动机法比较复杂一些,特别是全尺寸发动机的试验费用较大。但可以设法在一次试验中取得较多的数据,而且工作条件同实际发动机比较切合,数据可以直接应用。

除此两类方法以外,还可以根据发动机的实际压强-时间曲线,去推算推进剂装药的侵蚀燃烧特性。为此,事先假设侵蚀函数 ε 的关系式,其中有若干待定的常数。调节这些常数值,计算发动机的压强-时间曲线,使之与实际曲线相吻合,就可以确定这些常数的值。这种方法把所有对实际曲线的影响完全归于侵蚀函数,可靠性不够高。但不需要专门的试验,比较方便,可以用于估算。

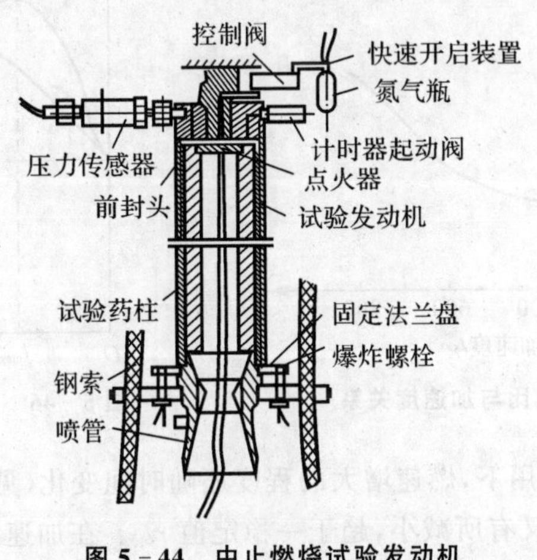

图 5-44　中止燃烧试验发动机

5.3.4　与其他工作条件相关的燃速特性

5.3.4.1　加速度对燃速的影响

随着飞行器的运动,固体火箭发动机经常要受到各种加速度的作用,特别是有一类火箭利用高速旋转来稳定飞行,在这种条件下工作的发动机中,产生了一个很强的加速度场。实践已经证明,垂直于燃烧表面并指向推进剂的加速度作用使燃速增加。如图 5-45 所示,这是一种含铝复合推进剂,当加速度达到 $100g$ 时,燃速增加 20%以上。其结果使燃烧室压强显著升高,这不仅使发动机推力性能改变,甚至使燃烧室产生意外的爆炸。

Greatrix 给出了一种考虑加速度作用下的燃速模型：

$$r_b=\frac{\beta(r_b+G_a/\rho_p)}{\exp[c_p\delta_0(\rho_p r_b+G_a)/k]-1}$$

其中 ρ_p 为推进剂密度；c_p 为气体定压比热；k 为气体热传导系数；β 为热流系数；δ_0 为燃烧区域内参考能层厚度；G_a 为加速度导致的密度流量。

到目前为止，已经有多种试验方法可以在很高的加速度作用下来确定推进剂燃速的变化，对各类推进剂进行了相当多的试验。经过多年的工作，人们已经得到了较多的经验数据来表示加速度对燃速影响的基本规律。其主要特征如下：

(1) 无论是双基推进剂还是复合推进剂、加铝推进剂还是不加铝推进剂，在加速度作用下，燃速都有增加。其中，复合推进剂比双基推进剂更显著，加铝推进剂比不加铝推进剂也更显著。

(2) 燃速增大的百分比随加速度的增大而增大，其增大的规律则随推进剂的不同而不同。也可以观察到一个大致的趋势，即大抵在 $100g$ 以下燃速增加很快，到 $100g$ 左右便增加缓慢，甚至有一个“平台区”(见图 5-45)。

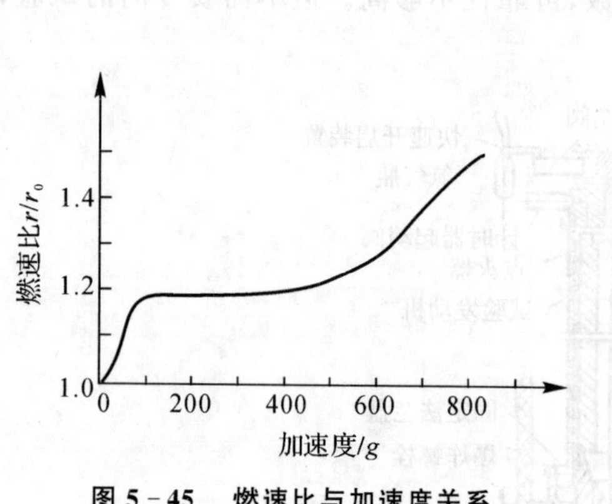

图 5-45　燃速比与加速度关系

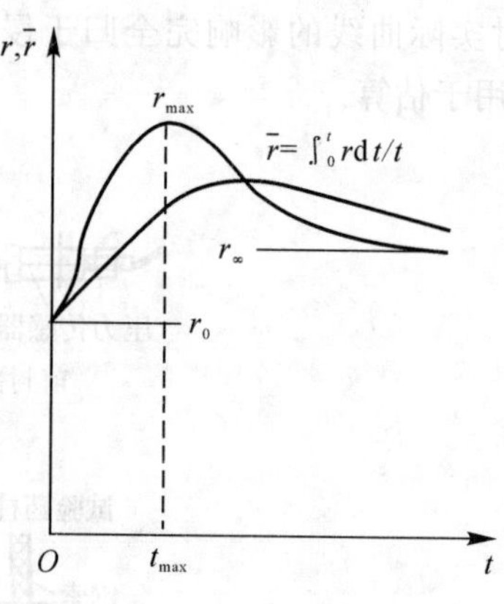

图 5-46　燃速随时间的变化

(3) 在一定的加速度作用下，燃速增大的程度还随时间变化(见图 5-46)。先从基本燃速 r_0 增大到最大值 $r_{\max}$，随后又有所减小，趋于一稳定值 r_∞。在加速度作用的初期，燃速的变化有一个非稳态过程。

(4) 随着燃烧室压强的增加，加速度作用对燃速的影响也增加，如图 5-47 所示。

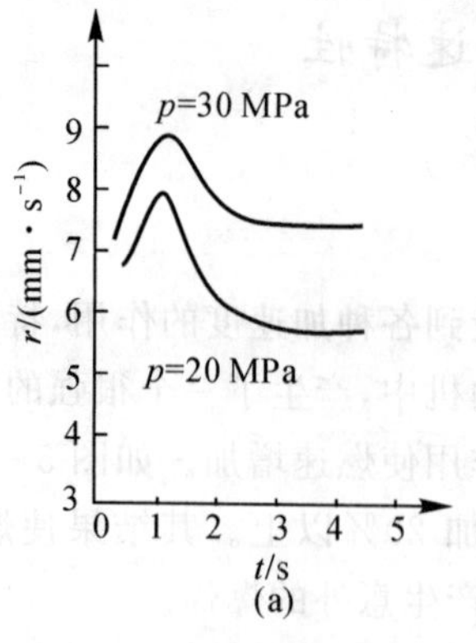

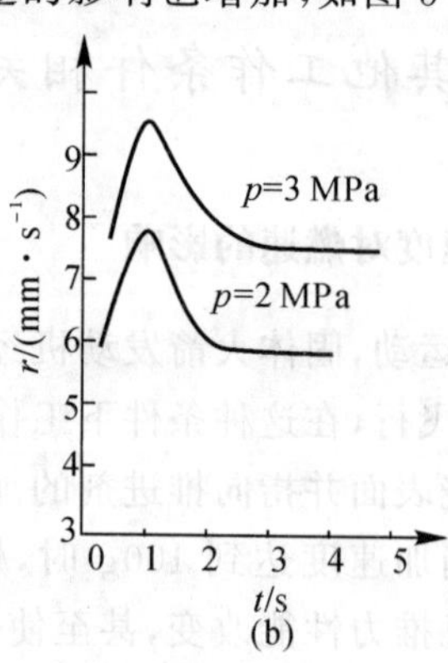

图 5-47　压强对 $r-t$ 影响

(a)$30g$；　(b)$45g$

(5) 燃速的增量与加速度向量与燃面相交的方位角θ有关。如图 5-48 所示，当$\theta=90°$时，燃速增量达到最大；随着θ减小，燃速增量也减小。当θ小于某一界限值(75°)时，加速度对燃速没有显著影响。

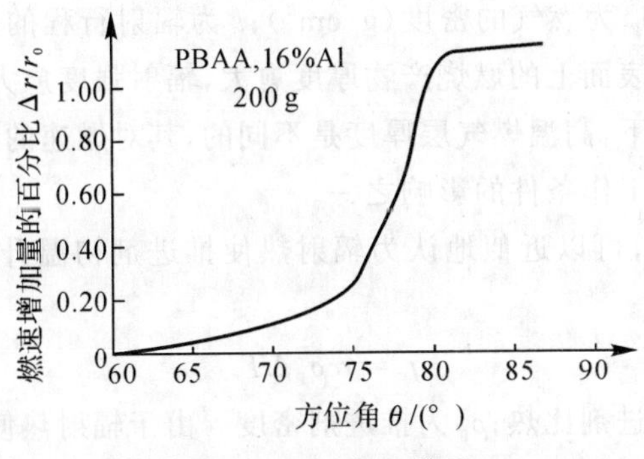

图 5-48 r 与 θ 关系

(6) 基本燃速愈小，加速度作用对燃速的影响愈大。对 AP 推进剂来说，AP 颗粒的尺寸愈大，燃速愈小，受加速度影响而产生的燃速增加愈大。

(7) 随着铝的含量及其颗粒尺寸的增加，加速度的影响亦增加。

以上所述只是加速度影响燃速的定性规律，对不同的推进剂，其具体的定量关系仍必须通过相应的试验来确定。有了定量的数据，才有可能预计燃烧室中的压强变化。

为什么加速度作用能使燃速大大增加？从已有的研究来看，燃速增加的主要原因是燃烧产物中的某些凝相微粒在加速度的作用下离燃烧表面很近，增加了对固相的传热，从而使燃速增加。特别是含铝推进剂的燃烧，铝粒在燃烧表面的积集和结团，使其在燃面逗留的时间延长，更加增加了固相受热，增加燃速。从中止燃烧的燃面上可以看到铝粒或铝团作用所形成的凹坑，这就说明了加速度作用于凝相微粒的直接后果。但是，到目前为止，这一作用过程的具体细节并没有完全弄清楚，加速度影响的详细机理还没有一个比较完善的模型，还不能比较满意地解释有关现象，尚需进一步研究。

近年来，随着对战术导弹机动飞行能力要求的不断提高，固体火箭发动机要承受较高的横向过载。高过载对发动机的燃烧和热结构都会造成严重的影响。由于采用含铝推进剂，燃烧产物中的凝相粒子由于惯性的作用，在发动机作横向机动飞行时，凝相粒子会以较高的速度冲击推进剂表面，导致传热加剧，使推进剂燃速升高。由于推进剂燃烧产物向中心流流动，这种上升气流会对凝相粒子的冲刷效应产生一定的阻碍作用，导致横向过载对推进剂燃速的影响也存在一个界限效应。

5.3.4.2 燃烧产物的热辐射

燃烧产物温度很高，气体分子也能发出一定的辐射热，如果其中还有凝相微粒，其热辐射作用更强。燃烧产物的辐射加热使固相得到更多一部分热量，增加燃速。一般估计，由这种辐射加热而引起的燃速增量可达 5%。

如果不计燃烧表面和燃烧室壁的反射，燃烧产物对推进剂固相表面的辐射热流密度可以近似地用下式计算：

$$q_r = \sigma T_f^4 (1 - e^{-k\rho_g l}) \ (\mathrm{W/m^2}) \tag{5-27}$$

式中，σ 为斯蒂芬-玻尔兹曼常数，其值为 $\sigma = 5.7 \times 10^{-8}\,\mathrm{W/(m^2 \cdot K^4)}$。$T_f$ 为燃烧产物温度(K)；k 为气体的辐射系数，对推进剂的燃烧产物来说，$k = 25 \sim 40(\mathrm{cm^2/g})$，当燃气有炽热的凝相微粒时，$k$ 值取较大值；ρ_g 为燃气的密度($\mathrm{g/cm^3}$)；l 为辐射行程的平均长度(cm)，实际上就是燃气层的厚度。推进剂表面上的燃烧产物厚度愈大，辐射强度愈大，对燃速的影响亦愈大。在不同的发动机工作条件下，高温燃气层厚度是不同的，其对燃速的影响也不同。因此把辐射热的影响看作是发动机中工作条件的影响之一。

辐射热对燃速的影响，可以近似地认为辐射热使推进剂初温升高 ΔT_r，在稳态燃烧条件下，按照能量平衡关系，有

$$q_r = rc\rho_p \Delta T_r \tag{5-28}$$

式中，r 为稳态燃速；c 为推进剂比热；ρ_p 为推进剂密度。由于辐射热使推进剂温度升高 ΔT_r，其对燃速的影响可以近似地认为推进剂初温升高了 ΔT_r，然后根据燃速的温度敏感系数来估计燃速的增量。不过，确切的影响还必须通过直接的试验来得到。

有的固体推进剂是透明的或半透明的，如胶质的双基推进剂，燃烧产物的辐射热可以部分地透射进入推进剂里层，使里层的推进剂在进入燃烧前就吸收了一部分辐射热。越是深层的推进剂，吸收辐射热的时间越长，温升越大。这就使深层推进剂的燃速比药柱表面层的燃速受辐射热的影响更大一些。药柱愈到燃烧后期，受辐射热的影响愈大，燃速亦愈大。整个药柱的燃速在工作中很不均匀，从而影响发动机室的压强变化。为此，往往在推进剂中加入少量石墨类的物质，使其变成不透明，以减少辐射热对里层推进剂的燃速的影响。

5.3.4.3 压强变化率

当燃烧室中的压强呈快速变化时，推进剂的燃速不仅取决于压强，而且与压强随时间的变化率有关，称为动态燃烧效应。当燃烧室快速增压时，其燃速要比相应压强下的稳态燃速有所增加。快速降压时，其燃速则低于相应压强下的稳态燃速。已经总结了一个半经验公式来表示 $\mathrm{d}p_c/\mathrm{d}t$ 对燃速的影响，即

$$r = ap_c^n \left[1 + \frac{k\lambda n}{c\rho_p (ap_c^n)^2 p_c} \times \frac{\mathrm{d}p_c}{\mathrm{d}t} \right] \tag{5-29}$$

式中，(ap_c^n) 为稳态燃速；p_c 为燃烧室压强；n 为燃速的压强指数；$\dfrac{\lambda}{c\rho_p}$ 为推进剂的热扩散系数(又称导温系数)；k 为经验常数，其值为 $0.5 \sim 2$，差别可以很大，只有通过试验才能精确确定。

5.3.4.4 推进剂的应变

在发动机贮存和工作过程中，由于压强分布、温度变化以及飞行过载的影响，药柱处于复杂的受力状态，产生各种应变。试验表明，在应变状态下，推进剂燃速会有所改变。通常，与燃烧表面平行方向的推进剂应变使燃速有所增加。其关系式为

$$r = r_0 (1 + b\varepsilon_r) \tag{5-30}$$

式中，r_0 为无应变下的基本燃速；ε_r 为与燃面平行方向的推进剂应变；b 为经验常数。

5.4　固体火箭发动机中的不稳定燃烧

5.4.1　概念及内涵

在早期的采用双基推进剂的固体火箭发动机试验中,发动机的正常工作时间内出现了不规则的压强变化,称之为"二次压强峰",引起了燃烧室的爆炸。这种不规则现象不能用燃面的变化或侵蚀燃烧的影响来解释。后来发现这种不规则现象产生的同时,燃烧室存在一定频率的压强振荡,而这种振荡可能是由某种随机的扰动发展起来的。因此,将燃烧中压强振荡不断发展的过程称之为不稳定燃烧(见图 5-49),又称燃烧的不稳定性。

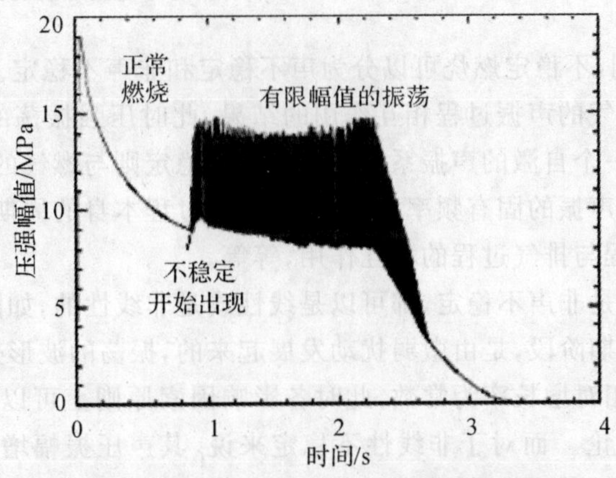

图 5-49　固体火箭发动机的不稳定燃烧现象

采用高含铝量的复合推进剂后,由于凝相燃烧产物的阻尼作用,固体火箭发动机的燃烧不稳定得到很大程度的抑制,因此,燃烧不稳定问题在国内较少受到人们的关注。但是近年来,国内研发的战术导弹用固体火箭发动机屡次出现较为严重的燃烧不稳定现象,且国外研制的大型助推器,如欧洲"阿里安-五"和美国航天飞机采用的大型分段式固体火箭发动机中也相继出现了不稳定燃烧现象,如图5-50所示。燃烧不稳定现象发生时尽管燃烧室产生的压强振荡振幅可能不高,但却会导致较严重的推力振荡,这种推力振荡会与飞行器的固有振荡模式耦合引发共振,导致飞行器上的仪器失灵,严重影响飞行任务。

不管是战术还是大型固体火箭发动机,不稳定燃烧现象产生时主要表现为燃烧室的压强振荡,同时伴有发动机的强烈振动、平均压强曲线和推力曲线的不规则变化,甚至中断燃烧(即大振幅压强振荡引起的降压熄火)或发动机的意外旋转等现象,严重时发动机将失效或爆炸。因此,国内外都投入了大量的人力物力来开展这方面的研究,在早期找到了一系列抑制压强振荡、防止不稳定燃烧的经验的或半经验的方法,近阶段人们开始对发动机的稳定性进行理论分析和预测,期望能解决工程应用中遇到的很多实际问题。然而由于问题本身的复杂性,目前的理论分析水平和实验技术具有较大的局限性,须进一步对其进行研究。

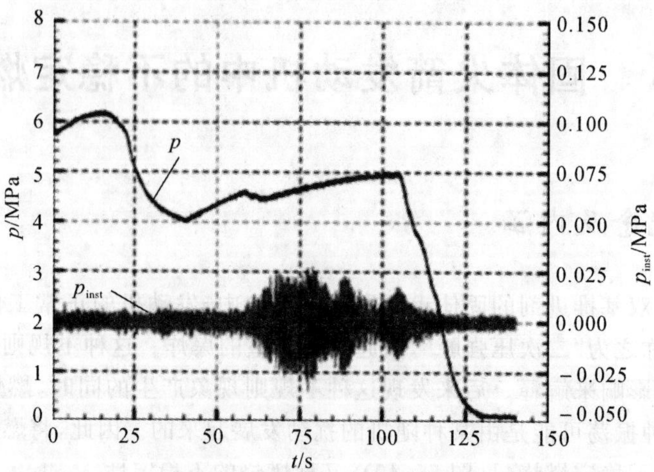

图 5-50　大型分段式固体火箭发动机的不稳定燃烧现象

按产生机理的不同，不稳定燃烧可以分为声不稳定和非声不稳定。声不稳定是燃烧过程与发动机燃烧室内腔燃气的声振过程相互作用的结果，此时压强振荡的频率与内腔的固有频率相近，发动机此时是一个自激的声振系统。而非声不稳定则与燃气的声振过程无关，此时压强振荡频率不同于内腔声振的固有频率，它可以是燃烧过程本身的周期变化，即固有的不稳定性，也有可能是燃烧过程与排气过程的相互作用，等等。

无论是声不稳定还是非声不稳定，都可以是线性或是非线性的，如图 5-51 所示。线性不稳定在不稳定发展的初期阶段，是由微弱扰动发展起来的，振荡的波形是正弦波，即简谐振荡，振幅按指数规律增长，相对增长率为常数，此时各影响因素原则上可以线性叠加，即目前所形成的线性稳定性预测理论。而对于非线性不稳定来说，其声压振幅增长率逐渐减小，波形畸变，将出现平均压强升高和极限环振荡等现象。它可能是线性不稳定发展的结果，也可能是线性稳定的系统在受到一定强度的压强扰动时所出现的，后者也称为脉冲触发不稳定。

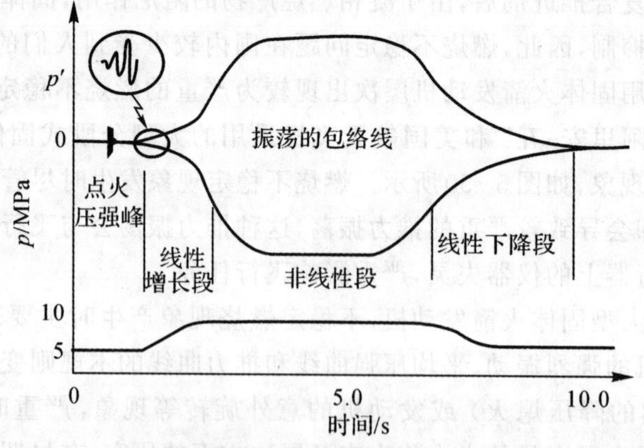

图 5-51　不稳定燃烧时固体火箭发动机中的典型压强曲线

(注：图中的上面曲线是将测量信号的直流分量滤出并放大而形成的，其包络线由压强振荡的各极值点构成；下面曲线是滤去压强振荡所获得的平均压强曲线)

声振指的是燃烧室内压强振荡滤去直流分量所表现出的声压振荡现象。声振一般通过频率、幅值大小及振型(也称振模)来表征。按振荡频率的不同,不稳定燃烧可以分为高频、中频和低频三个范围。高频指的是 1 000 Hz 及以上,中频指的是 100 ~ 1 000 Hz 之间,而100 Hz 以下则属于低频。通常高频和中频不稳定都是声不稳定,而低频不稳定则有可能是声不稳定,也有可能是非声不稳定。声振的振型包括波阵面的几何特性、波的传播方向等,即声振参数在声腔中的分布和传播的形式。它取决于声腔的几何形状和尺寸、介质的特性和声腔的边界条件,对于火箭发动机来说,即是燃烧室内腔的结构、推进剂和燃烧产物的特性。一般来说,声振的振型可以分为纵向、切向和径向三种形式,如图 5-52 所示。

(1) 纵向振型是沿燃烧室纵轴方向上发生的振荡。波阵面是垂直于纵轴的水平面,振荡的传播方向为轴向。由于发动机内腔的纵向长度一般较大,因而纵向振型的频率相对较低。

(2) 切向振型是沿燃烧室切线方向发生的振荡。波阵面呈圆弧形,振荡传播的方向为切向,其频率相对较高。

(3) 径向振型是沿燃烧室半径方向发生的振荡。波阵面是一系列同心圆柱面,振荡传播的方向为径向,其频率也相对较高。

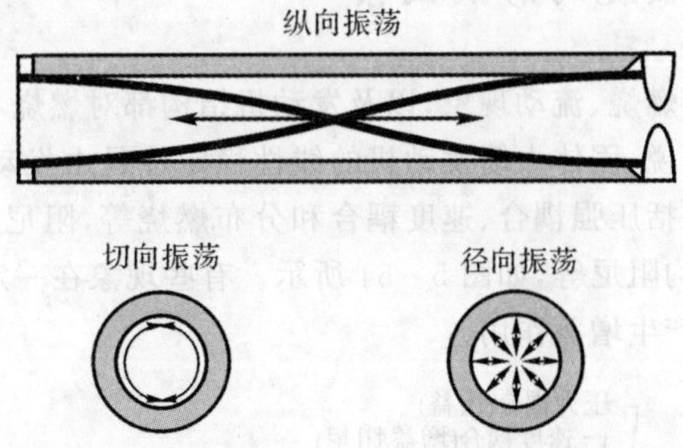

图 5-52　固体火箭发动机中的振型(声模态类型)

实际燃烧室内的压强振荡可能是某一个或是某几个振型的组合。某固定振型下压强振荡所表现出的声腔第 n 阶频率及其幅值,称之为该振型方向上压强振荡的第 n 阶声模态。燃烧室中除了主声模态(幅值较高的声模态)的压强振荡外,还可能存在其他声模态上谐波振荡的叠加,而主声模态往往控制着燃烧室中振荡燃烧的发展。对于半径为 R,长度为 L 的圆柱形燃烧室内腔(或装药内腔),其纵向、切向和径向的固有频率分别为

$$f_{纵}=\frac{nc}{2L},\quad f_{切}=0.293\,\frac{nc}{R},\quad f_{径}=0.61\,\frac{nc}{R} \tag{5-31}$$

式中,n 为模态阶数;c 为当地声速。

5.4.2　燃烧不稳定机理

从根本上说,不稳定燃烧产生于初始小扰动,在满足瑞利准则的条件下初始小扰动得到放大。瑞利准则对周期性的加入或抽取热量导致扰动放大描述为,“如果在介质最稠密的时刻加入热量,或者在介质最稀薄的时候抽取热量,振动将会放大”。

燃烧过程与压强波动、密度、环境的稳定有着密切的关系。燃烧产物的波动在流场中会有局部的变化,这种局部波动在介质中传播,并且与燃烧室中整个不稳定区域结合起来。在适合

的条件下，流场演变成一个可观察的燃烧不稳定状态。图 5－53 示意性地显示了外部扰动的反馈放大机制，可以看出，燃烧不稳定的增益与两个因素有关：一个是燃烧室动力学行为，主要是燃烧室的气体动力学过程；另外一个是燃烧动力学过程，主要是推进剂燃烧的压强耦合响应。当然，除了导致扰动放大的增益机制外，还有对扰动产生抑制效果的阻尼机制。燃烧室中最终表现出稳定还是不稳定，以及不稳定的幅值，是增益和阻尼机制共同作用的结果。

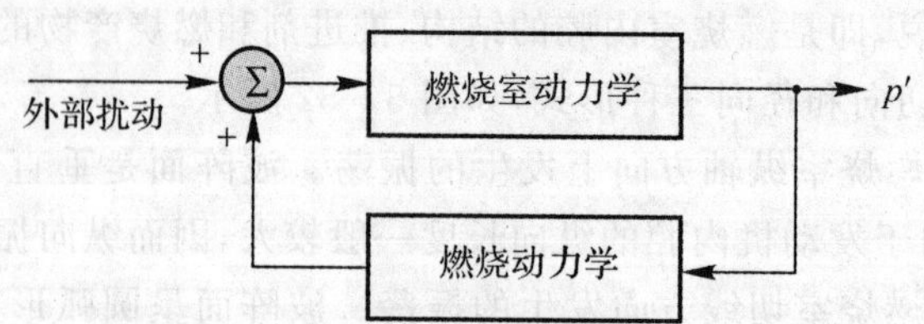

图 5－53　具有反馈放大器特征的燃烧室示意图

5.4.3　不稳定燃烧的影响因素

固体火箭发动机中的燃烧、流动现象，以及发动机结构都对燃烧不稳定产生影响。从线性稳定性预测理论的角度来说，固体火箭发动机的线性稳定性是由发动机中声能增益和阻尼的总和决定的。增益因素包括压强耦合、速度耦合和分布燃烧等，阻尼因素包括喷管阻尼、粒子阻尼、流动阻尼和装药结构阻尼等，如图 5－54 所示。有些现象在一定条件下可能产生阻尼作用，在另一个条件下可能产生增益作用。

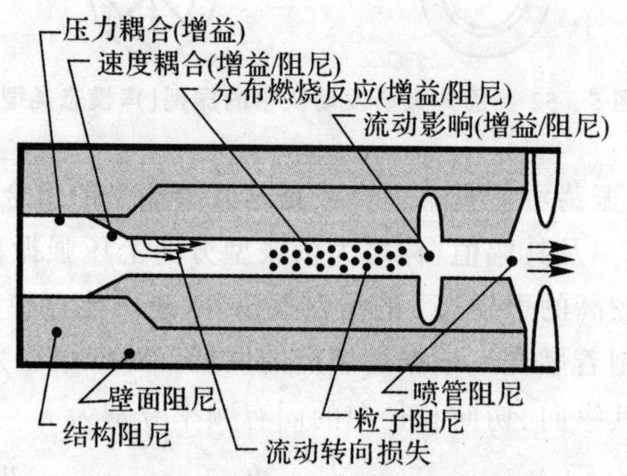

图 5－54　固体火箭发动机中不稳定燃烧的主要影响因素

1. 推进剂表面燃烧的影响

发动机中所有的能量均来源于推进剂的燃烧，按照典型数据估计，在特定的条件下，装药释放能量的 0.14％ 转化为声能，声压振幅便可达到平均压强的 10％。推进剂表面燃烧过程对压强变化的响应定义为推进剂的压强耦合响应，是固体火箭发动机中燃烧不稳定的主要增益因素之一。

燃烧响应表现出两种形式的耦合响应，即压强耦合响应和速度耦合响应。声振中压强波进入燃面处的燃烧反应区，由于声压增加而使燃速增加，因而燃面上的放热率和气体生成率都相应增加，进入声腔使压强增加，这就是燃烧过程对声压振荡的响应。如果增加压强的作用正好发生在声压最大的相位上，就会使振荡放大。这即是同相位的压强响应-压强耦合。

从本质上说，推进剂燃烧对燃烧不稳定的增益作用服从瑞利准则，如果推进剂气相燃烧区域对压强扰动的响应无限快，则发动机很容易出现燃烧不稳定。实际上，复合推进剂的火焰中同时存在预混火焰（AP 分解焰）和扩散火焰（初焰和终焰），无论是化学动力学过程和扩散过程都需要时间，燃烧对压强扰动的响应存在时滞，时滞的数值决定了推进剂燃烧与压强扰动之间的耦合。AP 的级配是影响扩散过程的主要因素，因此，不同的 AP 级配会影响推进剂的压强耦合响应。研究表明，采用大量超细粒度 AP 的推进剂更容易出现燃烧不稳定，不合适的 AP 级配也会使压强耦合响应增强。

声振中除了压强的波动以外，还有气体质点速度的波动，那就是声振速度的周期性变化。而速度耦合响应指的正是声振速度对推进剂燃面燃烧过程的增益或衰减作用。跟压强耦合响应不同，速度耦合响应定义和本质没有得到广泛的承认。许多专家认为速度耦合其实是侵蚀燃烧的一部分。最近的研究表明速度耦合是非线性现象，传统的线性理论中无法用来研究该响应。然而，对于燃烧不稳定问题，尤其是非线性问题，速度耦合响应是燃烧不稳定的一个重要驱动因素。

在燃烧室中究竟存在何种响应，取决于燃面与声振振型的相对位置。例如，对于端面燃烧的发动机，其燃面对纵向振型来说就只有压强响应，而没有速度响应；对横向振型除了压强响应以外还可能有速度响应；对侧面燃烧装药的发动机，燃面对纵向振型有压强响应，也有速度响应，而对横向振型则压强响应是主要的。目前研究表明，压强耦合响应是燃烧室声能的最主要增益，而对于速度耦合响应来说，其是增益或是阻尼仍很难弄清。

2. 金属燃烧及凝相燃烧产物的影响

如果复合固体推进剂中金属铝的质量含量为 18%的话，那么燃烧产物中约有 34%的凝相成分。传统的理论认为，凝相产物对高频燃烧不稳定起到抑制作用（见图 5－55）。燃烧产物中含有凝相微粒时，将产生阻尼作用使声振能量衰减。凝相微粒与气相声振之间存在速度滞后和温度滞后，由于黏性和传热产生了声能损失，而黏性损失是最主要的。

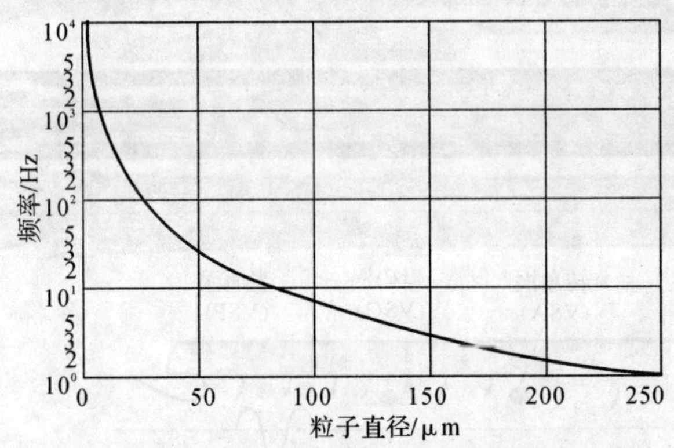

图 5－55　粒子尺寸对应的最佳阻尼与频率关系

实际上，铝及其凝相产物在燃烧不稳定中扮演的角色是很复杂的。金属对燃烧不稳定的作用体现在两个方面：一是金属的分散燃烧（或称为分布式燃烧），二是凝相产物对燃烧不稳定的作用。试验研究表明，金属颗粒在推进剂表面气相反应区内并没有完全燃烧，有 10%左右的铝燃烧发生在随气相流动的过程中。对典型发动机结构大涡模拟结果表明，如果热态纯气相流动导致的压强振荡幅值约为平均压强的 2%，若考虑 10%的铝参与分散燃烧，且铝粒子服从直径为 10 μm 的单一粒径分布，燃烧不稳定的幅值将增加至 5%，表明分散燃烧对燃烧不稳定可能会起到增益作用。凝相燃烧产物对燃烧不稳定的抑制作用更多体现在高频部分(频率大于 1 000 Hz)。由于凝相产物本身的粒度分布是多分散性的，离散相与气相的相互作用极其复杂，不同直径的凝相产物对不同振荡频率的作用是不同的。

3. 主流流动的影响

火箭发动机中的旋流运动对燃烧不稳定可能存在影响。1973 年，Flandro 和 Jacobs 一起首次提出了涡脱落有可能激发大型分段式固体火箭发动机燃烧室的声模态产生共振，从而引起压强振荡，这便是最初有关声-涡耦合机理的描述。1986 年，Flandro 和 Chung 等人从线性稳定理论的角度分析了旋涡运动作为发动机额外声源，试图将旋涡表述为与其他影响因素相似的形式，例如压强耦合函数，以便在线性稳定性理论中加入旋涡的影响。

在固体火箭发动机中存在三种类型的旋涡脱落形式，如图 5-56 所示，分别为障碍涡脱落(obstacle vortex shedding)、表面涡脱落(surface vortex shedding)及转角涡脱落(corner vortex shedding)。有时这三种涡脱落可能同时发生。

国外使用大型分段式固体发动机作为航天器运载器的助推器。由于工艺限制和发动机运输问题，大型固体火箭发动机大多采用分段式装药，每段装药的两端需要包覆层阻燃。在发动机工作过程中，由于包覆层不能燃烧，随着燃面的退移，包覆层成为主流中的障碍物。主流流经包覆层时，形成障碍涡脱落。有的即使不采用分段，或分段发动机采用可消融阻燃层，在大型发动机很长的流动通道中，由于流动的本质不稳定，也可能会形成表面涡脱落。转角涡脱落一般形成于战术发动机中，采用星孔或翼柱后置的装药结构在燃面退移到一定程度时星孔或翼柱消失，从头部开始形成小圆柱-圆台-大圆柱的后向台阶转角结构，由于流动的剪切作用，主流气体在后向台阶处会产生周期性的逆序结构的旋涡，即转角涡。

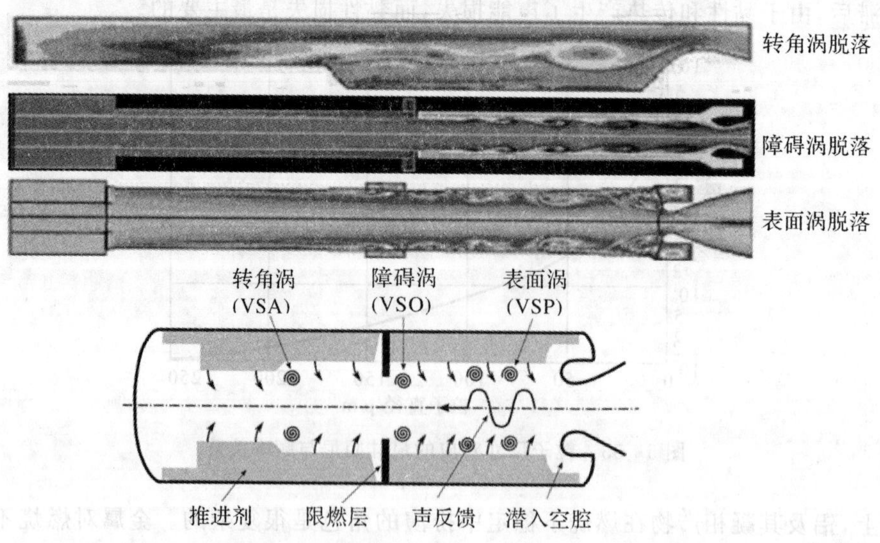

图 5-56　固体火箭发动机中三种典型的旋涡脱落图

旋涡的涡核实际上是一个低压区，周期性的涡可以理解为周期性的压强扰动。另外，涡输运到下游时，可能与喷管收敛段产生撞击作用而发声。试验发现，当脱落涡频率接近声场固有频率时，周期性的流动分离将产生显著的压强振荡。印度的 Karthik 等人的冷流实验所观察到的如图 5－57 所示的频率“锁频”现象则更形象地说明这一机理及声模态转换过程，即随着气流速度的提高，旋涡脱落频率逐渐增大，当其接近于燃烧室声腔的某一声模态时，压强振荡频率将锁定这一声模态，产生共振；当旋涡脱落频率再继续增大而远离该声模态时将解锁，上述过程的再次出现即为频率转换，即旋涡脱落耦合了燃烧室声腔的另一阶声模态。一旦产生“锁频”现象，在燃烧室中会产生如图 5－58 所示的带反馈的声/涡耦合机制，使燃烧室保持一定水平的压强振荡。在大型发动机中，这种水平的压强振荡对有效载荷的可靠性工作产生了严重影响。

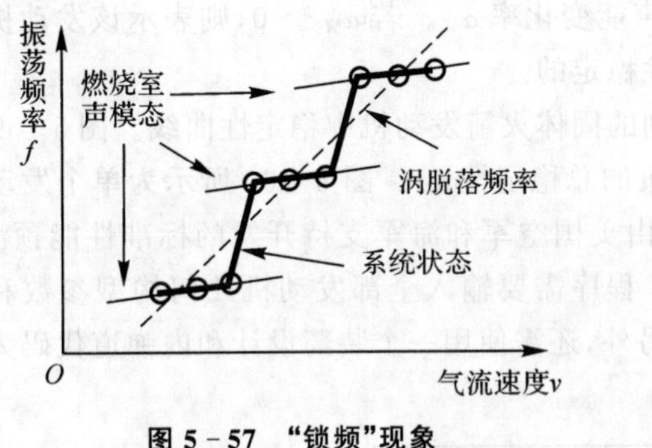

图 5－57　“锁频”现象

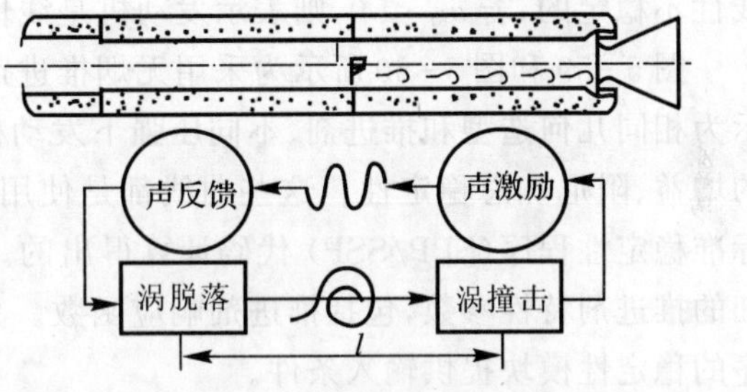

声反馈
声激励
涡脱落
涡撞击
l

图 5－58　声/涡耦合示意图

4. 发动机结构的影响

喷管的影响：一般认为喷管是发动机中最主要的阻尼因素。在燃烧室的喷管一端，气流排出的同时也以对流形式排出声振能量。另外，还以辐射形式散失声振能量，故发生阻尼作用。如果喷管位于某阶模态的压强波腹处，则该模态辐射损失增加，其阻尼作用将更强。因此，喷管处对其相应轴向上的阻尼效果最为显著。不仅如此，声波从燃烧室进入喷管后，要在收敛段上发生反射，反射回到燃烧室的反射波要影响原声波的结构和频率等特性，而这主要取决于收敛段的几何形状和气流状态。

最新的研究表明，大型发动机采用的潜入式喷管对燃烧不稳定起到增益作用，且增益随喷管空腔体积线性增加，当空腔体积接近零时，压强振荡消失。

壁面阻尼：燃气与燃烧室壁接触，通过摩擦和散热，引起声能损耗。其阻尼大小与燃烧室的机械性能、形状和声振的振型有关。对贴壁浇铸、内孔燃烧装药的发动机来说，室壁与燃气的接触面积很小，壁面阻尼也较小。

结构阻尼：由于发动机壳体的刚性比药柱大得多，药柱内部的黏性比较大，因而在整个结构阻尼中，药柱黏弹性阻尼占主导。特别是当声振频率接近或等于药柱自振的某一固有频率时，药柱将发生共振，声能大部分将转入固体介质，从而使得不稳定燃烧中断。在发动机工作过程中，声腔的尺寸和药柱的尺寸都在随时间变化，声振频率和药柱固有频率也将变化，因而上述共振现象可能交替出现，从而表现出不稳定燃烧的交替出现。

5.4.4 线性稳定性预测理论

目前，非线性声学稳定性预测理论还处于初步研究阶段，而基于线性声学理论的稳定性预测理论已经被成功地应用到固体火箭发动机的稳定性预测中。需要说明的是，线性稳定性预测的结果只是发动机的稳定性趋势，而不能预测燃烧不稳定的振幅。在各种放大和阻尼因素同时存在的情况下，声能的放大和衰减是各种因素共同作用的结果，即声能变化率为

$$\alpha_M = \alpha_{PC} + \alpha_{VC} + \alpha_{DC} + \alpha_{NOZ} + \alpha_{PART} + \alpha_{MF} + \alpha_{SD} \tag{5-32}$$

式中，α_{PC}，α_{VC} 和 α_{DC} 分别指由压强耦合、速度耦合和分布燃烧所引入的增益项，α_{NOZ}，α_{PART}，α_{MF} 和 α_{SD} 分别指由喷管阻尼、粒子阻尼、流动耦合（包括流动的影响及流动转向损失）和结构所引入的阻尼项。在获得这些参数后，便能计算出声能变化率 α_M。若 $\alpha_M > 0$，则表示该发动机是线性不稳定的；若 $\alpha_M < 0$，则表示发动机是线性稳定的。

图 5-59 和图 5-60 所示为采用无烟推进剂的固体火箭发动机中稳定性曲线。图 5-59 所示为相同几何造型和推进剂、不同压强下发动机的总稳定性 α_M。图 5-60 所示为单个发动机的增益、阻尼和总稳定性。这些曲线都是使用由美国空军和海军支持开发的标准性能预测/标准稳定性程序(SPP/SSP)代码计算得出的。程序需要输入全部发动机几何构型参数和详细的推进剂特性参数，包括推进剂响应函数。另外，还需使用一个装药设计和内弹道代码为程序的稳定性模块提供输入条件。

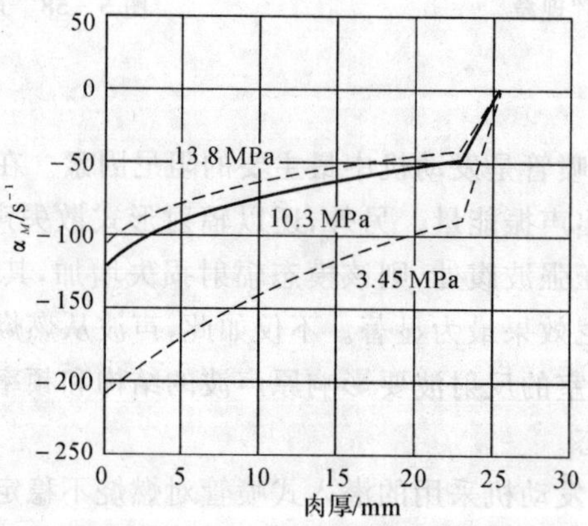

图 5-59　三种压强下发动机的总稳定性

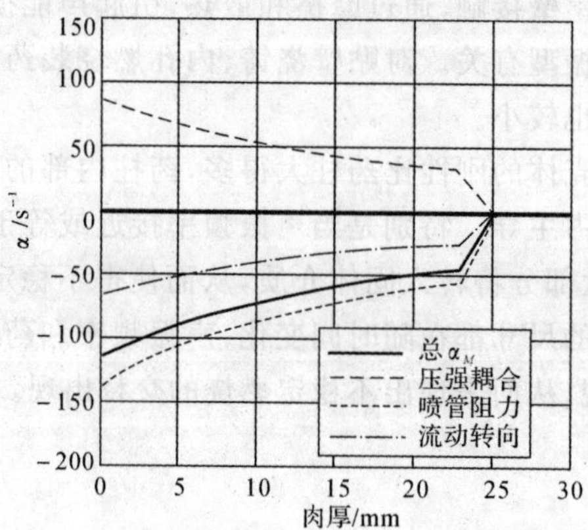

图 5-60　某发动机稳定性的各影响因素

在国外的线性稳定性预测方法中，对不稳定产生增益和阻尼的各项都有详细的表示式，这里不做详细介绍，有兴趣的读者可以参阅相关文献。

压强耦合响应是燃烧不稳定最主要的增益因素，本节对其概念和试验方法做简要介绍。压强耦合响应一般通过压强耦合响应函数来表征，其实部值的大小即表示发动机产生燃烧不稳定的内在可能性。根据瑞利原理，若燃面的燃速扰动与声扰动同相位，燃面向声腔的质量加入可起到放大声压扰动的作用。质量燃速的相对波动量与压强相对波动量的复数比，通常称之为压强耦合响应函数，可定义为

$$R_{bp}=\left(\frac{\tilde{m}_b}{\bar{m}_b}\right)\bigg/\left(\frac{\tilde{p}}{\bar{p}}\right) \tag{5-33}$$

式中，$\tilde{m}_b$ 是质量燃速扰动的复振幅；$\tilde{p}$ 是压强扰动的复振幅；$\bar{m}_b$ 和 $\bar{p}$ 分别是平均质量燃速和平均压强。当压强扰动的频率为 0 时，压强耦合函数的实部值大小即是燃速公式 $r=ap^n$ 中的压强指数 n。

目前，已经能够针对均质推进剂利用准一维模型计算压强耦合响应函数，基于三维精细燃烧模型的计算也有报道，但是两种方法的计算精度都不是很理想。试验研究仍是获得压强耦合响应函数的主要方法。

T 形燃烧器是用来测量压强耦合响应函数价格低廉且应用最为广泛的方法。它是一个两端封闭、中心开口的圆管形燃烧室，如图 5－61 所示为 T 形燃烧器的一种。端面装药为圆盘形且置于管子的两端。若出现一阶轴向振型，由于两端处的声波速度、横向流动速度及平均流动速度均为 0，这样就可以剥离速度耦合而只研究压强耦合。为了使 T 形燃烧器在正常工作时压强基本恒定，有两种方法：一是采用声速喷管，二是燃气经过中央开口后与一个容积较大的恒压容器相连通。测试时采用高频压强传感器来监测燃烧室中的压强波动状况。

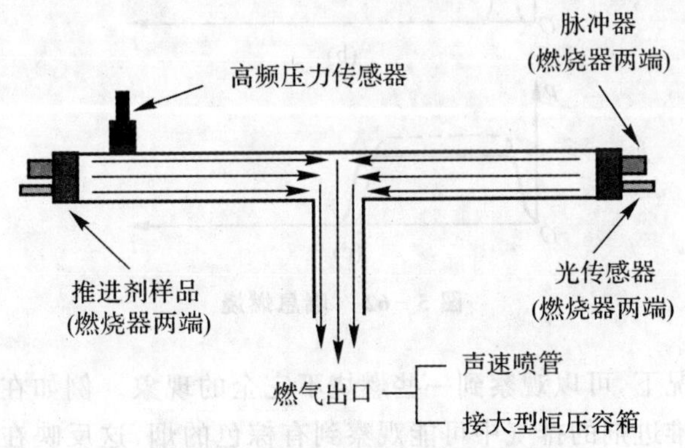

图 5－61　T 形燃烧器基本结构

除了T形燃烧器测量响应函数外，随着试验技术的不断发展，许多其他的方法也逐步得到了应用，如阻抗管、旋转阀、磁流仪、微波技术和超声测量法等等。之所以测量推进剂的压强耦合响应，原因在于：一方面在于挑选合适的推进剂，当预估出一个发动机可能产生不稳定燃烧的频率时，具有最低响应的推进剂放大不稳定的概率会很小；另一方面在于发动机稳定性预测程序需要用到这个参数来计算推进剂的净增益，从而对发动机工况参数和内部构型的设计予以指导。

5.4.5 喘息燃烧和 L^* 不稳定

除了以上介绍的与发动机固有声模式相关的燃烧不稳定外，在发动机中还有两种不稳定燃烧现象：喘息燃烧和 L^* 不稳定。这两种不稳定的共同特点是频率较低，一般低于 100 Hz，而且与发动机的固有声模式无关。

1. 喘息燃烧

喘息燃烧又叫断续燃烧，是在早期使用双基推进剂的发动机中出现过的一种不稳定燃烧，在复合推进剂发动机中也可能出现。其特点如图 5-62 所示，经过点火过程将装药点燃，但装药燃烧一段很短时间以后就熄火，燃烧室压强降到与外界大气压强相等。再经过一段时间，压强又上升到一定水平，继续燃烧很短时间以后又熄火。这样燃烧 — 熄火，断断续续进行下去，可以延续到整个装药烧尽，其频率为每秒数周或每秒不到一周。在每次从燃烧到熄火的过程中，发动机排气的声音犹如喘气声，因此人们将这种燃烧称为喘息燃烧（chuffing）。有时也可以在一次短暂燃烧之后就不再复燃，完全停止燃烧。也有的是在点燃后一次连续燃烧到装药烧尽，但其压强比预计的正常压强更低，发动机的比冲下降。

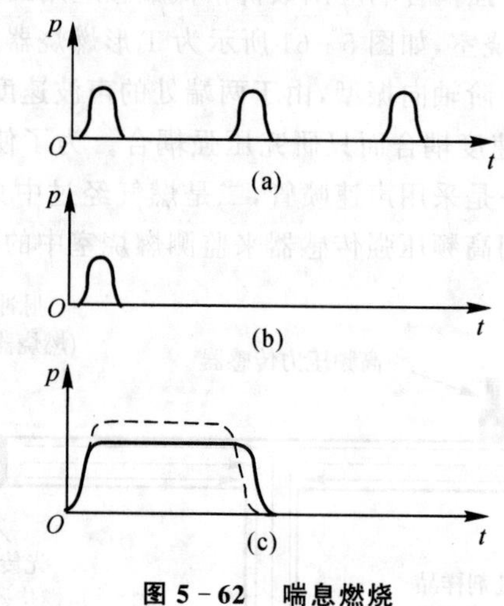

图 5-62 喘息燃烧

在喘息燃烧的情况下，可以观察到一些燃烧不完全的现象。例如在排气中有燃烧不完全的异样气味。在双基推进剂的排气中可能观察到有棕色的烟，这反映在燃烧产物中还有未完全燃烧的氮的氧化物。因此喘息燃烧又与不完全燃烧有关。

关于喘息燃烧的原因分析，曾经有过种种不同的假说。最早提出来的是所谓的吹熄假说，它认为燃烧熄灭是因为发动机中气流速度太大，气相中的燃烧化学反应来不及完成，燃气就流出发动机外，因此气相反应放热减少，其热反馈不能维持固相分解的需要，导致燃烧中止。其后又有吹旺假说，它同吹熄假说相反，认为高速气流的作用不是吹熄，而是吹旺，使燃烧维持正常。只是由于后来流速减小了，其相对于固相的热反馈减小，燃烧因而中止。

后来的研究表明，吹熄假说和吹旺假说都不能完全解释喘息燃烧的有关现象。试验已经证实，燃烧室中气流速度大并不一定导致喘息燃烧。喘息燃烧的主要原因是燃烧室压强太低。由于压强低，气相反应不完全。推进剂的热量释放不充分，特别是双基推进剂，NO 的还原受压强影响较大，低压下 NO 还原不完全，影响放热。由于放热不充分，轻则使燃烧室压强降低，发动机比冲减小，严重的可以大量减少气相对固相的热反馈，使固相不能继续维持热分解，停止燃烧，压强降低。不过，在“停止”燃烧的时候，发动机中还在进行某些过程。发动机室中的灼热零件仍将对推进剂表面进行加热，在推进剂的表面层中仍在较慢的进行一定的凝相反应。这些过程都为推进剂表面层聚集热量，使表面层温度逐渐升高。到一定程度，反应加速，又开始一个短时间的持续燃烧。随后又因为压强太低，热反馈太小，不足以形成持续燃烧所需要的稳定的固相加热层。燃烧再次中止，随后又逐渐聚集热量，开始下一个循环，这就形成了断续燃烧。如果聚集热量作用太弱，热量聚集不起来，不能再次燃烧，燃烧使一次中止后就永远熄灭了。

实践已经证明，喘息燃烧的主要原因是燃烧室压强太低，为了防止发生喘息燃烧，必须提高燃烧室的工作压强。通常把不出现喘息燃烧的最低压强叫作临界压强，又叫正常燃烧的压强下限。为了避免喘息燃烧，必须使燃烧室的工作压强大于临界压强。

临界压强可以看作是推进剂正常燃烧所需要的必要条件，其高低主要取决于推进剂配方组成。双基推进剂的临界压强较高，在 3 ～ 6 MPa 的范围内。复合推进剂的临界压强相对较低，有的可低至 1 ～ 2 MPa。除了推进剂的组成外，工作条件对临界压强也有一定的影响。一般地说，凡是有利于固相表面层聚集热量的条件，都有利于促成正常燃烧，使临界压强有所降低。例如，提高装药初温和加强点火作用，都有助于促成正常燃烧，降低临界压强。在发动机设计中，必须在各种工作条件下，使燃烧室中的工作压强高于推进剂的临界压强。

除了压强低之外，点火方式不合适也是造成喘息的原因之一。一般来讲，点火药量少、固相表面加热不够可能导致喘息燃烧。然而，并不是点火药量大就不会喘息燃烧。对装填比高、自由容积小的发动机，过大的点火量或点火强度会导致喷管堵盖过早打开，点火药产生的燃气大量喷出，不能维持有效的点火，在这种情况下也有可能出现喘息燃烧。

2. L^* 不稳定

L^* 是燃烧室的一个特征长度，它定义为燃烧室容积 V_c 对喷管喉部截面积 A_t 之比，即

$$L^* = \frac{V_c}{A_t} \tag{5-34}$$

所谓的 L^* 不稳定（又称为整体振型低频不稳定）是一种低频压强振荡，如图 5 - 63 所示，其压强波动比较规则，且振幅不太大时为正弦波，整个燃烧空间内压强的波动一致。其振荡的频率从几十赫兹至一百赫兹，但是均低于燃烧室的声振基频频率。因为这种不稳定经常发生在 L^* 较小的发动机中，所以称为 L^* 不稳定。此外，它也容易在工作压强较低的发动机中发生。

相比喘息燃烧，L^* 不稳定一般不会导致结构的破坏，却能引起推力的波动，也可能使平均推力发生变化。推力波动必然导致发动机发生机械振动，频率接近系统的共振频率时尤其危险。平均推力的变化，则会影响飞行器的发射精度。因此，对 L^* 不稳定的研究具有重要意义。

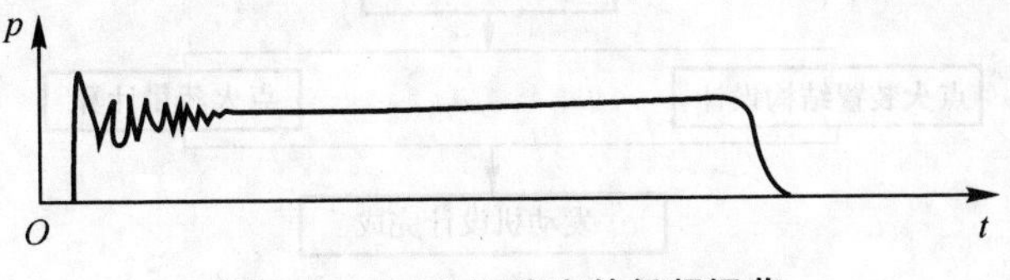

图 5 - 63　L^* 不稳定的低频振荡

从已有的研究来看,L^* 不稳定是由于推进剂燃速对燃烧室压强扰动的响应时间滞后与燃烧室排气过程的时间滞后两者之间相互作用耦合的结果。压强振荡的频率也取决于这两个滞后的相对大小,因此 L^* 不稳定既与燃烧室尺寸(L^*)有关,又与推进剂的燃烧响应特性有关。这是 L^* 不稳定与声不稳定的重要区别。可以从理论上对这一耦合系统进行简化的稳定性分析,确定其稳定边界。一方面,当 L^* 减少时,排气过程的时滞减少,容易发生低频不稳定。另一方面,燃烧室工作压强的变化,影响燃速响应的时滞改变,影响低频不稳定性。例如,压强升高,燃烧响应时滞减小,系统更不易发生低频不稳定。

5.5 固体火箭发动机内弹道性能预示

5.5.1 概述

固体火箭发动机主要由主装药、燃烧室、喷管和点火器 4 大基本部分组成。因此,典型的固体火箭发动机设计流程如图 5-64 所示。

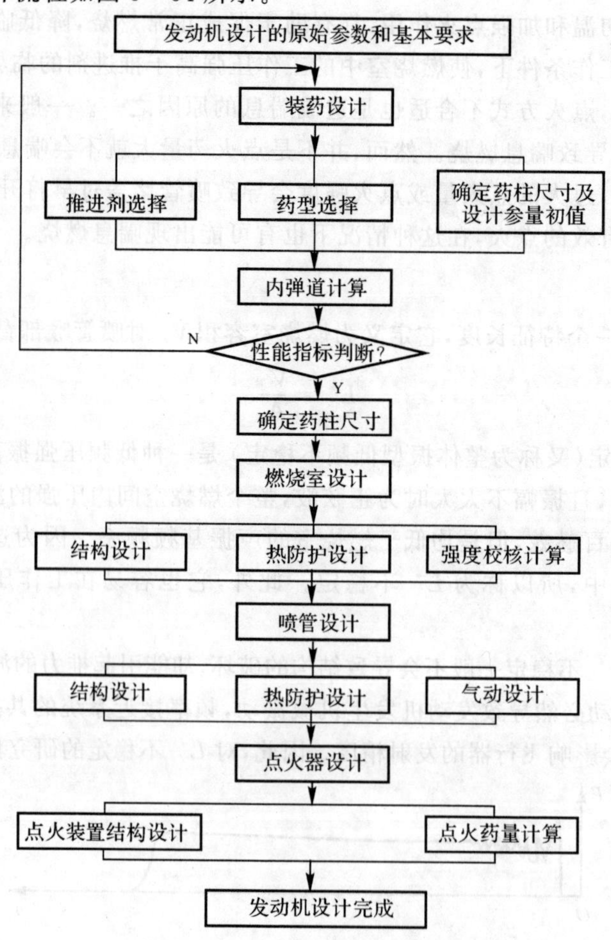

图 5-64 固体火箭发动机设计流程简图

由图 5－64 可见，装药设计是固体火箭发动机其他零、部件设计的基础。所谓装药设计就是根据固体火箭发动机的设计指标和性能，最终确定固体火箭发动机所用装药的推进剂类型、装药形状和尺寸。由于发动机内固体推进剂装药的几何形状直接决定着发动机的技术指标和内弹道性能，所以，装药设计必然伴随着发动机技术指标和内弹道性能的预示计算，内弹道性能预示的目的是演算所确定的推进剂药型是否满足发动机技术指标和性能的要求。因此，作为固体火箭发动机的设计人员，必须熟练掌握固体火箭发动机内弹道性能预示的原理和方法。固体火箭发动机典型的内弹道性能曲线示意如图 5－65 所示。

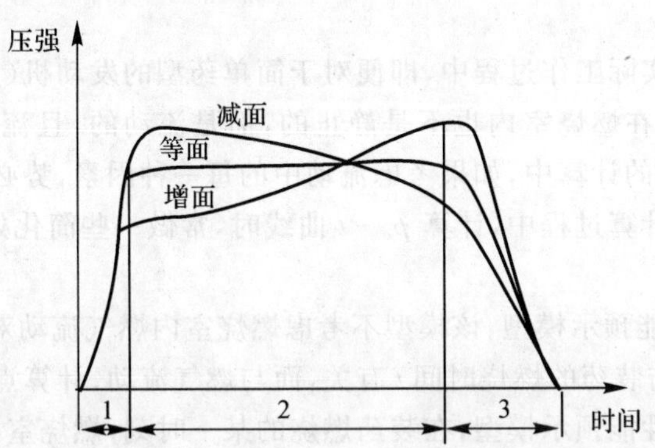

图 5－65　固体火箭发动机燃烧室压强随时间变化的典型曲线示意

1—压强上升段　2— 稳定工作平衡段　3— 压强拖尾段

5.5.2　内弹道性能预示模型

内弹道学（interior ballistics）一词引自枪炮技术。在枪炮技术中，内弹道学研究的是弹丸在炮膛内的运动过程和膛内压强的变化。那么，对固体火箭发动机而言，内弹道学实际上就是燃烧室内的气体动力学，研究的重点是燃烧室内的压强和气体流场的计算。所谓的固体火箭发动机内弹道预示就是计算燃烧室内有燃气流动的情况下，燃烧室内压强随发动机工作时间的变化规律。也就是说，固体火箭发动机内弹道预示的任务是，在给定推进剂装药性能参数、装药的几何尺寸、发动机工作环境温度 T_i、喷管喉径 d_t 等条件下，计算 p_c-t 的规律。

为什么是计算燃烧室内压强随发动机工作时间的变化规律（p_c-t）而不是计算发动机推力随工作时间的变化规律（$F-t$）呢？主要取决于以下 4 个方面：

(1) 发动机燃烧室压强的大小决定了发动机推力的大小，即 $F=C_F p_c A_t$，其中 C_F 为推力系数，p_c 为燃烧室内的燃气压强，A_t 为发动机喷管的喉部面积。

(2) 对固体推进剂主装药结构尺寸相同的发动机来说，发动机燃烧室压强的大小决定了发动机工作时间的长短，一般情况下，燃烧室压强越大，则推进剂燃速越大，从而使发动机工作时间缩短。

(3) 燃烧室压强是固体火箭发动机稳定工作的必要条件，只有当发动机燃烧室内的压强大于推进剂稳定燃烧的临界压强时，推进剂才能稳定燃烧，以确保发动机稳定工作。

(4) 燃烧室压强是固体火箭发动机燃烧室结构设计的重要参数。这是因为压强的高低直接影响着对燃烧室的强度要求和发动机的结构质量，如发动机燃烧室壳体材料、壁厚等的选取、计算等，均与燃烧室内的工作压强密切相关。

为了保证固体火箭发动机稳定工作，燃烧室压强历来是比较高的，至少要求高于固体推进剂稳定燃烧所要求的临界压强。对于双基推进剂，其临界压强为 3 ～ 6 MPa，那么燃烧室的工作压强一般在 9 ～ 20 MPa；对于复合推进剂，其临界压强为 1 ～ 2 MPa，那么燃烧室的工作压强一般在 3 ～ 10 MPa。

由此可见，燃烧室的压强是发动机工作中一个十分重要的参数。因此，在发动机设计过程中，通过内弹道预示，得到发动机工作过程中燃烧室压强与时间的变化规律，进而得到发动机推力随时间的变化关系，了解并掌握所设计的发动机的理论性能，做到心中有数，是十分必要的。

但是，在发动机的实际工作过程中，即便对于简单药型的发动机（如端面燃烧、管状装药全表面燃烧等），燃烧产物在燃烧室内也不是静止的，而是流动的，且流动一般都是二维或三维的，那么在内弹道 p_c-t 的计算中，如果考虑流动中的每一种因素，势必给理论计算带来困难。因此，在发动机的设计计算过程中，计算 p_c-t 曲线时，常做一些简化处理。常用的 p_c-t 预示模型主要有以下两种：

(1) 零维内弹道性能预示模型：该模型不考虑燃烧室内燃气流动对 p_c-t 计算的影响，认为燃烧室内的压强 p_c 只与装药的燃烧时间 t 有关，而与燃气流动、计算点的空间位置无关。也就是说，对于零维内弹道性能预示模型，在装药燃烧的某一时刻，燃烧室内的压强处处相等。

(2) 一维内弹道性能预示模型：该模型仅考虑燃烧室内燃气沿发动机轴向流动而引起的燃烧室压强的变化，也就是说，对于一维内弹道性能预示模型，燃烧室内的压强 p_c 不但与装药的燃烧时间有关，还与燃烧室内计算点的轴向位置有关。

5.5.3 零维内弹道性能预示及平衡压强概念

为了简化起见，不考虑燃烧室内流动参数沿发动机轴向的变化，这就是零维内弹道性能预示的含义。零维内弹道性能预示适用于压强沿轴向变化甚小的端面燃烧装药和喉通比 J 值较小的侧面燃烧装药，以及计算精度要求不太高的一般侧面燃烧装药。与一维内弹道性能预示相比，计算简便，因此目前仍广泛应用于工程设计计算。

5.5.3.1 基本方程

零维内弹道性能预示的基本假设如下：

(1) 燃烧室内部的气体参数（如燃烧室内的燃气压强 p_c、燃气温度 T_c 等）沿发动机轴向均处处相等；

(2) 推进剂药柱完全燃烧，燃烧产物的组分不变且燃气温度 T_c 等于推进剂的绝热燃烧温度 T_f，装药燃面上各点的燃速相等，且可以表示为

$$r = ap_c^n$$

(3) 燃气为完全气体，服从理想气体状态方程；

(4) 推进剂装药的燃烧服从几何燃烧定律（即平行层燃烧定律）。

在以上假设条件基础上，根据质量守恒原理和气体状态方程，即可推导出发动机零维内弹道性能预示的基本方程。

根据质量守恒原理，燃烧室内燃气生成率 $\dot{m}_b$、流经喷管的燃气质量流率 $\dot{m}_d$ 和燃烧室内燃

气质量变化率 $\mathrm{d}(\rho_c V_c)/\mathrm{d}t$ 有如下关系：

$$\dot{m}_b = \dot{m}_d + \frac{\mathrm{d}(\rho_c V_c)}{\mathrm{d}t} \tag{5-35}$$

式中，$\dot{m}_b = \rho_p A_b r$；$\dot{m}_d = p_c A_t / c^*$。$\rho_p$ 为推进剂装药密度；A_b 为装药燃烧面积；r 为推进剂的燃速；p_c 为喷管入口截面处燃气总压；A_t 为发动机喷管的喉部面积。

由式(5－35)可见，燃烧室内燃气的质量生成率分成了两部分：一部分经喷管排出，即 $\dot{m}_d$；另一部分用来增加燃烧室中的燃气贮量，其增长率为 $\mathrm{d}(\rho_c V_c)/\mathrm{d}t$，即等式右边的第二项，而

$$\frac{\mathrm{d}(\rho_c V_c)}{\mathrm{d}t} = V_c \frac{\mathrm{d}\rho_c}{\mathrm{d}t} + \rho_c \frac{\mathrm{d}V_c}{\mathrm{d}t} \tag{5-36}$$

式中，V_c 为燃烧室自由容积；ρ_c 为燃烧室内燃气的平均密度。

式(5－36)说明燃烧室内燃气质量变化率由两部分组成：

(1)$V_c \mathrm{d}\rho_c/\mathrm{d}t$ 表示单位时间内，装药燃烧不断向燃烧室内充填燃气而使室内燃气密度增加所需要的燃气质量。

(2)$\rho_c \mathrm{d}V_c/\mathrm{d}t$ 表示单位时间内，充填由于装药燃烧而引起的燃烧室容积增加部分所需要的燃气质量，显然

$$\rho_c \mathrm{d}V_c/\mathrm{d}t = \rho_c A_b r \tag{5-37}$$

将式(5－36)、式(5－37)代入式(5－35)中，则有

$$\rho_p A_b r = \frac{p_c A_t}{c^*} + V_c \frac{\mathrm{d}\rho_c}{\mathrm{d}t} + \rho_c A_b r$$

即

$$V_c \frac{\mathrm{d}\rho_c}{\mathrm{d}t} = \left(1 - \frac{\rho_c}{\rho_p}\right)\rho_p A_b r - \frac{p_c A_t}{c^*} \tag{5-38}$$

根据气体状态方程 $p_c = \rho_c R T_c$ 以及基本假设(2)和(3)，可得 $\frac{\mathrm{d}\rho_c}{\mathrm{d}t} = \frac{1}{RT_f}\frac{\mathrm{d}p_c}{\mathrm{d}t}$，引入燃速公式 $r = a p_c^n$，则式(5－38)变为

$$\frac{V_c}{RT_f}\frac{\mathrm{d}p_c}{\mathrm{d}t} = \left(1 - \frac{\rho_c}{\rho_p}\right)\rho_p A_b a p_c^n - \frac{p_c A_t}{c^*} \tag{5-39}$$

对于固体火箭发动机，因为 $\rho_c \ll \rho_p$，所以 ρ_c/ρ_p 是一微小量，那么令

$$\varepsilon = \frac{\rho_c}{\rho_p} \quad 且 \quad c^* = \frac{\sqrt{RT_f}}{\Gamma}$$

所以式(5－39)变为

$$\frac{V_c}{\Gamma^2 c^{*2}}\frac{\mathrm{d}p_c}{\mathrm{d}t} = (1-\varepsilon)\rho_p A_b a p_c^n - \frac{p_c A_t}{c^*} \tag{5-40}$$

略去式(5－40)中的微小量 ε，则有

$$\frac{V_c}{\Gamma^2 c^{*2}}\frac{\mathrm{d}p_c}{\mathrm{d}t} = \rho_p A_b a p_c^n - \frac{p_c A_t}{c^*} \tag{5-41}$$

方程式(5－40)和式(5－41)就是固体火箭发动机零维内弹道性能预示的基本微分方程。方程中的 p_c 为喷管入口截面处的燃气总压，对于“零维”计算，燃烧室内各点处的燃气压强是处处相等的。

5.5.3.2　零维内弹道性能预示的微分方程求解法

所谓零维内弹道性能预示的微分方程求解法，就是直接求解(如采用龙格-库塔方法)零

维内弹道预示的基本微分方程式(5－40)或式(5－41),即可得到 p_c-t 曲线。求解时注意以下几点：

(1) 在装药燃烧时间内,方程中燃烧室的自由容积 V_c、装药的燃烧表面积 A_b、装药通道的通气横截面积 A_p 均是随发动机工作时间变化的,均可根据装药的几何结构写成装药燃去肉厚 e 的函数,即

$$\left.\begin{aligned} A_b &= A_b(e) \\ V_c &= V_c(e) \\ A_p &= A_p(e) \end{aligned}\right\} \tag{5-42}$$

且有

$$\frac{dp_c}{dt}=\frac{dp_c}{de}\frac{de}{dt}=\frac{dp_c}{de}r=\frac{dp_c}{de}ap_c^n$$

于是式(5－41)可改写为

$$\frac{V_c a}{\Gamma^2 c^* A_t}\frac{dp_c}{de}=\frac{c^*\rho_p A_b a}{A_t}-p_c^{1-n} \tag{5-43}$$

(2) 在装药燃烧结束后,即 p_c-t 曲线拖尾段(或后效段)的计算,采用等温膨胀处理,即按 c^* 不变,且 $A_b=0$ 计算。

(3) 零维内弹道性能预示的基本微分方程式(5－40)和式(5－41)是在引入的燃速公式为 $r=ap_c^n$ 的情况下得到的,如果引入的燃速公式形式不同,基本微分方程将有不同的形式。

零维内弹道性能预示的微分方程求解法主程序框图如图5-66所示(图中 E 为装药可燃烧的总厚)。

通常,对于脉冲工作或工作时间很短的发动机,一般应采用积分求解基本微分方程的方法,而对于工作时间相对较长的发动机,可根据图5－65所示的燃烧室压强变化的上升段1、工作段2、下降段3等三个阶段的不同特点利用下面介绍的方法,近似求解发动机的内弹道性能。

5.5.3.3 零维内弹道性能预示的近似解法

由于燃烧室压强随时间的变化规律通常分为三个阶段(参见图5-65):压强上升段1(亦称为压强的建立过程,即从点火瞬时开始,到装药开始燃烧、燃烧室压强迅速上升到工作压强)、稳定工作的平衡段2(燃烧室压强大体能相对稳定在预定的设计水平上,直到燃烧结束)和压强拖尾段3(亦称为后效段,是发动机工作的尾声,此段中压强迅速下降,工作结束),因此,所谓零维内弹道性能预示的近似解法,就是按照 p_c-t 曲线压强上升段、稳定工作的平衡段和压强后效段的特点分别作近似计算。

1. 平衡压强的概念

由试验可知,在喷管喉面积 A_t 不变的条件下,燃烧室压强随时间变化的规律基本上与装药燃面面积 A_b 的变化规律一致。对于等燃面装药(如端面燃烧的装药等),A_b 不随时间变化,当燃烧室压强已经建立、开始进入稳定工作段时,压强上升到最大值而相对稳定,此时可以认为 $dp_c/dt=0$(参见图5－65中的等面曲线),由式(5－41)可推出

$$p_c=p_{c,eq}=(\rho_p c^* aK)^{\frac{1}{1-n}} \tag{5-44}$$

式中,$K=A_b/A_t$,称为燃喉比;a 为燃速系数。

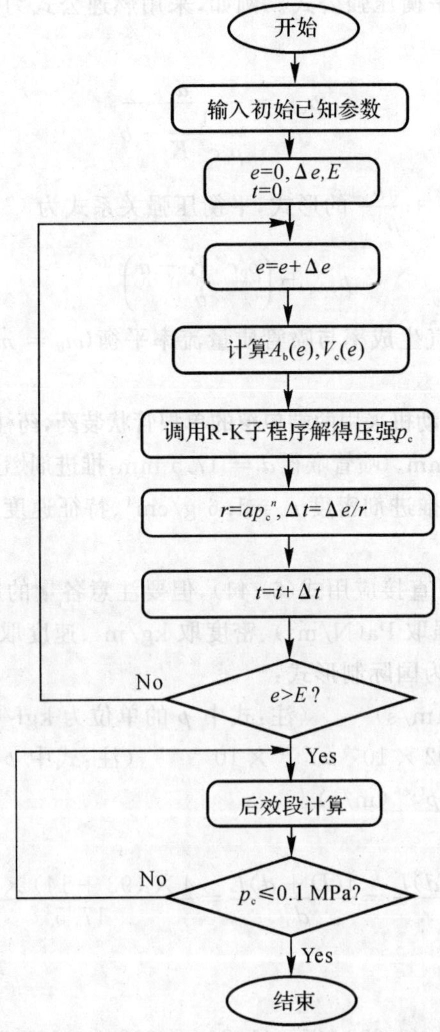

图 5-66　零维内弹道性能预示的微分方程求解法主程序框图

式(5-44)给出的燃烧室压强称为燃烧室的平衡压强 $p_{c,eq}$。从 $p_{c,eq}$ 的导出可以看到，平衡压强就是等燃面装药发动机的工作压强，是在 $dp_c/dt=0$ 且不计微量 $\varepsilon=\rho_c/\rho_p$（即略去推进剂燃烧空出来的容积中所充填的燃气质量）的条件下得到的。将 $dp_c/dt=0, \varepsilon=\rho_c/\rho_p\approx 0$ 这两个条件代入式(5-40)，可得

$$\rho_p A_b a p_{c,eq}^n = \frac{p_{c,eq} A_t}{c^*} \tag{5-45}$$

这就是 $\dot{m}_b=\dot{m}_d$，也就是说，等燃面装药发动机燃烧室中燃气的质量生成率 $\dot{m}_b$ 与喷管质量流率 $\dot{m}_d$ 达到平衡，相应的压强就是平衡压强。在这个压强下工作，可以保持压强的相对稳定，这就是发动机的稳定工作段。因此，平衡压强是等燃面装药发动机工作中最有代表性的特征压强，可根据式(5-44) 计算。但在使用式(5-44) 计算平衡压强时一定要注意：平衡压强的公式形式同所采用的燃速公式有直接关系！在5.5.3.1节基本方程式(5-40) 和式(5-41) 的推导中，采用了 $r=ap_c^n$ 的指数形式的燃速式，得到了式(5-44) 所示的平衡压强。如果采用其他的燃速

关系，便可得出另外形式的平衡压强公式。例如，采用燃速公式为 $r=a+bp$ 的形式，得到的平衡压强关系式为

$$p_{c,eq}=\frac{a}{\dfrac{1}{\rho_p c^* K}-b} \tag{5-46}$$

如果采用燃速公式为 $\dfrac{1}{r}=\dfrac{a}{p}+\dfrac{b}{p^{1/3}}$ 的形式，平衡压强关系式为

$$p_{c,eq}=\left(\frac{\rho_p c^* K-a}{b}\right)^{3/2} \tag{5-47}$$

这些公式都可以根据燃气生成率与喷管质量流率平衡（$\dot{m}_b=\dot{m}_d$）的条件，参照前面的步骤导出。

例 5-1 某固体火箭发动机采用两端包覆的单根管状装药，药柱尺寸为：外径 $D=93$ mm，内径 $d=14$ mm，长度 $L=300$ mm。喷管喉径 $d_t=17.5$ mm，推进剂燃速 $r=0.512\,5p^{0.66}$ mm/s（注：式中 p 的单位为 kgf/cm²），推进剂密度 $\rho_p=1.6$ g/cm³、特征速度 $c^*=1\,341.2$ m/s。试计算燃烧室的平衡压强。

解 平衡压强的计算可直接应用式(5-44)，但要注意各量的应用单位。一般是按照国际单位制(SI 制）计算，即：压强取 Pa(N/m²)、密度取 kg/m³、速度取 m/s。

(1) 燃速计算公式改写为国际制形式：

$r=0.512\,5p^{0.66}$ (mm/s)　　（注：式中 p 的单位为 kgf/cm²）$=$

$0.512\,5\times(1.02\times10^{-5}p)^{0.66}\times10^{-3}$　　（注：式中 p 的单位为 Pa）$=$

$2.602\,4\times10^{-7}p^{0.66}$ (m/s)

(2) 燃喉比 K 的计算：

$$K=\frac{A_b}{A_t}=\frac{\pi(D+d)L}{\dfrac{\pi d_t^2}{4}}=\frac{4(D+d)L}{d_t^2}=\frac{4\times(93+14)\times300}{17.5^2}=419.265\,3$$

(3) 平衡压强计算：

$$p_{c,eq}=(\rho_p c^* aK)^{\frac{1}{1-n}}=(1\,600\times1\,341.2\times2.602\,4\times10^{-7}\times419.265\,3)^{\frac{1}{1-0.66}}=$$
$$9.313\times10^6\ \text{Pa}=9.313\ \text{MPa}$$

2. 压强上升段计算

在 p_c-t 曲线上升段，燃气压强处于非平衡状态向平衡状态的过渡阶段，在此阶段结束以前，燃气实际压强 p_c 并不等于平衡压强 $p_{c,eq}$，故必须求解微分方程式(5-40)或式(5-41)。由于方程中装药燃烧面积 A_b 和燃烧室的自由容积 V_c 都随时间而变化，所以式(5-40)或式(5-41)不能分离变量。但是考虑到压强上升段的时间很短，在百分之几秒以内。因此在这样短的时间内，可对压强建立过程进行一些简化：

(1) 认为压强上升建立过程计算的初始条件为 $t=0$，$p_c=p_{ig}$，p_{ig} 为点火药燃烧结束时刻燃烧室内的压强，称为点火压强；

(2) 在短暂的压强建立过程中，认为 $V_c=V_c^0$，$A_b=A_b^0$，即在计算过程中，可认为燃烧室内的自由容积和装药的燃烧表面积不变，均等于燃烧室的初始自由容积和装药的初始燃烧表面积；

(3) 认为压强的建立过程是一个等温过程，即特征速度 c^* 为常数；

(4) 无剩余点火药参与燃烧。

在以上简化条件基础上，对式(5-41)分离变量，并将 $K=A_b/A_t$ 代入，有

$$dt=\frac{V_c^0}{\Gamma^2 c^* A_t}\frac{dp_c}{\rho_p c^* aK p_c^n-p_c} \tag{5-48}$$

对式(5-48)两边积分(t:0 ～ t，p_c:p_{ig} ～ p_c)，并整理后有

$$t=\frac{1}{1-n}\frac{V_c^0}{\Gamma^2 c^* A_t}\ln\left[\frac{\rho_p c^* aK-p_{ig}^{1-n}}{\rho_p c^* aK-p_c^{1-n}}\right] \tag{5-49}$$

令

$$\tau=\frac{1}{1-n}\frac{V_c}{\Gamma^2 c^* A_t}$$

其单位为秒，又引用

$$\rho_p c^* aK=p_{c,eq}^{1-n}$$

则式(5-49)变为

$$t=\tau\ln\frac{p_{c,eq}^{1-n}-p_{ig}^{1-n}}{p_{c,eq}^{1-n}-p_c^{1-n}} \tag{5-50}$$

求解式(5-50)，可得

$$\left(\frac{p_c}{p_{c,eq}}\right)^{1-n}=1-\left[1-\left(\frac{p_{ig}}{p_{c,eq}}\right)^{1-n}\right]e^{-\frac{t}{\tau}} \tag{5-51}$$

应用式(5-51)，即可近似解得 p_c-t 曲线的上升段。

从数学上讲，燃气压强从非平衡状态到平衡状态需经过无限长的时间，但实际 τ 的数量级为 0.01 s，因此 $e^{-t/\tau}$ 随 t 增大而迅速减小，使 p_c 很快接近 $p_{c,eq}$。因此，应用式(5-51)计算得到 $p_c=(0.95\sim0.99)p_{c,eq}$，即可认为上升段计算结束。需要说明的是，对于工作时间极短的发动机或短脉冲发动机，由于选择 p_c 接近 $p_{c,eq}$ 会导致上升段工作时间计算的差别，故不宜采用这种方法计算。

3. 稳定工作平衡段

对于等燃面装药的发动机而言，由于燃面 A_b 的等面性使燃烧室压强也基本保持不变，在发动机的稳定工作段有 $dp_c/dt=0$。因此等燃面装药发动机稳定工作段压强的计算可直接采用平衡压强的计算公式(5-44)，称为平衡压强法。

而对于变燃面装药的发动机而言，由于燃面 A_b 的变化使燃烧室压强也随之变化，在发动机的稳定工作段中 $dp_c/dt\neq0$，但在稳定工作段的每一瞬时，有一个相应的燃烧面积对应于一定的瞬时平衡压强。因此，对于变燃面装药的发动机，引入瞬时平衡压强修正法，具体的计算也是从基本方程式(5-41)出发，只是燃面 A_b 和自由容积 V_c 都是随时间而变化的，但是它们并不是时间 t 的单变量函数，还是装药燃去厚度 e 的函数，而由燃速的定义 $r=\frac{\Delta e}{\Delta t}$ 可知，$\Delta e=r\Delta t=ap_c^n\Delta t$，所以，$A_b$ 和 V_c 实际上都是工作时间 t 和燃烧室压强 p_c 的函数。这样一来，就不能用分离变量法从式(5-41)直接导出压强与时间的解析关系。在这种情况下，为了求出 p_c-t 关系，必须采用数值计算法，将计算分两步进行：第一步先找出 p_c-e 关系，同时找到 $r-e$ 关系；第二步根据 $r-e$ 关系找到 $e-t$ 关系，进而得出 p_c-t 曲线。为此，须将基本方程式(5-41)加以变换。由燃速的定义

$$r=\frac{de}{dt}=ap_c^n$$

所以

$$\frac{\mathrm{d}p_{\mathrm{c}}}{\mathrm{d}t}=\frac{\mathrm{d}p_{\mathrm{c}}}{\mathrm{d}e}\frac{\mathrm{d}e}{\mathrm{d}t}=\frac{\mathrm{d}p_{\mathrm{c}}}{\mathrm{d}e}ap_{\mathrm{c}}^{n} \tag{5-52}$$

将式(5-52)代入式(5-41)得

$$\frac{V_{\mathrm{c}}}{\Gamma^{2}c^{*2}}\frac{\mathrm{d}p_{\mathrm{c}}}{\mathrm{d}e}ap_{\mathrm{c}}^{n}=\rho_{\mathrm{p}}A_{\mathrm{b}}ap_{\mathrm{c}}^{n}-\frac{p_{\mathrm{c}}A_{\mathrm{t}}}{c^{*}} \tag{5-53}$$

或

$$\frac{\mathrm{d}p_{\mathrm{c}}}{\mathrm{d}e}=\frac{\Gamma^{2}c^{*}A_{\mathrm{t}}}{V_{\mathrm{c}}a}\left(\frac{\rho_{\mathrm{p}}A_{\mathrm{b}}ac^{*}}{A_{\mathrm{t}}}-p_{\mathrm{c}}^{1-n}\right) \tag{5-54}$$

利用平衡压强公式(5-44)，令

$$\frac{\rho_{\mathrm{p}}A_{\mathrm{b}}c^{*}a}{A_{\mathrm{t}}}=p_{\mathrm{c,eq}}^{1-n}$$

则得

$$\frac{\mathrm{d}p_{\mathrm{c}}}{\mathrm{d}e}=\frac{\Gamma^{2}c^{*}A_{\mathrm{t}}}{V_{\mathrm{c}}a}\left(p_{\mathrm{c,eq}}^{1-n}-p_{\mathrm{c}}^{1-n}\right) \tag{5-55a}$$

或

$$p_{\mathrm{c}}^{1-n}=p_{\mathrm{c,eq}}^{1-n}-\frac{V_{\mathrm{c}}a}{\Gamma^{2}c^{*}A_{\mathrm{t}}}\frac{\mathrm{d}p_{\mathrm{c}}}{\mathrm{d}e} \tag{5-55b}$$

式中，p_{c} 称为燃烧室的瞬时工作压强；$p_{\mathrm{c,eq}}$ 称为瞬时平衡压强，其表达式为

$$p_{\mathrm{c,eq}}=\left(\frac{\rho_{\mathrm{p}}A_{\mathrm{b}}c^{*}a}{A_{\mathrm{t}}}\right)^{\frac{1}{1-n}}=\left(\rho_{\mathrm{p}}c^{*}aK\right)^{\frac{1}{1-n}} \tag{5-56}$$

式(5-56)形式上与等燃面装药发动机的平衡压强计算公式(5-44)完全相同。但对于变燃面装药的发动机，因燃面 A_{b} 是随时间而变化的，所以，式(5-56)中的 $p_{\mathrm{c,eq}}$ 也是一个瞬变量，因此称为瞬时平衡压强。前面已经提到，平衡压强是指燃气生成率 $\dot{m}_{\mathrm{b}}$ 与喷管质量流率 $\dot{m}_{\mathrm{d}}$ 相等、燃气流动处于平衡状态时的燃烧室压强。在等燃面燃烧的情况下，燃面或燃喉比不变，因此平衡压强也不随时间变化，但是在变燃面发动机中，大小不同的燃面面积却对应着不同的平衡压强。对于变燃面发动机，如果在每一瞬时燃气生成率都能与喷管质量流率平衡，那么燃烧室压强就等于该瞬时燃面面积相对应的瞬时平衡压强，这就是瞬时平衡压强的物理本质。既然燃面 A_{b} 是燃去厚度 e 的函数，所以瞬时平衡压强也是 e 的函数。

式(5-55b)表明，在一般情况下，燃烧室压强的瞬时值 p_{c} 并不等于瞬时平衡压强 $p_{\mathrm{c,eq}}$，两者之间相差一个与压强变化率有关的修正项。在变燃面发动机中，由于瞬间燃面的改变，使燃烧室内自由容积的充气升压或排气降压都需要一定的时间，即从旧的平衡状态被破坏到建立起另一个新的平衡状态是不能瞬时完成的，因而在一段时间内，燃烧室内实际瞬变压强可能既不等于旧平衡状态下的瞬时平衡压强，也不等于新平衡状态下的瞬时平衡压强。当燃面面积比较迅速地连续变化时，燃烧室压强的瞬时值便可能始终落后于燃面的变化，任何瞬时都不能达到对应燃面下的瞬时平衡压强。这就是式(5-55b)右端出现修正项(右端第二项)的原因。很明显，燃面的变化越快，这种滞后现象越严重，修正项的(绝对)值就越大。对于增面性装药，燃气生成率始终大于喷管质量流率，燃烧室的自由容积不断充气升压，所以 $\frac{\mathrm{d}p_{\mathrm{c}}}{\mathrm{d}t}>0\left(\text{亦即}\frac{\mathrm{d}p_{\mathrm{c}}}{\mathrm{d}e}>0\right)$，同时由于燃烧室压强的瞬时值总是落后于燃面的变化，所以 $p_{\mathrm{c}}<p_{\mathrm{c,eq}}$(瞬时平衡压强)；对于减面性装药，燃气生成率始终小于喷管质量流率，燃烧室的自由容积不断排气

降压，所以$\frac{\mathrm{d}p_c}{\mathrm{d}t}<0\left(亦即\frac{\mathrm{d}p_c}{\mathrm{d}e}<0\right)$，又因燃烧室压强的瞬时值总是落后于燃面变化，所以 $p_c>p_{c,eq}$（瞬时平衡压强）。

试验表明，一般的变燃面装药发动机的燃面变化并不会使燃烧室压强的瞬时值 p_c 和瞬时平衡压强 $p_{c,eq}$ 有很大的差别，因此，两者的变化率$\frac{\mathrm{d}p_c}{\mathrm{d}e}$和$\frac{\mathrm{d}p_{c,eq}}{\mathrm{d}e}$也相差不多，大多数情况下仅差一个高阶微量。因此，在用式(5－55b)计算时，常用$\frac{\mathrm{d}p_{c,eq}}{\mathrm{d}e}$去代替$\frac{\mathrm{d}p_c}{\mathrm{d}e}$，并写成有限差分的形式，从而大大地简化了计算，简化后的计算公式为

$$p_c^{1-n}=p_{c,eq}^{1-n}-\frac{V_c a}{c^*\Gamma^2 A_t}\frac{\Delta p_{c,eq}}{\Delta e} \tag{5－57}$$

应该说，式(5－57)用 $\Delta p_{c,eq}/\Delta e$ 代替式(5－55b)中的 $\Delta p_c/\Delta e$（即式中的 $\mathrm{d}p_c/\mathrm{d}e$）来修正 p_c，原则上是有一定误差的。为消除此误差，可以进行迭代计算，即由式(5－57)求得 p_c，再按照 p_c-e 关系确定每一相应肉厚 e 上的 $\Delta p_c/\Delta e$，以此作为 $\mathrm{d}p_c/\mathrm{d}e$ 代入式(5－55b)，再修正 p_c，这样反复迭代，直至达到必要的精度。实际上，在一般情况下由于 $p_{c,eq}$ 与 p_c 已很接近，用 $\Delta p_{c,eq}/\Delta e$ 代替式(5－55b)中的 $\Delta p_c/\Delta e$ 进行一次修正即已能满足一般的计算要求。

在燃面变化不大的情况下，对燃烧室工作压强的修正项$\frac{V_c a}{c^*\Gamma^2 A_t}\frac{\mathrm{d}p_c}{\mathrm{d}e}$的数值相对很小，应用瞬时平衡压强修正法，就能得到比较满意的结果。因此，在发动机设计中，常常应用瞬时平衡压强修正法（参见式(5－55b)）对 p_c-t 曲线进行初步计算。具体的计算步骤如下：

(1) 将装药总的燃烧肉厚 E 等分为 n 段，每个微元燃烧肉厚为 $\Delta e=\frac{E}{n}$。由此得到燃去肉厚 e（自变量）的 $n+1$ 个值，组成如下序列：$0,e_1,e_2,\cdots,e_i,\cdots,e_n$，同时计算出 $\Delta e_1,\Delta e_2,\cdots,\Delta e_i,\cdots,\Delta e_n$，这里 $\Delta e_i=e_i-e_{i-1}$。

(2) 计算对应于每个燃去肉厚 e 的燃烧面积 A_{bi} 值：$A_{b0},A_{b1},A_{b2},\cdots,A_{bi},\cdots,A_{bn}$。

(3) 利用式(5－56)计算对应于相应燃面的瞬时平衡压强 $p_{c,eq}$ 及 $\Delta p_{c,eqi}$ 值：

$$p_{c,eq0},p_{c,eq1},p_{c,eq2},\cdots,p_{c,eqi},\cdots,p_{c,eqn},\Delta p_{c,eq1},\Delta p_{c,eq2},\cdots,\Delta p_{c,eqi},\cdots,\Delta p_{c,eqn}$$

(4) 计算对应于每个燃去肉厚 e 的燃烧室自由容积：$V_{c,0},V_{c,1},V_{c,2},\cdots,V_{c,i},\cdots,V_{c,n}$。

(5) 计算式(5－57)中对应于每个燃去肉厚的修正项 $(\Delta p_{c,eq}/\Delta e)_i$（注：$(\Delta p_{c,eq}/\Delta e)_i\approx(\Delta p_c/\Delta e)_i$）。

(6) 按式(5－57)计算对应于每个燃烧肉厚 e 的燃烧室工作压强的瞬时值 $p_{c,i}$：

$$p_{c,i}^{1-n}=p_{c,eqi}^{1-n}-\frac{V_c a}{c^*\Gamma^2 A_t}\left(\frac{\Delta p_{c,eq}}{\Delta e}\right)_i$$

(7) 计算各燃去肉厚段 Δe_i（即相邻两个计算点）的燃烧室平均工作压强 $\bar{p}_{c,i}$：

$$\bar{p}_{c,i}=\frac{p_{c,i}+p_{c,i-1}}{2}$$

(8) 根据各燃去肉厚段的平均压强 $\bar{p}_{c,i}$ 计算对应于燃去肉厚 e 的燃速 r_i：

$$r_i=a\bar{p}_{c,i}^n$$

(9) 计算各燃去肉厚段 Δe_i 的燃烧时间 Δt_i：

$$\Delta t_i=\frac{\Delta e_i}{r_i}$$

(10) 计算燃去总燃烧肉厚 E 的燃烧时间 t_b：

$$t_b = \sum_{i=1}^{n} \Delta t_i$$

4. 压强拖尾段(或后效段)计算

压强拖尾段是装药燃烧结束后发动机的排气阶段。由于在此段内无燃气生成，故压强急剧下降。对这一燃气降压过程有两种处理方法：

(1) 等温膨胀法。所谓等温膨胀法就是认为后效段内燃气温度不变，这是因为余药燃烧产生的高温气体，补偿了膨胀过程中燃温的下降。因此，总温不变，c^* 不变，且 $A_b = 0$，代入式(5-41)后可得

$$\frac{V_c}{\Gamma^2 c^{*2}} \frac{\mathrm{d}p_c}{\mathrm{d}t} = -\frac{p_c A_t}{c^*} \tag{5-58}$$

式中，V_c 为装药燃烧结束时所对应的燃烧室自由容积，在拖尾段计算中为一常数。

对式(5-58)分离变量并积分，有

$$\int_0^t \mathrm{d}t = -\frac{V_c}{\Gamma^2 c^* A_t} \int_{p_{c,eq}}^{p_c} \frac{\mathrm{d}p_c}{p_c}$$

$$t = \frac{V_c}{\Gamma^2 c^* A_t} \ln \frac{p_{c,eq}}{p_c} \tag{5-59}$$

式(5-59)表明，压强下降段的 $p_c - t$ 曲线是一条指数曲线，式中的 $p_{c,eq}$ 为装药燃烧结束时刻对应的燃烧室工作压强，其数值可以从稳定工作平衡段的计算中得到。

(2) 绝热膨胀法。所谓绝热膨胀法就是认为在拖尾段内燃气与外界无热交换，燃气作绝热膨胀，燃气温度不断下降。由于特征速度 c^* 与温度有关，因此燃气温度 T、特征速度 c^*(或流率系数 C_D) 均是时间的函数。此时，基本方程式(5-41)不再适用，必须用质量守恒方程式(5-35)、状态方程式 $p_c = \rho_c R T_c$、容积变化率方程式(5-37)和等熵关系式(代替能量方程)导出压强计算公式。

令 $A_b = 0$，$V_c =$ 常数，于是质量守恒方程式(5-35)简化为

$$V_c \frac{\mathrm{d}\rho_c}{\mathrm{d}t} = -\frac{\Gamma}{\sqrt{RT}} A_t p_c \tag{5-60}$$

绝热膨胀过程中，$p_c / \rho_c^k =$ 常量。设燃烧室内装药燃烧结束时(即熄火时)燃气的压强为 $p_{c,eq}$、密度为 $\rho_{c,eq}$，它们的数值都可以从稳定工作段的计算中得到，在这里作为已知数，因此有

$$\rho_c = \rho_{c,eq} \left(\frac{p_c}{p_{c,eq}} \right)^{1/k}$$

上式两边对时间 t 微分得

$$\frac{\mathrm{d}\rho_c}{\mathrm{d}t} = \frac{\rho_{c,eq}}{k p_{c,eq}^{1/k}} p_c^{\frac{1-k}{k}} \frac{\mathrm{d}p_c}{\mathrm{d}t}$$

代入式(5-60)得

$$\frac{V_c \rho_{c,eq}}{k p_{c,eq}^{1/k}} p_c^{\frac{1-k}{k}} \frac{\mathrm{d}p_c}{\mathrm{d}t} = -\frac{\Gamma A_t p_c}{\sqrt{RT}} \tag{5-61}$$

由状态方程

$$RT = \frac{p_c}{\rho_c} = \frac{p_c}{\rho_{c,eq} \left(\dfrac{p_c}{p_{c,eq}} \right)^{1/k}} = \frac{p_{c,eq}^{1/k}}{\rho_{c,eq}} p_c^{\frac{k-1}{k}}$$

代入式(5-61)得

$$\frac{V_c \rho_{c,eq}}{k p_{c,eq}^{1/k}} p_c^{\frac{1-k}{k}} \frac{dp_c}{dt} = -\Gamma A_t \frac{\rho_{c,eq}^{1/2}}{p_{c,eq}^{1/2k}} p_c^{\frac{k+1}{2k}} \tag{5-62}$$

整理式(5-62)并分离变量得

$$dt = -\frac{V_c}{k\Gamma A_t} \frac{\rho_{c,eq}^{1/2}}{p_{c,eq}^{1/2k}} p_c^{\frac{1-2k}{2k}} dp_c$$

从燃烧结束瞬间算起,对上式进行积分

$$\int_0^t dt = \int_{p_{c,eq}}^{p_c} -\frac{V_c}{k\Gamma A_t} \frac{\rho_{c,eq}^{1/2}}{p_{c,eq}^{1/2k}} p_c^{\frac{1-2k}{2k}} dp_c$$

可得

$$t = \frac{2V_c}{(k-1)\Gamma A_t \sqrt{RT_f}} \left[\left(\frac{p_c}{p_{c,eq}} \right)^{\frac{1-k}{2k}} - 1 \right] \tag{5-63}$$

由式(5-63)解出 p_c,得

$$p_c = p_{c,eq} \left[\frac{2V_c}{2V_c + \Gamma \sqrt{RT_f} A_t (k-1) t} \right]^{\frac{2k}{k-1}} \tag{5-64}$$

式(5-64)就是燃烧结束以后,按照绝热膨胀条件所得到的燃烧室压强随时间变化的关系式。严格讲,式(5-59)和式(5-63)只适用于喷管超临界流动的情况,因为其中引用了超声速流动的流量公式,而在压强下降过程中,喷管中的燃气流动从超临界流动过渡到亚临界流动。因此,式(5-59)和式(5-63)只适用于当 $p_a/p_c \leqslant [2/(k+1)]^{k/(k-1)}$ 的情况(p_a 为环境压强),当 p_c 下降到使 $p_a/p_c > [2/(k+1)]^{k/(k-1)}$ 时,喷管中的流动全是亚声速,这时必须用亚声速流率关系式来计算流率。但是,实际上在压强下降过程中,绝大部分时间喷管是在超临界状态下工作的,只有当 p_c 下降到约 $2p_a$(p_a 为环境压强)以下时才会出现亚临界状态,这段时间很短,对整个发动机性能影响很小,可以不加考虑。

以上两种方法相比,由于式(5-63)考虑了温度的下降,所以燃烧室压强下降得更快一些。但总的来说,用式(5-59)和式(5-63)计算,两者差别不大。

例5-2　已知某固体火箭助推器的原始数据如下:

燃烧室筒段内径 $D_{ci} = 96$ mm,筒段装药可占用长度 $L_{ci} = 340$ mm,喷管喉径 $d_t = 17.7$ mm,装药采用SQ-2单根管状药,药柱 $D/d-L$ 为($\phi93/\phi14-330$) mm,全表面燃烧。初温 $T_i = 20$℃时的推进剂燃速 $r = 0.512\,5p^{0.66}$ mm/s(注:式中 p 的单位为kgf/cm²),推进剂密度 $\rho_p = 1.6$ g/cm³,比热比 $k = 1.252$,定压燃烧温度 $T_f = 2\,193.2$ K,燃气平均分子量 $\bar{m} = 23.4$ g/mol,助推器点火压强 $p_{ig} = 2$ MPa。

求该助推器在初温 $T_i = 20$℃时上升段、工作段及拖尾段的 $p_c - t$ 曲线。

解　全表面燃烧的管状装药的燃烧面积随发动机的工作时间是逐渐减小的,且 $J = \frac{A_t}{A_p} = \frac{d_t^2}{(D_{ci}^2 - D^2) + d^2} = 0.41 < 0.5$,无侵蚀燃烧现象,故可按零维变燃烧面的情况进行计算。

(1) 常量计算:燃烧室初始自由容积为

$$V_{ci} = \frac{\pi D_{ci}}{4} \times L_{ci} - \frac{\pi(D^2 - d^2)}{4} \times L = \frac{3.14 \times 96^2}{4} \times 340 - \frac{3.14 \times (93^2 - 14^2)}{4} \times 330 =$$

$$270\,000.75\ \text{mm}^3 = 2.7 \times 10^{-4}\ \text{m}^3$$

装药初始燃烧面积为

$$A_{bi}=\pi(D+d)L+2\times\frac{\pi(D^2-d^2)}{4}=3.14\times(93+14)\times330+2\times\frac{3.14\times(93^2-14^2)}{4}=$$

$$124\ 144.61\ \text{mm}^2=0.124\ 1\ \text{m}^2$$

装药总燃烧肉厚为

$$E=\frac{D-d}{4}=\frac{93-14}{4}=19.75\ \text{mm}$$

喷喉面积为

$$A_t=\frac{\pi}{4}d_t^2=\frac{3.14}{4}\times17.7^2=245.933\ \text{mm}^2=2.46\times10^{-4}\ \text{m}^2$$

Γ 值为

$$\Gamma=\sqrt{k}\left(\frac{2}{k+1}\right)^{\frac{k+1}{2(k-1)}}=\sqrt{1.252}\times\left(\frac{2}{1.252+1}\right)^{\frac{1.252+1}{2\times(1.252-1)}}=0.658\ 4$$

特征速度

$$c^*=\frac{\sqrt{RT_f}}{\Gamma}=\frac{\sqrt{\frac{8.314\times10^3}{23.4}\times2\ 193.2}}{0.658\ 4}=1\ 340.75\ \text{m/s}$$

燃速公式改写为国际制为

$$r=0.512\ 5p^{0.66}\ (\text{mm/s})\quad（注：式中 p 的单位为 \text{kgf/cm}^2）=$$
$$0.512\ 5\times(1.02\times10^{-5}p)^{0.66}\times10^{-3}\ (\text{m/s})=$$
$$2.602\ 4\times10^{-7}p^{0.66}\ (\text{m/s})\quad（注：式中 p 的单位为 \text{Pa}）$$

(2) 工作段 $p-t$ 曲线计算：装药燃去厚度为 e 时的燃烧面积为

$$A_b=\pi(D-2e+d+2e)(L-2e)+2\pi\left[\frac{(D-2e)^2}{4}-\frac{(d+2e)^2}{4}\right]=A_{bi}-4\pi(D+d)e=$$

$$0.124\ 1-1.344e\ (\text{m}^2)$$

装药燃去厚度为 e 时燃烧室自由容积为

$$V_c=V_{ci}+\left\{\frac{\pi(D^2-d^2)}{4}L-\frac{\pi[(D-2e)^2-(d+2e)^2]}{4}(l-2e)\right\}=$$

$$V_{ci}+\pi e(D+d)\left[(L-2e)+\frac{1}{2}(D-d)\right]=$$

$$2.7\times10^{-4}+3.14e(0.093+0.014)\left[(0.330-2e)+\frac{1}{2}(0.093-0.014)\right]=$$

$$2.7\times10^{-4}+0.1242e-0.672e^2\ (\text{m}^3)$$

利用式(5-56)计算瞬时平衡压强为

$$p_{c,eq}=\left(\rho_p c^* a\frac{A_b}{A_t}\right)^{\frac{1}{1-n}}=\left(1\ 600\times1\ 340.75\times2.602\ 4\times10^{-7}\times\frac{A_b}{2.46\times10^{-4}}\right)^{\frac{1}{1-0.66}}=$$

$$(2\ 269.38A_b)^{2.941\ 2}\times10^{-6}\ (\text{MPa})$$

修正量为

$$\frac{\mathrm{d}p_c}{\mathrm{d}e}\approx\frac{\Delta p_{c,eq}}{\Delta e}$$

利用式(5-57)计算燃烧室瞬时工作压强为

$$p_{\mathrm{c}}^{1-n}=p_{\mathrm{c,eq}}^{1-n}-\frac{V_{\mathrm{c}}a}{c^{*}\Gamma^{2}A_{\mathrm{t}}}\frac{\Delta p_{\mathrm{c,eq}}}{\Delta e}=p_{\mathrm{c,eq}}^{1-n}-\frac{2.6024\times10^{-7}}{1340.75\times0.6584^{2}\times2.46\times10^{-4}}\times V_{\mathrm{c}}\frac{\Delta p_{\mathrm{c,eq}}}{\Delta e}=$$

$$p_{\mathrm{c,eq}}^{1-n}-1.82\times10^{-6}\times V_{\mathrm{c}}\frac{\Delta p_{\mathrm{c,eq}}}{\Delta e}\quad(\mathrm{Pa})$$

$$p_{\mathrm{c}}=\left[p_{\mathrm{c,eq}}^{1-n}-1.82\times10^{-6}\times V_{\mathrm{c}}\frac{\Delta p_{\mathrm{c,eq}}}{\Delta e}\right]^{\frac{1}{1-n}}\quad(\mathrm{Pa})$$

燃烧时间计算：

药柱燃去 Δc_i 厚度时的燃烧时间为

$$\Delta t_i=\frac{\Delta e_i}{r_i}=\frac{\Delta e_i}{a p_{ci}^{n}}=\frac{\Delta e_i}{2.6024\times10^{-7}\quad[(p_{\mathrm{c}(i-1)}+p_{\mathrm{c}i})/2]^{0.66}}$$

药柱烧去肉厚 e 时的燃烧时间为

$$t=\int_0^e\frac{\mathrm{d}e}{r}\approx\sum\frac{\Delta e_i}{r_i}=\sum\Delta t_i$$

药柱烧去全部肉厚 E 时的燃烧时间为

$$t_{\mathrm{b}}=\int_0^E\frac{\mathrm{d}e}{r}\approx\sum_{i=1}^{n}\frac{\Delta e_i}{r_i}=\sum_{i=1}^{n}\Delta t_i$$

关于微元燃烧距离 Δe_i 的划分，为计算方便起见，可以将装药总的燃烧肉厚 E 划分为若干相等的或不相等的 Δe_i。Δe_i 愈小，计算的精度愈高，但计算的工作量却相应增加。在压强变化比较显著的期间(如压强建立过程)，为了提高计算精度，其 Δe_i 应相对取小一些。

按照上述的步骤和公式，例5-2的工作段计算列表见表5-3。

(3) 压强上升段的计算：将已知数据

$$p_{\mathrm{ig}}=2\ \mathrm{MPa}$$

$$V_{ci}=2.7\times10^{-4}\ \mathrm{m}^3$$

$$K_0=\frac{A_{\mathrm{b}i}}{A_{\mathrm{t}}}=\frac{0.1241}{2.46\times10^{-4}}=504.47$$

代入式(5-49)可得

$$t=\frac{1}{1-n}\frac{V_{ci}}{\Gamma^{2}c^{*}A_{\mathrm{t}}}\ln\left[\frac{\rho_{\mathrm{p}}c^{*}aK_0-p_{ig}^{1-n}}{\rho_{\mathrm{p}}c^{*}aK_0-p_{\mathrm{c}}^{1-n}}\right]=\frac{1}{1-0.66}\times\frac{2.7\times10^{-4}}{0.6584^{2}\times1340.75\times2.46\times10^{-4}}\times$$

$$\ln\left[\frac{1340.75\times1600\times2.6024\times10^{-7}\times504.47-(2\times10^{6})^{1-0.66}}{1340.75\times1600\times2.6024\times10^{-7}\times504.47-p^{1-0.66}}\right]=$$

$$0.0055542\ln\frac{142.84}{281.62-p_{\mathrm{c}}^{0.34}}$$

压强上升段的计算结果见表5-4。

(4) 压强下降段的计算：已知数据

$$V_{ci}=2.46\times10^{-3}\,\mathrm{m}^3,\quad p_{\mathrm{c,eq}}=8.06\times10^{6}\ \mathrm{Pa}$$

1) 按等温膨胀过程计算：由公式(5-59)得

$$t=\frac{V_{\mathrm{c}}}{c^{*}\Gamma^{2}A_{\mathrm{t}}}\ln\frac{p_{\mathrm{c,eq}}}{p_{\mathrm{c}}}=\frac{2.46\times10^{-3}}{0.6584^{2}\times1340.75\times2.46\times10^{-4}}\ln\frac{8.06\times10^{6}}{p_{\mathrm{c}}}=$$

$$0.0172\ln\frac{8.06\times10^{6}}{p_{\mathrm{c}}}$$

表 5-3　例 5-2 工作段计算列表

$e_i \times 10^{-3}$/m		0	1.975	3.95	5.925	7.9	9.875	11.85	13.825	15.8	17.775	19.75
$\Delta e_i \times 10^{-3}$/m		1.975	1.975	1.975	1.975	1.975	1.975	1.975	1.975	1.975	1.975	1.975
A_b/m^2		0.124 1	0.121 4	0.118 8	0.116 1	0.113 5	0.110 8	0.108 2	0.105 5	0.102 9	0.100 2	0.097 56
$V_c \times 10^{-3}$/m^3		0.27	0.513	0.75	0.982	1.21	1.43	1.65	1.86	2.06	2.27	2.46
$K = A_b/A_t$		504.47	493.50	482.93	471.95	461.38	450.41	439.84	428.86	418.29	407.32	396.59
$p_{c,eq} \times 10^6$/Pa		16.03	15.05	14.10	13.19	12.32	11.50	10.70	9.95	9.23	8.55	7.899
p_c 的第一次近似	$\Delta p_{c,eqi} \times 10^6$/Pa		−0.98	−0.95	−0.91	−0.87	−0.82	−0.8	−0.75	−0.72	−0.68	−0.651
	$\frac{\Delta p_{c,eqi}}{\Delta e_i} \times 10^9$/(Pa·m^{-1})	0	−0.50	−0.48	−0.46	−0.44	−0.42	−0.40	−0.38	−0.36	−0.35	−0.33
	$p_c^{(1)} \times 10^6$/Pa	16.03	15.12	14.20	13.31	12.46	11.64	10.86	10.11	9.39	8.71	8.05
	$(p_c^{(1)} - p_{c,eq})/p_{c,eq}$		0.004 7	0.007 1	0.009 1	0.011	0.012	0.015	0.016	0.017	0.019	0.019 1
p_c 的第二次近似	$\Delta p_{ci}^{(1)} \times 10^6$/Pa		−0.91	−0.92	−0.89	−0.85	−0.82	−0.78	−0.75	−0.72	−0.68	−0.66
	$\frac{\Delta p_{ci}}{\Delta e_i} \times 10^9$/(Pa·m^{-1})	0	−0.46	−0.47	−0.45	−0.43	−0.42	−0.39	−0.38	−0.36	−0.34	−0.33
	$p_c^{(2)} \times 10^6$/Pa	16.03	15.12	14.20	13.31	12.455	11.65	10.85	10.11	9.39	8.71	8.06
	$(p_c^{(2)} - p_c^{(1)})/p_c^{(1)}$		0	0	0	−0.000 401	0.000 86	−0.000 92	0	0	0	0.001 24
$r = ap_c^n$/(m·s^{-1})		0.014 8	0.014 3	0.013 7	0.013 1	0.012 5	0.012 0	0.011 45	0.010 93	0.010 41	0.009 9	0.009 41
$\bar{r}_i$/(m·s^{-1})			0.014 55	0.014	0.013 4	0.012 8	0.012 3	0.011 7	0.011 2	0.010 7	0.010 6	0.009 7
$\Delta t_i = (\Delta e_i/\bar{r}_i)$/s			0.136	0.141	0.147	0.154	0.161	0.168 4	0.176 5	0.185 1	0.194 5	0.204 6
$t = \sum \Delta t_i$/s		0	0.136	0.277	0.424	0.578	0.739	0.907 4	1.083 9	1.269	1.463 5	1.668

注：在第二次近似迭代计算中，计算公式与第一次近似迭代计算公式一样，只是把公式中的 $\Delta p_{c,eq}/\Delta e$ 用 $\Delta p^{(1)}/\Delta e$ 替代即可，由表 5-3 可见，本例中前后两次近似迭代计算出的压强值已非常接近，故可结束计算。

表 5－4　例 5－2 压强上升段计算结果

压强 /MPa	3	4	5	6	7	8	10	12	14	16
上升时间 /s	0.000 9	0.001 7	0.002 4	0.003 2	0.004 0	0.004 9	0.006 8	0.009 4	0.013 4	0.035

等温膨胀的压强下降段的计算结果见表 5－5。

表 5－5　例 5－2 等温膨胀压强下降段计算结果

压强 /MPa	8	6	4	2	1
下降时间 /s	0.000 129	0.005 08	0.012 1	0.023 97	0.035 89

2) 按绝热膨胀过程计算：由公式(5－63) 得

$$t=\frac{2V_{\mathrm{c}}}{(k-1)\Gamma A_{\mathrm{t}}\sqrt{RT_{\mathrm{f}}}}\left[\left(\frac{p_{\mathrm{c}}}{p_{\mathrm{c,eq}}}\right)^{\frac{1-k}{2k}}-1\right]=$$

$$\frac{2\times 2.46\times 10^{-3}}{(1.252-1)\times 0.658\,4\times 2.46\times 10^{-4}\times\sqrt{\frac{8.31\times 10^{3}}{23.4}\times 2\,193.2}}\times\left[\left(\frac{p_{\mathrm{c}}}{8.06\times 10^{6}}\right)^{\frac{1-1.252}{2\times 1.252}}-1\right]=$$

$$0.136\,6\left[\left(\frac{p_{\mathrm{c}}}{8.06\times 10^{6}}\right)^{-0.100\,64}-1\right]$$

绝热膨胀的压强下降段的计算结果见表 5－6。对比表 5－5 和表 5－6 可见，按绝热膨胀过程计算比按等温过程计算 $p_{\mathrm{c}}-t$ 曲线下降得快一点。

将上升段和下降段分别加在例 5－2 工作段的前、后，即可得到完整的 $p_{\mathrm{c}}-t$ 曲线(参见图5－67)。

表 5－6　例 5－2 绝热膨胀压强下降段计算结果

压强 /MPa	8	6	4	2	1
下降时间 /s	0.000 102 8	0.004 118	0.009 98	0.020 57	0.031 92

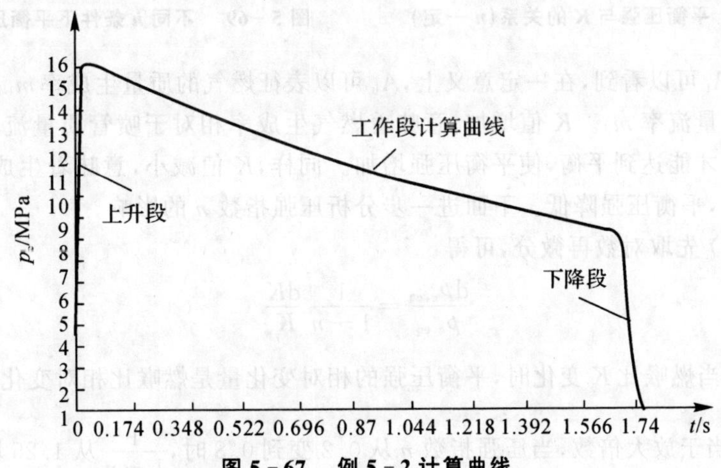

图 5－67　例 5－2 计算曲线

5.5.4 有关平衡压强的讨论

5.5.4.1 平衡压强的影响因素分析

1. 燃喉比 K 与压强指数 n 对平衡压强的影响

燃喉比 $K=\dfrac{A_b}{A_t}$ 是固体火箭发动机的一个重要结构参数。在平衡压强公式(5-44)中，当推进剂和初温一定时，ρ_p，c^*，a 和 n 等都是常数，于是有

$$p_{c,eq}=(\rho_p c^* a)^{\frac{1}{1-n}}K^{\frac{1}{1-n}}=\text{常数}\cdot K^{\frac{1}{1-n}} \tag{5-65}$$

这就是说，当推进剂和初温一定时，$p_{c,eq}$ 主要取决于燃喉比 K 值。实际上，发动机设计中，在推进剂已经选定之后，就是通过选择适当的 K 值来获得需要的燃烧室压强和推力的。

式(5-65)表明，平衡压强 $p_{c,eq}$ 与燃喉比 K 的 $\dfrac{1}{1-n}$ 次方成正比。采用 n 值大的推进剂时，燃烧室压强随燃喉比变化得很厉害。例如，对于 $n=0.4$ 的推进剂，燃喉比变化10%时，燃烧室压强变化17%，而对于 $n=0.7$ 的推进剂，则为37%；当 n 值一定时，K 值增大，平衡压强也相应升高，如图 5-68 所示。

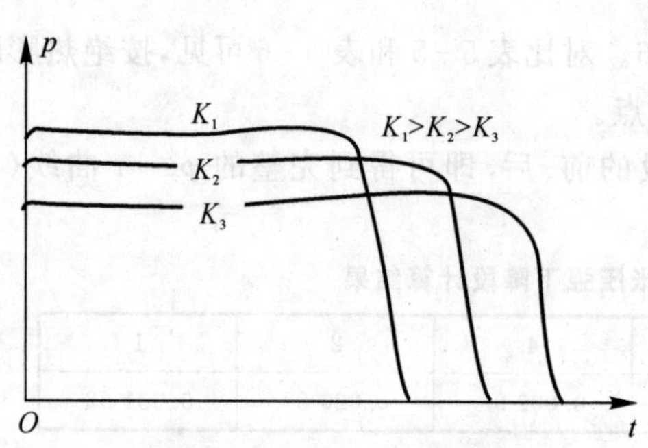

图 5-68　平衡压强与 K 的关系(n 一定)

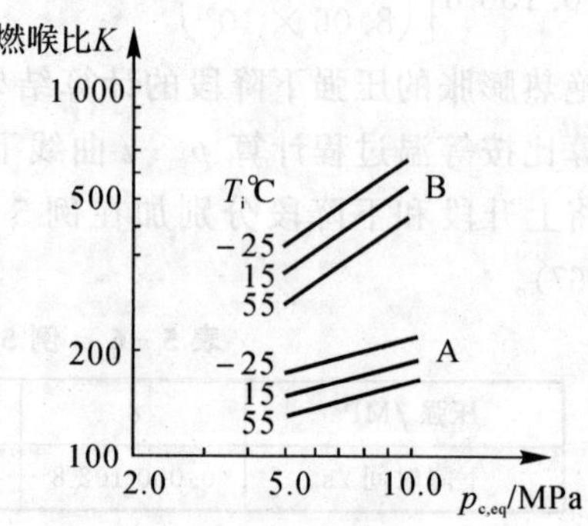

图 5-69　不同 n 条件下平衡压强与 K 的关系

由 $K=A_b/A_t$ 可以看到，在一定意义上，A_b 可以表征燃气的质量生成率 $\dot{m}_b$，A_t 可以表征燃气经过喷管的质量流率 $\dot{m}_d$。K 值增加，意味着燃气生成率相对于喷管质量流率的增加，需要在更高的压强下才能达到平衡，使平衡压强增加。同样，K 值减小，意味着生成率相对于喷管质量流率的减小，平衡压强降低。下面进一步分析压强指数 n 的影响。

将式(5-65)先取对数再微分，可得

$$\frac{\mathrm{d}p_{c,eq}}{p_{c,eq}}=\frac{1}{1-n}\frac{\mathrm{d}K}{K} \tag{5-66}$$

式(5-66)表明，当燃喉比 K 变化时，平衡压强的相对变化量是燃喉比相对变化量的 $\dfrac{1}{1-n}$ 倍。这里的 $\dfrac{1}{1-n}$ 相当于放大倍数，当压强指数 n 从0.2变到0.8时，$\dfrac{1}{1-n}$ 从1.25增大到了5。由此可知，燃速压强指数 n 的大小也反映了平衡压强对燃喉比变化的敏感程度。当 K 值变化相同时，n 值较大的推进剂，平衡压强的变化量也比较大。图 5-69 所示是两种推进剂的试验曲

线。从图中可以看出，燃速压强指数较大的推进剂(A)对燃喉比 K 的变化比较敏感。即对相同的燃喉比变化量 ΔK，推进剂 A 的 $\Delta p_{c,eq}^{A}$ 要大于推进剂 B 的 $\Delta p_{c,eq}^{B}$。

在发动机工作过程中，如果燃面面积和喉面面积都不变，K 和 $p_{c,eq}$ 也不随时间变化。但是，当喷管喉部有金属氧化物沉积或发生烧蚀的时候，K 和 $p_{c,eq}$ 都会发生意外的变化，从而破坏了预设方案中的压强和推力的变化规律。装药的破碎(特别是在工作后期，肉厚变得很薄的时候)，一方面使燃面面积增加，另一方面又可能造成喷喉堵塞，这就会引起燃烧室压强急升，甚至导致发动机爆炸。因此，发动机设计中应当采取必要的措施防止上述现象的发生。

2. 装药初温对平衡压强的影响

试验表明，装药初温对平衡压强有很大的影响。对同一发动机来说，初温愈高，平衡压强愈大、工作时间愈短；初温愈低，平衡压强愈低、工作时间愈长。图 5-70 所示是一组典型的试验曲线。压强的这种变化必然引起推力产生相应的变化，随着季节环境温度不同，变化的幅度相当大，甚至可以达到额定值的 100%。这种变化对整个导弹的战术性能和发动机本身的工作可靠性都有很大的影响。因此，在发动机设计中，必须考虑环境温度(即装药初温)对压强和推力的影响，同时还要通过高、低温试验确定其实际影响程度。

燃烧室压强随初温变化的主要原因是推进剂燃速随初温变化，但这不是唯一的原因。其他的推进剂特性如 c^* 和 ρ_p 等也或多或少受初温的影响，使压强有所变化，虽然影响不如燃速变化之大，但仍能在压强的变化上反映出来。

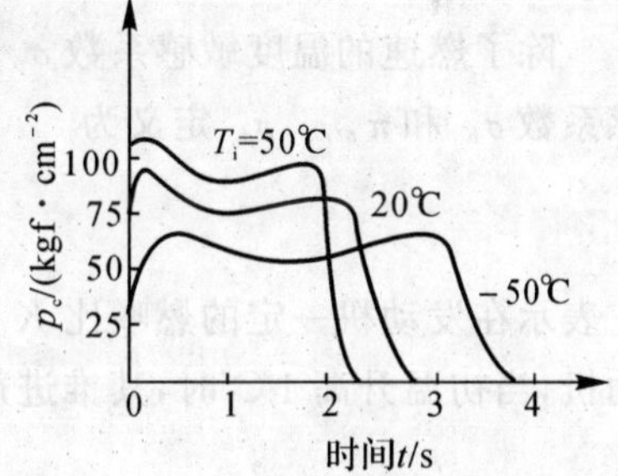

图 5-70　$p(t)$ 曲线受初温的影响

发动机工作压强随初温的变化用压强的温度敏感系数 π_K 来表示。它代表在一定的燃喉比 K 下，初温度变化 1℃ 时，燃烧室压强变化的相对值。即

$$\pi_K = \frac{1}{p}\left(\frac{\partial p}{\partial T_i}\right)_K = \left(\frac{\partial \ln p}{\partial T_i}\right)_K \tag{5-67}$$

式中，下角标 K 表示燃喉比 K 为常数。这里的 p 就取平衡压强，可由 $p=(\rho_p c^* aK)^{\frac{1}{1-n}}$ 得

$$\pi_K = \left(\frac{\partial \ln p}{\partial T_i}\right)_K = \frac{1}{1-n}\left[\left(\frac{\partial \ln \rho_p}{\partial T_i}\right)_K + \left(\frac{\partial \ln c^*}{\partial T_i}\right)_K + \left(\frac{\partial \ln a}{\partial T_i}\right)_K\right] \tag{5-68}$$

在式(5-68)中，π_K 不仅反映了燃速系数 a 随温度的变化，也包括了推进剂密度 ρ_p 和特征速度 c^* 随温度的变化。

由于初温升高，推进剂体积膨胀，其密度 ρ_p 会有所减小，可以按照推进剂的线膨胀系数来计算，双基推进剂的线膨胀系数为 $1.2\times10^{-4}\sim2\times10^{-4}\ \mathrm{K^{-1}}$，复合推进剂的线膨胀系数为 $0.5\times10^{-4}\sim1.5\times10^{-4}\ \mathrm{K^{-1}}$。在一般情况下，初温影响 ρ_p 的变化很小，除非进行某些精确计算，通常是可以不考虑的。

特征速度 c^* 随初温的变化而略有变化。初温升高，相当于推进剂进入燃烧前所含的热量有所增加，也就是总焓有所增加，从而提高绝热燃烧温度 T_f，使 c^* 增加。通常，T_f 的数值是比较大的，在 2 500 ~ 3 500 K 之间甚至更高，但初温的变化幅度却相对较小，最大幅度在 100 K 以内，且 c^* 又是只随 $\sqrt{T_f}$ 而增大，因此 c^* 随初温变化的相对值也不大。有关的经验数据表明，当推进剂初温变化 100 K 时，c^* 值的相对变化为 0.5% ~ 0.75%。即

$$\frac{\partial \ln c^*}{\partial T_i} = (0.5\% \sim 0.75\%)\,\frac{1}{100} = (0.005\% \sim 0.007\,5\%)\ \mathrm{K^{-1}}$$

对压强影响最大的是燃速的变化，在“固体推进剂与初温相关的燃速特性”一节中已经定义了一个在一定压强下燃速的温度敏感系数 σ_p 为

$$\sigma_p=\left(\frac{\partial \ln r}{\partial T_i}\right)_p=\frac{\partial \ln a}{\partial T_i}$$

如果不计密度 ρ_p 受初温的影响，利用上式，可将式(5-68)写为

$$\pi_K=\frac{1}{1-n}\left[\sigma_p+\frac{1}{T_2-T_1}\ln\left(\frac{c_2^*}{c_1^*}\right)\right] \tag{5-69}$$

式中，c_1^* 和 c_2^* 分别为初温 T_1，T_2 下的特征速度。由于 $n<1$，π_K 值比 σ_p 值有所放大，其放大的程度取决于 n 值的大小。当 n 较大，接近于1时，放大倍数可以很大，即压强受初温的影响比燃速受初温的影响增大很多倍。当然，推力也受同样的影响而增大，这对发动机的性能来说是不利的。只有当 n 值较小时，增大的程度也小，当 n 趋近于零时，π_K 的数值同 σ_p 值才相差不大，压强的变化与燃速的变化相当，增大倍数很小，是比较可以接受的。因此，为了减小发动机性能受初温变化的影响，不仅要尽量降低推进剂燃速的温度敏感系数 σ_p，而且要尽量减小燃速的压强指数 n，这就是为什么要发展压强指数接近于零的平台推进剂的原因。

压强的温度敏感系数 π_K 的单位是(1/℃)，它的数量级为百分之零点几。

除了燃速的温度敏感系数 σ_p 和压强的温度敏感系数 π_K 以外，还常用到另外两个温度敏感系数 σ_K 和 $\pi_{p/r}$。σ_K 定义为

$$\sigma_K=\left[\frac{\partial \ln r}{\partial T_i}\right]_K \tag{5-70}$$

它表示在发动机一定的燃喉比 K 下推进剂燃速的温度敏感系数，也就是对一台已经做好的发动机，当初温升高1℃时，其推进剂燃速增加的相对值。引用燃速关系式 $r=ap^n$，得

$$\sigma_K=\left[\frac{\partial \ln a}{\partial T_i}\right]+n\left[\frac{\partial \ln p}{\partial T_i}\right]_K=\sigma_p+n\pi_K \tag{5-71}$$

由此可见，在一定的发动机中，一定燃喉比 K 下的燃速温度敏感系数 σ_K 比其在一定压强下的燃速温度敏感系数 σ_p 要大得多，因为在发动机中除了初温变化直接引起燃速变化以外，还因初温变化使压强变化，也引起燃速变化，而压强对燃速的影响是比较显著的。

$\pi_{p/r}$ 定义为

$$\pi_{p/r}=\left(\frac{\partial \ln p}{\partial T_i}\right)_{p/r} \tag{5-72}$$

它表示在一定的 p/r 值下发动机压强的温度敏感度。也就是保持发动机中 p/r 值不变，当初温变化1℃时发动机压强变化的相对值。如何保持发动机的 p/r 值不变呢？由平衡压强关系，有

$$\rho_p A_b r=\frac{pA_t}{c^*}$$

故得

$$\frac{p}{r}=\rho_p c^* K \tag{5-73}$$

p/r 为定值，即 $\rho_p c^* K$ 为定值。$\pi_{p/r}$ 就是当 $\rho_p c^* K$ 为定值时发动机压强的温度敏感系数，因此

$$\pi_{p/r}=\left(\frac{\partial \ln p}{\partial T_i}\right)_{p/r}=\left[\frac{\partial \ln(\rho_p c^* aK)^{\frac{1}{1-n}}}{\partial T_i}\right]_{\rho_p c^* K}=\frac{1}{1-n}\frac{\partial \ln a}{\partial T_i}=\frac{\sigma_p}{1-n} \tag{5-74}$$

可见 $\pi_{p/r}$ 只是反映了初温对燃速的影响而引起的压强变化，没有考虑 ρ_p，c^* 和 K 等参数受初温影响而引起的变化。因此，$\pi_{p/r}$ 和 σ_p 都只是推进剂的燃速特性，与其他参数无关，而 π_K 和 σ_K 则不仅反映了燃速的温度敏感度，同时也反映了其他参数如 c^*，ρ_p 等随初温变化的影响，因而是在一定的发动机中压强和燃速的温度敏感系数。

通过这几个温度敏感系数，当发动机从初温 T_1 的工作状态过渡到初温 T_2 工作时，可以利用各初温下的 $\ln r-\ln p$ 图线（见图 5-71）确定其相应的工作压强和燃速的变化。

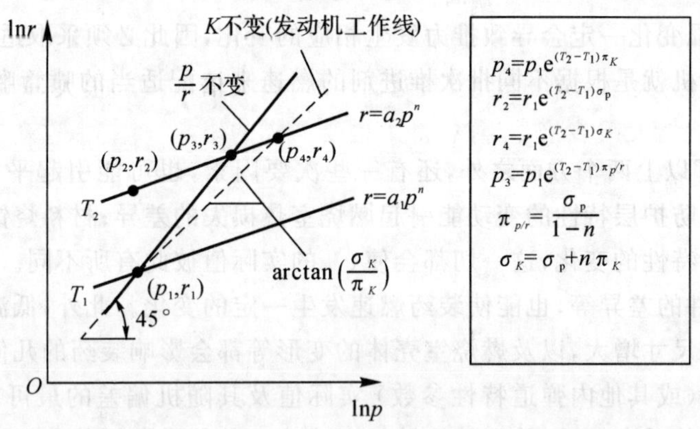

图 5-71　各种温度敏感系数之间的关系

3. 平衡压强的误差分析和预估

试验表明，按照同一设计图，用同一工艺方法生产的发动机，在相同条件下进行点火热试车时，每次测得的平衡压强都会有所不同。这种随机的变化是推进剂性能及发动机生产工艺参数在一定公差范围内随机变化的结果。

将式(5-44)取对数再微分得

$$\frac{\mathrm{d}p_{c,eq}}{p_{c,eq}}=\frac{1}{1-n}\left(\frac{\mathrm{d}\rho_p}{\rho_p}+\frac{\mathrm{d}c^*}{c^*}+\frac{\mathrm{d}a}{a}+\frac{\mathrm{d}K}{K}\right) \tag{5-75a}$$

或

$$\frac{\Delta p_{c,eq}}{p_{c,eq}}=\frac{1}{1-n}\left(\frac{\Delta\rho_p}{\rho_p}+\frac{\Delta c^*}{c^*}+\frac{\Delta a}{a}+\frac{\Delta K}{K}\right) \tag{5-75b}$$

而

$$\frac{\mathrm{d}K}{K}=\frac{\mathrm{d}A_b}{A_b}-\frac{\mathrm{d}A_t}{A_t}$$

式(5-75a)或式(5-75b)说明，平衡压强的变化量取决于装药密度、燃速系数、特征速度和发动机燃喉比的变化，而且燃速压强指数 n 愈大，它们对平衡压强的影响也愈大。因此，可将按照同一设计图、用同一工艺方法生产的发动机，在相同条件下点火热试车时导致平衡压强出现误差的影响因素归纳为以下几个方面：

(1) 加工公差：装药尺寸和结构零件主要尺寸（如喷管喉径等）都有一定的公差。当实际尺寸在公差范围内变化时，装药燃面 A_b 和喷管喉径 d_t 都要相应变化，因而平衡压强也有相应变化。

(2) 装药性能的偏差：即使是同一配方的推进剂，在不同生产批次中，由于原材料性质、推进剂成分、工艺条件等均允许有一定的偏差，因而各批次装药的性能也不会完全相同。实际上，c^*，ρ_p 和 r 等都允许有一定的变动范围，其中燃速的变化特别大。例如双芳镁-1双基推进剂不同批次间的燃速允许变动的范围为 $r=6.6\sim 8.2\,\text{mm/s}$(初温 20℃,压强 6.5 MPa)。通常认为燃速压强指数不变,燃速的变化只是燃速系数的变化,于是

$$\frac{\Delta r}{r}=\frac{\Delta a}{a}=\frac{8.2-6.6}{6.6}=24\%$$

该推进剂压强指数 $n=0.51$,因而燃速变化引起的压强变化为

$$\frac{\Delta p_{\text{c,eq}}}{p_{\text{c,eq}}}=\frac{1}{1-n}\frac{\Delta a}{a}=48\%$$

显然,这样大的压强变化一定会导致推力发生相应的变化,因此必须采取适当措施加以解决。例如某空空弹发动机就是根据不同批次推进剂的燃速来选配适当的喷管喉径,以削减压强和推力的变化幅度。

(3) 其他:除了以上两个方面之外,还有一些次要因素,也可能引起平衡压强的变化。例如不同发动机的热防护层特性的变动能引起燃烧室热损失的差异;材料烧蚀程度的不同,则能引起燃烧产物热力特性的变化,这一切都会使 c^* 的实际值彼此有所不同。又如推进剂老化程度的不同,保温条件的差异等,也能使装药燃速发生一定的变化。此外,低温下装药的收缩,点火增压使装药内孔尺寸增大,以及燃烧室壳体的变形等都会影响装药的几何特性。

确定平衡压强(或其他内弹道特性参数)实际值及其随机偏差的最可靠的方法是大量进行全尺寸发动机的热试车试验,然后用统计的方法确定其数学期望值和标准差(或给出置信限及相应的置信度)。但是,这种方法要花费大量人力、物力和时间,尤其不适用于大型发动机。因此人们更加关心如何用理论方法来估评平衡压强或其他性能参数的误差。目前最简单的方法是将所有有关因素($\rho_{\text{p}},a,n,c^*,A_{\text{b}},A_{\text{t}}$ 等)的偏差(尺寸公差或性能偏差)加起来,如式(5-75b)(其中各项均取其绝对值)。这种方法可以估计各种偏差以最不利的方式组合起来所造成的极限误差。第二种方法,也是比较常用的方法,是求各个偏差的均方根值,如

$$\frac{\Delta p_{\text{c,eq}}}{p_{\text{c,eq}}}=\frac{1}{1-n}\sqrt{\left(\frac{\Delta a}{a}\right)^2+\left(\frac{\Delta\rho_{\text{p}}}{\rho_{\text{p}}}\right)^2+\left(\frac{\Delta c^*}{c^*}\right)^2+\left(\frac{\Delta K}{K}\right)^2}\tag{5-76}$$

这种方法给出的是各个偏差以最可能(概率最大)的方式相互组合所产生的误差。第三种方法是统计检验法,经常使用的是所谓 Monte Carlo 法。这种方法较之前两种更为精确,但也更为复杂。

5.5.4.2 平衡压强的稳定性

前面已经指出,平衡压强对应于发动机稳定工作的平衡状态($\dot{m}_{\text{b}}=\dot{m}_{\text{d}}$)。发动机同其他任何一种物理系统一样,它的平衡状态可能是稳定的,也可能是不稳定的。发动机工作过程中,总会有各种各样的偶然因素破坏燃气生成率 $\dot{m}_{\text{b}}$ 与喷管质量流率 $\dot{m}_{\text{d}}$ 之间的平衡。例如装药中的裂纹、气泡等缺陷都可以导致燃面偶然增大;成分的不均匀也可引起燃速的不规则变化;喷管喉部暂时的局部阻塞则会造成喷管质量流率的短暂变化;等等。以上各种因素都能使燃烧室压强暂时偏离平衡压强而发生压强波动。在这些干扰因素消失后,如果发动机能够自动回到平衡状态,它就是稳定的,相应的平衡压强就是发动机的稳定工作压强。与此相反,如果干扰因素消失之后,燃烧室压强偏离平衡压强愈来愈远,以致造成爆炸或熄火,此平衡压强所对应的就是一种不稳定的平衡状态,发动机不能稳定工作。上述情况可用图 5-72 示意。

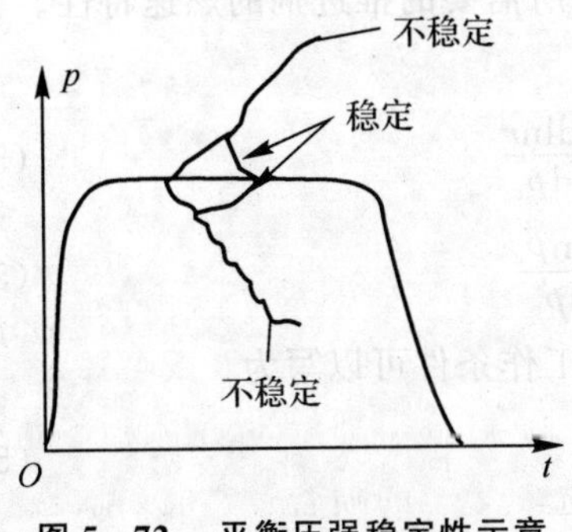

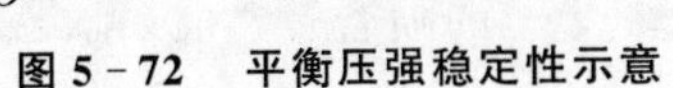

图 5-72　平衡压强稳定性示意

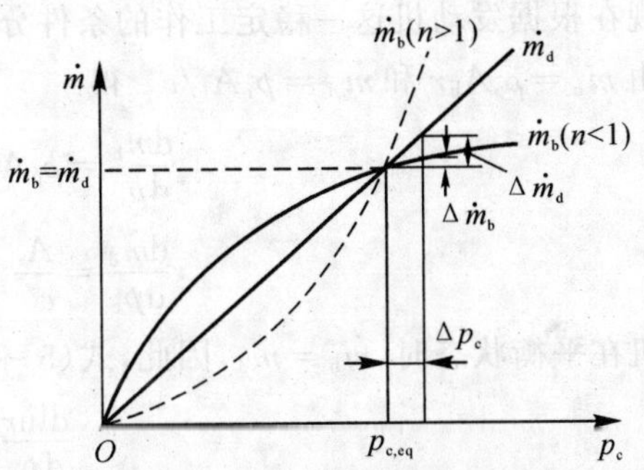

图 5-73　燃气生成率和流率随压强的变化

图 5-73 中画出了燃气生成率 $\dot{m}_b$ 和流率 $\dot{m}_d$ 随燃烧室压强 p_c 变化的曲线，其中 $\dot{m}_d=\dfrac{p_cA_t}{c^*}$，它对 p_c 的关系是线性关系；而 $\dot{m}_b=\rho_pA_bap_c^n$，它对 p_c 的关系随压强指数 n 的不同而有两种变化趋势，既可以上凸弯曲，也可以下凹弯曲，但均在 $\dot{m}_b=\dot{m}_d$ 的交点上，对应于平衡压强 $p_{c,eq}$。那么，设想发动机原来在平衡压强 $p_{c,eq}$ 下工作，现因某种偶然因素的暂时扰动，产生了一个微小的压强增量 Δp_c。由于压强的增大，燃气生成率 $\dot{m}_b$ 和喷管质量流率 $\dot{m}_d$ 发生相应的微量变化 $\Delta\dot{m}_b$ 和 $\Delta\dot{m}_d$，它们与压强增量的关系为

$$\Delta\dot{m}_b=\left(\frac{d\dot{m}_b}{dp_c}\right)_{eq}\times\Delta p_c \tag{5-77}$$

$$\Delta\dot{m}_d=\left(\frac{d\dot{m}_d}{dp_c}\right)_{eq}\times\Delta p_c \tag{5-78}$$

很明显，如果

$$\left(\frac{d\dot{m}_b}{dp_c}\right)_{eq}>\left(\frac{d\dot{m}_d}{dp_c}\right)_{eq} \tag{5-79}$$

则有 $\Delta\dot{m}_b>\Delta\dot{m}_d$，即燃气生成率的增量大于喷管质量流率的增量，这将导致燃烧室中的燃气贮存量和燃烧室压强进一步增加，结果使压强增量扰动的影响愈来愈大，不但不能使燃烧室压强恢复平衡，反而使燃烧室压强更加远离平衡。相反，如果

$$\left(\frac{d\dot{m}_b}{dp_c}\right)_{eq}<\left(\frac{d\dot{m}_d}{dp_c}\right)_{eq} \tag{5-80}$$

则有 $\Delta\dot{m}_b<\Delta\dot{m}_d$，即燃气生成率的增量小于喷管质量流率的增量，这将使燃烧室的燃气贮存量和压强都要减小，从而抵消了压强增量扰动的作用，促使燃烧室压强回到平衡值，发动机得以继续稳定工作。因此，发动机稳定工作的条件就是式(5-80)。

图 5-73 中实线所代表的 $\dot{m}_b$，上凸弯曲，正好满足式(5-80)的条件(即满足 $\Delta\dot{m}_b<\Delta\dot{m}_d$)；而图中虚线所代表的 $\dot{m}_b$ 下凹弯曲，满足式(5-79)的条件而不满足式(5-80)的条件，这不仅不能使燃烧室压强恢复到原来的平衡压强，而且越来越远离原来的压强，破坏了发动机的稳定工作。由此可见，因某种偶然因素的暂时扰动而产生的微小压强增量(即 Δp_c 是正的)时，燃烧室平衡压强的稳定性条件是式(5-80)。

同样，如果最初的压强扰动是微量减小，即 Δp_c 是负的，按照相同的分析方法也可以得到式(5-80)的稳定性条件。因此，无论最初的压强扰动是微小减量还是微小增量，燃烧室平衡压强的稳定性条件均为式(5-80)。

现在根据发动机这一稳定工作的条件分析稳定工作所需要的推进剂的燃速特性。

由 $\dot{m}_b=\rho_p A_b r$ 和 $\dot{m}_d=p_c A_t/c^*$ 得

$$\frac{d\dot{m}_b}{dp_c}=\rho_p A_b \frac{dr}{dp_c}=\dot{m}_b \frac{d\ln r}{dp_c} \tag{5-81}$$

$$\frac{d\dot{m}_d}{dp_c}=\frac{A_t}{c^*}\frac{dp_c}{dp_c}=\dot{m}_d \frac{d\ln p_c}{dp_c} \tag{5-82}$$

发动机在平衡状态时，$\dot{m}_b=\dot{m}_d$，因此，式(5-80)的稳定工作条件可以写为

$$\frac{d\ln r}{dp_c}<\frac{d\ln p_c}{dp_c} \tag{5-83}$$

或

$$\frac{d\ln r}{d\ln p_c}<1 \tag{5-84}$$

这就是判断发动机工作压强稳定性时对推进剂燃速特性的要求。

如果燃速用指数式 $r=ap_c^n$ 表示，有

$$\frac{d\ln r}{d\ln p_c}=n \tag{5-85}$$

此时，燃烧室压强稳定的条件便是

$$n<1 \tag{5-86}$$

这就是说，推进剂的燃速压强指数 $n<1$ 时，发动机可以稳定工作；$n>1$ 时，发动机不能稳定工作。这一结论还可以从图5-73中直接看出，很明显，图中实线所表示的情况($n<1$)与稳定性条件式(5-80)一致，而图中虚线所示情况($n>1$)则与式(5-79)一致。

事实上，火箭中应用的固体推进剂现有的压强指数通常都在0.2～0.8范围内，都能满足这个要求，其中数值较大的值属于快速燃烧的均质燃料，较小的值为异质燃料。

如果燃速用二项式 $r=a+bp$ 表示，稳定工作的条件为

$$a>0 \quad 和 \quad \rho_p c^* Kb<1 \tag{5-87}$$

如果燃速关系为 $\frac{1}{r}=\frac{a}{p}+\frac{b}{p^{1/3}}$，稳定工作条件为

$$\frac{1}{r}>\frac{a}{p}+\frac{b}{3p^{1/3}} \tag{5-88}$$

这在一般条件下是能满足的，它只要求 $b>0$。

最后还必须指出，式(5-80)仅是判断发动机燃烧室平衡压强稳定性的准则。$n<1$ 只能保证发动机平衡压强稳定，并不能保证发动机内不出现不稳定燃烧现象。实际上，一个静力(学)稳定的系统，动力(学)上很可能是不稳定的。关于不稳定燃烧的问题，请参见5.4节。

5.5.4.3 高压下的平衡压强计算

前面在推导式(5-44)平衡压强公式时，将 $\varepsilon=\rho_c/\rho_p$ 当作微量略去不计了。这在发动机工作压强不高的情况下是允许的，且不致引起太大的误差，但若燃烧室在更高的压强下工作，情况就不一样了。例如，当 $p_c=300\ \text{kgf/cm}^2$ (29.4 MPa)时，对一般推进剂的燃烧产物，其 ε 值可达2%，在这种情况下，对比较精确的计算，就要求考虑 ε 的影响，按照 $dp_c/dt=0$ 的条件，利用式(5-40)来计算燃烧室压强，即有

$$(1-\varepsilon)\rho_p A_b a p_c^n-\frac{p_c A_t}{c^*}=0$$

解之,得

$$p_c=\left(\rho_p c^* a\frac{A_b}{A_t}\right)^{\frac{1}{1-n}}(1-\varepsilon)^{\frac{1}{1-n}} \tag{5-89}$$

引入燃喉比 K:$\frac{A_b}{A_t}=K$,则式(5-89)化为

$$p_c=(\rho_p c^* aK)^{\frac{1}{1-n}}(1-\varepsilon)^{\frac{1}{1-n}} \tag{5-90}$$

而

$$(1-\varepsilon)^{\frac{1}{1-n}}=1-\frac{1}{1-n}\varepsilon+\cdots$$

由于 $\varepsilon\ll 1$,略去其高次项,可得

$$p_c=(\rho_p c^* aK)^{\frac{1}{1-n}}\left(1-\frac{1}{1-n}\varepsilon\right) \tag{5-91}$$

而

$$\varepsilon=\frac{p_c}{\rho_p RT_f}$$

代入上式,得

$$p_c=(\rho_p c^* aK)^{\frac{1}{1-n}}\left(1-\frac{p_c}{(1-n)\rho_p RT_f}\right)$$

解 p_c,得

$$p_c=(\rho_p c^* aK)^{\frac{1}{1-n}}\frac{1}{1+\dfrac{(\rho_p c^* aK)^{\frac{1}{1-n}}}{(1-n)\rho_p RT_f}} \tag{5-92}$$

可以近似地写为

$$p_c=(\rho_p c^* aK)^{\frac{1}{1-n}}\left[1-\frac{1}{1-n}\frac{(\rho_p c^* aK)^{\frac{1}{1-n}}}{\rho_p RT_f}\right] \tag{5-93}$$

式(5-93)与式(5-44)相比,考虑了 ε 的影响,结果更精确一些,更适于在高压的条件下应用。

如果燃烧室压强更高一些,例如,有的发动机可以达到 50 MPa 左右,除了不能略去 ε 的影响以外,还要考虑对所用的气体状态方程进行修正。在较低压强下工作的燃烧室中,由于燃烧温度较高,燃气密度不大,可以按完全气体来处理。但在很高压强下工作时,燃气已经偏离完全气体,需要采用真实气体的状态方程。一般地说,由于气体压强增大,比容减小,与此比容相比,气体分子所占的体积便不能略而不计,这就需要在状态方程中考虑气体的“余容”。其状态方程修正为

$$p=\frac{\rho}{1-a\rho}RT \tag{5-94}$$

式中,a 为气体的余容。一般推进剂的燃气可以取 $a=1\ \mathrm{cm^3/g}$。用式(5-94)代替原来采用的完全气体的状态方程式 $p_c=\rho_c RT_c$,可以在很高的压强下进行更精确的压强计算。

5.5.5　一维内弹道性能预示

如前所述,零维内弹道性能预示方法,只适用于燃烧室装药通道中燃气流动参数沿轴向变化较小的情况(如装填密度比较小的侧面燃烧装药发动机或端面燃烧装药发动机)。但是随着

发动机性能的日益提高、发动机的体积装填密度越来越大而使侧面燃烧装药的通道横截面积越来越小，燃气在通道中被强烈加速，所有燃气参数沿装药通道长度方向都要发生明显的变化。其中燃气静压下降和高速燃气流的侵蚀效应将引起装药燃速的变化、滞止参数的下降则要改变喷管的流量，等等，这一切均影响到了发动机的内弹道性能，因此，此类发动机内弹道性能 p_c-t 的计算必须考虑装药通道中燃气流动参数的影响。

严格来说，发动机燃烧室自由容积中的燃气流动大多是三维的，但在工程预示中一般都将其简化为一维问题处理。因此本节将首先讨论侧面燃烧装药通道中燃气参数沿通道轴向变化的规律，然后再介绍一维侧面燃烧装药发动机内弹道性能预示的基本方程及求解方法。

5.5.5.1 侧面燃烧装药通道中燃气流动与燃烧的特点

对于如图5-74所示的固体火箭发动机而言，燃气在装药通道中的流动可以作为是一维加质管流问题处理(而对于液体火箭发动机则可看作加热管流问题)。由于沿装药通道不断地有推进剂燃烧生成的燃气加入，从通道的头部到喷管一端的出口截面，燃气流速不断增大，且随着气流速度的增加，不仅燃气的静压要相应地下降，而且总压也有所下降，相应的气流参数都在沿通道长度方向变化，图5-74所示就是气流速度和压强沿装药通道长度方向变化的情况。这就不再是零维问题，通常都作为一维问题来研究。

在侧面燃烧过程中，由于平行于燃烧表面的气流速度和压强的影响，整个燃烧表面上燃速的变化就显得比较复杂。就以装药燃烧表面的燃速沿通道长度方向的变化来说，由于气流速度沿通道长度方向逐渐增大，影响燃速也沿通道长度方向增大(即出现侵蚀燃烧现象)；而由于压强沿通道长度方向逐渐下降，又影响燃速沿通道方向减小。由此可见，沿装药通道长度方向，燃气流速和压强相互矛盾地影响着燃烧表面的燃烧速度。也就是说，在离装药头部(1—1截面)某一距离的截面上，燃气静压强总是小于 p_1，而燃速却可能小于或大于1—1截面处的燃速，这取决于燃气静压降低使燃速减小占优势还是侵蚀燃烧使燃速增大占优势。图5-74中的实线表示没有侵蚀燃烧时通道内燃气静压、总压和流速沿通道长度的变化，虚线则为存在侵蚀燃烧时参数的变化。实际情况表明，在大多数情况下，燃速受侵蚀燃烧影响而增加是主要的，压强下降对燃速的影响并不显著。

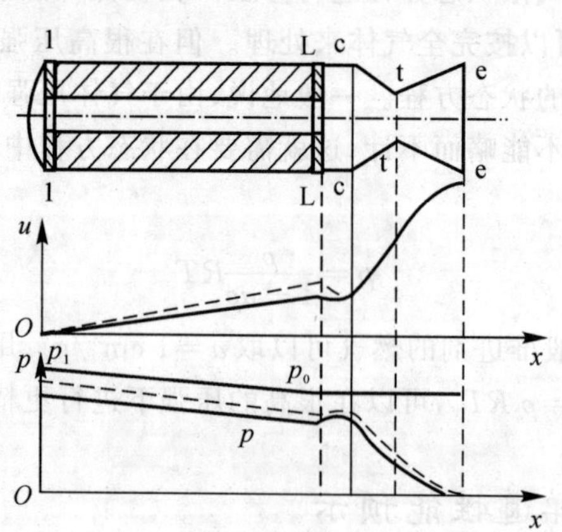

图5-74 气流速度、压强沿装药通道分布

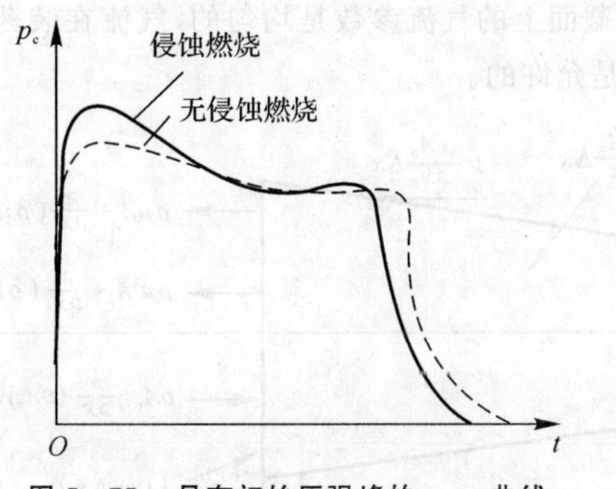

图 5-75　具有初始压强峰的 $p-t$ 曲线

在一般情况下，装药末端 L—L 与喷管入口截面 c—c 是不相重合的，且在装药末端 L—L 上可能装有固定装药的挡药板，因此，在 L—c 段上燃气压强和流速都有变化，这起初是因气流突然膨胀引起的，以后则与气流流入喷管产生收缩有关。

为了确定通道内燃速的总的变化，就必须对通道内气流参数的分布规律做出定量的分析，这就是燃气流动对燃烧的影响。另一方面，燃速的变化，也表征着单位时间内装药表面燃烧加入的燃气质量的变化，它直接影响通道中的燃气流动，首先是影响燃烧室装药通道内燃气的压强及其分布。因此，一般地讲，装药通道中的燃气流动和燃烧表面的燃烧是相互影响的，在燃烧室压强计算中必须综合考虑燃气流动引起的整个燃烧表面上的燃速变化。

在发动机工作过程中，装药燃烧使通道横截面积随工作时间不断扩大，气流速度则随工作时间减小，气流速度对压强分布的影响和侵蚀燃烧对燃速的影响都因之而随工作时间变化。在发动机工作的初始燃烧阶段，装药通道的横截面积最小，气流速度较大，侵蚀燃烧的影响在这时比较突出。侵蚀燃烧使发动机工作起始阶段的燃速加大、压强升高，形成初始压强峰；随着装药的燃烧，装药通道横截面积的不断加大，气流速度相对减小，侵蚀燃烧的影响也逐渐减小，以致消失，燃烧室压强便从初始压强峰下降到没有侵蚀燃烧影响的平衡压强上来。图 5-75 就是一个等燃面的侧面燃烧装药发动机由于侵蚀燃烧而形成的典型的 p_c-t 曲线。

5.5.5.2　一维侧面燃烧装药发动机内弹道性能预示的基本方程

综上所述，侧面燃烧装药发动机燃烧室中的气流参数，既是空间的函数，又随工作时间变化。关于气流参数在空间的分布，在大多数情况下，最显著的变化是燃气流动沿装药长度方向（即发动机轴向）加速和燃速沿长度方向的变化，或者装药通道横截面积沿通道长度变化而引起的气流参数沿装药长度方向的变化，等等，因而常把它当作一维问题来处理；关于气流参数随工作时间的变化，首先是由于装药燃烧使通道横截面积随时间而增大，或者装药燃烧面积在发动机工作过程中随时间变化（即变燃面发动机），或者还有其他随时间变化的因素。总之，大多数侧面燃烧装药发动机的内弹道计算都可以按一维非定常过程来处理。

现在根据质量、动量和能量守恒的基本原理来推导一维侧面燃烧装药发动机内弹道计算的基本方程。

在装药通道上截取一段微元体，如图 5-76 所示。并假设：

(1) 装药通道同一横截面上的气流参数是均匀的，气流在装药通道中是一维流动。当通道曲率不大时，这样假设是允许的。

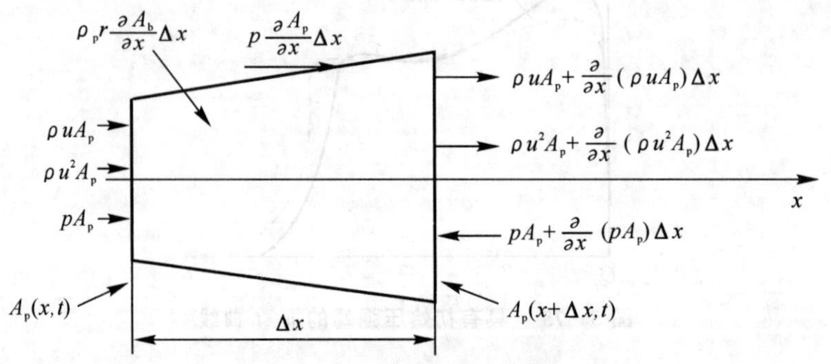

图 5-76　推进剂装药通道微元体

(2) 燃气遵循完全气体定律。

(3) 推进剂的燃烧限于燃烧表面附近很薄的气相层内，其作用就是加入焓为 H_p 的燃气质量。

(4) 忽略加入质量的轴向动量分量。

设气流的压强、密度、温度和速度分别用 p,ρ,T 和 u 表示，通道横截面积用 A_p 表示，气体内能用 E 表示，则在所取的装药通道微元体内，经过时间间隔 Δt，微元体内燃气质量、动量和能量的变化分别为

$$\frac{\partial}{\partial t}(\rho A_p \Delta x)\Delta t,\quad \frac{\partial}{\partial t}(\rho u A_p \Delta x)\Delta t$$

和

$$\frac{\partial}{\partial t}\left[\rho A_p\left(\frac{u^2}{2}+E\right)\Delta x\right]\Delta t$$

导致装药通道微元体中燃气质量、动量和能量变化的原因，首先是由于进入微元体的燃气与流出微元体的燃气在质量、动量和能量上的差额。就动量来说，如果不计摩擦，还包括作用在微元体各边界面上轴向压强冲量的代数和。就能量来说，还包括微元体各边界面上压强功的代数和，以及由于燃烧而加入燃气的能量。现分别分析产生这些变化的因素。

(1) 在 Δt 时间内，进入微元体左边界(参见图 5-76) 的燃气质量、动量和能量分别为

$$\rho u A_p \Delta t$$

$$\rho u^2 A_p \Delta t$$

和

$$\rho u A_p\left(\frac{u^2}{2}+E\right)\Delta t$$

在微元体左边界截面上压强 p 的冲量为 $pA_p\Delta t$，上游燃气对微元体所做的流动功为 $puA_p\Delta t$。

(2) 在 Δt 时间内，从微元体右边界流出的燃气质量，动量和能量分别为

$$\rho u A_p \Delta t + \frac{\partial}{\partial x}(\rho u A_p)\Delta x \Delta t$$

$$\rho u^2 A_p \Delta t + \frac{\partial}{\partial x}(\rho u^2 A_p)\Delta x \Delta t$$

和
$$\rho u A_{\rm p}\left(\frac{u^2}{2}+E\right)\Delta t+\frac{\partial}{\partial x}\left[\rho u A_{\rm p}\left(\frac{u^2}{2}+E\right)\Delta x\right]\Delta t$$

在微元体右边界截面上压强 p 的冲量为 $-\left[pA_{\rm p}\Delta t+\frac{\partial}{\partial x}(pA_{\rm p})\Delta x\Delta t\right]$，所做的流动功为 $-\left[puA_{\rm p}\Delta t+\frac{\partial}{\partial x}(puA_{\rm p})\Delta x\Delta t\right]$。

(3) 设推进剂装药的密度、燃速、焓和燃烧表面积分别以 $\rho_{\rm p}$，r，$H_{\rm p}$ 和 $A_{\rm b}$ 表示，则在 Δt 时间内，由装药通道表面进入微元体的燃气质量和能量分别为
$$\rho_{\rm p} r\frac{\partial A_{\rm b}}{\partial x}\Delta x\Delta t$$
和
$$\rho_{\rm p} r\frac{\partial A_{\rm b}}{\partial x}H_{\rm p}\Delta x\Delta t$$
沿着通道表面分布的压强 p 在 x 轴方向上的冲量为 $p\frac{\partial A_{\rm p}}{\partial x}\Delta x\Delta t$。

综上所述，可写出微元体内燃气质量、动量和能量的守恒方程如下：
$$\frac{\partial}{\partial t}(\rho A_{\rm p}\Delta x)\Delta t=-\frac{\partial}{\partial x}(\rho u A_{\rm p})\Delta x\Delta t+\rho_{\rm p} r\frac{\partial A_{\rm b}}{\partial x}\Delta x\Delta t$$
$$\frac{\partial}{\partial t}(\rho u A_{\rm p}\Delta x)\Delta t=-\frac{\partial}{\partial x}(\rho u^2 A_{\rm p})\Delta x\Delta t-\frac{\partial}{\partial x}(pA_{\rm p})\Delta x\Delta t+p\frac{\partial A_{\rm p}}{\partial x}\Delta x\Delta t$$
和
$$\frac{\partial}{\partial t}\left[\rho A_{\rm p}\left(\frac{u^2}{2}+E\right)\Delta x\right]\Delta t=-\frac{\partial}{\partial x}\left[\rho u A_{\rm p}\left(\frac{u^2}{2}+E\right)\Delta x\right]\Delta t-\frac{\partial}{\partial x}(puA_{\rm p})\Delta x\Delta t+\rho_{\rm p} r\frac{\partial A_{\rm b}}{\partial x}H_{\rm p}\Delta x\Delta t$$
整理以上三式得

质量方程为
$$\frac{\partial}{\partial t}(\rho A_{\rm p})+\frac{\partial}{\partial x}(\rho u A_{\rm p})=\rho_{\rm p} r\frac{\partial A_{\rm b}}{\partial x}\tag{5-95}$$
动量方程为
$$\frac{\partial}{\partial t}(\rho u A_{\rm p})+\frac{\partial}{\partial x}(\rho u^2 A_{\rm p}+pA_{\rm p})=p\frac{\partial A_{\rm p}}{\partial x}\tag{5-96}$$
能量方程为
$$\frac{\partial}{\partial t}\left[\rho A_{\rm p}\left(\frac{u^2}{2}+E\right)\right]+\frac{\partial}{\partial x}\left[\rho u A_{\rm p}\left(\frac{u^2}{2}+H\right)\right]=\rho_{\rm p} r\frac{\partial A_{\rm b}}{\partial x}H_{\rm p}\tag{5-97}$$
式中，$H=E+\frac{p}{\rho}=c_{\rm p}T-\frac{k}{k-1}RT$ 是燃烧产物的焓。

除了上面三个方程以外，还应增加气体的状态方程：
$$p=\rho RT\tag{5-98}$$
上述方程式中出现的燃速 r 由推进剂燃速特性给定：
$$r=f(p,u)$$
$A_{\rm b}$ 和 $A_{\rm p}$ 则由装药几何结构和已燃去的肉厚 $e\left(e=\int_0^t r{\rm d}t\right)$ 来确定，而且 $A_{\rm p}$ 与 $A_{\rm b}$ 的变化保持一定的几何关系。在 Δt 时间内，推进剂装药已燃去的肉厚为 $r\Delta t$，设燃烧周界长度为 Π，则

Δt 时间内通道横截面积扩大：

$$\frac{\partial A_b}{\partial t}\Delta t=\Pi r\Delta t$$

因燃烧周界长度为

$$\Pi=\frac{\partial A_b}{\partial x}$$

故得

$$\frac{\partial A_p}{\partial t}=r\frac{\partial A_b}{\partial x}=r\Pi \tag{5-99}$$

此外，ρ_p，k，c_p 等为给定的推进剂常数。这样，式(5－95)～式(5－98)4个方程就组成了一维侧面燃烧装药发动机内弹道性能计算的基本方程，未知量为 p,u,ρ 和 T，自变量为 x 和 t。方程式的数量与未知量的数量相等，方程组是封闭的，只要给出适当的边界条件和初始条件，原则上就可以解出各未知量随 x 和 t 的变化。因此，这个方程组描述了燃气在燃烧室装药通道中的一维非定常流动。

5.5.5.3　一维非定常基本方程组简化为准定常方程组的条件

表征燃烧室中燃气在装药通道内流动的一维偏微分方程组式(5－95)～式(5－98)，给出适当的边界条件和初始条件后，原则上就可以用数值方法求解，但计算过程是很烦琐的。而根据固体火箭发动机内弹道性能的特点(参见图5－65)，即压强的上升段和下降段虽然具有典型的非定常性，但时间很短(毫秒级)；工作段的参数随时间的变化较为平稳，因此，如能略去发动机工作段中的自变量 t，则上述方程就可由偏微分方程组简化成常微分方程组，为了使这种转化不至于给内弹道计算带来较大的计算误差，则要求转化是有条件的。下面就来分析可以由偏微分方程组简化成常微分方程组的条件。

为简化问题，先研究装药通道横截面积沿轴向不变(即等截面通道 A_p＝常数)和通道侧面没有质量加入(即 $r=0$，同时利用几何燃烧方程 $\frac{\partial A_p}{\partial t}=r\frac{\partial A_b}{\partial x}$ 可推出 $\frac{\partial A_p}{\partial t}=0$)的情况，这时质量方程式(5－95)及动量方程式(5－96)分别变为

$$\frac{\partial\rho}{\partial t}+\rho\frac{\partial u}{\partial x}+u\frac{\partial\rho}{\partial x}=0$$

和

$$\rho\frac{\partial u}{\partial t}+u\frac{\partial\rho}{\partial t}+\frac{\partial(\rho u^2)}{\partial x}+\frac{\partial p}{\partial x}=0$$

将以上方程改写成与时间间隔 Δt 相应的有限增量形式为

$$\frac{\Delta\rho}{\Delta t}+\rho\frac{\Delta u}{\Delta x}+u\frac{\Delta\rho}{\Delta x}=0$$

和

$$\rho\frac{\Delta u}{\Delta t}+u\frac{\Delta\rho}{\Delta t}+\frac{\Delta(\rho u^2)}{\Delta x}+\frac{\Delta p}{\Delta x}=0$$

若要略去以上方程中的 $\Delta\rho/\Delta t$，$\rho\Delta u/\Delta t$ 和 $u\Delta\rho/\Delta t$ 等与时间相关的项，则必须满足以下要求：

(1) $\frac{\Delta\rho}{\Delta t}\ll\frac{\rho\Delta u}{\Delta x}$；

(2) $\frac{\Delta\rho}{\Delta t}\ll\frac{u\Delta\rho}{\Delta x}$；

(3) $\frac{\rho\Delta u}{\Delta t} \ll \frac{\Delta p}{\Delta x}$;

(4) $\frac{u\Delta\rho}{\Delta t} \ll \frac{\Delta p}{\Delta x}$。

由(1) 和(3) 得

$$\frac{1}{\rho}\frac{\Delta x}{\Delta u}\frac{\Delta\rho}{\Delta t} \ll \frac{1}{\rho}\frac{\Delta t}{\Delta u}\frac{\Delta p}{\Delta x}$$

整理得

$$\left(\frac{\Delta x}{\Delta t}\right)^2 \ll \frac{\Delta p}{\Delta\rho}$$

即

$$u \ll a$$

利用(2) 和(4) 可以推出相同的条件。可见,只有在装药通道中燃气流速远低于当地声速的条件下,才可以略去燃气流动参数对时间的导数项。

现在进一步研究质量方程和动量方程中可以忽略 $\partial A_p/\partial t$ 所需要的条件。为简便起见,假定 $\partial A_p/\partial x = 0$,并假定 $\partial\rho/\partial t = 0$ 或 $\partial u/\partial t = 0$,这时方程式(5-95) 和式(5-96) 变为

$$\rho\frac{\partial A_p}{\partial t} + A_p\frac{\partial}{\partial x}(\rho u) = \rho_p r\frac{\partial A_b}{\partial x} = \rho_p\frac{\partial A_p}{\partial t}$$

$$\rho u\frac{\partial A_p}{\partial t} + 2\rho u A_p\frac{\partial u}{\partial x} + u^2 A_p\frac{\partial\rho}{\partial x} + A_p\frac{\partial p}{\partial x} = 0$$

可以忽略质量方程中 $\partial A_p/\partial t$ 所需要的条件是

$$\rho\frac{\partial A_p}{\partial t} \ll \rho_p\frac{\partial A_p}{\partial t}$$

即

$$\rho \ll \rho_p$$

可以忽略动量方程中 $\rho u\partial A_p/\partial t$ 所需要的条件是 $\rho u\partial A_p/\partial t$ 的量级远远小于其他各项的量级。例如:

$$\rho u\frac{\partial A_p}{\partial t} \ll 2\rho u A_p\frac{\partial u}{\partial x}$$

或

$$\frac{\partial A_p}{\partial t} \ll A_p\frac{\partial u}{\partial x}$$

写成有限增量的形式后,得

$$\frac{\Delta A_p}{\Delta t} \ll A_p\frac{\Delta u}{\Delta x}$$

而考虑到 $u = \Delta x/\Delta t$,因此有

$$\frac{\Delta A_p}{A_p} \ll \frac{\Delta u}{u}$$

上式左边代表发动机工作期间装药通道横截面积的增量,右边代表通道内燃气流速的增量,而沿通道长度方向速度增量与速度的量级相当,因此 $\frac{\Delta u}{u}$ 的量级是 1,故要求 $\frac{\Delta A_p}{A_p} \ll 1$,即装药通道横截面积的增量远小于通道横截面积。

满足 $u \ll a$, $\rho \ll \rho_p$ 及 $\Delta A_p \ll A_p$ 等条件时,燃气流动参数随时间的变化很小,这时认为燃气在装药通道中的运动是准定常的流动,如果忽略控制方程组中对时间的偏导数各项,不致产生较大的误差。

令方程式(5-95)～式(5-97)中所有对时间 t 的导数为零，再补充状态方程式(5-98)，就得到燃气在装药通道内流动的一维准定常控制方程组为

$$\frac{\mathrm{d}}{\mathrm{d}x}(\rho u A_{\mathrm{p}}) = \rho_{\mathrm{p}} r \frac{\mathrm{d}A_{\mathrm{b}}}{\mathrm{d}x} \tag{5-100}$$

$$\frac{\mathrm{d}}{\mathrm{d}x}[(p + \rho u^2) A_{\mathrm{p}}] = p \frac{\mathrm{d}A_{\mathrm{p}}}{\mathrm{d}x} \tag{5-101}$$

$$\frac{\mathrm{d}}{\mathrm{d}x}\left[\rho u A_{\mathrm{p}}\left(\frac{u^2}{2} + H\right)\right] = \rho_{\mathrm{p}} r \frac{\mathrm{d}A_{\mathrm{b}}}{\mathrm{d}x} H_{\mathrm{p}} \tag{5-102}$$

$$p = \rho R T \tag{5-103}$$

上述方程组中，未知数是 p,ρ,u 和 T，自变量是装药通道长度变量 x。

5.5.5.4 绝能流动条件下的一维准定常控制方程组

在发动机工作期间，如果忽略装药通道内燃气向燃烧室壁的散热损失，通道内燃气的一维准定常流动就可认为是绝能流动，这时 $H + u^2/2 =$ 常量，能量方程式(5-102)可以写成

$$\left(H + \frac{u^2}{2}\right)\frac{\mathrm{d}}{\mathrm{d}x}(\rho u A_{\mathrm{p}}) = H_{\mathrm{p}} \rho_{\mathrm{p}} r \frac{\mathrm{d}A_{\mathrm{b}}}{\mathrm{d}x}$$

将式(5-100)代入上式并整理，可得

$$H + \frac{u^2}{2} = H_{\mathrm{p}}$$

即

$$c_{\mathrm{p}} T + \frac{u^2}{2} = c_{\mathrm{p}} T_{\mathrm{f}}$$

式中，T_{f} 为固体推进剂燃烧产物的总温。

由此得到绝能流动条件下的一维准定常控制方程组为

$$\frac{\mathrm{d}}{\mathrm{d}x}(\rho u A_{\mathrm{p}}) = \rho_{\mathrm{p}} r \frac{\mathrm{d}A_{\mathrm{b}}}{\mathrm{d}x} \tag{5-104}$$

$$\frac{\mathrm{d}}{\mathrm{d}x}[(p + \rho u^2) A_{\mathrm{p}}] = p \frac{\mathrm{d}A_{\mathrm{p}}}{\mathrm{d}x} \tag{5-105}$$

$$c_{\mathrm{p}} T + \frac{u^2}{2} = c_{\mathrm{p}} T_{\mathrm{f}} \tag{5-106}$$

$$p = \rho R T \tag{5-107}$$

绝能流动条件下的一维准定常控制方程组中包括两个常微分方程和两个代数方程。

5.5.5.5 绝能流动条件下一维准定常控制方程组的求解

一维准定常控制方程组式(5-104)～式(5-107)包含有微分方程和代数方程，在一般情况下需要用数值法求解。数值求解的方法与步骤如下。

1. 控制方程组的整理

在一维侧面燃烧装药发动机内弹道计算中，最受关注的是装药通道内燃气压强和流速的变化，因此，为了便于计算机计算，将微分方程式(5-104)和式(5-105)用状态方程式(5-107)整理，消去微分方程中的 $\mathrm{d}\rho/\mathrm{d}x$，将它们整理成 $\mathrm{d}p/\mathrm{d}x = f_1(x)$ 和 $\mathrm{d}u/\mathrm{d}x = f_2(x)$ 的形式。

将式(5-104)的微分展开，得

$$\rho u\frac{\mathrm{d}A_{\mathrm{p}}}{\mathrm{d}x}+\rho A_{\mathrm{p}}\frac{\mathrm{d}u}{\mathrm{d}x}+uA_{\mathrm{p}}\frac{\mathrm{d}\rho}{\mathrm{d}x}=\rho_{\mathrm{p}}r\frac{\mathrm{d}A_{\mathrm{b}}}{\mathrm{d}x}\tag{5-108}$$

状态方程取对数后对 x 求导，有

$$\frac{1}{p}\frac{\mathrm{d}p}{\mathrm{d}x}=\frac{1}{\rho}\frac{\mathrm{d}\rho}{\mathrm{d}x}+\frac{1}{T}\frac{\mathrm{d}T}{\mathrm{d}x}\tag{5-109}$$

能量方程式(5-106)对 x 求导，得

$$c_{\mathrm{p}}\frac{\mathrm{d}T}{\mathrm{d}x}+u\frac{\mathrm{d}u}{\mathrm{d}x}=0\tag{5-110}$$

归并式(5-109)和式(5-110)，消去 $\mathrm{d}T/\mathrm{d}x$，得

$$\frac{\mathrm{d}\rho}{\mathrm{d}x}=\rho\left(\frac{1}{p}\frac{\mathrm{d}p}{\mathrm{d}x}+\frac{u}{c_{\mathrm{p}}T}\frac{\mathrm{d}u}{\mathrm{d}x}\right)\tag{5-111}$$

将式(5-111)代入质量方程式(5-108)，整理后得

$$\left(1+\frac{u^2}{c_{\mathrm{p}}T}\right)\frac{\mathrm{d}u}{\mathrm{d}x}+\frac{u}{p}\frac{\mathrm{d}p}{\mathrm{d}x}=\frac{\rho_{\mathrm{p}}}{\rho}\frac{r}{A_{\mathrm{p}}}\frac{\mathrm{d}A_{\mathrm{b}}}{\mathrm{d}x}-\frac{u}{A_{\mathrm{p}}}\frac{\mathrm{d}A_{\mathrm{p}}}{\mathrm{d}x}\tag{5-112}$$

用同样的方法整理动量方程后得

$$\left(2+\frac{u^2}{c_{\mathrm{p}}T}\right)\frac{\mathrm{d}u}{\mathrm{d}x}+\left(\frac{u}{p}+\frac{1}{\rho u}\right)\frac{\mathrm{d}p}{\mathrm{d}x}=-\frac{u}{A_{\mathrm{p}}}\frac{\mathrm{d}A_{\mathrm{p}}}{\mathrm{d}x}\tag{5-113}$$

将式(5-112)、式(5-113)两式相减，并引入燃烧周界 $\Pi=\mathrm{d}A_{\mathrm{b}}/\mathrm{d}x$，可得

$$\frac{\mathrm{d}u}{\mathrm{d}x}=\frac{1}{\rho u}\frac{\mathrm{d}p}{\mathrm{d}x}+\frac{\rho_{\mathrm{p}}r}{\rho A_{\mathrm{p}}}\Pi\tag{5-114}$$

将式(5-114)代入式(5-113)，就得到 $\mathrm{d}p/\mathrm{d}x=f_1(x)$。再将所得到的 $\mathrm{d}p/\mathrm{d}x=f_1(x)$ 代入式(5-114)，就得到 $\mathrm{d}u/\mathrm{d}x=f_2(x)$。由此可获得一维准定常绝能流动条件下用于数值求解的控制方程组为

$$\left.\begin{aligned}
&\frac{\mathrm{d}p}{\mathrm{d}x}=\frac{\rho u^2}{A_{\mathrm{p}}}\frac{a^2}{a^2-u^2}\frac{\mathrm{d}A_{\mathrm{p}}}{\mathrm{d}x}-\frac{\rho_{\mathrm{p}}r\Pi u}{A_{\mathrm{p}}}\left[\frac{2a^2+(k-1)u^2}{a^2-u^2}\right]\\
&\frac{\mathrm{d}u}{\mathrm{d}x}=\frac{\rho_{\mathrm{p}}r\Pi}{\rho A_{\mathrm{p}}}\frac{a^2+ku^2}{a^2-u^2}-\frac{a^2u}{A_{\mathrm{p}}(a^2-u^2)}\frac{\mathrm{d}A_{\mathrm{p}}}{\mathrm{d}x}\\
&c_{\mathrm{p}}T+\frac{u^2}{2}=c_{\mathrm{p}}T_{\mathrm{f}}\\
&p=\rho RT
\end{aligned}\right\}\tag{5-115}$$

2. 微分方程的边界条件

观察控制方程组式(5-115)可见，以一组一维准定常流动的常微分方程来描述通道中的燃气流动以后，各点气流参数似乎只是通道轴向距离 x 的函数，而与时间 t 无关。但是，应该看到，方程组中所包含的 A_{p} 和 $\Pi(\Pi=\mathrm{d}A_{\mathrm{b}}/\mathrm{d}x)$ 都是随着燃烧时间在变化的，只是在求解上述方程组时，对应于一定的燃烧时刻，把它看作一定值，不计其对时间的变化而已。而在另一燃烧时刻，它们却是另外一个定值，由此可以得出另一燃烧时刻下的相应的气流参数沿轴向的分布。因此，通道中各点的气流参数，仍然是 x 和 t 的函数，通常用 $p(x,t)$，$u(x,t)$，$A_{\mathrm{p}}(x,t)$ 等来表示。

对于一维侧面燃烧装药发动机，一般先从燃烧初始时刻 $t=0$ 开始计算，此时的 A_{p}，A_{b}，Π 等均可根据装药几何结构给定。然后随着燃烧时间 t 的增加，在不同燃烧时刻，根据平行层燃烧定律(或称几何燃烧定律)，按照装药几何结构确定相应时刻的 A_{p}，A_{b} 和 Π。

数值求解的关键问题是确定准定常方程组(5-115)的边界条件,不同类型的发动机,装药结构形式不同,边界条件也不相同。现分析如图5-77所示的贴壁浇铸内孔燃烧装药发动机中的边界条件。

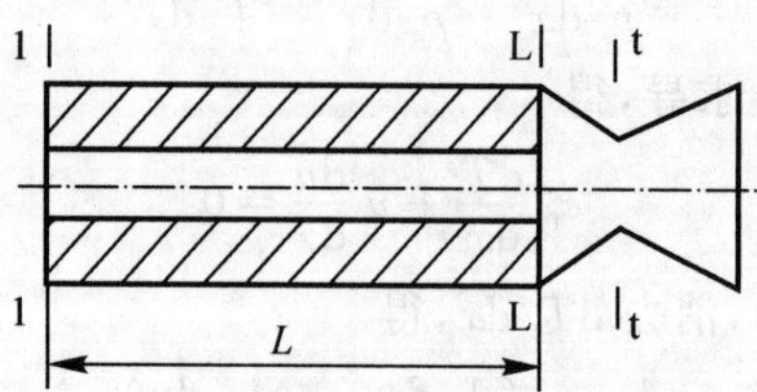

图5-77　具有内孔燃烧装药的发动机

在装药通道起始截面1—1(即 $x=0$)处,一般有

$$\left.\begin{aligned} u(0,t) &= 0 \\ p(0,t) &= p_1 \\ T(0,t) &= T_f \\ \rho(0,t) &= \rho_1 = \frac{p_1}{RT_f} \end{aligned}\right\} \tag{5-116}$$

在装药通道出口截面L—L(即 $x=L$)处,假设从L—L截面到喷管进口截面之间燃气为等熵流动且假定装药后部端面包覆阻燃(即后端面无燃气加入通道的流动),因此可以认为,通过通道出口截面L—L的燃气质量流率等于喷管喉部截面t—t的质量流率,因此

$$\rho_L u_L A_{pL} = \frac{\Gamma}{\sqrt{RT_f}} A_t p_{0L} \tag{5-117}$$

式(5-117)就是在上述条件下装药通道出口截面的边界条件,其中 p_{0L} 是L—L截面处燃气的滞止压强(即总压),即

$$p_{0L} = \frac{p_L}{\pi(\lambda_L)}$$

而

$$\pi(\lambda_L) = \left(1 - \frac{k-1}{k+1}\lambda_L^2\right)^{\frac{k}{k-1}}$$

$$\lambda_L = \frac{u_L}{\sqrt{\dfrac{2}{k+1}RT_f}}$$

$$\Gamma = \sqrt{k}\left(\frac{2}{k+1}\right)^{\frac{k+1}{2(k-1)}}$$

式(5-117)可用于迭代计算中检验装药通道入口截面压强(即燃烧室头部压强)p_1 的假设初值是否正确。

3. 选定燃烧室头部压强 p_1

观察通道入口边界条件式(5-116)可见,边界条件中出现了待求变量 p_1,因此,为了计算燃烧室内燃气压强沿装药通道轴向的分布而求解微分方程组(5-115)之前,必须先假定一个燃烧室头部压强 p_1,然后才能进行迭代求解。选取 p_1 假定值一般有两种途径:

(1) 如果该发动机(或相近类型的发动机)经过了地面静止点火试验,可根据试验结果选定 $t=0$ 时的头部压强 p_1 的假设值。

(2) 利用考虑侵蚀燃烧情况下,燃烧室头部平衡压强的计算式估算 $t=0$ 时的 p_1 值,即

$$p_1=\left[\rho_p c^* a \frac{A_{b0}}{A_t} f(\lambda_L) \frac{\bar{r}}{r_0}\right]^{\frac{1}{1-n}}$$

式中,$\bar{r}/r_0$ 是根据试验结果得到的侵蚀系数的经验平均值;$f(\lambda_L)=p_1/p_{0L}$ 是装药通道进口与出口处滞止压强之比,它的求法是:由 $J_0=A_t/A_{p0}=q(\lambda_L)$ 查气动函数表求出 λ_L,再根据 λ_L 查出 $f(\lambda_L)$。上式的推导过程见"5.5.5.6　考虑装药通道中燃气流动情况下燃烧室头部压强 p_1 的计算及讨论"。

对于 $t>0$ 之后的每个燃烧瞬时,由于 p_1 是时间 t 的连续函数,所以总是把瞬时 t 的头部压强,作为后一瞬时 $(t+\Delta t)$ 的头部压强的初次假设值进行迭代计算,直到燃烧结束为止。

4. 迭代计算

为了检验所假设的头部压强 p_1 是否正确,在对微分方程进行数值求解过程中,必须对流率、压强和燃速进行迭代,来求得某一瞬时的喷管流率和相应瞬时、某一位置的压强和燃速。

选定 p_1 的假设值以后,就可求解微分方程组,求出 p,u,ρ 和 T 沿装药通道长度的分布。解微分方程时,必须满足装药通道出口截面 L—L 上的燃气流率等于喷管喉部截面 t—t 流率的边界条件,即式(5-117)。

根据总压与静压的关系,装药通道出口燃气的总压为

$$p_{0L}=\frac{p_L}{\pi(\lambda_L)}=\frac{p_L}{\left(1-\frac{k-1}{k+1}\lambda_L^2\right)^{\frac{k}{k-1}}} \tag{5-118}$$

对于内孔燃烧装药,喷管流率等于装药通道出口的燃气流率,也就是通道燃烧表面上的燃气质量生成率,即

$$\dot{m}_t=\frac{p_c A_t}{c^*}=\rho_p \int_0^L r\Pi \, dx \tag{5-119}$$

若不计装药通道出口截面以后的流动损失,可近似地认为式(5-119)中的喷管进口截面总压 p_c 等于装药通道出口截面总压 p_{0L},为了与式(5-118)计算的总压区别,由式(5-119)计算的总压表示为 p'_{0L},故有

$$p'_{0L}=\frac{c^* \rho_p}{A_t}\int_0^L r\Pi \, dx \tag{5-120}$$

如果头部压强 p_1 的假设值等于真值,则由式(5-118)计算得到的装药通道出口总压 p_{0L} 应等于由式(5-120)得到的装药通道出口总压 p'_{0L}。实际上 p_1 的假设值一般不等于真值,因此 $p_{0L}\neq p'_{0L}$,这时需要修正 p_1 值,重新计算,使之满足质量流率的关系式(5-119),也就是使 $p_{0L}=p'_{0L}$。因此,必须连续地迭代下去,直到满足一定精度为止。一般要求的精度为 $\varepsilon=0.005$,即到 $\varepsilon=|p'_{0L}/p_{0L}-1|\leqslant 0.005$ 时,迭代才结束。

在流率迭代过程中,燃烧室头部压强和沿燃烧室长度方向各点的压强、各点的流速,也随着接近真实值。一维侧面燃烧装药发动机内弹道的数值求解步骤如图 5-78 所示。

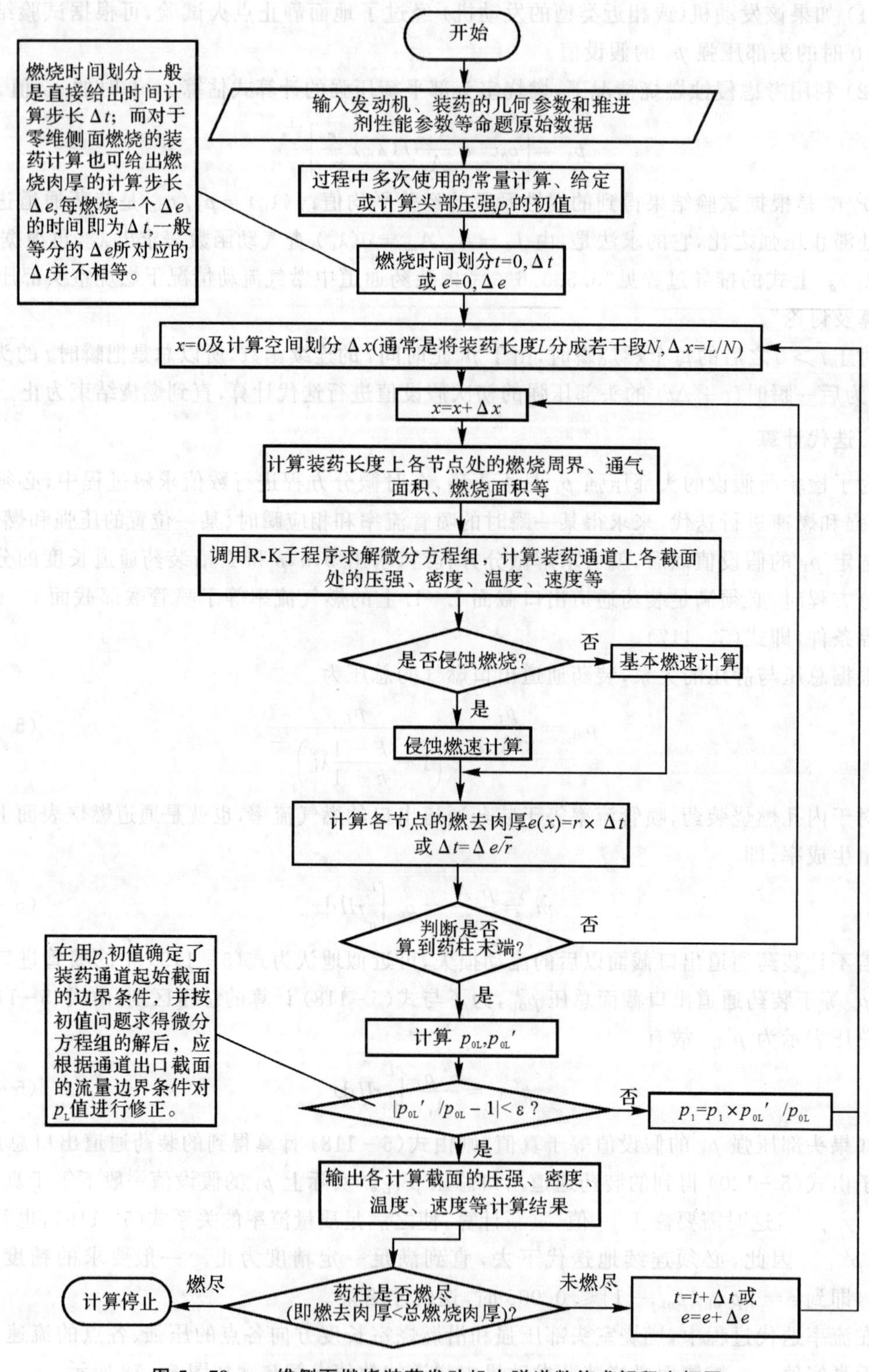

开始
输入发动机、装药的几何参数和推进剂性能参数等命题原始数据
过程中多次使用的常量计算、给定或计算头部压强p_1的初值
燃烧时间划分$t=0,\Delta t$或$e=0,\Delta e$
燃烧时间划分一般是直接给出时间计算步长Δt；而对于零维侧面燃烧的装药计算也可给出燃烧肉厚的计算步长Δe,每燃烧一个Δe的时间即为Δt,一般等分的Δe所对应的Δt并不相等。
$x=0$及计算空间划分Δx(通常是将装药长度L分成若干段N, $\Delta x=L/N$)
$x=x+\Delta x$
计算装药长度上各节点处的燃烧周界、通气面积、燃烧面积等
调用R-K子程序求解微分方程组，计算装药通道上各截面处的压强、密度、温度、速度等
是否侵蚀燃烧?
否
基本燃速计算
是
侵蚀燃速计算
计算各节点的燃去肉厚$e(x)=r\times\Delta t$或$\Delta t=\Delta e/\bar{r}$
判断是否算到药柱末端?
否
是
计算 p_{0L}, p_{0L}'
在用p_1初值确定了装药通道起始截面的边界条件，并按初值问题求得微分方程组的解后，应根据通道出口截面的流量边界条件对p_1值进行修正。
$|p_{0L}'/p_{0L}-1|<\varepsilon$?
否
$p_1=p_1\times p_{0L}'/p_{0L}$
是
输出各计算截面的压强、密度、温度、速度等计算结果
药柱是否燃尽(即燃去肉厚<总燃烧肉厚)?
燃尽
计算停止
未燃尽
$t=t+\Delta t$或$e=e+\Delta e$

图 5-78　一维侧面燃烧装药发动机内弹道数值求解程序框图

例 5-3　已知某发动机采用复合推进剂，六角星形内孔装药，贴壁浇注于发动机内，结构

示意如图 5-79所示。装药结构尺寸为外径 $\phi=190$ mm,长度 $L=2\ 500$ mm,星边夹角 $\theta=66°$,星尖角分数 $\varepsilon=0.818$,工作肉厚 $w=43.6$ mm,特征长度 $l=48$ mm,星尖角导圆半径 $f=3$ mm。推进剂性能参数为 $\rho_p=1.75$ g/cm^3,燃速 $r=0.003\ 303p^{0.392}$ m/s(式中压强单位为 MPa),侵蚀比 $\varepsilon=1+1.12(\lambda-0.1)$,$k=1.2$,$c^*=1\ 500$ m/s,$T_f=3\ 600$ K。若喷管喉径 $d_t=66$ mm,试计算:

(1) 装药通道出口截面 L—L 处速度系数 λ_L 随工作时间的变化曲线;

(2) 考虑与不考虑侵蚀燃烧情况下,发动机头部压强 p_1 随工作时间的变化曲线。

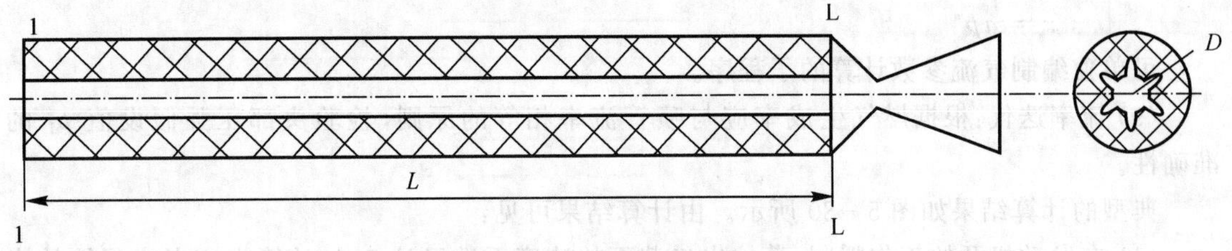

图 5-79　星型内孔装药发动机

解　如考虑侵蚀燃烧的影响,则为一维内弹道计算;如不考虑侵蚀燃烧的影响,则为零维内弹道计算(即燃烧室内压强处处相等)。计算步骤详见图 5-78。大致可分为以下关键步:

(1) 原始参数输入:主要是输入命题参数、推进剂性能等。

(2) 常量计算:对于计算中多次使用的常量进行计算,如气体常数、临界声速等。

(3) 假设一个头部压强 p_1:假设值的选定是否接近实际值将影响计算迭代次数和计算时间,一般可参照同类推进剂的试验结果给定或利用下式进行初步估算:

$$p_1=\left[\rho_p c^* a\frac{A_{b0}}{A_t}f(\lambda_L)\frac{\bar{r}}{r_0}\right]^{\frac{1}{1-n}}$$

(4) 计算时间划分:本例为六角星孔等面燃烧的等截面通道装药,时间划分是直接给出时间计算步长 Δt(本例中 $\Delta t=0.01$ s),针对每一时间计算步,计算相应的 Δe,进而计算出每一燃烧时刻的燃去肉厚 e。

(5) 计算空间划分:为了计算某一工作瞬时沿装药长度方向上的气流参数变化,可沿装药长度方向分成若干计算截面,从装药头部 1—1 截面开始,依次计算各个截面,一直计算到装药末端 L—L 截面为止(本例中沿装药长度方向上取了 512个计算截面)。针对每一个工作瞬间,计算完该瞬间沿装药长度方向上的气流参数分布后,再转入下一工作瞬时计算。

(6) 计算装药几何参数:根据装药形式和尺寸计算燃烧周边长度 Π、燃烧表面积 A_b 和通气截面积 A_p。如果装药形状复杂,可列出装药几何计算子程序。

(7) 计算燃速:根据给定的推进剂特性,计算装药各计算截面上的燃速 r。推进剂的燃速取决于推进剂的配方,另一方面燃速又是内弹道参数(如 p,u 等) 的函数。在固体火箭发动机工作过程中,随着燃烧肉厚的变化,内弹道参数不断变化,因而燃速也随之不断变化,在这种情况下,推进剂燃速很难一次求定,通常是采用一次预报(即前一时刻的燃速公式计算值)、多次校正的方式来确定。当侵蚀效应比较严重时,上述情况更为明显。本例中,燃速值不进行迭代修正,直接用燃速公式预报值给出。

(8) 计算各燃烧瞬时各截面上的气流参数:用龙格-库塔法求解微分方程组,算出各截面

上压强 p、密度 ρ、速度 u 和燃速 r 的值。

$$\frac{\mathrm{d}p}{\mathrm{d}x}=\frac{\rho u^2}{A_{\mathrm{p}}}\frac{a^2}{a^2-u^2}\frac{\mathrm{d}A_{\mathrm{p}}}{\mathrm{d}x}-\frac{\rho_{\mathrm{p}} r\Pi u}{A_{\mathrm{p}}}\left[\frac{2a^2+(k-1)u^2}{a^2-u^2}\right]=f_1(x,p,\rho,T,u)$$

$$\frac{\mathrm{d}u}{\mathrm{d}x}=\frac{\rho_{\mathrm{p}} r\Pi}{\rho A_{\mathrm{p}}}\frac{a^2+ku^2}{a^2-u^2}-\frac{a^2 u}{A_{\mathrm{p}}(a^2-u^2)}\frac{\mathrm{d}A_{\mathrm{p}}}{\mathrm{d}x}=f_2(x,p,\rho,T,u)$$

$$c_{\mathrm{p}}T+\frac{u^2}{2}=c_{\mathrm{p}}T_{\mathrm{f}}$$

$$p=\rho RT$$

$$r=\varepsilon a p^n$$

可单独编制气流参数计算的子程序。

(9) 流率迭代:根据燃气生成率应与喷管流率相等的原则,检验头部压强假设值 p_1 的准确性。

典型的计算结果如图 5-80 所示。由计算结果可见:

(1) 在发动机开始工作瞬间,药柱出口截面的速度系数已达 0.4,计算中应考虑侵蚀效应的存在;

(2) 考虑侵蚀效应存在时,弹道曲线有明显的侵蚀压强峰,且由于侵蚀的存在,使整个发动机的工作时间略有减小。

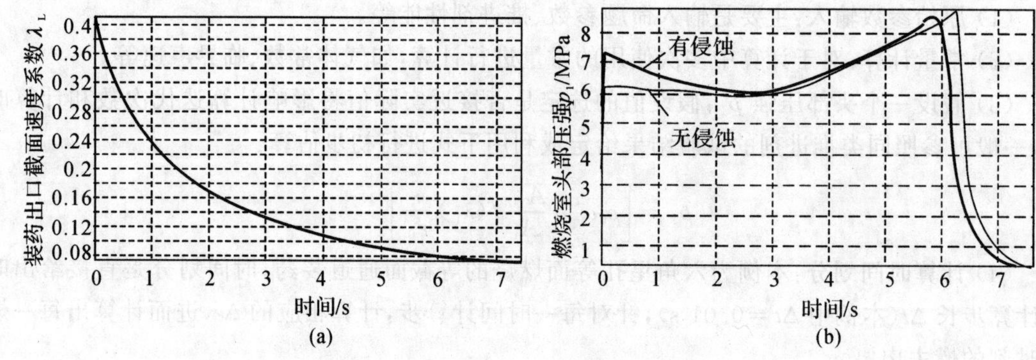

图 5-80　计算结果

(a)λ_L-t 曲线; (b)p_1-t 曲线

5.5.5.6　考虑装药通道中燃气流动情况下燃烧室头部压强 p_1 的计算及讨论

由于装药通道中燃气的流动,燃烧室内的燃气压强沿装药通道长度方向有所下降。而燃烧室头部的压强 p_1(也就是装药通道入口处的压强)是整个装药通道中的最大压强,在发动机试验时可以用传感器在燃烧室头部直接测得。为了将理论计算结果与试验结果相比较,计算燃烧室头部压强 p_1 随工作时间的变化规律是一维内弹道计算(即考虑装药通道中燃气流动情况下的内弹道计算)核心内容之一。下面介绍考虑装药通道中燃气流动情况下燃烧室头部压强 p_1 的计算方法及进行相应的一些讨论。

1. 燃气流动情况下装药燃面平均燃速及燃速比

由于装药通道内燃气流动的影响,装药燃面不同部分的燃速也不相同。为了使问题简化,定义一个平均燃速:

$$\bar{r}=\frac{\sum \Delta A_{\mathrm{b}} r \rho_{\mathrm{p}}}{\rho_{\mathrm{p}} A_{\mathrm{b}}}=\frac{\sum \Delta A_{\mathrm{b}} r}{A_{\mathrm{b}}} \tag{5-121}$$

平均燃速 $\bar{r}$ 是一个假想的等效燃速。式(5-121)表示，如果整个燃面均以平均燃速 r 燃烧，则其燃气生成率 $\bar{r}\rho_{\mathrm{p}}A_{\mathrm{b}}$ 与整个燃面以实际的燃速 r 燃烧的燃气生成率相等。

显然，引入平均燃速 $\bar{r}$，使燃气生成率表示为 $\dot{m}_{\mathrm{b}}=\rho_{\mathrm{p}}\bar{r}A_{\mathrm{b}}$，则可认为装药通道中各横截面处具有相同的平均燃速 $\bar{r}$，从而使实际的变截面装药通道简化成等截面通道，如图 5-81 所示。一旦确定了平均燃速，就可以应用 5.5.3.3 节中所介绍的“平衡压强”的概念来计算考虑装药通道中燃气流动情况下燃烧室头部压强 p_1 随时间变化的过程，计算的关键步骤是确定燃速比 $\bar{r}/r_1$。

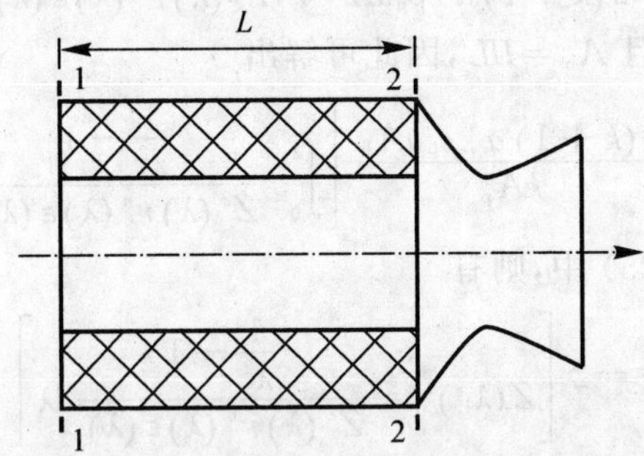

图 5-81　内侧面燃烧装药等截面通道示意图

由 $\dot{m}_{\mathrm{b}}=\rho_{\mathrm{p}}\bar{r}A_{\mathrm{b}}$ 可推出

$$\bar{r}=\frac{\dot{m}_{\mathrm{b}}}{\rho_{\mathrm{p}}A_{\mathrm{b}}}$$

因而燃速比可表示为

$$\frac{\bar{r}}{r_1}=\frac{\dot{m}_{\mathrm{b}}}{\rho_{\mathrm{p}}A_{\mathrm{b}}ap_1^n} \tag{5-122}$$

在装药通道出口截面(即 $x=L$，参见图 5-81)处，通过装药通道出口截面的燃气流率 $\dot{m}_2$ 应等于整个装药燃烧表面的燃气生成率 $\dot{m}_{\mathrm{b}}$，因而有

$$\dot{m}_{\mathrm{b}}=\dot{m}_2=\rho_2 u_2 A_{\mathrm{p},2} \tag{5-123}$$

式中，ρ_2，u_2，$A_{\mathrm{p},2}$ 分别为装药通道出口截面处的燃气密度、燃气流速和通道出口截面处的通气面积，对等截面通道发动机而言，在装药长度范围内的任一截面，通道截面积处处相等，即$A_{\mathrm{p},2}=A_{\mathrm{p}}$。

将 $u_2=a^*\lambda_2$，$\rho_2=\rho_1 r(\lambda_2)/\tau(\lambda_2)$，$\rho_1=p_1/RT_{\mathrm{c}}$ 代入式(5-123)有

$$\dot{m}_{\mathrm{b}}-\dot{m}_2-p_1\lambda_2 a^* A_{\mathrm{p},2}\frac{1}{RT_{\mathrm{c}}}\frac{r(\lambda_2)}{\tau(\lambda_2)}$$

式中，a^* 为临界声速；$r(\lambda)$ 和 $\tau(\lambda)$ 为气动函数，将它们的表达式代入上式，并引入

$$Z(\lambda)=\frac{1}{2}\left(\lambda+\frac{1}{\lambda}\right)$$

则有

$$\dot{m}_{\mathrm{b}}=\dot{m}_2=\frac{kA_{\mathrm{p}}p_1}{(k+1)a^* Z(\lambda_2)} \tag{5-124}$$

将式(5-124)代入式(5-122)中，于是有

$$\frac{\bar{r}}{r_1}=\frac{kA_{\mathrm{p}}p_1^{1-n}}{(k+1)a^*\rho_{\mathrm{p}}aA_{\mathrm{b}}Z(\lambda_2)} \tag{5-125}$$

又因为在装药通道内，各截面处的速度系数 λ 与截面位置 x 有如下关系：

$$x=\frac{kA_{\mathrm{p}}p_1^{1-n}}{2(k+1)a^*\rho_{\mathrm{p}}a\Pi}\int_0^{\lambda}\frac{\frac{1}{\lambda^2}-1}{Z^2(\lambda)r^n(\lambda)\varepsilon(\lambda)}\mathrm{d}\lambda$$

当 $x=L$(装药通道出口截面) 时，$\lambda=\lambda_{\mathrm{L}}$，因此有

$$L=\frac{kA_{\mathrm{p}}p_1^{1-n}}{2(k+1)a^*\rho_{\mathrm{p}}a\Pi}\int_0^{\lambda_{\mathrm{L}}}\frac{\frac{1}{\lambda^2}-1}{Z^2(\lambda)r^n(\lambda)\varepsilon(\lambda)}\mathrm{d}\lambda$$

式中的 Π 为装药燃烧周长，且 $A_{\mathrm{b}}=\Pi L$，因此可解出

$$p_1^{1-n}=\frac{2(k+1)a^*\rho_{\mathrm{p}}aA_{\mathrm{b}}}{kA_{\mathrm{p}}}\left[\int_0^{\lambda_{\mathrm{L}}}\frac{\frac{1}{\lambda^2}-1}{Z^2(\lambda)r^n(\lambda)\varepsilon(\lambda)}\mathrm{d}\lambda\right]^{-1} \tag{5-126}$$

将式(5-126) 代入式(5-125) 中，则有

$$\frac{\bar{r}}{r_1}=2\left[Z(\lambda_{\mathrm{L}})\int_0^{\lambda_{\mathrm{L}}}\frac{\frac{1}{\lambda^2}-1}{Z^2(\lambda)r^n(\lambda)\varepsilon(\lambda)}\mathrm{d}\lambda\right]^{-1} \tag{5-127}$$

式(5-127) 右边积分中的 $Z(\lambda)$，$r(\lambda)$ 都是 λ 的函数，积分限又是从 0 到 λ_{L}，如果侵蚀比 ε 也是 λ 的函数，则燃速比 $\frac{\bar{r}}{r_1}$ 可以通过式(5-127) 表示为 λ_{L} 的函数，而 λ_{L} 又取决于 $J=q(\lambda_{\mathrm{L}})$，所以 $\frac{\bar{r}}{r_1}$ 也是 J 的函数。也就是说，在推进剂选定以后，燃速比 $\frac{\bar{r}}{r_1}$ 只是喉通比 J 的函数。图 5-82 所示是某双基推进剂和 JPN 推进剂的 $\frac{\bar{r}}{r_1}-J$ 曲线。

式(5-127) 含有 $r(\lambda)$ 和 ε(也是 λ 的函数)，因此燃速比既要受静压下降的影响，又要受侵蚀燃烧的影响。当 J 增大时，静压下降使局部燃速下降，而侵蚀燃烧则使局部燃速增大，但由于侵蚀燃烧的作用超过静压下降的影响，因此，一般来说，当 J 值增大到某一界限值时，$\bar{r}$ 开始大于 r_1 了，这以后 $\frac{\bar{r}}{r_1}$ 随着 J 值的增加，越来越大。随着 J 值增加，装药通道中的燃气流速越来越大，由于侵蚀燃烧的影响，燃速增加，整个燃烧面上的平均燃速也随之增加(见图 5-82)。

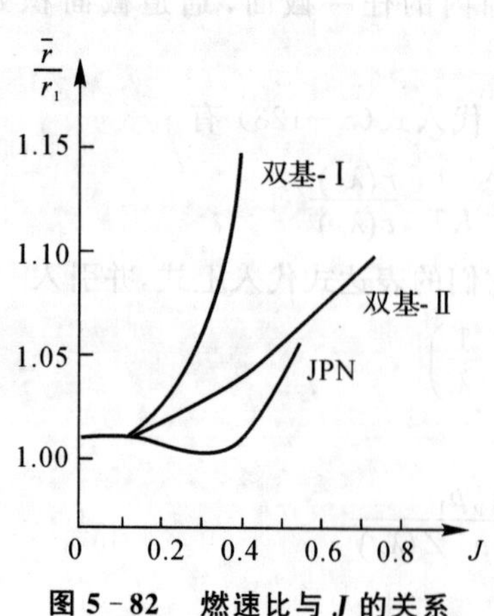

图 5-82　燃速比与 J 的关系

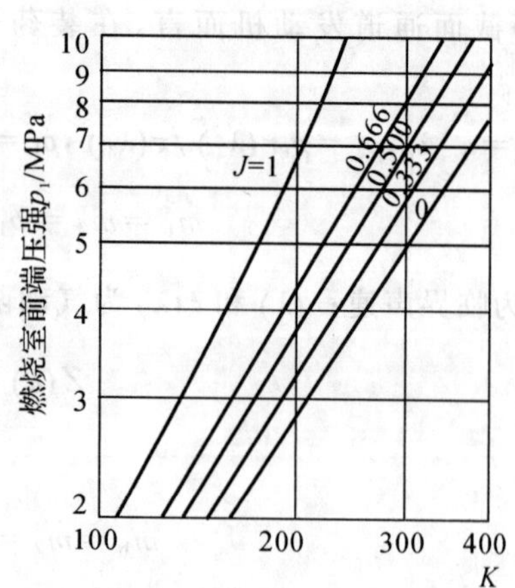

图 5-83　p_1 与 K,J 的关系

2. 燃气流动情况下燃烧室头部压强 p_1 的计算

由 5.5.3.3 节中所介绍的“平衡压强”及“瞬时平衡压强”的概念可知，发动机在平衡压强或瞬时平衡压强下工作时，保持燃气的生成率 $\dot{m}_b$ 与喷管质量流率 $\dot{m}_t$ 达到瞬时平衡，即 $\dot{m}_b = \dot{m}_t$，据此，可以直接导出燃气流动情况下燃烧室头部压强 p_1 的计算式。在已知平均燃速 $\bar{r}$ 的情况下，应有

$$\dot{m}_b = \rho_p A_b \bar{r} = \frac{A_t p_c}{c^*} = \dot{m}_t \tag{5-128}$$

其中，燃烧室压强 p_c 就是喷管入口或装药通道出口截面处的滞止压强，即 $p_c = p_{0L}$。将 $p_c = \left(\frac{p_c}{p_1}\right) p_1$ 及 $\bar{r} = \frac{\bar{r}}{r_1} r_1 = \frac{\bar{r}}{r_1} a p_1^n$ 代入式(5-128)，得

$$\rho_p A_b \frac{\bar{r}}{r_1} a p^n = \frac{A_t p_1}{c^*} \frac{p_c}{p_1}$$

考虑到 $p_c = p_{0L} = \frac{p_1}{f(\lambda_L)}$，则上式变为

$$\rho_p A_b \frac{\bar{r}}{r_1} a p_1^n = \frac{A_t p_1}{c^* f(\lambda_L)} \tag{5-129}$$

从式(5-129) 解出 p_1 即得

$$p_1 = \left[\rho_p c^* a K f(\lambda_L) \frac{\bar{r}}{r_1}\right]^{\frac{1}{1-n}} = p_{c,eq} \left[f(\lambda_L) \frac{\bar{r}}{r_1}\right]^{\frac{1}{1-n}} \tag{5-130}$$

式中，$p_{c,eq}$ 是不考虑气体流动影响时的平衡压强，由式(5-44) 计算；$f(\lambda_L)$ 代表燃气流动使总压下降对燃烧室头部压强 p_1 的影响；$\frac{\bar{r}}{r_1}$ 则同时含有静压下降和侵蚀的影响。显然，如果装药通道中气流速度趋于零，则 $f(\lambda_L) = 1$ 和 $\frac{\bar{r}}{r_1} = 1$，$p_1 = p_{c,eq}$，式(5-130) 便与零维内弹道计算中平衡压强的计算公式(5-44) 一致了。一般情况下，$f(\lambda_L) > 1$，$\frac{\bar{r}}{r_1} > 1$，所以 $p_1 > p_{c,eq}$(不考虑气体流动影响时的平衡压强)。

根据前面的讨论并参见式(5-130) 可知，如果侵蚀比 ε 与 $f(\lambda_L)$ 一样，也是 λ 的函数，那么 $\frac{\bar{r}}{r_1}$ 也是 J 的函数。当 J 值增大时，$f(\lambda_L)$ 和 $\frac{\bar{r}}{r_1}$ 均随之增大，所以，燃烧室压强 p_1 不仅是燃喉比 K 的函数($p_{c,eq}$ 的计算是与 K 有关的)，也是喉通比 J 的函数，并随着 J 的增大而增大的(见图 5-83)。发动机工作过程中，初始喉通比最大，燃气流动和侵蚀效应对 p_1 的影响也最显著。随着装药的燃烧，通气面积不断扩大，J 值逐渐减小，p_1 也逐渐下降到 $p_{c,eq}$ 值，结果是在 $p_c - t$ 曲线上形成一个压强峰(见图 5-75)，这个初始压强峰，主要是由侵蚀效应造成的，所以叫作侵蚀压强峰。

应当指出，只有当侵蚀比 ε 仅仅是 λ 的函数时，由式(5-127) 积分得到的燃速比 $\bar{r}/r_1$ 才仅仅是 λ_L 的函数，才能得出燃速比 $\bar{r}/r_1$ 只是喉通比 J 值的函数，而进行上述的计算。但是，在有些情况下，推进剂的侵蚀比 ε 不仅是速度的函数，而且与气流密度有关。此时，燃速比 $\bar{r}/r_1$ 不仅是 λ_L 的函数，同时也是燃烧室压强的函数。例如，把侵蚀比 ε 整理成密流 ρu 函数的情况就是这样，因为密度 ρ 通过状态方程可以表示成压强 p 的函数。这样一来，燃速比 $\bar{r}/r_1$ 既是 J 值

的函数，又是燃烧室压强的函数。上述$\bar{r}/r_1$对J的关系曲线，只能在一定的燃烧室压强下才适用。对于不同的燃烧室压强，可以得到不同的$\bar{r}/r_1$与J的关系曲线。对于一种推进剂，就可以得出一组在不同燃烧室压强下的$\bar{r}/r_1$与J的关系曲线。

在这种情况下，不能简单地从式(5-130)直接求出p_1，因为式(5-130)不是p_1的显式，其右边的$\bar{r}/r_1$本身也是p_1的函数。这就需要在确定$\bar{r}/r_1=f(p,J)$的关系以后再利用式(5-130)的关系消去$\bar{r}/r_1$，确定$p_1=f(K,J)$的关系。这种情况只是处理过程更复杂一些，没有原则上的差别。不过，由于侵蚀比随压强增加而增加，因此$\bar{r}/r_1$亦随压强增加而增加，K值愈大，p_1随J的增加亦更大。

3. 峰值比

在装填密度较大的侧面燃烧装药发动机中，由于装药通道内燃气流速增大、侵蚀燃烧效应比较显著，在燃烧室压强随时间变化的$p(t)$曲线上出现初始压强峰，在大多数情况下，这一初始压强峰往往就是发动机整个工作过程中的最高压强p_{max}。在发动机结构设计中，就是根据这一压强峰值来要求发动机的承载能力的，也就是说p_{max}直接影响着发动机的结构质量。因此，初始压强峰值p_{max}是一个比较重要的设计参数。为了判断燃气流动，特别是侵蚀燃烧对燃烧室压强的影响，定义一个无因次参数：

$$p_r=\frac{p_{1,max}}{p_{c,eq}} \tag{5-131}$$

式中，参数p_r称为峰值比或峰值比准则；$p_{1,max}$是侵蚀峰的最大压强；$p_{c,eq}$是无侵蚀时的燃烧室平衡压强。如果认为在发动机点火启动过程中A_p来不及发生明显的变化，则可取$p_{1,max}$为对应于初始喉通比J值的p_1值，此时，将式(5-130)代入式(5-131)可得

$$p_r=\left[f(\lambda_L)\frac{\bar{r}}{r_1}\right]^{\frac{1}{1-n}} \tag{5-132}$$

式(5-132)表明，如果说$\frac{\bar{r}}{r_1}$只是J的函数，那么峰值比p_r也是发动机初始喉通比J_0的函数。此时，根据特定推进剂的侵蚀特性，应用式(5-132)可以算出p_r与初始喉通比J_0的关系(见图5-84)。由图可见，提高发动机装填密度使初始喉通比J_0增大，其结果是造成了较高的侵蚀压强峰。如果峰值比过高，必然增加发动机的结构质量，从而使发动机的总体性能降低。因此，在发动机设计中，必须恰当地选定允许的峰值比，以求尽可能提高装填密度，又不过分增大结构质量。既然p_r是初始喉通比J_0的函数，那么限制峰值比的根本措施就是限制发动机的初始喉通比J_0。以图5-84为例，峰值比为1.5时，相应的J_0值为0.7，如果限制$p_r<1.3$，则$J_0<0.5$。一般认为，大多数发动机，只要$J_0<0.5$，峰值比就不会太大。实际上，允许的J_0值与发动机所选用的推进剂的侵蚀特性有关，如推进剂的侵蚀效应越强，允许的J_0值应当越小。

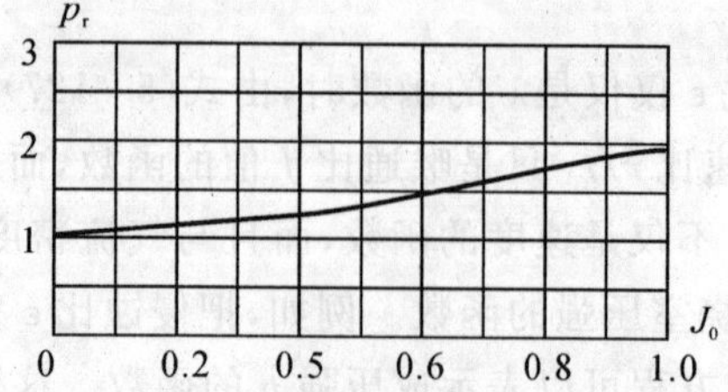

图5-84 p_r与初始喉通比J_0的关系

必须注意，侵蚀比 ε 并不仅仅是气流速度 λ 的函数。除了气流速度之外，ε 还与压强（或密度）有关，所以，燃速比 $\dfrac{\bar{r}}{r_1}$ 和峰值比 p_r 都会随着压强的升高而增大，且对不同的推进剂，其侵蚀比 ε 是有差别的，因此很难用一个统一的初始喉通比 J_0 值来限制不同推进剂的峰值比。

另一方面，燃烧室压强的高低主要取决于燃喉比 K，同时也受发动机工作初温的影响。因此，有时即使 K 值不变，在高温条件下，峰值比也会额外增大。在实际的发动机工作中，由于初温升高而出现的压强峰或增大的峰值比，称之为温度压强峰。

在苏联的资料中，比较习惯于用波别多诺士采夫准则（即通气参量 æ）来表示装药通道内气体流动对压强的影响。实际上，æ 与 J 之间存在着如下简单关系：

$$\text{æ} = KJ \tag{5-133}$$

所以，对于单通道发动机，æ 和 J 没有实质性区别。但是对多通道发动机来说，应用 æ 值作为判断侵蚀影响的判据特别方便，这是因为各个通道都有自己的 æ 值。

对采用双基推进剂的发动机，提出应该用 æ $< 160 \sim 180$ 的经验关系来限制过大的峰值比 p_r。按照式(5-133)，æ 准则不仅可以考虑 J 对 $f(\lambda_L)\dfrac{\bar{r}}{r_1}$ 的影响，而且也包括了压强（即 K 值）的影响。不过，流速和压强对 $\bar{r}/r_1$ 的影响并不经常是以 KJ 的乘积来表示的，而且也会因推进剂不同而有较大的差别。

因此，简单地利用有关的准则来预估或限制侵蚀燃烧对压强峰或峰值比的影响，有一定的局限性，只能在某些具体条件下应用。确切的压强峰或峰值比，仍须从推进剂的侵蚀燃烧特性出发，按照前面的方法进行具体的计算。

4. 燃气流动对压强建立过程的影响

将 $\bar{r} = \dfrac{\bar{r}}{r_1} r_1 = \dfrac{\bar{r}}{r_1} a p_1^n$ 和 $p_c = \dfrac{p_1}{f(\lambda_L)}$ 代入零维内弹道性能预示的基本方程式(5-41)，可得

$$\frac{V_c}{c^{*2}\Gamma^2}\frac{\mathrm{d}p_1}{\mathrm{d}t} = \rho_p A_b \frac{\bar{r}}{r_1} a p_1^n - \frac{A_t}{c^*}\frac{p_1}{f(\lambda_L)} \tag{5-134}$$

或

$$\mathrm{d}t = \frac{V_c f(\lambda_L)}{\Gamma^2 c^* A_t}\frac{\mathrm{d}p_1}{\left(c^*\rho_p a K\dfrac{\bar{r}}{r_1} f(\lambda_L) p_1^n - p_1\right)} \tag{5-135}$$

假设在发动机启动过程中，燃烧室自由容积和燃喉比都来不及发生明显的变化，均保持初始的自由容积和燃喉比，即 $V_c = V_c^0$，$K = K_0$，取初始条件为 $t = 0$，$p = p_{ig}$，积分式(5-135)得

$$t = \frac{1}{1-n}\frac{f(\lambda_L)V_c^0}{\Gamma^2 c^* A_t}\ln\left[\frac{\rho_p c^* a K_0 \dfrac{\bar{r}}{r_1} f(\lambda_L) - p_{ig}^{1-n}}{\rho_p c^* a K_0 \dfrac{\bar{r}}{r_1} f(\lambda_L) - p_1^{1-n}}\right] \tag{5-136}$$

显然，若不考虑气体流动的影响，即 $f(\lambda_L) = 1$，$\dfrac{\bar{r}}{r_1} = 1$ 时，p_1 等于 p_c，式(5-136)也就简化为式(5-49)。实践表明，考虑气体流动，特别是侵蚀效应时，压强上升得更快一些。

综上所述，初始压强峰的出现，要求燃烧室有更高的承压能力，需要增加一定的结构质量，不利于发动机性能提高。因此，在发动机设计中要尽量减小或消除压强峰，使 p-t 曲线变化比较平稳。这对于既要提高装填密度，又要采用侧面燃烧装药的发动机来说，是一个需要恰当解

决的矛盾。最好是采用侵蚀比比较小的推进剂。但是,从改进推进剂配方来减小侵蚀效应,尚未得到有效的进展,需要更多地从发动机设计方案上进行改进。

一种方案是减小装药通道中的气流速度。例如,可以采用分段排气的前后两处喷管的方案(见图 5-85(a)),更多的是采用渐扩通道(见图 5-85(b))。渐扩通道的截面积从装药前端到喷管一端逐渐扩大,随着燃气的质量加入,流率增大,通道截面积也相应扩大,使气流速度不至于增加很大,同时还保持了一定的装填密度。

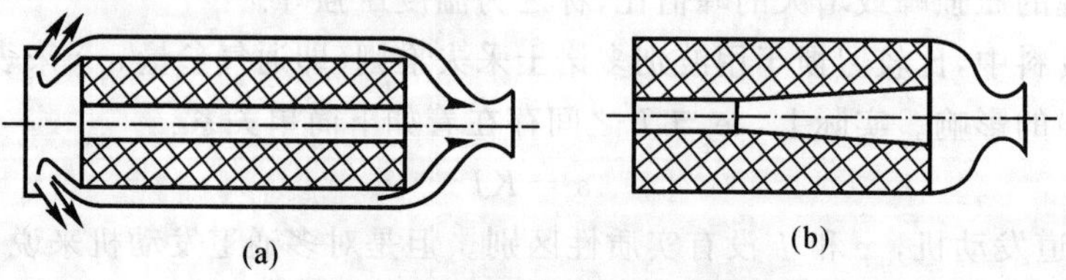

图 5-85　减小气流速度的方案图

另一种方案是减小起始阶段的燃面面积。目前已经应用的方法是将缓燃阻燃层覆盖装药燃烧表面的一部分面积,抵消了起始阶段侵蚀燃烧效应的影响。在经过一段时间的燃烧以后,侵蚀燃烧效应逐渐减小而消失,此时缓燃阻燃层却已烧完,原来被覆盖的燃面又参与燃烧,以保持燃烧室的一定压强。

无论是渐扩通道的设计,或是缓燃阻燃层的覆盖,都需要根据推进剂的侵蚀燃烧特性进行具体的计算。

5.6　固体推进剂装药结构等发动机参数与发动机内弹道性能的关系

5.6.1　固体推进剂装药结构与发动机内弹道性能的关系

装药是装填在发动机燃烧室内具有一定形状和尺寸的推进剂药柱的总称,它是固体火箭发动机的能源和工质源。装药的几何形状和尺寸决定了发动机的燃气生成率($\dot{m}_b = \rho_p A_b r$)及其变化规律,从而也决定了发动机的推力($F = \dot{m} I_s$)、压强随时间的变化规律。

在固体火箭发动机中,发动机内弹道性能随时间的变化规律,根据装药几何形状和尺寸的不同及按照装药燃烧表面变化的规律,可分为三种情况:等面燃烧装药的等推力(或压强)、减面燃烧装药的递减推力(或压强)和增面燃烧装药的递增推力(或压强),如图 5-65 所示。等面燃烧装药的燃烧表面积始终保持不变(如最简单的端面燃烧装药、两端面包覆的管状装药等),增面燃烧装药的燃烧表面积则逐渐增大(如圆柱形内孔燃烧的装药等,大多数内孔燃烧的装药都有一定的增面性),减面燃烧装药的燃烧表面积是逐渐减小的(如外表面燃烧的圆柱形装药等,大多数外表面燃烧的装药都具有一定的减面性)。当然,实际的装药可以是各种几何形状的组合,这就使燃烧表面的计算更加复杂一些,也颇具有艺术性,将在“发动机结构设计”课程予以研究。

由此可见，固体火箭发动机装药几何结构的设计必然伴随着发动机的内弹道性能计算，即在工程设计中，根据设计任务书所提出的固体火箭发动机技术指标，初步选定药形并利用前文介绍的内弹道性能预示方法，计算所选药形的内弹道曲线，最终给出满足技术指标要求的装药形状和尺寸，即完成了装药设计。目前，发动机常用的药形如图 5-86 所示。有关燃烧室、喷管、点火器等零部件的设计请参见"固体火箭发动机结构设计"方面的书籍。

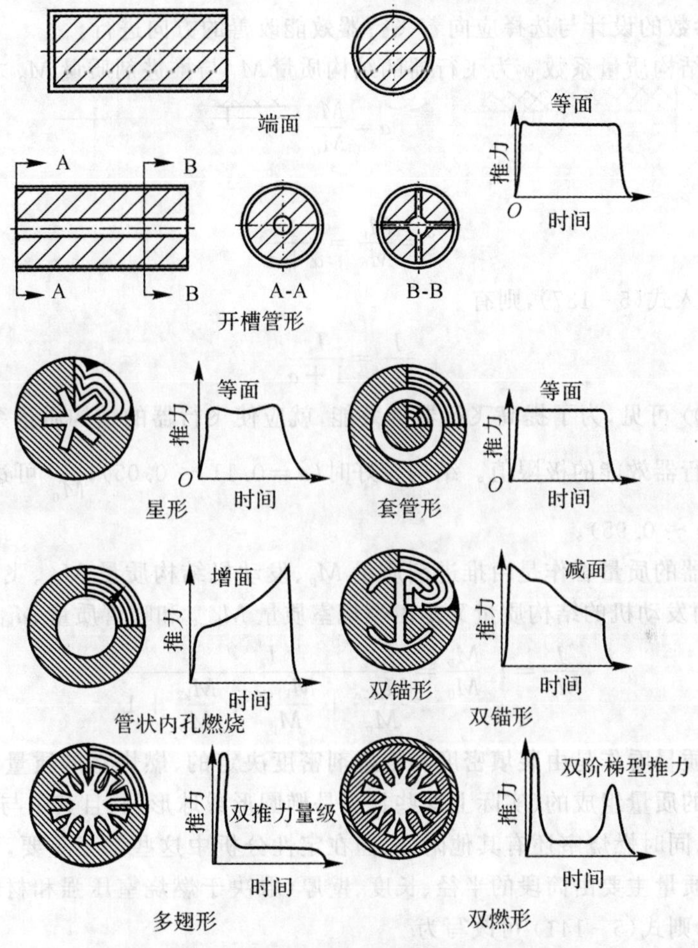

图 5-86　固体火箭发动机常用部分药形示意

5.6.2　固体火箭发动机其他参数与发动机内弹道性能的关系

固体火箭发动机的参数主要包括推进剂装药结构、燃烧室几何形状、燃烧室压强、喷管尺寸等。发动机参数的设计与选择，直接决定了发动机内弹道性能的优劣，而固体火箭发动机的参数选择在更大的程度上考虑到飞行器与发动机的综合关系。通常设计任务书中只给出飞行器用途、战术技术要求和发动机的总冲量，而根据设计任务书，发动机设计者在推进剂选择、装药结构及燃烧室几何形状、燃烧室压强和喷管尺寸等方面的选择是比较自由的，但选择的总体原则是遵循发动机总冲量与飞行器总质量之比$\dfrac{I}{M_0}$的最佳"效能原则"，即$\dfrac{I}{M_0}$最大。而飞行器

的最佳效能可以写成

$$\frac{I}{M_0}=\frac{I_s M_p}{M_0}=I_s\zeta \tag{5-137}$$

式中，I_s 为推进剂的比冲；$\zeta=\dfrac{M_p}{M_0}$ 为飞行器的推进剂质量比（即飞行器中推进剂的相对容量）。由式(5-137)可见，提高推进剂的比冲和飞行器的推进剂质量比，飞行器的效能就会改善，也就是说，发动机参数的设计与选择应向着飞行器效能改善的方向进行。

令飞行器的结构质量系数 α 为飞行器的结构质量 M_f 与推进剂质量 M_p 之比，即

$$\alpha=\frac{M_f}{M_p} \tag{5-138}$$

因此有

$$\zeta=\frac{M_p}{M_0}=\frac{1}{\alpha+1} \tag{5-139}$$

将式(5-139)代入式(5-137)，则有

$$\frac{I}{M_0}=\frac{I_s}{1+\alpha} \tag{5-140}$$

由式(5-140)可见，为了提高飞行器的效能，就应使飞行器的结构质量系数 α 尽量小，且推进剂比冲是飞行器效能的极限值。结构较好时($\alpha=0.11\sim0.05$)，$\dfrac{I}{M_0}$ 可达比冲的 $0.90\sim0.95$（即 $\zeta=0.90\sim0.95$）。

如果把飞行器的质量看作是由推进剂质量 M_p、发动机结构质量 M_{k1}、飞行器其他部分质量 M_{k2} 组成的，而发动机的结构质量又是由燃烧室质量 $M_{k1,c}$ 和喷管质量 $M_{k1,N}$ 组成的，则有

$$\frac{I}{M_0}=I_s\frac{M_p}{M_0}=\frac{I_s}{\dfrac{M_{k1,c}}{M_p}+\dfrac{M_{k1,N}}{M_p}+\dfrac{M_{k2}}{M_p}+1} \tag{5-141}$$

如果把装药质量看作是由装填密度和推进剂密度决定的、燃烧室的质量看作是由圆筒段和两个平底封头的质量组成的（实际上这些封头是椭圆形或球形的，且其中与喷管连接的后封头还是不完整的，同时燃烧室还有其他附件，但在定性分析中这些都不重要，可忽略不计），并认为燃烧室筒段质量主要由筒段的半径、长度、壁厚（取决于燃烧室压强和材料的许用应力）、材料密度等决定，则式(5-141)可改写为

$$\frac{I}{M_0}=\frac{I_s}{2\dfrac{\rho_m}{[\sigma]}\dfrac{p_c}{\rho_p}\dfrac{1}{\Delta}\left(1+\dfrac{R_{k1,c}}{L_{k1,c}}\right)+\dfrac{M_{k1,N}}{M_p}+\dfrac{M_{k2}}{M_p}+1} \tag{5-142}$$

式中，ρ_m，ρ_p 分别为燃烧室材料密度和推进剂密度；$[\sigma]$ 为燃烧室材料的许用应力；$R_{k1,c}$，$L_{k1,c}$ 分别为燃烧室筒段的半径和长度；p_c 为燃烧室的工作压强；Δ 为推进剂的体积装填密度。

由式(5-142)可以得出一重要结论，即在发动机燃烧室设计中，应当选用 $\dfrac{[\sigma]}{\rho_m}$ 值尽可能大的材料，并考虑到在结构的特有温度之下，随着温度的升高 $\dfrac{[\sigma]}{\rho_m}$ 是下降的。

如果认为式(5-142)中的各参数彼此无关，则可判断下列因素都会促使飞行器效能的改善：

(1) 增加比冲；

(2) 增加推进剂密度；

(3) 增加推进剂的体积装填密度；

(4) 减少燃烧室的几何特性 $R_{k1,c}/L_{k1,c}$ 的值；

(5) 减轻发动机喷管质量和飞行器其他部分的质量。

但这些参数中大部分是彼此有关的，一个参数的变动会影响到另一些参数，因此在确定保证发动机最佳效能的条件时应当考虑这一点。例如：

1) 在推进剂的选择上，推进剂的比冲 I_s 和密度 ρ_p 的组合值应保证在其他参数相同的条件下发动机的效能最好，即 $\dfrac{I}{M_0}$ 最大。但如果由于某种原因更换推进剂而引起体积装填密度 Δ 的变化，则这时与推进剂有关的量应该是比冲 I_s 和 $\rho_p\Delta$。

2) 在燃烧室尺寸的确定上，由于发动机的比冲与燃烧室压强有关，因此发动机燃烧室的最佳尺寸也与燃烧室压强有关。

3) 在燃烧室压强的选择上，燃烧室的最佳压强 p_c 应与 $\dfrac{I}{M_0}$ 最大值相应，或者说在发动机总冲 I 给定时与最小飞行器质量 M_0 相应，因此最佳压强的条件是 $\left(\dfrac{dM_0}{dp_c}\right)_I=0$。

4) 在喷管尺寸的选择上，由于固体火箭发动机中喷管结构质量可以占到发动机结构总质量的 30%～50%，因此，降低喷管质量乃是固体火箭发动机设计的一个主要问题。而喷管出口截面燃气压强 p_e 的大小影响着喷管尺寸，所以，喷管出口压强最佳值的选择在于确定 $\dfrac{I}{M_0}$ 最大或在发动机总冲 I 给定时确定飞行器质量 M_0 最小，即最佳值的条件为 $\left(\dfrac{dM_0}{dp_e}\right)_I=0$。

以上只是定性地分析了发动机参数与内弹道性能参数 I 之间的关系，可为发动机设计中各参数的设计、选择等提供参考方向。

思考与练习题

5.1　为尽可能提高固体火箭发动机的性能和保持其工作稳定可靠，对于燃烧过程应有哪些要求？

5.2　何谓推进剂的燃速？有哪两种表示方法？何谓推进剂的燃速特性？确定推进剂燃速特性的主要方法是什么？

5.3　如何从宏观上和微观上理解 AP 复合推进剂燃烧的过程？

5.4　在固体复合推进剂中加入铝粉，对其燃烧过程能和发动机工作过程起什么作用？

5.5　用什么参数表征装药初温对燃速的影响？这个参数的定义是什么？它有什么用途？如何通过实验得到其数据？

5.6　固体火箭发动机在什么情况下发生侵蚀燃烧？侵蚀燃烧对发动机有什么影响？何谓侵蚀燃烧的界限效应？试从燃烧机理的角度分析其产生的原因。

5.7　有哪几种方法可以调节和控制推进剂的燃速？

5.8　什么是不稳定燃烧？不稳定燃烧对发动机和导弹会产生什么样的影响？可以从哪些方面对不稳定燃烧进行分类？有哪些措施可以防止和抑制燃烧不稳定？

5.9　何谓压强耦合响应函数和速度耦合响应函数？压强耦合响应函数如何由实验得到？

5.10　何谓喘息燃烧和 L^* 不稳定？固体火箭发动机发生喘息燃烧的原因是什么？如何防止？

5.11　推导零维内弹道学中燃烧室压强随时间变化的微分方程的主要假设条件和依据是什么？试推导这个方程。

5.12　何谓燃烧室的平衡压强？试推导其表达式，都有哪些因素影响它？

5.13　装药初温对平衡压强有什么影响？何谓压强的温度敏感系数？它与燃速的温度敏感系数有什么关系？

5.14　燃烧室压强稳定的条件是什么？为了满足这个条件，对推进剂燃速特性应有什么要求？

5.15　某固体火箭发动机，装药双基推进剂，6根圆管形装药，外径 $D=280$ mm、内径 $d=50$ mm、长度 $L=1\ 380$ mm、两端包覆，并已知推进剂密度 $\rho_p=1.6\times10^{-3}$ kg/cm^3、特征速度 $c*=1\ 300$ m/s、常温燃速 $r=6.68\times10^{-8}p^{0.75}$ m/s（p 的单位为 Pa）、喷喉直径 $d_t=80$ mm、$C_F=1.56$。试计算平衡压强 $p_{c,eq}$ 和推力 F。

5.16　已知推进剂密度 $\rho_p=1.75\times10^{-3}$ kg/cm^3、特征速度 $c^*=1\ 450$ m/s、装药初温 $T_i=20$℃ 时的燃速公式为 $r=0.078p_c^{0.43}$（其中压强 p 的单位是 kgf/cm^2，燃速 r 的单位是 cm/s）、燃速的温度敏感系数 $\sigma_p=0.002$℃$^{-1}$、装药燃烧面积 $A_b=500$ cm^2。试求：当初温升至 $T_i=40$℃ 时，为保持燃烧室平衡压强 $p_{c,eq}=8\times10^6$ Pa，喷喉直径应取多大？

5.17　简述瞬时平衡压强的概念，并给出零维变燃面装药发动机计算发动机稳定工作段 p-t 曲线的主要步骤。

5.18　试推导准定常一维加质量流的质量、动量和能量方程，并讨论准定常情况下侧面燃烧装药通道中燃气流的速度、压强及温度沿发动机长度的变化。

5.19　什么是喉通比 J？它表征固体火箭发动机的什么参数？在发动机设计中有什么用处？试推导出 J 与 λ_L 之间的关系。

5.20　试推导燃烧室中燃气流动的一维非定常控制方程组。

5.21　试列出用一维准定常控制方程组进行发动机内弹道计算的主要步骤。

5.22　喷管喉部烧蚀对固体火箭发动机性能有什么影响？试以等面燃烧装药的发动机为例加以说明。

参考文献

[1]　李宜敏，吴心平. 固体火箭发动机原理. 北京:北京航空航天大学出版社,1991.

[2]　张平，孙维申,畦英. 固体火箭发动机原理. 北京:北京理工大学出版社,1992.

[3]　中国航天工业总公司《世界导弹与航天发动机大全》编辑委员会. 世界导弹与航天发动机大全. 北京:军事科学出版社,1999.

[4]　董师颜，张兆良. 固体火箭发动机原理. 北京:北京理工大学出版社,1996.

[5]　萨顿 G P,比布拉兹 O. 火箭发动机原理. 洪鑫,等,译. 北京:科学出版社,2003.

[6]　导弹与航天丛书之固体弹道导弹系列. 固体火箭发动机. 北京:宇航出版社,1993.

[7]　阿列玛索夫 B E,等. 火箭发动机原理. 张中钦,等,译. 北京:宇航出版社,1993.

[8]　唐金兰,刘佩进,等. 固体火箭发动机原理. 北京:国防工业出版社,2013.

[9]　Greatrix D R. Powered Flight: The Engineering of Aerospace Propulsion, London: Springer, 2012.

[10]　Blomshield, F S. Lessons Learned in Solid Rocket Conbustion Instability, AIAA - 2007 - 5803,2007.

第6章　液体火箭发动机

液体火箭发动机(Liquid Rocket Engine,LRE)是液体推进剂火箭发动机的简称,属于喷气式发动机,是使用液态化学物质作为能源和工质的化学火箭发动机。这种液态化学物质称为推进剂,一般由氧化剂和燃料组成,由飞行器自身携带。液体火箭发动机将自身携带的液体推进剂的化学能在燃烧室中转化为热能,然后在喷管内将热能转化为高速喷出气体的动能,产生反作用力。液体火箭发动机具有性能高、易于控制和技术成熟等优点,在运载火箭、导弹、卫星、宇宙飞船和空间探测器上得到广泛应用。

6.1　液体火箭发动机的基本组成及分类

由于液体火箭发动机的应用范围很广,种类很多,因此,液体火箭发动机的组成也是多种多样。一般情况下,根据各组件所完成的功能,液体火箭发动机主要由推力室组件、推进剂供应系统、阀门与调节器以及发动机总装元件等组成。图6-1为长征火箭第二子级发动机结构示意图。

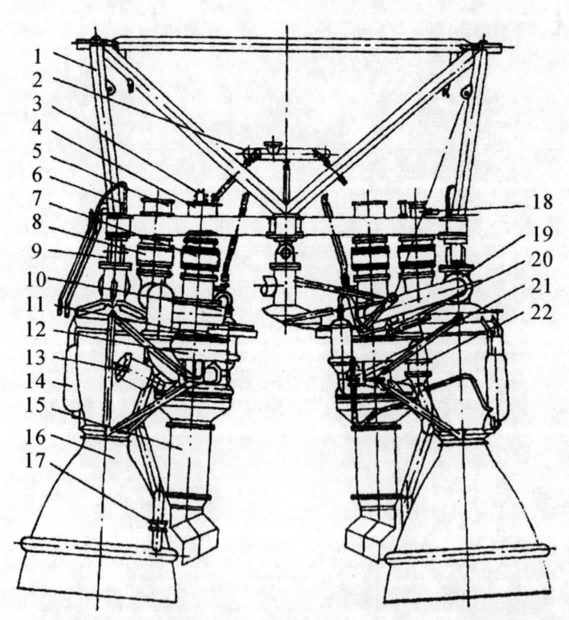

图6-1　长征火箭第二子级发动机结构示意图

1—机架；2—环形集合器；3—六通；4—氧化剂启动阀门；5—燃料启动阀门；6—组合接头；7—氧化剂遥摆软管；8—燃料摇摆软管；9—常平座；10—氧化剂副单向阀门；11—燃气发生器；12—涡轮泵；13—火药启动器；14—降温器；15—蒸发器；16—推力室；17—燃料节流阀；18—带法兰盘三通；19—氧化剂主阀门；20—氧化剂副断流阀门；21—燃料副单向阀门；22—燃料主阀门

6.1.1　液体火箭发动机的基本组成

6.1.1.1　推力室组件

推力室组件是发动机燃烧和产生推力的组件。液体推进剂以规定的流量和混合比通过推力室头部的喷注器喷入燃烧室，在燃烧室内经过雾化、蒸发、混合和燃烧等过程，产生的高温、高压燃气在喷管内膨胀加速，以超声速排出，从而产生推力。推力室主要由喷注器、燃烧室、喷管和点火装置(对非自然推进剂)组成。

6.1.1.2　推进剂供应系统

推进剂供应系统的主要功能，是将液体推进剂按要求的流量和混合比从贮箱输送至推力室。推进剂供应系统是不同液体火箭发动机之间区别最大的部分，通常分为挤压式和泵压式两种形式。

挤压式供应系统(参见图 6－2(a))利用高压气瓶的惰性气体(He，N_2等)或其他气源经减压器引入推进剂贮箱，再将推进剂通过管路挤压至推力室。挤压式供应系统一般由增压气瓶、电爆阀、充气阀、隔离膜片、减压器和管路等组成，由于受到高压气瓶容积和气体压力等的限制，常用于小推力发动机。

泵压式供应系统(参见图 6－2(b))利用涡轮泵将贮箱内的推进剂通过管路抽送至推力室，其主要组成部分是涡轮泵装置。泵压式供应系统结构复杂，对贮箱增压系统的要求降低，一般常用在工作时间长的大、中型液体火箭发动机中。

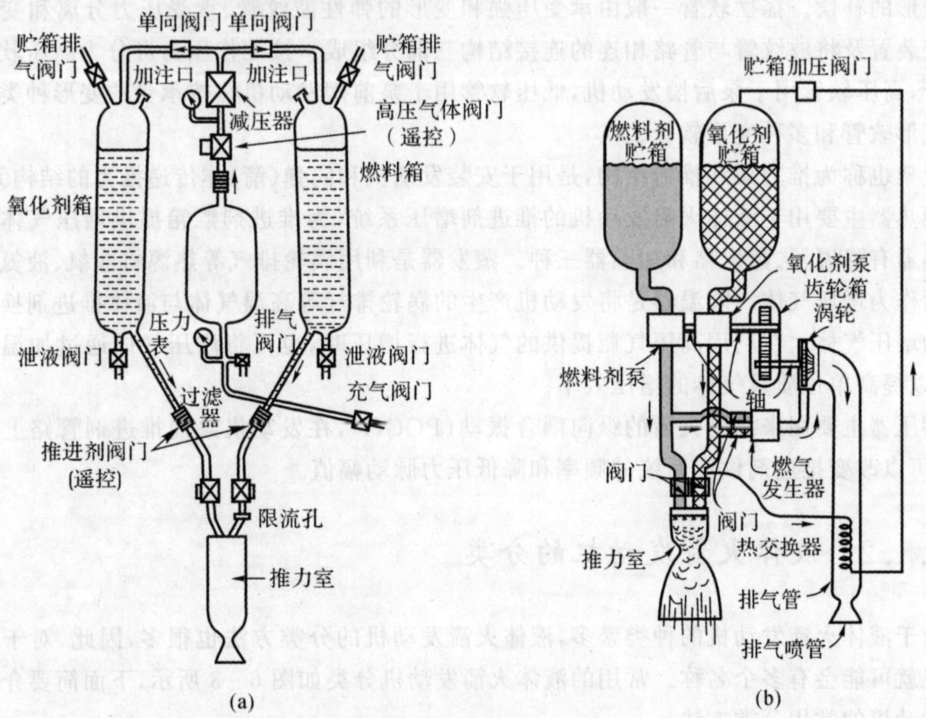

图 6－2　推进剂供应系统

(a)挤压式；(b)泵压式

6.1.1.3 阀门与调节器

阀门在液体火箭发动机上具有很广泛的应用，通过按预定程序开启或关闭安装在推进剂和气体输送管路上的各种阀门，可以实施对发动机的启动、额定工作和关机等工作过程的程序控制。常用的阀门有加注阀、泄出阀、充气阀、隔离阀、启动阀、断流阀、单向阀和安全阀等。

调节器主要包括推力调节器、混合比调节器、节流圈和气蚀管等，可以完成控制和调节发动机工作参数（如推力、流量和混合比等）的任务。

驱动阀门和调节器的能源可以是压缩空气、电能、化学能（火药、复合燃料等）、弹簧力、推进剂组元或燃气自身的压力能等。对于一次使用的液体火箭发动机，可以采用电爆阀等一次性工作阀，这样能够使系统得到简化。对于多次启动和多次使用的发动机，需要采用气动、液压或电动驱动的阀门和调节器。

6.1.1.4 总装元件

液体火箭发动机的总装元件是将各组件组装成整台发动机所需的各种部件的总称，包括导管、支架、常平座、摇摆软管、机架、换热器和蓄压器等。

导管用来输送流体和连接组件，其中包括推进剂导管、液压和气体管路、驱动涡轮的高压燃气导管、涡轮排气管，以及相应的导管连接件和密封件等。

涡轮泵支架将涡轮泵固定在推力室或机架上，有些控制元件和小型容器也用托架固定。

常平座是使发动机能围绕其转轴摆动的承力机构。按摇摆方式，常平座可分为单摆常平座和双摆常平座两种。通过发动机的单向或双向摇摆，进行推力矢量控制。

摇摆软管是一种柔性补偿导管组件，能够在保证流体输送的前提下，实现对发动机摇摆时管路变形的补偿。摇摆软管一般由承受压强和变形的弹性波纹管、承受压力分离和变形载荷的约束装置及将波纹管与管路相连的连接结构三部分组成。按工作压力可分为高压软管和低压软管，高压软管用于泵后摆发动机，低压软管用于泵前摆发动机。按承受的变形种类可分为单一变形软管和多种变形软管。

机架也称为推力架和推力结构，是用于安装发动机和向弹（箭）体传递推力的结构元件。

换热器主要用于液体火箭发动机的推进剂增压系统，为推进剂贮箱提供增压气体。常用的换热器有降温器、蒸发器和加温器三种。蒸发器是利用涡轮排气等热源将液氧、液氮等液体汽化后作为增压气体。降温器是将发动机产生的涡轮排气等高温气体与液体推进剂换热降温后作为增压气体。在利用高压气瓶提供的气体进行增压时，也可将增压气体通过加温器升高温度，以提高单位质量气体的增压效率。

蓄压器主要用来抑制火箭的纵向耦合振动（POGO），在发动机泵前推进剂管路上设置蓄压器，可以改变推进剂供应系统的频率和降低压力脉动幅值。

6.1.2 液体火箭发动机的分类

由于液体火箭发动机的种类繁多，液体火箭发动机的分类方法也很多，因此，对于同一个发动机就可能会有多个名称。常用的液体火箭发动机分类如图 6－3 所示，下面简要介绍液体火箭发动机的常用分类方法。

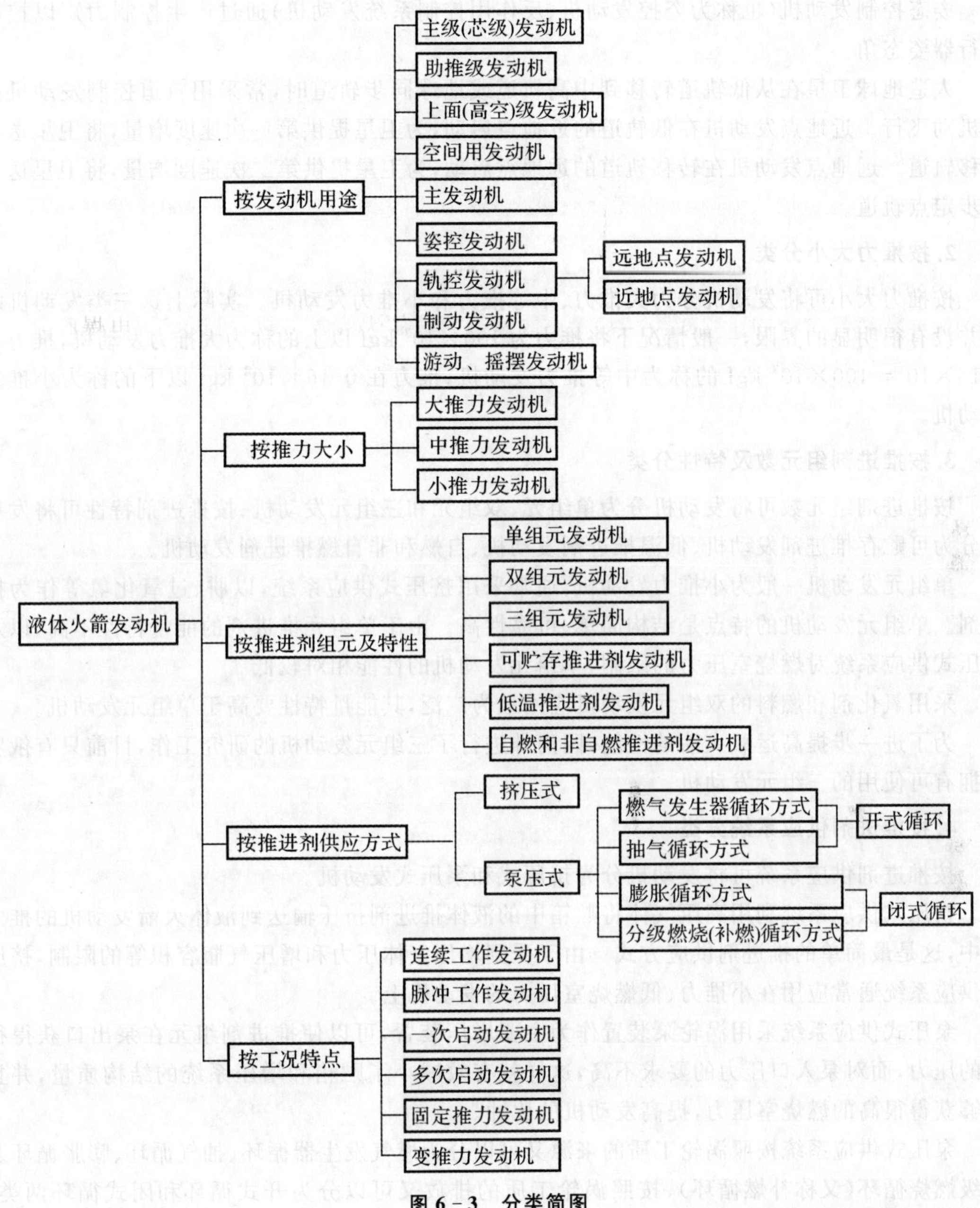

图 6-3　分类简图

1. 按发动机用途分类

按发动机用途可将发动机分为主发动机、助推发动机、芯级发动机、上面级发动机、游动发动机、姿态控制发动机和轨道控制发动机等。

主发动机为运载火箭、卫星、宇宙飞船或其他航天器提供加速所需的动力。

对飞行器进行制动的发动机称为制动发动机。制动发动机可使卫星、飞船或其他航天器与运载火箭分离，可为飞行器进入轨道提供制动动力，也可为飞行器退出运行轨道提供下降动力，这种发动机也称为下降发动机。

姿态控制发动机(也称为姿控发动机、反作用控制系统发动机)通过产生控制力矩以控制飞行器姿态角。

人造地球卫星在从低轨道转移到中高轨道或地球同步轨道时,常采用轨道控制发动机进行机动飞行。近地点发动机在低轨道的近地点启动,为卫星提供第一次速度增量,将卫星送入转移轨道。远地点发动机在转移轨道的远地点启动,为卫星提供第二次速度增量,将卫星送入同步定点轨道。

2. 按推力大小分类

按推力大小可将发动机分为大推力、中等推力和小推力发动机。实际上这三类发动机之间并没有很明显的界限,一般情况下将推力为 100×10^3 kgf 以上的称为大推力发动机,推力在 $0.16\times10^3\sim100\times10^3$ kgf 的称为中等推力发动机,推力在 0.16×10^3 kgf 以下的称为小推力发动机。

3. 按推进剂组元数及特性分类

按推进剂组元数可将发动机分为单组元、双组元和三组元发动机;按推进剂特性可将发动机分为可贮存推进剂发动机、低温推进剂发动机、自燃和非自燃推进剂发动机。

单组元发动机一般为小推力发动机,通常采用挤压式供应系统,以肼、过氧化氢等作为推进剂。单组元发动机的特点是结构简单、可靠性高。由于单组元推进剂的能量特性不高,以及挤压式供应系统对燃烧室压力的限制,单组元发动机的性能相对较低。

采用氧化剂和燃料的双组元发动机应用最为广泛,其能量特性要高于单组元发动机。

为了进一步提高运载火箭的性能,国内外进行了三组元发动机的研究工作,目前只有俄罗斯拥有可使用的三组元发动机。

4. 按推进剂供应系统分类

按推进剂供应系统可将发动机分为挤压式和泵压式发动机。

挤压式供应系统利用高压气体将贮箱中的液体推进剂挤压输送到液体火箭发动机的推力室中,这是最简单的推进剂供应方式。由于受到增压气体压力和增压气瓶容积等的限制,挤压式供应系统通常应用在小推力、低燃烧室压力的发动机上。

泵压式供应系统采用涡轮泵装置作为主要增压装置,可以使推进剂组元在泵出口获得很高的压力,而对泵入口压力的要求不高,这样就有效减小了贮箱和增压系统的结构质量,并且能够获得很高的燃烧室压力,提高发动机的比冲。

泵压式供应系统按照涡轮工质的来源又可以分为燃气发生器循环、抽气循环、膨胀循环及分级燃烧循环(又称补燃循环),按照涡轮工质的排放又可以分为开式循环和闭式循环两类。具体各种循环的定义和特点将在后面章节介绍。

5. 按工况特点分类

发动机的工况特点主要包括发动机的工作性质、工作循环次数(即启动次数)、推力变化的可能性。

按工作性质可将发动机分为连续工作发动机和脉冲工作发动机。连续工作发动机可以是一次启动,也可以是多次启动,主要特点是一次启动后稳态工作时间比启动段和关机段的时间长得多。脉冲工作发动机的工作周期短,在卫星与航天器的稳定和定向系统中,都会采用小推力脉冲工作发动机。按启动次数可将发动机分为一次启动发动机和多次启动发动机(包括启动次数为 2～3 次的)。按推力变化范围可将发动机分为固定推力发动机和变推力发动机。

6.2　液体火箭发动机系统及工作过程

液体火箭发动机是由推力室、推进剂供应系统、阀门和调节器、气液管路及电缆等部组件组成的,这些部组件之间存在着相互作用和相互依赖的关系。当这些部组件严格地按设计要求彼此联系起来,构成能够完成其规定功能的一个有机整体时,则称为液体火箭发动机系统。液体火箭发动机是一个相当复杂的系统,可分为若干个组成部分,其中能够独立完成某些功能的组成部分叫作发动机的分系统。液体火箭发动机系统一般由推力室、推进剂供应系统、贮箱增压系统、自动调节系统、点火系统、启动系统、关机系统、吹除系统、预冷系统以及推力矢量控制系统等分系统组成。

6.2.1　推进剂供应系统

液体火箭发动机推进剂供应系统的功能是将贮箱中的推进剂按照要求的流量和压强输送到推力室中。按其增压工作的方式,可分为挤压式供应系统和泵压式供应系统两大类。

6.2.1.1　挤压式推进剂供应系统

挤压式推进剂供应系统是最简单的,它是利用高压气体,将贮箱中的液体推进剂挤压出来,输送到推力室中。这种类型的推进剂供应系统比较简单,工作可靠,但因整个系统都处于较高压强下,故本身做得比较笨重,适用于小推力或工作时间较短的推进系统上。

典型的挤压式推进剂供应系统如图 6－2(a)所示。由图可见,挤压式系统必须具备下列组件:

(1)推进剂贮箱;

(2)用来建立供应压强的气源;

(3)各种功能的阀门;

(4)参数调节或校准元件(调节器、节流圈、气蚀管等);

(5)导管和其他附件等。

1. 挤压式系统的分类及工作原理

按照挤压气体的温度和性质,分为冷气和热气挤压两类。所谓冷气挤压是指挤压气体的温度接近于被挤压的推进剂组元温度。根据挤压气体的来源,冷气挤压式分为气瓶挤压式(即贮气式)和蒸发系统汽化式;热气挤压式分为燃气发生器式和化学反应式(见图 6－4)。

无论是冷气挤压还是热气挤压,挤压工质至少应符合以下条件:与所挤压的推进剂有良好的相容性;最小的分子量,即轻的气体;具有适当的温度,并且热稳定性要好。

(1)气瓶式(或贮气式)冷气挤压。在气瓶式挤压系统中,挤压气源是来自高压气瓶内的气体,瓶内压强为 20～35 MPa,往往高于使用压强,因此在挤压气进入贮箱以前要将其降为工作压强。按照降压方式,气瓶挤压式又分为减压器降压式(参见图 6－5)和直接膨胀降压式,即通过调节挤压气体管路上节流圈的流通面积、改变流通量达到调压的目的。

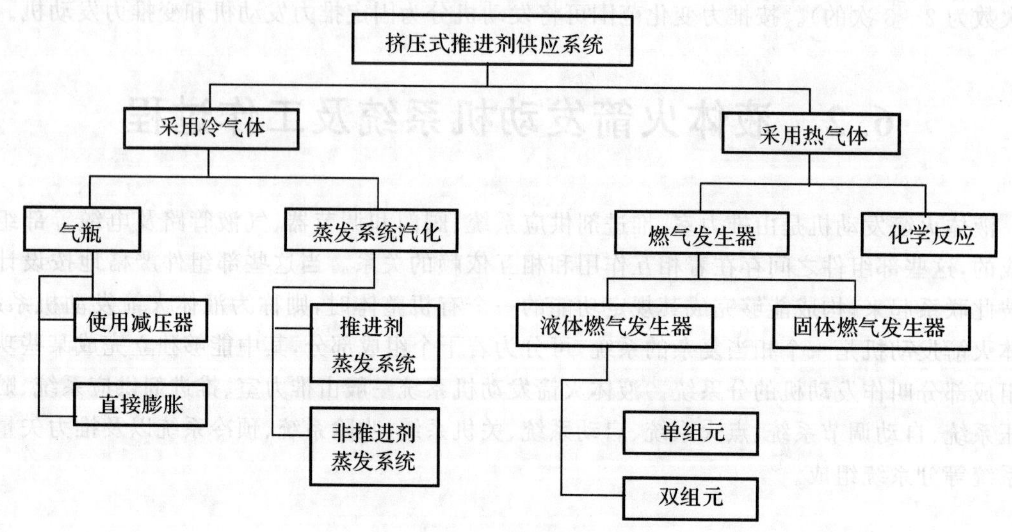

图 6-4　挤压式推进剂供应系统分类

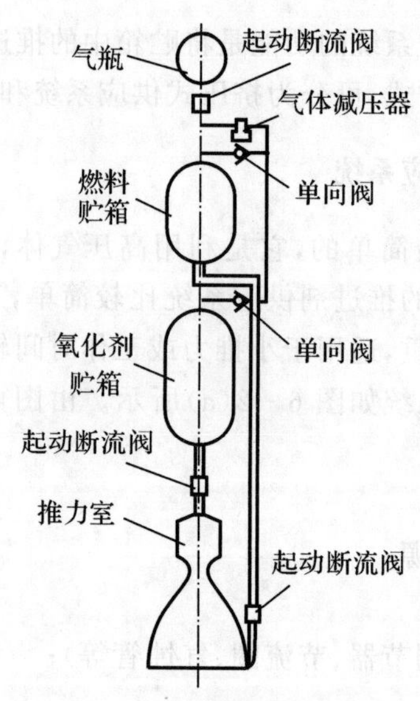

图 6-5　气瓶挤压式系统

在气瓶式挤压系统中，可供选择的挤压气体有空气、氮气和氦气。但对于低温推进剂，由于空气和氮气遇冷后会发生凝结，这时应选用氦气为挤压气源。目前，贮气挤压系统已获得广泛应用。

(2)蒸发系统汽化式挤压。在蒸发系统汽化式挤压系统中，挤压气体是利用液体的汽化而得到的，分为推进剂蒸发系统和非推进剂蒸发系统两大类，即：将容易汽化的推进剂组元或非推进剂液体通过换热器加热、汽化后去挤压贮箱中的推进剂。

推进剂蒸发系统仅适用于热稳定的低沸点推进剂，例如广泛使用的低温和接近低温的推进剂，特别是低分子量的低温推进剂，例如氢。推进剂蒸发系统既适用于挤压式液体火箭发动机，也适用于泵压式液体火箭发动机。对于泵压式液体火箭发动机，推进剂蒸发系统所使用的推进剂通常来自泵的下游，并在换热器中蒸发，蒸发的气体返回用于增压推进剂贮箱，以尽量减小对泵负荷的要求；对于挤压式液体火箭发动机，推进剂蒸发系统的应用是有限制的，受限制的原因有以下两个方面：

1）与气瓶式挤压系统相比，虽然蒸发系统具有较高的贮存密度和较低的贮存压强，使挤压物质容器的质量较轻，但是这一优点被某些推进剂的高分子量所抵消，而对于低分子量的主要推进剂——氢，由于氢的临界压强低而存在另外的限制。

2）当推进剂蒸发系统用于挤压式发动机时，还需要增压系统。由于需要一个单独的辅助贮气系统挤压出推进剂箱中的液体，然后液体在换热器中蒸发，并返回用于启动主推进系统工作，因此使系统更加复杂化了。

因此，由于上述种种原因，推进剂蒸发系统在挤压式液体火箭发动机中的应用受到了限制。

非推进剂蒸发系统主要是指惰性气体蒸发系统，目前尚未被广泛采用。有两种惰性低温物质（液氮和液氦）可考虑使用，但两者都有明显的缺点，即，在推进剂中的可溶性（氮溶解于液氧）以及比推进剂低得多的贮存温度（液氦）。这些缺点妨碍了它们在非推进剂蒸发系统中的应用。

（3）热气体挤压。热气体挤压式推进剂供应系统在可贮存推进剂发动机中已得到成功的发展，但该方法不能应用于低温推进剂，因为像水那样的反应产物遇到低温推进剂会凝结，并且燃烧热将会提高低温推进剂的温度，这是不希望发生的。特别是对于液氢，由于它的有限的液态范围（从标准沸点到临界点），对它进行整体加热是不允许的。

在热气体挤压式系统中，获得热挤压气体的途径有燃气发生器式和化学反应式两种形式。

1）燃气发生器式。燃气发生器也称气体发生器，其结构与火箭发动机基本相同，但二者的功能不同。火箭发动机是飞行器的动力装置，为飞行器的飞行提供推力，而燃气发生器不是用来产生推力的，而是将推进剂的化学能转变为热能，并将具有一定压强的燃气工质的流动变为膨胀功，用于挤压主推进剂。

依据使用的推进剂种类不同，燃气发生器又分为固体燃气发生器和液体燃气发生器，典型的用于挤压式推进剂供应系统的燃气发生器如图 6-6 和图 6-7 所示。

图 6-6 中的固体燃气发生器大多使用缓燃的固体推进剂或具有特殊成分的火药。在图 6-6 中，无冷却的固体燃气发生器（见图 6-6(a)）点火后热燃气通过过滤器、调节器和管路供应到主推进剂贮箱中，调节器将多余的燃气排出，为此必须具备放气管路；使用固体冷却剂的燃气发生器（见图 6-6 (b)）大多采用硝酸铵基推进剂，用压成粒状的草酸作为固体冷却剂，热燃气通过固体冷却材料被冷却的同时，使冷却材料升华或分解产生附加的挤压气体（CO，CO_2 和 H_2O 的混合物），然后这些气体通过过滤器和调节器后输送到推进剂贮箱。一般是通过选择推进剂和冷却剂的比例，达到所期望的混合气体温度，最终得到的气体温度低到 205℃（即 400 ℉）；使用叠氮化物冷却的燃气发生器（见图 6-6(c)），在热燃气通过叠氮化物冷却层被冷却的同时，叠氮化物分解并产生基本上纯的氮气，但离开冷却层后的燃气含有因叠氮化物分解而产生的金属粒子，因此要用旋转式分离床除去，除去粒子后的气体再进入推进剂贮箱。这种挤压系统能在适当的温度（低到 315℃）下提供较纯的氮气；使用燃气发生器加热的氦气系统（见图 6-6(d)），由高压气瓶、安装在氦气瓶内的固体推进剂燃气发生器、过滤器及压力调节器组成。燃气发生器提供热量和附加的挤压气体，且这种系统需要较大的高压气瓶。

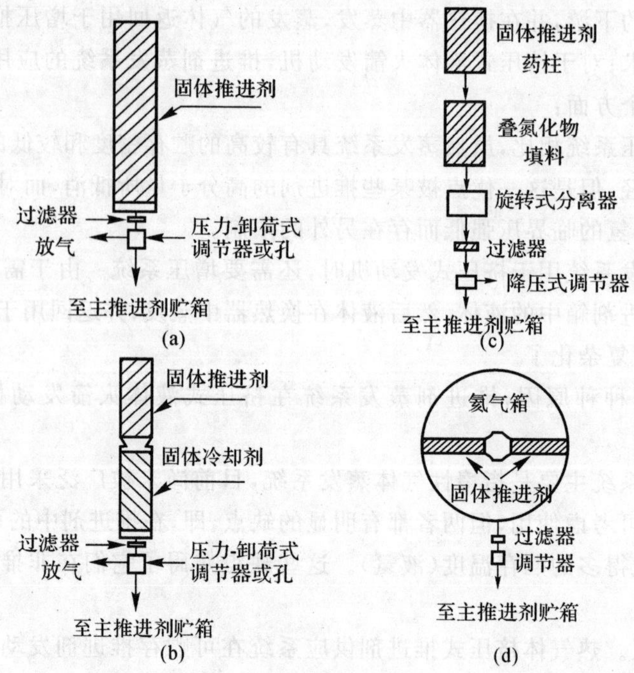

图 6-6　固体燃气发生器

(a)无冷却的燃气发生器；(b)使用固体冷却剂冷却的燃气发生器；
(c)使用叠氮化物冷却的燃气发生器；(d)使用燃气发生器加热的氦气系统

图 6-7 中液体燃气发生器获得热气体的方法是利用液态氧化剂和燃料的化学反应或利用一种组元的分解反应。在图 6-7 中，具有喷注冷却的单个燃气发生器(见图 6-7(a))所使用的液体可以是一种单组元推进剂和一种不起反应的喷注冷却剂，也可以是双组元推进剂，靠喷注一种过量的组元进行冷却(即使混合比远远偏离化学计量值，因而产生的燃气温度很低)；具有单个燃气发生器的氦气系统(见图 6-7(b))，是将燃气发生器的热燃气送入换热器，以加热冷的氦气，用加热的氦气去挤压主氧化剂贮箱，而用燃气挤压主燃料贮箱；具有喷注冷却的两个双组元燃气发生器系统是用氦气挤压两个辅助推进剂贮箱，将推进剂送入燃气发生器，用富燃燃气发生器产生的燃气挤压主燃料贮箱，用富氧的燃气发生器产生的燃气挤压主氧化剂贮箱，这种挤压系统已成功地产生了低于 315℃ 的燃气。典型的双组元液体燃气发生器式挤压系统如图 6-8 所示。

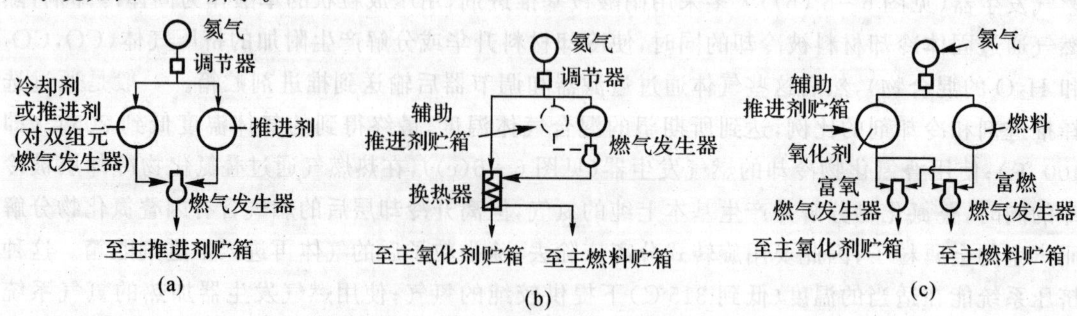

图 6-7　液体燃气发生器

(a)具有喷注冷却的单个燃气发生器；(b)具有单个燃气发生器的氦气系统；(c)具有喷注冷却的两个双组元燃气发生器

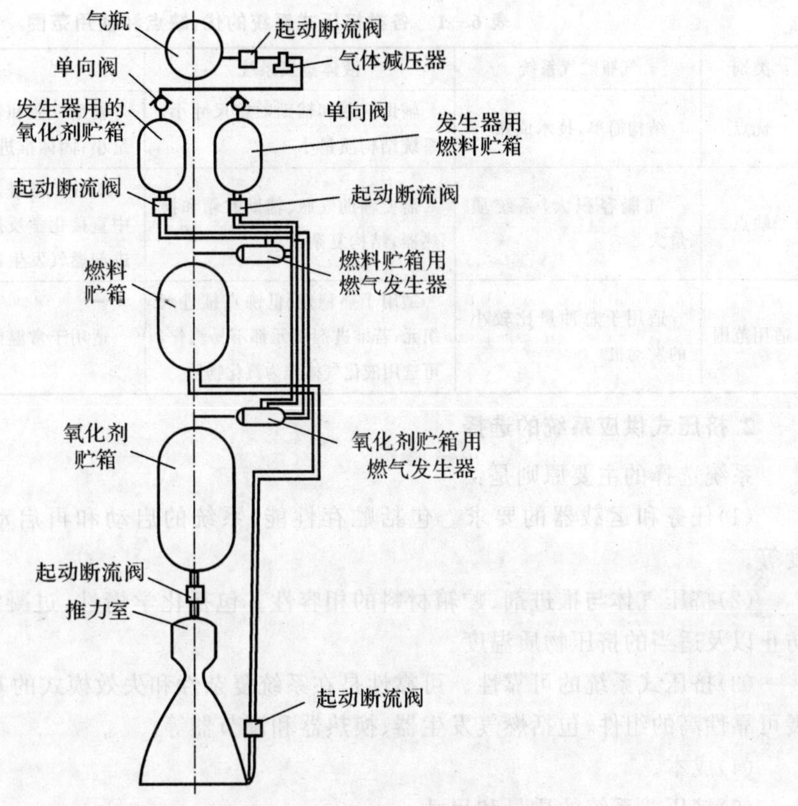

图 6-8　双组元液体燃气发生器式挤压系统

2)化学反应式。化学反应式是指在贮箱中直接发生化学反应的系统，即，将少量燃料喷注到氧化剂贮箱中，或将少量氧化剂喷注到燃料贮箱中，在贮箱中，喷注组元与主推进剂组元发生化学反应，从而产生挤压气体，其原理如图 6-9 所示。其中串联喷注系统是用一个辅助贮箱代替两个单独的辅助贮箱，其优点是一个主推进剂贮箱能够在比另一个主推进剂贮箱压力稍低的情况下工作。其缺点是在系统安全、可靠性和调节贮箱稳态压力等方面都存在设计问题。

各类挤压系统的对比见表 6-1。

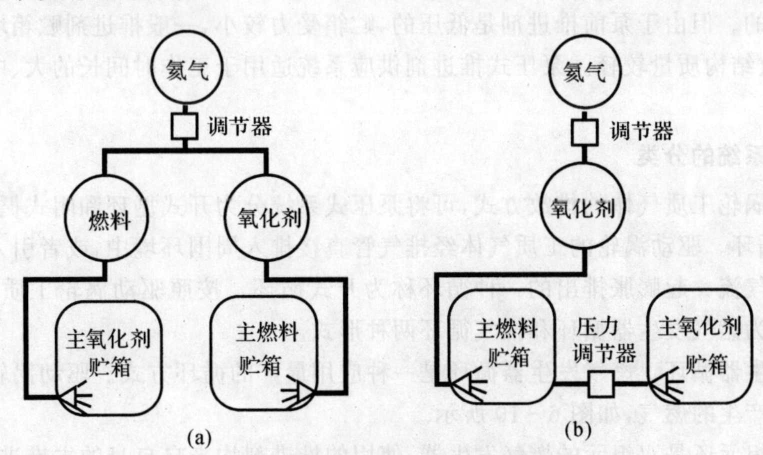

图 6-9　化学反应式挤压系统

(a)双直接喷组；(b)串联直接喷注

表 6-1 各类挤压式系统的优、缺点和使用范围

类别	气瓶贮气系统	液体蒸发系统	热气挤压系统
优点	结构简单，技术成熟	辅助气瓶和辅助贮箱尺寸小，系统结构质量小	辅助气瓶和辅助贮箱尺寸小，系统结构质量小；固体推进剂燃气发生器系统结构简单
缺点	气瓶容积大，系统质量大	需要辅助气瓶、辅助贮箱和换热器，结构复杂	对液体推进剂燃气发生器系统和在贮箱中直接化学反应的系统，结构复杂，固体推进剂燃气发生器系统不能多次启动
适用范围	适用于总冲量比较小的发动机	适用于热稳定、低沸点推进剂组元；若推进剂组元都不易汽化，可选用液化气体作为汽化物质	适用于常温推进剂

2. 挤压式供应系统的选择

系统选择的主要原则是：

(1)任务和运载器的要求。包括贮存性能、系统的启动和再启动以及压强和流量的精度等。

(2)挤压气体与推进剂、贮箱材料的相容性。包括化学惰性、过凝结和过溶解气体产物的防止以及适当的挤压物质温度。

(3)挤压式系统的可靠性。可靠性是在系统复杂性和失效模式的基础上估计的，应大力发展可靠性高的组件，包括燃气发生器、换热器和调节器等。

(4)成本。

(5)挤压式系统的质量和尺寸。

总之，挤压式系统技术成熟，具有很高的可靠性，但因整个系统都处于较高的压强之下，系统比较笨重，因此适合于小推力或工作时间较短的火箭发动机。

6.2.1.2 泵压式推进剂供应系统

泵压式推进剂供应系统是利用涡轮泵，将推进剂从贮箱中抽出，在泵的作用下提高压强，再输送到推力室中。系统结构复杂，主要由推进剂贮箱、涡轮驱动系统和涡轮、用于提高推进剂供应压强的涡轮泵、各种阀门、参数调节或校准元件、导管和其他附件等组成，其中涡轮泵组件是必不可少的。但由于泵前推进剂是低压的，贮箱受力较小，一般推进剂贮箱增压压力不超过0.5 MPa，故结构质量较轻。泵压式推进剂供应系统适用于工作时间长的大、中型液体火箭发动机。

1. 泵压式系统的分类

按照驱动涡轮工质气体的排放方式，可将泵压式系统分为开式循环和闭式循环两类。

(1)开式循环。驱动涡轮的工质气体经排气管直接排入周围环境中，或者引入推力室喷管的下游与主燃气流一起膨胀排出的一种循环称为开式循环。按照驱动涡轮工质气体的来源，开式循环又分为燃气发生器循环和抽气循环两种形式。

1)燃气发生器循环。燃气发生器循环是一种应用最广的循环方式。驱动涡轮的工质气体是燃气发生器产生的燃气，如图 6-10 所示。

无论是单组元还是双组元的燃气发生器，使用的推进剂均来自自身的主推进剂供应系统，且驱动涡轮后的工质气体是直接排入周围环境的。

燃气发生器循环的优点是系统简单,技术成熟;但由于涡轮叶片材料不能承受过高的温度,故燃气发生器常在较低(或较高)混合比下工作,以便生成较低温度的燃气。同时,由于驱动涡轮的燃气是排入周围环境的,因此这一部分能量未能充分利用,因而使得整个发动机的性能下降 1%～5%,且随着室压的提高,燃气发生器循环所引起的性能损失将显著增大。

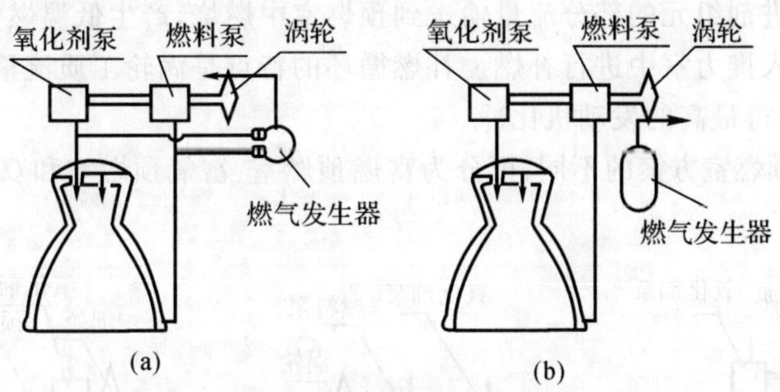

图 6-10　燃气发生器循环

(a)双组元燃气发生器；(b)单组元燃气发生器

2)抽气循环。抽气循环中驱动涡轮的工质是从燃烧室喷注面附近引出的燃气,从此处引出的燃气温度较低(大约是燃烧室内最高温度的一半以下),可使涡轮正常工作,如图 6-11 所示。

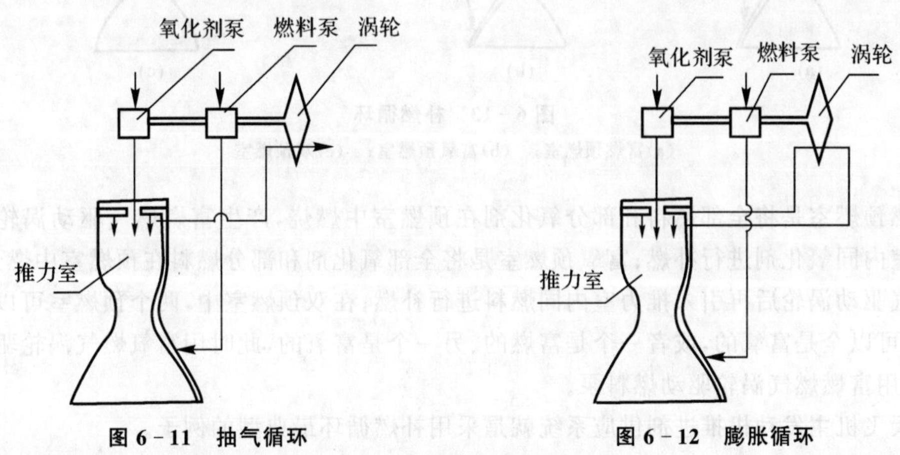

图 6-11　抽气循环　　**图 6-12　膨胀循环**

抽气循环的优点是省去了燃气发生器系统,因而结构简单,质量较小;但从燃烧室引出燃气的技术难度较大,且燃烧过程中产生的燃气温度偏高。

(2)闭式循环。驱动涡轮的工质气体全部排入推力室头部,与推力室中的推进剂组元进一步燃烧后,与主燃气流一起经喷管排出的一种循环称为闭式循环。闭式循环的特点是能有效地利用涡轮驱动燃气的剩余能量,与开式循环相比,可使整个发动机的比冲提高 1%～5%。

按照驱动涡轮工质气体的来源,闭式循环又分为膨胀循环和分级燃烧循环(或称补燃循环)。

1)膨胀循环。膨胀循环是将推力室冷却套中汽化和加热了的气态推进剂引出来驱动涡轮,从涡轮排出后再喷入推力室,与主推进剂组元燃烧后喷出,如图 6-12 所示。如在液氢作燃料的膨胀循环的发动机系统中,驱动涡轮的工质是从推力室冷却套中流出的加热氢气,从涡轮排出后,再喷入燃烧室。

在膨胀循环中,由于驱动涡轮后的工质全部进入推力室充分燃烧,因此,该循环可以获得较高的发动机比冲;此外,由于没有燃气发生器,发动机结构简单,质量也较小,从而提高了发动机的可靠性。但由于冷却套对推进剂的加热量有限,也就是说可加热汽化的推进剂有限,因而使涡轮的做功能力受到限制,从而限制了燃烧室压强的提高(一般燃烧室压强上限为7~8 MPa)。

2)分级燃烧循环(补燃循环)。分级燃烧循环又称作补燃循环,是将一种推进剂组元的全部流量和另一种推进剂组元的部分流量输送到预燃室中燃烧,产生低温燃气来驱动涡轮,从涡轮排出的燃气再喷入推力室中进行补燃。补燃循环的特点是涡轮工质流量大,输出的功率大,燃烧室压力高,可获得最高的发动机比冲。

补燃循环根据预燃室方案的不同,可分为富燃预燃室、富氧预燃室和双预燃室,如图6-13所示。

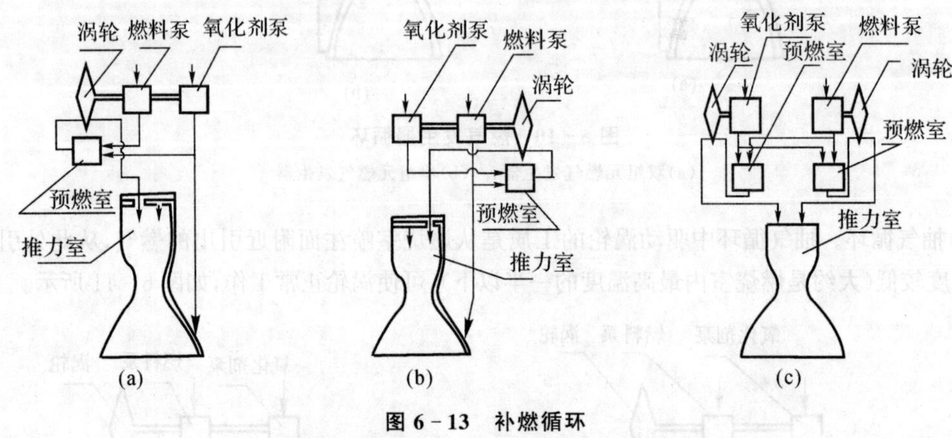

图6-13 补燃循环

(a)富燃预燃室; (b)富氧预燃室; (c)双预燃室

富燃预燃室是将全部燃料和部分氧化剂在预燃室中燃烧,产生富燃燃气驱动涡轮后再引入推力室内同氧化剂进行补燃;富氧预燃室是将全部氧化剂和部分燃料在预燃室中燃烧,产生富氧燃气驱动涡轮后再引入推力室内同燃料进行补燃;在双预燃室中,两个预燃室可以全是富燃的,也可以全是富氧的,或者一个是富燃的、另一个是富氧的,此时用富氧燃气涡轮驱动氧化剂泵,而用富燃燃气涡轮驱动燃料泵。

航天飞机主发动机推进剂供应系统就是采用补燃循环最典型的例子。

2. 几种循环的优、缺点和使用范围

几种循环的优、缺点和使用范围及性能比较如表6-2、表6-3和图6-14、图6-15所示。

表6-2 几种循环的优、缺点

类别	燃气发生器循环	抽气循环	膨胀循环	补燃循环
优点	结构较简单,有研制经验,推力和混合比的调节容易,可在较大的推力范围内使用,结构质量小	结构简单且结构质量小	比冲高,结构简单,涡轮工质清洁	比冲高,极限室压高
缺点	比冲低,燃烧室压强高时比冲损失大	推力室的设计复杂,抽出的燃气需要降温和调节,比冲低	燃烧室压强高时不适用,启动加速性慢	结构复杂,质量大,性能参数调节和校准困难

表 6-3　几种循环的适用范围

类别	燃气发生器循环	抽气循环	膨胀循环	补燃循环
推进剂	推进剂种类不受限制，发生器和推力室可以使用相同的推进剂	推进剂种类不受限制	主推进剂的一种组元必须容易汽化，且分子量小	推进剂种类不受限制．特别适用液氢/液氧
推力和室压	单组元燃气发生器系统适用于低推力和低室压；双组元燃气发生器系统推力不受限制，室压高时比冲损失大，室压有上限	推力不受限制，室压有上限	适用于较低的推力和室压	推力不受限制，适用于高室压
比冲	低	低	高	高

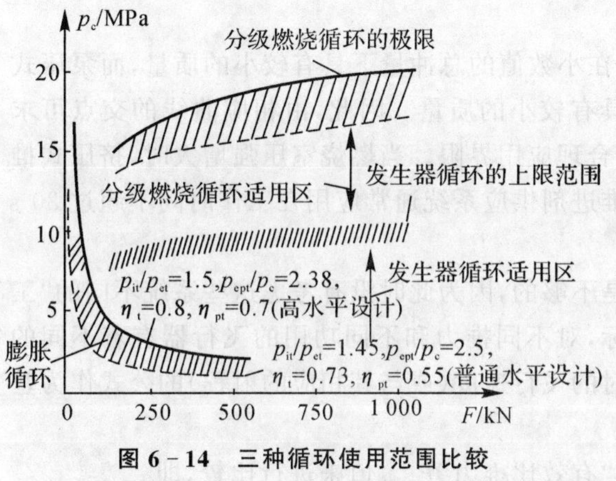

图 6-14　三种循环使用范围比较

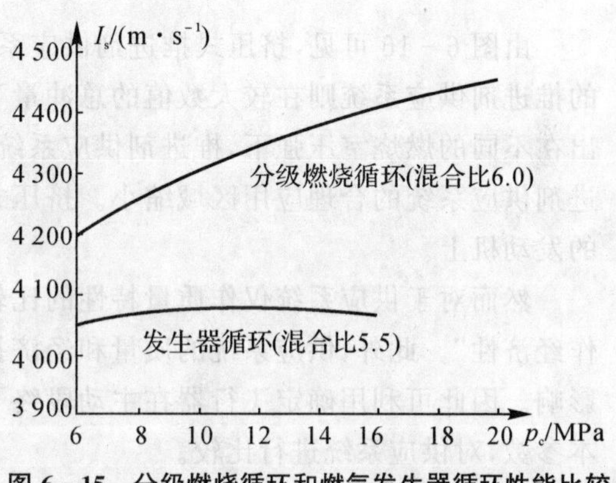

图 6-15　分级燃烧循环和燃气发生器循环性能比较

图中的 p_{it}，p_{et}，p_{ept}，p_c 分别为涡轮入口压强、出口压强、泵出口压强及推力室的工作压强；η_t，η_{pt} 分别为涡轮效率和泵效率。由图 6-14 可见，膨胀循环只适合在小推力、低燃烧室压强下选用；在燃烧室压强不太高的情况下，分级燃烧循环与燃气发生器循环相比，性能提高不大，此时采用燃气发生器循环较为合适；在大推力、高室压的情况下，采用分级燃烧循环最合适。

除了上述的开式和闭式循环外，目前还采用一种混合循环（即开式循环和闭式循环的综合技术），主要包括燃气发生器循环＋补燃循环和膨胀循环＋补燃循环两种形式。

6.2.1.3　推进剂供应系统的比较分析

设计给定功能用途的液体火箭发动机时，合理选择推进剂供应系统的方案是一个复杂的问题。这是因为，在大多数情况下，推进剂供应系统与自动调节系统一起保证发动机的起动、工作和停车状态，当其他条件相同时，推进剂供应系统的质量越轻，则装有这种发动机的导弹射程越远、运载火箭可携带的有效载荷也越多。因此，推进剂供应系统各方案间的比较，首先是比较其质量和“工作经济性”，其次是比较其结构复杂性和成本，对比之后即可选定推进剂供应系统。

选择推进剂供应系统时应当力求其质量最小。带有高压贮箱的挤压式供应系统的质量与发动机的工作时间和推力有很大的关系，而泵压式供应系统的质量与这些参数的关系要小得多。推进剂供应系统的质量与发动机总冲量之间的关系如图 6-16 所示。

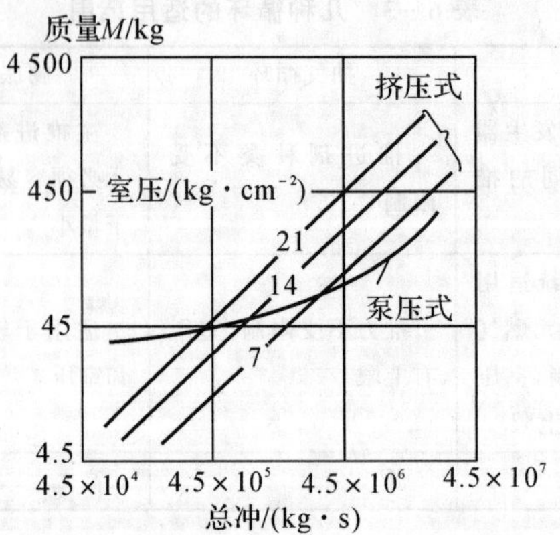

图 6-16　推进剂供应系统的质量与总冲量之间的关系

由图 6-16 可见，挤压式推进剂供应系统在小数值的总冲量下具有较小的质量，而泵压式的推进剂供应系统则在较大数值的总冲量下具有较小的质量。因此，由相应曲线的交点可求出在不同的燃烧室压强下，推进剂供应系统的合理应用界限。当燃烧室压强增大时，挤压式推进剂供应系统的合理应用区域缩小。挤压式推进剂供应系统通常应用在工作时间不超过 30 s 的发动机上。

然而对于供应系统仅作质量特性的比较是不够的，因为此时没有考虑这些系统不同的“工作经济性”。此外，供应系统的质量和经济指标，对不同推力和不同功用的飞行器有着不同的影响。因此可利用确定飞行器在主动段终了时的飞行速度(或与其相应的射程)的公式作为基本参数，对供应系统进行比较。

对于“工作经济性”，亨菲雷斯建议按所谓“有效比推力”$F_{s,eff}$ 值来进行比较，即

$$F_{s,eff}=\frac{Ft_a}{M_{FO}+M_M} \tag{6-1}$$

式中，F 为工作时间 t_a 内的发动机平均推力；M_{FO} 为贮箱内推进剂(包括氧化剂和燃料) 质量；M_M 为发动机质量(包括贮箱质量、发动机结构质量和有效载荷)。

图 6-17 中的曲线给出了液体火箭发动机“有效比推力”与工作时间的定性关系，图中形象地给出了什么样的供应系统对液体火箭发动机获得最大有效比推力是最有利的。图中的曲线是对地面推力 2 270 kgf 的发动机做出的，然而它们也可作为供应系统预先分析的参考，图中的固体火箭发动机曲线是做比较用的。

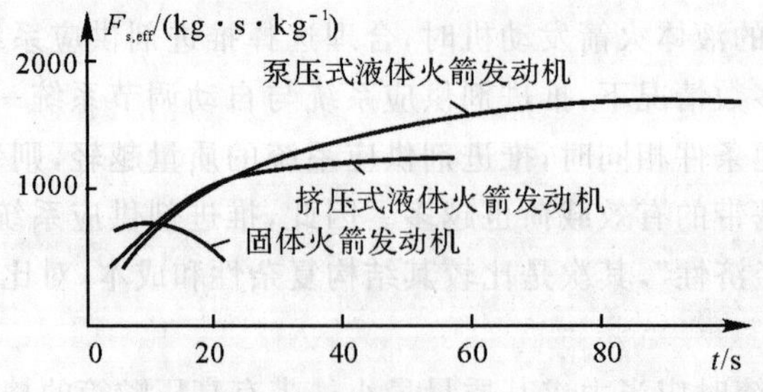

图 6-17　液体火箭发动机有效比推力与工作时间的关系

由图 6－17 可知，当工作时间在 10 s 以上时，用液体火箭发动机比用固体火箭发动机有着较好的指标；当发动机的工作时间较长时，泵压式供应系统的液体火箭发动机是最适用的。但是泵压式供应系统在结构上比较复杂，因而也比挤压式系统成本高；此外，为了驱动涡轮，必须有工质，而工质的获得一般要有燃气发生器或其他装置，因此，虽然泵压式供应系统可保证发动机有较大的有效推力比，但是在工作时间不是很长时，也并不排除使用系统结构相对简单的挤压式供应系统的可能性。

总之，推进剂供应系统的选择取决于飞行器的加速度、机动性、质量、推力和工作时间、振动量级、可利用的空间、推进剂种类、可靠性和成本等。在挤压式和泵压式供应系统之间，没有一个简单的选择准则。推进剂量小的系统通常采用挤压式贮箱，因为此时由于高压推进剂贮箱带来的损失与涡轮泵的复杂性相比是不显著的。然而对于大的系统，从总质量上考虑应采用低压推进剂贮箱，在贮箱下游再由泵来提高推进剂的压强。随着高强度贮箱材料的发展，提高了挤压式贮箱的使用上限；而随着小型可靠的涡轮泵技术水平的发展，则降低了泵压式系统的使用下限，结果使这两类供应系统的应用范围出现了明显的重叠。但应注意，即泵压式系统通常也需要某种类型的贮箱低压增压系统，以尽量减小对泵的要求。

6.2.2　推进剂贮箱增压系统

推进剂贮箱增压系统的主要功能是保证贮箱内压强维持在一定的水平，确保发动机工作可靠。对于挤压式供应系统，增压系统使推进剂贮箱保持一定的压强，以保证推力室入口处推进剂的压强和流量满足任务要求；而对于泵压式供应系统，增压系统使推进剂贮箱保持一定的压强，以保证推进剂泵入口处的压强和流量满足任务要求。

按照推进剂贮箱增压使用气源的不同，增压系统可分为冷气增压系统和热气增压系统两种形式。冷气增压系统采用的冷态气体有氮气和氦气，比较广泛采用的是由火箭总体提供的气瓶贮气增压系统；热气增压系统采用的热态气体是利用热交换器生成推进剂蒸气或直接利用固体或者液体推进剂生成的燃气，比较广泛采用的是推进剂汽化增压系统和燃气降温增压系统(俗称自身增压系统)。

6.2.2.1　气瓶贮气增压系统

气瓶贮气增压系统的基本组成是气瓶、减压器、电磁阀或电爆阀，以及手动阀、单向阀、加温器等。该系统是利用贮存在高压气瓶中的冷态增压气体为贮箱中的推进剂增压，气瓶贮气压强一般为 20～35 MPa，冷态增压气体常为氮气和氦气，有沸点低、与推进剂及贮箱材料相容性好、摩尔质量不大的特点。

典型的气瓶增压系统的工作过程：发动机启动前，主电动气阀门打开，增压气体经减压器减压后，压强降为 3.5～5.5 MPa，然后分成两路分别进入推进剂贮箱，增压气体的流量由节流圈限定；对于挤压式发动机，当发动机启动工作时，增压的贮箱中受挤压的推进剂沿各自管路，经过流量控制板进入推力室的喷注器；在飞行器飞行过程中，由于气瓶中压强逐渐降低，当贮箱内压强小于限定值下限时，则副路工作，直接从气瓶给贮箱补充压强，当贮箱压强上升到限定值上限时，则副路停止补压。这样就保证了飞行器在飞行过程中贮箱内压强基本为定值，提高了系统的可靠性。

6.2.2.2 推进剂汽化增压系统

推进剂汽化增压系统是利用飞行器自身携带的液体推进剂，经换热器汽化后来增压相应推进剂贮箱的一种增压系统(俗称自身增压系统)。该系统适用于热稳定性好、低沸点的推进剂(如四氧化二氮)，特别是低摩尔质量的低温推进剂(如液氢、液氧等)。在泵压式系统中，系统中换热器的热源通常是涡轮排出的燃气，汽化增压系统所用的推进剂通常是从泵后引出的，图6-18所示为泵压式液体火箭发动机贮箱增压原理图。如图所示，当氧化剂贮箱推进剂汽化增压系统工作时，从氧化剂泵出口引出一部分氧化剂，经蒸发器加热后变为蒸汽，再引入氧化剂贮箱增压。增压管路中的气蚀管用以调节控制流量；单向阀位于蒸发器上游，用于防止氧化剂在未达到一定压强时就流入蒸发器。

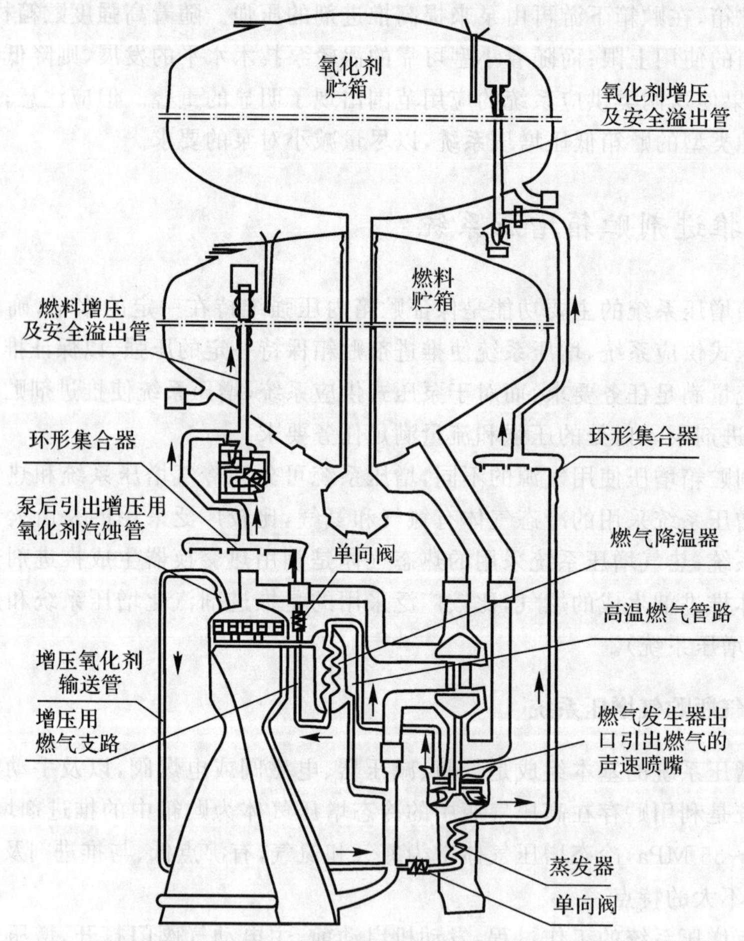

图6-18 泵压式液体火箭发动机贮箱增压原理图

6.2.2.3 燃气降温增压系统

燃气降温增压系统是利用推进剂生成的燃气来增压相应推进剂贮箱的一种增压系统，系统所用的燃气一般取自为涡轮驱动提供工质的燃气发生器。对于液体火箭发动机，一般是利用自身携带的推进剂生成燃烧产物，用富燃的燃气增压燃料贮箱，用富氧的燃气增压氧化剂贮箱。目前对于泵压式供应系统，直接利用由燃气发生器产生用于驱动涡轮的燃气来增压一种或两种推进剂贮箱，参见图 6-18。

图 6-18 所示的燃气降温增压系统由声速喷嘴、燃气降温器、单向阀、集合器、膜片阀及导管等组成。其工作原理是，从燃气发生器出口引出的一小股富燃燃气，在燃气降温器中被燃料冷却后，再进入增压燃料贮箱。该系统中用作冷却剂的燃料从燃料泵后引出，冷却燃气后进入推力室隔板，冷却隔板后再进入推力室中与氧化剂混合后燃烧。

6.2.3 推进剂利用系统

在液体火箭发动机中，用以保证推进剂组元同时耗尽、能自动进行推进剂组元混合比调节的系统称为推进剂利用系统。

由于飞行器在飞行过程中受发动机性能、飞行器结构质量、飞行过载、气动加热及发动机制造造成的质量偏差的影响，使得发动机消耗推进剂的实际混合比和推进剂加注混合比都会与最佳设计值有偏差。该偏差致使在发动机关机时，推进剂贮箱内会剩余一部分氧化剂或燃料，成为无用载荷，从而降低了飞行器的运载能力。而推进剂利用系统通过对发动机供应系统中某一组元的秒流量的测量、反馈和对比分析，自动改变飞行器飞行过程中发动机推进剂消耗的混合比，以减小或消除发动机实际混合比和推进剂加注混合比间的偏差，使飞行器在完成预定飞行任务的条件下，确保所携带的推进剂全部消耗完，或者是当一种推进剂组元耗尽时，另一种推进剂组元的剩余量最少，从而大大提高飞行器的运载能力。

推进剂利用系统国外采用比较早，中国从 CZ-2D 火箭开始研制，目前已在长征系列运载火箭上广泛应用，大多应用于运载火箭的第二子级或第三子级，并且完整、独立，自成系统。

6.2.3.1 系统组成及各部件的功能

推进剂利用系统一般是由液位传感器、变换器、控制机、功率放大器、推进剂调节阀门、电池及供配电电缆等组成的闭环控制系统，如图 6-19 所示。

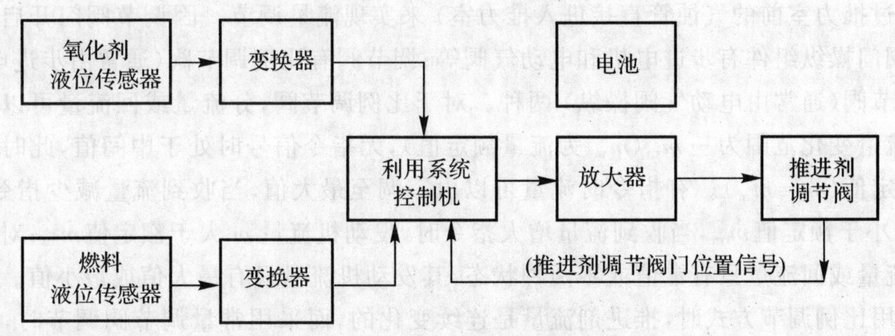

图 6-19　推进剂利用系统组成示意

组成系统的各部件的主要功能简介如下。

液位传感器：一种用来指示贮箱内推进剂液面高度的装置，是系统中的敏感元件，可指示出贮箱中推进剂加注或剩余液面的高度，并将检测到的信号经变换器后输送给控制机，控制机对信号进行滤波、采集、处理，然后计算出推进剂液面高度和推进剂的剩余量或加注量。目前我国运载火箭使用的液位传感器主要有干簧式、电容式、电解式、浮子式和超声波式等。

利用系统控制机：一台专用微型计算机，通常由单片机和相应的输入/输出接口(包括液位传感器/变换器信号输入接口、控制信号输入/输出接口、遥测信号接口、箭-地通信接口和监控接口等)及驱动电路组成。对于不同的混合比控制方案，其控制接口有所不同，但都有如下功能：

(1)检测与处理液位传感器、变换器输出的液位信号；

(2)检测由箭上控制系统输入的飞行时序指令(如“起飞”“级间分离”等)；

(3)通过对控制方程(不同的混合比控制方案其控制方程不同，控制方程是推进剂利用系统控制软件编制的基础)计算，输出调节阀门的控制信号；

(4)识别遥测请求，输出模拟量、开关量、数字量等利用系统的遥测信号；

(5)与地面遥测系统计算机进行通信，实现地面通信测试；

(6)接收控制系统供电；

(7)实现上面级发动机二次启动前的本系统状态恢复。

为了防止计算机死机或程序中断造成系统错控，在计算机中通常还设有“死机唤醒”电路，保证达到宁可不控也绝不乱控的目的，以实现系统在故障状态下对飞行器整个飞行有益无害的功能。

控制机根据控制系统提供的飞行时序信号，采用中断结构、识别飞行时序指令和遥测请求指令，使系统处于相应的工作状态，并实时发出本系统的遥测信息。

推进剂调节阀：推进剂混合比调节的执行组件，安装在液体火箭发动机泵后的推进剂供应主系统管路上或旁路管路上，通过控制一种推进剂组元供应管路的流通横截面积，达到改变推进剂流量、实现混合比调节的目的。由于旁通管路具有流量小、推动调节器动作的动力要求小、提供的压差较大、调节精度高等特点，因而推进剂利用系统的调节阀一般安装在旁路管路中。

推进剂调节阀主要由阀门操纵组件和调节阀等组成，利用推进剂调节阀，通过泵后回流(即将泵后一部分高压液体推进剂引回入泵前的低压区)或分流(即将泵后一部分高压液体推进剂不经过推力室前的气蚀管直接进入推力室)来实现流量调节。因调节阀门开启控制方式的不同，阀门操纵组件有步进电机和电动气阀等；调节阀有比例调节阀(通常由步进电机操纵)和常量调节阀(通常由电动气阀操纵)两种。对于比例调节阀，分流量或回流量可以由零调至最大值，流量变化范围为$\pm \dot{m}_m$($\dot{m}_m$为流量额定值)，无指令信号时处于中间值，此时发动机流量处于额定值($\dot{m}=\dot{m}_m$)。有指令时流量可以由零调至最大值，当收到流量减少指令时，发动机流量$\dot{m}$小于额定值$\dot{m}_m$，当收到流量增大指令时，发动机流量$\dot{m}$大于额定值$\dot{m}_m$；对于常量调节阀，分流量或回流量只有常值或零两种状态，其发动机流量只有最大值或最小值。推进剂流量调节采用比例调节方式时，推进剂流量是连续变化的，而采用常量调节阀调节时，推进剂流量是阶跃式变化的。另一方面，采用泵后分流方式调节发动机主系统中的一种推进剂组元的秒流量，只能调节推进剂的混合比，而不能调节发动机的总流量，因而会产生推力偏差。

6.2.3.2 系统工作原理

在起飞前，系统在飞行控制软件的管理下，控制机首先完成所有接口初始化和调节阀门归零位；然后不间断地进行调节阀门零位自检和进入飞行器“起飞”信号检测等，并与地面测试系统保持通信，传送自检结果。

飞行器起飞后，控制机不间断地向遥测系统传送推进剂利用系统的状态参数，并根据飞行时序开始检测控制系统传来的前一子级火箭分离信号，以分离信号出现时刻为时间零点，进入发动机工作状态的控制，并同时检测分别安装在两种推进剂贮箱内的液位传感器输出的液位信号。

在飞行过程中，控制机中的计算机不断地对传感器进行检测，当推进剂液面下降至液位传感器某测点时，传感器发出液位信号并传送给控制机，控制机对传感器信号进行采集和处理，并根据预先装订的控制方程和原始数据，完成方程计算，计算出实际混合比与参考值之间的偏差，发出相应的修正控制信号，控制改变阀门开启度的执行机构，达到调节推进剂组元分流量和推进剂混合比的目的。与此同时，控制机还随时把系统的状态参数、推进剂容积剩余量、流量、混合比、混合比偏差和调节量，以及调节阀门的位置等参数传送给遥测系统。

6.2.4　吹除、置换和气封系统

6.2.4.1　吹除系统

根据国内外的研制经验、液体火箭发动机的功能用途及所采用的推进剂的需要，发动机必要时应有吹除系统。

对于运载火箭的上面级发动机，若需要多次启动，那么在发动机关机后必须将主阀后管路和腔道中残余的推进剂吹除掉，使发动机迅速关机，以减小后效冲量及其偏差，同时防止残余推进剂冷却结冰发生堵塞管路与腔道的事故。

对于液氧/煤油发动机应有吹除系统，目的是防止湿气在发动机内壁凝结，推力室燃料路吹除是为了防止燃气串腔，发生器燃料路吹除可乳化煤油，提高喷嘴压降，关机时发生器吹除可快速排掉燃气使发动机迅速关机，关机时燃料入口吹除确保推力室残存的煤油处于流动状态，以避免煤油在推力室冷却通道内结焦。

对于液氢/液氧发动机，在液氢、液氧加注前，必须对推进剂贮箱和发动机系统进行严格的系统吹除。这是因为在推进剂加注前，如果贮箱和发动机管路与腔道内有空气存在，液氢就有可能与空气中的氧发生化学反应，引起爆炸事故。另一方面，低温的液氢、液氧会使空气中的水蒸气冻结，从而可能导致阀门和其他组件动作失灵，孔道堵塞等故障。因此，在液氢、液氧这类低温推进剂火箭发动机启动前，必须用氮气、氦气等惰性气体对发动机系统进行吹除与置换，以清除发动机管路和腔道中的空气和水蒸气。除此之外，对丁液氢/液氧发动机吹除，不仅包括发动机系统内部的吹除，还包括液氢/液氧发动机舱段内的吹除，以控制舱内的环境温度、湿度等，防止在液氢加注预冷过程中有些部位可能引起空气液化致冷，液化空气流动可能使发动机某些部件工作失常等。

吹除系统一般分为氮气吹除和氦气吹除，根据气源压力高低分为强吹和弱吹，可根据吹除目的选择吹除气源和压力。

6.2.4.2 置换系统

置换系统的功能是将推进剂贮箱和发动机系统腔道内的空气置换掉，使之达到技术条件的要求。

对于液氢/液氧发动机，在液氢、液氧加注前必须对推进剂贮箱和发动机系统用氦气进行严格的系统置换。目的是将贮箱空气置换掉，使贮箱中的水蒸气、氧气、氮气含量符合技术指标要求(即水蒸气按露点控制，氧气小于30 cm^3/m^3，氮气小于200 cm^3/m^3)。一般是氢贮箱用氦气置换，而氧贮箱则用气态氧置换。

6.2.4.3 气封系统

对于液氢/液氧发动机，在低温推进剂液氢、液氧加注过程中，会导致与贮箱连通的导管、阀门及开关的温度下降而抽吸周围空气，空气中的水蒸气等气体会结冰，将阀门冻死，从而影响系统正常工作。为此，必须对与系统相连的排气口进行正压气封保护，以防止“低温抽吸”作用把外界空气中的易冻结成分抽吸进系统而卡死阀门或其他零件。进行气封的主要部件有液氢/液氧排气管、液氢/液氧贮箱增压管、液氢/液氧溢流阀门控制管等，每路气封由单向阀、限流嘴及导管等组成。

一般在火箭起飞之前系统的吹除、置换(包括贮箱吹除与置换)与气封都是由地面测试-发控系统完成的，火箭起飞后由箭上吹除系统完成。

6.2.5 预冷系统

在低温推进剂火箭发动机中设置预冷系统的目的，是将推进剂供应系统管路、阀门，以及腔道等组件的温度降到液氢、液氧的温度，以防止低温推进剂流入发动机供应系统管路和腔道时受热而发生汽化，避免推进剂气液两相流流入泵和推力室内，发生泵失速、推进剂流量和压强波动、启动延缓以及推力室富氧而烧蚀等不良后果。

预冷方式有自流式和回流式。

自流式预冷(亦称排放式预冷)是将低温推进剂以一定流量流经发动机相应的供应系统管路、泵腔等，一直到主副系统的主、副阀门之前，经泄出口排向大气，使发动机供应系统冷却到所需要的温度。自流式预冷结构简单，但由于发动机预冷时间较长，要消耗一定的推进剂，因此，为了减少箭上推进剂消耗，一般在火箭发射前先由地面测试-发控系统进行预冷。对于上面级发动机，火箭起飞后继续用低温推进剂进行小流量连续或间歇式预冷。

回流式预冷(亦称循环预冷)是在发动机的入口与推进剂贮箱入口之间增设回流泵。在发动机启动前，用回流泵将贮箱内的低温推进剂以一定流量输入推进剂供应系统管路和腔道，然后再回到贮箱。回流式预冷没有推进剂的消耗。

在同一发动机中亦可同时采用两种预冷方式，且两种预冷方式可相互切换。如液氧/煤油发动机液氧系统的预冷，是在预冷系统中设置两位三通预冷回流阀，回流阀除一出口和液氧排放管路相通形成排放预冷路外，另一出口通液氧贮箱回流路形成循环预冷路。其工作模式是在发动机预冷前，液氧箱与发动机依靠预冷回流阀隔离开，发动机回流管与外界相通；发动机开始预冷时，预冷回流阀动作，连通液氧箱与发动机回流管，形成循环预冷；发动机启动时，预冷回流阀动作，断开液氧箱与发动机回流管，发动机处于预冷状态；发动机启动后依靠氧主阀的作用断开发动机预冷路。无论采用哪种预冷方式，均要对需要预冷的导管和腔道进行绝热保护。

6.2.6 推力室

推力室是液体火箭发动机的关键组件，是发动机的燃烧装置。在推力室内，一定流量的液体推进剂经过喷射、雾化、蒸发、混合和燃烧，形成高温气体反应产物，随后加速并高速喷出形成推力。

6.2.6.1 推力室的工作过程

从本质上讲，液体火箭发动机推力室的工作过程与固体火箭发动机的工作过程是一致的，都是一种能量的转换过程，即将推进剂的化学能转变为燃烧产物的热能和动能。对于双组元液体火箭发动机推力室来说，其工作过程是，液体氧化剂和燃料分别进入推力室头部的氧化剂腔和燃料腔后，通过喷注器喷入燃烧室，并在燃烧室内雾化、混合、蒸发后着火燃烧，产生高温、高压的燃气，燃气经喷管膨胀加速喷出而产生推力。而对于单组元液体火箭发动机来说，其工作过程是，单组元推进剂由喷注器喷入催化剂床，发生催化分解燃烧，生成高温燃气，通过喷管排出而产生推力。

6.2.6.2 推力室的结构组成

一般来说，推力室主要由头部和身部两大部分组成，一般采用焊接方式连接为整体。对双组元发动机，头部主要包括导管和喷注器，身部主要包括燃烧室和喷管等；对单组元发动机，身部主要包括催化剂床和喷管等。

推力室头部通常由顶盖、喷注器及隔板等部件组成，一般用焊接的方式连接成为一个整体构件。它是发动机的承力与传力的组件。顶盖由承力座、锥壳、氧化剂(或燃料)进口法兰盘、过滤网及半球缓冲器等组成。喷注器由喷注盘和喷嘴环(喷嘴)用铆接或钎焊组合而成。隔板作用是防止燃烧室发生高频燃烧不稳定。头部是推力室将推进剂组元进行雾化和推进剂流强分配的主要部件，一般不同类型的液体火箭发动机头部结构有所不同。

推力室身部是由圆柱段(或称为燃烧室)和喷管组成的整体结构。为了提高液体火箭发动机的结构强度，减轻质量，液体火箭发动机推力室身部一般是制造成一个不可拆卸的整体焊接结构，小推力液体火箭发动机多为一个整体构件。喷管常采用拉瓦尔钟形喷管，燃气流动时动量损失小，易于获得高的比推力。推力室身部材料通常选用导热性能好的材料，如铜锆合金、不锈钢等，小推力液体火箭发动机多采用耐热合金，如铌、钨、钼、钽合金以及碳/碳复合材料等。对于大推力发动机，为了提高强度在圆柱段外壁通常增加了加强肋。由于液体火箭发动机工作环境很恶劣，受高温、高压、高速的燃气作用，热密度很大，因此推力室采用多种冷却措施，保证结构强度，提高结构可靠性。推力室采用的冷却方法和推力室冷却结构将在后面的章节中具体介绍。

6.2.6.3 推力室的特点

液体火箭发动机推力室与其他的热机燃烧室所不同的主要特点：

(1)燃烧室工作容积的热容强度很大($10^3\sim10^4\,\mathrm{MJ/(m^3\cdot s)}$)，比一般工业锅炉的热容强度大几百倍，比涡轮喷气发动机的燃烧室大几十倍，因此对液体火箭发动机的燃烧室结构设计提出了苛刻的要求。

(2)燃烧室中燃气的压强和温度均很高(2～25 MPa，4 000 K左右)，在如此的高温、高压下工作，对于燃烧室的材料和冷却系统也提出了苛刻的要求。

(3)燃烧组织困难。推进剂在燃烧室内具有相当高的流量强度(流量强度是指推进剂的秒流量和燃烧室横截面积之比，在现代液体火箭发动机中，流量强度的值达到50～100 g/(cm^2·s))，且推进剂在燃烧室中进行的燃烧时间很短(不超过5 ms)，燃气在室内的停留时间短，而燃烧效率又要求很高，因此，为了使推进剂完全燃烧，就要求推进剂组元在进入燃烧室时能很好地雾化(流量强度越大，越难组织液体推进剂的雾化、蒸发和混合等过程)，即对喷注器的设计提出了高要求。

(4)推进剂组元的每秒消耗量相当大，因此要求在发动机启动时能可靠地点燃推进剂。

当发动机的工作状态低于设计状态时，发动机的工作经济性和冷却条件将急剧恶化。

液体火箭发动机推力室的结构和使用特点，在许多方面与所采用的推进剂种类有关。

在保证结构简单、质量轻和工作可靠的前提下，发动机推力室的完善性主要取决于其产生的比推力的大小，因为在飞行器结构一定的情况下，发动机比推力的大小是决定其航程的最重要的参数。而推力室中组织和完成工作过程的质量，是影响其比推力大小的主要因素，因此，为了进一步改进和完善推进剂在推力室中的燃烧过程，必须对在不同的推进剂组元混合比和不同的燃烧室压强条件下的推进剂喷射雾化装置(即喷注器)、推力室内的燃烧过程等有充分的了解和认识，以便设计出高质量的雾化装置，保证推进剂在推力室内进行完全而稳定的燃烧。

6.2.7 涡轮泵

涡轮泵是泵压式液体火箭发动机中涡轮和泵组合的总称，是液体火箭发动机的重要组成部分。它的主要功能是将从贮箱中来的低压推进剂组元的压力提高，并按发动机系统所要求的参数把推进剂输送到主推力室中，同时将部分或全部推进剂组元输入到燃气发生器或预燃室中，燃烧后的高温、高压燃气作为推动涡轮的工质。

在泵压式推进剂供应系统中，液体火箭发动机系统所需要的压力主要由泵来提供，因而飞行器贮箱中的压力可以较低，贮箱壁可以做得很薄，从而大大减轻结构质量。随着液体火箭发动机推力、比冲和燃烧室压力的不断提高及补燃系统的采用，涡轮泵在液体火箭发动机中的作用也越来越重要，尤其是对于高压液氢/液氧发动机更为突出。涡轮性能的好坏，将直接影响发动机的性能、寿命和可靠性。因此，对涡轮泵提出了如下基本要求：

(1)在给定的推进剂流量下，应保证发动机系统要求的出口压力值；

(2)具有最小的尺寸和结构质量；

(3)具有尽可能高的效率；

(4)确保发动机在所有工况下稳定工作，压力脉动与机械振动都很小；

(5)具有与腐蚀性液体或低温液体工作的相容性，不允许氧化剂泵零件间有摩擦(这会导致局部加温，甚至爆炸)；

(6)具有高的抗气蚀性能；

(7)具有抽吸含少量气体或蒸气的推进剂的能力。

涡轮泵由推进剂泵、涡轮、轴承、密封、齿轮传动系统、转速测量装置及辅助动力传动部分等组成。推进剂泵包括氧化剂泵和燃料泵,有时还有涡轮工质泵。

根据涡轮和泵的传动方式或涡轮和泵的配置方式,可把涡轮泵分为三大类:同轴式涡轮泵、齿轮传动式涡轮泵及双涡轮式涡轮泵。

涡轮泵的工作过程:在燃气发生器或预燃室中产生的高温、高压燃气通过涡轮喷嘴膨胀,将其热能转化为动能,再经过涡轮动叶,将燃气的动能转化为推动涡轮转子旋转的机械能,涡轮产生的机械能,通过齿轮传动或由涡轮轴直接传给泵,使泵的叶轮产生高速旋转,由于泵轮的高速旋转,使从推进剂贮箱来的低压推进剂组元在离心力的作用下沿着叶轮通道并经过泵壳扩散器流出,从而把涡轮传来的机械能转化为推进剂组元的速度能和压力能。

涡轮泵的主要特点:

(1)工作条件十分恶劣。涡轮在高温(1 000～1 300 K)、高压(5～40 MPa)、高转速(10 000～95 000 r/min)下工作;泵在常温、低温(90 K)或超低温(20 K)、高压(7～60 MPa)、高转速(7 000～9 500 r/min)的易燃、易爆、剧毒、强腐蚀的推进剂中工作。

(2)涡轮泵结构复杂,零、部组件多,技术要求严,加工难度大,研究费用高,研制周期长。涡轮泵技术的综合性强,涉及很多不同的技术领域,集中反映了燃气轮机、水力机械、轴承、密封以及新工艺、新材料等方面的技术水平。

6.2.7.1　涡轮

涡轮的作用是将气体的热能和压力能转变为轴上的机械功,以驱动泵。这个能量的转换是在静止的喷嘴(或静叶)和旋转的动叶中完成的。吹动涡轮转动的工质,一般用燃气发生器产生的燃气,或者从燃烧室中引出的燃气。液体火箭发动机对涡轮的主要技术要求是可靠性高、结构简单、质量轻、尺寸小、效率高,与离心泵接合良好。

1. 涡轮的特点及分类

涡轮由涡轮静子(包括燃气集合器、喷嘴环、导向器和涡轮排气管)和涡轮转子(包括工作叶片、涡轮盘和轴等),以及密封组件等组成。涡轮工作时,高温燃气进入与喷嘴环相连接的集气管,在喷嘴环上一排小型收敛扩张喷管的作用下,以超声速或亚声速从喷管喷出,冲击涡轮叶片,驱动涡轮高速旋转。

在液体火箭发动机中,一般采用轴流式涡轮。在用分级燃烧循环系统的中、小推力的发动机中,也采用径向涡轮。这里只介绍轴流式涡轮。

(1)按级的焓降分配方法,涡轮分为冲击式和反力式两种。

在冲击式涡轮中,级的焓降几乎全部在静叶中转化为动能,也就是说,燃气通过涡轮盘动叶片时,只产生冲击力,没有静压降(即没有膨胀),只有速度方向的改变。在反力式涡轮中,级的焓降不仅在动叶中有,在静叶中也有。大多数液体火箭发动机涡轮泵采用小反力度的冲击式涡轮。

(2)按发动机循环系统,涡轮分为独立涡轮与燃烧室前置涡轮。

独立涡轮用于燃气发生器循环系统。这种涡轮具有高降压比、高比功、小流量、部分进气等特点。一般采用超声速涡轮级,涡轮效率较低(50%～70%)。超声速涡轮级是指以超声速的相对速度进入转子的涡轮级。

燃烧室前置涡轮用于分级燃烧循环系统。这种涡轮具有高入口压力、大流量、低降压比、低比功、全面进气等特点。

(3)按级数的多少,涡轮分为单级涡轮与多级涡轮。

涡轮级由静止导向器(静叶)和动叶两个环形叶栅组成。只有一个级的涡轮称为单级涡轮,具有多个级的涡轮称为多级涡轮。

多级涡轮有利于提高涡轮效率,在液体火箭发动机中得到广泛应用。其优点为:

1)每一级的比焓降较小,可以限制流通部分的气流速度,以获得最佳速比;

2)由前一级内部损失引起的比焓增加,可以在下一级中得到部分利用,回热率可达2%;

3)前一级余速可在下一级中得到利用,以减少余速损失。

但多级涡轮结构复杂,轴向长度大,这对液体火箭发动机都是不利的,因此,在设计中要进行综合考虑。

2. 涡轮的主要性能参数

(1)转速。当涡轮和泵同轴工作时,涡轮转速应由泵的设计决定,往往由于泵的气蚀限制,转速不能太高,从而使涡轮不能在最有利的转速下工作。但当和泵不同轴工作时涡轮可在最有利的转速下工作,具有较高的效率。当然,转速还要受到涡轮叶片、轮盘和轴承等强度的限制。

(2)功率。涡轮在设计转速时发出的功率应由被带动部件所需要的总功率决定。但为了给以后调整时留有余地,往往要求涡轮发出的功率稍大一些。

(3)涡轮效率。

$$\eta_w = \eta_m \eta_\Sigma \tag{6-2}$$

式中,η_m 为机械效率;η_Σ 为涡轮内效率,由喷嘴效率和工作叶片效率决定。

(4)涡轮工质质量流量。在涡轮功率 N_w 一定时,涡轮工质质量流量取决于涡轮效率 η_w 和绝热功 L_w,即

$$G_w = \frac{N_w}{L_w \eta_w} \tag{6-3}$$

(5)涡轮工质参数。涡轮工质参数一般包括涡轮喷嘴入口处气体的温度 T_{0w}、涡轮喷嘴入口处气体的压力 p_{0w} 和涡轮喷嘴出口处气体的压力 p_{ew}。

3. 涡轮的损失

涡轮在理想工作状态时气体所做的功和实际所做的功之差,称为涡轮的损失。涡轮中的损失主要由气体在喷嘴中的损失、气体在工作叶片中的损失、鼓风、摩擦和驱气损失、余速损失、泄露损失以及机械损失等组成。气体在喷嘴中的损失、气体在工作叶片中的损失及余速损失均发生在轮缘上,故称为轮缘损失(对应的效率为轮缘效率)。它的数值较大,对总的损失起决定作用,因而对效率的影响也较大。除掉机械损失以外的各种损失均产生在涡轮壳体以内,故称为内损失(对应的效率为内效率),这种损失转变成热能又部分增加了气体的热焓,直接影响了涡轮工质的气体状态。

6.2.7.2 泵

泵是一种应用十分广泛的水力机械,它能把原动机的机械能传给它所抽送的液体,使液体

的能量增加。在液体火箭发动机泵压式供应系统中，使用泵来提高推进剂组元的压力，并按一定流量输送到推力室中去。因此，泵的性能好坏对发动机推力的稳定、燃烧过程的质量等都有很大的影响。

叶片式泵的工作机构是安装在转轴上的叶轮，流体流经高速旋转的叶轮后，其能量被提高。在这种泵中将机械能转化为流体的动能是在叶片形成的通道中完成的。叶片式泵的优点：转速高、压头高、流量大、运动部件少、结构质量轻、外廓尺寸小，由于叶轮和壳体之间间隙大，不易造成摩擦生热，能够在高、低温以及腐蚀介质中工作；可以用电机和涡轮来传动。其缺点：当进口压力小时，会发生气蚀，从而影响正常工作，当流量变化时其压头会改变。由于其显著优点，在液体火箭发动机泵压式系统中被广泛采用，如图 6-20 所示，主要分离心泵和轴流泵两种。在液体火箭发动机中，离心泵作为主泵，轴流泵作为前置泵，称之为诱导轮，主要用它产生一定的压头，提高离心泵的入口压力，提高泵组的抗气蚀性能。对于离心泵，液体推进剂径向地流经叶轮，其叶轮由前后盖板和单曲率或双曲率的叶片组成，其叶轮的进出口边缘线与泵轴平行或倾斜的角度取决于比转数的高低。对于轴流泵，液体推进剂轴向的流经转子。

由于离心泵最能满足对液体火箭发动机输送系统提出的要求，所以，目前在液体火箭发动机输送系统中广泛地采用离心泵。

图 6-20　叶片式泵

(a) 离心泵；(b) 轴流泵

1. 离心泵的工作原理

离心泵由叶轮和扩压器两大部分组成。扩压器通常又称为泵壳，扩压器上带有与流体入口、出口装置的法兰。叶轮是带叶片的轮盘，在转动平面内叶片可以有各种不同的倾斜度，一般是弯向与转动方向相反。扩压器是螺壳式的，通道面积由小到大，到出口处达到最大。离心泵工作时，贮箱中的液体推进剂在增压气体等作用下从离心泵的进口装置流入叶轮，由于叶轮高速旋转，叶片推动液体推进剂一同转动。在离心力作用下液体推进剂被高速甩出叶轮，从而产生动能。从叶轮高速流出的推进剂进入扩压器，因通道面积逐渐扩大，它的速度降低，动能逐渐下降则压力不断提高，在满足要求的压力和速度下进入推进剂输送管路。通常叶轮出口流体的速度为 50 ～ 100 m/s，离心泵的出口流速为 6 ～ 12 m/s。可贮存推进剂的泵出口扬程为 300 ～ 500 m，低密度的低温推进剂泵的出口扬程为数万米。例如美国航天飞机主发动机高压液氢泵扬程高达 66 200 m，其流量只有 73.14 kg/s，液氧泵扬程为 2 956 m。

2. 泵的基本参数

泵的基本参数主要有流量、压头、转速、功率和效率等。

(1) 流量。泵在单位时间内所抽送的液体体积或质量叫作泵的流量，用体积流量或质量流量表示。

(2) 压头。压头又称扬程，每一单位质量的液体通过泵后其能量的增加值称为泵的压头。用 H 表示泵的压头，其单位是 m。它表示泵所压送液体的液柱高度。

根据能量方程，液体流入泵时和液体离开泵时所具有的能量为(见图 6-21)

$$E_1 = Z_1 + \frac{p_1}{\rho g} + \frac{v_1^2}{2g}$$

$$E_2 = Z_2 + \frac{p_2}{\rho g} + \frac{v_2^2}{2g}$$

泵传给单位质量液体的能量为

$$H = E_2 - E_1 = \frac{p_2 - p_1}{\rho g} + (Z_2 - Z_1) + \frac{v_2^2 - v_1^2}{2g}$$

式中，p_1 为液体进入泵时的压力；p_2 为液体流出泵时的压力；v_1 为液体进入泵时的绝对流速；v_2 为液体流出泵时的绝对速度；Z_1 为泵进口液位高度；Z_2 为泵出口液位高度；g 为重力加速度。

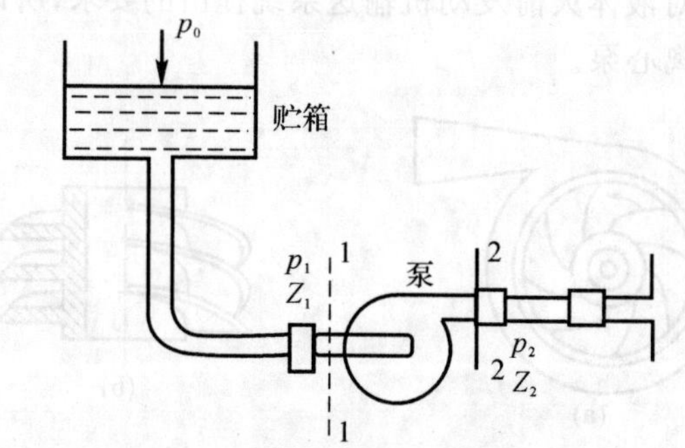

图 6-21　泵的压头计算示意图

(3) 转速。泵的转速 n 即为泵在每分钟内转子的旋转圈数，在设计时主要根据泵的抗气蚀性能、结构布局、质量要求、轴承直径及密封切线速度等因素来确定。通常泵的转速为 1 000～4 000 r/min，最高已达 9 500 r/min。

(4) 功率。泵的功率指泵所消耗的功率，即输入功率，也就是涡轮输送给泵的功率，用 P_p 表示。在一定流量下，消耗在产生实际压头上的功率称为有效功率 P_{ep}，也即指单位时间内流过泵的液体从泵那里所获得的能量。

(5) 效率。由于泵内存在各种损失，所以泵不可能把涡轮输入的功率完全传递给液体，损失的大小一般用总效率 η_p 表示。泵的效率为有效功率与输入功率之比。

3. 泵的相似理论与比转速

由于泵内液体运动的复杂性，需要广泛地应用模型试验来校核。为此要从实际黏性液体的一般相似规律中，建立几何的、运动的和动力的相似条件。根据几何相似(形状和尺寸相似)和运动相似(速度场相似)的条件建立相似泵间的主要关系。速度三角形的相似可以写成实际泵和模型泵(下标为“m”)的速度比为常数。即

$$\frac{\boldsymbol{w}}{\boldsymbol{w}_m} = \frac{\boldsymbol{c}}{\boldsymbol{c}_m} = \frac{\boldsymbol{u}}{\boldsymbol{u}_m} = 常数$$

$$\frac{\boldsymbol{u}}{\boldsymbol{u}_{\mathrm{m}}}=\frac{\boldsymbol{r}\boldsymbol{n}}{r_{\mathrm{m}}n_{\mathrm{m}}}=\lambda\frac{\boldsymbol{n}}{\boldsymbol{n}_{\mathrm{m}}}$$

式中，λ 为实际泵与模型泵的线性尺寸之比；$\boldsymbol{w}$ 为相对速度矢量；$\boldsymbol{c}$ 为绝对速度矢量；$\boldsymbol{u}$ 为圆周速度矢量。

实际泵与模型泵基本参数之间的关系如下。

(1) 流量关系。泵的体积流量可写为

$$q_V=\pi D_2 b_2 k_2 c_2 \eta_V$$

式中，D_2 为泵叶轮外径；b_2 为泵叶轮出口部分于午截面的宽度；k_2 为叶轮出口处的排挤系数；η_V 为泵的体积效率。

由于几何相似，则排挤系数相等，且$\frac{b_2}{b_{2\mathrm{m}}}=\frac{D_2}{D_{2\mathrm{m}}}$，$\frac{c_2}{c_{2\mathrm{m}}}=\frac{u_2}{u_{2\mathrm{m}}}=\frac{nD_2}{n_{\mathrm{m}}D_{2\mathrm{m}}}$，同时略去体积效率之间的差别，则有

$$\frac{q_V}{q_{V\mathrm{m}}}=\left(\frac{D_2}{D_{2\mathrm{m}}}\right)^3\frac{n}{n_{\mathrm{m}}}$$

(2) 压头之间的关系。泵的压头可以写为

$$H=(c_{2u}u_2-c_{1u}u_1)\eta_h$$

式中，η_h 为泵的水力效率。

当实际泵与模型泵的尺寸和转速相差不大时，可以认为水力效率相等，再根据运动相似，其速度比为常数，则有

$$\frac{H}{H_{\mathrm{m}}}=\left(\frac{D_2}{D_{2\mathrm{m}}}\right)^2\left(\frac{n}{n_{\mathrm{m}}}\right)^2$$

(3) 功率之间的关系。泵的输入功率可写为 $P_{\mathrm{p}}=\frac{\rho q_V H}{\eta_{\mathrm{p}}}$，认为泵效率相等，则有

$$\frac{P_{\mathrm{p}}}{P_{\mathrm{pm}}}=\frac{\rho}{\rho_{\mathrm{m}}}\left(\frac{D_2}{D_{2\mathrm{m}}}\right)^5\left(\frac{n}{n_{\mathrm{m}}}\right)^3$$

对于同一台泵，已知某一转速下的流量、压头和功率数据时，在转速变化不很大的情况下，可以按等效率点换算得出在另一转速下的相应数据，这在液体火箭发动机的应用上很重要。

在相似定律的基础上，可以推出多个几何相似的泵的性能之间的一个综合数据，如果各个泵的这个数据相等，则这些泵是几何相似和运动相似的，就可用相似定律换算性能之间的关系。这个综合数据就是比转速。由流量关系和压头关系可以得到

$$\frac{q_V}{nD_2^3}=\frac{q_{V\mathrm{m}}}{n_{\mathrm{m}}D_{2\mathrm{m}}^3}=\text{常数}$$

$$\frac{H}{(nD_2)^2}=\frac{H_{\mathrm{m}}}{(n_{\mathrm{m}}D_{2\mathrm{m}})^2}=\text{常数}$$

式中，$\frac{q_V}{nD_2^3}$ 称为流量系数；$\frac{H}{(nD_2)^2}$ 称为压头系数，均可作为相似判别数据使用。但由于其中包括叶轮尺寸，使用时不是很方便，因此，将两个系数做适当处理，消去其中的尺寸参数，可得

$$\frac{\sqrt{\frac{q_V}{nD_2^3}}}{\left(\frac{H}{(nD_2)^2}\right)^{\frac{3}{4}}}=\frac{n\sqrt{q_V}}{H^{\frac{3}{4}}}$$

得出的综合数据只包括性能参数，也是泵的相似准则，这就是比转速，用 n_s 表示。当压头的单位为 J/kg 时有 $n_s=\dfrac{20.24n\sqrt{q_V}}{H^{\frac{3}{4}}}$；当压头的单位为 m 时有 $n_s=\dfrac{3.65n\sqrt{q_V}}{H^{\frac{3}{4}}}$。

对于多级泵，n_s 不是按整个泵计算，而是按级计算；对于双面进口叶轮，n_s 按单面入口流量计算。

比转速是一个确定泵类型并影响泵级数选择的基本准则数。对于同一台泵，在不同工况下 n_s 具有不同的值，作为相似准则的 n_s 是指对应于最高效率点工况的值。因为 n_s 是泵的几何相似和运动相似的准则，所以可按 n_s 对泵及其特性曲线的趋势进行分类。

4. 泵的损失

泵内损失可分为三类，即水力损失、体积损失（或容积损失）和机械损失。

(1) 水力损失。泵内水力损失可分为叶轮中的损失和壳体中的损失两部分。叶轮中的损失有通道的壁面摩擦损失、涡流损失和扩散损失；壳体中的损失有摩擦损失、冲击损失和扩散损失。

摩擦损失主要由液体与壁面摩擦产生。试验证明，液体在离心场内流动时的摩擦损失要比静止通道内的大得多，目前还不能精确地计算出这种损失，只能近似地按不转动通道来估算，然后再用试验数据进行修正。

涡流损失是由于旋转运动引起的流速不均匀、液流转弯以及通道内可能没充满液体等，使叶轮中产生涡流区而产生的。

扩散损失是当通道为扩散状时，由于相对速度的滞止而产生的。

冲击损失是由于液体从叶轮中流出的速度大于壳体中的速度而引起的。

(2) 体积损失。由于泵内存在泄漏，通过叶轮的流量必须大于泵的流量，这就产生了损失。泵内泄漏一般有以下三种方式：

第一种，由于高压腔经过叶轮和壳体之间的密封环向低压腔泄漏。

第二种，通过泵的动密封装置向泵外泄漏。液体火箭发动机对轴上动密封装置的要求很高，因此这个泄漏量很小。

第三种，有意地使少量液体通过轴承以进行冷却和润滑，这股流量的大小取决于轴承的需要。

泄漏量与密封装置的间隙、结构以及工作压降有关。

(3) 机械损失。泵中有轴与轴承、轴与密封装置的摩擦，叶轮转动时，叶轮的前后盖板在液体中转动与液体产生的摩擦，这就消耗了一部分泵的轴功率，产生损失。

泵的各种损失都有相应的计算方法，本书只对各种损失进行一个简单的表述，相应的计算方法可以参考其他文献获得。

5. 泵的气蚀

当泵内局部区域的静压力小于当地温度下的液体饱和蒸气压力时，该处的液体即产生蒸气泡，气泡随着液流进入高压区时，重新凝结并出现水击现象的全过程称为泵的气蚀。泵在工作时，液体在叶轮内高速流动，当某个地方液体的静压力低于当时温度下的该液体的饱和蒸气压力 p_s 时，液体将发生沸腾，产生蒸气泡。由于泵中的液体是连续流动的，当气泡进入到较高的压力区时，气泡便凝结成液体，体积发生突然收缩，此刻大量的液体就以极大的加速度向着由于气泡凝结所形成的空腔中迅速冲来，四周的液体都向着这一空腔汇集，结果形成了巨大的水力冲击，产生了很高的局部压力，其值可达到几千个大气压力。水力冲击时高速流动又造成压力下降，而产生气泡，气泡又凝结时造成再一次冲击，这种过程每秒钟内将发生数万次之多。泵在发生气蚀时有以下特征：

(1) 泵的流量、压头和效率剧烈降低。这是因为泵发生气蚀后，在叶轮通道中被气蚀所阻塞，流通面积减小，所以使流量降低；另外动力源传给泵的叶轮能量消耗在水力冲击上了，使压头降低，因而效率也大大下降。

(2) 泵的叶轮会发生机械损坏。这是由于发生气蚀时，伴随着巨大的水力冲击，很高的压力冲击到叶轮表面，使金属剥落，另外由于从液体中分离出来的氧原子的作用，引起金属腐蚀，从而造成叶轮的机械损坏。

(3) 泵会发生振动和噪声。由于气蚀具有上述危害，在液体火箭发动机上，泵是不允许发生气蚀的。因为气蚀严重时会影响到火箭发动机的正常工作，甚至会引起发动机的爆炸。

气蚀破坏泵内液流的连续性，并反映到其性能曲线上。在气蚀的初期，对泵的流量和压头没有显著的影响，其表现仅为由于水击在进口区域内引起噪声。气蚀进一步发展会使流量减小，压头和效率降低。

在液体火箭发动机设计中，为了提高涡轮泵的性能，减小尺寸和减轻质量，都要求尽可能地提高涡轮和泵的转速。而提高泵的转速主要受到泵抗气蚀性能的限制，因此，必须设法提高泵的抗气蚀能力，也就是必须提高泵的气蚀比转速。提高泵气蚀比转速的办法很多，如适当加大叶轮入口直径和叶片入口宽度；将叶片入口边适当向吸入方向延伸；减薄叶片入口边厚度；适当加大叶片入口安装角；采用双曲率叶片等。提高泵气蚀比转速最有效的办法是采用组合泵，即在离心泵前增加一个诱导轮，使离心轮进口液流压力增高，并使液流具有周向分速。诱导轮相当于离心泵前的一个辅助增压泵，可以在入口有一定的气蚀情况下工作。这样，可以显著提高离心轮进口的气蚀余量，并使离心轮进口的临界动压降减小，从而显著地提高整个泵机组的抗气蚀性能。

6. 净正抽吸压头及气蚀比转速

为了保证泵能正常工作，必须防止泵在工作过程中发生气蚀。因此，在泵的入口处应具有一定的压力，使液体在泵内的流动过程中流道各处的静压不小于在该处温度下液体的饱和蒸气压。

泵的入口压力由贮箱压力、液柱高度、惯性压力、进口管路的水力损失和动压头所决定。

泵的净正抽吸压头(也常用 NPSH 表示)定义为在泵的入口处液体的总压头与在该处的温度下液体的饱和蒸气压头之差，即

$$H_{ne}=\frac{p_{ip}}{\rho g}+\frac{c_{ip}^2}{2g}-\frac{p_V}{\rho g} \tag{6-4}$$

式中，H_{ne} 为泵的净正抽吸压头；p_{ip} 为泵的入口压力；p_V 为推进剂的饱和蒸气压；ρ 为推进剂密度；c_{ip} 为泵入口的轴向速度；g 为重力加速度。

净正抽吸压头也称为最大动压降。每台泵在给定情况下具有净正抽吸压头临界值，低于此值泵内就会出现局部气蚀。对于叶轮入口液流为均匀和无预旋的稳定流动，可由相对运动能量方程求得

$$H_{ne}=\frac{c_1^2}{2g}+\lambda\frac{w_1^2}{2g} \tag{6-5}$$

式中，c_1 为叶轮叶片进口处液流的绝对速度；w_1 为叶轮叶片进口处液流的相对速度；λ 为叶栅气蚀数，$\lambda=\dfrac{p_1-p_c}{\dfrac{\rho w_1^2}{2}}=\dfrac{w_c^2}{w_1^2}-1$；$w_c$ 为液流进入叶片时在进口边附近背面最大相对速度。

净正抽吸压头是由运载器贮箱质量、贮箱增压系统质量、增压气体质量、泵的抗气蚀性能水平、涡轮泵质量、推进剂供应系统总成本等进行综合权衡而确定的。泵压头随入口压力变化的关系曲线称为气蚀特性。设计中通常用临界净正抽吸压头 H_{necr} 来表示为保证消除泵气蚀所需的最低抽吸压头。它的定义为:保证泵在一定的转速和流量下能正常工作的最低净正压头。通常取在额定工作状态下的泵压头下降不超过 2% ～ 3% 最低净正抽吸压头。临界净正抽吸压头 H_{necr} 的计算仍按式(6-4)进行，但式中 p_{ip} 应用 p_{ipcr} 代入。如果泵入口压力进一步降低，即其入口净正抽吸压头降到临界值以下，那么泵在工作过程中将发生气蚀，泵的扬程、流量将会逐渐降低，甚至产生不连续流动，这是运载火箭绝对不允许的。

气蚀比转速是评价泵的抗气蚀性能的重要参数。对于几何相似的泵(或同一台泵)，在相似工况下，气蚀相似可表示为

$$\frac{H_{ne}}{(H_{ne})_m}=\frac{c_1^2+\lambda w_1^2}{(c_1^2+\lambda w_1^2)_m}=\frac{u^2}{u_m^2}=\frac{D^2n^2}{D_m^2n_m^2} \tag{6-6}$$

即

$$\frac{H_{ne}}{(Dn)^2}=常数$$

从泵的相似定律得

$$\frac{q_V}{D^3n}=常数 \tag{6-7}$$

将上面两式适当处理并消去 D 后，可得气蚀比转速 n_{ss}。

当 H_{ne} 的单位为 J/kg 时，有

$$n_{ss}=31.2\frac{n\sqrt{q_V}}{H_{ne}^{\frac{3}{4}}}$$

当 H_{ne} 的单位为 m 时，有

$$n_{ss}=5.62\frac{n\sqrt{q_V}}{H_{ne}^{\frac{3}{4}}}$$

当泵是几何相似和运动相似时，n_{ss} 之值为常数。因此，n_{ss} 可作为气蚀准则，表示泵气蚀性能的好坏。n_{ss} 之值越大，泵的抗气蚀性能越好。

7. 诱导轮

诱导轮(见图 6-22)的功用是用来提高主泵叶轮入口前的压力，以防止离心轮发生气蚀。在液体火箭发动机涡轮泵中，由于采用了由诱导轮和离心轮组成的泵机组，使涡轮泵转速得以大幅提高。这不仅减小了涡轮泵的尺寸和质量，提高了涡轮泵的性能，而且由于抗气蚀性能提高，使泵可以在入口压力较低的情况下稳定、可靠地工作。这就可使推进剂贮箱中的增压压力降低，减小推进剂贮箱的结构质量和给贮箱增压的气

图 6-22　诱导轮

体量。

由于叶片负荷小，叶片进口叶栅气蚀数也小，因而诱导轮临界净正抽吸压头较小。而且它是轴流式叶轮，流通面积大，即使在局部气蚀条件下也能正常地工作而不易堵塞。在轴流式诱导轮中，当叶片间的通道足够长时，则在诱导轮入口边缘的初生气蚀不会使诱导轮的工作状态遭到破坏。含有气体的液体沿着叶片长度方向进入高压区后，将会使气泡凝结，并在离心力作用下向外径移动，从而使气泡受到液体的压缩。因此诱导轮抗气蚀性能较高，气蚀比转速可达到6 000 r/min左右。

诱导轮可按压头高低进行分类，也可按轴面流道的形状来分类。按压头（扬程）分类时，可分为高压头诱导轮（压头系数 $\varphi=\frac{H}{u_2^2}>0.15$）和低压头诱导轮（$\varphi\leqslant 0.15$）两类。

6.2.8　阀门

液体火箭发动机在整个工作过程中需经历启动点火、转级和关机各个阶段；需对推进剂供应系统及液路、气路控制系统中的介质（液体或气体）及时地输送或切断；需对某些工作参数进行调节或控制。在系统管路中，用以打开或切断介质流路的组件称为控制阀；对流体工作参数（压强或流量）按照需要进行调节或控制的组件称为调节阀（又称调节器）。二者统称为阀门。

阀门是一种控制流体流动或调节流体参数的机械装置，它有如下主要功能：

(1)开始和停止流体的流动；

(2)调节流体的流量；

(3)防止流体倒流；

(4)调节和稳定流体压强；

(5)卸除流体的过压。

液体火箭发动机有各种形式和用途的阀门。一般可分为一次工作阀门和多次工作阀门两大类。一次工作阀门是靠发动机本身的流体能量或电爆管产生的固体火药燃气压强来进行控制的。多次工作阀门用于多次启动发动机上或有测试要求的发动机上。

阀门按操纵能源来分类，则有气动阀、液压阀、电动阀、电磁阀和电爆阀等。气动阀是用压缩气体（诸如空气、氮气或氦气）进行控制的；液压阀一般是利用发动机本身的推进剂进行控制的；电动阀一般是利用运载火箭或航天器上的电源进行控制的，常用 27 V 左右的直流电源驱动电动机或通过线圈电磁场产生作用力来控制。

阀门按用途可分为加注阀、泄出阀、充气阀、隔离阀、启动阀、断流阀、单向阀、卸压阀、安全阀及调节阀等。

阀门结构上可分为菌阀、球阀、蝶阀、闸阀、叶片阀、套筒阀、膜片阀、切刀阀和气蚀管等。

通常，将能自动调节流体参数（诸如压强、流量等）的阀门称为调节器，按其用途可分为定值调节器、定比例调节器、定差调节器。定值调节器出口压强在发动机稳态工作期间保持某一定值；定比例调节器出口压强与某个参考压强之比为某一定值；定差调节器出口压强与某个参考压强保持一定压差值。

调节器按被调参数可分为压强调节器和流量调节器，按工作流体的不同又可分为气体调节器和液体调节器两类。

调节器按其结构不同可分为直接作用式调节器和先导式调节器。直接作用式调节器有三种基本元件:敏感元件(例如膜片)、节流组件(启闭件和阀座)以及基准载荷元件。先导式调节器由主阀和导阀组成。导阀感应被调节参数并进行放大后控制主阀的动作。由于有导阀对调节参数的偏差进行放大,致使先导式调节器的调节精度高,但稳定性差,要增设阻尼装置,结构复杂。

调节器按敏感元件不同还可分为膜片式、柱塞式和波纹管式调节器等。

为了使阀门的启闭件按系统程序要求保持在所需的工作位置上,需要用作动器来控制其动作。作动器是一种利用气体、液体、火药、电或其他能源作为机械运动(直线的或旋转的)的装置。按所使用的能源不同,作动器可分为气体作动器、液压作动器、火药燃气作动器以及电作动器等。作动器既可以是阀门的一部分,也可以是机械地连接到阀门上的单个组件。活塞、薄膜、波纹管、电磁线圈等线性作动器通常是阀门的一部分,而液压、气动马达及电动机等旋转作动器通常通过传动件连接到阀体上。

液体火箭发动机阀门的特点:严格按照预定程序自动工作,流量、压强变化范围大;动作极其迅速、准确,适应发动机的各种苛刻的工作条件。随着航天事业的发展,发动机要求阀门既能控制剧毒的、高度活泼的、自燃的推进剂,又能控制低温推进剂;既能在高温、高压下工作,又能在低温下工作;适应高真空、超高真空等空间环境的工作;动作次数达上百万次而又具有低的泄漏率等。

6.2.9 发动机总装元件

液体火箭发动机的总装元件是将各组件组装成整台发动机所需的各种部件的总称,包括导管、支架、常平座、摇摆软管、机架、换热器和蓄压器等。

6.2.9.1 导管

导管是液体火箭发动机各部、组件之间的功能性连接件。当因配置条件或某种其他原理,使得各部、组件无法直接相互连接时,均采用导管连接件通过紧固件或焊接相连,将发动机的各个组件、部件有机地联系起来,使发动机成为一个有机的整体。导管的材料需根据其接触介质的特点、承受压强的大小等来选取。导管连接方式及其密封形式,根据介质的温度、腐蚀性及导管的尺寸、承受压强大小等来选取。导管按照使用功能可分为推进剂供应导管、燃气导管、气动系统导管和排泄管;按照结构特点分为刚性导管和柔性导管。柔性导管能减少对火箭某些部件、组件安装的准确性要求,能补偿部、组件的热变形等,常用的有补偿器(补偿管或补偿接头)、金属软管和塑料软管等。补偿器一般由连接法兰或带有法兰的硬导管和波纹管组成,有时补偿器的外面还包不锈钢丝网,以保护波纹管。补偿器的主要作用:补偿工艺装配误差;补偿温度变化引起导管伸缩的变形;补偿重力、振动等引起导管的变形,并对振动有一定的阻尼作用。

6.2.9.2 机架

机架是用来将发动机推力传递给弹体的承力组件,同时也是发动机组件安装架,故又称推力架或推力结构。其主要功用:传递发动机推力;安装或固定箭(弹)体的某些组件(如伺服结构、气瓶和电缆转接组件等)，也是发动机支撑和吊装运输的支撑点；作为发动机总体布局和装配的基础。机架是液体火箭发动机与箭(弹)体之间的主要分界面，是两者联系和协调的主要构件。机架的结构形式可分为杆式结构、梁式结构和壳式结构三种。

6.2.9.3　常平座

常平座是传递发动机推力并实现发动机摇摆的组件。发动机的摇摆有单向和双向等方式，故常平座有单摆结构和双摆结构。常平座摇摆角通常在±4°～±10°之间。多管发动机初始安装角通常在2°～6°范围内，初始安装角是保证多管发动机推力方向通过箭体纵轴线，使火箭飞行控制容易。常平座按摇摆方式可分为单向摇摆和双向摇摆常平座；按轴承方案和传力结构特点分为"十"字轴常平座、环形常平座和球形常平座。单摆常平座用于单向摆动的并联发动机，双向摇摆常平座用于双向摇摆发动机。

6.2.9.4　换热器

换热器是能把两种流体隔开，并能使热量从热流体传到冷流体的装置，主要用于液体火箭发动机的推进剂增压系统，为推进剂贮箱提供增压气体。常用的换热器有降温器、蒸发器和加温器。

1. 燃气降温器

燃气降温器是燃气降温增压系统的主要组件，是一种使高温燃气通过后，能够降低温度的换热器。图 6-23 所示为一种典型燃气降温器结构示意。

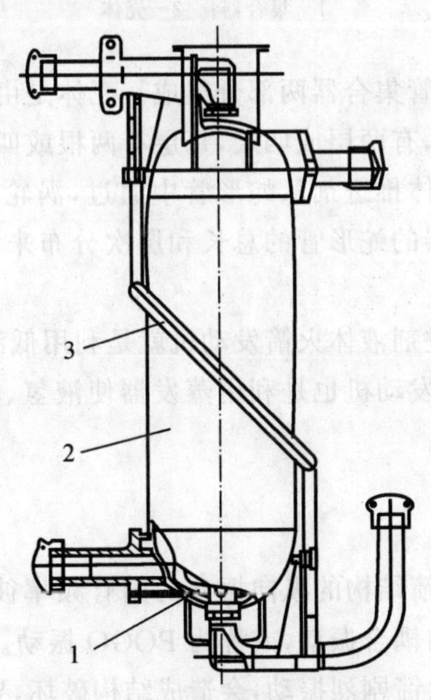

图 6-23　燃气降温器结构示意

1—旁通路；　2—壳体；　3—蛇形管集合器

燃气降温器由壳体、蛇形管集合器和旁通路组成。壳体内安装蛇形管集合器及管嘴组件，并且冷却燃气用的推进剂从中通过。蛇形管集合器管内通过高温燃气，管内燃气与管外冷却液进行热交换。旁通路用来调节燃气温度，在壳体外绕行。工作原理是从涡轮燃气进气口集气环处，引出的一股由燃气发生器产生的富燃高温燃气，绝大部分通过蛇形管集合器与管外流过的燃料进行热交换，高温燃气的部分热量被管外的冷却液吸收并带走，从而使燃气的温度降低。另外一小部分燃气直接由旁通管流过，在出口处与前者汇合，汇合后的低温燃气经导管送入燃料贮箱，使之增压。燃气降温器的高温燃气入口流量是通过调整声速喷嘴的孔径来进行控制的。当燃气流量一定时，改变冷却液的流量、改变集合蛇形管的长度或旁通路内的限流孔板的直径，可调节燃气降温器的出口温度和压强。

2. 推进剂蒸发器

蒸发器是推进剂汽化增压系统的主要组件，是一种使液体推进剂在其中加热、汽化的一种换热器。蒸发器通常是利用涡轮废气的热量将推进剂汽化，并且安装于涡轮废气集合器的出口处。图 6-24 所示是一种典型蒸发器的结构示意。

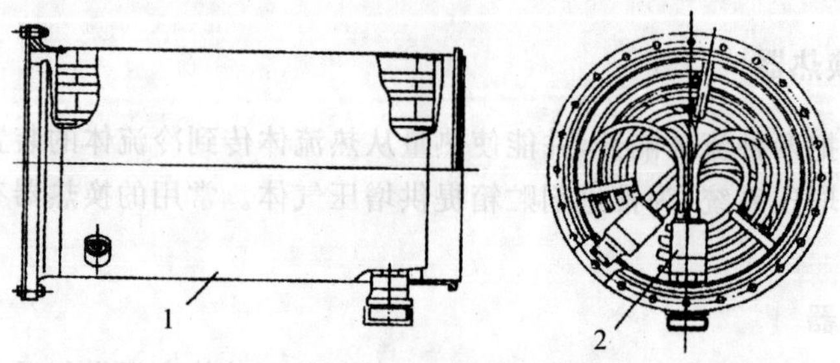

图 6-24　蒸发器结构示意

1—集合器；　2—壳体

这种蒸发器由壳体和蛇形管集合器两部分组成。壳体是由筒身和法兰组成的。蛇形管集合是由钢管绕成的螺旋形构件，有两层或四层，每层有两根或四根蛇形管。蛇形管与进口接头组合。工作时将要被汽化的液体推进剂从蛇形管中通过，涡轮废气从蛇形管外流过。当推进剂流量一定时，通过改变集合器的蛇形管的总长和层次分布来调节蒸发器中推进剂蒸汽出口温度和压强。

目前，我国大型可贮存推进剂液体火箭发动机就是利用低沸点的四氧化二氮汽化后，增压四氧化二氮推进剂贮箱。氢氧发动机也是利用蒸发器使液氢、液氧汽化，分别给液氢、液氧贮箱增压。

6.2.9.5　蓄压器

当液体火箭推进系统与火箭结构的纵向振动的固有频率彼此接近或相等时，会形成一种闭合回路的自激振动，称为纵向耦合振动，或称为 POGO 振动。这种振动若达到较大幅值，会给火箭带来很大危害；若引起火箭剧烈振动，会造成结构破坏，导致飞行失败。对载人飞行，这种振动可能造成航天员发生生理失调，如产生视力模糊等。

防止纵向耦合振动产生的技术措施大多是采用蓄压器，我国长征系列火箭均采用此技术。它是以改变推进剂输送管路的基振频率，使之与箭体结构的基振频率隔开，从而达到消除纵向耦合振动的目的。

蓄压器相当于一个具有一定压强和一定容积的气球，它旁通在输送管路上，即相当于在液路上插入一个大柔性元件。工作时，首先是改变管路内流体的柔性，从而改变管路内的压强脉动的传播速度，能明显地改变管路系统的振动频率。

蓄压器的柔性是依靠气体提供的，按其气腔结构有封闭式和非封闭式。前者又称为贮气式，后者又叫注气式。所用气体有氮气和氦气等。现在使用的贮气式结构蓄压器有气胆式和充气金属膜盒式。

6.2.10　液体火箭发动机系统工作过程

发动机系统的整个工作过程包括启动过渡段、额定工作段和关机过渡段。启动和关机过渡段都是瞬变过程。

从控制系统发出启动指令到发动机系统打开启动阀门、推力达到额定工作状态的过程，称为启动过渡段。在此期间，所有过程参数（压强、温度、速度等）都必须在短时间内（2～3 s）从初始状态过渡到额定工作状态，工作过程极为复杂。

从控制系统发出关机指令到发动机系统先后或同时切断主副系统的推进剂供应、发动机推力迅速下降到零的过程，称为关机过渡段。在此期间，所有过程参数（压强、温度、速度等）都从额定工作状态过渡到初始状态。

额定工作段是发动机参数处于设计参数工作状态。

实现发动机从启动准备、启动、额定工作、关机及后处理等全部过程，按时序或时段顺序编制的一系列控制指令，称为发动机工作程序，一般是由箭载计算机自动发出的。

实践证明，液体火箭发动机的大部分故障都发生在启动和关机这样的瞬变过程中。这是因为，此过程中所有部件几乎是从静止状态（或工作状态）迅速变为工作状态（或静止状态），在很短的时间内各种参数都要发生剧烈变化。瞬变过程可能导致发动机故障的主要原因：各种阀门打开、关闭而造成的推进剂供应管路的水击和压力振荡；因开始无法控制推进剂混合比变化而引起的推力室过载、压强振荡、爆燃和结构的剧烈振动等；某一瞬间可能发生危险的涡轮泵超转速工况，使发动机局部区域内的压强和温度超过其额定值等。

6.2.10.1　启动过程

启动过程包括推进剂充填（亦称启动准备）、点火和启动加速三个阶段。

推进剂充填是指在启动时，打开泵前阀，推进剂组元向燃烧室喷注器之前的所有腔道、管路进行充填的过程。当然，充填之前应对管路腔道用惰性气体（氮气/氦气）进行吹除，对低温推进剂而言，管路等还需要预冷，这些都属于启动充填前的准备工作。对于泵压式供应系统，分为自由充填和强迫充填两部分：在贮箱增压压强和液柱压头作用下进行的充填称为自由充填，在涡轮泵转动情况下进行的充填称为强迫充填。推进剂组元进入推力室的先后次序及时间间隔，与充填所需的时间有关。

在推进剂充填过程结束后，推进剂进入燃烧室（或燃气发生器），点火就开始。非自燃推进剂要采用点火装置，而自燃推进剂则靠推进剂组元接触时产生液相反应而自燃。

点火结束后发动机即进入启动加速阶段，即在 0.8～2 s，发动机的推力要达到额定值的 90%。

1. 对启动过程的要求

(1)可靠点火，且启动过程占用的时间最少；

(2)点火时推力室内的压强峰不大。

由于推进剂组元不可能同时喷入推力室，且着火总有个延迟过程，因此在点燃前推力室中必然积累了一部分燃料和氧化剂的混合物，当点燃时会形成很大的压强峰。如峰值过大，则有可能导致发动机结构破坏，也有可能在燃烧室压强和进入推力室流量之间的反馈导致不稳定燃烧，因此要求点火时压强峰不大。

总之，对发动机启动过程的基本要求是，在保证启动加速性的条件下，保证发动机快速、平稳、可靠地进入额定工作状态，并且重复性好。能否满足这些要求取决于启动程序的安排，主要包括，按规定的顺序把推进剂组元以所需的流量供应到推力室，保证推进剂点燃和按要求的推力变化规律变化等。

2. 启动过程的特征参数

表征启动过程的特征参数：

(1)启动加速性。启动加速性是指从发出点火指令到发动机推力达到额定值的 90%所需要的时间。此时间要求很短，现代液体火箭发动机通常为 0.8～2 s。

(2) 启动过载系数。启动过程中，推力室内最大压强与额定工作压强(即正常室压)之比称为启动过载系数，一般用符号 n 表示。启动过载系数 n 取决于推进剂着火前的启动混合比 r_i、稳定工作后的混合比 r_c、喷嘴压降 Δp、燃烧室特征长度 L^* 和燃烧时滞 τ。而燃烧室特征长度 L^* 为不变值，启动混合比 r_i 不容易控制，因此，为了减小启动过载，应减小推进剂的启动流量和减小燃烧时滞。

减小推进剂的启动流量实际上就是要降低着火前的喷嘴压降，因此一般都选择在燃烧室头腔内刚建压时就点火(一般发动机的启动系统必须保证推进剂组元在进入燃烧室后 0.03 s 内被点燃)。对于自燃推进剂，实际上就是控制两种推进剂组元进入燃烧室的时间。大量试验研究表明，两组元进入燃烧室的先后次序及相隔时间应有严格的要求，而且这种要求对于不同的推进剂有所不同。如果选择不当，将会产生很大的启动压强峰，造成严重后果。

燃烧时滞定义为：进入室内的液体推进剂以喷射速度运行至撞击点，然后完全汽化和燃烧所需的时间。每种推进剂组合的燃烧时滞 τ 取决于推进剂的物理化学性质、雾化和混合的质量、点火装置的功率、点火时的室压和温度等。对于自燃推进剂 τ 值较小，而对于非自燃推进剂，特别是液氢 / 液氧，由于预冷、吹除、点火方式的不同，常出现 τ 值较大，产生高的启动压强峰，甚至造成试车失败。因此必须通过地面试车确定合理的吹除、预冷程序，选定适当的点火装置及点火时间。

(3) 启动过程压强增长速率。启动过程压强增长速率是燃烧室压强对时间的导数，即 $\mathrm{d}p_c/\mathrm{d}t$。当 $\mathrm{d}p_c/\mathrm{d}t = 15 \sim 20$ MPa/s、启动过载系数 $n \approx 1$ 时，称为正常启动；当 $\mathrm{d}p_c/\mathrm{d}t = 25 \sim 30$ Pa/s、启动过载系数 $n \approx 1.3 \sim 1.4$ 时，称为“硬式”启动或“炮式”启动。

发动机在启动过程中主要参数随时间变化的规律称为启动过渡特性，如图 6-25 所示。图中所谓发动机的分级启动，就是最初点燃的推进剂流量不大，然后再转换为全流量。

3. 典型的启动方案

在泵压式发动机中，启动涡轮的方案按所需能源的提供方式有以下几种：

(1) 自身启动。无须附加启动装置，推进剂在贮箱压强及液柱压头作用下进入燃气发生器，经点火产生燃气去驱动涡轮；随着涡轮的转动，泵后压强逐渐升高，又使燃气发生器的流量逐渐增加，使涡轮泵迅速达到额定工况，这种启动方式称为自身启动。

自身启动方案系统简单，但是燃气发生器必须能在较低的喷嘴压降下稳定地工作。

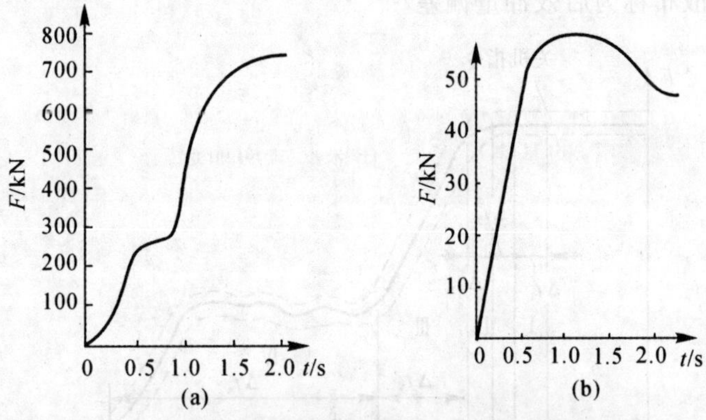

图 6-25　发动机启动推力过渡特性曲线

(a) 正常分级启动；(b)"硬式"启动

(2) 外能源启动。包括火药启动器启动和气瓶启动。

1) 火药启动器启动：即利用火药的燃气驱动涡轮，待涡轮加速到一定转速、泵后压强也达到一定值后，再由燃气发生器点火接替工作。

该启动方案系统简单、工作可靠、启动加速性较好，但启动器的质量较大。

2) 气瓶启动：即利用瓶装的压缩气体驱动涡轮，但是由于启动涡轮所需的能量较大，故气瓶的容量较大、质量较大。气瓶启动用于液氢 / 液氧发动机上可实现多次启动。在第一次启动时，氢气源由地面充气装置供给，第一次启动后，把从冷却套出口引出的少量氢气充入启动气瓶，以备下次启动用，因而一个气瓶即可实现多次启动。

(3) 抽氢启动。只适用于液氢 / 液氧发动机，特别适用于膨胀循环的发动机。启动时，流经推力室冷却套的液氢在冷却室壁时受热汽化，可用于启动涡轮。由于氢的相对分子量很小，因此被加热的氢气足以使较小的发动机的涡轮泵启动加速。

对于燃气发生器循环的液氢 / 液氧发动机，也可采用抽氢启动方式。启动时，首先在箱压下点燃燃烧室点火器，然后打开主阀，推进剂流入燃烧室并在低压下燃烧，流经冷却套的液氢被加热、汽化，部分气氢通过启动阀进入涡轮，使涡轮泵转动起来。当泵后压强达到一定值时，关闭启动阀，燃气发生器工作，发动机迅速达到额定工况。

这种启动方案没有附加的启动装置，因而系统简单，并可进行多次启动。

6.2.10.2　关机过程

当弹、箭达到规定的主动段终点的飞行速度或其他预定参数时，控制系统就发出关机指令，发动机按程序关机。

1. 对关机过程的基本要求

(1) 准确、迅速地使发动机停止工作，且后效冲量和后效冲量偏差小。

关机时，发动机推力的衰减特性如图 6-26 所示。所谓后效冲量是指从发出关机指令开始到推力下降到零的时间段内产生的推力冲量；而在关机过程中，由于控制机构的信号传递及阀门的动作时间均有偏差，各推力室在关机时刻的推力也有差异，且各种随机因素均影响推力衰减过程，从而导致各台发动机的推力衰减曲线都不完全一样，而是呈现一定的散布，这种后效冲量偏离额定值的散布称为后效冲量偏差。

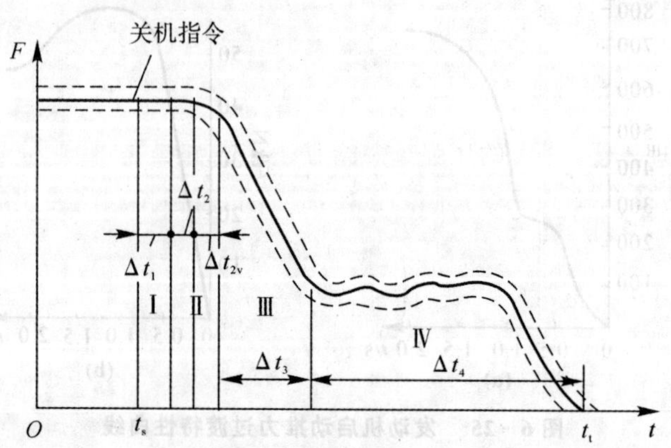

图 6-26　关机指令发出后发动机推力衰减特性曲线

由图 6-26 可见，从发出关机指令到主阀关闭，进入推力室内的推进剂要延迟一段时间 Δt_1（燃烧时滞 τ）才转变为燃气，因此全部过程的时间向后推移，但推力维持不变。发出关机指令后，由于控制电路的惯性，阀门要经过一段时间 Δt_2 才开始动作，在这段时间内推进剂流量和推力也是不变的。经过 Δt_2 后，阀门开始关闭，这时阀门流通截面积发生变化，流量及推力也随之改变，经过 Δt_{2v} 后，阀门完全关闭。阀门完全关闭后，燃烧室内的燃气在压差的作用下很快"倒空"，室压急剧下降，对应的时段为 Δt_3。而图中的 Δt_4 对应的是残余推进剂的蒸发、补燃过程，该过程是由于主阀至喷注器头腔剩余推进剂流入燃烧室的不稳定过程形成的。即当燃烧室内的压强降到低于推进剂组元的饱和蒸气压时，头腔中的推进剂在饱和蒸气压的作用下进入燃烧室，由于两种组元的饱和蒸气压不同，先入的蒸发并排出，产生一部分推力；当两种组元都进入时，则发生燃烧，产生燃气排出形成推力。此阶段燃烧室中的混合比是变化的，常偏离最佳值，且燃烧很不稳定，易发生关机故障，且由于该过程处于非控制状态，故直接影响后效冲量的偏差。

综上所述，液体火箭发动机的后效冲量就是从发出关机指令的时间 t_s 到推力终止的时间 t_t 之间的推力冲量。因此为了求得后效冲量，必须知道燃烧室压强在关机过程中的变化规律。根据试车结果，可以得到发动机推力衰减曲线及曲线的散布规律，从而可以得到后效冲量及后向冲量偏差。

减小后效冲量及其偏差的主要方法：

1)减小关机时的发动机推力。推力小，则冲量小，且对大推力发动机可以采用分级关机的方法，即先使发动机转入末级工作（末级推力是主级推力的 10%～50%），当达到所要求的末速度时，再进行末级关机。

2)减短管路并减小阀门动作时间。

3)减少剩余推进剂体积（即尽量使主阀靠近燃烧室或直接将主阀安装在燃烧室头部）。

4)将剩余推进剂强迫排空，即用高压气体对头腔进行吹除，迫使推进剂排空，以减小后效冲量及其偏差。

(2)关机水击及压力脉动控制在结构强度允许范围内。关机时，阀门的突然关闭会引起其上游管路内液体压强的增加，这种现象称为水击。根据阀门关闭时间的长短，可分为直接水击和间接水击。直接水击是阀门关闭时间小于等于水击相，而间接水击是阀门关闭时间大于水击相，水击相的计算公式为$\frac{2L}{c}$，其中 L 为阀门上游管长，c 为水击波传播速度(即液体中的声速)。

关机水击如果处理不当，过大的压强增量会使上游管路破裂，因此应减小关机水击。减小的方法：减小管路中液体的流速及延长阀门的关闭时间，而延长阀门关闭时间与减小后效冲量的要求是相矛盾的，因此最好的办法是减小关机时的流量(也就是减小了关机时的流速，从而达到减小水击引起的压强增量的目的)。如果减小关机流量后水击压强增量仍然很大，则可在管路中安装缓冲器以减弱水击现象。

(3)关机时不应使推力室内积存推进剂组元。在发动机关机后，可能是留在管路和主阀门内腔的推进剂组元慢慢地漏入推力室，或者是主阀门没有完全关闭等原因，造成了推力室内推进剂组元的积存。关机后炽热推力室内积存的推进剂有可能被突然点燃而产生大的爆振，引起发动机爆炸，因此应减小关机后推力室内推进剂的积存。减小推进剂积存常用的方法：使主阀门尽可能地靠近燃烧室、发动机在停车后用空气或氮气来吹洗推力室等，对于地面试验发动机，当发动机在试车台上试验时，关机后常用试车台上的附加空气管路来吹洗推力室或可用推进剂的一种组元吹洗推力室。

总之，液体火箭发动机的关机和启动一样，是发动机工作较复杂的阶段，因此在发动机设计时应特别注意发动机启动和关机的可靠性问题。

2. 关机过程的特征参数

表征液体火箭发动机关机过程性能优劣的特征参数：后效冲量及其偏差(后效冲量及偏差越小越好)、关机减速性(即从关机指令发出到推力室燃烧停止且燃气完全排空所经历的时间)和关机水击现象。

3. 关机过程概述

关机过程一般分为关机初始阶段和关机结束阶段，主要任务有：

初始阶段：

(1)转入低工况工作——关机工况；

(2)停止供应系统工作，关闭燃气发生器两组元断流阀门，推进剂停止进入燃气发生器，涡轮泵停止工作；

(3)停止贮箱增压；

(4)关闭两组元主阀门，切断推力室推进剂供应；

(5)关闭泵前阀，把泵腔内的推进剂吹除干净。

关机结束阶段：用惰性气体吹除断流阀门后内腔道，在吹除压强作用下，将主导管的推进剂挤入燃烧室，直到燃烧完，然后将燃烧产物从推力室中完全吹除。

同样，关机过程对不同的发动机，其内容有所不同，有些步骤可以没有，如小推力发动机无转级工作状态、无二次启动的发动机不必进行吹除等。

6.3 液体火箭发动机中的燃烧及热防护

燃烧过程是液体火箭发动机工作的基本过程之一,这一过程进行的质量在很大程度上决定着发动机的性能。液体火箭发动机的燃烧主要发生在推力室内,燃烧产生的高温气体在推力室内进行膨胀加速,产生推力。燃气产生的热量将传递给与高温燃气接触的所有构件的内表面,为了保证发动机在工作过程中的完整可靠,需要对发动机推力室进行冷却。本节主要论述液体火箭发动机推力室中的燃烧过程和热防护问题。

6.3.1 液体发动机推力室中的燃烧过程

液体火箭发动机的推力室是推进剂在其中燃烧并产生推力的部件,是液体火箭发动机关键组件之一。它由头部和身部两大部分组成。对双组元发动机,头部主要包括导管和喷注器,身部主要包括燃烧室和喷管等;对单组元发动机,身部主要包括催化剂床和喷管等。

从本质上讲,推力室的工作过程是一种能量的转换过程,即将液体推进剂的化学能转变为燃烧产物的热能和动能。双组元发动机推力室的工作原理是,液体氧化剂和燃料分别进入推力室头部的氧化剂腔和燃料腔后,通过喷注器喷入燃烧室,并在燃烧室内雾化、混合、蒸发后着火燃烧,产生高温、高压的燃气,燃气经喷管膨胀加速喷出而产生推力;单组元发动机的工作原理是:单组元推进剂由喷注器喷入催化剂床,发生催化分解燃烧,生成高温燃气通过喷管排出而产生推力。

在保证结构简单、质量轻和工作可靠的前提下,发动机推力室的完善性主要取决于其产生的比推力的大小,因为在飞行器结构一定的情况下,发动机比推力的大小是决定其航程的最重要的参数。而推力室中组织和完成工作过程的质量,是影响其比推力大小的主要因素,因此,为了进一步改进和完善推进剂在推力室中的燃烧过程,必须对在不同的推进剂组元混合比和不同的燃烧室压强条件下的推进剂喷射雾化装置(即喷注器)、推力室内的燃烧过程等有充分的了解和认识,以便设计出高质量的雾化装置,保证推进剂在推力室内进行完全而稳定的燃烧。

6.3.1.1 喷嘴及喷注器

对于双组元发动机,喷注器主要由顶盖和喷注盘(包括氧化剂和燃料喷嘴以及相应的流道和集液腔)组成,是推力室的混合气形成系统,同时又是推力室的一个重要组件,很大程度上决定了发动机的性能和可靠性。

喷注器的主要用途:在规定的压降和流量下,通过喷注器上的喷嘴,将推进剂均匀地喷入燃烧室,在较小的射程内迅速完成雾化、混合、蒸发等过程,并保证所设计的混合比分布和质量分布。以上过程进行的完善程度,在很大程度上决定了所形成的推进剂混合物的燃烧速度和燃烧的完全程度、推力室容积、尺寸、工作稳定性等。推进剂混合气形成得愈完善,发动机的工作就愈经济、稳定和可靠。

喷注器设计的主要目标:组织高强度的燃烧,保证燃烧完全度以获得高的比推力;组织可靠的内冷却对燃烧室内壁进行热防护,保证喷注器和燃烧室内壁不出现烧蚀;组织稳定的燃烧,以确保所有工况下的燃烧稳定性;具有足够的强度和刚度、结构简单、工艺性好等。

由此可见,喷嘴和喷注器的设计质量和加工精度对燃烧室的燃烧稳定性、效率和寿命影响极大,设计中应解决好燃烧稳定性、冷却与性能要求之间的矛盾,因此,在推力室的研制过程中,特别重视喷嘴及喷注器的设计、生产和试验的各个环节。

(1)喷嘴用途、工作参数及分类。液体推进剂燃烧前的喷射、雾化与混合过程均是通过喷注器上的喷嘴来实现的,因此,喷嘴的用途可概括为以下两点:

1)保证一定压强和流量的液体推进剂射流经过喷嘴后被雾化成液滴,且尽量保证液滴尺寸的均匀性,从而使液体推进剂蒸发和混合的条件得到改善;

2)液滴沿推力室的横截面均匀分布。

描述喷嘴的工作参数主要是喷嘴压降和喷嘴流量。在已知喷嘴压降和喷嘴流量的基础上即可确定喷嘴的喷孔尺寸。

喷嘴压降为喷嘴进口和出口间推进剂组元的压强之差。在液体火箭发动机中,由于要求经喷嘴喷射的推进剂组元在较小的射程内完成雾化,因此一般要求喷嘴的压降比较小(0.3～1.5 MPa,而燃气涡轮空气喷气发动机的喷嘴压降为4.9～9.8 MPa、柴油机的喷嘴压降为29.4～98 MPa)。而喷嘴压降大,有利于液滴的破碎,因此液体火箭发动机喷嘴的低压降决定了液体推进剂的雾化液滴比较粗大,但是又不得不容忍这一点,因为在液体火箭发动机内推进剂的流量很大,当压降大时,要求推进剂供应系统的附件的功率很大,相应的系统质量也加大,这是不希望的。

喷嘴流量是指单位时间通过喷嘴流出的推进剂组元的质量。通过喷嘴的推进剂理想秒流量,可由一维无黏流的伯努利方程来确定,对于不可压缩的液体推进剂,有

$$\dot{m}_{\text{th}} = A\sqrt{2\Delta p \rho_l} \tag{6-8}$$

式中,A 为喷嘴出口截面积;Δp 为喷嘴压降;ρ_l 为液体推进剂的密度。

但是在实际的喷射情况下,由于喷嘴中各种损失的存在,通过喷嘴的实际秒流量与理想秒流量是有差别的,这种差别用喷嘴的流量系数来表示。喷嘴流量系数是指通过喷嘴的推进剂实际秒流量与理想秒流量之比,用符号 μ 表示,则有

$$\mu = \frac{\dot{m}_{\text{re}}}{\dot{m}_{\text{th}}} \tag{6-9}$$

因此有

$$\dot{m}_{\text{re}} = \mu \dot{m}_{\text{th}} = \mu A\sqrt{2\Delta p \rho_l} \tag{6-10}$$

由式(6-10)可见,影响喷嘴实际秒流量的主要因素是喷嘴压降、液体推进剂密度、喷嘴出口截面积和流量系数,其中喷嘴压降、液体推进剂密度、喷嘴出口截面积的影响是明确的,但流量系数的影响是复杂的。它的复杂性主要表现在流量系数受到喷嘴几何参数(如孔的加工质量、孔的入口状况及孔的长径比 L/d 等)和工作参数(如液体推进剂的黏性、温度以及喷嘴的压降等)的影响。

按进入喷嘴时物质的物理相态,喷嘴可分为气体喷嘴、液体喷嘴和气液喷嘴。

按喷嘴的结构,喷嘴可分为直流式喷嘴、离心式喷嘴、直流-离心式喷嘴和同轴管式喷嘴。同轴管式喷嘴是喷注气、液推进剂组合的最佳喷嘴,常用于液氢/液氧发动机上,其内喷嘴为离

心式或直流式，外喷嘴为环缝式。

按进入一个喷嘴的推进剂组元数目，喷嘴可分为单组元喷嘴和双组元喷嘴。

几种典型喷嘴的示意如图 6-27 所示。

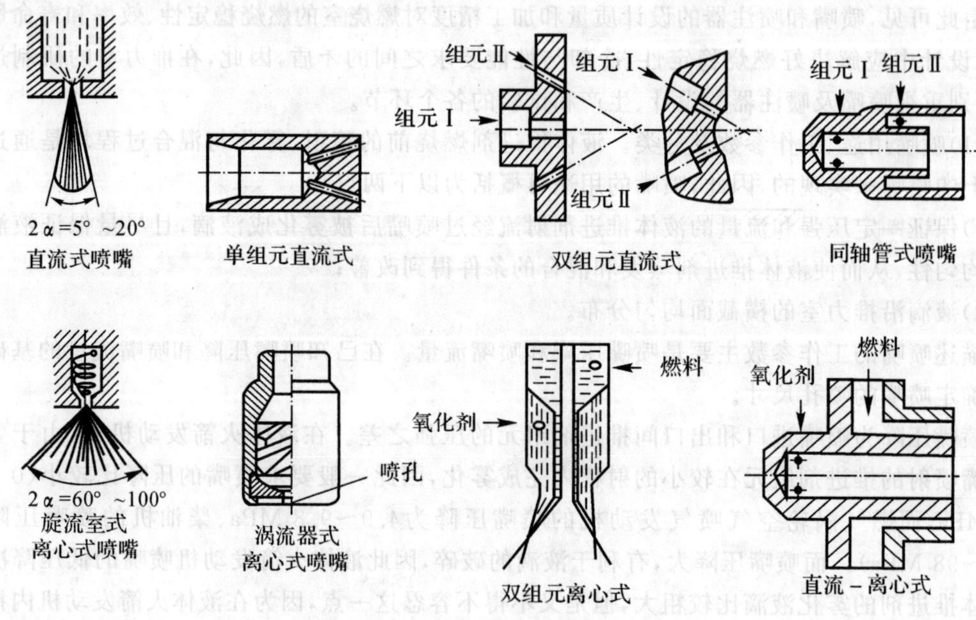

图 6-27 典型喷嘴示意

由图 6-27 可见，直流式喷嘴的特点是液体推进剂不产生旋转运动、喷雾角不大而射程比较大，这对于很好地组织推进剂的雾化、蒸发、混合及燃烧过程是不利的。因此，为了改善直流式喷嘴的雾化特性，通常将几个喷嘴喷出的射流相互撞击，图 6-28 给出了直流式喷注单元的几种方案和它们的相互作用。由图可见，在不同组元的射流相互撞击的情况下，发生组元间的混合。

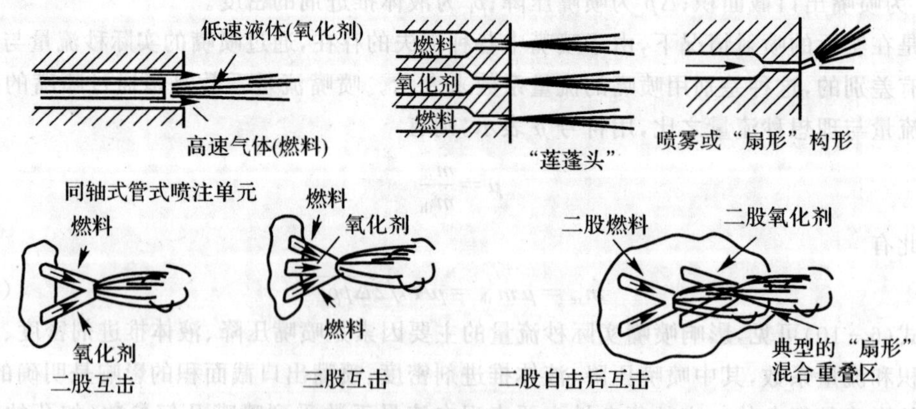

图 6-28 直流式喷注单元的几种方案

由图 6-27 可见，离心式喷嘴的特点是液体通过喷嘴内的旋流室或涡流器后形成高速的旋转运动，故液体离开喷嘴后，在离心力的作用下展成薄膜，且喷雾角较大而射程较小有利于雾化。直流-离心式喷嘴为两种独立喷嘴的组合，如外喷嘴为离心式、内喷嘴为直流式；或者外喷嘴为直流式、内喷嘴为离心式。

(2)喷注器。典型喷注器示意如图 6-29 所示。

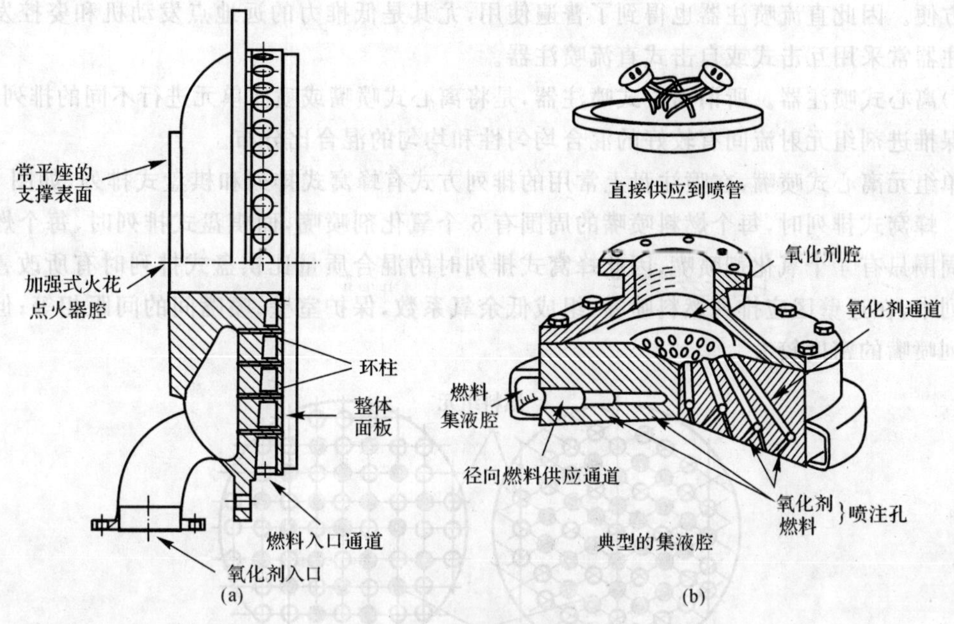

图 6-29　典型喷注器示意

(a)整面板喷注器；(b)集液腔式喷注器

根据喷注器所用喷嘴结构形式的不同,喷注器可分为直流式喷注器和离心式喷注器两类。

1)直流式喷注器。所谓直流式喷注器,是将直流式喷嘴或喷注单元进行不同的排列组合,使喷嘴或喷注单元喷出的射流互相撞击(参见图 6-28),以改善推进剂的雾化特性。

直流式喷注器常用的有自击式喷注和互击式喷注两种形式:

自击式喷注就是同种组元的两个或两个以上的射流相互撞击(常用的有两股自击式和三股自击式),利用射流自身的动量,把液柱破碎成液滴,加速雾化过程;同时,射流撞击后形成的喷雾扇分布在较大的横截面上,改善了与其相邻的另一组喷雾扇的混合,提高了混合效率。

互击式喷注就是不同组元的射流彼此撞击(如二击式、三击式、四击式和五击式等),形成具有一定混合比分布的喷雾扇,且不同组元射流相互撞击后,雾化和混合过程同时进行,在同样的燃烧室长度下,提高了燃烧效率。

图 6-30 所示是两股自击式喷注单元在喷注器上的同心圆排列方式,由图可见,一般氧化剂和燃料喷注单元的喷孔是交替地排列在同心圆上的。

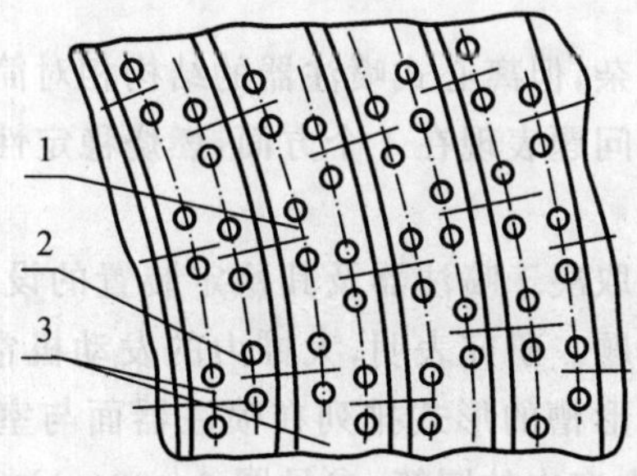

图 6-30　自击式喷注单元的排列形式

1—氧化剂喷注单元；　2—燃料喷注单元；　3—喷注面

直流式喷注器的特点:喷嘴排列密度大、结构紧凑,相应的燃烧室直径较小,且结构简单,加工方便。因此直流喷注器也得到了普遍使用,尤其是低推力的远地点发动机和姿控发动机的喷注器常采用互击式或自击式直流喷注器。

2)离心式喷注器。所谓离心式喷注器,是将离心式喷嘴或喷注单元进行不同的排列组合,以确保推进剂组元射流间有较好的混合均匀性和均匀的混合比分布。

单组元离心式喷嘴,在喷注盘上常用的排列方式有蜂窝式排列和棋盘式排列,如图 6-31 所示。蜂窝式排列时,每个燃料喷嘴的周围有 6 个氧化剂喷嘴,而棋盘式排列时,每个燃料喷嘴的周围只有 4 个氧化剂喷嘴,因此蜂窝式排列时的混合质量比棋盘式排列时有所改善。两种排列中,在近壁区应排列燃料喷嘴,组成低余氧系数,保护室壁;喷嘴间的间距相等;但蜂窝式排列喷嘴的密度较大。

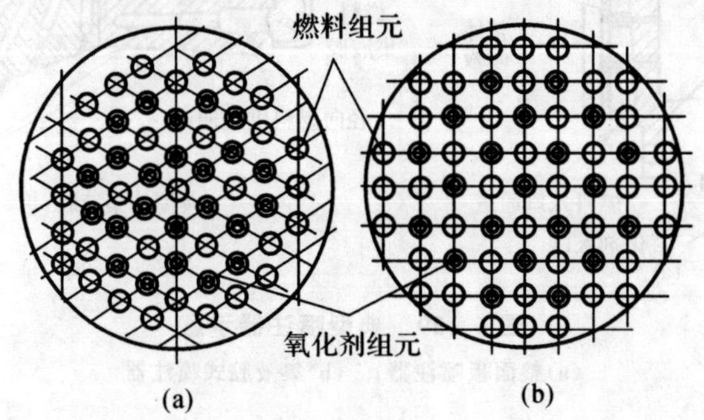

图 6-31 单组元离心式喷嘴在喷注器上的排列形式

(a)蜂窝式; (b)棋盘式

双组元离心式喷嘴在喷注盘上的排列,一般采用同心圆排列,排列密度均匀,如图 6-32 所示。由于双组元离心式喷嘴的混合性好、混合比分布均匀,并且结构紧凑,喷嘴排列密度大,因此双组元离心式喷注器得到了广泛的使用。

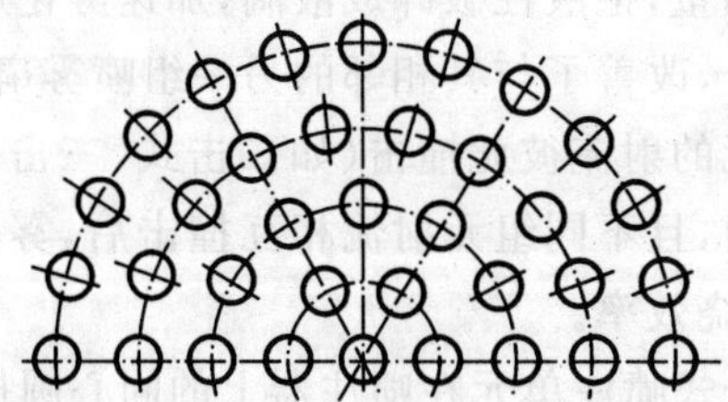

图 6-32 双组元离心式喷嘴的同心圆排列形式

离心式喷嘴的结构相对复杂,但离心式喷注器的结构相对简单。

喷注器设计要考虑的主要问题表现在 4 个方面:燃烧稳定性、雾化混合质量、冷却、结构和工艺。

推力室的燃烧稳定性主要取决于喷注器及其稳定装置的设计,因此推力室的燃烧稳定性是喷注器设计首先要考虑的问题。研究表明,大推力的发动机常采用隔板(安装于喷注面上,参见图 6-33(a))、声腔(以环形槽的形式排列在喷注器面与室壁相接处附近,参见图 6-33(b))或声衬里(装在实心壁推力室内的圆筒,参见图 6-33(c))抑制高频不稳定燃烧。

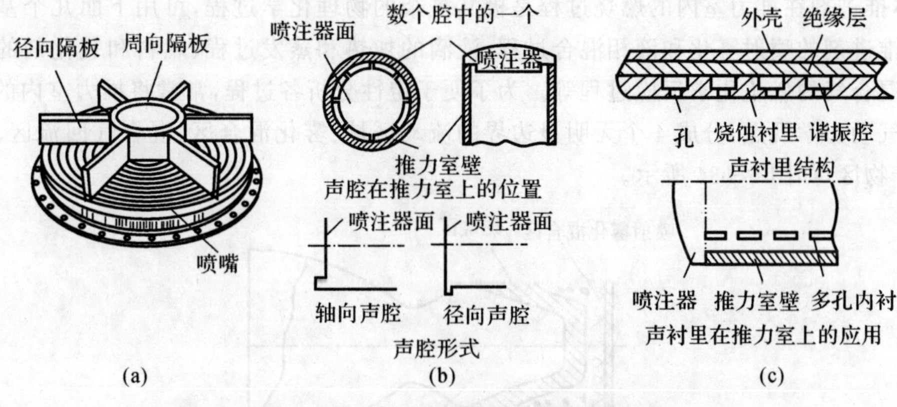

图 6－33　常见的推力室燃烧稳定装置

(a)隔板装置；(b)声腔；(c)声衬里

喷注器面上的隔板有多种形式，如三块径向、四块径向、五块径向等，隔板将推力室头部区域分割成了若干个小区域，从而改变了推力室的声学特性，破坏了高频不稳定燃烧的条件，达到稳定燃烧的目的；声腔所处的位置是推力室内各种振型压强波腹和速度波节的位置，因而能够有效地对声振起到抑制作用；而推力室壁上声衬里之间的空隙为谐振腔，在推力室内产生压强波后，入射波冲击衬里，其中一部分通过孔眼进入谐振腔，并在过程中失去一部分能量，使返回推力室的反射波的能量低于入射波，并与入射波异相，从而可以避免波与波的耦合，避免不稳定燃烧的发生。对于大推力的发动机，除采用隔板、声腔或声衬里抑制高频不稳定燃烧外，还要在喷注器的设计上采取以下一种或几种方法，提高推力室的稳定性：

1)根据不同的推进剂，不同的推力量级，选择合适的喷注单元及其参数；

2)采用不同的喷注单元和不同的排列方式；

3)沿燃烧室横截面上，采用不同的流量密度分布。

喷注器设计要考虑的第二个问题是推进剂的雾化混合质量，即所设计的喷注器应使喷入推力室的推进剂液滴直径小、混合均匀性好，以确保燃烧效率。

喷注器设计要考虑的第三个问题是喷注器的冷却问题，包括喷注面、隔板、声腔、点火器和燃烧室内壁的冷却，它对推力室的工作寿命和性能影响很大。设计时要求喷嘴排列密度要均匀，防止回流和飞溅引起的喷注面的局部烧蚀。

在以上考虑的基础上，设计时要兼顾喷注器的结构和工艺问题。

6.3.1.2　推力室工作过程的一般描述

推力室的工作过程，是指从向推力室内喷入推进剂组元开始，到推进剂燃烧转换为燃烧产物、产物从喷管喷出产生推力为止的全部物理-化学过程。由此可见，液体火箭发动机推力室中的工作过程是一种复杂的能量转换过程的总称，是由许多过程组成的，如液体推进剂组元的喷射、组元的雾化、液滴的漂移、混合及蒸发、液滴与蒸气的混合、混合物的着火和燃烧反应以及燃烧产物的流动等。所有这些过程都应保证：

1)在尺寸和质量都不大的推力室内，使液体推进剂迅速地燃烧或分解并放出热量；

2)为了使发动机得到最大的比推力(比冲)，在推进剂燃烧或分解时放热最完全。

液体推进剂在推力室内的燃烧过程是极其复杂的物理化学过程,可用下面几个基本过程来概括:推进剂的喷射雾化和液相混合过程、液滴的加热和蒸发过程、燃料和氧化剂的气相混合过程、混合气的燃烧化学反应过程等。为了便于定性分析各过程,常常将推力室内的工作过程,根据气动力学观点,分成4个无明显边界的流动区域:雾化混合区、混合气回流区、燃烧区和燃烧产物区,如图6-34所示。

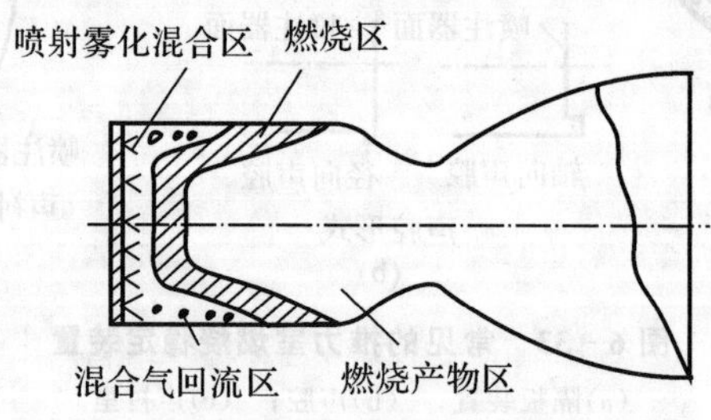

图6-34 推力室内各流动反应区示意

(1)喷射雾化混合区。喷射雾化混合区位于喷注器面之后的一个小的区域(10～50 mm)内。在该区域内,推进剂组元以一定的比例喷射、雾化、蒸发,并使燃料和氧化剂的液雾及蒸气宏观混合。宏观混合的质量主要取决于喷注器的设计(包括喷注器中喷嘴的形式、数量和喷注面的尺寸等)。虽然蒸发和混合在推力室的其他部位也可能发生,但主要集中在此区域。在该区域,由于密布的、大量的液滴需要吸热蒸发,故此区域的温度较低。

(2)混合气回流区。推进剂从喷嘴高速喷出时,由于和周围气体之间的动量交换和引射作用,引起燃气向喷注器附近回流,从而形成回流区。因此,该区域内的气体是由推进剂蒸发后形成的未燃气体和已燃气体组成的混合气。

回流对燃烧准备过程起重要作用:使燃烧区的热量传向前面的雾化混合区,同时又使本区域内的未燃气体进一步微观混合并升温,促使部分混合气分解,甚至产生部分的液相化学反应。

(3)燃烧区。燃烧是一种迅速放热的化学反应。由于反应是在极短的时间(几毫秒或更短)内完成的,并集中在几十毫米厚的狭窄空间内,因此燃烧释放的化学能几乎都用于加热燃烧产物,使该区内的温度突跃到3 000 K以上。因此,为了保护燃烧室内壁,通常使近壁层推进剂的混合比远离最佳混合比,甚至故意使其形成液膜。正因为如此,使边区的以及靠近边区的一部分推进剂滞后于中心区一段距离后才开始燃烧,故燃烧区的火焰前锋不在同一截面出现,使火焰前锋形状呈现一个凹槽状。当推进剂稳态燃烧时,燃烧区及其火焰前锋在燃烧室中的位置基本不变,且试验表明,存在两种不同状态的稳态燃烧,即缓慢燃烧和爆震燃烧。

1)缓慢燃烧。缓慢燃烧的火焰传播速度仅为1～2 m/s,且压力波以声速传播。因此缓慢燃烧时,燃烧区前、后的压力基本一致,未燃气体进入燃烧区并不发生压力突跃。在正常情况下,液体火箭发动机燃烧室中的燃烧属于缓慢燃烧。

2)爆震燃烧。爆震燃烧是一种爆炸式化学反应以极高速度推进的燃烧现象。其火焰的传播速度高达2～3 km/s,超过了声速。爆震燃烧时,火焰前锋的波阵面实际上是一种强激波,这种包含剧烈燃烧反应的激波称为爆震波(由激波的流体力学过程与高速化学反应过程相互作用而形成)。爆震波的波阵面由一定厚度的激波与其后的加热反应区组成,其宽度相当于分子的平均自由程数量级,比燃烧区窄得多。未燃气体通过波阵面时受到强烈的压缩,温度急剧升高，引起爆炸式的化学反应，同时放出热量。化学反应释放出的能量又维持激波继续稳定地向前推进。必须指出，由爆震燃烧引起的爆震波与具有周期性特征的燃烧不稳定性是不同的，尽管爆震燃烧有时也可能激发起燃烧不稳定性。

(4)燃烧产物区。在燃烧产物区内，推进剂的燃烧已基本结束，只进行小尺度的紊流混合和补充燃烧。由于燃烧产物在喷管中迅速膨胀，故在此区内的燃气流速不断增加，燃气停留时间只有 3～5 ms。从宏观上看，流动基本是管流状态，故也称此区为管流燃烧区。

推力室内工作过程中的各个区域彼此之间是紧密关联的，各区之间无论在时间上或空间上的准确界限是不存在的。

6.3.1.3　推力室内的燃烧准备过程

通过前文的分析可见，双组元液体火箭发动机推力室工作过程的主要特点是，分别贮存的燃烧剂和氧化剂在推力室内进行稳态燃烧前必须要有一个燃烧前的准备过程，即推进剂的喷射雾化过程、蒸发过程和混合过程。燃烧准备过程主要是在喷射雾化区完成的，推进剂燃烧过程的质量主要取决于燃烧前的准备过程，因此要保证推进剂燃烧的高效率和燃烧稳定性，不仅雾化要满足要求，推进剂组元的混合比及密度均匀性都应符合要求。

1. 推进剂的喷射雾化过程

讨论喷射雾化过程的目的，在于了解雾化的作用和机理，分析影响雾化质量的因素，并估算雾化细度和分布。

通过雾化装置，将液体推进剂组元分裂成许多微小液滴的过程称为喷射雾化过程。液体推进剂最基本的雾化装置就是推力室头部喷注器上的喷嘴或喷注单元。

(1)雾化作用。对液体推进剂实施喷射雾化的作用主要表现在：

1)良好的雾化增大了液体的表面积，从而显著加速了液体的蒸发过程，有利于燃料和氧化剂的混合，提高推进剂的燃烧效率；

2)良好的雾化可加速推力室内推进剂的燃烧过程。

推进剂的燃烧过程常受到液体推进剂蒸发质量的影响，而液体的蒸发速度与其表面积成正比，雾化可成百倍地扩大蒸发表面积。另一方面，液滴蒸发所需要的时间与其平均直径成正比，液体雾化平均直径越大，完成燃烧所需的时间就越长。因此，现代液体火箭发动机均要求液体推进剂组元必须很好地雾化，液雾平均直径在 25～500 μm 之间。由此可见，液体推进剂的雾化对燃烧过程的时间和质量(如燃烧完全性及燃烧稳定性等)有极大的影响。

(2)雾化机理。液体推进剂的雾化过程是作用在液体射流和液滴上的外力和内力引起的两个连续进行的过程，即：

1)从喷嘴喷出的液体射流破碎成不同粒径的液滴；

2)大粒径的液滴再进一步破碎成更细小的液滴。

液体射流和液滴相互撞击或射流和液滴与障碍物撞击时所产生的力都是外力，如向燃气中喷射，液体射流与燃气间的相对运动而形成的气动压力、液体射流和液滴相互撞击或它们与推力室壁撞击时所产生的相互作用力等。外力的大小与液体射流相对运动速度的二次方、液滴直径的二次方和周围介质的密度成正比。

液体射流的内力分为分子力和惯性力。

分子力是液体层内部的黏性力和液体与气体两种介质界面上的表面张力。黏性力与液体的动力黏度、绝对速度和特征尺寸成正比。因为黏性力减小了液体射流的紊流度并吸收了液体的一部分动能，而表面张力力图把液体一定容积的表面缩为最小，因此，黏性力和表面张力均妨碍射流破碎。提高温度可使分子力的作用减弱，特别是在临界温度时（推进剂组元临界温度较低）表面张力约等于零。

惯性力是在喷嘴压差作用下，当液体沿喷嘴通道作紊流运动时产生的力，惯性力是使射流和液滴破碎的主动力。惯性力与液体的密度成正比、与液体绝对速度的二次方和特征尺寸（如直径）的二次方成正比。

液体射流在内力和外力的共同作用下破碎形成不同尺寸的液滴，虽然外力的作用可以显著地使液体射流和液滴破碎，但外力的作用通常不是决定性的。当液体喷入真空时，原则上仅仅依靠内力的作用是可以实现破碎的。

图 6－35 所示是直流式喷嘴和离心式喷嘴的雾化机理图，由图可见，喷嘴喷出的射流或液体薄膜在紊流惯性力、周围气体的气动阻力、喷嘴通道表面不光滑、液体中可能夹杂气体、发动机振动等因素的作用下，不可避免地受到扰动，这一扰动以波的形式沿射流或薄膜传播，从而使射流或薄膜表面产生变形，之后又在气动力和表面张力的作用下，表面变形不断加剧，以致射流或薄膜产生分裂，形成液滴或不稳定的液带，液带随之破裂也形成液滴。如果作用在液滴上的气动力足够大，足以克服表面张力时，较大的液滴会破裂成更小的液滴，这种现象称作“二次雾化”。二次雾化所需的气动力条件可用韦伯数（韦伯数 We 是指射流动能与表面张力之比）表示为

$$We=\frac{\rho v^2 d}{\sigma}$$

式中，ρ 为介质密度；v 为液滴与气流介质之间的相对速度；d 为喷嘴喷孔直径；σ 为表面张力。当 $We > 14$ 时，大液滴均破碎成小液滴且韦伯数越大液滴就越细。

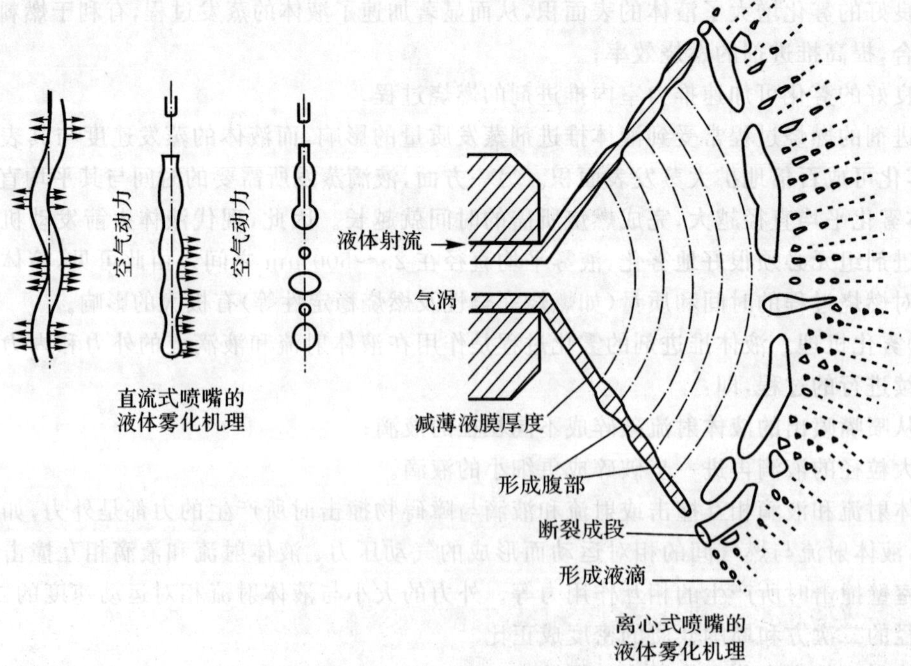

图 6－35 喷嘴雾化机理示意

对于直流式喷嘴，液体在自然紊流(自然紊流是直流式喷嘴的特点)与喷嘴压降的共同作用下完成液体的雾化。当压降增加时，连续的射流开始发生弯曲，然后形成缩颈和腹部，最后射流破裂成液滴。而对于离心式喷嘴，液体的雾化与以液体紊流度急剧发展为特点的喷嘴工作状态相适应(离心式喷嘴的几何特性 A 的大小代表了液体在喷嘴中的旋转程度)，当旋转紊流度弱时，从离心式喷嘴流出的液膜可能不发生破碎，在与喷口相隔一定距离处，占优势的表面张力的作用把液膜拉紧成螺旋形的辫状，而内部惯性力的逐渐增长又使液膜锥变成空心锥，从而导致液膜在距喷口较远处破裂；而当液体旋转紊流度增强时，液膜将在接近喷口处破裂。

(3)影响雾化质量的主要因素。

1)喷嘴的形式和喷口直径。一般离心式喷嘴雾化较细(因为在离心式喷嘴中人为地使推进剂旋转而造成强烈的紊流，这就决定了射流破碎得更细小)、喷雾角较大，故雾化质量较高；但离心式喷嘴的结构相对复杂、尺寸大、要求喷注器直径即燃烧室直径也大。单个直流式喷嘴雾化较粗、喷雾角较小，但采用两股或多股射流相击的直流式喷射单元，在适当的撞击角下，其雾化质量也能满足要求，且直流式喷嘴结构简单，要求喷注器直径即燃烧室直径也小。因此，采用何种类型喷注器，应视推进剂性能、对雾化质量要求及燃烧室设计尺寸而定。

对同一种类型的喷嘴(直流式或离心式)而言，喷孔越小，射流越细或液膜的厚度越薄，雾化也就越细。

2)喷嘴压降。喷嘴压降越大，射流的出口流速也越大，因而紊流度和韦伯数就大，这有利于射流和液滴的破裂，对雾化有利。但在压降超过 1 MPa 后，液雾的平均直径下降不明显。对于大多数液体火箭发动机来说，喷嘴压降的范围为 0.3～1.5 MPa。

3)推进剂性质。推进剂组元的密度、黏度及表面张力对雾化有直接的影响。试验表明密度大、黏度大、表面张力大的推进剂雾化特性较差。因为黏度越大，说明液体的内聚力大、不易破碎。冷却套温升使推进剂组元的密度、黏度及表面张力减小，有利于雾化。

4)燃烧室压强。燃烧室压强对雾化有两方面的影响：由于室压增高，燃气密度增加，促使作用于液滴的气动力增加，有利于增加雾化细度；但室压的增加也使液滴之间的碰撞和聚合的机会增多，射流遇到的阻力增加而引起气体相对速度和气动力下降，不利于破碎，且当室压增大时会使液体射流破碎时的液膜厚度增大，因而使液滴变粗，不利于破碎。喷雾试验表明：室压越大，液雾直径就越小，但室压过高，雾化过细，也会引起小液滴的结合。

5)燃烧室温度。燃烧室温度高时，液滴温度也增高，从而使黏度和表面张力下降，对雾化有利。

4. 雾化的质量指标

表征喷射雾化过程质量的指标有喷雾角、雾化细度、雾化均匀度和流密分布等。其中对燃烧过程影响最大的是雾化细度和雾化均匀度。

(1)雾化细度。雾化细度是用射流雾化后所形成的液滴尺寸来表征的，即雾化细度是指液雾中液滴的大小。由于雾化后液滴大小不均匀，故只能用液滴的平均直径表示雾化细度。所谓平均直径，就是用一种假设的、直径相同的液雾来代替真实的液雾，但它具有与真实液雾相同的某些特征量。按所选用的特征量不同，目前常采用的平均直径有：

1)体积表面积平均直径 d_{32}。按照保持真实液雾的总表面积和总质量不变的原则求出的平均直径，亦称为索太尔(Sauter)平均直径。此直径下假想液雾的液滴数目与真实液雾中的液滴数目是不相等的，则该直径的计算公式为

$$d_{32}=\frac{\sum n_i d_i^3}{\sum n_i d_i^2} \tag{6-11}$$

式中，d_i 为第 i 组液滴的直径；n_i 为直径为 d_i 的液滴数。

2）体积平均直径 d_{30}。按照保持真实液雾的总质量和液滴总数不变的原则求出的平均直径，称为体积平均直径。则该直径的计算公式为

$$d_{30}=\sqrt[3]{\frac{\sum n_i d_i^3}{\sum n_i}} \tag{6-12}$$

3）液滴质量中间直径 MMD(d_{m})。质量中间直径为一常用的典型直径。确定此直径的原则：在此直径以上的所有液滴的总质量与在此直径以下的所有液滴的总质量相等。即

$$\sum m_{d>d_{\mathrm{m}}}=\sum m_{d<d_{\mathrm{m}}} \tag{6-13}$$

质量中间直径可从喷雾试验中得到的累积分布曲线上求得，即累积分布值为 50% 处的直径。

选用何种平均直径，应按用途而定。如研究燃烧效率时，最好用 d_{32} 或 d_{30}；研究雾化细度时，则常用 d_{m} 和 d_{32}。

通常都是通过冷喷雾试验及根据冷喷雾试验整理出来的经验公式来估算液滴直径分布（即液雾中每种直径的液滴各占多少）和雾化均匀度的。

雾化均匀度表示雾化后液滴尺寸接近的程度，用液滴直径分布指数 n 表示。n 值越大，分布越均匀。一般 n 值为 2 ～ 4。如果液滴中间直径相同，但液滴直径分布不同（即雾化均匀度不同），那么即使在相同的条件下燃烧，燃烧完全程度及燃烧效率也不一样。

5. 推进剂的蒸发过程

液体推进剂经喷射雾化后即进入蒸发过程。液体推进剂在推力室内的蒸发过程是一种极复杂的物理过程。

首先，液滴蒸发需要一定的热量。

对于自燃推进剂，在燃料与氧化剂接触时就开始了组元间的液相反应并放出热量，成为液体组元蒸发及形成可燃混合气的主要热源。

对于非自燃推进剂，液体组元蒸发只能在发动机启动时由专门的点火装置来加入热量。

无论是自燃推进剂还是非自燃推进剂，在发动机稳态工作时，组元蒸发所需的热量主要来源于燃烧区中的高温燃烧产物的辐射、热传导换热和高温燃气向喷注面回流带回喷雾蒸发区的对流换热，其中，回流对流换热起着决定性的作用。

燃气回流是由于液体从喷嘴喷出时的引射效应产生的。回流带来了完全和不完全燃烧的高温产物，并把热量传给雾化的液滴，以保证液滴在燃烧前处于良好的准备状态。回流带回的热量是给液滴蒸发过程供热的主要热量，因此回流不可没有，但也不可太强。没有回流，则蒸发过程难以持续，而回流过强，则带给喷注面的热量太多，容易烧毁喷注面。回流区的大小取决于喷嘴之间的间距、喷雾特性、燃烧产物的成分、温度和燃烧室压强等。减小喷嘴间距会使燃烧室头部大部分截面充满液体，因而使燃烧区对流传热的条件变坏、回流热量减小，有可能导致不完全或不稳定燃烧；而过度地增大喷嘴的间距，除了恶化组元间的混合外，还可能恶化燃烧室头部的受热条件，因为此时燃烧室头部对灼热的回流气体是“敞开的”；不改变喷嘴间距

而增大推进剂流量，也会使向喷射雾化区域的回流传热条件变坏；减小推进剂流量则可改善传热条件，而提高推力室压强在所有的情况下都能使回流换热加强。

其次，一定尺寸的液滴完全蒸发需要一定的燃烧室长度。

由于液滴在燃烧产物介质中是边运动边蒸发的，因此一定尺寸的液滴完全蒸发需要一定的燃烧室长度，这一长度随着液滴初始速度的减小而缩短。

由于可燃混合气的形成和燃烧的完全程度在很大程度上取决于推进剂组元的蒸发质量，因此一般要求推进剂组元要在很短的时间(4 ～ 8 ms) 内完成蒸发。而蒸发过程的速度，以及保证蒸发过程良好进行所必需的燃烧室长度，除取决于液滴的加热条件外，还与蒸发液体的物理特性、液滴的直径、液滴的运动速度等有关。

在实际的液体火箭发动机中，燃烧室内的特点是充满高温、高压燃气，液滴数量大，各液滴尺寸不同，且液滴和高温燃气之间还有相对运动。因此，燃烧室内液滴蒸发的物理过程可描述为：

1) 在高温气流中，液滴不断受热升温而蒸发。但是由于液滴温度逐步升高，与周围介质之间的温差减小，因而周围气体对液滴的传热量逐渐减小。

2) 随着液滴温度的升高，表面蒸发加快，蒸发吸热量也不断增加。这样，当液滴达到某一温度时，所得的热量恰好等于蒸发所需的热量，于是蒸发处于平衡状态，液滴在温度不变的情况下继续蒸发，直至汽化完毕。此时，蒸发掉的数量等于扩散出去的推进剂蒸汽，即蒸发速率等于扩散速率。

对于雾化均匀度较差的液滴群，全部蒸发完所需的时间较长，而雾化均匀度较好的液滴群全部蒸发完所需的时间则较短。液滴群中最大液滴的蒸发时间，决定了其在燃烧室中必要的停留时间，因而也决定了所需要的燃烧室长度。

6. 推进剂组元的混合过程

推进剂组元的混合与蒸发是错综交叉进行的，而不是截然分开的。

燃料和氧化剂以最佳的比值混合，是完全燃烧的必要条件。只有在采用单组元推进剂(不和液体催化剂一起用) 或采用预先混合好的推进剂(乳浊液) 的情况下，燃烧室内才没有混合过程，而对于分别贮存、输送的双组元推进剂则需在推进剂燃烧前完成混合过程。

通常推进剂组元的混合是在液相中进行的，因为液体混合所需要的容积和时间比气体的少，因此液相混合的效果也好。但对于双组元推进剂，由于液相接触即可发生液相反应并放出热量，加速组元受热、蒸发，因此液相混合不可避免地伴随着组元蒸汽逐渐地混合。因此液相混合与气相混合并不是截然分开的，实际的混合过程是液相混合伴随气相产物间混合的过程。

1) 液相混合。液相混合是由喷注器喷射产生的液体推进剂组元的初始混合。因此初始的液相混合质量主要取决于喷注器的结构设计，通常依靠喷注器上喷嘴的均匀配置和利用射流撞击来改善液相混合效果，初始的液相混合对整个混合过程起决定性作用。但是，即使是最完善的喷注器设计也不能保证推进剂组元的理想混合及其混合物沿推力室横截面的理想分布。其原因是喷注器所采用的喷嘴排布方式存在固有缺点(如为了保证燃烧室内壁不被烧蚀，通常要组织低混合比近壁层；有时为防止高频不稳定燃烧，也有意识地使燃烧室某些区域的混合比不一样，等等)，以及不可能保证喷注器上全部喷嘴的工作完全一致。在偏离理想分布的场合，气相紊流混合的强度有所增加。

2）气相混合。气相混合是由紊流扩散造成的燃烧反应物或产物间的混合，是在初始液相混合的基础上进行的进一步混合。由于燃烧室内存在着各组元的浓度梯度和紊流流动，推进剂两组元的初始混合物借助于紊流扩散进行进一步的混合而形成可燃的混合气体。由于雾化的不均匀性及两组元的蒸发速率不同，混合过程在火焰前区并未结束，而在火焰区中延续。整个混合过程都呈现出流体动力学特征，并取决于运动、扩散及传热条件。产物间扩散混合的效果取决于紊流尺度和浓度梯度，混合所需要的时间可表示为

$$t \approx \frac{\bar{d}^2}{D_T} \tag{6-14}$$

式中，$\bar{d}$ 为燃料和氧化剂雾化成液滴的平均直径；D_T 为紊流扩散系数：$D_T \approx D\dfrac{Re}{Re_{cr}}$，其中 D 为分子扩散系数，Re_{cr} 为临界雷诺数，$Re_{cr} \approx 2\,300$。

可见，气相紊流混合的强度取决于气流的雷诺数。整体上来讲，推进剂组元的最终混合是在气相情况下进行的，气相混合效果直接影响燃烧的完善程度。

从液体推进剂的燃烧总过程来看，推进剂的混合不是孤立的，而是与喷射雾化、蒸发、燃烧同时进行的。分析推进剂混合过程的目的，是了解沿推力室横截面的混合分布和浓度分布，并从设计上控制它们的分布，以达到尽可能高的燃烧效率。

6.3.1.4 液体推进剂组元的着火与稳定燃烧

推力室内推进剂组元的燃烧准备过程与着火和燃烧过程是紧密相关的，其中每一种过程的进行都伴随着另一种过程的进行，各个过程之间无论在时间上或空间上的准确界限是不存在的。为便于理解，在了解了燃烧前的准备过程之后，继续介绍着火与燃烧过程。

1. 着火

在一定的温度下可燃混合物间的反应速度急剧增加而进入快速的燃烧反应，并发光发热，这就是着火点燃。任何可燃混合物必须着火点燃后才能燃烧。在液体火箭发动机中，推进剂组元可燃混合气的着火温度一般不小于 600～800 K，这样的温度可用各种方法达到。通常着火方式分为热着火和化学链着火两类。

(1)热着火。所谓热着火，是指依靠反应的热效应而实现着火的过程。热着火又分为热自燃和强制点燃两种。

所谓热自燃，是由于可燃混合气间的放热反应，使混合气自身的温度提高，致使化学反应速度急剧增长而引起着火的现象。液体火箭发动机选用自燃推进剂时就属于这种热自燃着火方式。强制点燃是当可燃混合气被某种热源局部地迅速加热时，在热源周围就会引发火焰，并传播到其余部分。液体火箭发动机选用非自燃推进剂时就属于这种强制点燃着火方式。

火箭发动机中常用的点火方式有 4 种：

1）电火花点火：点火能量小，能多次点火启动。

2）烟火点火：用电爆管引燃固体火药柱点火。点火能量大，比较可靠，属一次使用型。

3）火炬点火：将少量推进剂喷入位于主燃烧室前面的小型点火室，并用电火花点燃，形成火炬喷入主燃烧室，从而将其中的推进剂点燃。点火能量大、可靠，可用于多次启动的发动机。

4）辅助推进剂点火：启动时，除照常喷注推进剂外，还喷入一些能和主燃料（或主氧化剂）发生自燃的助燃氧化剂（或燃料）。

(2)化学链着火。化学链着火认为，使可燃混合气反应自行加速不一定是依靠热量的积累，而是通过连锁反应，迅速增加活化中心来促使反应不断加速，直至爆燃着火。

链反应的速率受到某些中间不稳定产物——活化中心浓度的影响。如氢和氧反应时，氢原子就是活化中心。在某种外加能量(热能、光能、电能)使反应产生活化中心以后，链的传播就会连续进行下去，反应速率急剧加剧，直至产生链自燃。但是，在链反应中不但有形成活化中心的反应，也有使活化中心消失或中断的反应，因此链反应速率能否增大，取决于活化中心浓度的增大速率。

化学链着火理论中的着火延迟期，是指反应速率由零增大到可以观测到的某个链形成速率时所需要的时间。

2. 稳定燃烧

液体推进剂燃烧的全过程可以这样描述：液体推进剂以带状或丝状离开喷嘴，在内、外力的共同作用下破碎成不同尺寸的液滴，液滴与周围燃气进行热交换而使其温度升高，当温度达到一定值时，液滴开始蒸发，蒸发形成的蒸汽相互混合、着火燃烧并形成燃气。因此，在液体火箭发动机燃烧室内，燃烧过程受到较慢的可燃混合气形成过程(即燃烧前的准备过程：喷射雾化、蒸发、混合)的限制。

一般情况下，燃烧速率受化学反应速率和扩散混合速率的影响，而当燃烧速率完全由扩散过程决定的燃烧称为扩散燃烧。在液体推进剂组元分别供应时，多数属于这种扩散形式的燃烧。通常，燃料和氧化剂的蒸发速率不一样，因而形成燃料液滴在氧化性燃气介质中燃烧，或者燃料液滴在还原性燃气介质中燃烧。一般情况下，燃料液滴的蒸发速率较慢，因此液体火箭发动机中推进剂的燃烧一般属于燃料液滴在氧化性燃气介质中的燃烧情况。

由于液体火箭发动机燃烧室内的燃烧过程极其复杂(尤其是双组元推进剂的燃烧过程)，所以有关燃烧过程的研究几乎都是在排除一系列影响因素的假设条件下进行的，研究对象为单个液滴及液滴群。虽然这种研究方法具有明显的局限性，但液雾(即液滴群)蒸发、燃烧时发生的物理过程，基本上反映了燃烧过程的本质。

单个燃料液滴燃烧研究的是单个静止燃料液滴在气态氧化剂介质中的燃烧。实际上，液体火箭发动机燃烧室的燃烧，是许多不同直径的液滴同时燃烧，且相互有影响。例如，两液滴比较靠近时，由于都释放热量，相互加强了对液滴的供热，使燃速增大；但是如果靠得太近，以致二火焰锋面相交时，导致燃烧区重叠形成缺氧，将会使燃速下降。因此研究液雾(也就是液滴群)的燃烧也很有必要。

3. 推进剂组元在推力室内的停留时间

推进剂组元能否在推力室内稳定而完全的燃烧，与组元在推力室内的停留时间密切相关。组元在推力室内的停留时间，是指推进剂组元从喷入推力室起到通过喷管喉部止(中间经过喷射、雾化、混合、蒸发和燃烧流动等各个过程)所需要的时间。在发动机稳态工作状态下，由气体状态方程可得燃烧室的压强可表示为

$$p_c = \tau_c \dot{m} \frac{R_c T_c}{V_c} \tag{6-15}$$

因此，可将推进剂组元的停留时间 τ_c 表示为

$$\tau_c = \frac{1}{\dot{m}} \frac{p_c V_c}{R_c T_c}$$

利用状态方程 $p=\rho RT$ 和质量流率公式 $\dot{m}=\dfrac{p_c A_t}{c^*}$，$c^*=\sqrt{R_c T_c}/\Gamma$，$L^*=\dfrac{V_c}{A_t}$，则有

$$\tau_c=\frac{p_c V_c}{\dot{m} R_c T_c}=\frac{1}{\Gamma^2}\frac{L^*}{c^*} \tag{6-16}$$

式中，c^* 和 Γ（$\Gamma=\sqrt{k}\left(\dfrac{2}{k+1}\right)^{\frac{k+1}{2(k-1)}}$）与固体火箭发动机中的含义一样。

停留时间与推进剂种类、喷注器形式和燃烧室压强、燃烧室的特征长度等有关，一般 $\tau_c=0.001\sim0.008$ s。

燃烧室特征长度（$L^*=\dfrac{V_c}{A_t}$）与停留时间是经验特征参数。对不同的推进剂组合，特征长度不同，常用推进剂的特征长度见表 6-4。对于不同推力的发动机，其特征长度也不相同，小推力发动机（姿态控制发动机）的特征长度相应要小一些。

表 6-4　不同推进剂的特征长度

序号	推进剂	特征长度 L^*/m
1	LH_2/LO_2　（气氢喷注）	$0.60\sim0.70$
2	LH_2/LO_2　（液氢喷注）	$0.76\sim1.00$
3	LO_2/煤油	$1.00\sim1.40$
4	N_2O_4/肼类	$0.76\sim1.20$
5	HNO_3/肼类	$0.76\sim1.20$
6	LF/LH_2	$0.60\sim0.75$
7	LF/N_2H_4	$0.60\sim0.75$
8	LF/胺	$0.75\sim1.00$

特征长度是个统计参数，由于燃烧室压强不同、喷注器形式不同和推力不同，即使相同的推进剂，其值变化也较大，影响因素包括：

1）推进剂种类。低沸点推进剂的特征长度小，其次是自燃推进剂。

2）燃烧室压强。压强增加特征长度减短。

3）喷注器结构。互击式喷注单元和喷嘴孔径小的喷注器特征长度较小。

4）推力。推力越小，特征长度越短。

5）推力室尺寸的限制。

在特征长度相同的情况下，当喷注器尺寸允许时，希望减小燃烧室直径，延长液滴行程，提高燃烧效率。

4. 推力室的能量损失及效率

在实际工作中，推进剂组元在推力室的能量转换过程，总是伴随着各种各样的损失。通常将推力室的能量损失分为燃烧室段的损失和喷管段的损失两部分。

燃烧室段的能量损失着重于衡量液体推进剂的化学能转变为热能的完善程度，喷管段的损失着重于衡量由热能转变为动能的完善程度。但这种分段并不严格，因为：

1）推进剂的化学反应贯穿于整个推力室内，而由热能转变为动能的过程在燃烧室内也已

开始(尤其是小收缩比燃烧室,燃烧室收缩比 $\varepsilon_c=\dfrac{A_c}{A_t}$)。

2) 有些损失从燃烧室角度分析是一种损失,但就整个推力室而言则未必都是损失。如:燃烧室内因高温离解所引起的化学能损失及液滴未完全蒸发所引起的物理损失,都会在喷管中得到补偿。

常用的表示能量损失的方法有能量制效率表示法和冲量制效率表示法两类。

(1) 能量制效率。以能量利用率来评定各种热机的设计水平,称为能量制效率。

对于推力室,这种效率是以推进剂的热值作为能量利用程度的比较基准。能量制效率包括燃烧效率和膨胀效率两部分。

1) 燃烧效率。单位质量推进剂的能量在燃烧室中转化为热能的完善程度称为燃烧效率 η_{cmb}。

推进剂的能量不能完全转化为热能的原因主要有两种:一种是由物理因素引起的燃烧不完全损失,如混合雾化不良、推进剂在燃烧室内停留时间不够长、实际混合比偏离理论混合比,以及混合比分布不均等,这与燃烧室结构设计有关;另一种是由于燃烧产物高温离解引起的损失,它与推进剂有关而与燃烧室结构设计无关。这样,η_{cmb} 可表示为

$$\eta_{cmb}=\eta'_c\eta_d \tag{6-17}$$

式中,η'_c 为燃烧室效率,$\eta'_c=0.9\sim0.98$;η_d 为考虑高温离解的效率,$\eta_d=0.7\sim0.9$。

2) 膨胀效率。膨胀效率 η_{exp} 用于衡量燃烧室中单位质量推进剂已释放的能量在喷管中转化为有效膨胀功的程度。

膨胀效率考虑了燃气膨胀过程中的能量损失,它也由两种损失决定:一种是由于喷管的有限膨胀,燃气在喷管出口处还有一定的温度和压强,喷出时带走了部分能量,这部分损失可用热效率 η_t 来衡量,一般 $\eta_t=0.4\sim0.6$,其大小主要取决于喷管的膨胀压强比,即 $\eta_t=1-\left(\dfrac{p_e}{p_c}\right)^{\frac{k-1}{k}}$(设计状态)或 $\eta_t=1-\dfrac{1}{k}\left(\dfrac{p_e}{p_c}\right)^{\frac{k-1}{k}}\left[(k-1)\dfrac{p_a}{p_e}+1\right]$(非设计状态);另一种是由于喷管流动的化学不平衡损失、非轴向损失、燃气与壁面的摩擦、散热损失等引起的性能损失,用喷管效率 η'_n 来衡量,一般 $\eta'_n=0.9\sim0.98$。

因此,膨胀效率又可表示为

$$\eta_{exp}=\eta_t\eta'_n \tag{6-18}$$

(2) 冲量制效率。采用能量制效率评定推力室设计水平不大合理,因为燃烧室内的高温离解损失是由热力学定律决定的,而与推力室的结构设计无关;由喷管有限膨胀引起的损失也是由热力学定律决定的,且喷管长度总是有限的。因此在评定推力室的设计水平时,一般不是以推进剂的热值,而是以其理论比冲作为比较基准,即采用冲量制效率。

由理论排气速度确定的比冲称为理论比冲 $I_{s,th}$,通过发动机热试车获得的比冲,称为实际比冲 I_s。那么比冲效率为

$$\eta_{I_s}=\frac{I_s}{I_{s,th}} \tag{6-19}$$

比冲效率是考虑了除去高温离解及有限膨胀以外的所有各种损失的总效率,可真实地反映发动机的设计水平。

通常将比冲效率分为燃烧室比冲效率 η_c(也称特征速度效率 η_c^*)和喷管比冲效率 η_n(也称

推力系数效率 η_{C_F}),即

$$\eta_{I_s}=\eta_c\eta_n \tag{6-20}$$

现代火箭发动机推力室的比冲效率可达 0.9～0.97。

1) 燃烧室比冲效率 η_c。燃烧室比冲效率与推进剂的雾化质量、混合均匀度、液滴蒸发速率、化学反应完善程度、传热损失及摩擦损失等因素有关。

一般燃烧室内的流速较低,摩擦损失很小,可以忽略;通过壁面的传热损失虽然存在,但由于液体火箭发动机都采用再生冷却方式,故传出的热量基本上被回收了;化学反应完善程度主要取决于温度,也与反应物质在燃烧室内的停留时间有关,燃烧室内温度很高,一般停留时间足够,因此分子和原子之间的有效碰撞反应是可以实现的。

这样,影响燃烧室比冲效率的主要因素是可燃混合气的准备过程。为了评估燃烧室实际工作过程的质量,有 $\eta_c=c^*/c^*_{th}$。η_c 一般为 0.96～0.99。

2) 喷管比冲效率 η_n。喷管的损失包括,化学不平衡损失;非轴向损失;摩擦损失及散热损失等。此外还有由于喷管壁面造型不佳或工艺问题可能引起弱激波系损失等。一般喷管比冲效率为 0.94～0.97。

6.3.2 推力室的传热与冷却

6.3.2.1 概述

液体火箭发动机传热主要是指推力室的传热,其次有驱动涡轮的燃气发生器的传热、蒸发器或加热器的传热等。此外,凡涉及有热源或冷源而需要放热、绝热、冷却或加温的地方,都有传热问题。尤其是使用低温推进剂的发动机,如液氢/液氧发动机。

液体火箭发动机传热研究的主要目的,是了解、掌握各受热部件的传热特点、设计合理的热防护结构,确保在发动机工作期间,受热部件的温度保持在安全的范围内,保证发动机结构的完整性。

推力室是液体火箭发动机的关键部件,推力室内的燃气与推力室壁面之间存在着强烈的传热问题,因此本节重点介绍推力室的传热及热防护问题。

推力室传热的主要特点:

(1) 高温、高压和高流速的特点。温度达 3 000～4 800 K,室压达 1～25 MPa,速度从亚声速到超声速。因此,推力室内高温、高压、高流速的燃气流将产生巨大的对流热流和辐射热流,传向推力室壁,远远超过了材料所能承受的热流强度。

(2) 传热过程复杂。推进剂组元间混合的不均匀性(为了可靠冷却并兼顾性能和防止燃烧不稳定性的发生),使传热过程复杂化。即使设计中氧化剂余氧系数的平均值小于 1,室壁附近的一些局部区域内仍然可能存在自由的氧化剂或游离的氧。在高温下,金属的氧化速度很快,在很短的时间内(几分之一秒)就可能引起室壁的烧蚀。

(3) 沿燃气流动方向热流密度变化大,最大值与最小值之比可达几十倍甚至上百倍;沿圆周方向热流密度分布不均匀,越靠近喷注面越不均匀,最大值与最小值之比可达 5。随着燃烧

过程的继续，到远离喷注面处，热流密度沿圆周方向的分布将逐渐均匀，但是由于近壁层推进剂混合比不均匀所引起的热流密度不均匀，将沿整个推力室长度持续存在。

(4) 传热特性的再现性差。由于燃烧过程的复杂性和不恒定性，同一种推力室在同样参数、不同台推力室的试验中，甚至同一台推力室在不同次试验中，传热情况也不尽相同。

(5) 工作时间短。在某些情况下，非稳态传热具有重要意义。

推力室传热的以上特点，可能使推力室出现壁面局部热流密度过大、局部壁温过高等现象，因此，为了确保推力室壁可靠地工作，要求对室壁采取有效的热防护保护措施，以防止过热、氧化腐蚀和冲刷侵蚀。对推力室壁采取热防护措施的基本要求：在比冲降低最小、推力室结构最简单和推力室质量增加最少的条件下，确保推力室的必要工作寿命。

在液体火箭发动机中，燃气与推力室壁之间的传热主要是对流和辐射传热。在燃烧室内，对流热流常占总热流的 80% 以上；喷管喉部附近可达 95%；喷管下游可达 98% 以上。因此，确定对流热流密度，是分析推力室传热状况和采取正确热防护措施的首要工作。

典型液体火箭发动机推力室壁再生冷却的温度分布如图 6-36 所示。

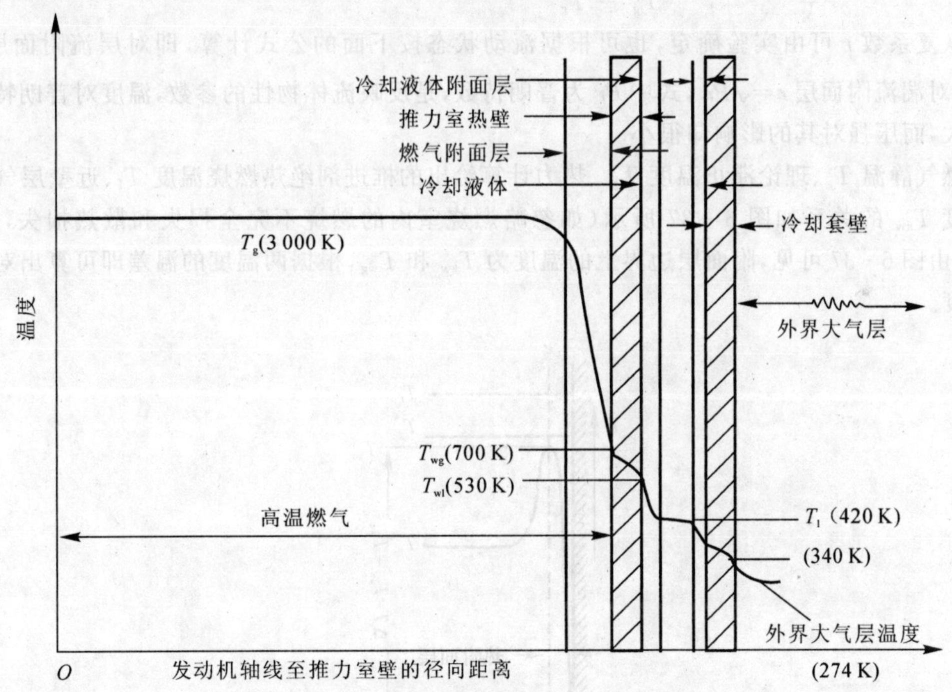

图 6-36　再生冷却推力室壁传热和温度分布

由图 6-36 可见，在推力室的热防护计算中，首先是对高温燃气与推力室壁之间的热流进行计算。

6.3.2.2　燃气与推力室壁之间的传热计算

这里仅介绍简单的工程计算方法。

1. 燃气与推力室壁间的对流换热

对流换热涉及的因素很多，包括流动的状态、流体的种类和热物性、化学反应等，通常采用对流换热系数来计算对流换热。高温、高压、高流速的燃气流过推力室壁时产生的对流换热热流强度可表示为

$$q_{cv} = h(T_{aw} - T_{wg}) \tag{6-21}$$

式中，q_{cv} 为对流换热热流强度；h 为对流换热系数；T_{aw} 为近壁层气体滞止温度，亦称为燃气恢复温度（注：燃气在火箭发动机的流动中，燃气的理论滞止温度是指气体在壁面完全绝热滞止时的温度，但在发动机的实际流动中，燃气最大的滞止温度只能达到 T_{aw}，因为流动中燃气与壁面摩擦时已放出的那部分热量，通过热传导和对流迁移立即被排出了）；T_{wg} 为气壁温（与燃气接触面的壁面温度，亦称“热”壁温度），可在传热计算中迭代求解。

可用温度恢复系数 r 来建立近壁层气体滞止温度 T_{aw}、燃气理论滞止温度 T_g^*、燃气静温 T_g 之间的关系：

$$r = \frac{T_{aw} - T_g}{T_g^* - T_g} \Rightarrow T_{aw} = rT_g^* + (1-r)T_g \tag{6-22}$$

恢复系数 r 可由实验确定，也可根据流动状态按下面的公式计算，即对层流附面层 $r=\sqrt{Pr}$、对湍流附面层 $r=\sqrt[3]{Pr}$，式中 Pr 为普朗特数，是反映流体物性的参数，温度对普朗特数影响很大，而压强对其的影响却很小。

燃气静温 T_g、理论滞止温度 T_g^*、热力计算给出的推进剂绝热燃烧温度 T_f、近壁层气体滞止温度 T_{aw} 的关系如图 6-37 所示（如忽略燃烧室内的燃烧不完全损失和散热损失，$T_g^* = T_f$）。由图 6-37 可见，附面层边界上的温度为 T_{aw} 和 T_{wg}，根据两温度的温差即可算出对流热流强度。

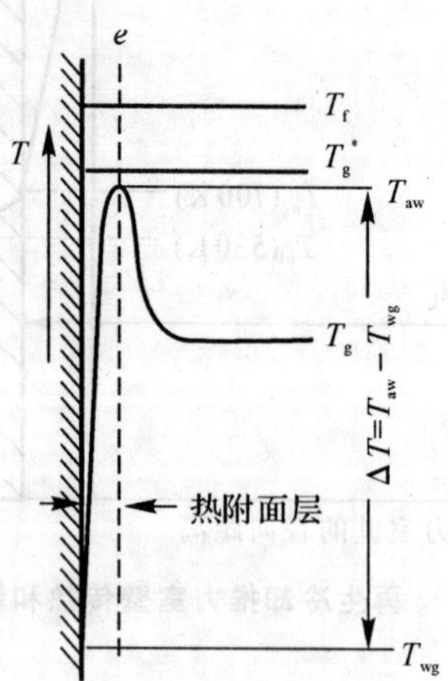

图 6-37　液体火箭发动机推力室中的典型温度分布

由式(6-21)可见，凡能影响对流换热的各种因素，如燃气组分、流速、推力室的形状以及推力室壁面的粗糙度等，都包括在对流换热系数内了。也就是说，把对流换热过程中的一切复杂影响因素都包括在对流换热系数这一个物理量当中了。因此，确定对流热流密度的关键在于确定对流换热系数。

对于液体火箭发动机的推力室，对流换热系数的确定与固体火箭发动机一样：

(1) 可由努赛尔数求出。$Nu = \alpha Re^m Pr^n = \frac{hd}{\lambda_g}$，$d$ 为特征尺寸，取计算截面处的直径；λ_g 为燃气的导热系数。对于与液体火箭发动机中的条件相似的条件，建议取 $m=0.8$，$n=0.4$；对于已稳定的紊流流动 $\alpha \approx 0.024$；在小的发动机长径比 L/d 下 $\alpha \approx 0.025 \sim 0.028$。

(2) 由斯坦顿数求出。

$$St = \frac{h}{(c_p \rho u)}$$

(3) 最常用的是利用半经验的巴兹(Bartz) 公式。

推力室内：

$$h = \left[\frac{k'}{d_t^{0.2}}\left(\frac{\mu^{0.2} c_p}{Pr^{0.6}}\right)\left(\frac{p_c}{c^*}\right)^{0.8}\left(\frac{A_t}{A}\right)^{0.9}\right]\sigma_{b1} \tag{6-23}$$

喷管内：

$$h = \left[\frac{k'}{d_t^{0.2}}\left(\frac{\mu^{0.2} c_p}{Pr^{0.6}}\right)\left(\frac{p_c}{c^*}\right)^{0.8}\left(\frac{A_t}{A}\right)^{0.9}\left(\frac{d_t}{r_c}\right)^{0.1}\right]\sigma_{b1} \tag{6-24}$$

式中，σ_{b1} 为考虑附面层内密度与黏性系数变化的无量纲参数(亦称定性温度变换系数)，$\sigma_{b1} = \frac{1}{\left[\frac{1}{2}\frac{T_w}{T_{0c}}\left(1+\frac{k-1}{2}Ma^2\right)+\frac{1}{2}\right]^{0.68}\left(1+\frac{k-1}{2}Ma^2\right)^{0.12}}$，$Ma$ 为马赫数；c^* 为推进剂的理论特征速度；μ 为燃气的动力黏度，$\mu = 1.183 \times 10^{-7} \times \overline{Ma}^{0.5} \times T^{0.6}$(其中 μ 的单位为 Pa·s，T 的单位为 K)；d_t 为喷管喉部直径；p_c 为燃烧室压强；r_c 为喷管喉部纵向曲率半径；A_t 为喷管喉部截面积；A 为计算截面处的截面积；k' 为常数。

对比式(6-23) 和(6-24) 可见：

喷管内流动的对流传热，换热系数多了一个修正项 $\left[\left(\frac{d_t}{r_c}\right)^{0.1}\right]$；

喷管内对流换热系数的计算公式与固体火箭发动机中喷管对流换热系数计算公式是一样的；

式中的常数 k'，对亚声速流取 0.026、对超声速流取 0.023；在初步估算中，无论是亚声速还是超声速均可取 0.026。

(4) 利用其他的经验公式。对于液体火箭发动机的推力室，对流换热系数 h 也可采用半经验关系式：

$$h = 108.86 c_p \mu^{0.2} \frac{Pr^{0.6}}{d^{0.2}}\left(\frac{\dot{m}}{A}\right)^{0.8} \tag{6-25}$$

式中，c_p 为燃气定压比热；μ 为动力黏度；Pr 为普朗特数；d 为当量直径；$\dot{m}$ 为质量流量；A 为截面面积。式(6-25) 实际上是由努赛尔数(Nu) 准则推出的。

由以上计算公式可见，影响对流热流密度的因素包括工作参数(燃烧室压强 p_c)、推进剂性能参数(燃气温度、燃气平均摩尔质量、比热容 c_p、动力黏度 μ)、推力室材料(气壁温度 T_{wg}) 及推力室几何形状(喉部直径、计算截面积) 等。

对流热流密度沿推力室的变化如图 6-38 所示。由图可见，沿燃烧室长度对流热流密度几乎为常值，在喷管收敛段急剧增加，在喉部达到最大值，过了喉部又迅速下降。

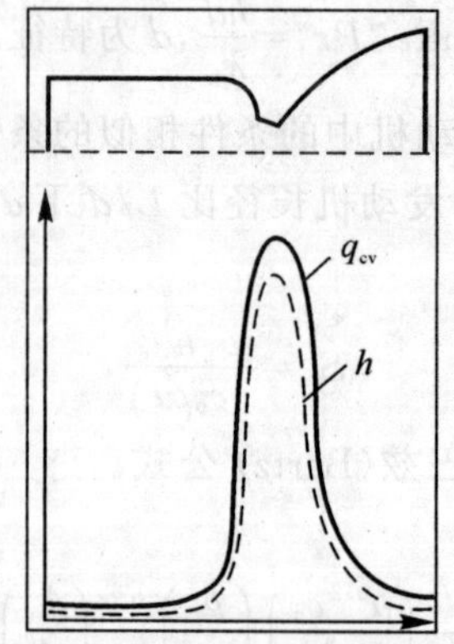

图 6-38　对流热流密度沿推力室轴线的分布

2. 燃气与室壁间的辐射传热

液体火箭发动机推力室中的燃气一般不含固体颗粒，能产生辐射热的主要成分是 H_2O 和 CO_2 气体。辐射热流密度取决于燃气温度、压强、H_2O 和 CO_2 的分压以及燃烧室的几何尺寸。一般地，辐射热流密度通常占总热流强度的 15%～20%。

均匀成分的燃气对壁面的辐射热流密度为

$$q_r = \varepsilon_{w,ef}\sigma(\varepsilon_g T_g^4 - \alpha_{w,g} T_{wg}^4)$$

式中，$\varepsilon_{w,ef}$ 为壁面有效黑度；σ 为波尔兹曼常数，$\sigma = 5.675\times10^{-8}$ W/(m^2·K^4)；ε_g 为燃气黑度，有 $\varepsilon_g = \varepsilon_{H_2O} + \varepsilon_{CO_2} - \varepsilon_{H_2O}\varepsilon_{CO_2}$，$H_2O$ 和 CO_2 的黑度 ε_{H_2O}，ε_{CO_2} 分别是组分分压 p_{H_2O}，p_{CO_2}、燃气静温 T_g 和辐射路程的函数，可按经验公式计算或查图表获得；$\alpha_{w,g}$ 为燃气在壁面温度 T_{wg} 下的吸收率，有 $\alpha_{w,g} = \alpha_{H_2O} + \alpha_{CO_2} - \alpha_{H_2O}\alpha_{CO_2}$，$H_2O$ 和 CO_2 的吸收率可由下式计算：$\alpha_{H_2O} = \varepsilon'_{H_2O}\ (T_g/T_{wg})^{0.45}$，$\alpha_{CO_2} = \varepsilon'_{CO_2}\ (T_g/T_{wg})^{0.65}$，其中的 ε'_{H_2O}，ε'_{CO_2} 分别是按 T_{wg} 查有关图表获得的 H_2O 和 CO_2 的黑度值；T_g 为燃气静温；T_{wg} 为气壁温。

燃气辐射热落到壁面后，只有一部分被吸收，其余被反射。反射热穿过燃气时，一部分被燃气吸收，其余穿透燃气，落到燃烧室壁面的其他部分上。这一部分辐射热再次被部分吸收，部分反射。再穿透、吸收、反射，这样反复进行，逐次衰减。壁面最终吸收的辐射总热量为历次吸收的总和，相当于按一次辐射吸收但增大了壁面黑度的效果。这种增大的壁面黑度称为壁面有效黑度 $\varepsilon_{w,ef}$，其简单的近似计算式为

$$\varepsilon_{w,ef} \approx (1+\varepsilon_w)/2 \tag{6-26}$$

式中，ε_w 为壁面黑度值，与壁的材料和壁面状况有关（有无氧化膜、温度等），在一些热工手册中可以查到。

实验研究表明，燃烧室中从离喷注器面 50～100 mm 处至喷管收敛段 $d=1.2d_t$ 处，辐射热流密度最大（$q_{r,max}$）且基本保持不变；喷管收敛段 $d=1.2d_t$ 以后，燃气加速膨胀，静温、静压都急剧下降，辐射热流也随之降低，到喉部只剩下 $q_{r,max}$ 的 50%；喉部以后辐射热流密度降低更快，在面积比 $A/A_t=1,2,3,4$ 处，辐射热流密度 q_r 与其最大值之比 $\dfrac{q_r}{q_{r,max}}$ 相应降到了 50%，12%，6%，3%。辐射热流密度沿推力室长度的变化如图 6-39 所示。

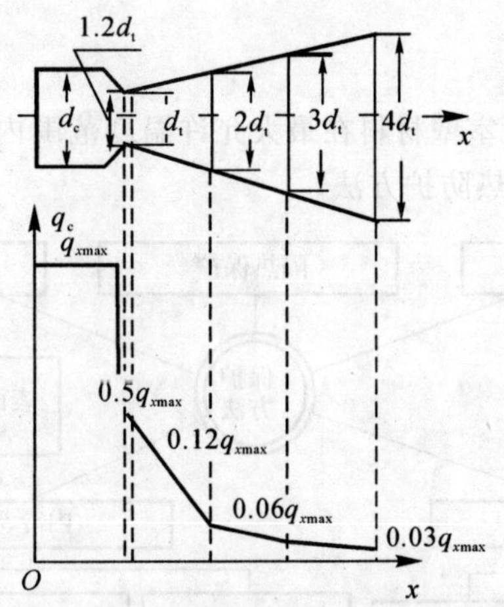

图 6-39　辐射热流密度沿推力室长度的变化

3. 燃气的总热流密度

燃气与室壁间的对流和辐射换热是液体火箭发动机传热的主要形式,因此燃气的总热流密度是二者热流密度之和,即

$$q = q_{cv} + q_r \tag{6-27}$$

总热流密度沿推力室的变化如图 6-40 所示。

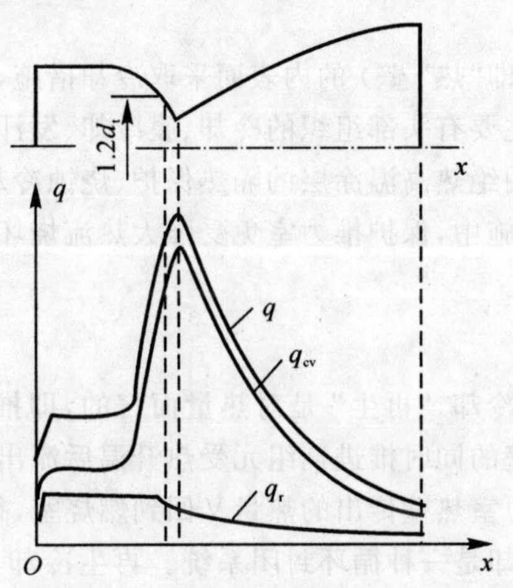

图 6-40　燃气热流密度沿推力室长度的变化

由图可见,总热流密度在燃烧室内几乎为一定值,在喷管收敛段急剧增加,在喉部达到最大值,过了喉部又迅速下降。总热流密度沿喷管长度变化的大致数值如下:喷管入口截面处 $q=(2\sim10)\times10^6\ \mathrm{W/m^2}$;最小截面处 $q=(40\sim160)\times10^6\ \mathrm{W/m^2}$;出口截面处 $q=(0.5\sim3)\times10^6\ \mathrm{W/m^2}$。

由此可见,在这样大的热流下,推力室若不采取有效的热防护冷却措施,推力室壁温将高到现有工程材料无法承受的程度而烧毁室壁。

6.3.2.3 推力室的冷却

推力室冷却的目的是保证室壁材料在最大允许温度范围内，能够承受力和热的作用。图 6-41 简要介绍了推力室壁的热防护方法。

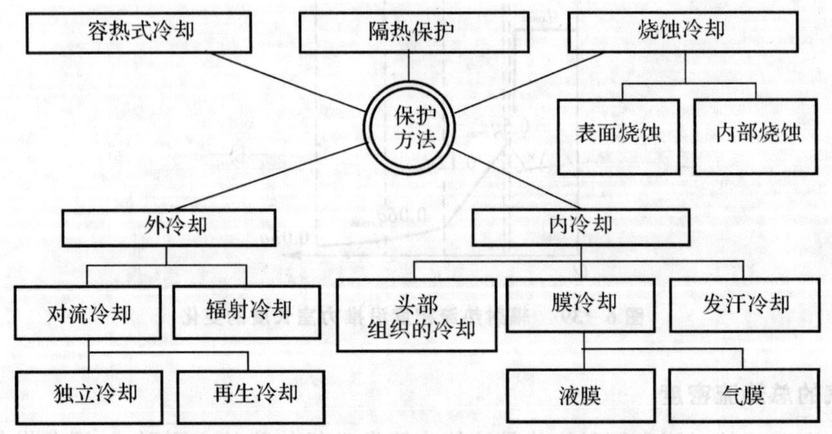

图 6-41 推力室壁的主要热防护方法分类

外冷却：指在受热室壁(即“热”壁)的外侧采取冷却措施，把高温、高速的燃气传给室壁的热量带走，主要是对流冷却和辐射冷却，对流冷却又包括再生冷却和独立冷却(导出的热量不传给推进剂组元)。

内冷却：指在受热室壁(即“热”壁)的内表面采取冷却措施，把受热壁面与高温燃气隔开，以减少燃气向壁面的传热，主要有头部组织的冷却、膜冷却、发汗冷却、屏蔽冷却、烧蚀冷却、自冷却等方法。此外，还有采用绝热高温涂层的隔热保护、烧蚀冷却和热容式冷却等。

在以上各种冷却防护措施中，保护推力室免受强大热流烧坏的最常用、最有效而经济的办法是外冷却中的再生冷却法。

1. 再生冷却

再生冷却是一种对流外冷却，“再生”是对热量而言的，即推进剂的一种组元流经推力室的冷却套，在冷却推力室热壁的同时推进剂组元受热升温后流出冷却套，再经喷注器进入燃烧室参与燃烧反应，使通过推力室热壁传出的热量又回到燃烧室，得以“再生”利用，故称再生冷却，如图 6-42 所示，再生冷却是一种循环封闭系统。再生冷却具有热损失小，对周围热影响小，工作时间可以很长，结构复杂，质量大，具有附加流体阻力，增加推进剂供应系统负担的特点。

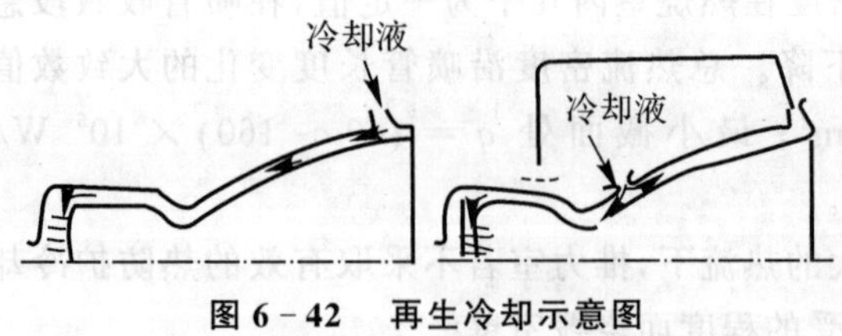

图 6-42 再生冷却示意图

采用再生冷却的推力室的室壁一般是由内、外两层壁构成的冷却夹套(简称冷却套)。常用的冷却通道如图 6-43 所示。

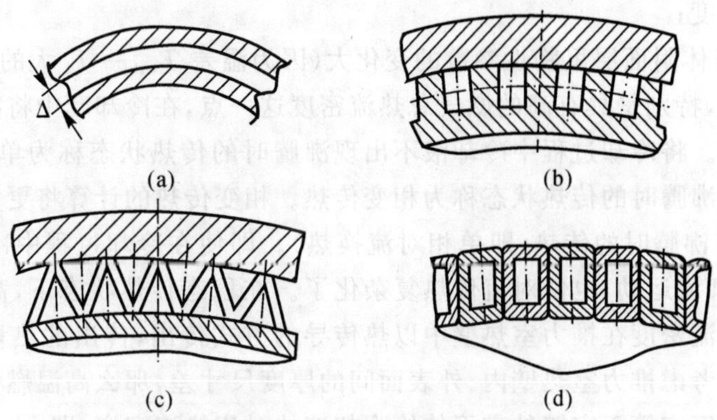

图 6-43　推力室常用的冷却通道示意

(a) 环缝式；(b) 内壁纵向带肋式；(c) 波纹板钎焊式；(d) 管束式

环缝式冷却通道的最大缺点是推力室的结构刚度太差，在间隙 Δ 很小时，难以保证通道间隙的均匀性。

内壁纵向带肋的冷却通道可使内壁有较好的刚度，而且也能保证冷却通道的间隙均匀，另外也增加了传热面积。

波纹板钎焊式的冷却通道不但传热效果好和刚度好，而且质量也比室壁带肋的推力室轻。

管束式冷却通道可以看作是加肋室壁的变种，它由许多细管钎焊而成，其内表面形成了推力室的轮廓，具有质量轻、刚度好和传热效果好的优点。

参照图 6-36 可见，再生冷却的主要过程是，具有温度 T_g 的燃气，在推力室热壁面附近形成具有层流底层的紊流附面层，在紊流附面层内，气流速度降低，温度升高，而在层流底层中，传热靠传导，因为气体导热系数很小，层流底层具有很大的热阻，所以它里面的温度几乎成线性急剧下降为推力室热壁温度 T_{wg}，然后通过热壁将热量传给冷却套中的冷却液，冷却液以对流方式吸热升温后流出冷却套、进入推力室参与燃烧，在冷却推力室热壁的同时，使热量得以重新利用。

因此，再生冷却的传热过程主要包括以下几个传热环节：

1) 高温燃气与推力室热壁间的对流、辐射传热；

2) 推力室热壁内表面向热壁外表面（即液壁）的热传导；

3) 推力室热壁外表面与冷却液间的对流传热；

4) 冷却套壁面内、外表面间的热传导；

5) 推力室冷却套壁面外表面与环境大气间的对流、辐射传热。

有关高温燃气与推力室热壁的对流、辐射传热过程及热流密度的计算，前文已有简单的介绍，下面重点介绍推力室冷却套中，推力室热壁外表面（即液壁）与冷却液间的对流传热。

(1) 推力室冷却套中壁面与冷却液间的对流传热。

1) 冷却套中壁面与冷却液间传热的特点。

a) 冷却通道的结构形式复杂；

b) 冷却通道内冷却液的流动是强烈的紊流状态；

c) 推力室热壁外表面温度 $T_{w,l}$(参见图 6-37) 与冷却液温度 T_l 的温差比较大,且具有较高的燃气总热流密度;

d) 冷却套中液体附面层里物性参数的变化大(因为温差 $T_{w,l}-T_l$ 大的缘故)。

由于以上特点,特别是具有高的燃气总热流密度这一点,在冷却套中将冷却液加热到沸腾状态也是有可能的。将冷却过程中冷却液不出现沸腾时的传热状态称为单相传热,而将冷却过程中冷却液出现沸腾时的传热状态称为相变传热。相变传热的计算将更为复杂。

2) 冷却液没有沸腾时的传热(即单相对流换热)。即使在冷却过程中冷却液没有沸腾发生,因为冷却液的紊流运动,也使对流传热复杂化了。在稳态传热状态下,高温燃气传到推力室壁内表面的总热流密度在推力室热壁中以热传导的方式传出,传出的热量将被冷却液对流散热带走。如果不考虑推力室热壁内、外表面间的厚度尺寸差,那么高温燃气传到推力室热壁内表面的总热流密度应等于室壁外表面传给冷却液的对流热流密度,即

$$q=h_l(T_{w,l}-T_l) \tag{6-28}$$

式中,q 为冷却液对流热流密度;T_l 为冷却液温度;$T_{w,l}$ 为液壁温;h_l 为换热系数。h_l 的计算可以由努赛尔准则数(Nu) 来确定:

$$Nu=\frac{h_l d_e}{\lambda_l} \tag{6-29}$$

式中,d_e 为特征尺寸,一般取冷却通道计算截面处的当量直径,即

$$d_e=\frac{4A_l}{U_l} \tag{6-30}$$

式中,A_l 为冷却通道计算截面处的横截面积;U_l 为湿润周长。

例如:

a) 对于环形冷却通道,环缝的平均直径为 d_m,则有

$$d_e=\frac{4A_l}{U_l}=\frac{4\pi d_m\Delta}{2\pi d_m}=2\Delta$$

b) 对于内壁纵向带肋的矩形截面冷却通道,矩形通道的横截面尺寸为长 × 宽 $=a\times b$,则有 $d_e=\dfrac{4A_l}{U_l}=\dfrac{4nab}{2n(a+b)}=\dfrac{2ab}{a+b}$,其中 n 为肋的数目。

考虑到

$$Nu=0.021\,Re^{0.8}\ Pr^{0.43}\left(\frac{Pr_l}{Pr_w}\right)^{0.25},\quad Re=\frac{\rho_l u_l d_e}{\mu_l},\quad Pr=\frac{\mu_l c_l}{\lambda_l}$$

则有

$$h_l=0.021\,\frac{\lambda_l^{0.57}\ c_l^{0.43}}{\mu_l^{0.37}}\ \frac{(\rho_l u_l)^{0.8}}{d_e^{0.2}}\left(\frac{Pr_l}{Pr_w}\right)^{0.25} \tag{6-31}$$

式中,下标 l 代表冷却液,同时也表示确定冷却液物性参数的定性温度为液体的平均温度;下标 w 则表示以内壁外表面温度 $T_{w,l}$(参见图 6-37) 为定性温度来确定冷却液的相应参数。

由换热系数的计算式(6-31) 可见,影响冷却套内对流换热的因素包括冷却液的物性参数(λ,c,ρ,μ 等) 和冷却通道的形状与尺寸(d_e)。因此:

a) 若要增大换热系数,希望冷却液的比热容和导热系数增加、黏性系数减小。而比热容、导热系数和黏性系数是与温度密切相关的,一般是温度升高,比热容和导热系数增大而黏性系数减小,因此要增大换热系数,冷却液的温度应高一些。但是,冷却液温度的升高往往是不实

际的，因为在同样时间内，冷却液从室壁上吸收的热量与温差 $T_{w,l}-T_l$ 成正比，随着 T_l 的增高，虽然 h_l 有所增加，但温差却减小了。由此可见，冷却液的平均温度应有一个最佳值。

b) 如果冷却液流量密度 $\rho_l u_l$ 增加，则流动的紊流强度增加（Re 增大了），对流换热亦加强。但在冷却液流率一定的情况下，只有减小冷却通道的横截面积，才会使流量密度 $\rho_l u_l$ 和紊流强度增加、换热加强，但通道的减小，将使冷却流体的沿程阻力增大，从而增大推进剂供应系统的负担。

由此可见，在再生冷却设计计算中，应综合考虑各因素的影响。

3) 冷却液发生沸腾时的换热（即相变传热）。当燃气的热流密度 q 很高、推力室内壁外表面温度 $T_{w,l}$ 超过冷却液在相应压强下的沸点温度 T_s 数十度时，接触推力室内壁外表面的薄层冷却液开始汽化、出现气泡，但冷却液的主要部分（中心）不会沸腾。接触推力室内壁外表面的冷却液汽化时，最初在近壁层的冷却液中只产生少量的微小气泡，气泡在流体重力、表面张力和冲刷力等作用下脱离壁面，进入主流冷却液中。此时：

a) 由于主流冷却液的温度仍低于沸点温度，故进入主流冷却液的小气泡很快被冷凝而消失。

b) 壁面上气泡脱离的地方，立即被附近的冷却液填补，填补的冷却液又受热汽化，形成小气泡，再脱离、冷凝。如此反复循环，即在壁面附近形成沸腾景象，称为表面沸腾现象。

表面沸腾分为核状沸腾和膜状沸腾两种情况。

核状沸腾：近壁层冷却液中产生的少量、微小气泡在主流冷却液的冲刷下脱离、冷凝的循环过程即为核状沸腾。形象地称为核状沸腾，是因为气泡总是产生于微小的气核。

核状沸腾在气泡产生、脱离过程中，从壁面吸收了汽化所需的热量，同时，增加了对边界层的扰动，这都使对流散热能力显著增强，因此核状沸腾可以达到最大的冷却效果。核状沸腾下的推力室热壁外表面温度总是保持在比冷却液沸腾温度略高一些的水平，一般只比冷却液的沸腾温度高 10 ～ 30 K。

膜状沸腾：随着燃气热流密度的继续增大，将使推力室热壁外表面温度升高，表面沸腾现象加剧，气泡数量增多、直径增大。最后，如果气泡相互拥挤而连成一片，在壁面上形成一层连续的气态薄膜，就变成了膜状沸腾。膜状沸腾将改变冷却套内冷却液的换热特性，因为蒸汽膜具有较高的热阻（注：气体热阻为导热系数的倒数，蒸汽膜热阻大，说明汽膜比同性质的液体有小得多的导热系数），所以会使换热密度突然下降而 $T_{w,l}$ 突然升高，将会导致室壁的烧毁。因此，设计时要努力避免发生膜状沸腾的情况。

当冷却液发生沸腾时，冷却套内的流动就是一个气-液两相对流沸腾换热问题，此时不能用单相对流换热中介绍的计算方法来计算推力室中由室壁向冷却液的对流换热。冷却通道中是否出现沸腾换热现象、出现核状沸腾还是膜状沸腾，主要与推力室壁外表面的过热度有关，即与 $T_{w,l}-T_s$ 有关。

图 6-44 给出了在冷却液流速一定的条件下，推力室热壁外表面向冷却液传热过程中的几个重要区域。

由图 6-44 可见，冷却液没有沸腾时，对应于较小的热流密度 q，随着热流密度的增加，换热系数 h_l 变化较小，而 $T_{w,l}$ 随热流密度近似成正比的增加。图中 B 点以前的区域正是这一正常的强迫对流区域，即冷却液没有沸腾时的传热（即单相传热）。许多液体火箭发动机的再生冷却过程就是工作在这一区域。B 点对应的（$T_{w,l}-T_s$）的值为 10 ～ 30 K、热流密度为 $q_{l,max}$，即单相传热过程中的最大热流密度。

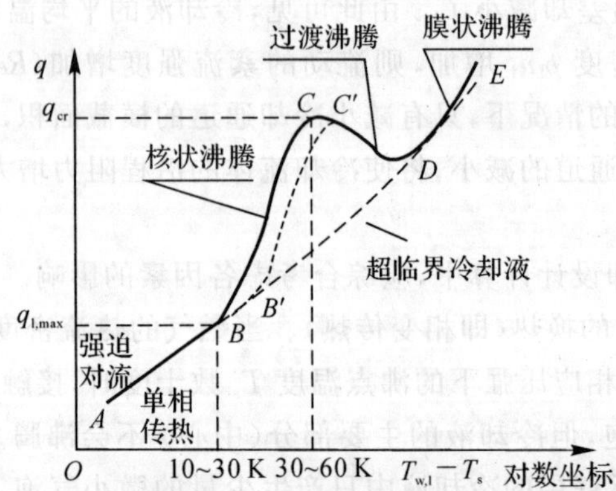

图 6-44 热壁外表面向冷却液传热过程中的几个重要区域

当燃气热流密度 $q>q_{1,max}$(即 B 点以后)时，就会在推力室热壁外表面上形成小的蒸气泡，称为冷却液的核状沸腾状态。随着热流密度的继续增加，核状沸腾加剧，湍流强度不断加大，使冷却液对流冷却效果非常好，所以 $T_{w,1}$ 的增加很小，图中的 B—C 段反映了冷却液核状沸腾时的换热特点，曲线的陡峭程度反映了这一阶段的换热效果是相当好的。核状沸腾现象常常出现在喷管喉部的局部区域，因为喉部的热流密度很高。图中 C 点对应的($T_{w,1}-T_s$)的值为 30 ～ 60 K。如果提高冷却液的压强，核状沸腾区会向右偏移至 B'—C' 区。

冷却液处于核状沸腾时，对流换热带走热流密度虽可达很高，但终有极限。当热流密度超过极限值时，气泡形成的速率和尺寸都显著增大，气泡不能很快地离开壁面，以至于在壁面上出现了大量的气泡汇聚，即产生的气泡数量大于被液体冲走的数量，转入膜状沸腾状态。这个极限热流密度称为临界热流密度 q_{cr}，对应于图中的 C 点。q_{cr} 是冷却液发生沸腾时传热中很重要的一个参数，它取决于冷却液的性质、压强和流速等，目前常用的计算公式是 M.A. 米海耶夫等人由试验数据总结出的如下关系式：

$$q_{cr}=q_{1,max}\left[0.344+1.08\frac{p_1}{p_{cr}}+1.42\left(\frac{p_1}{p_{cr}}\right)^2\right]^{-0.8} \quad (6-32)$$

式中，p_1 是冷却通道中冷却液的压强；p_{cr} 是冷却液的临界压强；$q_{1,max}$ 是单相传热时的最大热流密度，可由单相传热中介绍的方法计算，但在计算时确定液体物性参数的定性温度应该取为 $T_{w,1}=T_s+(10\sim30)$ K。

核状沸腾超过临界热流密度后，在转入膜状沸腾之前，还有一个短暂的过渡段(如图中的 C—D 段)，称为过渡沸腾或不稳定沸腾。此时，壁温升高，热流密度反而下降，但过渡沸腾实际上无法维持，很快就转入稳定的膜状沸腾。图中的曲线段 D—E 代表了膜状沸腾区。从 D 点起，推力室热壁外表面被稳定的连续蒸汽膜所覆盖，表面温度显著提高，热辐射则在热量传递过程中起重要作用。液体火箭发动机再生冷却系统的设计一般是不允许出现这种情况的。

核状沸腾和过渡沸腾状态下的冷却统称为沸腾冷却。虽然核状沸腾有很好的冷却效果，但是很难控制，即核状沸腾很容易地就达到过渡沸腾乃至膜状沸腾。由于单相液体传热的散热能力较低，因此为了使液体火箭发动机推力室既可安全、可靠地工作，又能有良好的冷却效果，常希望推力室壁的冷却处于核状沸腾状态。一般地，稳定的核状沸腾状态应满足下列条件：

$$q_{l,\max} \leqslant q \leqslant 0.7 q_{cr} \tag{6-33}$$

式中的 0.7 为安全因子，相应的核状沸腾时的热壁温度为 $T_{w,l} \approx T_s + (10 \sim 60)$ K。

而像液氢这样的冷却剂，可以工作在超临界状态（即冷却液的压强大于其临界压强）下对壁面进行冷却。这时不存在核状沸腾和过渡沸腾状态，传热效果由图 6-44 中的超临界线（虚线）所表示，其热流密度是随温差的增加而增加的。

(2) 可靠再生冷却的条件及其影响因素。只有在推力室壁可靠冷却的条件下，才能保证液体火箭发动机在提高性能的同时有必要的寿命。因此可靠再生冷却的必要条件是 $T_{w,g} < T_{w,\max}$，即在推力室全部长度上，推力室热壁内表面的壁温必须小于壁面材料的最大允许温度。这是保证推力室安全工作的最重要的条件。

a) 壁面材料的最大允许温度随材料不同而不同，如不锈钢 1Cr18Ni9Ti 的 $T_{w,\max} = 1\,400$ K，一般碳钢为 823 ~ 833 K 等。如果推力室热壁内表面的壁温 $T_{w,g}$ 超过最大允许温度，室壁材料会软化，并可能被燃气“吹掉”以至烧毁。

b) $T_{l,out} < T_s$，即在一般的再生冷却推力室中，冷却套出口处的冷却液温度不应超过冷却通道压强下冷却液的沸点温度，这样才能保证不发生过渡沸腾和膜状沸腾。

c) 在再生冷却推力室中，如果存在核状沸腾，那么保证其持续稳定冷却的条件是，在推力室所有截面上的热流密度 q 都满足 $q \leqslant 0.7 q_{cr}$。

如用气态组元进行冷却，由于它的比热及热传导系数都大，热量能很好地由壁面散出，因此可以没有上述条件的 b) 和 c)。氢可作为这种气态组元的一例。

影响可靠再生冷却的因素很多，为便于分析，仅在推力室尺寸（如燃烧室直径、喷管喉径和出口直径等）一定的条件下讨论，这时影响可靠再生冷却的主要因素有：

a) 冷却液的物理性质。冷却液的导热系数和比热容越大、冷却液在冷却通道压强下的沸点越高、冷却液的黏性系数越小，冷却性能就越好。水的冷却性能最好，依次递减为甲醇、硝酸、乙醇和煤油。

b) 冷却通道中的参数。液体火箭发动机工作状态一定时，被选为冷却液的推进剂组元的流率也是一定的。这样，增加冷却液在冷却通道中的流速是唯一提高冷却效果的途径。那么，凡是影响冷却液流速的因素，如冷却通道间隙、肋的数目和尺寸等，都会影响冷却效果。

c) 推力室中燃气的参数。燃气的压强、温度和流速对推力室热壁内表面温度和热流密度有很大影响。在其他条件相同时，增加燃烧室温度，对流热流密度和辐射热流密度都加大。实验表明，总的热流密度与燃气压强的 0.8 次方成正比。另外，燃气流速增高，由于附面层变薄、热阻减小，将使对流热流密度增大。

d) 室壁材料和厚度。在热流密度一定的情况下，推力室热壁内表面的冷却情况，取决于材料的导热性能和壁厚。室壁越薄、材料导热性越好则壁温 $T_{w,g}$ 就越小。不过室壁厚度的选择，还要同时考虑内壁不均匀温度分布情况下推力室强度的要求，不可只由冷却效果的好坏确定。

(3) 再生冷却的计算。再生冷却的计算可分为设计性计算和校核性计算。

设计性计算：在保证推力室可靠冷却的基础上确定冷却通道的尺寸、室壁厚度和冷却通道的结构形式。

校核性计算：是在预先选定冷却通道尺寸、室壁厚度和冷却通道结构形式的基础上，计算室壁和冷却液的温度，从而检验是否能够满足推力室可靠冷却的条件。校核性计算一般也称为再生冷却验算。验算的原始条件和数据包括：

a）推力室内形面的几何形状和尺寸；

b）推力室工作参数：压强、推进剂的质量流率等；

c）推力室热力计算后的一些参数和数据（如燃气的定压比热、导热系数、黏性系数等）；

d）冷却液的有关参数，如质量流率、导热系数、黏性系数、比热与温度的关系、沸点与压强的关系等；

e）冷却通道的形状、尺寸和通道内压强分布等；

f）推力室壁的结构形式、材料、厚度等。

计算中忽略通过冷却通道外壁面散发至周围环境中去的热量。

校核性计算的主要步骤如下：

1）将推力室沿轴向顺着冷却液的流动方向从进口到出口分成若干计算段并标记各计算截面（如图 6-45 所示，一般在喷管喉部临界截面附近的计算段要密一些）。

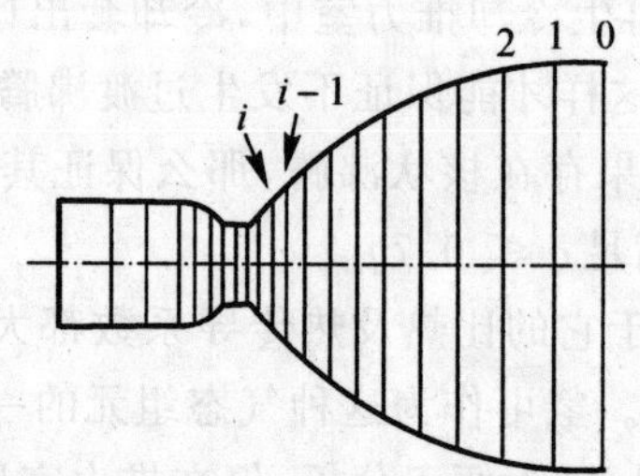

图 6-45　再生冷却推力室验算分段示意

2）根据推力室热力计算的结果，给出各计算截面处燃气压强、温度和速度等各参数。

3）参考已有的一些推力室的数据，给出推力室热壁内表面温度 $T^i_{w,g}$（即燃气壁温，参见图 6-37，上标 i 表示相应的计算截面）的初始分布值。

4）分别计算各截面处燃气的对流、辐射和总的热流密度。

5）利用热传导方程，计算推力室热壁外表面温度 $T^i_{w,l}$（即液壁温）。

此时若验算的是无沸腾冷却（即单相传热）时的情况，则有以下主要步骤：

a）计算推力室每计算段的平均热流（热流＝热流密度×计算段的室壁表面积）。

b）计算各段冷却液的温升以及各截面处冷却液的温度 T^i_l。

c）计算冷却通道出口处冷却液的温度 $T_{l,out}$。

d）根据已经计算出来的 $T^i_{w,l}$ 和 T^i_l，计算各截面处冷却液的对流换热系数，从而进一步算出对应的推力室热壁外表面温度 $T^i_{w,l}$ 的新值（第5）步算出的 $T^i_{w,l}$ 是在初值 $T^i_{w,g}$ 的基础上计算的）和推力室热壁内表面（即燃气壁面）温度 $T^i_{w,g}$ 的新值。

e）将算出的 $T^i_{w,g}$ 的新值与第3）步中假想的初值相比较，如不符合计算精度，则取 $T^i_{w,g}$（新值）和前一次的初值的算术平均值为新一轮计算的初值，再次从第4）步开始进行计算，直到满足精度为止。

上述计算完成后，即可确定出冷却通道出口处的冷却液温度 $T_{l,out}$，然后验证各计算截面上是否满足 $T_{w,g} < T_{w,max}$，$T_{l,out} < T_s$ 的条件，若满足，则表示再生冷却系统能够可靠地工作，否则，需对再生冷却系统进行改进设计。

而若验算的是有沸腾冷却（即相变传热）时的情况，则在前文的第5）步后，有以下的主要步骤：

a) 先假定 $T_{w,l}^{i} \approx T_{s}^{i} + (10 \sim 30)$ K，再利用热传导方程确定各截面处推力室热壁内表面温度 $T_{w,g}^{i}$ 的新值，并与第 3) 步中假想的初值相比较，如不符合计算精度，则取 $T_{w,g}^{i}$(新值) 和前一次的初值的算术平均值为新一轮计算的初值，再次从第 4) 步开始进行计算，直到满足精度为止。

b) 计算发生沸腾冷却的截面处的临界热流密度 q_{cr}^{i} 及冷却通道出口处冷却液的温度 $T_{l,out}$，并检查是否满足可靠冷却的 3 个条件($T_{w,g} < T_{w,max}$，$T_{l,out} < T_{s}$，$q \leqslant 0.7q_{cr}$)，进而可判断再生冷却系统是否能可靠地工作。

对于推力可调的推力室的再生冷却计算，应对推力室在工作压强的最大值和最小值的状态分别进行计算。

2. 辐射冷却

辐射冷却的工作原理：在稳态下工作时，燃气传给推力室热壁内表面的热量通过导热传至室壁的外表面，然后再通过外表面的高温辐射将热量散失到周围介质中，以实现外冷却。

利用高温辐射的办法，将燃气传给室壁的热量通过室壁的外表面辐射至周围介质中，使室壁温度保持在最大允许温度以下，这就是推力室的辐射冷却。

辐射冷却的推力室总是用于上面级发动机。上面级发动机的推力室裸露在太空中，辐射热不受阻挡和反射，冷却效果好。

对于微型空间发动机，由于推力室温度低，压强也低，有时还间歇工作，每次工作的时间也很短，因此整个推力室都可采用辐射冷却。在平衡状态下，如果其平衡温度低于材料的最大允许温度，它的工作寿命实际上是无限的，因此辐射冷却推力室在长寿命的小推力发动机上得到广泛应用。

辐射冷却的优点：发动机工作寿命长、质量轻。

缺点：热损失大、对周围零部组件的热影响大。

采用辐射冷却时，可采用耐热合金(如铌、钨、钼、钽、铼和铱合金等)制造推力室，以保证推力室内外表面均可在 1 800～2 300 K 的高温下工作。

制造推力室的耐热合金材料的共同特点：抗氧化能力很弱，它们在 800～900 K 以上的温度下，能很快氧化成强度很低的氧化物。为了提高其抗氧化能力，在室壁内外表面必须设置保护层，即抗氧化涂层。

由于燃烧温度一般很高，所以辐射冷却必须与液膜冷却配合使用，否则壁温会超过材料的最大允许温度。

3. 排放冷却

排放冷却是对流冷却的一种。其工作过程和冷却机理与再生冷却相同，也可以说是再生冷却系统的一种变形，只是冷却液吸热后不进入燃烧室，而是从专门的喷管排出以产生推力，如图 6-46 所示。

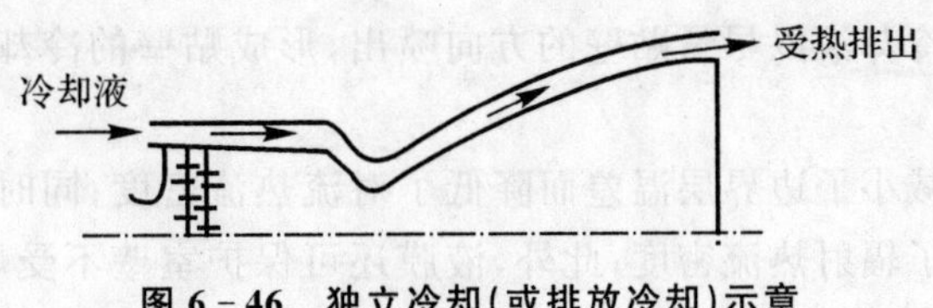

图 6-46　独立冷却(或排放冷却)示意

由于作为冷却液的这部分推进剂未经燃烧就被排出而带走了部分化学能，必然降低发动机的性能，因此，排放冷却系统的使用范围受到很大的限制。通常用在以液氢为冷却液的大扩张比的喷管后段(即用于喷管的部分冷却，如图 6-47 所示)，因为此处喷管内压强很低，允许壁温较高，且热流密度较小，易于冷却；另一方面，氢的比热容和热导率都很高，吸热能力和散热能力都很强，只用少量氢作为排放冷却液(一般为氢流量的 6%)即可，发动机的比冲损失也较小。另外，由于允许壁温较高，氢的出口温度也较高(通常氢的出口温度和壁温达1 000 K以上)，小分子量的氢以高温排出，可以获得较高的流速，从而产生的比冲也不太低。

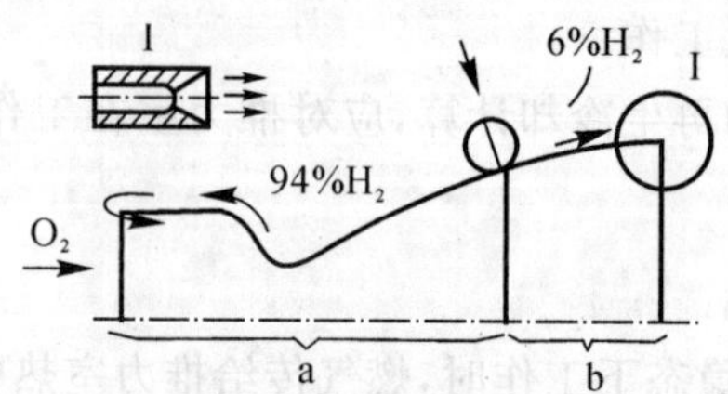

图 6-47　O_2+H_2 发动机推力室排放冷却示意

排放冷却的优点：没有附加流体阻力，推进剂供应系统的负担小。

缺点：经济性差，比冲也有一定的损失。

4. 内冷却

内冷却主要介绍膜冷却与发汗冷却。膜冷却与发汗冷却的原理如图 6-48 所示。

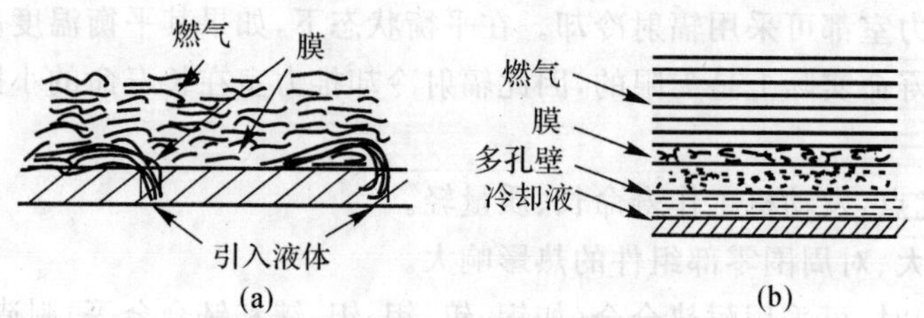

图 6-48　膜冷却与发汗冷却原理图

(a)膜冷却；(b)发汗冷却

膜冷却：沿推力室内壁喷入冷却液建立起均匀、稳定、顺壁流动的冷却液体保护膜或气体保护膜，以实现内冷却。

发汗冷却：使用这种冷却措施时，燃烧室内壁或其部分段(燃烧室某一段采用发汗冷却时)由多孔材料制成，孔径为数十微米。通过多孔材料壁向燃气边界层吹入气体或蒸汽，在推力室内壁建立保护膜，以实现内冷却。

由膜冷却的定义可见，膜冷却包括液膜冷却、气膜冷却和液膜/气膜冷却。

液膜冷却是利用少量推进剂(一般为燃料)从喷注器边缘专设的一圈小斜孔喷向燃烧室内壁面；或在推力室身部适当地方专设一圈或多圈液膜冷却环(目的是提高液膜的稳定性)，环上开一圈小孔或缝隙，使冷却液以尽量贴壁的方向喷出，形成贴壁的冷却液膜，把燃气和内壁分开，如图 6-49 所示。

液膜的保护作用：减小了边界层温差而降低了对流热流密度；同时，因液膜是热辐射的良好隔热体，因此又降低了辐射热流密度；此外，液膜还可保护室壁不受燃气流的腐蚀作用。因此推力室的内壁面温度很低，一般低于液膜沸点温度。在推力室停止工作后，壁面仍可保持清洁光亮，液膜的流动痕迹清晰可见。所以液膜冷却是保护室壁不过热的最有效办法（液膜厚度很小时，其保护效果已很明显，因此液膜流量可为推进剂总流量的 0.5%～5%），但要消耗一部分推进剂，使比冲降低。

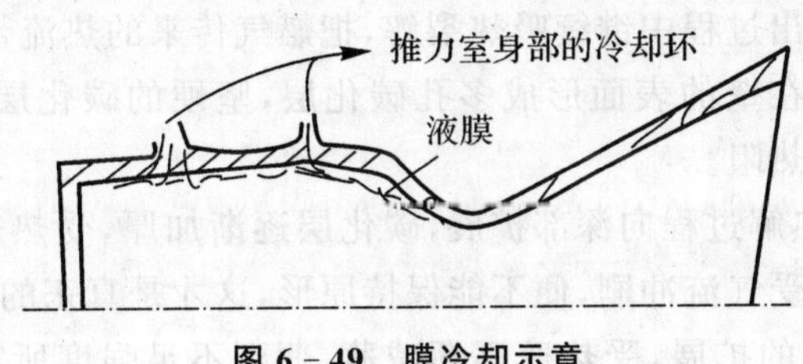

图 6-49　膜冷却示意

液膜随流动过程不断升温而蒸发，到一定距离后，液膜完全蒸发。蒸发的蒸汽形成气膜，并逐渐与燃气混合、燃烧，形成低混合比的低温气膜，继续保护下游壁面，此即液膜/气膜冷却。也可以通过冷却环将温度较低的气体喷入壁面，直接形成气膜，即为气膜冷却。实际上，气膜冷却和液膜/气膜冷却中的气膜并不是薄膜，而是有相当厚度的低温气幕或低温近壁层。而且气膜的所谓低温只是相对于高温燃气而言，通常比壁温还高得多。实际上还是在对壁面加热，只是比高温燃气直接加热的热流密度要小得多，客观上起到减小高温燃气对壁面加热的效果，相当于起了冷却作用。对于液体火箭发动机来说，液膜冷却总是伴有气膜冷却的。

特殊情况下，可用水进行液膜冷却。水膜冷却的效果最好，但需增加供水系统，在型号上很少用。

气膜冷却还常用于压强较低的喷管后段，把温度较低的涡轮排气引入，形成低温边区保护层。这对辐射冷却和排放冷却喷管可以起到重要的辅助作用。但将气体引入超声速区，会扰动边区的超声速气流。在结构上应设法使气体贴壁进入喷管。另外可将气膜入口下游的喷管直径适当加大，给出气膜所占空间，以减少扰动和混合。

对于膜冷却系统，为了提高膜冷却的冷却效率，一般是设置多个膜冷却环，但这样势必引起结构的复杂化。为了解决结构复杂化问题，采用由多孔材料或光刻微孔技术形成的内壁渗入型推力室，使冷却保护气通过多孔材料渗入推力室，形成连续相继的薄膜冷却，提高冷却效率，也就是发汗冷却。因此，可以说，发汗冷却是膜冷却方法的发展。但多孔材料强度一般较低，制造工艺困难。另一方面，除利用涡轮排气外，膜冷却总要消耗一定的推进剂，能量有所损失。因此它常作为一种辅助冷却系统，经常与再生冷却、辐射冷却、烧蚀冷却等配合使用。

膜冷却的优点：保护壁面防止其过热、腐蚀和侵蚀。

缺点：要消耗一部分推进剂，使比冲降低、结构复杂。

5. 烧蚀冷却

烧蚀冷却（也称消融冷却）是依靠推力室壁的材料烧蚀（如材料受热升温、熔化、蒸发（升华）、分解等过程）而吸收热量，同时产生分解气体密布壁面，起发汗冷却的作用，阻隔燃气对室壁的加热。根据烧蚀材料的不同，冷却机理也不相同。

最常用的典型烧蚀材料是以耐高温的有机或无机纤维或编织带（如碳纤维、高硅玻璃纤维、石棉和石墨纤维等）作底衬，再浸透酚醛或环氧树脂等高分子黏结剂。这类材料的热导率一般都很低。烧蚀冷却的物理化学过程是这样的：①热沉式吸热→②热解过程→③形成多孔碳化层→④碳化层烧蚀→⑤受热壁逐渐减薄直至破坏。

(1)受热初始,靠材料的热容量吸热升温(即热沉式吸热过程),受热后表面温度会很快上升到650～800 K。

(2)树脂吸热后,分解成碳和热解气体(即热解过程),热解气体逆热流方向逸出受热表面,起发汗冷却作用,且在渗出过程中继续吸热裂解,把燃气传来的热流带走。

(3)热解气体逸出后在壁的表面形成多孔碳化层,坚硬的碳化层可以维持结构的几何形状,又是阻止热流深入的热阻。

(4)随着时间延长,热解过程向深部扩展,碳化层逐渐加厚,受热表面温度随之升高,于是表面出现氧化侵蚀,再遭受气流冲刷,便不能保持原形,这才是真正的烧蚀。

(5)随着烧蚀和碳化的扩展,受热壁逐渐减薄,薄到不足强度所需的厚度时,结构就遭受破坏。

典型的烧蚀冷却推力室如图 6-50 所示。

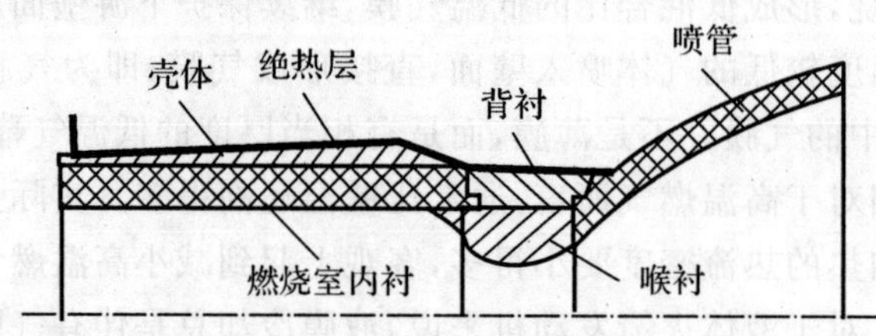

图 6-50 典型的烧蚀冷却推力室示意

另一类烧蚀材料是高熔点材料,如碳化硅。这类材料主要靠烧蚀过程融解吸热,吸热量大,但无发汗、热阻作用。

石墨也是一种烧蚀材料。但它既不分解,也不融解,而是随温度的升高而加速氧化侵蚀,要在很高的温度下才出现明显的侵蚀。

还有一种自冷式烧蚀材料,是以耐高温钨的多孔材料为基体,其中渗入熔点较低的金属如铜、银、锌或氢化锂等作填料。受热升温后,低熔点填料融解、汽化或吸热分解,从而吸收潜热并形成保护气体,起发汗冷却作用。这种自冷式烧蚀材料的烧蚀机理与高分子烧蚀材料类似。留下的钨制多孔基体耐高温,保形性好。整个烧蚀过程的温度都比有机高分子材料高。抗烧蚀性能好。主要问题是制造困难。

烧蚀冷却主要应用于弹头和固体火箭发动机。对液体火箭发动机,只适用于某些高空喷管后段和不便再生冷却的微型空间发动机推力室。

烧蚀冷却的最大优点为热损失小、对周围的热影响小。

缺点是结构质量大,寿命较短,与再生冷却相比有一定的比冲损失。

6. 容热式冷却

最简单的热防护方法是所谓的容热式冷却(也称热沉法、蓄热法)。它靠室壁材料较大的热容量,将燃气传过来的热量全部贮存在室壁材料中(但室壁无烧蚀),而保证壁温低于最大允许温度。

增加材料热容量的措施有:

(1)选择比热大的材料,增加室壁厚度;

(2)选择导热系数大的材料，尽可能多地导走一些热量。

容热式冷却的应用范围受到较多限制，因为在规定的室壁厚度下，发动机的工作时间受到限制，即在一定的工作时间内，壁温不允许超过最大允许值。因此容热式冷却的最大缺点是推力室质量大，工作时间受限制，一般工作时间不超过 5～7 s，所以只能用于小推力的试验发动机上。但是该法冷却的推力室结构简单。

7. 绝热涂层防护

绝热涂层防护，是利用高热阻和高表面容许温度的隔热涂层来减小传给室壁的热量，以降低壁温。常用的耐高温绝热涂层有 Al_2O_3，ZrO_2 等。这些材料耐高温，热导率较低，可使燃气接触的壁面温度显著提高，减小燃气与壁表面的温差，降低热流密度和金属壁的温度，从而可降低对冷却剂冷却能力的要求。

涂层的绝热效果与燃气温度，涂层材料的最高允许温度，涂层内、外面的最大允许温差，气壁和液壁的传热系数，以及金属壁的热阻等因素有关。

涂层不能太厚，太厚时会使涂层的气壁温升高太多，甚至超过涂层材料的允许温度；或使涂层的内、外面温差太大，从而使热应力增大，导致涂层破坏。

涂层与金属表面的结合强度还不太可靠，在使用过程中经常出现局部脱落现象。因此，涂层一般作为保护壁的辅助手段。

通过以上论述可见，每一种室壁防护系统都各有优、缺点，因此，经常采用复合式的室壁防护系统，也就是将上述的各防护系统作各种形式的组合，用得最普遍的是对流再生冷却辅以内冷却的方式(如膜冷却、绝热涂层冷却)。

6.3.3　液体发动机的燃烧不稳定

燃烧不稳定性问题是液体火箭发动机的基础研究问题之一，也是液体火箭发动机研制过程中经常遇到的重大关键技术之一。多年来，世界各国对燃烧不稳定性的激发机理、分析模型、阻尼装置和评定技术等均开展了研究并取得了巨大进展。对于发动机研制工作来说，在发动机的研制初期就应该了解燃烧不稳定性的信息，系统地、有计划的利用一切措施来避免燃烧不稳定性的出现，以减少研制风险、缩短研制周期，降低研制费用。

6.3.3.1　概述

燃烧不稳定性也称为不稳定燃烧，是由于燃烧和系统的流动过程之间相耦合而引起的。通过这一耦合，由燃烧所提供的能量来维持振荡。伴随有燃气压强、温度和速度的振荡，通常以燃烧室压强振荡来表征。

当然，液体火箭发动机推力室内的燃烧不可能是绝对平稳的，压强、温度和速度总是有一些波动，当这些波动与推进剂供应系统的自然频率或推力室声学频率相互作用时，就会产生周期性的叠加振荡，当振荡超过一定值时即出现燃烧不稳定性。因此，推力室内的燃烧一般分为平稳燃烧、粗糙燃烧和燃烧不稳定性 3 种情况，如图 6-51 所示。

平稳燃烧：在发动机稳态工作期间，压强出现随机的、没有规律的波动，其幅值不超过平均室压的±5%时，即认为发动机处于平稳燃烧状态。

粗糙燃烧：在发动机稳态工作期间，压强出现随机的、没有规律的波动，其幅值偶尔有超过平均室压±5%的现象时，称为粗糙燃烧。

燃烧不稳定性：在发动机稳态工作期间，压强出现具有明显周期性的波动，且波动振荡能量集中在某几个固有频率上，同时波动幅值通常在平均室压的±5%以上，有时可能高达百分之几十或更高时，即称为燃烧不稳定性。

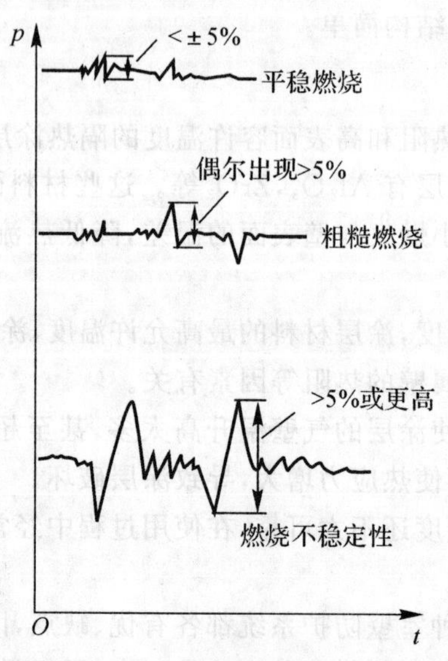

图 6-51　推力室内燃烧现象分类

燃烧不稳定性以许多方式表现出来。探测及研究燃烧不稳应性的最满意方法是测量室压。在推进剂供应系统中进行的压力测量显示出类似的振荡，而且在某些情况下，在那里测得的振幅会比燃烧室内的大些。在燃烧室内曾测到振荡频率范围为 100～15 000 Hz，而振幅则为稳态室压的 10%～1 000%。除压力测量外，不稳定性常用振动测量来表示。振动测量往往与相应的室压测量不太一致。然而，在频率和严重性或振幅方面又经常是相似的。燃烧不稳定性也可以利用温度和传热的监测来表征。埋在室壁内的热电偶可以感受到壁温的迅速升高。测量传感器的冷却剂或局部再生冷却剂的温度变化，可得到更快的响应。燃烧不稳定性也使排气羽流中的马赫菱形区的轴向位置发生振荡，这可由高速摄影来测得。马赫菱形区的振荡通常与室压振荡频率相一致。有时采用一种光学技术来监视排气羽流的光度变化。光度的这些变化可能是非常弱的。例如，曾对一种情况进行估计，羽流中光度振荡的相应的振幅仅为室压相应的振荡的 0.1%。测量结果表明，流量变化和推力变化也是燃烧稳定性的一个标志。

燃烧不稳定性将会引起发动机性能的振荡，推力及比冲偏离设计值，使弹道偏离理想弹道。当发动机作为反作用姿态控制系统的动力时，使控制失灵，飞行任务失败。

除了引起破坏性的振动、推力大小和方向的变化以及无控制的冲量外，燃烧不稳定性还可能导致推力室和喷注器的严重破坏。高频不稳定性使室壁对流传热系数大大增加。当产生以切向振型为主的不稳定性时，传热系数在燃烧室内的所有轴向位置上都要增加。因为传热率通常在喷管喉部附近最高，这里是一个非常敏感的部位。在一种火箭发动机的研制过程中，曾发生燃烧不稳定性使喷管在喉部处匀整地切断，从而落入排气火焰的导流槽中。在另一种发动机研制过程中，在喷注器附近存在大量未反应的氧化剂，在切向振型的最大振幅作用下，传热率增加，导致推力室在这一部位产生烧蚀。这可能成为一个连锁反应，烧坏的不仅有推力室和喷注器，而且还可能有推进剂管道和发动机试验台结构等。

当出现 POGO 振动时，会引起飞行器剧烈的振动不稳定性，导致飞行失败。对于载人飞行，POGO 可能使宇航员发生生理系统失调、视力模糊等现象。POGO 振动会使飞行器上的仪器设备和卫星等处于恶劣的振动环境中，对它们的可靠性是极为不利的。

燃烧不稳定性并非总是引起如此严重的破坏。较低频率的不稳定性振型可能根本不会引起破坏。倘若喷注器和推力室冷却良好而且足够坚固，那么甚至有些高频不稳定性也是非破坏性的。事实上，对高频的研究往往需要一套十分精密的测试设备来测定是否发生燃烧不稳定。在很高的频率下，振幅可能是很低的，在通常用于获得性能数据的较短时间(3～4 s)内，所引起的损坏是微不足道的。

6.3.3.2　燃烧不稳定性的分类、特点及产生的机理

液体火箭发动机燃烧不稳定性除了跟推力室内的燃烧过程有密切关系外，还跟发动机系统以及箭体结构存在密切联系。不同类型的不稳定燃烧，尽管振荡频率和振幅不一样，但都是以压力振荡为特征，通常可以按照压力振荡频率的高低和激发机理分类。发动机不稳定燃烧可分成四大类，即低频不稳定燃烧(喘振)，中频不稳定燃烧(蜂鸣)，高频不稳定燃烧(尖啸)以及 POGO 振荡。

1. 低频燃烧不稳定

低频燃烧不稳定性是由燃烧过程激发的，是燃烧室内的燃烧过程和推进剂供应系统内的流动过程相耦合而产生的。

由于低频燃烧不稳定性的频率低(低于 200 Hz)，所以燃气振荡的波长通常要比燃烧室或供应系统的特征长度大得多，所以在任何瞬时，燃烧室内的压强振荡是均布的，可看作燃烧室内整团燃气的振荡，因此低频燃烧不稳定性也称为整体振型的燃烧不稳定性，它的振幅可能很大(有时可达额定值的 25%～50%)。当发生低频燃烧不稳定性时，供应系统管路或集液腔内往往也发生振荡现象。

低频燃烧不稳定使发动机振动加剧，可能导致推进剂管路或接头的断裂。此外，燃烧室和供应系统内的压力振荡可能引起推进剂流量和混合比的振荡，从而导致发动机性能下降。

从理论分析的观点看，燃烧室可以用集中体积元模拟，燃烧用简单不变的时滞表示，推进剂供应系统的阻力忽略不计，尽管供应系统的惯性和容量在分析中可能是重要的。对于每种推进剂常可求得经验平均值，通常采用的时滞值是推进剂中挥发性最差的组元从喷注面到撞击点的液体飞行时间，因为它占据总时滞的主要部分。改变燃烧室时滞值可以消除低频不稳定燃烧，但是可能降低系统性能或引起高频不稳定。

低频燃烧不稳定性常发生在发动机启动、关机和转级时刻。一般对可调发动机，当其推力调低时，更需要注意防止低频燃烧不稳定性。

2. 高频燃烧不稳定

高频燃烧不稳定性是燃烧过程和燃烧室声学振荡相耦合的结果，振荡频率通常在 1 000 Hz以上。在发动机工作过程中，由于推进剂流量波动、喷嘴工作不稳定、发动机的启动、关机等原因，会产生压强、速度等燃气参数的扰动，当扰动频率与燃烧室固有声振频率相同或

耦合时，则所有燃气就都有规则地在燃烧室的固有声振频率下共同振荡，振荡的发展或不断衰减、消失，或不断增幅而形成高频不稳定燃烧。因此高频燃烧不稳定性也称为声学燃烧不稳定性。高频燃烧不稳定性的特点是压强振荡不仅与时间有关，而且还与位置有关，即室内各点的振幅在同一时间内是不同的(室压很不均匀)。

当发生高频燃烧不稳定性时，在燃烧室不同位置上测得的动态压强的振荡频率和各测点相位之间的关系往往与燃烧室声学振荡的固有振型相符合。因此，根据燃烧室的声学特性，可将高频燃烧不稳定性分为纵向振型、横向振型及组合振型。纵向振型沿燃烧室轴向平面传播，压力波在喷注面和喷管收敛段放射。横向振型沿与燃烧室轴线垂直的面传播，可进一步分为切向振型和径向振型。切向振型可能存在两种不同的形式：一种称为行波型或旋转波型，即波围绕燃烧室轴线旋转；另一种称为驻波型，认为是振幅相同而旋转方向相反的两个行波叠加的结果，在燃烧室内各点的压力振幅按一定规律分布且固定不变。

由于高频燃烧不稳定性的频率高，所以燃气振荡的波长很短，比燃烧室的特征长度短很多，因此，当发生高频燃烧不稳定性时，只有燃烧室内的参数产生振荡，而供应系统的流量一般不发生变化。

当发生高频不稳定燃烧时，常伴有强烈的机械振动，并可导致发动机组件或导管遭受损坏。另一方面，由于发生高频燃烧不稳定性时，燃烧室内有高振幅、高频率的压强和速度的变化，因而会破坏推力室壁面的冷却边界层，使燃气向推力室壁的传热系数增加，可能导致燃气传给室壁的热流增大到不能容忍的地步，使发动机在几分之一秒内就可能被烧坏。因此，高频燃烧不稳定一旦发生，其破坏作用就很快发生而且很难消除。

当喷嘴压降减小时，随着燃烧室长度的增加和喷管收敛角的增大，出现高频燃烧不稳定性的危险性也增加。

3. 中频燃烧不稳定

中频燃烧不稳定性也是由燃烧过程激发的，是燃烧室内的燃烧过程和推进剂供应系统中某一部分流动过程相耦合而产生的，其频率介于低、高频燃烧不稳定性之间(频率范围为200～1 000 Hz)。

中频燃烧不稳定性与高频燃烧不稳定性的主要区别：发生中频燃烧不稳定性时，除燃烧室内燃气发生振荡外，通常在推进剂供应系统中也出现波动，且燃气振荡的频率和相位往往与燃烧室的固有声学振型不相符合。

中频燃烧不稳定性与低频燃烧不稳定性的主要区别：由于中频燃烧不稳定性的频率稍高，使燃气振荡的波长接近或稍大于燃烧室的特征长度，所以燃烧室和供应系统管路内的波动是不能忽视的。另一方面，当发生中频燃烧不稳定性时，燃烧室内的压强振荡随位置而变化，不能像低频燃烧不稳定性那样看作是整团气体的振荡。

中频燃烧不稳定性的破坏作用较小，主要是有可能导致推进剂混合比的振荡，降低了发动机的性能，降低幅度有时可达7%；同时有持续不断的、恼人的燃烧噪声。另一方面，中频燃烧不稳定还可能使发动机系统中某些部件的材料应力达到疲劳极限而损坏。

在变推力发动机中，发生中频燃烧不稳定性的可能性要稍大些，主要原因是，由于推力调节使发动机工作参数发生连续变化，在这变化区间有可能存在与推进剂供应系统内的波动相耦合的条件。

4. POGO 振动

在液体火箭发射过程中，有时会出现一种显著的沿箭体纵向的振动，它随火箭飞行自动产生、增大，然后逐渐减小，直至消失。反映在过载-飞行时间曲线上，真实过载会偏离设计过载而出现一个鼓包，如图 6-52 所示。这种特殊的振动现象因振动方向为纵向，与欧美小孩经常玩的一种弹跳玩具——POGO Stick 非常相似，故被命名为 POGO 振动，有时也简称为 POGO。当然，后来发生在火箭上的 POGO 振动并不一定发生在箭体纵向模态，也有发生在横向弯曲模态上的。POGO 振动后来用于指所有由液体发动机和结构耦合而产生的火箭自激振动。

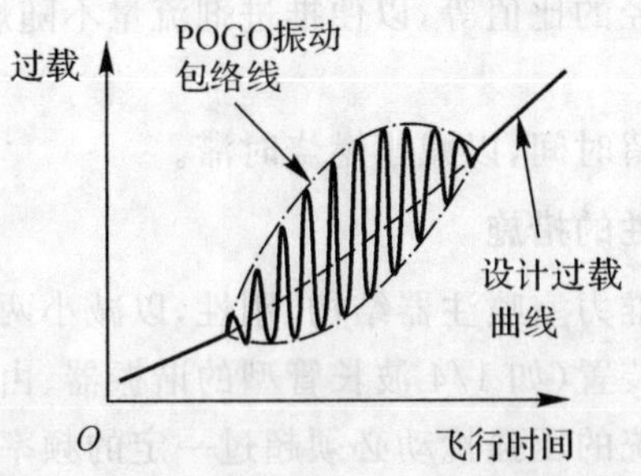

图 6-52　POGO 振动情况下的过载-时间曲线

POGO 振动是火箭结构系统的纵向振动与推进剂输送系统的振动两者的固有频率彼此接近或相等时形成的自激振动现象，属于系统稳定性问题。它和火箭结构的相互作用机理如图 6-53 所示：推进剂的压力/流量脉动导致进入燃烧室的流量脉动，以致推力脉动；火箭结构在脉动推力的作用下振动，致使贮箱、管路等承载的推进剂压力波动，如此形成闭环。若该闭环系统稳定，则表现为随机振动；若不稳定，则出现自持的 POGO 振动。根据非线性振动理论，如果系统失稳，幅值由非线性因素决定，而系统的稳定性则可以通过线性化的模型来判断。

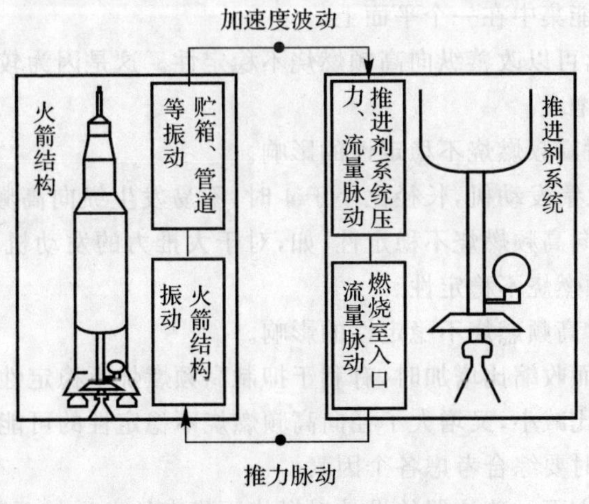

图 6-53　POGO 振动产生机理

6.3.3.3　燃烧不稳定的抑制措施

抑制燃烧不稳定性的措施主要有两个方面：

a)根据燃烧不稳定性产生的耦合机理，采取针对性的措施，削弱其耦合作用，以减少维持振荡的能量；

b)可通过增加阻尼促使振荡衰减。

对于不同频率的燃烧不稳定性，具体的措施如下所述。

1. 抑制低频燃烧不稳定性的措施

适当增加喷嘴压降、选用合适的混合比、改善混合气的形成过程，以改善压强初始振荡的激发条件，可有效地抑制低频燃烧不稳定性。

改善供应系统流通管路的流动特性，如安装阻尼装置、管路节流以及提高推进剂供应系统管路或喷注器孔的长度与直径的比值等，以便推进剂流量不随燃烧室压强变化而波动，达到抑制的目的。

采取措施增大燃气的停留时间，以减小燃烧时滞。

2. 抑制中频燃烧不稳定性的措施

改变推进剂供应系统或推力室喷注器结构、刚性，以减小两者之间的耦合作用。

在供应系统中设置阻尼装置（如 1/4 波长管型的谐振器、由弹性薄膜和充气容腔组成的蓄压器等），其功能是使通过系统的压强扰动必须超过一定的频率。

3. 抑制高频燃烧不稳定性的措施

由于高频燃烧不稳定性对发动机的危害十分严重，所以必须采取有效的抑制措施。常用的抑制措施表现在以下几方面：

(1)在推力室设计方面。在推力室设计中应考虑推力室几何形状和尺寸与高频燃烧不稳定性的关系，采取相应的设计方案来抑制高频燃烧不稳定性的发生。主要表现在：

1)推力室头部形状和喷管收敛段形状对高频燃烧不稳定性的影响。

球形头部比平顶形头部具有燃烧过程的固有稳定性。这是因为球形头部使振荡波不能等强度反射，且使燃烧不能集中在一个平面上。

较小的喷管收敛角可以改善纵向高频燃烧不稳定性。这是因为较小的收敛角可以减弱压强波的反射，防止振幅增大。

2)燃烧室长径比对高频燃烧不稳定性的影响。

对于目前一般的火箭发动机，长径比小于 4 时，不易发生纵向高频燃烧不稳定性；但长径比太小，又容易产生径向高频燃烧不稳定性，如，对于大推力的发动机，当长径比接近于 1 时，比较容易出现径向高频燃烧不稳定性。

3)燃烧室收缩比对高频燃烧不稳定性的影响。

当其他条件不变、而收缩比增加时，有利于抑制高频燃烧不稳定性，但收缩比增加，意味着燃烧室直径增加、长径比减小，又增大了径向高频燃烧不稳定性的可能。

因此，推力室设计时要综合考虑各个因素。

(2)在喷注器设计方面。喷注器的设计对燃烧不稳定的发生与否影响最大，不同的喷注器设计其燃烧稳定性可以相差很大。从防止高频燃烧不稳定性而言，在喷注器设计中，改进喷注器形式、孔径和压降、排列等方法，调节轴向和径向的能量释放分布规律，以减小用于维持振荡的能量并减弱燃烧过程和燃气振荡之间的耦合作用，达到抑制高频燃烧不稳定性的目的。

(3)改善推进剂性能。如在推进剂中加入某些附加成分（如在 N_2O_4/N_2H_4（肼）类推进剂中加入硝酸铵、在氢/氧推进剂中加入 Al 粉等),以改变液滴碎裂特性,从而既改变了混合气(敏感介质)的分布区域又增加了燃气的阻尼作用,达到了抑制高频燃烧不稳定性的目的。

(4)设计特殊的阻尼装置。

1)喷注器上设计防振隔板(参见图 6-33(a))。隔板形式如图 6-54 所示(有关隔板抑制高频燃烧不稳定性的机理参见前文的喷注器设计章节)。实践证明,喷注器面上的防振隔板抑制破坏性很大的高频燃烧不稳定性是很有效的,因而得到广泛应用。只是在安装防振隔板时应注意以下几个问题:隔板高度应高出高频燃烧不稳定性的敏感区才能起作用,一般在 80～100 mm;应对隔板进行有效的冷却,以防止隔板烧毁;隔板的质量应尽可能地轻。

2)采用声学阻尼器(声衬里或声振抑制腔,参见图 6-33(b)(c))。声学阻尼器是一种声学谐振装置。其工作原理:当燃烧室内的燃气发生振荡时,声学阻尼器内的气体也随之振荡,并在阻尼器开口处形成射流而导致燃气振荡的能量耗散,起到抑制不稳定燃烧的作用。

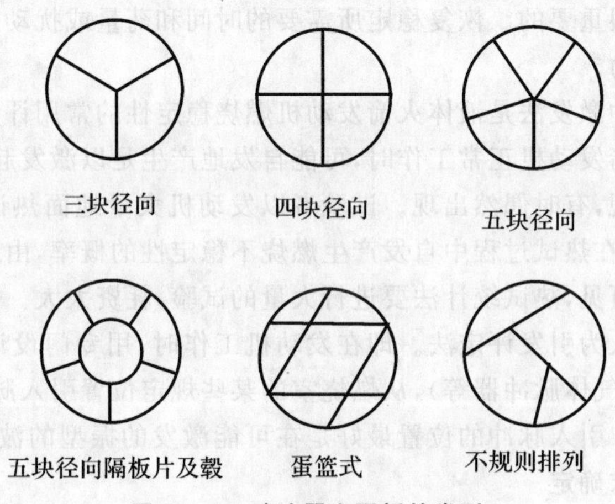

图 6-54　喷注器上隔板的类型

4. 抑制 POGO 振动的措施

防止 POGO 振动的措施，主要是分隔开火箭的结构纵向振动的固有频率与推进剂管路系统的固有频率之间的耦合，以阻止闭合回路自激振动的发生。于是，改变结构系统、管路系统的固有频率就成为防 POGO 振动的重点。然而，在设计上，要改变全箭结构系统的固有频率，既麻烦也不现实；而改变推进剂管路系统动特性则是既简便又可靠的方法。

蓄压器是目前用于火箭 POGO 抑制的核心部件,通常来说都被安装在泵的入口前端。它包含一定容积的气体,这些气体起到容积弹簧的作用。蓄压器的引入一方面是降低了液路的固有频率,将其和结构的固有频率分离开来,从而避免 POGO 的发生;另一方面也可以起到对液路稳频的作用。如果没有蓄压器,液路的固有频率主要取决于泵的气蚀柔度,而泵气蚀是非常不稳定的。因此液路的频率变化幅度很大,这给 POGO 的稳定性带来了很多不确定因素。而通常来说,蓄压器的柔度远大于泵的气蚀柔度,因此在引入蓄压器后液路的频率主要取决于蓄压器柔度,有利于抑制 POGO。

6.3.3.4　燃烧稳定性的评定

燃烧稳定性是指发动机抑制燃烧不稳定性的能力。燃烧稳定性越好,发生燃烧不稳定性的可能性就越小。有多种半经验技术可用在火箭发动机试车时人为干扰推力室燃烧过程、评估发动机对不稳定性的抵抗能力，主要包括：在燃烧室内设置非定向"爆炸弹"；由"脉冲枪"沿燃烧室侧壁制造定向爆炸脉冲；通过燃烧室侧壁向燃烧室内引入定向惰性气流。试验常采用厚重的推力室样机，因为与飞行产品相比，这种样机成本较低，对破坏的承受能力较强。除此之外，还有一些使用不那么广泛、但也很重要的技术，特别对于小发动机，比如：短时间的"偏混合比"工作；在推进剂管道中注入一团惰性气体；通过在工作开始时引入一部分未反应推进剂人为制造"硬启动"。

这些评定技术的目的是测量、演示发动机系统在燃烧过程被有意干扰后迅速恢复到正常工作和稳定燃烧状态的能力。

所有技术都是在燃烧室内引入激波或者其他手段干扰燃烧过程，为测量预定过压扰动的恢复时间提供机会。所选的炸药类型、药量、炸药位置和方向以及脉冲持续时间对激起的不稳定性的量级和振型是很重要的。恢复稳定所需要的时间和药量或扰动压力就用于评定发动机对不稳定性的抵抗能力。

热试统计法和脉冲激发法是液体火箭发动机燃烧稳定性的常用评定方法。热试统计法又称自发评定法。当火箭发动机正常工作时，可能自发地产生足以激发起燃烧不稳定性的扰动，这种扰动有时经常出现，有时偶然出现。试验者以发动机大量地面热试和飞行试验的结果为依据，统计各种发动机在热试过程中自发产生燃烧不稳定性的概率，由此来评定各发动机燃烧稳定性的优劣。由此可见，热试统计法要进行大量的试验，耗资太大。

脉冲激发法又称人为引发评定法。即在发动机工作时，用专门设计的燃烧稳定性评定装置(如脉冲枪、爆炸弹、气体脉冲器等)，从燃烧室的某些规定位置引入脉冲型干扰，测定是否能激发其燃烧不稳定性。引入脉冲的位置最好是在可能激发的振型的波腹附近，脉冲的量级和引入的时间按具体要求确定。

该方法的优点：

1)扰动能按预定的程序和强度引入，有可能得到定量关系的相对稳定性评定；

2)燃烧不稳定性的引发时间可以控制；

3)每次试验可以引入一个或多个扰动，从而减少试验次数；

4)扰动装置和位置可进行选择。

该方法的缺点：需要计算复杂激波传递引起的大干扰非线性方程。

实践证明，如果发动机在地面试车过程中能在各种干扰工况下达到动态稳定，那么在飞行任务中也能保持稳定工作。

6.4 液体火箭发动机工作参数的选择

发动机参数选择属静态分析范畴，是发动机方案论证和系统设计内容之一，其结果可作为发动机系统、总体和组合件方案论证的基础。

液体火箭发动机通常是针对具体的飞行器设计的，针对性设计的目的是能够最大限度地协调发动机的参数和飞行器的参数，使整个发动机具有最有利的方案。而确保整个飞行器有最好技术指标的发动机参数值，应看作是发动机的最佳参数。

对大多数的火箭飞行器来说，在发动机工作结束的瞬间所达到的飞行速度是飞行器的最重要的特性。根据齐奥尔科夫斯基公式可见，发动机的比冲 I_s 和火箭飞行器的质量数 μ（即火箭飞行器起飞初始质量与推进剂燃尽后飞行器的最终质量之比）是决定飞行器最大飞行速度的关键参数，即：发动机的比冲越大或火箭飞行器的质量数越大，则飞行器可获得越大的飞行速度。因此，在发动机设计时，如果选定的推进剂及其供应系统的类型（挤压式或泵压式）和所设计的发动机性能参数——比冲，能保证一定类型的飞行器具有最大的飞行速度，则可以认为发动机具有最佳的性能参数。

根据火箭飞行器质量数 μ 的定义，提高质量数的设计重点是，要减少每个飞行器组件的消极质量，包括火箭发动机推进系统。而火箭发动机推进系统中 80％以上为推进剂的质量，因此为了减小火箭发动机推进系统的消极质量，应精心选定推进剂及其供应系统。在减小系统硬件消极质量的同时（如采用高强度的结构材料、高效率的电源设备或更小的电子设备等），应把残余推进剂量降到最低限（即尽量消除混合比偏差）。

比冲是综合评定发动机设计质量的最重要的性能指标，选择发动机最佳设计指标的目的，就是使发动机的比冲尽可能地高，以确保在发动机工作结束的瞬间飞行器可达到最大的飞行速度。而在推进剂及其供应系统选定后，发动机的比冲主要由推进剂的混合比（氧化剂质量流率与燃烧剂质量流率之比）、燃烧室压强和喷管膨胀面积比所决定。

关于液体火箭发动机喷管最佳膨胀比的确定相对比较简单；而在液体火箭发动机的实际工作中，选择最佳的室压和推进剂的混合比，涉及的因素很多，因此在后面的内容中主要从发动机系统功率平衡原理的角度出发，讨论最佳室压和最佳混合比的选择。

6.4.1　燃烧室压强的确定

比冲是综合评定发动机设计质量的性能参数，因此燃烧室压强确定的原则是使推力室具有最大的比冲，同时兼顾研制成本和工作可靠性。已知推力室的比冲为 $I_s = C_F c^*$，其中理论特征速度 c^* 取决于燃气在推力室内部的热力学特性，对于给定混合比的推进剂，c^* 是可以通过热力计算精确给出的，而与推力室的结构设计无关，且推力室的压强对其影响不大（压强的高低主要影响燃烧产物的离解），而当喷管出口压强和膨胀面积比一定时，C_F 随燃烧室压强的增高而增大，所以在推进剂混合比和喷管出口压强（即膨胀面积比）一定时，发动机的比冲随燃烧室压强的增高而增大，且对于相同推力水平，室压越高，发动机结构尺寸越小，则飞行器的性能越高。

发动机工作室压的增高，需要通过加大供应系统对推进剂的做功功率来实现，对于挤压式供应系统，提高室压将使贮箱要承受更高的高压而使发动机系统结构质量增大很多，这是得不偿失的，因此高室压发动机大多采用泵压式供应系统。

对于泵压式推进剂供应系统，室压的提高必然要求泵后压强增高，从而要求涡轮（输出）功率增加。涡轮功率取决于下列因素：涡轮效率、燃气参数、燃烧室燃气流量和涡轮压降比（涡轮入口压强和出口压强之比）。涡轮效率提高的程度与涡轮设计水平有关；燃气参数的提高明显地会受到涡轮叶片耐热性的限制；涡轮压降比的提高受到结构的限制。对于不同的泵压式循环系统，涡轮压降比有所不同，燃气流量值也有限制。下面分别讨论三种循环中燃烧室压强的确定方法。

6.4.1.1 燃气发生器循环中室压的确定

燃气发生器循环属于开式循环,在这种循环中,驱动涡轮的燃气工质的能量没有充分利用。开始增加燃烧室压强时,发动机比冲也增加。但随着室压的增高,涡轮工质秒流量也要相应增加,当涡轮工质秒流量增加到一定程度时,就会使发动机的比冲下降。因此存在一个对应最高比冲的室压值。那么根据发动机系统功率平衡关系,可得出燃烧室压强与燃气发生器秒流量(即驱动涡轮的工质秒流量)的对应关系,最终确定出对应于最高比冲的室压值。确定的思路如下:

涡轮泵功率平衡方程为

$$W_t = W_{po} + W_{pf} \tag{6-34}$$

式中,W_t,W_{po},W_{pf} 分别为涡轮、氧化剂泵、燃料泵的功率。

$$W_t = \dot{m}_{gg}\eta_t \frac{k}{k-1}\left(\frac{R_0}{m}T\right)\left[1-\left(\frac{p_{et}}{p_{it}}\right)^{\frac{k-1}{k}}\right] \tag{6-35}$$

式中,$\dot{m}_{gg}$ 为进入燃气发生器的推进剂质量流率;η_t 为涡轮效率;k 为比热比;m 为燃气的平均摩尔质量;R_0 为通用气体常数(即摩尔气体常数);T 为燃气温度;p_{et},p_{it} 分别为涡轮出口、入口压强。

$$W_{po} = \frac{\dot{m}_o(p_{epo}-p_{ipo})}{\rho_o\eta_{po}} = \frac{\dot{m}_o\Delta p_{po}}{\rho_o\eta_{po}} \tag{6-36}$$

$$W_{pf} = \frac{\dot{m}_f(p_{epf}-p_{ipf})}{\rho_f\eta_{pf}} = \frac{\dot{m}_f\Delta p_{pf}}{\rho_f\eta_{pf}} \tag{6-37}$$

式中,p_{epo},p_{epf} 分别为氧化剂泵、燃料泵出口压强;p_{ipo},p_{ipf} 分别为氧化剂泵、燃料泵入口压强;Δp_{po},Δp_{pf} 分别为氧化剂泵、燃料泵压升;η_{po},η_{pf} 分别为氧化剂泵、燃料泵效率;$\dot{m}_o$,$\dot{m}_f$ 分别为发动机氧化剂和燃料的质量流率:

$$\dot{m}_o = \dot{m}\frac{r}{1+r} \tag{6-38}$$

$$\dot{m}_f = \dot{m}\frac{1}{1+r} \tag{6-39}$$

式中,$\dot{m}$ 为发动机的秒流量;r 为推进剂混合比。

由各功率的计算式可见,各功率的大小与燃气发生器和涡轮泵的一些特性参数有关,如燃气参数、涡轮效率、氧化剂泵和燃料泵效率、涡轮压降比、泵升压等等;另一方面,发动机氧化剂和燃料的秒流量、推进剂的混合比、燃气发生器秒流量(即涡轮工质秒流量)等也都影响各功率的大小。

定义:燃气发生器秒流量与发动机的秒流量之比为燃气发生器的相对流量,即 $\dot{m}'_{gg} = \dot{m}_{gg}/\dot{m}$。将式(6-35)~式(6-39)代入式(6-34)中,有

$$\dot{m}'_{gg}\dot{m}\eta_t \frac{k}{k-1}\left(\frac{R_0}{m}T\right)\left[1-\left(\frac{p_{et}}{p_{it}}\right)^{\frac{k-1}{k}}\right] = \frac{\dot{m}\dfrac{r}{1+r}\Delta p_{po}}{\rho_o\eta_{po}} + \frac{\dot{m}\dfrac{1}{1+r}\Delta p_{pf}}{\rho_f\eta_{pf}} \tag{6-40}$$

考虑到管路、阀门、推力室冷却套和喷注器等的压降,假设氧化剂泵和燃料泵的压升 Δp_{po} 和 Δp_{pf} 与室压 p_c 存在着如下关系:

$$\Delta p_{po} = (1+s_o)p_c \tag{6-41}$$

$$\Delta p_{pf} = (1 + s_f) p_c \tag{6-42}$$

式中，s_o，s_f 为氧化剂供应系统、燃料供应系统总压降与室压之比。将式(6-41)、式(6-42)代入式(6-40)中，整理后可得到

$$p_c = \frac{\dot{m}'_{gg} \eta_t \dfrac{k}{k-1}\left(\dfrac{R_0}{m}T\right)\left[1-\left(\dfrac{p_{et}}{p_{it}}\right)^{\frac{k-1}{k}}\right]}{\dfrac{(1+s_o)r}{(1+r)\rho_0 \eta_{po}} + \dfrac{1+s_f}{(1+r)\rho_f \eta_{pf}}} \tag{6-43}$$

由式(6-43)可知，在燃气发生器循环中，当发动机混合比 r 已选定，且发生器和涡轮泵的一些特性参数(如燃气参数、涡轮效率、氧化剂泵和燃料泵效率、涡轮压降比、泵升压等)已知时，室压和燃气发生器的相对流量之间有对应关系。

而发动机比冲和发动机推力室比冲之间有如下关系：

$$I_s \dot{m} = I_{stc} \dot{m}_c + I_{ste} \dot{m}_{gg}$$

即

$$I_s = I_{stc}(1 - \dot{m}'_{gg}) + I_{ste} \dot{m}'_{gg} \tag{6-44}$$

式中，I_s，I_{stc}，I_{ste} 分别为发动机、推力室、涡轮排气的比冲；$\dot{m}_c$ 为燃烧室流量，且 $\dot{m} = \dot{m}_c + \dot{m}_{gg}$。

因此，可利用式(6-43)，计算出各种燃气发生器相对流量 $\dot{m}'_{gg}$ 下的室压 p_c，再将热力计算得出的推力室理论比冲 I_{sth} 乘以比冲效率 η_{I_s}，得到推力室比冲 I_{stc}；再按式(6-44)求出各种燃气发生器相对流量 $\dot{m}'_{gg}$ 下的比冲 I_s 后，做出室压 p_c 与比冲 I_s 的关系曲线，即可得到最大比冲所对应的最佳燃烧室压强(涡轮排气比冲实际上常取经验值，影响不大)。

6.4.1.2　补燃循环中室压的确定

补燃循环为闭式循环，在补燃循环中，推进剂在预燃室中燃烧生成的燃气经涡轮做功后又进入主燃烧室，以发动机要求的混合比燃烧(补燃)，故涡轮工质秒流量不影响发动机的比冲。在这种循环中，可取相当高的室压，但室压也有上限，主要是受到涡轮降压比(涡轮压降比是涡轮入口压强与涡轮出口压强之比)和泵升压的限制。

在燃气发生器的开式循环中，涡轮出口压强较低，故涡轮压降比相当高(可达 20 ～ 50)。在补燃循环中，涡轮出口压强与燃烧室压强直接有关，涡轮压降比只能取较低值(1.2 ～ 1.8)，否则泵后压强太高，泵所需的功率很大，甚至大于涡轮可能输出的功率而不能达到功率平衡(见式 6-34)。因此，在补燃循环中，可从功率平衡方程出发，得出燃烧室压强与涡轮降压比之间的关系，根据二者的关系即可求出与最佳降压比所对应的最大燃烧室压强。

如对于预燃室为富燃料(低混合比)燃烧的情况，利用功率平衡方程式(6-34)及式(6-35)～式(6-37)，可得补燃循环具体的功率平衡方程为

$$\dot{m}_{pb} \eta_t \frac{k}{k-1}\left(\frac{R_0}{m}T\right)\left[1-\left(\frac{p_{et}}{p_{it}}\right)^{\frac{k-1}{k}}\right] = \frac{\dot{m}_o \Delta p_{po}}{\rho_o \eta_{po}} + \frac{\dot{m}_f \Delta p_{pf}}{\rho_f \eta_{pf}} \tag{6-45}$$

式中，$\dot{m}_{pb}$ 为预燃室流量。

由于涡轮出口压强 $p_{et} = p_c + \Delta p_2$，涡轮入口压强 $p_{it} = p_{pb}$(其中 Δp_2 为涡轮出口到燃烧室的压降，p_{pb} 为预燃室压强且略去了预燃室到涡轮入口的压降)，因此，涡轮的降压比 π_t 可表示为

$$\pi_t = \frac{p_{it}}{p_{et}} = \frac{p_{pb}}{p_c + \Delta p_2}$$

由于泵入口压强一般都很低，因此，为使问题简化，假设泵的压升近似等于其出口压强，则有

$$\Delta p_{po} = p_{epo} - p_{ipo} \approx p_{epo} = \pi_t (p_c + \Delta p_2) + \Delta p_{pbo}$$

$$\Delta p_{pf} = p_{epf} - p_{ipf} \approx p_{epf} = \pi_t (p_c + \Delta p_2) + \Delta p_{pbf}$$

式中，Δp_{pbo} 为氧化剂泵出口到预燃室的压降；Δp_{pbf} 为燃料泵出口到预燃室的压降；$\pi_t (p_c + \Delta p_2)$ 为涡轮入口压强。

将以上各式代入功率平衡方程式(6-45)中，并整理后即可得出燃烧室压强与涡轮降压比 π_t 之间的关系为

$$p_c = \frac{1 + r_{pb}}{r\rho_f + \rho_0} \eta_t \eta_p \rho_o \rho_f \frac{k}{k-1} \left(\frac{R_o}{m} T\right) \left[1 - \frac{1}{\pi_t^{\frac{k-1}{k}}}\right] \frac{1}{\pi_t} - \Delta p_2 - \frac{\Delta p_{pb}}{\pi_t} \tag{6-46}$$

令 $A = \dfrac{1 + r_{pb}}{r\rho_f + \rho_o} \eta_t \eta_p \rho_o \rho_f \dfrac{k}{k-1} \left(\dfrac{R_0}{m} T\right)$，代入式(6-46)并整理，则式(6-46)变为

$$p_c = (A - \Delta p_{pb}) \frac{1}{\pi_t} - \frac{A}{\pi_t^{\frac{2k-1}{k}}} - \Delta p_2 \tag{6-47}$$

式中，r_{pb} 为进入预燃室的推进剂混合比；η_p 为泵的效率($\eta_p = \eta_{po} = \eta_{pf}$)；$\Delta p_{pb}$ 为涡轮泵出口到预燃室的压降(认为 $\Delta p_{pbo} = \Delta p_{pbf} = \Delta p_{pb}$)。

由式(6-47)可见，燃烧室压强主要取决于涡轮的降压比 π_t。对式(6-47)求导数，并使 $\mathrm{d}p_c / \mathrm{d}\pi_t = 0$(极值的条件)，有最佳降压比为

$$\pi_{t,opt} = \left[\frac{A\left(\dfrac{2k-1}{k}\right)}{A - \Delta p_{pb}}\right]^{\frac{k}{k-1}} \tag{6-48}$$

将式(6-48)代入式(6-47)中，就可求出最佳压降比对应的最大燃烧室压强，此压强即为补燃循环中燃烧室的最佳压强。

6.4.1.3　膨胀循环中室压的确定

膨胀循环也是闭式循环，故涡轮工质的秒流量不影响发动机的比冲。对于膨胀循环，也是从功率平衡方程式(6-34)出发求出最大燃烧室压强的。利用式(6-34)～式(6-37)，其功率平衡方程的具体形式为

$$\dot{m}_f \eta_t \frac{k}{k-1} \left(\frac{R_0}{m} T\right) \left[1 - \frac{1}{\pi_t^{\frac{k-1}{k}}}\right] = \frac{\dot{m}_o \Delta p_{po}}{\rho_o \eta_{po}} + \frac{\dot{m}_f \Delta p_{pf}}{\rho_f \eta_{pf}} \tag{6-49}$$

设泵的压升近似等于其出口压强，则有

$$\Delta p_{po} = p_{epo} - p_{ipo} \approx p_{epo} = p_c + \Delta p_{1o}$$

$$\Delta p_{pf} = p_{epf} - p_{ipf} \approx p_{epf} = \pi_t (p_c + \Delta p_2) + \Delta p_{1f}$$

式中，$\pi_t (p_c + \Delta p_2)$ 为涡轮入口压强；$\eta_p = \eta_{po} = \eta_{pf}$；$\Delta p_{1o} = \Delta p_{1f} = \Delta p_1$。

将以上各式代入式(6-46)，整理后可得出燃烧室压强与涡轮降压比间的关系为

$$p_c = \frac{A\left(1 - \dfrac{1}{\pi_t^{\frac{k-1}{k}}}\right) - B}{r\rho_f + \pi_t \rho_o} - \Delta p_{2f} \tag{6-50}$$

式中，$A = \eta_t \eta_p \rho_o \rho_f \dfrac{k}{k-1} \left(\dfrac{R_0}{m} T\right)$；$B = \Delta p_{1o} (r\rho_f + \rho_o) - \Delta p_{2f} r\rho_f$。

对式(6-50)求导,并使 $\mathrm{d}p_c/\mathrm{d}\pi_t=0$,有

$$\pi_{t,\mathrm{opt}}^{\frac{k-1}{k}}\left(1+\frac{E}{\pi_{t,\mathrm{opt}}}\right)=F \tag{6-51}$$

式中
$$E=\frac{k-1}{2k-1}r\frac{\rho_f}{\rho_o};\quad F=\frac{k}{2k-1}\left(1-\frac{B}{A}\right)$$

用牛顿迭代法,求解式(6-51),得出最佳降压比后代入式(6-50)中,即可得出最佳降压比对应的最大燃烧室压强,此压强即为膨胀循环中燃烧室的最佳压强。

综上所述可见,泵压式液体火箭发动机燃烧室最大压强受功率平衡的限制,为了选用更高的室压,必须提高涡轮的设计水平、加大涡轮的输出功率。

6.4.2　混合比的确定

混合比和燃烧室压强是发动机设计、热力气动计算等所需要的主要原始参数。图6-55所示是某液氧/煤油发动机在给定燃烧室压强 p_c 和喷管出口压强 p_e 的情况下,推力室比冲随推进剂混合比变化的特性曲线。由图6-55可见,推力室比冲的最大值对应于推力室内推进剂的理论混合比。

发动机推进剂组元混合比的选取原则是使推力室具有最大的比冲,以确保发动机获得最大的经济性。

对于闭式循环系统,因为驱动涡轮后的燃气又回到推力室参与燃烧,推力室的混合比就是发动机的混合比,因此发动机的最佳混合比就按推力室的最佳混合比来确定,即理论计算中对应于推力室比冲最大值处的混合比就是发动机的最佳混合比。

对于开式循环系统,因为驱动涡轮后的燃气被排放了,所以发动机的混合比 r 与推力室的混合比 r_c 是有差别的,那么利用发动机混合比 r、推力室的混合比 r_c 和驱动涡轮的燃气发生器混合比 r_{gg} 之间的关系、涡轮泵功率平衡方程和发动机的比冲计算式,可以得出混合比与比冲的关系曲线,找到对应于最大比冲的最佳混合比。

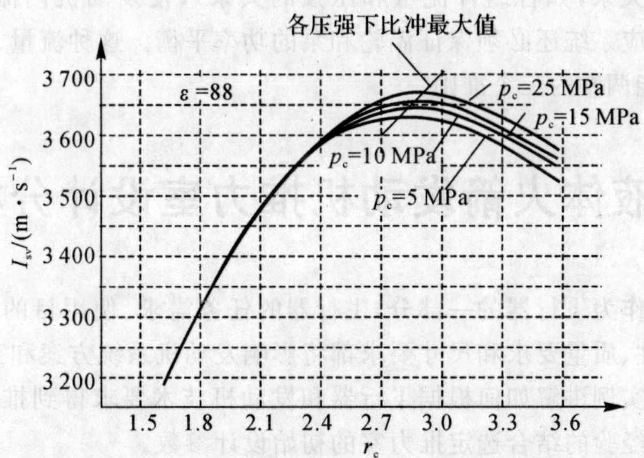

图 6-55　推力室比冲随推进剂混合比变化的特性曲线

由涡轮泵的功率平衡方程可导出如下关系式:

$$\frac{\dot{m}'_{gg}}{1-\dot{m}'_{gg}}=\left(\frac{r_c\Delta p_{po}}{\rho_o\eta_{po}}+\frac{\Delta p_{pf}}{\rho_f\eta_{pf}}\right)\div\left\{(1+r_c)\eta_t\frac{k}{k-1}\left(\frac{R_0}{m}T\right)\right.$$
$$\left.\times\left[1-\left(\frac{p_{et}}{p_{it}}\right)^{\frac{k-1}{k}}\right]-\frac{1+r_c}{1+r_{gg}}\left(\frac{r_{gg}\Delta p_{po}}{\rho_o\eta_{po}}+\frac{\Delta p_{pf}}{\rho_f\eta_{pf}}\right)\right\} \tag{6-52}$$

r,r_c,r_{gg} 之间的关系可表示为

$$r=r_c\frac{1+\dfrac{\dot{m}'_{gg}\left(1+\dfrac{1}{r_c}\right)}{(1-\dot{m}'_{gg})\left(1+\dfrac{1}{r_{gg}}\right)}}{1+\dfrac{\dot{m}'_{gg}(1+r_c)}{(1-\dot{m}'_{gg})\left(1+\dfrac{1}{r_{gg}}\right)}} \tag{6-53}$$

发动机的比冲可表示为

$$I_s=I_{stc}-\dot{m}'_{gg}(I_{stc}-I_{ste}) \tag{6-54}$$

对于 $r_c,r_{gg},\Delta p_{po},\Delta p_{pf}$ 等参数给出多组数据，利用上述的3个关系式做出发动机混合比与比冲的关系曲线，即可找到对应于最大比冲的最佳混合比。

另一方面，推进剂混合比的选取还对贮箱的结构质量有影响，需要全盘考虑。例如，对于液氢/液氧发动机，按最大比冲选定最佳混合比时，燃料贮箱远大于氧化剂贮箱，贮箱总质量偏大。适当加大混合比，会使整个运载器的结构质量减小。

在发动机最佳性能参数选定以后，由于发动机零件的制造公差和装配时各零件相对位置公差造成的尺寸散布，均会使涡轮效率、泵的特性以及各个流路与喷嘴的压降发生变化，导致发动机性能参数的散布。因此，必须选择管路中节流零件的尺寸，以确保每台发动机的性能参数符合要求。有时还需要在一定范围内调节推力和混合比。由于要控制涡轮工质的温度，还需调整燃气发生器(或预燃室）的混合比。由于推力室推力与流量、流量与室压均呈线性关系，因此通过对发动机流量和室压的调整，便可达到调整发动机推力和混合比的目的，确保推力和混合比满足设计要求。调整的基本方法，是利用参数平衡模型(参数平衡模型建立了发动机因变量和自变量的关系，如各组件流量和压强的关系)，使发动机内流量和压强都达到平衡。此外对泵压式供应系统还必须保证涡轮和泵的功率平衡。这种流量、压强、功率三者的平衡，构成了发动机性能调整的三个准则。

6.5 液体火箭发动机推力室设计分析实例

液体火箭发动机作为飞行器的一部分，飞行器的任务需求、使用目的、使用环境、轨道、重复使用性要求、可靠性、质量要求和尺寸要求都将影响发动机系统方案和工作参数的选择和确定。本节将结合具体实例讲解如何根据飞行器和发动机技术要求得到推力室的方案和参数，以及如何通过理论与经验的结合选定推力室的初始设计参数。

6.5.1 技术要求

该液体火箭发动机的用途为多级运载火箭的上面级发动机，将载荷送入深空，下面级为液

氧/煤油(RP-1)推进剂液体火箭发动机。这就说明该发动机的工作特点为连续工作(不用多次启动和重复使用)、真空环境下工作(要求喷管膨胀比较大)、中等加速度(不超过5个重力加速度)、低成本、较高的比冲以及满足载荷、飞行轨道和加速度要求的推力。该发动机的任务速度增量为3 400 m/s,发动机与载荷级相连并最终脱离。载荷级为有效载荷和自身推进系统的复合体,有效载荷为1.5 t,推进系统为2 t。几何要求:飞行器外径为2 m,考虑到结构、导管、设备、隔热层、总装件和附件,实际有效直径为1.9 m;最大长度为4.5 m。将这些指标要求归纳如下:

用途:多级运载火箭上面级;

有效载荷:3.5 t;

速度增量需求:(无重力,真空)3 400 m/s;

最大直径:1.9 m;

最大长度:4.5 m;

最大加速度:5g(g 表示重力加速度)。

6.5.2　基本参数的确定

在设计过程中一开始应选定以下发动机设计参数或方案:推进剂组合、燃烧室压强、喷管面积比、供应系统及推力量级。

从性能上看,最好的推进剂组合是液氧和液氢。但是,该组合的平均密度很低,需要很大的液氢贮箱,将会增加飞行器在上升段的阻力,在级容积超限、氢的质量损失和飞行器结构方面还有一些潜在的问题。该运载火箭的下面级选择了液氧和煤油(RP-1)作推进剂,其密度较高,考虑到发射场系统的简便以及该上面级发动机的容积和横截面的限制,推进剂组合选择同下面级一样的推进剂组合——液氧/煤油(RP-1)。由热力学计算可以知道,液氧/煤油组合的理论比冲在280～300 s之间,数值主要取决于混合比及喷管流动膨胀是采用冻结流还是平衡流计算,并且特征速度在混合比为2.3左右达到最大值。为了追求最大性能,选择混合比为2.3,并且此时燃烧室工作在富燃状态下,燃烧温度低于更高混合比,有利于推力室的冷却。根据一般经验,比冲选择冻结流和平衡流的中间值(约40%),即在6.9 MPa室压下、喷管膨胀到海平面压力的情况下为292 s(参考条件),由热力计算可以知道此时的燃气分子量为23 g/mol,比热比为1.24。

下面介绍燃烧室压强、喷管面积比和供应系统方案的选择。液氧/煤油推进剂组合已经具有很好的使用经验,一般燃烧室压强在2.8～24 MPa之间,喷管面积比最高约40,多采用燃气发生器循环和分级燃烧循环。下面具体针对该任务主要进行以下考虑:

(1) 较高的燃烧室压强可使推力室较小,在同样的喷管出口压强下可使喷管锥较短、喷管出口直径较小。推力室若足够小,则可在其周围设置环形贮箱,也就能够缩短发动机的长度。这样不仅可以节省空间,而且还可以降低飞行器和发动机的质量。

(2) 由式(6-23)可知,传热速率几乎正比于气体密度,而气体密度又正比于室压。以往对于液氧/煤油的使用经验表明,在推力室的冷却夹套或燃烧室内壁上曾出现过积碳或沉积问题,将会影响壁面的冷却效果。防漏密封都会随燃烧室压强的提高而越来越困难,并且高室压也会增加推进剂输送系统的压力。因此,燃烧室压强低一些较好。

(3) 采用挤压式供应系统是可行的，但是其容器和发动机的质量只有在燃烧室压力很低时才合适，不然推进剂贮箱和增压气瓶变得很重，推力室也将很大，将会超出尺寸约束。若采用泵压式供应系统，泵的驱动功率与室压成正比。在燃气发生器循环中，发动机性能随燃烧室压强的增加稍有降低；在分级燃烧循环中，高燃烧室压强需要高温、高压燃气柔性导管，将会是更复杂、更重、成本更高的发动机。因此，选择燃气发生器循环和足够低的室压，使推力室恰好满足几何约束，并有合理的发动机质量和传热率。

依据上面的考虑和经验，选择室压为 4.8 MPa、喷管面积比为 100。下面利用推力系数关系将比冲修正到使用环境下。使用推力系数计算公式可以计算出参考条件下的推力系数为 1.58。在实际高空工作时，压比接近无限大，而喷管面积比为 100，可以计算该条件下的推力系数为 1.9。因此，对于该推力室在工作环境下，其比冲为 292×(1.9/1.58)=351.1 s。为了修正损失(扩张、边界层、不完全燃烧、膜冷却等)，采用 0.96 的修正系数，则修正后的推力室比冲为 337.1s。由于采用了燃气发生器循环，将会降低发动机系统比冲，取修正系数为 0.98，则修正后的发动机比冲为 330.3 s，或等效排气速度为 3 237 m/s。

6.5.3　级的质量和推力

下面将计算级的质量。依据现有发动机的经验，假设部件(贮箱、燃气发生器、涡轮泵等)质量约占推进剂质量的 7%。在正式的发动机设计中，在获得质量分配估算值后要对该值进行验证和修正。由无重力，真空条件下静止状态起飞、推进剂流量恒定的飞行器所能达到的最大速度增量公式可以计算出推进剂的需求量。

由 $e^{\frac{\Delta u}{u_{ef}}}=\frac{m_1}{m_2}=\frac{m_p+0.07m_p+3\ 500}{0.07m_p+3\ 500}=e^{\frac{3\ 400}{3\ 237}}$(式中 Δu 为速度增量，u_{ef} 为等效排气速度，m_1 为级的初始质量，m_2 为级的最终质量，m_p 为推进剂总质量) 可以求得推进剂质量为 $m_p=7\ 478$ kg。于是求得级的最终质量和初始质量分别为 4 023 kg 和 11 501 kg。

当推力保持恒定输出时，推力受最大加速度为 $5g$ 的限制，最大加速度出现在临关机前，则最大推力为 $F_{max}=m_2 a_{max}=4\ 023\times5\times9.8=197\ 127$ N。该推力值的推力室相对较大、较重。若选择较小的推力(延长工作时间)，则可以大大减轻质量。由于同样的推力室还要用于加速度略小于 g 的其他任务，所以推力可以选择为 50 000 N，此时级的最大加速度为 $a_{max}=\frac{F}{m_2}=\frac{50\ 000}{4\ 023}\approx12.4\ (\mathrm{m/s^2})$，约为重力加速度的 1.26 倍，符合设计要求。

现已确定的参数主要有，推进剂为液氧 / 煤油(RP-1)组合；发动机混合比为 2.3；推力为 50 000 N；燃烧室压强为 4.8 MPa；喷管面积比为 100；发动机的推力系数为 1.9；发动机比冲为 330.3 s；推力室比冲为 337.1 s；发动机循环方式为燃气发生器循环；可用推进剂量为7 478 kg。

6.5.4　推进剂流量和推力室尺寸

根据由等效排气速度计算推力的公式可以求得推进剂的质量流量为 15.446 kg/s，结合发动机混合比可以确定发动机、燃气发生器和推力室的燃料流量和氧化剂流量。

发动机的燃料的流量为 4.681 kg/s,氧化剂流量为 10.765 kg/s。

依据经验,燃气发生器流量约占发动机流量的 2%,其混合比为富燃的 0.055,燃气温度约为 890 K。燃气发生器的燃料流量为 0.293 kg/s,氧化剂的流量为 0.016 kg/s。

推力室的流量等于发动机流量与燃气发生器流量的差值。推力室燃料流量为 4.388 2 kg/s,氧化剂流量为 10.748 9 kg/s。

发动机的工作时间为总的推进剂量与质量流量的比值。发动机工作时间约为 484.1 s。

由推力系数计算推力的公式可以求得发动机推力室的喉部直径为 83.55 mm。根据面积比公式可以求得发动机喷管出口内径为 835.5 mm。喷管若采用 15° 锥形喷管,喷管的长度约为 1 403.16 mm。若采用截短钟形喷管,喷管性能将会保持不变,且可以缩短喷管长度,截短钟形喷管的具体尺寸可以参考相关资料进行设计。

为减少燃烧室内的压力损失,燃烧室直径应为喷管喉部直径的两倍左右,即 167.1 mm。依据过去成功的小燃烧室的近似长度和 1.1 m 左右的特征长度,确定燃烧室长度(含喷管收敛段)为 299 mm 左右。推力室的总长为喷管长度、燃烧室长度、喷注器厚度(估计为 80 mm 左右)、安装在上面的阀门(估计为 100 mm)、结构以及可能的万向接头的长度之和,即1 690 mm。

现已经得到了级质量、推进剂流量、喷管和燃烧室的构型。由于本例是针对推力室的,因此发动机其他组件的参数只给出直接与推力室(或其参数)有关的那些数据。

接下来检验飞行器是否有足够的空间用于扩大喷管面积比,从而提高性能。首先要计算推进剂贮箱占了多大容积、留给推力室的容积有多大。根据推进剂的平均密度计算公式可以求得推进剂混合物的平均密度为 1 014 kg/m^3。由推进剂的氧化剂和燃料的量可以确定它们的容积分别为 4.571 m^3 和 2.797 m^3。根据 1.9 m 的直径、燃料贮箱接近球形、氧化剂贮箱为椭球头圆柱形、6% 的气垫以及 2% 的残余推进剂量这些条件,分析可知贮箱总长度为 3.6 m,而空间限制为 4.5 m,因此,留给推力室的长度只有 0.9 m,是不能满足推力室空间要求的。因此,需要采用更紧凑的贮箱布局,如采用双贮箱共底结构,或在发动机周围安装环形贮箱。因此,由于空间限制,采用更大一些膨胀比的推力室是不太可能实现的。

6.5.5 传热

计算推力室传热和冷却参数的典型方法就是将推力室和喷管内壁面沿轴向分成很多段,一般在初步设计时,只对关键位置的传热进行计算。

由气体动力学知识,可以确定燃烧室、喷管喉部区域和扩张段某处的燃气温度分别为:燃烧室温度 $T_1=3\ 600$ K,喉部温度 $T_t=3\ 243$ K,喷管某特征截面处温度 $T_{n1}=1\ 730$ K(喷管扩张段面积比为 6 处的温度)。从燃烧室一直到面积比为 6 的喷管扩张段用燃料冷却。对于这种推进剂组合和较高的壁温,不锈钢已成功地用作内壁材料。

应注意的是,面积比在 6 以上的喷管内自由流气体温度相对较低。这部分喷管扩张段可采用不冷却的高温材料。面积比在 6 ~ 25 之间的喷管段采用辐射冷却(如采用有防氧化涂层的铌材料或在无孔碳基体上缠绕碳纤维)是合适的。对于最末的大喷管出口段(温度较低),建议采用如不锈钢或钛这样的低成本材料。由于工作时间较长、排气中含侵蚀性成分(燃气中有自由氧和氢氧基),因此不宜采用烧蚀材料。

现已确定了推力室关键组件可能采用的材料。面积比在6以上的辐射冷却喷管出口段最好的冷却方法是把它伸到飞行器外,这样热量将自由辐射到空间。实现这一点的方法是抛掉喷管末端周围的飞行器结构。

最高传热速率出现在喉部区,可以根据物性参数和理论分析进行计算获得传热速率。在这里,根据以往采用相同推进剂的推力室的数据,喷管喉部区的传热速率估计在$1.63\times10^{7}\ \mathrm{W/m^{2}}$以上。RP-1燃料是一种不寻常的冷却剂,没有明确的沸点,其组分是不稳定的,与原油和精炼过程有关。它在某一温度范围内逐渐蒸馏或蒸发。温度很高的壁面会引起RP-1局部分解为富碳物质,以及部分蒸发或汽化。当其与温度较低的冷却剂混合时,只要小蒸气泡重新凝结,就会出现稳态传热状态。当传热速率高到一定程度时,这些气泡将不凝结,也可能包含不凝结的气体,液流中将包含大量气泡,流动变得不稳定,引起局部过热。较高的冷却通道流速(在喉部区大于10 m/s)、通道中的湍流有助于气泡重新凝结。因此,确定冷却剂流速在喉部为15 m/s,在燃烧室和喷管出口段为7 m/s。

冷却夹套的材料选择不锈钢,以抵抗高速、腐蚀性燃气(含自由氧和氢氧基)的氧化和侵蚀。燃料冷却将确保不锈钢的温度大大低于1 050 K左右的软化温度。冷却夹套的结构既可采用管束式,也可采用沟槽式。管子或冷却通道的横截面积在喉部区为最小,向两边逐渐扩大,在燃烧室和喷管扩张段最大约为喉部的两倍以上。高温燃气侧的壁厚应尽量小,以减小室壁温差(可降低热应力和壁温),减小材料因热变形和压力载荷引起的屈服。在选择壁厚时,实际上还要考虑工艺性、飞行前的热试次数、压力载荷下的变形、温度梯度和尺寸公差等因素。最终确定冷却夹套喉部区壁厚为0.5 mm、冷却剂流速为15 m/s,燃烧室和喷管冷却段流速为7 m/s。推力室选择铣槽结构,不用管束式。

铣槽的数目、横截面以及壁厚的选择与冷却剂的质量流量、压强、室壁应力、室壁材料以及通道形状有关。图6-56和表6-5给出了在各种通道数目下不同位置处的通道宽度和高度。由于燃气发生器需要一部分燃料流量(0.292 8 kg/s),燃料冷却剂流量为4.388 2 kg/s左右。对于该流量和喉部区15 m/s的冷却剂流速,所有通道的总横截面积为$3.62\ \mathrm{m^{2}}$左右。燃烧室和喷管区的冷却剂流速较低,通道的总流动面积较大。冷却通道的变量有通道数目、热壁厚度、通道间肋的厚度、冷却剂流速、燃气温度以及在推力室型面上的位置。通道或管子的数目将决定横截面的形状。表6-5给出了通道数目或通道尺寸和形状变化的影响。当通道形状(沿夹套轴向变化)大体上接近方形时,冷却夹套的质量达到最小、摩擦损失较低。经分析,确定通道数目为150,这样横截面比较有利,尺寸较为合理,容易制造,冷却效果良好,室壁热应力也比较低。

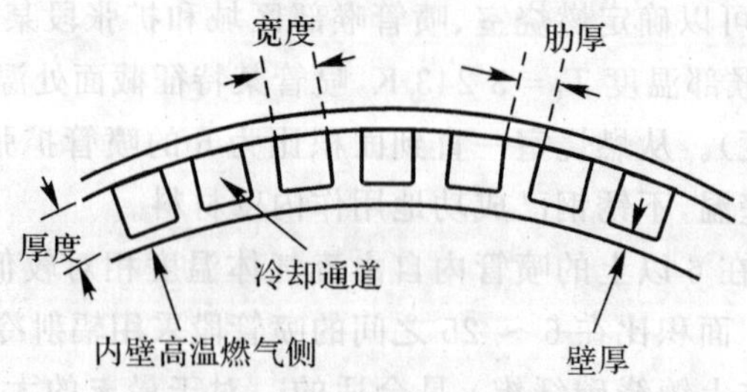

图6-56　铣槽通道和电铸外壁的冷却夹套截面

表 6-5 冷却燃料流量为 4.388 2 kg/s 的各种铣槽通道构型

喉部区			燃烧室段		
壁厚	0.5 mm		壁厚	0.6 mm	
肋厚	0.8 mm		肋厚	0.8 mm	
总流通面积	365.3 mm²		总流通面积	782.7mm²	
流速	15 m/s		流速	7 m/s	
通道数目	通道宽度 /mm	通道深度 /mm	通道数目	通道宽度 /mm	通道深度 /mm
80	2.57	1.77			
100	1.93	1.89	100	4.56	1.71
120	1.45	2.1	120	3.67	1.79
140	1.13	2.31	140	3.03	1.84
150	1	2.43	150	2.77	1.88
160	0.92	2.47	160	2.55	1.92
180	0.7	2.89	180	2.18	1.96

在管子或通道外面必须捆绑加强箍,以承受工作时的气体内压、冷却剂压强(该压强趋于使高温室壁变圆)以及启动瞬时或管路水击产生的各种脉动压强。假设脉动压强比室压高50%,钢强度为 827 MPa,燃烧室内径为 167 mm,室壁和通道厚度为 3 mm,压强为4.8 MPa。若每 75 mm 的燃烧室长度加一条加强箍,则该加强箍的横截面积为 $A=\dfrac{pDL}{2\sigma}=\dfrac{4.8\times1.5\times(167+3)\times75}{2\times827}\approx55.5\ \mathrm{mm}^2$。若箍的宽度为 25 mm,则其厚度为 2.22 mm;若宽度为 7.5 mm,则其厚度为 7.4 mm。在以往的研制过程中,已经发现大的喷管出口段有震颤或周期性变形,因此在出口附近需要一些加强环。

燃料的吸热能力近似为 $c_p m_f \Delta T=0.5\times4.81\times200=2780\ 00\ \mathrm{J/s}$。最大的 ΔT 根据燃料温度保持在大大低于其化学分解点来确定。这个计算的吸热量小于高温燃气的传热量,因此必须降低燃烧室和喷管壁面附近的气体温度或增加吸热量。这可以通过以下三种方法来实现:① 把冷却液膜喷入燃烧室内喷管入口处;② 修改喷射形式,形成一层较厚、温度较低、富燃的内部边界层;③ 允许喉部区出现核态沸腾。这里对这三种方法不再进行分析。现选择第二种方法用于辅助冷却,因为它容易设计和制造,并且成功应用经验较丰富,但会引起少量性能损失。

6.5.6 喷注器设计

对于该推进剂组合,美国采用双击和三击式喷注器形式,中国同俄罗斯采用多个中空套筒式喷嘴,其外环流体为旋流流动。根据类似设计方案的良好经验和可靠的燃烧稳定性,这里选取双股自击式喷嘴,液流撞击后形成推进剂液扇,然后破碎成液滴。氧化剂和燃料液扇沿径向交替分布。

喷注器压降通常取为室压的 15% ~ 25% 之间,部分原因是为了提高喷射速度,改善雾化和液滴破碎，从而使燃烧更完全、更稳定。这里喷注器压降取为室压的 20%，即 0.96 MPa。喷注器通道内有少量压力损失。对于圆角和流线型进口的喷孔，流量系数约为 0.8。可以求得燃料和氧化剂的总喷孔面积分别为 198 mm^2 和 409.8 mm^2。对于这种尺寸的喷注器，典型孔径为 0.5 ～ 2.5 mm。这里燃料孔径采用 1.5 mm，氧化剂孔径为 2 mm，这样得到 65 对氧化剂孔和 50 对燃料孔（使用 90% 的燃料流量）。若燃料孔径取得再小一点，则可以与 65 对氧化剂孔数目一致。这些双击喷孔按同心形式在喷注器面上排列。采用较小和较多的燃料和氧化剂孔或许能稍微提高性能。此外，在喷注器面周缘设置附加的燃料孔，用于形成低温边界层，降低传热率。这些孔将利用 10% 的燃料流量，孔径取为 0.5 mm，孔数为 100。为了产生良好的液扇，双击式喷嘴采用相等的 25° 左右的倾角。

6.5.7 点火

采用火药（固体推进剂）点火器。为提供良好点火所需的推力室压力和温度，火药必须具有足够的能量和足够长的工作时间。其直径要小，以便通过喉部插入，即最大直径为 80 mm，长度为 100 ～ 150 mm。

6.5.8 布局、质量、流量和压降

现在已经得到了所选定的推力室的主要设计参数，可以进行初步的布局设计。在开始之前，需要对燃料和氧化剂的集液腔、阀门的安装方式和位置、喷管贮存堵盖、推力架以及可能有的作动器和常平架进行分析和计算。对于应力分析，需要计算流动通道、喷注器、冷却夹套和阀门内的气体压强和液体压力（或压降），由此可确定各种壁厚和组件的质量。实际上其中一些分析和设计可能会改变本例中前面选择或计算的一些数据，有些计算参数可能需要重新分析和修改。在设计发动机、贮箱或与飞行器的接口时，推力室设计的进一步更改可能变得很明显。

思考与练习题

6.1　液体火箭发动机的基本组成有哪几部分？各部分的作用是什么？

6.2　简述液体火箭发动机的分类方法。

6.3　液体火箭发动机系统、分系统的概念是什么？液体火箭发动机系统由哪些分系统组成？

6.4　推进剂供应系统的功能及分类是什么？挤压式供应系统和泵压式供应系统分别分为哪几类？开式循环及闭式循环的定义是什么？

6.5　推进剂利用系统的功能是什么？

6.6　什么情况需要使用吹除系统？其所起的作用是什么？置换系统和气封系统的作用是什么？

6.7　预冷系统的作用是什么？

6.8　简述液体火箭发动机系统的工作过程。

6.9　列举并解释挤压式供应系统与泵压式供应系统的优、缺点。

6.10　喷嘴的主要用途是什么？按结构的不同，喷嘴可以分为哪几类？

6.11　推力室的燃烧准备过程有哪些？影响雾化质量的主要因素有哪些？评定雾化质量的指标有哪些？什么是韦伯数？

6.12　燃烧效率、膨胀效率及比冲效率的定义以及含义是什么？

6.13　已知某液氧／煤油发动机，地面测试推力 $F_{tc}=5\times10^5$ N，燃烧室压强为 $p_c=8$ MPa，推力室余氧系数 $\alpha=0.8$，喷管出口压强 $p_e=0.05$ MPa，扩张比 $\varepsilon_e=20$；经热力计算得出：化学当量混合比 $r_{m0}=3.393\,6$，地面理论比冲 $I_{sth}=2\,835.6$ m/s，特征速度 $c^*=1\,833$ m/s；燃烧室比冲效率 $\eta_c=0.98$，喷管效率 $\eta_n=0.98$。计算氧化剂和燃料的质量流率以及发动机喷管喉径。

6.14　给出推力室内对流传热热流密度、辐射传热热流密度及总热流密度沿推力室轴向长度方向的变化特性曲线。

6.15　推力室冷却的主要方式有哪些？什么是再生冷却？其特点是什么，再生冷却的传热过程包括哪几部分？

6.16　粗糙燃烧与燃烧不稳定有何区别？

6.17　什么是 POGO 振动？其危害有哪些？

6.18　低频燃烧不稳定的形成机理是什么？

6.19　高频燃烧不稳定可以分为哪几类？有何危害？其抑制方法有哪些？

6.20　液氧／煤油推进剂组合比较适用哪种推进剂供应循环方式？为什么？其特点是什么？

参考文献

[1]　萨顿 G P，比布拉兹 O. 火箭发动机基础. 洪鑫，张宝炯，等，译. 北京：科学出版社，2003.

[2]　杨月诚. 火箭发动机理论基础. 西安：西北工业大学出版社，2010.

[3]　陈新华. 运载火箭推进系统. 北京：国防工业出版社，2002.

[4]　刘国球. 液体火箭发动机原理. 北京：宇航出版社，2009.

[5]　朱宁昌. 液体火箭发动机设计(上，下). 北京：宇航出版社，2009.

[6]　蔡国飙，李家文，田爱梅，等. 液体火箭发动机设计. 北京：北京航空航天大学出版社，2011.

[7]　哈杰 D T，里尔登 F H，等. 液体火箭发动机不稳定燃烧. 朱宁昌，等，译. 北京：国防工业出版社，1980.

[8]　赵治华. 液体火箭 POGO 振动的多体动力学建模及稳定性分析. 北京：清华大学，2011.

第7章 冲压发动机

与火箭发动机相比，冲压发动机充分利用了大气中的氧气，不需要自身携带氧化剂，因而具有较高的比冲，是未来航天动力的重要发展方向之一。本章介绍冲压发动机的工作原理、基本结构和主要性能参数，主要介绍液体燃料冲压发动机、固体火箭冲压发动机、超燃冲压发动机和火箭冲压组合发动机等。

7.1 概 述

航空涡轮喷气发动机依靠压气机实现对空气的增压作用，当飞行马赫数接近 3.0 时，高速高压气流给压气机带来了几乎不可承受的热载荷和力载荷，此时发动机已接近其工作极限。若能充分利用高速高压气流的自身减速、增压作用，可以抛弃航空发动机的压气机等旋转部件，从而出现了冲压发动机的概念。图 7－1 所示是典型的亚燃冲压发动机结构示意，比涡轮喷气发动机简单得多。亚燃冲压发动机依靠进气道将超声速空气降为亚声速，燃料在燃烧室中进行亚声速燃烧，随后经喷管以超声速喷出。

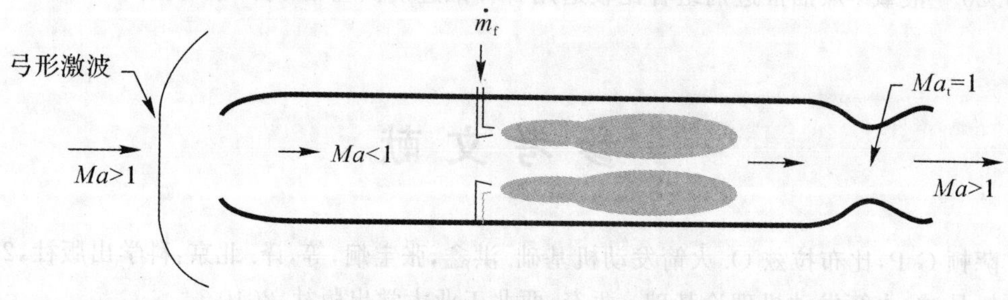

图 7－1 亚燃冲压发动机结构示意

在热力循环方式上，冲压发动机同其他空气喷气发动机一样，也包括了以下三个基本工作过程：

(1)压缩过程：通过来流空气的压缩过程提高空气的静压，此过程在进气道中完成。

(2)燃烧过程：燃料燃烧，提高燃气的温度，此过程在燃烧室中完成。

(3)膨胀过程：高温、高压的燃气进行膨胀，获得很大的速度喷出发动机，此过程在冲压喷管中完成。

亚燃冲压发动机在飞行马赫数 3.0～5.0 之间具有良好的性能。当飞行马赫数进一步增加时，亚燃冲压发动机的热力循环效率会迅速下降。一方面，进气道压缩后的气流总压恢复系数变得很低，导致发动机性能下降。另一方面，气流的静温会变得很高，燃料燃烧所放热量相当一部分会消耗在燃烧产物的离解上，燃烧室入口燃烧效率很低。当飞行马赫数大于 6.0 时，如果进气道出口气流保持超声速，在超声速气流中组织燃烧，就可以避免亚燃冲压发动机遇到的热障问题，此时的发动机就是超燃冲压发动机。传统亚燃和超燃冲压发动机除了进气道和燃烧室结构不同之外，在冲压喷管结构上也有明显的区别，亚燃冲压发动机一般采用拉瓦尔喷管，而超燃冲压发动机则采用扩张喷管（见图7－2）。不同速度域下吸气式发动机的性能如图7－3所示。

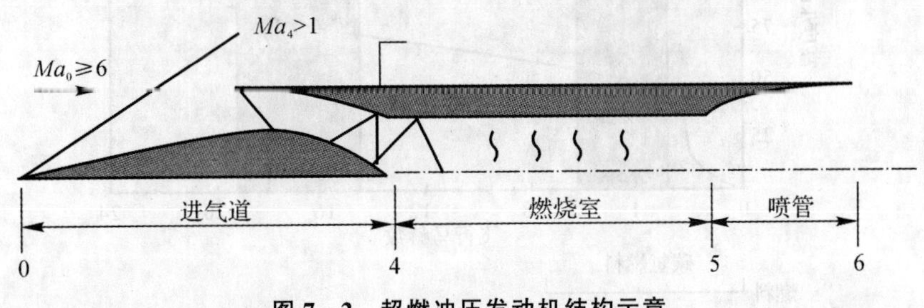

图7－2 超燃冲压发动机结构示意

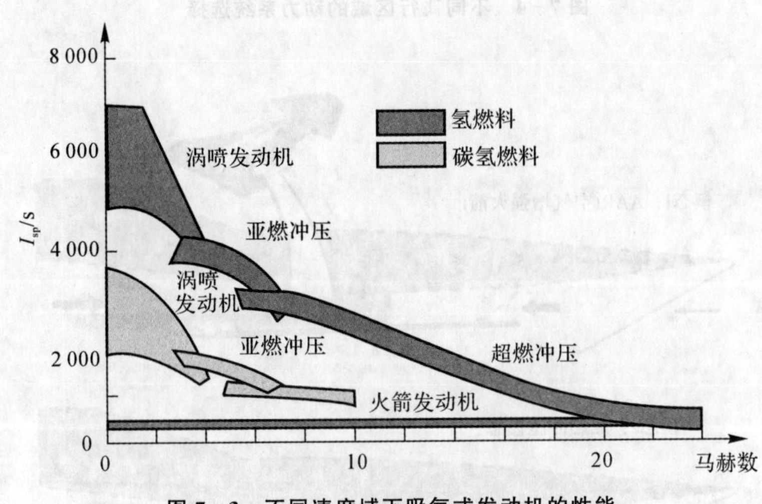

图7－3 不同速度域下吸气式发动机的性能

20世纪60年代初，Curran和Stull提出了双模态冲压发动机(dual mode ramjet)概念。在较低的马赫数下以亚燃冲压方式工作，在较高的马赫数下以超燃冲压方式工作，可以兼顾两种冲压发动机的特点，可以实现亚燃冲压与超燃冲压发动机工作方式的良好过渡。因此，双模态冲压发动机的工作原理和亚燃冲压发动机及超燃冲压发动机是有区别的，其工作马赫数范围由亚燃冲压发动机的工作马赫数下限区间和超燃冲压发动机的工作马赫数上限区间共同组成。

冲压发动机可以拓展吸气式发动机的工作上限，但也存在致命弱点：一是到达一定高度时，由于空气过于稀薄而无法工作，无法达到入轨高度和速度；二是低速时性能很差甚至不能工作，无法自行起飞。用于巡航导弹的冲压发动机一般先采用固体火箭助推至接力马赫数，然后再启动冲压发动机工作。

对于用于天地往返的飞行器动力，冲压发动机与火箭发动机的组合(RBCC)或与涡喷发动机的组合(TBCC)成为一种发展方向，也是目前的研究热点。不同飞行区域的动力选择如

图 7-4 所示，典型的 RBCC 工作模式如图 7-5 所示。

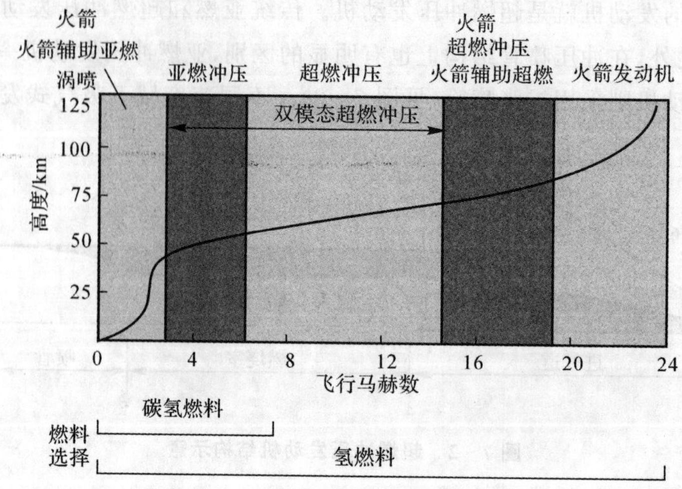

图 7-4　不同飞行区域的动力系统选择

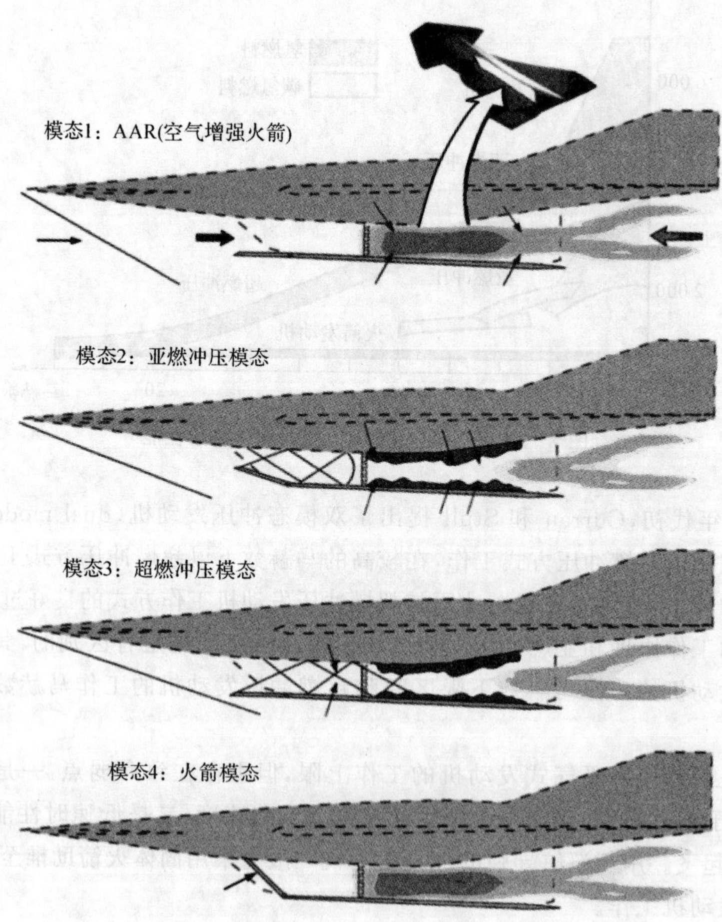

图 7-5　典型的 RBCC 在不同飞行条件下的工作模式示意图

除了上述冲压发动机概念之外，英国人提出了吸气式火箭发动机的概念。该发动机在大气层飞行时进气道是打开的，吸入的空气与携带的液氢进行热交换而被液化，液化后的空气被涡轮泵系统注入燃烧室与燃料混合，以火箭发动机的工作方式燃烧并产生推力。到达一定高度和飞行马赫数后，进气道关闭，以自身携带的液氢和液氧为燃料工作。发动机结构和工作方式如图 7-6 所示。

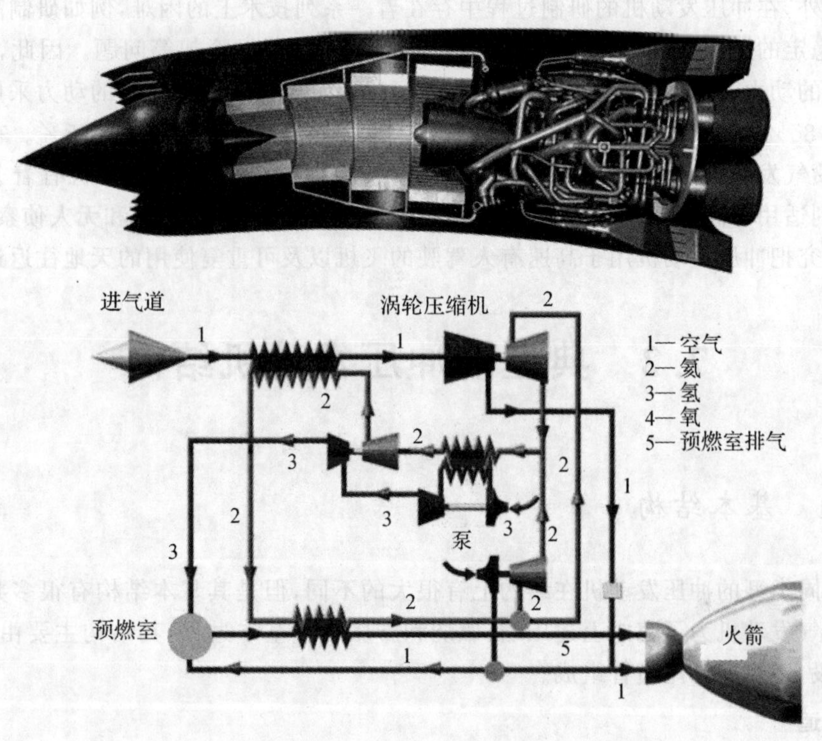

图 7-6 吸气式火箭发动机模型和循环方式

与涡轮喷气发动机或火箭发动机相比较，冲压发动机有许多优点，归纳起来有：

1)构造简单、质量轻、成本低。有人估计，若以 $Ma=2$ 的速度飞行时，冲压发动机的质量约为涡轮喷气发动机的 1/5，而制造成本只有其 1/20。例如用于靶机的某种冲压发动机，推力达到 5 t 而质量只有 180 kg。

2)在高速飞行下状态下($Ma>2$)经济性好，燃料消耗率低。

3)冲压发动机的比冲比火箭发动机大得多，因此若发射质量相同，则使用冲压发动机的导弹其航程大得多。

既然冲压发动机有这样一些优点，为什么直到 20 世纪 50 年代末 60 年代初才有发动机应用于导弹上呢？这是因为冲压发动机虽然有它固有的优点，但也存在着一些有待解决的技术问题。其主要缺点是：

1)低速时推力小，燃料消耗率高，静止时根本不能产生推力。因此它不能自行起飞，必须用其他发动机(一般用固体火箭发动机)作为助推器，使飞行器飞行起来并达到一定速度以后，再由冲压发动机接力工作。

2)冲压发动机的工作对飞行状况的变化很敏感。例如飞行马赫数、飞行高度、飞行姿态、余气系数等参数的变化都直接影响发动机的工作,因此它的工作范围窄,或者需要完善的调节系统以适应飞行状况的变化。

3)与火箭发动机相比较,冲压发动机的推力系数较小,单位迎面推力也较小。随着推力增加,发动机的体积和直径都越来越大,在有些情况,以至于使得冲压发动机难于装入弹体,给导弹的气动布局带来困难并增大了阻力。

除此以外,在冲压发动机的研制过程中存在着一系列技术上的困难,例如研制高效率的进气道、组织稳定的燃烧、保证可靠的点火启动、高温室壁的可靠冷却等问题。因此,长期以来,在战术导弹的动力方面固体火箭发动机占了明显优势,据统计,战术导弹的动力采用固体火箭发动机的占 85%,采用液体火箭发动机的占 5%,采用涡轮喷气发动机的占 5%。在飞机动力方面,涡轮喷气发动机占了绝对优势。然而,从发展的角度来看,冲压发动机有着非常广阔的前途,它特别适用于高空高速飞行的飞行器,目前已经应用于导弹、靶机和无人侦察机上,并且正在大力研究把冲压发动机用于高速有人驾驶的飞机以及可重复使用的天地往返运输器上。

7.2 典型的冲压发动机结构

7.2.1 基本结构

尽管不同类型的冲压发动机在结构上有很大的不同,但是其基本结构有很多共性。一般现代冲压喷气发动机为了完成上述压缩、燃烧和膨胀三个基本过程,其结构主要由进气道、扩压段/隔离段、燃烧室和尾喷管组成。

1. 进气道

进气道的主要作用是引入空气,实现压缩过程提高气流的静压。目前,超声速进气道的形式非常多,样子千奇百怪,但从流动本质(气流的压缩形式)上可分为皮托式、外压式、内压式和混压式 4 种基本压缩形式。各种压缩形式的进气道工作原理如下:

(1)皮托式进气道。此进气道基本构型为一扩张管道。超声速来流在扩张管道入口处经过一道正激波突降为亚声速,而后在扩张通道(扩压段)内继续减速增压(亚声速增压)。与其他形式的进气道相比较,皮托式进气道总压恢复最低,当来流马赫数大于 1.5 时,总压恢复系数随来流马赫数的增加下降很快,因此皮托式进气道一般只用于来流马赫数小于 1.5 的情况。大多数亚声速进气道也采用这种形式。

(2)外压式进气道。超声速来流在进气道唇口外经历若干道斜激波(由外压斜面产生)压缩后,压力不断上升,随后经唇口处正激波的进一步压缩降为亚声速,从而完成增压过程。随着来流马赫数的增加,外压式进气的扭转角度不断增加,从而导致阻力的增加。其一般工作马赫数小于 2.5。

(3)内压式进气道。内压式进气道基本构型为一收敛扩张管道(倒置的拉瓦尔喷管)。超声速来流在该管道中经过一系列激波(或微弱压缩波)减速增压,然后在喉道处经正激波降为亚声速,最后在扩张段中进一步亚声速增压。内压式进气道最突出的问题是起动问题和不利的附面层影响问题。由于存在起动问题,实际应用很少。

(4)混压式进气道。混压式进气道的超声速压缩部分发生在唇口外,部分发生在唇口内。这种形式的进气道兼有外压式和内压式的特点,既避免了外压式外部阻力较大的缺点,又缓和了内压式的起动问题和不利的附面层影响问题。其工作马赫数一般大于2.0。

对于超声速进气道来说,还可根据其几何构型分为二元进气道和侧压式进气道。图7-7和图7-8显示的都是二元进气道,图7-9展示的是三维侧压式进气道。

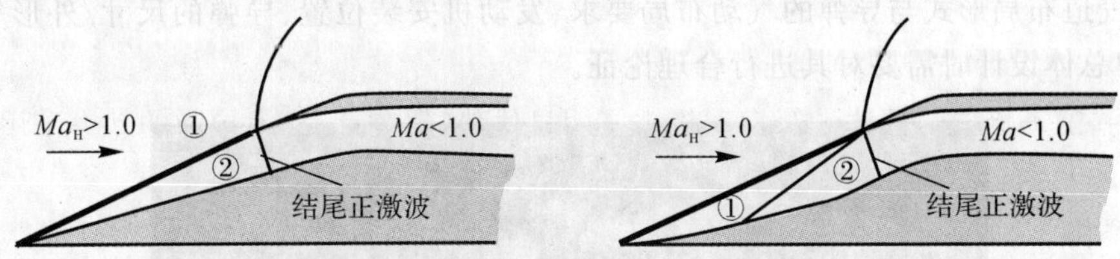

图7-7 亚燃冲压进气道波系示意

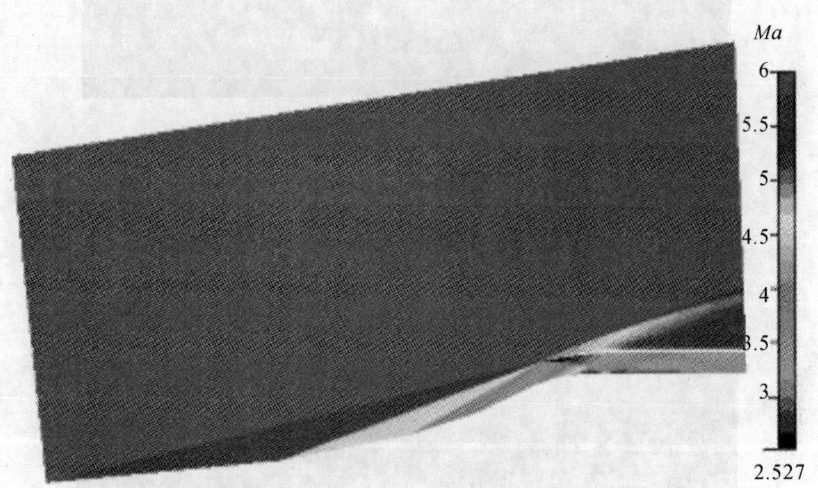

图7-8 高超声速进气道

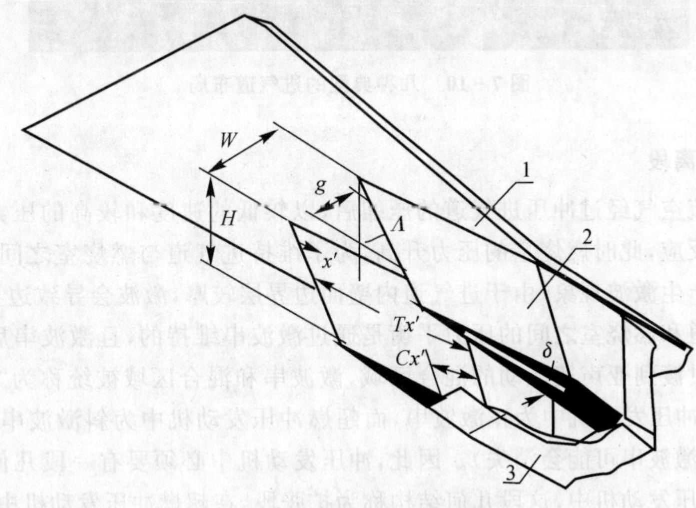

图7-9 侧压式进气道

对于亚燃冲压发动机来说，进气道出口的气流马赫数需要降到1以下，这就需要在进气道内形成一道正激波，如图7-7所示。通常情况下，在设计点时正激波位于进气道唇口处。如果进气道出口的反压较低，正激波可能会向进气道出口方向移动。对于超燃冲压发动机来说，进气道出口的气流马赫数需要保持在1以上，此时进气道对气流的压缩程度不能过于严重，以免产生正激波，引起过高的总压损失。

典型的进气道布局包括环形、双下侧二元，十字对称布局的四个进气道等(见图7-10)。不同的进气道布局形式与导弹的气动布局要求、发动机安装位置、导弹的尺寸/外形等密切相关，在导弹总体设计时需要对其进行合理论证。

图7-10　几种典型的进气道布局

2. 扩压段/隔离段

高速低压来流空气经过冲压进气道的压缩后，以较低的速度和较高的压力进入燃烧室后与燃料发生燃烧反应，此时燃烧室的压力升高，为了维持进气道与燃烧室之间的压力平衡，在进气道后部就会产生激波现象，由于进气道内壁面边界层较厚，激波会导致边界层分离。实际冲压发动机进气道和燃烧室之间的压力平衡是通过激波串维持的，且激波串后存在超声速区域通过黏性剪切过渡到亚声速流动的混合区域，激波串和混合区域被统称为“伪激波(pseudo shock)”。在亚燃冲压发动机中为正激波串，而超燃冲压发动机中为斜激波串(当来流马赫数高到一定值时，斜激波串可能会消失)。因此，冲压发动机中必须要有一段几何结构容纳这个激波串，在亚燃冲压发动机中，这段几何结构称为扩张段，在超燃冲压发动机中为隔离段(见图

7-11)。

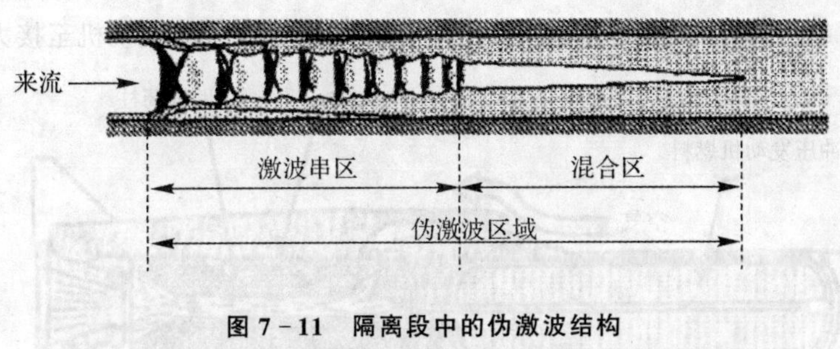

图7-11 隔离段中的伪激波结构

3. 燃烧室

它是实现燃烧过程,使气流温度增加的地方。常规的液体燃料冲压发动机燃烧室一般具有圆柱形的筒体,其中安装有预燃室、点火器、燃料喷嘴环以及火焰稳定器等组件。从进气道来的空气流入燃烧室后,与燃料供给系统经过喷嘴环喷出的雾化燃油混合,形成了可燃混合气。发动机启动时,点火器首先工作,形成了最初的火源,在预燃室中点起了一个旺盛不灭的"火炬",它进一步把可燃混合气点燃。火焰稳定器的作用是形成回流区,用以"挂住"火焰,保证了可燃混合气在燃烧室中稳定、完全地燃烧。燃烧室外壁等受热部分,通常用空气冷却以防止烧坏。整体式固体火箭冲压发动机和超燃冲压发动机的结构在后文中做专门的介绍。对于超燃冲压发动机来说,燃烧室可以是矩形和轴对称结构,其流道属于扩张构型。

4. 尾喷管

高温、高压燃气在尾喷管中实现膨胀过程,使气流膨胀加速。对于亚燃冲压发动机和固体火箭冲压发动机来说,燃烧室中的燃气是亚声速的,必须通过拉瓦尔喷管实现膨胀加速。对于超燃冲压发动机来说,燃烧室出来的燃气是超声速的,喷管不需要收缩段,只需要纯扩张构型的喷管即可。值得思考的一个问题是,双模态冲压发动机和火箭冲压组合发动机既工作于亚燃冲压发动机模式又工作于超燃冲压发动机模式,这两个模式对喷管的需求是截然相反的(一个需要收缩扩张构型,另一个需要纯扩张构型),对于同一个发动机来说,如何满足这一要求?工程上的解决思路之一,便是采用变结构喷管,根据发动机工作需求来调节喷管的几何构型。另一种思路是在采用热力调节技术,通过合理控制燃油喷射位置和精心控制燃油的燃烧放热,使燃气在纯扩张的发动机流道内形成 $Ma=1$ 的热壅塞部位,从而代替几何喷管喉部。

除上述基本部件之外,冲压发动机还有燃料供应调节系统,能够感受外界参数,根据需要供给适量的燃料,保证正常的燃烧。对于具有可调进气道和可调尾喷管的发动机来说,调节系统还可以根据需要调节相应部件的几何构型。此外,还有伺服系统,按要求操纵弹翼的运动。

下边对几种典型的冲压发动机结构做简单的介绍,注重介绍其特有的结构部件。

7.2.2 整体式液体燃料冲压发动机

由于亚燃冲压发动机相对于超燃冲压发动机出现较早,并已有型号应用,因而通常所说的液体燃料冲压发动机主要是指液体燃料亚燃冲压发动机。

采用液体燃料的冲压发动机也有多种结构形式,主要分为二元结构和轴对称结构。其中二元结构多与超燃冲压发动机共用燃烧室形成双模态冲压发动机，而轴对称结构目前多数独立用于巡航导弹，当然也可与超燃冲压发动机共用燃烧室。图 7-12 显示了一种典型的整体式液体燃料冲压发动机结构，固体推进剂药柱放置于冲压燃烧室，用于助推发动机至接力马赫数。

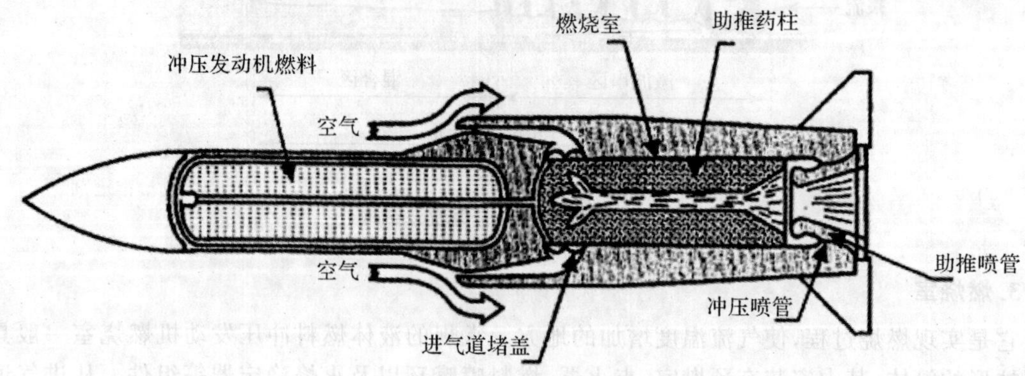

图 7-12　液体燃料冲压发动机

尽管液体燃料亚燃冲压发动机燃烧室处于亚声速状态，碳氢燃料的点火和高效燃烧也不是轻易可以实现的，该类发动机往往需要设置特殊的火焰稳定装置，如 V 形火焰稳定器，在燃烧室中形成局部的低速和旋涡区。为避免飞行状态的剧烈变化导致发动机熄火，为了保证火焰稳定，有些冲压发动机在冲压燃烧室头部布置长时间工作的固体火箭发动机，作为长明火炬维持燃烧。

由于工作时间可达数百秒，亚燃冲压发动机的冷却结构设计也是严重的技术挑战，目前的液体燃料亚燃冲压发动机多采用燃料或空气对燃烧室进行冷却，由于燃料流量往往小于冷却所需的流量，发动机内壁需要采用膜冷却技术，降低外通道对冷却介质的需求量。

7.2.3　整体式固体火箭冲压发动机

整体式固体火箭冲压发动机如图 7-13 所示。除了常规的冲压发动机结构之外，固体火箭冲压发动机需要燃气发生器(gas generator 或 primary combustion chamber)提供可燃的燃气，燃气发生器实质上是一个固体火箭发动机。燃气发生器通常采用富燃料固体推进剂，并添加大量的金属燃料(最常用的硼和铝)增加燃烧热值。推进剂在燃气发生器燃烧室中进行一次燃烧，因为推进剂是贫氧的，所以初次燃烧为不完全燃烧。初次燃烧的产物从火箭发动机的喷管排出，进入冲压发动机的燃烧室中，这股具有很高温度和动能的火箭发动机射流与经过进气道来的空气进行引射掺混，并且进行补充燃烧。

补燃室(secondary combustion chamber)是冲压发动机的主燃烧室，在这里实现来流空气和一次燃烧产物的掺混、补燃过程。由于金属完全燃烧所需的时间较长，需要对燃气发生器的喷孔和进气道进入燃烧室的位置做特殊的设计，以保证充分掺混和尽可能地完全燃烧。

为保证固冲发动机适应不同的飞行速度和高度，需要采用流量调节装置控制一次燃烧产物的流量，以适应空气流量的变化。采用非壅塞结构的燃气发生器可以实现流量的自适应调节，但是该方案对推进剂的压强指数有较高的要求，而且难以适应很宽的飞行范围。目前，基于机械结构调节喉部面积的壅塞方案是流量调节技术的主要方案。

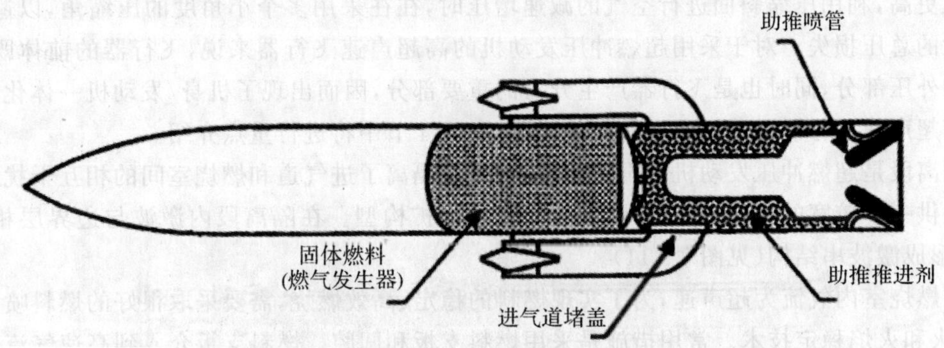

图 7-13　整体式固体火箭冲压发动机(又称管道火箭)

7.2.4　超燃冲压发动机

与亚燃发动机一样,超燃冲压发动机也分为二元构型和轴对称构型,如图 7-14 所示。

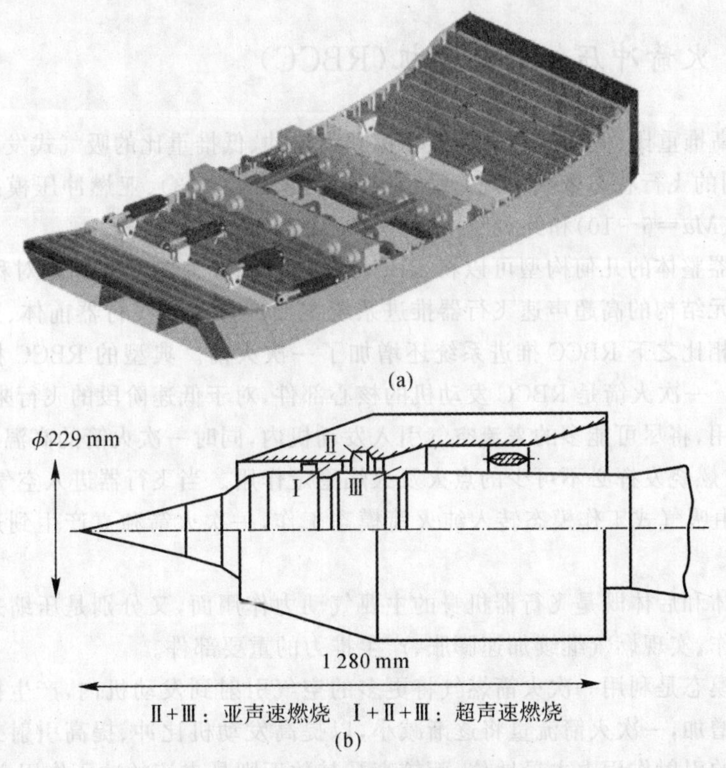

图 7-14　超燃冲压发动机构型

(a)二元构型；(b)轴对称构型

由于飞行高度比亚燃发动机更高、来流空气更加稀薄,超燃冲压发动机的进气道收缩比也相应地要高于亚燃冲压发动机，以保证较高的增压比，从而实现较优的发动机性能。由于飞行马赫数更高，利用压缩斜面进行空气的减速增压时，往往采用多个小角度的压缩角，以避免引起较大的总压损失。对于采用超燃冲压发动机的高超声速飞行器来说，飞行器的前体既是进气道的外压部分，同时也是飞行器产生升力的重要部分，因而出现了机身/发动机一体化现象，这是高超声速飞行器设计时需要解决的问题，在7.4节中将进行重点介绍。

隔离段是超燃冲压发动机的重要部件，它有效隔离了进气道和燃烧室间的相互干扰，为进气道提供一个较宽的连续工作范围，采用等直或微扩构型。在隔离段内激波与边界层相互作用，将形成激波串结构（见图7-11）。

在燃烧室内气流为超声速，为了实现燃料的稳定、高效燃烧，需要采取很好的燃料喷射、掺混、点火和火焰稳定技术。常用措施是采用燃料支板和凹腔。燃料支板介入到高速气流中，喷射的燃料可以与核心气流进行充分掺混。凹腔则利用其形成的低速回流区产生持续的高温火焰，从而起到火焰稳定的作用。超燃冲压发动机的燃烧室是“等直＋扩张”结构（也可能将等直段改为微扩结构）。

超燃冲压发动机的喷管采用纯扩张构型。由于飞行高度高、反压很低，仅靠喷管无法实现燃气的充分膨胀，因而利用飞行器的后体进行燃气的单侧膨胀。后体不仅产生了大部分的推力，同时也会产生很大的升力，使飞行器产生低头力矩，这也是机身/发动机一体化的突出表现，在7.4节中将进行重点介绍。

7.2.5 火箭冲压组合发动机(RBCC)

RBCC将高推重比、低比冲的火箭发动机和高比冲、低推重比的吸气式发动机有机组合在一起，根据不同的飞行状态依次实现火箭引射模态（$Ma=0\sim3$）、亚燃冲压模态（$Ma=3\sim6$）、超燃冲压模态（$Ma=6\sim10$）和纯火箭模态（$Ma>10$）。

按照飞行器整体的几何构型可以将RBCC推进系统分为二元式和轴对称式，如图7-15所示。典型二元结构的高超声速飞行器推进系统主要部件包括飞行器前体、进气道、隔离段、燃烧室、后体，相比之下RBCC推进系统还增加了一次火箭。典型的RBCC推进系统结构如图7-15所示。一次火箭是RBCC发动机的核心部件，对于低速阶段的飞行来说，一次火箭充当引射器的作用，将尽可能多的来流空气引入发动机内，同时一次火箭的高温燃气为实现二次燃料稳定、高效燃烧发挥必不可少的点火及火焰稳定作用。当飞行器进入空气稀薄的高空时，RBCC发动机由吸气式工作模态转入纯火箭模态工作，一次火箭独立产生到达预定目标所需要的推力。

飞行器前体和后体既是飞行器机身的主要气动力作用面，又分别是压缩来流空气以维持发动机正常工作、实现燃气继续加速膨胀、产生推力的重要部件。

火箭引射模态是利用一次火箭燃气将更多的空气引射到发动机内，产生推力增益。随飞行速度的逐渐增加，一次火箭流量将逐渐减小，以提高发动机比冲、提高引射效率。在低速条件下一次火箭的引射作用占主导地位，而较高马赫数下则是来流的冲压作用主导，据此可将火箭引射模态细分为引射火箭（Ejector Rocket，ER）和空气增强火箭（Air Augmented Rocket，AAR）。

亚燃冲压和超燃冲压模态是目前工程界的研究热点之一，可以参考亚燃冲压发动机和超燃冲压发动机相关内容。对于 RBCC 推进系统来说，亚燃冲压模态下的一次火箭可以维持小流量工作，充当燃烧室内亚声速燃烧的引导火焰，有效提高发动机的燃烧效率，这是与传统的亚燃冲压/双模态发动机的最大不同之处。

纯火箭模态工作于空气比较稀薄的高空环境及大气层外，主要用于解决吸气式发动机工作上限问题。这一工作模态使 RBCC 相对于 TBCC 来说在航天入轨方面具有较大的优势。

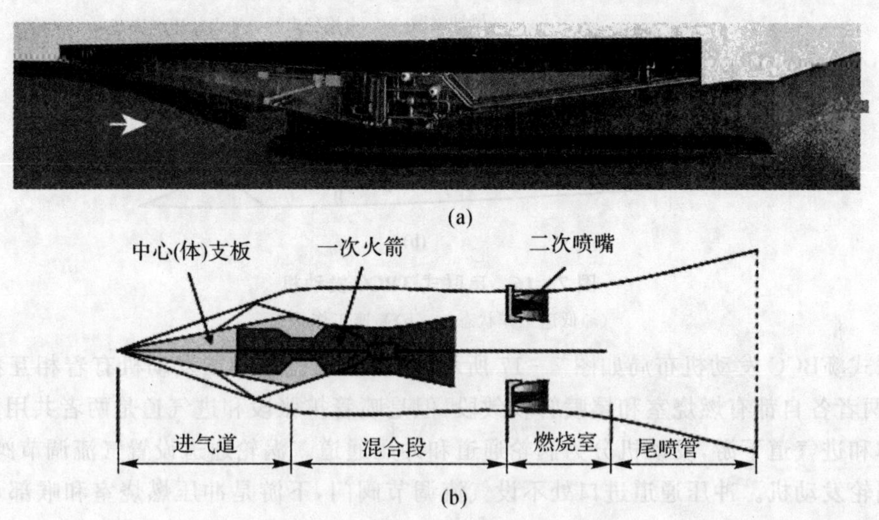

图 7-15　RBCC 发动机结构示意图

(a)二元式；(b)轴对称式

需要注意的是，RBCC 推进系统并非必须经历 4 个工作模态，而是根据不同的工作速度范围和应用场所经历不同的模态组合。各模态的工作范围并不是一个严格的确定值，在实际工作中需要根据飞行器的具体任务需求进行合理优化。

7.2.6　涡轮冲压组合发动机(TBCC)

TBCC 由涡轮发动机与冲压发动机有机结合而成，根据涡轮发动机与冲压发动机的布局形式，可以分为串联式和并联式。

串联式 TBCC 发动机布局如图 7-16 所示，冲压发动机置于涡轮发动机后方，两种发动机共用进气道、加力燃烧室/冲压燃烧室和整个尾喷管。在进气道下游，设置空气调节阀门。在低速飞行时，涡轮发动机通道和冲压发动机通道的压差很大，要通过空气调节阀门将冲压发动机通道关闭，发动机完全以燃气涡轮模态工作时，此时发动机具有加力涡轮发动机的特性。同样，在高马赫数时，因为在冲压条件下气动加热对结构有着重大影响，为了避免发动机受到破坏，空气调节阀门将涡轮发动机通道关闭，使涡轮发动机通道与冲压发动机通道隔离，此时，发动机完全以冲压模态工作，具有冲压发动机的性能。由于涡轮、冲压两种模态转换过程无法在瞬间完成，发动机两个模态之间的转换采用逐渐过渡的方式。

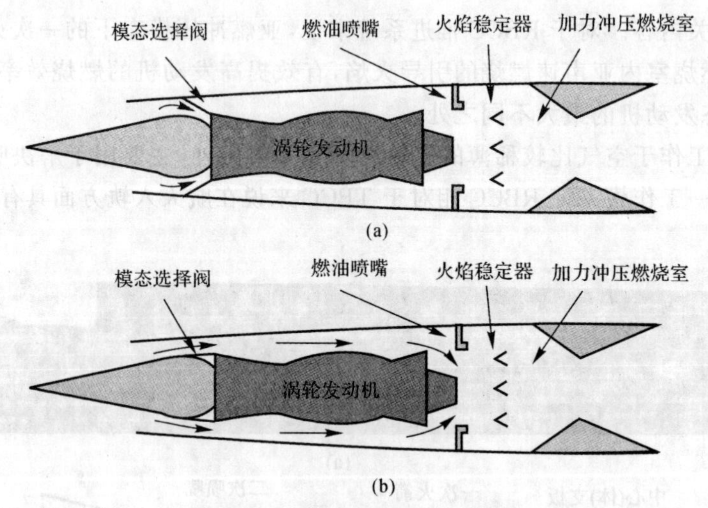

图 7-16 串联式 TBCC 发动机

(a)低速工作状态； (b)高速工作状态

并联式 TBCC 发动机布局如图 7-17 所示，涡轮发动机和冲压发动机有着相互独立的气流通道，两者各自都有燃烧室和尾喷管收敛段，但是喷管扩张段和进气道是两者共用的。在预压缩前体和进气道下游，发动机分为涡轮通道和冲压通道。涡轮通道设置气流调节阀门，阀门下游为涡轮发动机。冲压通道进口处不设气流调节阀门，下游是冲压燃烧室和喉部可调的尾喷管。涡轮发动机和冲压发动机的尾喷管都与公共的二元扩张喷管相连接。涡轮发动机工作时，涡轮发动机进气阀门打开，气流通过涡轮发动机燃烧做功，产生推力，此时为减小阻力，冲压通道并不关闭，而作为多余的空气放气通道，必要时还可以在冲压燃烧室内喷入少量燃料燃烧产生适当推力。冲压发动机工作时，涡轮发动机通道的进气阀门完全关闭，以避免高温空气进入通道烧蚀压缩部件。

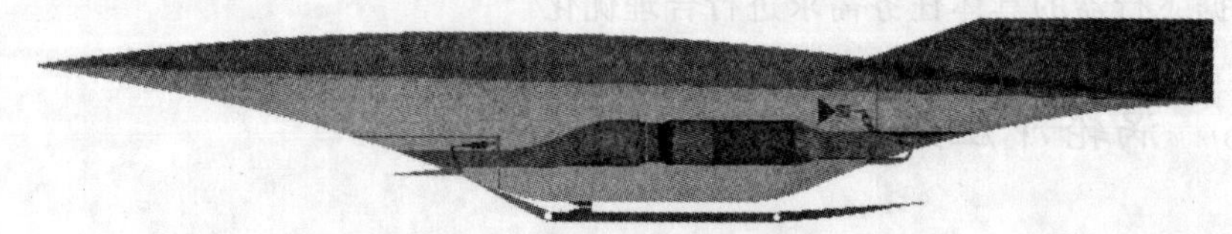

图 7-17 并联式 TBCC 发动机

7.3 冲压发动机的性能分析

7.3.1 发动机性能指标参数

1. 推力

在第 2 章介绍火箭发动机推力时，已经提及计算推力有两种方法：一是根据内外所有表面的压强进行积分计算，二是利用动量定律进行计算。其中利用动量定律进行推导最为简便。

对于冲压发动机，虽然发动机结构复杂，其受力情况也比较复杂，但是同样可以从动量定律推导其推力。在选择了发动机的入口和出口面之后（注意：发动机的入口面和出口面可能会有多种选择方法，在 7.4 节将涉及这一问题），将发动机作为一个整体，对该控制体应用动量定理，可得到

$$\boldsymbol{F}=-(\dot{m}_{\text{in}}+\dot{m}_{\text{f}})\boldsymbol{u}_{\text{e}}+\dot{m}_{\text{in}}\boldsymbol{u}_{\text{in}}+\sum\dot{m}_{\text{inj}}\boldsymbol{u}_{\text{inj}}-p_{\text{e}}\boldsymbol{n}_{\text{e}}A_{\text{e}}+p_{\text{in}}\boldsymbol{n}_{\text{in}}A_{\text{in}}+p_{\text{a}}(\boldsymbol{n}_{\text{e}}A_{\text{e}}-\boldsymbol{n}_{\text{in}}A_{\text{in}}) \tag{7-1}$$

式中，$\dot{m}_{\text{in}}$ 为进入发动机的气体质量流率（通常是空气）；$\dot{m}_{\text{inj}}$ 为发动机内喷射的附加质量流率（如燃料和点火燃气等）；$\boldsymbol{u}_e$ 为发动机向外喷气速度矢量；$\boldsymbol{u}_{\text{in}}$ 为进入发动机的气体速度矢量；$\boldsymbol{u}_{\text{inj}}$ 为发动机内附加流量的喷射速度矢量；p_{e} 为发动机出口面的燃气压强；p_{a} 为环境气压；A_{e} 为发动机出口截面面积；A_{in} 为发动机入口截面面积；$\boldsymbol{n}_{\text{e}}$ 为发动机出口面的外法线方向；$\boldsymbol{n}_{\text{in}}$ 为发动机入口面的内法线方向。

通常情况下主要关注吸气式发动机的轴向推力，考虑到 $\sum\dot{m}_{\text{inj}}\boldsymbol{u}_{\text{inj}}$ 非常小、可以忽略，并且发动机的入口与出口面均与轴线垂直（或夹角很小），因此，吸气式发动机的轴向推力可以简化为

$$F=(\dot{m}_{\text{in}}+\dot{m}_{\text{f}})u_{\text{e}}-\dot{m}_{\text{in}}u_{\text{in}}+p_{\text{e}}A_{\text{e}}-p_{\text{in}}A_{\text{in}}-p_{\text{a}}(A_{\text{e}}-A_{\text{in}}) \tag{7-2}$$

此处 F 为标量，表示发动机产生的推力大小。

2. 推力系数

推力与飞行器或发动机的尺寸规模密切相关，不同规模的飞行器的推力无法直接进行比较，因此提出了无量纲的推力系数概念。对于火箭发动机来说，采用燃烧室压强和喷管喉部面积进行推力的无量纲处理。对于吸气式发动机来说，则采用飞行动压和特征面积进行无量纲处理。

$$C_{\text{t}}=\frac{F}{qA_{\text{ref}}} \tag{7-3}$$

特征面积 A_{ref} 可以选择为发动机的迎风捕获面积，在航空发动机中将特征推力称为迎面推力。飞行动压 $q=\frac{1}{2}\rho v^2$，其中 ρ 为当地大气密度，v 为飞行速度。

3. 比冲

冲压发动机比冲定义与火箭发动机的相同，即

$$I_{\text{sp}}=\frac{F}{\dot{m}_{\text{p}}}$$

通常情况下，推进剂质量流率 $\dot{m}_{\text{p}}$ 即为燃料质量流率。但对于某些发动机来说，可能在喷射燃料的同时还会喷射其他附加质量。如 RBCC 发动机的主火箭会喷射大量燃气，液体冲压发动机的点火源会持续喷射固体推进剂燃气。这时的推进剂质量流率不仅仅包括燃料的，还包括了其他附加的质量流率。

4. 耗油率

对吸气式发动机（包括航空发动机和冲压发动机）通常会采用耗油率表征其经济性，定义为每产生 10 N 推力而在单位时间内所消耗的燃油质量。可以看出，耗油率越低，其经济性越好。

7.3.2 进气道性能

冲压发动机要求超声速进气道能够在宽的马赫数范围内具有良好的启动特性、较高的空气流量捕获系数、较高的总压恢复系数、良好的出口流场品质、良好的升阻特性以及较高的抵抗燃烧形成高压的能力(抗反压能力)等性能,这些性能与进气道的几何构型紧密相关。各性能之间相互耦合、相互矛盾,一个性能的改善往往会导致其他几个甚至全部性能的恶化,在设计时就需要进行折中处理。

通常采用如下参数进行进气道的性能分析。

1. 流量系数

流量系数是进入进气道的实际流量(质量流率)与进口前自由流不经扰动直接撞入进气道的流量之比,通常以 φ 表示。

$$\varphi=\frac{\dot{m}_{\infty}}{\dot{m}_{c}}=\frac{A_{\infty}}{A_{c}} \tag{7-4}$$

式中,A_{∞} 为入口气流在远前方的预入流管道截面;A_c 为唇口截面积,也称进口捕获面积。A_{∞},A_c 均指垂直于自由流方向的截面积。

流量系数反映进气道入口前的流动特点,超声速时进气道流量系数不大于 1,一般设计状态进气道的流量系数取 1.0,非设计状态时流量系数一般小于 1.0;亚声速时进气道的流量系数可以大于 1.0。流量系数越大,参与燃烧室化学反应的空气(氧化剂)越多,发动机推力才有可能越大;同时,流量系数降低会导致发动机阻力的增加。

2. 总压恢复系数

总压恢复系数定义为进气道出口总压与入口前自由流总压之比,通常以 σ 表示。

$$\sigma=\frac{p_{te}}{p_{t\infty}} \tag{7-5}$$

式中,P_{te} 为进气道出口总压;$P_{t\infty}$ 为来流总压。总压恢复系数表示总压损失的大小,σ 越大损失越小,最大为 1,此时表示完全没有损失。总压恢复系数对发动机推力影响很大。

在进行初步计算时,可以采用下式进行估算:

$$p_{te}=p_{t0}(1-0.029\,1Ma_0-0.020\,6Ma_0^2) \tag{7-6}$$

3. 压升比

进气道压升比(冲压比)定义为进气道出口平均静压 p_e 与来流静压 p_{∞} 之比。

$$p'=\frac{p_e}{p_{\infty}} \tag{7-7}$$

升压比越大,说明进气道出口气流的静压越高,进气道对气流的压缩程度越高,对应的总压损失可能也越高。在进行初步计算时,可以采用下式进行估算:

$$(p_e/p_0)=-8.4+3.5Ma_0+0.63Ma_0^2 \tag{7-8}$$

4. 温升比

进气道温升比定义为进气道出口平均静温 T_e 与来流静温 T_{∞} 之比。

$$T'=\frac{T_e}{T_{\infty}} \tag{7-9}$$

5. 动能效率

动能效率定义为进气道出口气流等熵膨胀到环境气压后，气流动能与进气道入口气流动能之比。

$$\eta_{KE} = \frac{h_{t,e} - h_e(p_0, s_e)}{h_{t,0} - h_0} \tag{7-10}$$

式中，$h_{t,e}$ 为进气道出口气流的滞止焓；$h_e(p_0, s_e)$ 为进气道出口气流等熵膨胀到环境气压时对应的焓值；$h_{t,0}$ 为进气道入口气流的滞止焓；h_0 为进气道入口气流的焓值。

如果进气道没有损失，那么动能效率等于1。当有总压损失时，损失越大（总压恢复系数越小）气流等熵膨胀到环境气流时的膨胀程度越弱，气流速度也就越低，对应的动能效率也越低。

在设计进气道时，通常采用如下结构参数：

(1) 捕获面积。如下式所示，捕获面积 A_{cap} 决定了进入到进气道中空气流量：

$$\dot{m}_c = \rho A_{cap} v \tag{7-11}$$

需要注意的是，捕获面积并非固定不变，而是随飞行状态的变化而改变。通常所说的捕获面积是指设计状态下捕获面积 A_0。以图7-17所示的二元进气道为例，其设计状态为 $Ma_D = 6$，$\alpha_D = 0°$。假设进气道的宽度为1，那么在设计状态下其捕获面积为 H_{cap1}。当有一定的攻角飞行时，如果第一道斜激波刚好交于唇口处，那么对应的捕获面积变为 H_{cap2}。以本节的进气道为例，当攻角为4°、飞行马赫数为5.68时，第一道激波刚好交于唇口处。如果马赫数低于设计值，可能会出现图7-18中所示的情况，第一道激波S1并不交于唇口处，此时的捕获面积就将小于设计值，需要按照进气道内型面入口处流线向上游追踪，得到对应的捕获面积 H_{cap3}。

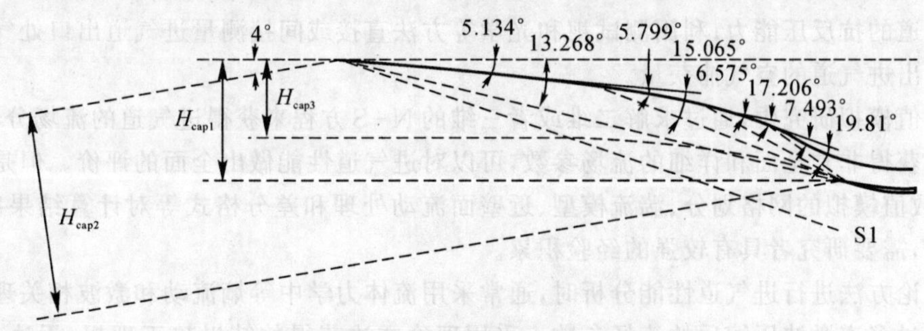

图7-18 典型的高超声速进气道

(2) 收缩比。收缩比定义为入口面积与喉部面积之比。

$$CR = \frac{A_0}{A_t} \tag{7-12}$$

对于混压式进气道，收缩比还进一步分为外收缩比和内收缩比。

$$CR_1 = \frac{A_0}{A_{in}}$$

$$CR_2 = \frac{A_{in}}{A_t} \tag{7-13}$$

式中，A_{in} 为进气道内压部分的入口面积。

在进行初步计算时，可以采用下式进行估算：

$$(A_0/A_t) = -3.5 + 2.17Ma_0 - 0.017Ma_0^2$$

$$C_{\mathrm{R,in-max}}=\frac{A_{\mathrm{in}}}{A_{\mathrm{t}}}=1\Bigg/\left(0.05-\frac{0.52}{Ma_0}+\frac{3.65}{Ma_0^2}\right) \tag{7-14}$$

(3) 压缩斜角。对于超声速进气道来说,主要靠压缩斜角产生的激波来实现气流增压,因而压缩斜角便成了进气道设计时重要的结构参数。为了保证较高的总压恢复系数,通常采用多个小角度压缩斜角。例如,$Ma=7$ 时,同为 20° 的总转折角,单个 20° 斜角对应的总压损失是 72.6%,两个 10° 斜角对应的总压损失是 37.1%,三斜角(5°/6.5°/8.5°) 对应的总压损失则仅有 20.1%。图 7-18 中采用了 4 道波系完成外部压缩。在设计状态下,所产生的四道波系恰好相交于唇口处。

Oswatitsch 提出的等激波强度理论是目前开展进气道设计所普遍采用的准则,即为保证进气道总压恢复系数最大,每道激波波前法向马赫数等于常数,即

$$Ma_{n-1}\sin\beta_n=\mathrm{const} \tag{7-15}$$

式中,n 代表第 n 道斜激波;β 为斜激波角。

侧压式进气道的主要设计参数包括支板高度 H、入口宽度 W、喉部宽度 g、前缘后掠角 Λ、压缩角 δ、斜面长度 T'_x、唇口位置 C'_x(相对于喉部)。侧压式进气道的设计相对比较复杂,研究时可查阅相关参考文献。

进气道性能试验通常在自由射流风洞中完成,主要模拟真实的飞行状态下马赫数和压强。对于高超声速进气道来说,为了研究真实情况下边界层对进气道的影响,还要保证温度的模拟值与实际情况一致。试验时通常会在壁面布局大量的压强测点,通过压强分布曲线可以获得进气道的起动性能和流动分离情况;在进气道出口设置测压耙可以获得进气道出口面的总压恢复系数和流场品质;在进气道出口处利用可调节塞锥来模拟不同的燃烧室反压情况,来研究进气道的抗反压能力;利用测试耙和光学等方法直接或间接测量进气道出口处气流速度,进而计算出进气道的空气捕获量。

在数值模拟研究中,通过求解二维或者三维的 N-S 方程来获得进气道的流场分布。数值模拟可以获得非常全面和详细的流场参数,可以对进气道性能做出全面的评价。但是,需要注意的是,数值模拟的网格划分、湍流模型、近壁面流动处理和差分格式等对计算结果准确性的影响较大,需要研究者具有较强的经验积累。

用理论方法进行进气道性能分析时,通常采用流体力学中等熵流动和激波相关理论,获得进气道经过多道激波压缩后的流场参数。采用理论方法获得的结果趋于理想,无法考虑边界层的影响、复杂波系之间的相关影响和激波边界层相互作用等。该方法通常用于方案研究和初步设计阶段。

7.3.3 隔离段经验模型

由于隔离段内流动很复杂,目前还是无法根据来流体条件和反压条件准确确定激波串的长度,因此隔离段的长度也很难确定。Waltrup 和 Billig 以等直圆管为研究对象,根据对试验结果的统计拟合,整理出激波串 / 附面层相干区相对长度的经验公式(式(7-16))。由于该公式完全是按试验结果整理的,不但可靠而且实用性强,后人的研究也证明了这一点,因此该公式被广泛作为等截面隔离段的设计参考。

$$\frac{x\left(M_1^2-1\right)Re_\theta^{1/4}}{D^{1/2}\theta^{1/2}}=50\left(\frac{p_2}{p_1}-1\right)+170\left(\frac{p_2}{p_1}-1\right)^2 \tag{7-16}$$

式中，x 代表激波串下游距激波起始位置的距离；Ma_1 是波前马赫数；θ 是动量附面层厚度；D 是管道直径；Re_θ 是以动量厚度为尺度的雷诺数；p_2/p_1 代表壁面静压与激波前静压的比值。把方程中的 x 换成隔离段内激波串的长度 L，就可以得到圆形截面隔离段激波串长度计算式：

$$\frac{L}{D}=\frac{\sqrt{\theta/D}}{\sqrt[4]{Re_\theta}}\frac{\left[50\left(\frac{p_2}{p_1}-1\right)+170\left(\frac{p_2}{p_1}-1\right)^2\right]}{(Ma_1^2-1)} \tag{7-17}$$

由于超燃冲压发动机中矩形截面隔离段应用的不断增多，1993 年，Billig 对原公式进行了修正，将管道直径 D 换为隔离段高度 H，将 $Re_\theta^{1/4}$ 改为 $Re_\theta^{1/5}$，得到了针对矩形截面隔离段内激波串压力分布同流场参数之间的经验关系式：

$$\frac{x(Ma_1^2-1)Re_\theta^{1/5}}{H^{1/2}\theta^{1/2}}=50\left(\frac{p_2}{p_1}-1\right)+170\left(\frac{p_2}{p_1}-1\right)^2 \tag{7-18}$$

把方程中的 x 换成隔离段内激波串的长度 L，就可以得到矩形截面隔离段激波串长度计算式：

$$\frac{L}{H}=\frac{\sqrt{\theta/H}}{\sqrt[5]{Re_\theta}}\frac{\left[50\left(\frac{p_2}{p_1}-1\right)+170\left(\frac{p_2}{p_1}-1\right)^2\right]}{(Ma_1^2-1)} \tag{7-19}$$

7.3.4　燃烧室性能

在冲压发动机燃烧室存在着复杂物理和化学过程，例如，喷射的液体燃料的雾化、蒸发、掺混和燃烧等过程，气体燃料（如固体火箭冲压发动机的一次燃气）与空气的传热传质过程，燃料凝相颗粒（如固冲发动机中硼和铝）的点火和燃烧过程，超声速流动的复杂波系等。要想利用数值模拟手段对燃烧室性能进行精准的研究，其技术难度非常大：第一，对于这些复杂的过程需要精确的物理化学和数学模型来加以描述，如液滴的雾化蒸发模型、硼和铝的点火燃烧模型；第二，需要精准的物性参数和化学反应参数，如燃料点火燃烧化学动力学方程的相关参数、燃料的物理性质；第三，需要强大的计算能力作为支撑，进行详细的化学动力学过程模拟时涉及数十种组分和上百步反应，进行大涡模拟时需要小尺度的网格划分和很小的时间步长。通常情况下会根据实际需要对某些模型进行合理的取舍，以降低计算难度。

在进行试验研究时，可以采用直连试验和自由射流试验。直连试验中将发动机（通常是燃烧室和喷管组合件）直接与前端的来流模拟装置相连接，模拟了进气道出口或者燃烧室入口的气流参数。通过燃烧室壁面的压强测点来研究燃烧室内的流场状态，可以利用各种光学手段对燃烧室内局部区域或者燃烧室（发动机）出口面进行诊断分析，进而计算性能参数。尽管直连试验测量发动机推力相对困难一些，但是通过巧妙设计直连试验装置连接方式和试验台架还是可以比较准确地测量出发动机推力。直连试验时，除非来流模拟装置的流场状态受了破坏，来流空气量会强加于燃烧室，无法真实模拟燃烧室流场参数对进气道激波系的反作用，以及燃烧流场对来流的自适应过程，通常会与真实的发动机工作过程有一定差异。

自由射流试验时，通常是将进气道、燃烧室和喷管集成于一体，进行整机的性能试验。自由射流风洞的来流模拟装置模拟了真实飞行条件下的马赫数、温度和压力等参数，发动机放置于风洞内，如同实际飞行状态一样，发动机的进气量完全靠进气道自身捕获。发动机安装在测力天平上进行推力测量，虽然很容易进行力的测量，但是要获得真实的发动机推力却存在很大的难度。自由射流试验时，不论发动机具有怎样的外形（可能是真实的或缩比飞行器外形，也可能是专门设计的特殊外形），在测量发动机推力的同时也将外形所产生的气动阻力涵盖在内了，无法直接区分出推力和阻力。这就需要一定的数据处理方法来将发动机推力剥离出来。

在方案论证和初步设计阶段，一般采用零维或者一维方法进行发动机性能分析。

一维分析方法假设燃烧室内的流动为一维的，在流动方向上仅有横截面积为几何变量，同一截面上流动参数均匀。由于考虑了横截面积的变化，因而该方法也称为准一维方法。可以根据实际情况来决定是否忽略燃料的雾化、蒸发、掺混过程，以及是否考虑复杂的化学反应过程。本教材中给出了不考虑雾化、蒸发、掺混过程的一维分析方法。

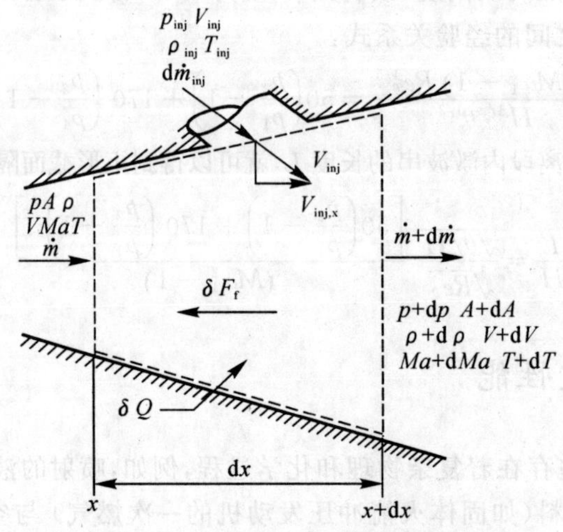

图 7-19　广义准一维流动的物理模型

考虑如图 7-19 所示的广义准一维流动问题，模型的基本描述如下：

1）在流动方向上横截面积是唯一的几何变量；

2）考虑侧面加质对流动的影响；

3）考虑加质与主流的化学反应；

4）考虑壁面摩擦力的影响；

5）忽略重力及其他彻体力或阻力的影响；

6）不考虑流体与外界的热量交换；

7）忽略气体的热传导。

在流动方向上任意选择一个微元控制体 dV，分别利用质量守恒定律、动量定理、能量守恒定律和组分守恒推导出控制容积上的流动方程。

$$\left.\begin{aligned}
&\frac{\partial A\rho}{\partial t}+\frac{\partial(\rho A u)}{\partial x}=\dot{m}_{\text{inj}}\\
&\frac{\partial \rho A u}{\partial t}+\frac{\partial(\rho A(u^2+R_g T))}{\partial x}=p\frac{\partial A}{\partial x}-\frac{\rho u^2}{2}f\pi D+\dot{m}_{\text{inj}}u_{\text{inj,x}}\\
&\frac{\partial \rho A\left(e+\frac{u^2}{2}\right)}{\partial t}+\frac{\partial \rho u A\left(e+\frac{u^2}{2}+R_g T\right)}{\partial x}=\dot{m}_{\text{inj}}\left(h_{\text{inj}}+\frac{u_{\text{inj}}^2}{2}\right)+\dot{Q}A\\
&\frac{\partial(Y_i\rho A)}{\partial t}+\frac{\partial(Y_i\rho u A)}{\partial x}=\dot{m}_{\text{inj}}Y'_i+\dot{m}_{i,\text{react}}
\end{aligned}\right\}\qquad(7-20)$$

式中，e 是内能；Y_i 是各组分的质量分数。

对于该偏微分方程组采用一定的数值求解方法即可得到发动机内参数随时间和空间的分布。

作用在燃烧室内壁面上的力与燃烧室内流体所受作用力大小相等，方向相反。根据动量定理有

$$F_{in} = \dot{m}_e V_e - \dot{m}_{in} V_{in} + p_e A_e - p_{in} A_{in} \tag{7-21}$$

式中，$\dot{m}_e$ 为燃烧室出口质量流量；$\dot{m}_{in}$ 为燃烧室进口质量流量；$\dot{V}_e$ 为燃烧室出口气流速度；$\dot{V}_{in}$ 为燃烧室进口气流速度；p_e 为燃烧室出口压力；p_{in} 为燃烧室进口压力；A_e 为燃烧室出口面积；A_{in} 为燃烧室进口面积。

作用在燃烧室外壁面上的力主要是由于环境气压所引起的，即

$$F_{out} = -p_a(A_e - A_{in}) \tag{7-22}$$

式中，p_a 为外界环境压力。

燃烧室所产生的总推力等于作用在燃烧室内外壁面上的推力之和，即

$$F = F_{in} + F_{out} \tag{7-23}$$

对于零维模型来说，可以将其看作是图 7-18 所示微元模型的尺寸放大版本。将整个燃烧室作为一个控制体，在入口面和出口面上利用质量守恒、动量方程、能量守恒和组分守恒方程建立计算模型。

7.3.5　喷管性能

对于带有几何喉部的喷管，与火箭发动机喷管的分析方法相同，此处不再赘述。对于超燃冲压发动机来说，其喷管包括纯扩张内喷管和飞行器后体。

对于内喷管来说，可以直接采用与燃烧室相同的分析方法，唯一区别是没有加质和化学反应。对于后体来说，其流场结构非常复杂，存在复杂的燃气／空气剪切与掺混作用，并且没有明确的下边界，因而很难用零维和一维方法进行分析。目前常见的分析方法是采用特征线法或者数值模拟方法进行分析。

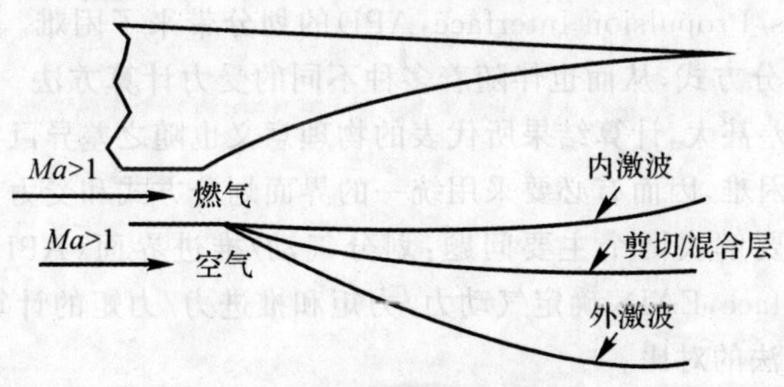

图 7-20　后体复杂流场结构

尾喷管的性能指标包括尾喷管产生的升力系数、附加俯仰力矩系数和推力系数。定义为

$$\left.\begin{aligned} C_L &= L/q_0 S_{ref} \\ C_M &= M/q_0 S_{ref} L_b \\ C_F &= F/q_0 S_{ref} \end{aligned}\right\} \tag{7-24}$$

式中，q_0 为来流动压；L，M，F 分别为升力、俯仰力矩和推力；L_b 为参考力臂；S_{ref} 为参考面积。

尽管后体和进气道的数值模拟都属于纯流动问题，但是两者的数值模拟难度存在本质差别。由于进气道存在复杂的激波系和激波/边界层相互作用，对网格尺度和数值差分格式精度的要求较高，需要能够精确分辨和捕获复杂波系，同时也需要能够精确获得进气道出口的气流参数。而利用数值模拟研究后体性能时，主要关注的是后体上壁面的气流参数分布，从而获得其升力和阻力特性，可以忽略燃气和空气的相互作用，而且在壁面附近并没有像进气道那样的复杂流场结构。因此，利用数值模拟方法进行后体性能分析时，可以适当降低数值模拟方法的要求。可以采用二维数值模拟方法进行后体流场分析，通过求解欧拉方程或 N－S 方程来获得壁面压强和剪切力，从而得到后体的推力和升力。在方案论证和初步设计阶段，可以仅在近壁面采用较密网格、而其他区域均采用较粗网格进行求解，并且只求解无黏欧拉方程，这样即可以同时保证计算结果的准确性和计算效率。

例如，采用 Python 语言和商业软件 ESI－GEOM/FASTRAN 相结合的方法，实现了网格划分、求解 CFD 控制方程、计算后体升力和推力的全自动批处理，可以快速获得大量的不同结构参数和工作参数所对应的后体性能。

后体设计时多采用特征线法或者最小长度喷管理论，有时也指定一定的后体型面曲线类型，然后求解最优的曲线参数。

7.4 机体/发动机一体化与多学科耦合问题

7.4.1 机体/发动机一体化

高超声速飞行器的机身与发动机高度一体化（见图 7－21），飞行器前体不仅是机身产生升力的部件，同时也是对来流空气进行预压缩以保证发动机正常工作的重要部件；发动机燃气在后体的继续膨胀，使得后体不仅是产生推力的部件同时也是产生升力的部件，这为气动/推进界面（Aerodynamics/Propulsion Interface，API）的划分带来了困难。目前有多种关于高超声速飞行器 API 的划分方式，从而也伴随着多种不同的受力计算方法。各种不同方法得到的气动力和推力可能相差甚大，计算结果所代表的物理意义也随之差异巨大，这给不同设计结果的对比带来了一定的困难，因而有必要采用统一的界面划分方式和受力计算方法。

算力体系划分需要解决两个主要问题：划分气动/推进界面（API）和发动机/机身界面（Engine/Airfoil Interface，EAI）、确定气动力/力矩和推进力/力矩的计算方法。表 7－1 中给出了各种 API 划分方法的对比。

进行 API 和 EAI 划分时，飞行器的升力面（前体和后体）是否划入推进系统的受力分析是最难以决断的问题之一，也是影响划分结果的关键因素。事实上，API 和 EAI 划分方法的选择应取决于所选研究对象和分析目标。如果开展飞行器的气动性能分析，必须充分考虑到前体和后体均是重要的升力面这一因素，因而应当将前体和后体的受力分析划入气动计算当中。考虑到前体对发动机气流捕获量、入口气流状态参数具有重要的影响作用，开展推进系统的性能分析时必须将前体划入推进系统当中，尽管如此，前体受力仍然可以不计入推进系统受力分析。由于后体性能受发动机喷管出口参数的单向影响，可以将后体排除在推进系统之外，但这样一来不可避免地导致推进系统的推力性能计算值偏低。

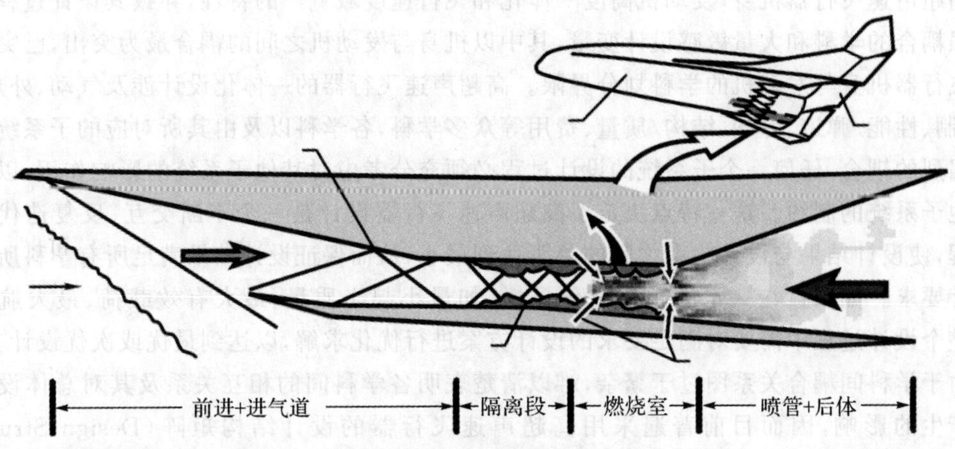

图 7-21　高超声速飞行器机体/推进一体化示意图

表 7-1　各种 API 对比

推进系统受力型面定义	描述	优点	缺点
API-1	整个流道 Nose-to-Tail	可从均匀流开始分析；推进系统包含了后体推力型面	气动没有包含主要的升力面
API-2	第 i 楔形面以后的流道 Ramp-to-Tail	气动包含了部分前体的升力面；推进系统包含了后体推力型面	气动没有包含喷管型面；分析从复杂入口流场开始；气动没有包括楔形面和进气道内压段型面
API-3	外罩唇口以后的流道 Cowl-to-Tail	气动包含了整个前体的升力面；推进系统包含了后体推力型面	气动没有包含喷管型面；分析从复杂的入口流场开始；气动没有包含进气道内压段型面
API-4	发动机迎面以后的流道	气动包含了整个前体的升力面；边界定义较规则；推进系统包含了后体推力型面	气动没有包含喷管型面；分析从复杂的入口流场开始
API-5	发动机迎面到喷管喉道	气动包含了主要的升力面；边界定义较规则	气动没有包含喷管型面；分析从复杂的入口流场开始

7.4.2　多学科强耦合问题

以火箭发动机和涡喷发动机为动力的传统飞行器，在进行总体设计时，将推进系统作为一个独立的子系统对待，只需在飞行器内部预留一定的推进系统安放空间即可。由于学科间耦合程度很弱或者几乎没有耦合，在参考历史设计的基础上可以对飞行器内部的预留空间做到较为准确的预估。然而，对于高超声速飞行器总体设计来说，此方法并不可取。

高超声速飞行器机身/发动机高度一体化和飞行速度域宽广的特性，导致其设计过程包含多个强耦合的学科和大量敏感设计变量，其中以机身与发动机之间的耦合最为突出，已突破了传统飞行器机身与发动机的学科划分界限。高超声速飞行器的一体化设计涉及气动、外形、推进、控制、性能/弹道、冷却、结构/质量、费用等众多学科，各学科以及由其所对应的子系统之间存在强烈的耦合，任何一个子系统的设计过程必须充分考虑对其他子系统的影响作用，以及所受其他子系统的制约。这一特点决定了高超声速飞行器设计是一个不断交互、反复迭代进行的过程，使设计结果与设计约束之间的差距达到最小，从而保证设计结果满足所有学科所提出的设计要求。如果存在一定的总体优化目标（如最小起飞质量、最大有效载荷、最大航程等等），整个设计过程中需要对满足要求的设计方案进行优化求解，以达到最优或次优设计。

由于学科间耦合关系图过于繁杂，难以清楚表明各学科间的相互关系及其对总体设计过程所产生的影响，因而目前普遍采用高超声速飞行器的设计结构矩阵（Design Structure Matrix，DSM）来表示总体设计过程中各学科间的耦合关系，如图 7－22 所示。设计结构矩阵图清楚地表示出了高超声速飞行器总体设计过程中各学科间的耦合关系及其耦合关系的强弱（强耦合、弱耦合、不耦合），以此为指导可以建立起高超声速飞行器总体设计框架。同时，设计结构矩阵可以用于分析各学科与其他学科的耦合关系，为建立各学科的设计/分析模型提供指导。各学科间的耦合作用是通过特定的参数传递来实现的，例如飞行器外形所确定的机身、翼面、舵面等各几何型面参数是进行气动性能参数计算的入口条件，发动机性能分析得到的燃烧室出口气流参数是进行后体气动性能计算的入口参数。

对于多学科强耦合问题，必须采用多学科设计优化技术。

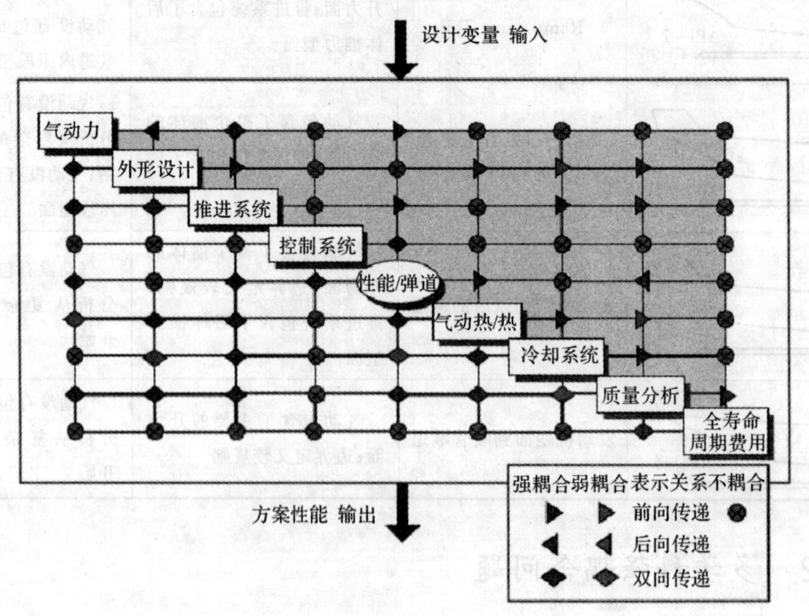

图 7－22　高超声速飞行器的设计结构矩阵

7.4.3　多学科设计优化

20 世纪 80 年代，美国等国家提出了多学科设计优化(MDO)理论，并首先应用于航空航天领域。MDO 的定义有多种，其中由 AIAA 给出的定义为，MDO 是一种充分探索和利用系统中相互作用的协同机制来设计复杂工程系统和子系统的方法论。MDO 概念在细节上充分兼顾到学科内部及学科间的相互耦合作用，在宏观上注重总体性能最优这一根本目标，从而将局部与整体的关系有机地统一起来。对 MDO 概念的理解，应注意的重要一点是，MDO 是一种设计方法论，而不是具体的设计优化方法。

MDO 方法将单个学科的分析与优化同系统中与其相耦合的其他学科的分析与优化过程相结合，以并行工程思想为指导，借助于分布式计算机网络技术和并行计算技术将各个学科的设计与分析方法/工具有效集中起来，运用科学的优化策略来组织和管理总体的设计优化过程。MDO 打破了传统设计过程中各学科独立分割的做法，避免了学科间的信息交流只能在设计完成后由总体部门进行协调的不足，避免了一次一个变量(One Variable at A Time, OVAT)式的协调方式带来的设计过程收敛慢、设计周期长、重复工作多的缺点。

王振国等人针对高超声速飞行器 MDO 问题，提出了一种基于随机搜索方法的 MDO 思路(见图 7-23)。对不同的学科采用变复杂度建模(VCM)技术建立分析模型，利用并行计算技术对不同的模型、不同的输入变量进行各个学科的性能分析。例如，对推进学科计算不同的飞行高度、马赫数、攻角和当量比等对应的发动机性能；对气动学科计算不同的攻角、马赫数和机翼结构参数对应的气动性能。采用并行计算可以充分利用已有的计算资源，并能提高工作效率，得到不同学科的性能数据库。在此基础上，采用随机搜索优化方法对需要优化的设计变量进行优化即可，优化过程中必须充分考虑任务目标和各种约束条件。

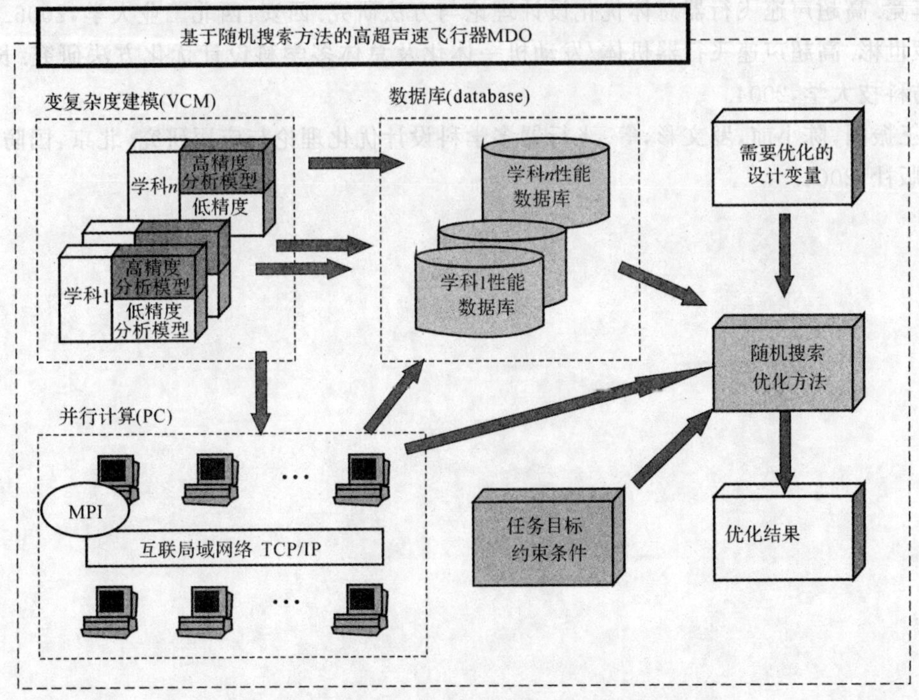

图 7-23　基于随机搜索方法的高超声速飞行器 MDO

思考与练习题

7.1 试述液体燃料亚燃冲压发动机、固体燃料亚燃冲压发动机、超燃冲压发动机、火箭冲压组合发动机和涡轮冲压组合发动机的基本原理及其工作特点。

7.2 进气道有哪些典型结构？其主要的工作参数和结构参数是什么？

7.3 试述燃烧室性能分析的基本方法。

7.4 将燃烧室作为一个控制体，试推导通用的零维性能分析方程组。

7.5 试述常见的高超声速飞行器的气动/推进界面划分方法和特点。

参考文献

[1] 鲍福廷，黄熙君，张振鹏，等.固体火箭冲压组合发动机.北京：中国宇航出版社，2006.

[2] Fry R S. A Century of Ramjet Propulsion Technology Evolution. Journal of Propulsion and Power，2004，20（1）：27－58.

[3] 刘陵，等.超声速燃烧与超声速燃烧冲压发动机.西安：西北工业大学出版社，1993.

[4] 金莉，谭永华.火焰稳定器综述.火箭推进，2006，32(1)：30－34.

[5] 刘晓伟.火箭基组合循环（RBCC）动力宽适用性进气道研究.西安：西北工业大学，2010.

[6] 吕翔.火箭基组合循环发动机（RBCC）性能分析模型研究.西安：西北工业大学，2005.

[7] 吕翔.RBCC推进系统总体设计方法研究.西安：西北工业大学，2008.

[8] 车竞.高超声速飞行器总体优化设计理论与方法研究.西安：西北工业大学，2006.

[9] 罗世彬.高超声速飞行器机体/发动机一体化及总体多学科设计优化方法研究.长沙：国防科技大学，2004.

[10] 王振国，陈小前，罗文彩，等.飞行器多学科设计优化理论与应用研究.北京：国防工业出版社，2004.

第8章 电 推 进

电推进是一种以高速喷气产生推力的技术。相比于其他传统推进，相同的空间任务，电推进较高的喷气速度可以大幅减少推进剂需求量。推进剂需求量的减少可以显著减小飞行器发射质量，这样可以利用更低的成本、使用更小的运载火箭将有效载荷送入任务空间轨道。

一般来说，电推进(Electric Propulsion, EP)指使用电能增大推进剂喷射速度的推进技术。离子推力器和霍尔推力器是目前研究和应用较多的两种电推力器，由于其具有较为合适的性能参数，被广泛应用于地球卫星和深空探测器的姿轨控任务上。本章将着重介绍离子推力器和霍尔推力器。

8.1 电推力器分类与典型结构

8.1.1 电推力器分类

电推力器是指利用电能加速工质产生推力的推进装置，通过工质的加速方式可以将电推力器划分为电热式、静电式和电磁式。常见的电推力器如下。

1. 电阻推力器(Resistojet)

电阻推力器是电热式推力器的一种，其基本工作原理是利用电阻丝(块)加热推进剂工质，实现喷气速度的增大。电阻推力器的比冲通常在500 s以下。

2. 电弧推力器(Arcjet)

电弧推力器也是一种电热式推力器，其基本工作原理是在喷管区域形成直流放电电弧，利用电弧加热通过喷管推进剂工质。电弧推力器的喷射工质是弱电离等离子体，等离子体效应一般无须考虑。电弧推力器的比冲通常在700 s以下。

3. 离子推力器(Ion Thruster, IE)

离子推力器也称为静电离子推力器或栅极离子推力器，属于静电式推力器。其基本原理是利用各种等离子体发生器技术电离推进剂工质，然后利用偏压栅极电场将等离子体中的离子引出、加速，如图8-1所示。离子推力器的效率和比冲相对较高(效率：60%～80%，比冲：20 000～100 000 N·s/kg)。

4. 霍尔推力器(Hall Thruster, HET)

霍尔推力器也称为霍尔效应推力器(Hall Effect Thruster, HET)，属于静电式推力器。稳态等离子体推力器(SPT)和阳极层推力器(TAL)是霍尔推力器的典型代表。霍尔推力器的基本原理是利用正交的电磁场实现气体放电，产生等离子体。垂直于外加磁场的电场加速等离子体中的离子高速喷出，而磁场则约束着电子的运动，如图8-2所示。霍尔推力器的效率和比冲略低于离子推力器，但对于同样的电功率输入，霍尔推力器的推力更大一些，且结构相对离子推力器更为简单。

5. 脉冲等离子体推力器(Pulsed Plasma Thruster, PPT)

脉冲等离子体推力器属于电磁式推力器。其基本原理是利用脉冲放电的形式电离、消融在等离子体电弧中的固体推进剂，并利用脉冲过程中的电磁效应加速离子高速喷出。

6. 磁等离子体动力学推力器(Magnetoplasmadynamic Thruster , MPDT)

磁等离子体动力学推力器属于电磁式推力器。其基本原理是利用大电流电弧实现推进剂的高度电离，利用等离子体放电过程中的电磁力(洛仑兹力:$\boldsymbol{J}\times\boldsymbol{B}$)加速工质喷出。由于放电电流和磁场通常都是由放电等离子体产生的，为了 MPDT 的高比冲性能，需要较高的电功率来产生足够大的洛仑兹力加速工质。同时，相对于上述其他电推力器，大功率使得 MPDT 的推力也相对更大。

表 8-1 列举了几种推力器在轨飞行(或者飞行试验)测得的典型工作参数。

表 8-1 几种推力器的典型工作参数

推力器	比冲/($N\cdot s\cdot kg^{-1}$)	输入功率/kW	效率/(%)	推进剂
冷气推力器	500～750	——	——	——
化学单组元推力器	1 500～2 250	——	——	N_2H_4，H_2O_2
化学双组元推力器	3 000～4 500	——	——	——
电阻推力器	3 000	0.5～1	65—90	N_2H_4
电弧推力器	5 000～6 000	0.9～2.2	25～45	N_2H_4
离子推力器	25 000～36 000	0.4～4.3	40～80	Xe
霍尔推力器	15 000～20 000	1.5～4.5	35～60	Xe
脉冲等离子体推力器	8 500～12 000	<0.2	7～13	特氟纶
磁等离子体动力学推力器	15 000～100 000	30～10 000	15～45	Li，Ar，N_2H_2

8.1.2 离子推力器结构

离子推力器由三个基本部件组成:等离子体发生器(等离子体源)、栅极加速系统和中和器。图 8-1 所示为离子推力器组成结构示意。

等离子体发生器是工质气体放电，形成等离子体的区域，常用的放电形式有电子轰击式、射频放电、微波放电。对于不同的等离子体发生器，采用的栅极加速系统和中和器的结构和工作原理基本一致。栅极加速系统是将等离子体发生器中的离子引出并加速喷出的装置。由于栅极加速系统引出的主要是离子束流，需要中和器喷出相同流量的电子流来中和，以维持推力器和飞行器间的放电平衡。离子推力器的性能取决于等离子体发生器的效率和栅极加速系统的设计。

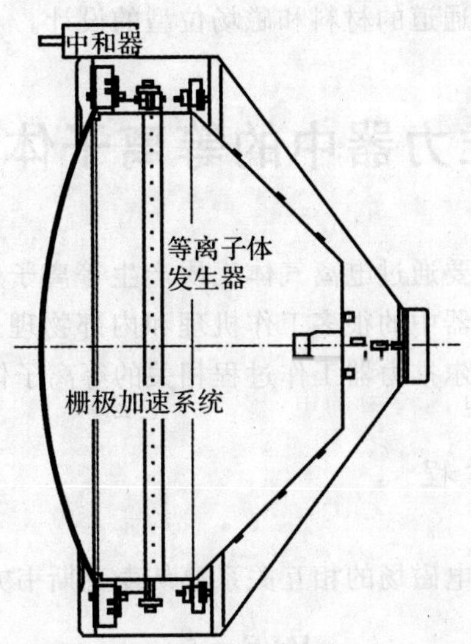

图 8-1　离子推力器组成结构示意

8.1.3　霍尔推力器结构

霍尔推力器也主要由三个基本部件组成：放电通道，外加磁场和阴极中和器。图 8-2 所示为霍尔推力器组成结构示意。

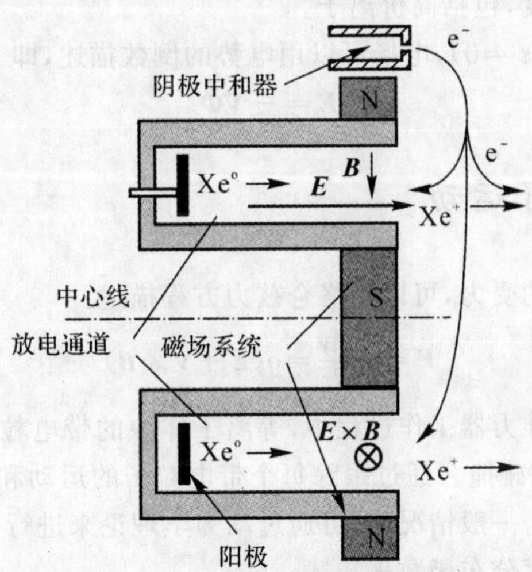

图 8-2　霍尔推力器组成结构示意

霍尔推力器的放电通道是一个环形结构，阳极在放电通道内部底端，也为环形结构，放电通道外的空心阴极即为中和器，且兼有放电系统阴极功能，与阳极配合形成沿环形放电通道轴向的加速电场。离子受加速电场作用，从放电通道中高速喷出产生推力。在环形放电通道出口位置，通过外加磁场系统，形成一个垂直于轴向电场的磁场，磁场的主要作用是约束电子，使其在放电通道内沿 $\boldsymbol{E}\times\boldsymbol{B}$ 作螺旋线运动，延长电子在放电通道内的滞留时间，提高放电效率。

霍尔推力器的性能取决于放电通道的材料和磁场位型的设计。

8.2 电推力器中的等离子体物理过程

电推力器的高比冲性能主要通过电离气体工质产生等离子体，再利用电磁场加速等离子体中的带电粒子产生。电推力器中的很多工作机理和内部物理过程都与等离子体密切相关。本节将介绍与离子推力器和霍尔推力器工作过程相关的等离子体物理基础。

8.2.1 Maxwell 方程

电推力器中的等离子体与电磁场的相互关系遵从麦克斯韦方程：

$$\nabla\cdot \boldsymbol{E}=\frac{\rho}{\varepsilon_0} \tag{8-1}$$

$$\nabla\times \boldsymbol{E}=-\frac{\partial \boldsymbol{B}}{\partial t} \tag{8-2}$$

$$\nabla\cdot \boldsymbol{B}=0 \tag{8-3}$$

$$\nabla\times \boldsymbol{B}=\mu_0\left(\boldsymbol{J}+\varepsilon_0\frac{\partial \boldsymbol{E}}{\partial t}\right) \tag{8-4}$$

式中，ε_0 和 μ_0 分别为真空介电常数和真空磁导率；$\boldsymbol{E}$ 和 $\boldsymbol{B}$ 为电磁场强度。这里的 ρ 和 $\boldsymbol{J}$ 指等离子体中所有电荷和电流密度，包括高价离子。

对于静磁场情况（$\partial \boldsymbol{B}/\partial t=0$），电场可以用电势的倒数描述，即

$$\boldsymbol{E}=-\nabla\boldsymbol{\Phi} \tag{8-5}$$

8.2.2 带电粒子运动

带电粒子在电磁场中的受力，可以用洛仑兹力方程描述：

$$\boldsymbol{F}=m\frac{\mathrm{d}\boldsymbol{v}}{dt}=q(\boldsymbol{E}+\boldsymbol{v}\times\boldsymbol{B}) \tag{8-6}$$

在离子推力器和霍尔推力器工作过程中，等离子体中的带电粒子会与其他粒子（离子、电子及中性分子）发生大量的碰撞。通过跟踪每个带电粒子的运动和碰撞过程来预估推力器的性能和寿命是不切实际的。一般情况下，可通过动力学理论来进行分析，推力器中的带电粒子的运动可以通过粒子的速度分布函数来描述。

一般认为电推力器中，带电粒子服从麦克斯韦速度分布，三维情况下的麦克斯韦速度分布可表示为

$$f(u_x,v_y,w_z)=\left(\frac{m}{2\pi kT}\right)^{3/2}\exp\left[-\frac{m}{2kT}(u_x^2+v_y^2+w_z^2)\right] \tag{8-7}$$

式中，m 为带电粒子质量；k 为波尔兹曼常数。

8.2.3 等离子体扩散

等离子体扩散是离子和霍尔推力器工作中粒子输运过程的一个重要机制。压强差及粒子间的相互碰撞驱动等离子体从高密度区域向低密度区域扩散。

考虑等离子体扩散作用下的粒子运动方程可以写为

$$mn\frac{\mathrm{d}\boldsymbol{v}}{\mathrm{d}t}=qn(\boldsymbol{E}+\boldsymbol{v}\times\boldsymbol{B})-\boldsymbol{\nabla}\cdot\boldsymbol{p}-mn\nu(\boldsymbol{v}-\boldsymbol{v}_0) \tag{8-8}$$

式中，n 为粒子数密度；p 为压强；$\boldsymbol{v}_0$ 为被碰撞粒子的速度；ν 为碰撞频率。

$$v=n_a\sigma\bar{\nu} \tag{8.9}$$

式中，n_a 为被碰撞粒子数密度；σ 为碰撞截面积；$\bar{\nu}$ 为粒子平均速度。

在没有磁场作用下，等离子体扩散作用下的粒子运动方程可以写为

$$mn\frac{\mathrm{d}\boldsymbol{v}}{\mathrm{d}t}=qn\boldsymbol{E}-\boldsymbol{\nabla}\cdot\boldsymbol{p}-mn\nu(\boldsymbol{v}-\boldsymbol{v}_0) \tag{8-10}$$

粒子质量 m 和碰撞频率 ν 一般被认为是常数，假设碰撞粒子（电子、离子）的速度远大于被碰撞粒子（中性原子），即 $|v|\gg|v_0|$，等离子体处于热平衡态，即 $\boldsymbol{\nabla}p=kT\boldsymbol{\nabla}n$，求解粒子运动方程

$$\boldsymbol{v}=\frac{q}{m\nu}\boldsymbol{E}-\frac{kT}{m\nu}\frac{\boldsymbol{\nabla}n}{n} \tag{8-11}$$

式中，电场和密度梯度系数分别被定义为等离子体迁移率 μ 和扩散系数 D：

$$\mu=\frac{|q|}{m\nu} \tag{8-12}$$

$$D=\frac{kT}{m\nu} \tag{8-13}$$

迁移率 μ 和扩散系数 D 常用于离子发动机放电腔放电过程仿真中。迁移率和扩散系数之间满足爱因斯坦关系式：

$$\mu=\frac{|q|D}{kT} \tag{8-14}$$

8.3 离子推力器

前文已经提及离子推力器由三个基本部件组成：等离子体发生器、栅极加速系统和中和器。等离子体发生器是在一定的电功率作用下，电离工质气体，产生等离子体，为栅极加速系统提供离子源。本节将主要介绍三种主流离子推力器的等离子体发生器、栅极加速系统、电子轰击式离子推力器、射频离子推力器和微波离子推力器。

8.3.1 等离子体发生器

8.3.1.1 电子轰击式等离子体发生器

电子轰击式离子推力器也称为 Kaufman 离子推力器，其放电腔即为电子轰击式等离子体

发生器，其等离子体产生方式是通过热电子轰击中性原子产生放电。

电子轰击式等离子体发生器的结构如图 8－3 所示，其主要结构特点是存在一个发散状的轴向强磁场和一个贴近放电腔壁面的阳极环。

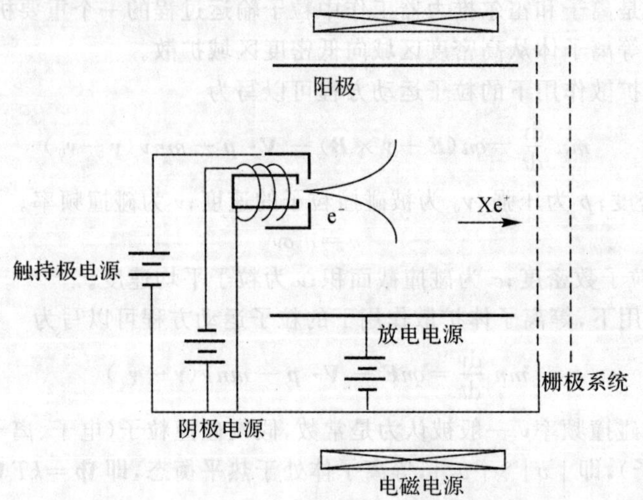

图 8－3　电子轰击式等离子体源结构示意

电子轰击式等离子体发生器的主要工作过程：来自氙推进剂流量控制器的氙气，通过绝缘器进入空心阴极。氙气受到阴极内部发射的电子的轰击而电离。当通过空心阴极的氙气流率和阴极发射的电子达到一定值时，就会在阴极和触持极之间点火放电。此时如果接通阳极电源，放电就通过阴极靴和挡板之间的环形区域扩展到整个放电腔。在放电腔内，阴极发射的初始电子和电离产生的二次电子，在磁场和电场的作用下，以磁力线为导轴，作螺旋式振荡运动。磁场的存在，增加了电子的运动路程，提高了氙原子的电离概率。这样就在放电腔内形成放电等离子体。

磁场的强度和形状很重要，根据电子在磁场和电场中的运动过程，电子在电场作用下，通过磁场时，其回旋半径为

$$R_e = \frac{m_e v_e}{eB} \tag{8-15}$$

式中，R_e 为电子回旋半径；m_e 为电子质量；v_e 为电子运动速度；e 为元电荷；B 为电子所处位置的磁场强度。

电子运动速度为

$$v_e = \sqrt{\frac{2e}{m_e} V_B} \tag{8-16}$$

式中，V_B 为电子所处位置的电位。

回旋半径的选取不能大于阳极半径，为了使中性原子通过放电腔而不被电离的可能性减至最小，放电腔的长度也很重要。阴极靴所限制的区域，形成阴极前室等离子体。阴极靴与挡板之间的开孔面积，直接影响等离子体阻抗，从而决定初始电子的能量。其次阳极、屏栅极以及阴极位置等，对放电腔性能都有一定影响。

推力器放电腔中对电子的约束是通过放电腔中的磁场位形实现的，延长电子向阳极运动

的路径长度，增大电子在放电腔的滞留时间，可以提高推力器的效率。多极场示意如图 8-4 所示。

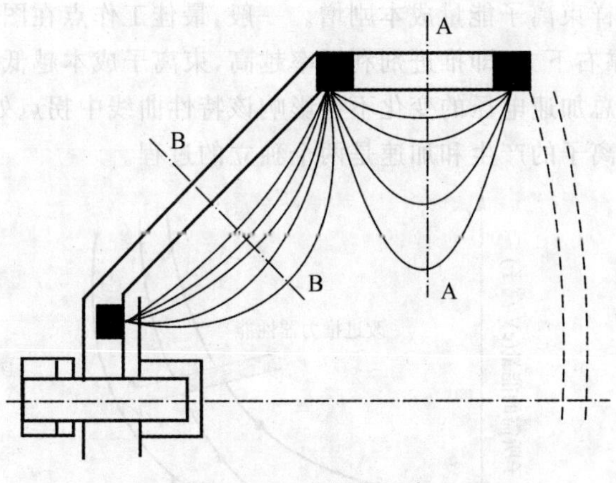

图 8-4　多极场示意

普遍性结论认为通过放电腔和磁场极靴的合理配置，可使主阴极发射的原初电子区更有效地占据放电腔的空间和扩展放电腔准无磁场区的空间，更合理地改变原初电子区的形状，从而改善离子源的束流均匀性、气体的利用率和放电损耗。多极的环形会切磁场位形放电腔结构方案十分完美地体现了这种设计概念。

放电腔性能的优劣决定了离子推力器的效率。离子推力器的效率 η_t 是用推力 F，推进剂流率 $\dot{m}_p$ 以及输入功率 P 定义的，它与电源的转换效率 η_e，流入放电腔的推进剂效率 η_u 以及束发散和多荷离子效应 η_d 等有关，其表达式为

$$\eta_t = \frac{F^2}{2\dot{m}_p P} \approx \eta_e \eta_u \eta_d^2 \tag{8-17}$$

应该注意的是在式(8-17)中用了一个约等号，这是因为仅仅利用放电腔推进剂流率计算的推进剂的利用率稍微偏大一些，因为总的推进剂流率中还包括中和器的推进剂流率以及固有的流率损失，但是这一部分通常比较小。

电源的转换效率为

$$\eta_e \approx \frac{1}{1+(\varepsilon_B/eV_{net})} \tag{8-18}$$

推力器效率还可以写成

$$\eta_t \approx \frac{\eta_u \eta_d^2}{1+(\varepsilon_B/eV_{net})} \tag{8-19}$$

式中，V_{net} 是将离子加速到束流中需要的电压差；ε_B 是产生并加速单个离子所需要消耗的能量。

如方程式(8-19)所示，束离子能量消耗和推进剂利用率决定了推力器的总效率。图8-5 对这两个参数(ε_B 和 η_u)之间的关系给出了定性的说明。该图可以反映出离子是通过运动的电子轰击放电腔中的推进剂原子形成的。如果主阴极的电子发射率较低时，大多数的能量提供给电子，用来产生离子，ε_B 是其基准能量，但是许多中性原子还是不能被电离，以原子的形式逃逸出栅极。这样，η_u 就比较低。如果电子发射率提高，未能电离推进剂原子的电子与到达阳极的电子或者它们的总动能之比就会增大。随着这些电子损失的能量会导致 ε_B 增大，但是密

度增大时电离会增加，因此，η_u 也增大。当电子发射率增大到一定值的时候，大多数的推进剂都可以被电离（η_u 接近于 1），同时有许多电子没有参与推进剂原子的电离。它们就会携带一部分能量到达阳极，这样束离子能量成本剧增。一般，最佳工作点在图 8－5 所示特性曲线的拐点处。该拐点位置越靠右下方（即推进剂利用率越高，束离子成本越低），说明放电腔的性能越好。值得注意的是，净总加速电压的变化不会影响该特性曲线中拐点处的坐标值，因为在带有栅极系统的推力器中，离子的产生和加速是两个独立的过程。

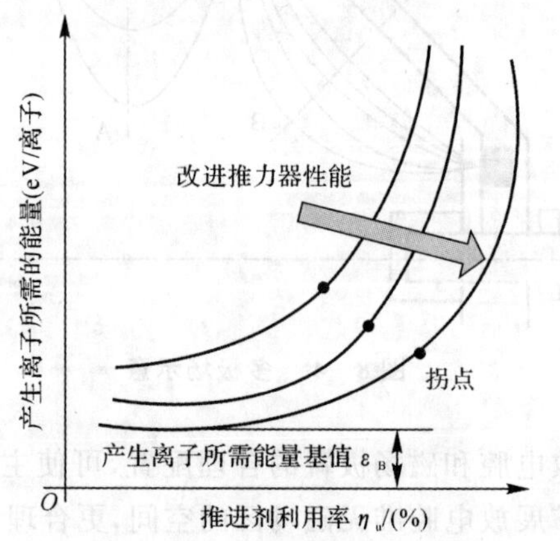

图 8－5　束离子能量消耗和推进剂利用率关系示意

从式(8－19)可以看出，如果净总加速电压减小时，也就是说任务需要推力器的比冲减小时，就更需要减小离子产生成本。净加速电压较低的话，放电腔的设计要做必要的修改，使得推力器电效率降低的幅度尽量减小。

8.3.1.2　射频等离子体发生器

射频离子推力器的等离子体产生方式是通过射频天线的方式将射频能量耦合进放电腔，在射频电磁场作用下通过容性放电产生等离子体，射频离子推力器放电腔称为射频等离子体发生器。

射频等离子体发生器的结构如图 8－6 所示，射频天线缠绕在绝缘放电腔外壁。放电腔的结构可以是圆柱形、半球形或者圆锥形。与电子轰击式离子发动机一样，等离子体发生器与栅极加速系统相接。对于射频离子推力器来说，一般没有外加磁场。

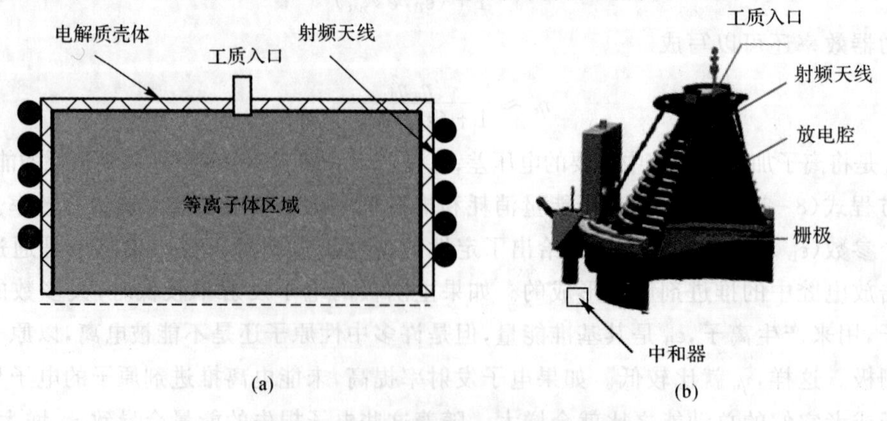

图 8－6　射频等离子体发生器结构图

(a) 结构示意图；(b) 结构剖视图

射频离子推力器的典型射频频率为13.56 MHz。在这个射频频率下，射频电流产生的电磁场在向放电腔渗透时受到等离子体趋肤深度的限制，电磁场强度沿腔壁向轴线方向逐渐衰减。对应地，放电腔等离子体吸收射频能量的最大区域也更靠近腔壁，而不是轴线附近。

射频线圈电流产生感生轴向磁场为

$$B_z=\frac{NI}{\mu_0}\mathrm{e}^{\mathrm{i}\omega t} \tag{8-20}$$

式中，N 为线圈匝数；I 为射频电流；$\omega(\omega=2\pi f)$ 为射频频率；t 为时间。根据麦克斯韦方程，时变磁场会产生时变电场：

$$\nabla\times\boldsymbol{E}=-\frac{\partial\boldsymbol{B}}{\partial t} \tag{8-21}$$

在射频离子推力器放电腔内的感应电场可以用方位角公式计算：

$$E_\theta=-\frac{i\omega r}{2}B_{z0}\mathrm{e}^{\mathrm{i}\omega t} \tag{8-22}$$

式中，r 为径向位置；B_{z0} 为轴向磁场强度峰值。

8.3.1.3 微波离子推力器(电子回旋共振等离子发生器)

微波离子推力器是利用微波能量实现气体放电产生等离子体的一种离子电推进装置。将微波能量耦合入等离子体内需要特定的条件。磁场作用下微波电磁场与电子回旋共振是一种较好的能量耦合方式，故微波离子推力器也称为电子回旋共振离子推力器，微波离子推力器的放电腔也称为电子回旋共振等离子体发生器。图8-7所示为典型的电子回旋共振等离子体发生器。

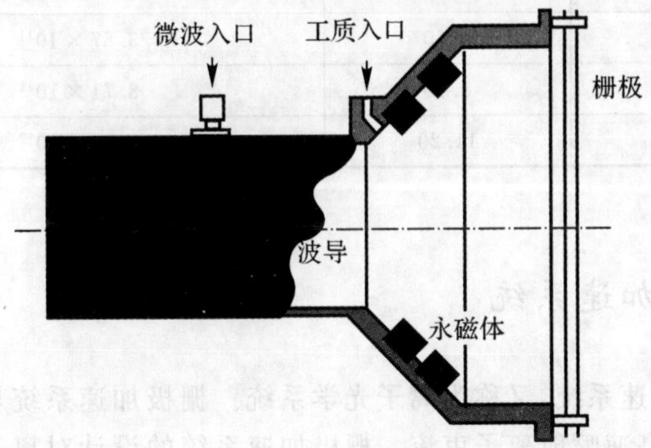

图8-7 电子回旋共振等离子体发生器

微波通过波导或者微波电缆输入放电腔内，初始电子在外加磁场作用下沿磁力线做螺旋运动，如图8-8所示。

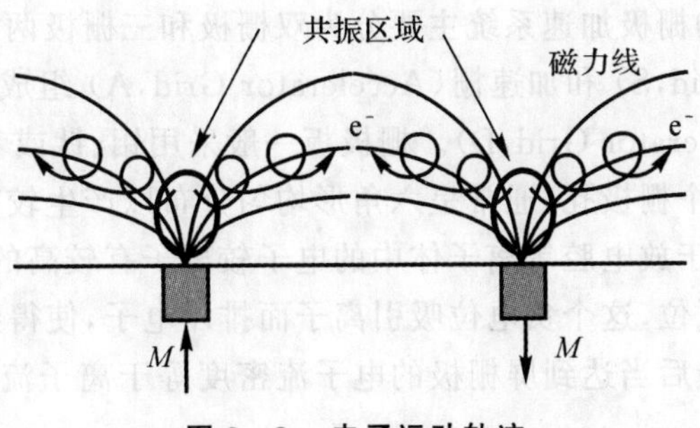

图8-8 电子运动轨迹

当微波频率等于电子回旋频率时,发生电子回旋共振,电子持续吸收微波电场能量。在绕磁力线螺旋运动过程中与中性原子碰撞,电离中性原子,产生新的电子。

由于电子的回旋频率为

$$\omega_c = \frac{eB}{m_e} \tag{8-23}$$

故共振情况下的微波频率为 $f = eB/2\pi m_e$。表 8-2 给出了不同磁场强度下对应的微波频率和最大等离子体密度。

维持稳定的电子回旋共振放电,不仅需要微波频率与电子回旋频率相等,还需要中性原子的压强满足一定要求。压强过低时,即电子与中性原子碰撞频率过小,无法通过碰撞产生新的电子来维持放电持续进行;压强过高时,即电子与中性原子碰撞频率过高,电子在尚未从微波电场吸收到足够的能量前,便会通过动量交换碰撞将能量转移给中性原子,无法实现电离中性气体的目的,同样不能实现稳定的放电。

对于不同的微波频率(或外加磁场强度),稳定放电需求的压强不相同。在满足电子回旋共振放电的压强条件下,放电产生的等离子体密度也随微波频率有所不同,表 8-2 同样给出了不同磁场强度下能够产生的等离子体密度。

表 8-2　微波频率、等离子密度与外加磁场的关系

磁场强度 /G	微波频率 /GHz	最大等离子体密度 /cm^{-3}
100	0.28	9.68×10^{8}
500	1.40	2.42×10^{10}
1 000	2.80	9.68×10^{10}
2 000	5.60	3.87×10^{11}
3 000	8.40	8.71×10^{11}
4 000	11.20	1.55×10^{12}

8.3.2　栅极加速系统

离子推力器栅极加速系统,又称为离子光学系统。栅极加速系统从放电腔内等离子体中引出并加速离子,形成高速喷射离子束流。栅极加速系统的设计对离子推力器工作有着重要影响,但同时又受性能、寿命和结构尺寸的限制。

8.3.2.1　栅极加速系统结构与功能

离子推力器所采用的栅极加速系统主要分为双栅极和三栅极两种形式(见图 8-9):双栅极系统由屏栅(Screen Grid,S)和加速栅(Accelerator Grid,A)组成,而三栅极系统在加速栅下游增加了减速栅(Decelerator Grid,D)。栅极板一般采用钼、钛或者耐高温的碳基复合材料组成,栅极板有多达上千个栅极孔,通常呈六角形均匀分布以产生较高的离子透过度。

在屏栅极的上游,由于放电腔等离子体中的电子较离子有较高的迁移率,电子将先于离子到达屏栅而产生一个负电位,这个负电位吸引离子而排斥电子,使得到达屏栅的离子流密度较大,而电子流密度减小,最后当达到屏栅极的电子流密度等于离子流密度时,就在屏栅极上游表面形成一层电位稍低于等离子体电位的等离子体鞘层，该鞘层的电位比屏栅电位略高一些。离子光学系统就是利用加速电压将离子从这个鞘层引出，因此也将这个鞘层叫作离子发射面。引出离子束的方向就取决于鞘层的形状与位置，鞘层的形状与位置又与加速电压密切相关，因此引出离子束的聚焦也要通过选择适当的加速电压来调节。加速栅极的作用就是与屏栅极一起，形成一个强加速场引出离子束流，同时阻止下游中和器发射的电子向放电腔返流。

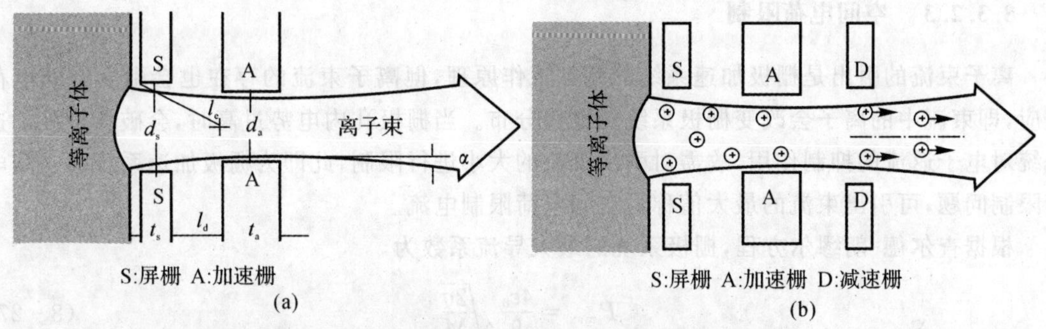

图 8-9　离子推力器栅极离子光学系统组成示意

(a) 双栅极结构；(b) 三栅极结构

离子聚焦发生在离子加速区，该区分为两个部分：鞘层至屏栅孔之间和两栅之间。在整个加速区中，离子基本受电力线的约束。在鞘层附近，离子速度较小，趋向于垂直电位面运动，对决定离子的运动轨道起了关键的作用。离子初始运动方向主要取决于鞘层形状。屏栅极和加速栅间的更大电位差加速和聚焦离子，使其获得较高的速度。理想的栅极系统结构是鞘层发射的离子全部通过加速场，不被加速栅极孔边缘截获，同时不产生过聚焦，即离子束交叉现象。并且，对整个栅极开孔区域而言，引出的束流密度应尽量均匀。因此，束散角的大小、加速栅极对束离子的截获、返流电子的多少以及束流的均匀度等，都直接反映了整个离子栅极加速系统工作性能的好坏、离子栅极加速系统设计的优劣和推力器工作模式设置的正确与否等。

综上所述，栅极加速系统的主要有三部分功能：

(1) 从放电腔内引出离子；

(2) 加速离子产生推力；

(3) 抑制电子返流。

8.3.2.2　离子的加速

在放电腔工作时，放电腔等离子体中的离子通过有屏栅和加速栅的栅孔引出并加速，形成离子束，可由此可以计算出推力，屏栅和加速栅之间的强静电场并不呈一维分布，由于离子光学的曲率半径 R 远大于栅间距 L，即在离子引出过程中，沿离子流动方向上电压的梯度远大于其横向方向。因此，可用简单的平板电极进行栅极的简化计算。

设平板表面带有均匀的电压值，平板之间的静电场将受到电压差和平板之间的带电离子分布的影响，用 $j[\mathrm{A/m^2}]$ 和 $n[\mathrm{m^{-3}}]$ 分别代表电流值和数密度，并且假定所有的离子带有单电荷。则对于空间中移动的电子流而言为

$$j = nev \tag{8-24}$$

同时，通过栅极之间的离子流能量守恒：

$$\frac{1}{2}Mv^2 = eV \tag{8-25}$$

$$v = \left(\frac{2eV}{M}\right)^{1/2} \tag{8-26}$$

式中，M 为离子质量；V 为总加速电压。

8.3.2.3 空间电荷限制

离子束流的引出是栅极加速系统的基本工作原理，但离子束流的存在也会引发空间电荷效应，即束流中的离子会改变栅极系统的电势分布。当栅极孔内电势过高时，会破坏栅极加速系统对电子返流的抑制作用，故需对引出束流的大小进行限制，此即为栅极加速系统的空间电荷限制问题，可引出束流的最大值称为空间电荷限制电流。

根据查尔德-朗缪尔方程，栅极系统的最大导流系数为

$$P_{\max} = \frac{4\varepsilon_0}{9}\sqrt{\frac{2q}{M}} \tag{8-27}$$

式中，q 为离子电荷；M 为离子质量。

空间电荷限制电流为

$$J = \frac{I_b}{\pi D^2/4} = \frac{4\varepsilon_0}{9}\sqrt{\frac{2q}{M}}\frac{V^{3/2}}{d^2} \tag{8-28}$$

式中，D 为束流直径；d 为栅极间距；I_b 为束电流强度；V 为加速电压。

上述的公式是利用平板电极间的最大饱和电流而得出的离子鞘中引出的饱和离子流的理想状态，尚未考虑到发射面的离子流密度和能量等参数。一般在实际工程应用中，离子推力器的栅极加速系统中的各栅极孔上引出的束电流是不均匀的，需要对栅极的单孔最大离子流进行换算。

8.4 空心阴极

离子推力器和霍尔推力器的中和器一般均是空心阴极中和器。空心阴极中和器的功能是发射电子，在离子推力器中，空心阴极发射的电子主要用来中和栅极加速系统喷出的离子束流，在霍尔推力器中，空心阴极发射的电子除了用来中和离子外，还有部分直接进入放电通道中作为初始的放电电子。

无论是离子推力器还是霍尔推力器，其工作过程都与空心阴极紧密相关。此外，空心阴极的寿命也在很大程度上决定了推力器的寿命。

8.4.1 空心阴极分类

常用的几类阴极（按照阴极电子发射原理）主要有金属热阴极、薄膜阴极、厚涂层阴极、金属陶瓷阴极，以及其他新材料阴极和场发射阵列阴极等。

1. 金属热阴极

金属热阴极是将一些难熔金属加热,使其中的电子动能增加到足以克服表面势垒逸出,形成电子发射。金属热阴极的优点是发射机理简单、结构简单、发射稳定、耐离子轰击、暴露大气后不需要激活而且使用方便;缺点是发射效率低、寿命短。典型的有钨金属热阴极、钽金属热阴极和铼金属热阴极等。

2. 薄膜阴极

通过在金属热阴极表面覆盖活性物质薄膜,可以将其电子发射能力提高几个数量级,从而形成薄膜阴极。它利用的是原子或分子表面吸附其他物质后电子发射能力改变的特性。研究表明,在金属基体上覆盖带正电的原子薄膜可以减小逸出功,从而增大电子发射能力,如在钨金属基体上覆盖钡膜、钼基体上覆盖铯膜、镍基体上覆盖钍膜等。理想的情况是在金属基体上覆盖连续的单原子膜,此时的逸出功可以最大限度地减小。当覆盖第二层原子膜时逸出功将重新增加,当连续覆盖几层原子膜时逸出功就相当于纯膜材料的逸出功。

典型薄膜阴极的有敷钍钨阴极。在钨金属中加入二氧化钍,然后再进行"闪炼"和"激活",使内含的二氧化钍在高温下部分被钨还原,还原的钍在一定的温度下向钨金属表面扩散,从而形成覆盖的钍原子薄膜。

3. 厚涂层阴极

厚涂层阴极顾名思义是在金属芯子上涂敷一层较厚的发射物质而成的阴极。发射物质一般为电阻较大的半导体。

厚涂层阴极中应用得最多的是氧化物阴极,氧化物涂层一般为氧化钡和氧化锶的二元混合结晶或氧化钡、氧化锶和氧化钙的三元混合结晶,基底金属采用钨(直热式)和镍或镍合金(间热式)。首次使用前先要对阴极进行高温热激活和电流激活,使涂层中的氧化钡还原和分解生成自由金属钡,金属钡在高温下向涂层表面扩散并形成钡原子薄膜,从而增强电子的发射。

氧化物阴极相对前述阴极的优点是发射电流密度大,发射效率高,工作温度低;但也存在一些难以克服的缺点:涂层结构不够牢,涂层电阻大使得不能给出大的电流发射,抗中毒能力差,活性物质贮备量不够多等。

4. 金属陶瓷阴极

金属陶瓷阴极在本质上集合了薄膜阴极和厚涂层阴极的技术原理。它是通过在多孔的金属基底上浸渍活性物质,或把金属粉末和作为活性物质源泉的化合物的混合物在高温、高压下压实烧结而成。这类阴极由于具有大量的活性物质贮备,又称为贮备式阴极。金属陶瓷阴极中应用得最多的是钡钨阴极和L阴极。

金属陶瓷阴极由于采用的是多孔金属基体发射体,克服了厚涂层阴极涂层电阻大的缺点,可以获得更高的电流发射密度。此外,金属陶瓷阴极的抗中毒能力较好,活性物质贮备量多,可以获得更长的工作寿命。

5. 其他发射材料阴极

部分碳化物和硼化物也是性能优良的阴极发射材料,其中六硼化镧的性能尤为突出。六硼化镧阴极可以获得很高的电流发射密度。此外,六硼化镧阴极的化学稳定性和热稳定性好,抗气体中毒和离子轰击的能力强，不怕暴露在大气和水汽中；缺点是工作温度高，使得需求的加热功率大，阴极热设计和加热器设计变得复杂和困难，不能自持放电。关于发射机理，一说是由于镧在六硼化镧表面形成薄膜使逸出功降低；一说是六硼化镧本身就是逸出功低的物质。

6.场发射阴极

场发射阴极一般是通过施加外部强电场，使电子克服表面势垒逸出从而获得电子发射。特点是不需要附加能量（加热）就可获得电子发射，且没有时间迟滞，发射电流密度大（大于107 A/cm^2）；缺点是需要高的外部电压，要求超高真空环境（低真空下影响寿命），目前可以获得的总电流还较小等。适合需要小型化阴极的场合，如场发射（FEEP）电推力器等。

目前电推力器上使用得较多的是金属陶瓷阴极中的钡钨阴极、六硼化镧阴极和氧化物阴极等。表 8-3 给出了三种阴极的性能比较。

表 8-3　三种发射体材料阴极性能比较

阴极类型	工作温度	加热功率	最大发射电流	抗中毒能力	耐轰击能力
氧化物	950℃左右	小	2 A/cm^2左右	差	差
钡钨	1 100℃左右	小	10 A/cm^2左右	中	中
LaB_6	1 700℃左右	大	60～100 A/cm^2	强	强

三种阴极中，俄罗斯使用的多是六硼化镧阴极，其性能在霍尔推力器的长期实验和应用过程中久经考验。目前已开发了一系列大小和功率不同的六硼化镧空心阴极，可满足各种功率霍尔推力器的需要。

美国、欧洲的电推力器使用的主要是钡钨空心阴极。目前它们的钡钨空心阴极技术已趋成熟，工作寿命一般均超过 10 000 h。如 NASA 研制的空间站等离子体接触器用钡钨空心阴极，发射电流 12 A 时寿命达到 27 000 h，循环次数超过 32 000 次。

8.4.2　钡钨空心阴极

钡钨空心阴极的常用结构如图 8-10 所示。它主要由阴极管、内发射体、阴极顶孔板、外加热器及触持极等组成。

图中，低逸出功发射体做成中空的圆柱状（有利于增大发射面积），与阴极管内壁紧密配合，内部通入工质气体。阴极管外壁缠绕有加热器，透过阴极管壁对发射体进行加热。阴极管与发射体的下游为阴极顶孔板，孔板上的小孔直径很小，目的是在保证阴极管内部气体压力的同时降低工质气体流量，提高工质的电离率和利用率。触持极的目的是通过触持极与阴极之间施加正偏置电压，在阴极内部及阴极与触持极之间形成合适的引导加速电场。

阴极点火时，通过加热器使发射体达到工作温度后，发射体开始发射电子。发射的电子经过阴极内部电场加速，与阴极内部工质气体碰撞并使得工质气体大量电离。在电场的作用下，电离的电子及原电子向下游运动，通过阴极孔板小孔发射出阴极；电离的离子反方向运动与阴极壁碰撞并在壁上获得电子而中和，中和的气体分子保留在阴极内部继续参与电离，如此循环。由于工质气体的电离，大大增强了阴极的电子发射能力。此外工质气体离子对发射体及阴极孔板的轰击及随后离子的复合释热，使得阴极发射体的温度得以维持，从而实现了阴极无需加热的自持稳定放电。

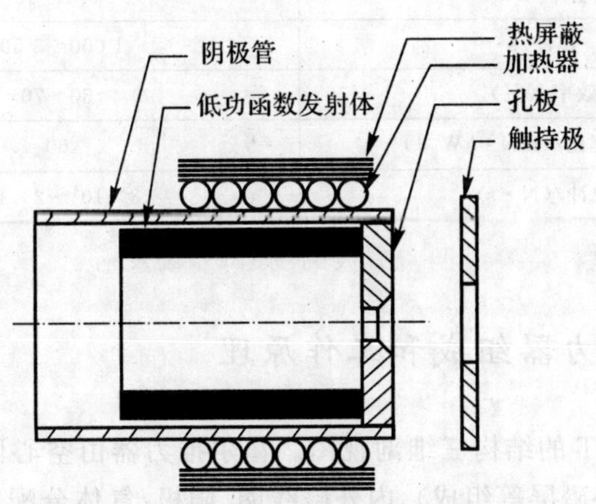

图 8-10　钡钨空心阴极典型结构

限制钡钨阴极寿命的主要是钡钨发射体。钡钨发射体的活性和发射能力主要由发射体内部贮备的活性物质与钨基底金属还原反应生成的自由金属钡所决定的。阴极工作过程中发射体表面的金属钡是不断损失的，损失的钡由内部反应生成的钡向表面扩散而得到补充。当发射体内部贮备的活性物质消耗殆尽时，阴极寿命即告结束。对于结构一定的钡钨阴极，其发射体贮备的活性物质一定，决定阴极寿命的主要是活性物质与金属钡的消耗速度。它主要取决于阴极的工作温度、发射电流、离子轰击、工质气体纯度及周围工作环境等。

8.5　霍尔推力器

霍尔推力器(HET)是一个相对离子推力器结构较为简单的电推进装置，由内置阳极的环形放电通道、产生初始径向磁场的电磁线圈和空心阴极组成。但是霍尔推力器产生推力的物理过程却相对更为复杂。放电通道的结构和磁场位型决定着推力器的性能、效率和寿命。霍尔推力器的比冲相对离子略低，但其推力/功率比高于离子推力器。

HET 具有两类典型推力器结构：稳态等离子体推力器(Stationary Plasma Thruster, SPT)和阳极层推力器(Thruster with Anode Layer, TAL)。

SPT 和 TAL 结构上的主要区别是：SPT 的放电通道较长，放电通道的材料为电介质材料，常用的有陶瓷(BN, BN-SiO2 等)；而 TAL 的放电通道较短，放电通道的材料为金属材料。

HET 的典型性能参数见表 8-4。

表 8-4　HET的典型性能参数范围

参数	范围
推力/mN	5～650
功率/kW	0.1～10
比冲/s	1 000～3 500
效率/(%)	30～70
推力功率比/($mN \cdot kW^{-1}$)	60
总冲/(N·s)	$3\times10^4\sim2\times10^7$

8.5.1　霍尔推力器组成和工作原理

图 8-11 所示为 HET 的结构三维剖视图。霍尔推力器由空心阴极、放电腔、磁极(由前后磁极板、内外磁芯、内外磁屏等组成)、内外磁线圈、阳极/气体分配器、推进剂输送管路及支撑结构等组成。

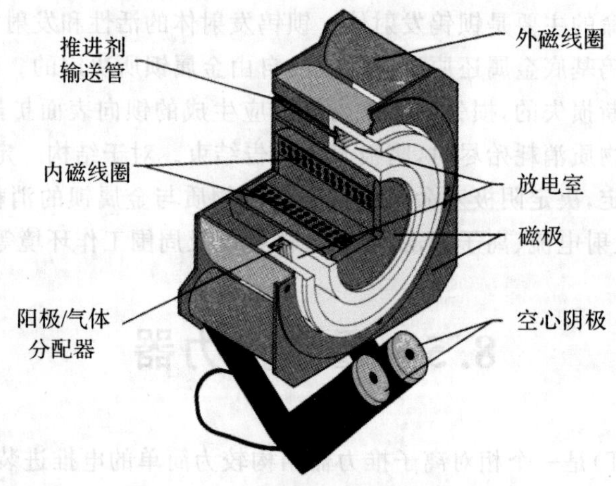

图 8-11　霍尔推力器结构图

空心阴极是 HET 的电子发射源,其发射的电子一部分进入放电腔供 HET 引弧并维持放电,另一部分进入 HET 喷流以维持等离子体羽流的电中性;磁极与内外磁线圈组成磁路系统,以在放电腔内部形成合适的径向磁场;阳极/气体分配器上施加有高电压(相对空心阴极),形成放电腔内部轴向加速电场;放电腔是推进剂电离和加速的场所,气体推进剂经由推进剂输送管路和阳极/气体分配器进入放电腔,并在其中完成电离和加速。

图 8-12 所示为 HET 工作原理示意。阴极发射的部分电子进入放电腔,在正交的径向磁场与轴向电场的共同作用下向阳极漂移,在漂移过程中与从阳极/气体分配器出来的中性推进剂原子(一般为 Xe)碰撞,使得 Xe 原子电离,由于存在强的径向磁场,电子被约束在放电通道内沿周向作漂移运动。离子质量较大,运动轨迹基本不受磁场影响,在轴向电场的作用下高速喷出,从而产生推力。与此同时,阴极发射出的另一部分电子与轴向喷出的离子中和,保持了推力器羽流的宏观电中性。

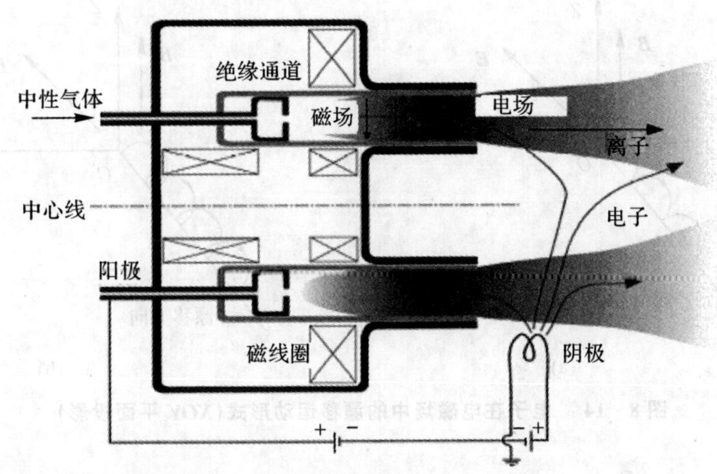

图 8-12 HET 工作原理示意

8.5.2 霍尔推力器放电通道内带电粒子运动

以磁场 **B** 方向为 OZ 轴方向，以 **B**,**E** 所在平面为 YOZ 平面，建立直角坐标系，如图 8-13 所示。

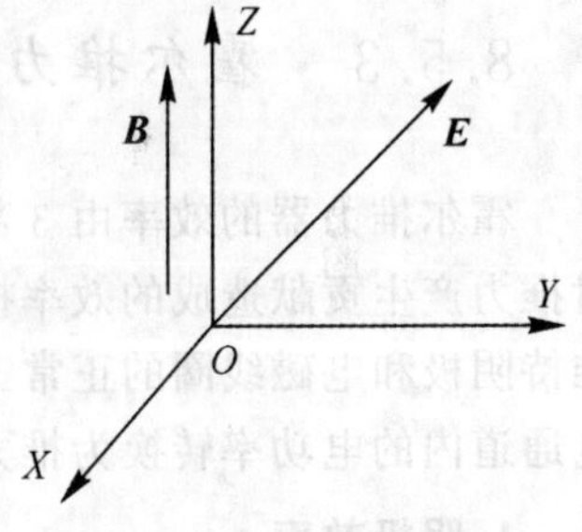

图 8-13 **B** 与 **E** 坐标系

对具有任意速度 $v(v_x, v_y, v_z)$ 的粒子(质量为 m，带电荷为 q)，其在该坐标系内的运动为

$$\frac{\mathrm{d}v_z}{\mathrm{d}t}=\frac{qE_z}{m} \tag{8-29}$$

$$\frac{\mathrm{d}v_x}{\mathrm{d}t}=\frac{qB}{m}v_y \tag{8-30}$$

$$\frac{\mathrm{d}v_y}{\mathrm{d}t}=\frac{q}{m}(E_y-v_xB) \tag{8-31}$$

由式(8-29)知粒子沿 OZ 向以恒定加速度加速运动。由式(8-30)、式(8-31)可解得粒子沿 OX 向、OY 向的运动速度分量：

$$v_x=v_a\cos(\omega t+\alpha)+\frac{E_y}{B} \tag{8-32}$$

$$v_y=\mp v_a\sin(\omega t+\alpha) \tag{8-33}$$

由上两式可得

$$\left(v_x-\frac{E_y}{B}\right)^2+v_y^2=v_a^2 \tag{8-34}$$

由式(8-4)～式(8-6)可知，在 XOY 平面投影上，带电粒子在以 $R=\frac{v_a}{\omega}$ 为半径的圆上以 ω 为频率作圆周运动，同时该圆的圆心以 $\frac{E_y}{B}$ 的速度沿 OX 轴方向匀速运动。随着 v_a 与 $\frac{E_y}{B}$ 相对大小的改变，粒子在 XOY 平面上的运动轨迹将出现图 8-14(以电子为例)中的两种情形。

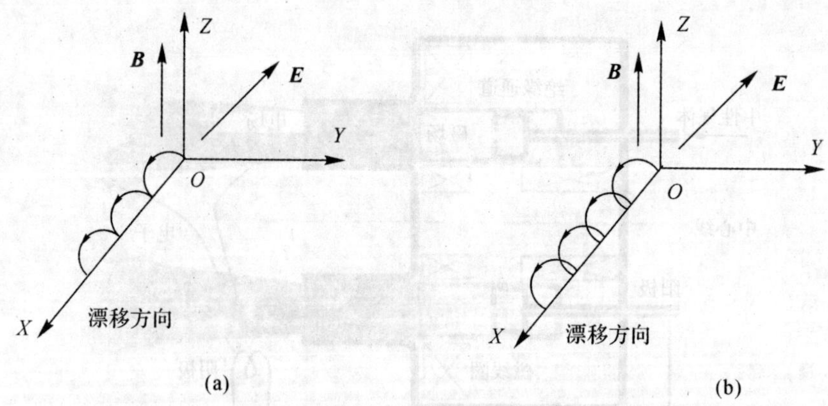

图 8-14　电子在电磁场中的漂移运动形式(*XOY* 平面投影)

回旋频率 $\omega=\dfrac{|q|B}{m}$,另外两个参数 v_a,a 由粒子运动速度初始条件 v_x,v_y 确定。

图 8-14 所示是粒子运动轨迹在 XOY 平面上的投影。考虑到粒子沿 OZ 向恒定加速的速度分量,最终粒子的运动形式是:一方面,粒子在 XOY 平面投影上以图 8-14 所示形式沿 OX 轴方向作漂移运动,另一方面粒子沿 OZ 轴方向以恒定加速度加速运动。

由于 HET 通道区域有限,在通道内以上述回旋漂移方式运动的主要是电子;HET 采用的 Xe 推进剂离子质量较大,受磁场的影响小,在通道内只有少许偏转。

8.5.3　霍尔推力器效率

霍尔推力器的效率由 3 部分因素决定:阴极效率 η_c,也即工质利用率,指阴极推进剂并未对推力产生贡献造成的效率损失;电效率 η_0,霍尔推力器的电功率除了供给放电腔外,还需要维持阴极和电磁线圈的正常工作,这部分功率对推力没有直接贡献;放电腔效率 η_D,指进入放电通道内的电功率转换为推力的效率。

1. 阴极效率

霍尔推力器的工质流率定义为 $\dot{m}_p$,放电通道内流量为 $\dot{m}_d$,阴极工质流量为 $\dot{m}_c$,则有

$$\dot{m}_p=\dot{m}_d+\dot{m}_c \tag{8-35}$$

阴极效率为

$$\eta_c=\dot{m}_d/\dot{m}_p=\dot{m}_d/(\dot{m}_d+\dot{m}_c) \tag{8-36}$$

2. 电效率

推力器总功率定义为 P_T,放电腔电功率为 P_d,阴极电功率为 P_c,电磁线圈电功率为 P_{mag},则有

$$P_T=P_d+P_c+P_{mag} \tag{8-37}$$

电效率为

$$\eta_0=P_d/P_T=P_d/(P_d+P_c+P_{mag}) \tag{8-38}$$

3. 放电腔效率

放电腔效率为转换为推力的功率与输入放电腔电功率之比,即

$$\eta_D = (1/2)m_d v^2 / P_d \tag{8-39}$$

式中，v 为工质喷射速度，由于推力 $F = m_d v$，故

$$\eta_D = F^2 / (2m_d P_d) \tag{8-40}$$

4. 总效率

$$\eta = \eta_c \eta_0 \eta_D \tag{8-41}$$

思考与练习题

8.1 某微波离子推力器，采用 Xe 作为工质气体，输入微波频率为 4.0 GHz，总加速电压为 1 200 V，栅极间距为 1.0 mm，计算离子喷射速度、共振处的磁场强度以及最大引出电流密度。

8.2 离子推力器中和器和霍尔推力器中和器的功能有何不同之处？

8.3 简述栅极加速系统的主要功能及原理。

8.4 在电子轰击式离子推力器、微波离子推力器和霍尔推力器的放电腔或放电通道中，均存在外加磁场，这些外加磁场的功能是什么？

参 考 文 献

[1] 毛根旺，唐金兰. 航天器推进系统及应用. 西安：西北工业大学出版社，2009.

[2] Geobel Dan M, Katz Ira. Fundamentals of Electric Propulsion: Ion and Hall Thrusters. Jet Propulsion Laboratory, 2008

[3] Stuhlinger E. Ion Propulsion for Space Flight. New York: McGraw-Hill, 1964.

[4] Jahn R G. Physics of Electric Propulsion. New York: McGraw-Hill, 1968.

[5] Kim V. Electric Propulsion Activity in Russia. IEPC-2001-005, 27th International Electric Propulsion Conference, Pasadena. California, October 14-19, 2001.

[6] Beattie J R, Matossian J N, Robson R R. Status of Xenon Ion Propulsion Technology. Journal of Propulsion and Power, 1990, 6(2): 145-150.

[7] Kuninaka H, Nishiyama K, Funakai I, et al. Asteroid Rendezvous of Hayabusa Explorer Using Microwave Discharge Ion Engines. 29th International Electric Propulsion Conference. IEPC-2005-010, Princeton, New Jersey, October 31-November 4, 2005.

[8] Beattie J R, Matossian J N, Robson R R. Status of Xenon Ion Propulsion Technology. Journal of Propulsion and Power, 1990, 7: 145-150.

[9] Lieberman M, Lichtenberg A. Principles of Plasma Discharges and Materials Processing. New York: John Wiley and Sons, 1994.